College Mathematics Guidance Series
大学数学学习辅导丛书

工科数学分析

学习指导与习题解答

Gongke Shuxue Fenxi
Xuexi Zhidao yu Xiti Jieda

U0865411

下 册

哈尔滨工业大学数学系分析教研室

高等教育出版社·北京

内容简介

本书是哈尔滨工业大学数学系分析教研室编写的《工科数学分析(第五版)》的配套学习指导用书，分上下两册出版，上册分为七章：函数，极限与连续，导数与微分，微分中值定理与导数的应用，不定积分，定积分，微分方程。下册分为四章：多元函数微分学，多元函数积分学，第二型曲线积分与第二型曲面积分、向量场，无穷级数。每章又包括教学基本要求、内容总结、思考与讨论、典型错误纠正、释疑解惑、例题分析、习题解答七部分。

本书既可作为本科生工科数学分析课程学习的同步辅导用书，也可作为考研的参考用书。同时，也可作为任课教师的参考书。

图书在版编目(CIP)数据

工科数学分析学习指导与习题解答.下册/哈尔滨工业大学数学系分析教研室编.--北京：高等教育出版社，2015.12(2023.6重印)
(大学数学学习辅导丛书)
ISBN 978-7-04-043792-8

Ⅰ.①工… Ⅱ.①哈… Ⅲ.①数学分析-高等学校-教学参考资料 Ⅳ.①O17

中国版本图书馆CIP数据核字(2015)第214935号

策划编辑 张晓丽	责任编辑 张晓丽	特约编辑 马兆海	封面设计 李树龙
版式设计 马 云	插图绘制 尹文军	责任校对 殷 然	责任印制 田 甜

出版发行	高等教育出版社	咨询电话	400-810-0598
社 址	北京市西城区德外大街4号	网 址	http://www.hep.edu.cn
邮政编码	100120		http://www.hep.com.cn
印 刷	北京市白帆印务有限公司	网上订购	http://www.landraco.com
开 本	787mm×1092mm 1/16		http://www.landraco.com.cn
印 张	21	版 次	2015年12月第1版
字 数	500千字	印 次	2023年6月第11次印刷
购书热线	010-58581118	定 价	41.90元

物 料 号 43792-00

目录

第八章　多元函数微分学

8.1　教学基本要求

1. 了解 n 维空间，n 维点，两点间的距离，点 p_0 的 δ 邻域，集合的内点，边界点，边界，开集，连通集，开区域和闭区域，集合的有界性，集合的聚点等概念.

2. 理解多元(点)函数的概念，理解二元(点)函数的几何意义.

3. 了解多元(点)函数的极限与连续的概念，以及有界闭区域上连续函数的性质.

4. 理解多元函数偏导数和全微分的概念，会求全微分，了解全微分存在的必要条件和充分条件，了解全微分形式的不变性，了解全微分在近似计算中的应用.

5. 掌握多元复合函数偏导数的求法(含高阶偏导数).

6. 会求隐函数(包括由方程组确定的隐函数)的偏导数及二阶偏导数.了解隐函数存在定理.

7. 了解曲线的切线和法平面，曲面的切平面和法线的概念，会求它们的方程.

8. 了解二元函数的一阶泰勒公式.

9. 理解多元函数极值和条件极值的概念，掌握多元函数极值存在的必要条件，了解多元函数极值存在的充分条件，会求多元函数的极值.会用拉格朗日乘数法求条件极值，会求简单多元函数的最大值和最小值，并会解决一些简单的应用问题.

10. 理解方向导数与梯度的概念，并掌握其计算方法.

8.2　内容总结

8.2.1　基本概念

1. **多元函数**　$z=f(x,y)$，$(x,y)\in D$.它是从点集 D 到 z 轴的映射.

2. **极限**　$\lim\limits_{(x,y)\to(x_0,y_0)} f(x,y)=A$.要求点 (x,y) 在 $f(x,y)$ 的定义域 D 内以任何方式和途径趋于点 $(x_0,\ y_0)$ 时，$f(x,y)$ 都无限趋于常数 A.

3. **连续**　$\lim\limits_{(x,y)\to(x_0,y_0)} f(x,y)=f(x_0,y_0)$.等价于全增量 $\Delta z=f(x,y)-f(x_0,y_0)$ 趋于零.

4. **偏导数**

$$\left.\frac{\partial z}{\partial x}\right|_{(x_0,y_0)}=f'(x,y_0)\Big|_{x=x_0}=\lim_{\Delta x\to 0}\frac{\Delta_x z}{\Delta x}=\lim_{\Delta x\to 0}\frac{f(x_0+\Delta x,\ y_0)-f(x_0,y_0)}{\Delta x}.$$

几何意义是曲线 $\begin{cases} z=f(x,y), \\ y=y_0 \end{cases}$ 在点 $(x_0,y_0,f(x_0,y_0))$ 处的切线对 x 轴的斜率，物理意义是在 (x_0,y_0) 处 z 随 x 变化的变化率.

5. **全微分**　$\mathrm{d}z=A\Delta x+B\Delta y$，是全增量 $\Delta z=A\Delta x+B\Delta y+o(\rho)$ 的线性主部.几何上表示曲面 $z=(x,y)$ 的切平面的竖坐标的增量.

6. **方向导数** $\left.\frac{\partial z}{\partial l}\right|_{p_0}=\lim\limits_{p\to p_0}\frac{f(p)-f(p_0)}{|pp_0|}$,点 p 在以 p_0为端点的射线 l 上,它表示函数沿 l 方向的变化率.

梯度 $\nabla z=\mathbf{grad}\, z$,它是个向量,指向函数 z 在点 p 处变化最快的方向,大小恰好是点 p 处最大的变化率.

8.2.2 基本理论与方法

1. 有界闭区域上连续函数必有界,且有最大值和最小值,必能取到介于最大值与最小值之间的任何值.

2. 函数 $z=f(x,y)$ 在点(x_0, y_0)处,有如下关系(图 8.1)

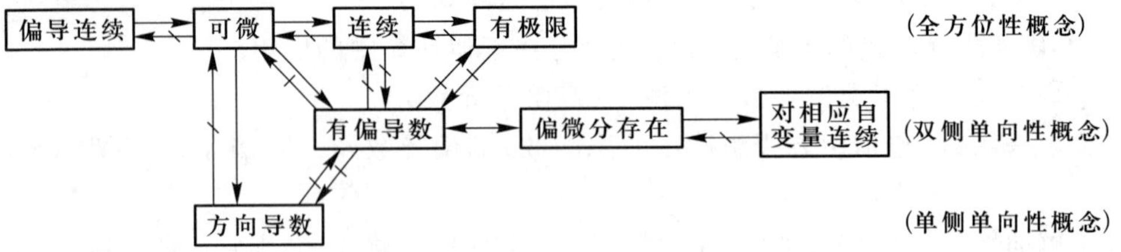

图 8.1

3. 若函数 $u=u(x,y,z)$ 可微,

(1) 梯度 $\mathbf{grad}\, u=\frac{\partial u}{\partial x}\mathbf{i}+\frac{\partial u}{\partial y}\mathbf{j}+\frac{\partial u}{\partial z}\mathbf{k}$,$\left.\mathbf{grad}\, u\right|_{(x_0,y_0,z_0)}$ 垂直于等值面 $u(x,y,z)=u(x_0,y_0,z_0)$,是等值面的法向量.

(2) 方向导数$\frac{\partial u}{\partial \boldsymbol{l}}=\frac{\partial u}{\partial x}\cos\alpha+\frac{\partial u}{\partial y}\cos\beta+\frac{\partial u}{\partial z}\cos\gamma=\mathbf{grad}\, u\cdot \boldsymbol{l}^0=\mathrm{Prj}_l\,\nabla u$.其中 $\cos\alpha$, $\cos\beta$, $\cos\gamma$ 是 $\boldsymbol{l}$ 的方向余弦.

(3) 全微分 $\mathrm{d}u=\frac{\partial u}{\partial x}\mathrm{d}x+\frac{\partial u}{\partial y}\mathrm{d}y+\frac{\partial u}{\partial z}\mathrm{d}z=\mathbf{grad}\, u\begin{pmatrix}\mathrm{d}x\\ \mathrm{d}y\\ \mathrm{d}z\end{pmatrix}$.

4. 若函数 $u(x,y)$ 的混合偏导数连续,则与求导次序无关,如$\frac{\partial^2 u}{\partial x\partial y}=\frac{\partial^2 u}{\partial y\partial x}$.

5. 复合函数 $z=z(u,v)$, $u=u(x,y)$, $v=v(x,y)$ 的链导法则

$$\frac{\partial z}{\partial x}=\frac{\partial z}{\partial u}\frac{\partial u}{\partial x}+\frac{\partial z}{\partial v}\frac{\partial v}{\partial x},\quad \frac{\partial z}{\partial y}=\frac{\partial z}{\partial u}\frac{\partial u}{\partial y}+\frac{\partial z}{\partial v}\frac{\partial v}{\partial y},$$

$$\left(\frac{\partial z}{\partial(x,y)}\right)=\left(\frac{\partial z}{\partial(u,v)}\right)\left(\frac{\partial(u,v)}{\partial(x,y)}\right).$$

这里 $z(u,v)$ 可微,而 $u(x,y)$, $v(x,y)$ 偏导数存在.

6. 隐函数 $F(x,y,z)=0$ 的求导法则

$$\frac{\partial z}{\partial x}=-\frac{F'_x(x,y,z)}{F'_z(x,y,z)},\quad \frac{\partial z}{\partial y}=-\frac{F'_y(x,y,z)}{F'_z(x,y,z)},$$

其中 $F'_z(x,y,z)\neq 0$.

由隐函数方程组$\begin{cases}F(x,y,u,v)=0,\\G(x,y,u,v)=0\end{cases}$确定的隐函数的求导法则

$$\frac{\partial u}{\partial x}=-\frac{\begin{vmatrix}F'_x & F'_v\\G'_x & G'_v\end{vmatrix}}{\begin{vmatrix}F'_u & F'_v\\G'_u & G'_v\end{vmatrix}}=-\frac{\dfrac{\partial(F,G)}{\partial(x,v)}}{\dfrac{\partial(F,G)}{\partial(u,v)}},$$

其中$\dfrac{\partial(F,G)}{\partial(u,v)}\neq 0$.

7. 全微分形式不变性,函数四则运算的微分法则.

8.2.3　应用

1. 几何应用

(1) 曲线 $x=x(t)$, $y=y(t)$, $z=z(t)$, $t\in I$ 的切向量

$$\boldsymbol{t}=(x'(t),\ y'(t),\ z'(t)).$$

曲线$\begin{cases}F(x,y,z)=0,\\G(x,y,z)=0\end{cases}$的切向量

$$\boldsymbol{t}=\left(\begin{vmatrix}F'_y & F'_z\\G'_y & G'_z\end{vmatrix},\ \begin{vmatrix}F'_z & F'_x\\G'_z & G'_x\end{vmatrix},\ \begin{vmatrix}F'_x & F'_y\\G'_x & G'_y\end{vmatrix}\right)=\begin{vmatrix}\boldsymbol{i} & \boldsymbol{j} & \boldsymbol{k}\\F'_x & F'_y & F'_z\\G'_x & G'_y & G'_z\end{vmatrix}.$$

求出切向量,不难写出曲线的切线方程和法平面方程.

(2) 曲面 $F(x,y,z)=0$ 的法向量

$$\boldsymbol{n}=(F'_x,\ F'_y,\ F'_z).$$

曲面 $z=f(x,y)$ 向下的法向量

$$\boldsymbol{n}=(f'_x,f'_y,-1).$$

曲面 $x=x(u,v)$, $y=y(u,v)$, $z=z(u,v)$ (u,v 为双参数)的法向量

$$\boldsymbol{n}=\begin{vmatrix}\boldsymbol{i} & \boldsymbol{j} & \boldsymbol{k}\\x'_u & y'_u & z'_u\\x'_v & y'_v & z'_v\end{vmatrix}.$$

求出法向量,容易写出曲面的切平面方程和法线方程.

2. 极值

(1) 无条件极值.可微函数 $z=f(x,y)$, $(x,y)\in D$ 在点$(x_0,\ y_0)$取得极值的必要条件是

$$f'_x(x_0,y_0)=0,\quad f'_y(x_0,y_0)=0.$$

充分条件是$f'_x(x_0,y_0)=0$,$f'_y(x_0,y_0)=0$,且黑塞矩阵

$$\begin{pmatrix} A & B \\ B & C \end{pmatrix}=\begin{pmatrix} f''_{xx} & f''_{xy} \\ f''_{yx} & f''_{yy} \end{pmatrix}$$

正定(负定),则$f(x_0,y_0)$为极小(大)值.即$AC-B^2>0$,$A>0$ ($A<0$)时,$f(x_0,y_0)$为极小值(极大值),$AC-B^2<0$时,$f(x_0,y_0)$不是极值.

(2) 条件极值.函数$u=f(x,y,z)$在约束条件$\varphi(x,y,z)=0$下的极值问题,可以通过拉格朗日乘数法,求函数

$$F(x,y,z,\lambda)=f(x,y,z)+\lambda\varphi(x,y,z)$$

的驻点,得到条件极值的可能取值点,也可化为无条件极值处理.

8.3 思考与讨论

1. 函数$z=f(x,y)$在点(0, 0)处的两个偏导数$f'_x(0,0)$,$f'_y(0,0)$都存在,则在点(0, 0)处,$f(x,y)$(　　).

(A) 沿x轴的正向和负向的方向导数必相等

(B) 沿x轴的正向和负向的方向导数必不等

(C) 关于x连续,关于y也连续

(D) 连续

分析 因为$f'_x(0,0)=f'_x(x,0)\big|_{x=0}$,所以由一元函数可导必连续知,$f(x,0)$在$x=0$处连续,即$f(x,y)$在(0, 0)处关于$x$连续.同样知它关于$y$也连续,故(C)正确.

偏导数$f'_x(0,0)$是函数$f(x,y)$在点(0, 0)处沿x轴对增量Δx的变化率;而沿x轴的正向和负向的两个方向导数,是x轴上两个相反方向的射线上函数对距离$|\Delta x|$的变化率.所以x轴正向上的方向导数与$f'_x(0,0)$相等,而x轴负向上的方向导数应等于$-f'_x(0,0)$.故否定(A)、(B).

偏导数存在不能保证多元函数连续,否定了(D).

应选C.

2. 函数$z=f(x,y)$在点(x_0,y_0)处可微,则下列结论不成立的是(　　).

(A) $\dfrac{\partial z}{\partial x}$, $\dfrac{\partial z}{\partial y}$在点$(x_0,y_0)$处都连续

(B) 在(x_0,y_0)处,两个偏微分存在

(C) 存在$\delta>0$,在$U_\delta(x_0,y_0)$上函数有界

(D) 曲面$z=f(x,y)$在点$(x_0,y_0,f(x_0,y_0))$处有切平面

分析 因为偏导数连续是可微的充分条件,不是必要条件,所以(A)不成立.

全微分存在时,函数的所有偏微分都存在,且有叠加原理,所以结论(B)成立.函数可微必连续,因此由极限定义知,在(x_0,y_0)的某邻域内,$f(x,y)$有界,(C)成立.函数可微,曲面$z=f(x,y)$在相应点有切平面,(D)成立.

应选 A.

3. 已知 $f(x,y)$ 在点 $(0,0)$ 处连续，且偏导数都存在，$f(0,0)=0$，则当 $(x,y)\neq(0,0)$ 时，$f(x,y)$ 可以等于下列四式中的(　　).

(A) $\dfrac{x^2+y^4}{x^2+y^2}$　　(B) $\sqrt{x^2+y^2}$　　(C) $\sqrt[3]{(x^2+y^2)^2}$　　(D) $\dfrac{xy}{x^2+y^2}$

分析　(C)中函数在 $(0,0)$ 的全增量 $\Delta z=(x^2+y^2)^{\frac{2}{3}}$ 是 $\rho=\sqrt{x^2+y^2}$ 的高阶无穷小，所以可微，且 $\mathrm{d}z\big|_{(0,0)}=0$. 因此在 $(0,0)$ 处连续、有偏导数.故(C)满足要求.

(A) 中函数 $f(x,0)=\begin{cases}1, & x\neq 0,\\ 0, & x=0,\end{cases}$ 所以 $f(x,y)$ 对 x 不连续，不可导.否定(A).(B)中函数显然连续，但因 $f(x,0)=|x|$，$f(0,y)=|y|$，所以两个偏导数都不存在，否定了(B).(D)中函数两个偏导数都存在，且均为零，但沿直线 $y=x$，$\lim\limits_{\substack{x\to 0\\ y=x}}\dfrac{xy}{x^2+y^2}=\lim\limits_{x\to 0}\dfrac{x^2}{2x^2}=\dfrac{1}{2}\neq 0$，所以函数在 $(0,0)$ 处不连续，否定了(D).

应选 C.

4. 下列条件中，使函数 $f(x,y)$ 在点 (x_0,y_0) 处可微，且全微分为零的是(　　).

(A) $f'_x(x_0,y_0)=0$，$f'_y(x_0,y_0)=0$　　(B) $\Delta f\big|_{(x_0,y_0)}=\dfrac{\Delta x\Delta y}{\sqrt{\Delta x^2+\Delta y^2}}$

(C) $\Delta f\big|_{(x_0,y_0)}=\dfrac{\sin(\Delta x^2+\Delta y^2)}{\sqrt{\Delta x^2+\Delta y^2}}$　　(D) $\Delta f\big|_{(x_0,y_0)}=(\Delta x^2+\Delta y^2)\sin\dfrac{1}{\sqrt{\Delta x^2+\Delta y^2}}$

分析　因为(D)中全增量是 $\rho=\sqrt{\Delta x^2+\Delta y^2}$ 的高阶无穷小，所以(D)正确.

偏导数存在，保证不了可微性，否定了(A).对于(B)，由于偏增量 $\Delta_x f=0$，$\Delta_y f=0$，故两个偏导数均为零.但 $\dfrac{\Delta x\Delta y}{\sqrt{\Delta x^2+\Delta y^2}}$ 不是 ρ 的高阶无穷小 $\left(\text{因为 } \Delta y=\Delta x \text{ 时}，\dfrac{\Delta f}{\rho}=\dfrac{\Delta x^2}{2\Delta x^2}=\dfrac{1}{2}\not\to 0\right)$，否定了(B).(C)中偏增量 $\Delta_x f=\dfrac{\sin\Delta x^2}{|\Delta x|}$，所以函数关于 x 的偏导数不存在，所以不可微，否定了(C).

应选 D.

5. 设有三元方程 $xy-z\ln y+\mathrm{e}^{xz}=1$，根据隐函数存在定理，在点 $(0,1,1)$ 的充分小的邻域内，由该方程确定的具有连续偏导数的函数有(　　).

(A) $x=x(y,z)$ 和 $y=y(x,z)$　　(B) $y=y(x,z)$ 和 $z=z(x,y)$

(C) $z=z(x,y)$ 和 $x=x(y,z)$　　(D) $z=z(x,y)$

分析　设 $F(x,y,z)=xy-z\ln y+\mathrm{e}^{xz}-1$，则 $F(0,1,1)=0$，而

$$F'_x(0,1,1)=2\neq 0,\quad F'_y(0,1,1)=-1\neq 0,\quad F'_z(0,1,1)=0.$$

按隐函数存在定理的条件知方程可确定出函数 $x=x(y,z)$ 和 $y=y(x,z)$，它们具有连续的偏导数.

定理的条件是充分的，不是必要的，所以不能由 $F'_z(0,1,1)=0$ 说明方程不能确定出函数 $z=z(x,y)$.但考察方程本身，当 $x=0$，$y=1$ 时，无论 z 取何值都满足方程，所以没有确定的

z 与 $x=0$, $y=1$ 对应.据此,可以说 $z=z(x,y)$ 不存在.

应选 A.

6. 设函数 $f(x,y)$ 在有界闭区域 G 上有二阶连续的偏导数,且 $\frac{\partial^2 f}{\partial x\partial y}\neq 0$, $\frac{\partial^2 f}{\partial x^2}+\frac{\partial^2 f}{\partial y^2}=0$,则函数 $f(x,y)$ 的(　　).

(A) 最大值点和最小值点均在 G 的内部

(B) 最大值点和最小值点均在 G 的边界上

(C) 最大值点在 G 的内部,最小值点在 G 的边界上

(D) 最大值点在 G 的边界上,最小值点在 G 的内部

分析　因为 $A=\frac{\partial^2 f}{\partial x^2}$, $C=\frac{\partial^2 f}{\partial y^2}$ 不同号, $B=\frac{\partial^2 f}{\partial x\partial y}\neq 0$,所以, $AC-B^2<0$.因此 G 内无极值点.最大值点和最小值点均在 G 的边界上.

应选 B.

7. 设 $f(x,y)$ 与 $\varphi(x,y)$ 均为可微函数,且 $\varphi_y'(x,y)\neq 0$.已知 (x_0, y_0) 是 $f(x,y)$ 在约束条件 $\varphi(x,y)=0$ 下的一个极值点,下列选项正确的是(　　).

(A) 若 $f_x'(x_0,y_0)=0$,则 $f_y'(x_0,y_0)=0$　　(B) 若 $f_x'(x_0, y_0)=0$,则 $f_y'(x_0, y_0)\neq 0$

(C) 若 $f_x'(x_0, y_0)\neq 0$,则 $f_y'(x_0, y_0)=0$　　(D) 若 $f_x'(x_0,y_0)\neq 0$,则 $f_y'(x_0, y_0)\neq 0$

分析　(1) 设 $y=y(x)$ 是方程 $\varphi(x,y)=0$ 确定的函数, $y_0=y(x_0)$. $f(x,y)=f(x,y(x))$, $x=x_0$ 是它的极值点,于是

$$[f(x,y(x))]_x'\Big|_{x=x_0}=f_x'(x_0,y_0)+f_y'(x_0,y_0)\cdot\frac{\mathrm{d}y}{\mathrm{d}x}\Big|_{x=x_0}=0.$$

而 $\frac{\mathrm{d}y}{\mathrm{d}x}=-\frac{\varphi_x'(x,y)}{\varphi_y'(x,y)}$,代入上式得

$$f_x'(x_0, y_0)-f_y'(x_0, y_0)\cdot\frac{\varphi_x'(x_0,y_0)}{\varphi_y'(x_0,y_0)}=0. \tag{1}$$

若 $f_x'(x_0,y_0)=0$,则 $f_y'(x_0,y_0)\cdot\varphi_x'(x_0,y_0)=0$, $f_y'(x_0, y_0)$ 可能等于零,也可能不等于零,否定了(A)、(B).

若 $f_x'(x_0,y_0)\neq 0$,必须 $f_y'(x_0,y_0)\neq 0$,因此(D)正确,(C)错误.

(2) 用拉格朗日乘数法,设

$$L(x,y)=f(x,y)+\lambda\varphi(x,y).$$

由于 (x_0,y_0) 是 $f(x,y)$ 在约束条件 $\varphi(x,y)=0$ 下的极值点,故

$$L_x'(x_0,y_0)=f_x'(x_0,y_0)+\lambda\varphi_x'(x_0,y_0)=0,$$

$$L_y'(x_0,y_0)=f_y'(x_0,y_0)+\lambda\varphi_y'(x_0,y_0)=0.$$

因为 $\varphi_y'(x_0,y_0)\neq 0$,由后一式解出 λ,代入前式得(1)式,以下的讨论和(1)中一样.

应选 D.

【注】 如果读者把条件极值与无条件极值的必要条件搞混,误认为条件极值点处函数必取极值,得到$f'_x(x_0, y_0)=0, f'_y(x_0,y_0)=0$,选择了(A),就错了.

8.4　典型错误纠正

1. 讨论$\lim\limits_{\substack{x\to 0\\ y\to 0}}\dfrac{xy}{x+y}$的存在性.

解法 1

$$\lim_{\substack{x\to 0\\ y\to 0}}\frac{xy}{x+y}=\lim_{\substack{x\to 0\\ y\to 0}}\frac{1}{\dfrac{1}{y}+\dfrac{1}{x}}=0.$$

解法 2

$$\lim_{\substack{x\to 0\\ y\to 0}}\frac{xy}{x+y}=\lim_{x\to 0}\lim_{y\to 0}\frac{xy}{x+y}=\lim_{x\to 0}\frac{0}{x}=0.$$

问题分析　题目中考察的是点$(x, y)\to(0, 0)$过程中函数的极限.除直线$x+y=0$上的点不考虑外,不能排除$x=0, y\neq 0$和$x\neq 0, y=0$情况,所以在解法 1 中,第一步的恒等变形就有错误.第二步也是错的,由“$\dfrac{1}{x}\to\infty$,$\dfrac{1}{y}\to\infty$”推不出“$\dfrac{1}{x}+\dfrac{1}{y}\to\infty$”.

解法 2 中错误地把二重极限视为累次极限(参看 8.5 问题 3).

一个正确的解法如下.

当点(x,y)沿直线$y=kx\ (k\neq -1)$趋于点$(0, 0)$时,

$$\lim_{\substack{x\to 0\\ y=kx}}\frac{xy}{x+y}=\lim_{x\to 0}\frac{kx^2}{(k+1)x}=0.$$

但当点(x,y)沿曲线$y-x^2-x$趋于$(0, 0)$时,

$$\lim_{\substack{x\to 0\\ y=x^2-x}}\frac{xy}{x+y}=\lim_{x\to 0}\frac{x^3-x^2}{x^2}=-1.$$

可见题目中的极限不存在.

2. 讨论函数$z=\sqrt{x^2+y^4}$在点$(0, 0)$处偏导数的存在性.

解　由于偏导函数

$$\frac{\partial z}{\partial x}=\frac{x}{\sqrt{x^2+y^4}},\quad \frac{\partial z}{\partial y}=\frac{2y^3}{\sqrt{x^2+y^4}}$$

在$(0, 0)$处无意义,所以函数在$(0, 0)$处偏导数都不存在.

问题分析　用求导法则求导数是有条件的,这里使用了复合函数求导法,由于外层函数$z=\sqrt{u}$在$u=0$处不可导,所以得到的偏导函数表达式,对点$(0, 0)$不适用.因此,认为偏导数

不存在的根据是错的.这时对点(0, 0)处可导性的讨论应从偏导数的定义出发.事实上,由于

$$\lim_{\Delta x\to 0}\frac{f(0+\Delta x,\ 0)-f(0,0)}{\Delta x}=\lim_{\Delta x\to 0}\frac{|\Delta x|}{\Delta x},$$

$$\lim_{\Delta y\to 0}\frac{f(0,0+\Delta y)-f(0,0)}{\Delta y}=\lim_{\Delta y\to 0}\frac{\Delta y^2}{\Delta y}=0,$$

所以 $f'_x(0,\ 0)$ 不存在,而 $f'_y(0,\ 0)=0$.

3. 讨论 $f(x,y)=\sqrt{|xy|}$ 在点(0,0)处的可微性.

解 显然函数在点(0, 0)处连续,又

$$f'_x(0,0)=0'_x\big|_{x=0}=0,\quad f'_y(0,0)=0'_y\big|_{y=0}=0,$$

故

$$dz\big|_{(0,0)}=f'_x(0,0)dx+f'_y(0,0)dy=0.$$

问题分析 偏导数存在不足以保证函数的可微性.函数连续,且偏导数存在仅仅是可微的必要条件,不是充分条件;偏导数连续是可微的充分条件,不是必要条件.所以这里的讨论根据不足.这类问题通常用微分的定义来讨论.由于

$$\lim_{\rho\to 0}\frac{\Delta f-[f'_x(0,0)\Delta x+f'_y(0,0)\Delta y]}{\rho}=\lim_{\substack{\Delta x\to 0\\ \Delta y\to 0}}\frac{\sqrt{|\Delta x\Delta y|}}{\sqrt{\Delta x^2+\Delta y^2}}.\tag{1}$$

当 $\Delta y=\Delta x$ 时,

$$\lim_{\substack{\Delta x\to 0\\ \Delta y\to \Delta x}}\frac{\sqrt{|\Delta x\Delta y|}}{\sqrt{\Delta x^2+\Delta y^2}}=\frac{1}{\sqrt{2}},$$

所以当 $\rho\to 0$ 时,(1)式极限不为零,因此 $f(x,y)=\sqrt{|xy|}$ 在(0,0)处不可微.

4. 设 $z=f(x,y,z)$, $y=\varphi(x,t)$,其中 f, φ 可微,求 $\frac{\partial z}{\partial x}$.

解 因为 z 是 x, y 的函数,y 又是 x, t 的函数,所以 z 是 x,t 的函数,由链导法则

$$\frac{\partial z}{\partial x}=\frac{\partial z}{\partial x}+\frac{\partial z}{\partial y}\frac{\partial y}{\partial x}+\frac{\partial z}{\partial z}\frac{\partial z}{\partial x},\tag{1}$$

所以

$$\frac{\partial z}{\partial x}=-\frac{\partial z}{\partial y}\frac{\partial y}{\partial x}=-f'_y(x,y,z)\varphi'_x(x,t).\tag{2}$$

问题分析 在(1)式中,左边的 $\frac{\partial z}{\partial x}$ 与右边第一项的 $\frac{\partial z}{\partial x}$ 含义不同,不能消去.左边的 $\frac{\partial z}{\partial x}$ 是由 $z=f(x,\ \varphi(x,t),\ z)$ 确定的函数 $z=z(x,t)$ 关于 x 的偏导数,是我们要求的.而右边第一项的 $\frac{\partial z}{\partial x}$ 是三元函数 $f(x,y,z)$ 对 x 的偏导数.为了避免混淆,通常把函数对中间变量的导数,即(1)式

中右边第一项的$\frac{\partial z}{\partial x}$,记为$\frac{\partial f}{\partial x}$.同样,(1)式中右边最后一项的$\frac{\partial z}{\partial z}$应记为$\frac{\partial f}{\partial z}$,它不等于1.正确求法如下:

$$\frac{\partial z}{\partial x}=\frac{\partial f}{\partial x}+\frac{\partial f}{\partial y}\frac{\partial y}{\partial x}+\frac{\partial f}{\partial z}\frac{\partial z}{\partial x}=f'_x+f'_y\varphi'_x+f'_z\frac{\partial z}{\partial x}.$$

解得

$$\frac{\partial z}{\partial x}=\frac{f'_x+f'_y\varphi'_x}{1-f'_z}\quad (f'_z\neq 1).$$

还可利用隐函数求导法,设方程组

$$\begin{cases}f(x,y,z)-z=0,\\ \varphi(x,t)-y=0\end{cases}$$

确定 y,z 是 x,t 的两个二元函数,由隐函数求导法

$$\frac{\partial z}{\partial x}=-\frac{\begin{vmatrix}f'_y & f'_x\\ -1 & \varphi'_x\end{vmatrix}}{\begin{vmatrix}f'_y & f'_z-1\\ -1 & 0\end{vmatrix}}=\frac{f'_x+f'_y\varphi'_x}{1-f'_z}.$$

5. 设函数 $z=z(x,y)$ 由方程 $x^2+\frac{y^2}{2}+\frac{z^2}{4}=1$ 确定,求$\frac{\partial z}{\partial x}$, $\frac{\partial^2 z}{\partial x^2}$.

解法 1　设 $F(x,y,z)=x^2+\frac{y^2}{2}+\frac{z^2}{4}-1$,则

$$F'_x=2x,\quad F'_y=y,\quad F'_z=\frac{z}{2}.$$

所以

$$\frac{\partial z}{\partial x}=-\frac{F'_x+F'_z\frac{\partial z}{\partial x}}{F'_z}=-\frac{4x}{z}-\frac{\partial z}{\partial x}.$$

推出$\frac{\partial z}{\partial x}=-\frac{2x}{z}$.

解法 2　由隐函数求导法知

$$\frac{\partial z}{\partial x}=-\frac{F'_x}{F'_z}=-\frac{4x}{z},\quad \frac{\partial^2 z}{\partial x^2}=-\frac{4}{z}.$$

问题分析　解法 1 中,把隐函数求导公式理解错了,一阶偏导公式为$\frac{\partial z}{\partial x}=-\frac{F'_x}{F'_z}$,其分子是 F 为 x,y,z 三个独立自变量的函数对 x 求偏导,解法 1 中错误地认为公式中的分子是 F 为 x,y,z 的函数,而 z 还是 x,y 的函数,对复合函数 $F(x,y,z(x,y))$ 关于 x 求偏导,出现错误的根

本原因在于没有理解公式的推导过程，只想套用公式.

解法 2 中一阶偏导数计算对了，但在求二阶偏导数$\frac{\partial^2 z}{\partial x^2}$时，误认为 z 与 x 无关，算错了.一阶偏导数$\frac{\partial z}{\partial x}=-\frac{4x}{z}$中的 z 是由隐函数方程 $F(x,y,z)=0$ 确定的二元函数 $z=z(x,y)$.正确结果应为

$$\frac{\partial^2 z}{\partial x^2}=-\frac{4}{z}+\frac{4xz'_x}{z^2}=-\frac{4}{z}-\frac{16x^2}{z^3}.$$

6. 设函数 $f(x,y)=(x+y)\varphi(x,y)$，其中 $\varphi(x,y)$ 在点(0,0)处连续，求 $\mathrm{d}f|_{(0,0)}$.

解 因为

$$\mathrm{d}f=[\varphi(x,y)+(x+y)\varphi'_x(x,y)]\mathrm{d}x+[\varphi(x,y)+(x+y)\varphi'_y(x,y)]\mathrm{d}y.$$

将 $x=0$，$y=0$ 代入得

$$\mathrm{d}f|_{(0,0)}=\varphi(0,0)\mathrm{d}x+\varphi(0,0)\mathrm{d}y.$$

问题分析 题目的条件只给出 $\varphi(x,y)$ 在点(0,0)处连续，没说它在点(0,0)处有偏导数.更未说 $f(x,y)$ 在点(0,0)附近可微，所以，那些运算都是错的.正确的做法应从 $\varphi(x,y)$ 在点(0,0)处连续出发，通过全微分的定义——全增量的线性主部来计算.

由于 $\varphi(x,y)$ 在点(0,0)处连续，所以在点(0,0)附近有

$$\varphi(x,y)=\varphi(0,0)+\alpha,$$

其中 $\lim\limits_{(x,y)\to(0,0)}\alpha=0$，故全增量

$$f(x,y)-f(0,0)=(x+y)\varphi(x,y)=\varphi(0,0)x+\varphi(0,0)y+\alpha(x+y).$$

显然 $\alpha(x+y)=o(\sqrt{x^2+y^2})$，所以由全微分定义知，$f(x,y)$ 在点(0,0)处可微，且

$$\mathrm{d}f|_{(0,0)}=\varphi(0,0)\mathrm{d}x+\varphi(0,0)\mathrm{d}y.$$

7. 设 $z=f(2x-y)+g(x,xy)$，其中 f 具有二阶导数，g 有二阶连续的偏导数，求$\frac{\partial^2 z}{\partial x\partial y}$.

解

$$\frac{\partial z}{\partial x}=2f'_x+g'_x+yg'_{xy},$$

$$\frac{\partial^2 z}{\partial x\partial y}=-2f''_{xy}+xg''_{x,xy}+g'_{xy}-xyg''_{xy,xy}.$$

问题分析 (1)函数 $f(2x-y)$ 的中间变量只有一个，即 f 是一元函数，f 的一、二阶导数应记为 f'，f''.题解中出了 f'_x，f''_{xy}是错的，说明对 $f(2x-y)$ 的复合情况不清楚，导数记号混乱.

(2)对二元复合函数 $g(x,xy)$ 求偏导时，若引入中间变量 $u=x$，$v=xy$，使 $g(x,xy)$ 对中间变量的偏导数写成 g'_u，g'_v(或 g'_1，g'_2)，就不会错记为 g'_x，g'_{xy}，也可避免在二阶偏导数中就显现出混杂的情形.

以上两个错误是初学者最容易犯的，必须注意纠正，否则自己都会糊涂了.正确的表达

方法如下：

$$\frac{\partial z}{\partial x}=2f'+g_1'+yg_2',$$

$$\frac{\partial^2 z}{\partial x\partial y}=-2f''+xg_{12}''+g_2'-xyg_{22}''.$$

8.5　释疑解惑

1. 曲线、曲面作为点集属于几维空间？

答　n 维空间的点有 n 个独立的坐标.几何图形作为点集，它的维数取决于图形上点的独立坐标（或参量）的个数.

曲线和直线一样，其上的点有一个自由度，可由一个参数确定点的位置.如在空间直角坐标系下，曲线可由单参数方程

$$x=x(t),\quad y=y(t),\quad z=z(t),\quad t\in I$$

给出.也可由一个独立坐标的方程

$$y=y(x),\quad z=z(x),\quad x\in I$$

给出.更一般地，可由方程组

$$\begin{cases}F(x,y,z)=0,\\ G(x,y,z)=0\end{cases}$$

确定，要求矩阵

$$\begin{pmatrix}\dfrac{\partial F}{\partial x} & \dfrac{\partial F}{\partial y} & \dfrac{\partial F}{\partial z}\\[2ex] \dfrac{\partial G}{\partial x} & \dfrac{\partial G}{\partial y} & \dfrac{\partial G}{\partial z}\end{pmatrix}$$

的秩为 2，比如当

$$\begin{vmatrix}\dfrac{\partial F}{\partial y} & \dfrac{\partial F}{\partial z}\\[2ex] \dfrac{\partial G}{\partial y} & \dfrac{\partial G}{\partial z}\end{vmatrix}\neq 0$$

时，方程组确定 $y=y(x)$，$z=z(x)$，所以曲线上的点只有一个独立坐标.所以，曲线作为点集属于一维空间.

曲面和平面一样，其上的点有两个自由度，可由双参数确定点的位置，如在空间直角坐

标系下,曲面可由参数方程

$$x=x(u,\nu),\quad y=y(u,\nu),\quad z=z(u,\nu),\quad (u,\nu)\in D$$

给出.固定 $\nu=\nu_0$,得到

$$x=x(u,\nu_0),\quad y=y(u,\nu_0),\quad z=z(u,\nu_0),$$

称为 u_线;而固定 $u=u_0$,得到

$$x=x(u_0,\nu),\quad y=y(u_0,\nu),\quad z=z(u_0,\nu),$$

称为 ν_线,它们是曲面上的两组曲线,可以构成曲面上的曲线坐标.曲面也可由 $z=f(x,y)$ 或 $F(x,y,z)=0$ 的形式给出,总之,曲面上的点有两个独立坐标,所以曲面作为点集属于二维空间.

有了上述的认识,一些概念和定理,对曲线或曲面上的函数的适用性,可有一个正确的理解.比如,在空间连续的含有端点的曲线段上,定义着的连续函数、最大值最小值存在定理、介值定理等.

2. 为什么引入聚点概念?不同的书,多元函数的极限概念说法不一,在使用中是否会有差异?

答 引入聚点概念是为了正确地定义多元函数的极限.如果 p_0不是函数 $f(p)$ 的定义域的聚点,就谈不上 $p\to p_0$时函数 $f(p)$ 的极限.因为此时动点无法在定义域内趋于点 p_0,关于多元函数极限概念,常见如下两种定义.

定义 1 设 $u=f(p)$, $p\in D$, p_0是 D 的聚点,A 为常数,如果对任意 $\varepsilon>0$,存在 $\delta=\delta(\varepsilon)>0$,使得当 $p\in D$,且 $0<\rho(p, p_0)<\delta$ 时,恒有

$$|f(p)-A|<\varepsilon,$$

则称 $p\to p_0$时,函数 $f(p)$ 以 A 为极限.

定义 2 设 $u=f(p)$ 在点 p_0的某去心邻域内有定义,A 为常数,如果 $\forall\varepsilon>0$, $\exists\delta=\delta(\varepsilon)>0$ 使得当 $0<\rho(p, p_0)<\delta$ 时,恒有

$$|f(p)-A|<\varepsilon,$$

则称 $p\to p_0$时,函数 $f(p)$ 以 A 为极限.

两种定义的差异主要在于对极限点 p_0的要求不同.定义 1 要求 p_0是定义域 D 中的聚点,在 p_0的任意小的去心邻域内可以有不属于 D 的点,而定义 2 要求函数 $f(p)$ 在 p_0的某去心邻域内处处有定义.显然前者要求低,后者要求高,定义 1 使用面广,定义 2 使用面窄,在这种意义上定义 1 包含着定义 2.定义 2 使 D 的边界点无极限可谈.如函数

$$f(x,y)=(x^2+y^2)\sin\frac{1}{xy},$$

由于在 $x=0$ 和 $y=0$ 两条直线上函数无定义,所以按定义 2 就不能讨论 $(x,y)\to(0,0)$ 时,函数的极限.而按定义 1,点 $(0,0)$ 是聚点,可讨论 $(x,y)\to(0,0)$ 时,函数的极限,且有

$$\lim_{(x,y)\to(0,0)}(x^2+y^2)\sin\frac{1}{xy}=0.$$

极限的唯一性、局部保序性和有界性，四则运算求极限的法则、夹挤准则等对多元函数的极限同样成立.对定义 2 不必再说明什么.而在定义 1 中，由于 p_0是聚点，所以涉及这些性质和法则时，必须理解到点 p 取自同一集合，如和的极限法则，若 $\lim\limits_{p\to p_0} f(p)=A$，$\lim\limits_{p\to p_0} g(p)=B$，则

$$\lim_{p\to p_0}[f(p)+g(p)]=A+B.$$

必须注意，这里的三个极限中，p 必须在同一个点集上变动趋于 p_0，否则是荒谬的.

3. 极限 $\lim\limits_{(x,y)\to(x_0,y_0)} f(x,y)$ 与 $\lim\limits_{y\to y_0}\lim\limits_{x\to x_0} f(x,y)$ 是否一样，后者是前者的特殊情况吗？

答　不一样，不是.

极限 $\lim\limits_{(x,y)\to(x_0,y_0)} f(x,y)$ 称为**二重极限**.动点 (x,y) 在定义域内以任何可能的方式和途径趋于 (x_0, y_0)，$f(x,y)$ 都趋于同一值 A 时，二重极限存在，否则不存在.

极限 $\lim\limits_{y\to y_0}\lim\limits_{x\to x_0} f(x,y)$ 称为**累次极限**，它的含义是在点 (x_0,y_0) 的某邻域内，首先对每个固定的 y，考察 x 的一元函数 $f(x,y)$ 在 $x\to x_0$ 时的极限，若 $\lim\limits_{x\to x_0} f(x,y)=g(y)$，再令 $y\to y_0$，考察 $g(y)$ 的极限，若 $\lim\limits_{y\to y_0} g(y)=A$，则 $\lim\limits_{y\to y_0}\lim\limits_{x\to x_0} f(x,y)=A$.

如果第一步 $\lim\limits_{x\to x_0} f(x,y)$ 极限不存在，这个累次极限就不存在，它与二重极限存在与否无关.即使 $\lim\limits_{x\to x_0} f(x,y)=g(y)$，由于 $g(y)$ 未必等于 $f(x_0,y)$（还可能 $f(x_0,y)$ 无意义），所以

$$\lim_{y\to y_0} g(y),\quad \lim_{y\to y_0} f(x_0,y)$$

未必一致.

【**例**】　设 $f(x,y)=\begin{cases}1, & xy\neq 0,\\ 0, & xy=0,\end{cases}$ 则因为

$$\lim_{x\to 0} f(x,y)=1\quad (y\neq 0).$$

所以有累次极限

$$\lim_{y\to 0}\lim_{x\to 0} f(x,y)=1.$$

但是，二重极限

$$\lim_{(x,y)\to(0,0)} f(x,y)$$

显然不存在.

【**例**】　设 $f(x,y)=y\sin\dfrac{1}{x}$，由于

$$\lim_{x\to 0} y\sin\frac{1}{x}\quad (y\neq 0)$$

不存在，所以累次极限 $\lim\limits_{y\to 0}\lim\limits_{x\to 0} y\sin\dfrac{1}{x}$ 不存在.但是，二重极限

$$\lim_{(x,y)\to(0,0)} y\sin\frac{1}{x}=0,$$

这是显然的.

由此可见,二重极限和累次极限是两个不同的概念,没有相互包含关系.

4. 求二元函数极限时,能否引入极坐标讨论.

答 能.下面先考察两个例题,以说明在极坐标系下求重极限时,应注意的问题.

【例】 求 $\lim\limits_{(x,y)\to(0,0)}\frac{xy^3}{x^2+y^6}$.

解 当点(x,y)沿曲线 $y^3=kx$ 趋于点$(0,0)$时

$$\lim_{\substack{x\to0\\y^3=kx}}\frac{xy^3}{x^2+y^6}=\lim_{x\to0}\frac{kx^2}{x^2+k^2x^2}=\frac{k}{1+k^2}.$$

结果与 k 有关,所以这个二重极限不存在.若引入极坐标 $x=r\cos\theta$, $y=r\sin\theta$,则

$$\lim_{(x,y)\to(0,0)}\frac{xy^3}{x^2+y^6}=\lim_{r\to0}\frac{r^2\cos\theta\sin^3\theta}{\cos^2\theta+r^4\sin^6\theta},$$

显然对每一个 θ,最后的极限均为零,或者说对任何 θ 这个极限均为零,所以这个二重极限存在且为零.

两种不同方法得到相反的结论,至少有一个是错的.根源在于结论“对任何 θ,极限均为零,所以二重极限存在且为零”是错的.能得到的正确结论应是“在任何从点$(0,0)$发出的射线上,这个极限为零”.忽略了 r 随 θ 变化的情况.这是引入极坐标讨论极限最容易出现的错误.

【例】 求$\lim\limits_{\substack{x\to\infty\\y\to\infty}}\frac{x^2+y^2}{x^4+y^4}$.

解 引入极坐标 $x=r\cos\theta, y=r\sin\theta$,由于

$$0\leqslant\frac{x^2+y^2}{x^4+y^4}=\frac{1}{r^2(\cos^4\theta+\sin^4\theta)}\leqslant\frac{2}{r^2}.$$

又 $\lim\limits_{r\to+\infty}\frac{2}{r^2}=0$,由夹挤准则知

$$\lim_{\substack{x\to\infty\\y\to\infty}}\frac{x^2+y^2}{x^4+y^4}=0.$$

由此可见,在引入极坐标后,若能找到两个仅与 r 有关的且有相同极限的函数,把要求极限的函数夹挤在中间,问题就解决了.对某些二元函数的重极限,这是一个好的方法.但要防止出现上例解法中的错误.

5. (1) 已知二元函数 $z=f(x,y)$在点(x_0,y_0)处关于 x 连续,关于 y 也连续,能否说它在点(x_0,y_0)处连续? (2) 如果在区域 E 上,$f(x,y)$关于 x 连续,关于 y 也连续,能否说$f(x,y)$在区域 E 上是连续的二元函数.

答 (1) 不能.(2) 不能.

在点(x_0,y_0)处,若$f(x,y_0)$(或$f(x_0,y)$)连续,则说$f(x,y)$在(x_0,y_0)处对x连续(或对y连续).当$f(x,y)$在(x_0,y_0)处连续时,它分别对x,y都连续.但$f(x,y)$对每个自变量都连续,不能保证函数$f(x,y)$连续.例如

$$f(x,y)=\begin{cases}\dfrac{xy^2}{x^2+y^4}, & (x,y)\neq(0,0),\\ 0, & (x,y)=(0,0).\end{cases}$$

当$(x,y)\neq(0,0)$时,它是多元初等函数,处处连续.又因为$f(x,0)\equiv 0$,$f(0,y)\equiv 0$.所以$f(x,y)$在任何点处对x、对y都连续.但教材中已证明过此函数在$(0,0)$处极限不存在,不连续.

6. 函数$f(x,y)$在点(x_0,y_0)处关于x的偏导数存在,能保证$f(x,y)$在(x_0,y_0)处关于x连续吗?

答　能.因为固定$y=y_0$,$f(x,y_0)$是一元函数,它可导能保证$f(x,y_0)$在x_0处连续.

7. 可微的本质是什么?

答　函数$z=f(x,y)$在点(x_0,y_0)处可微的定义是函数的全增量可表为

$$\Delta z=A\Delta x+B\Delta y+o(\rho),$$

其中$\rho=\sqrt{\Delta x^2+\Delta y^2}$.即有

$$f(x,y)=f(x_0,y_0)+A(x-x_0)+B(y-y_0)+o(\rho).$$

所以函数在(x_0,y_0)附近可以线性近似(可局部线性化),

$$f(x,y)\approx f(x_0,y_0)+f'_x(x_0,y_0)(x-x_0)+f'_y(x_0,y_0)(y-y_0).$$

可见函数可微的本质是可局部线性化.对二元可微函数来说,它的几何意义是曲面$z=f(x,y)$上,点(x_0,y_0,z_0)处有与z轴不平行的切平面,在点(x_0,y_0,z_0)附近可以用切平面近似代替曲面.局部线性化是本门课程处理问题的重要思想,它表明对复杂问题要时时刻刻抓主要矛盾,问题就迎刃而解了.

8. 如果在定理8.3(若偏导连续,则函数可微)的证明中,使用拉格朗日中值定理处改换用一元函数增量与微分的关系,函数可微的充分条件是否可减弱.

答　是.可将二元函数$z=f(x,y)$在点p处两个偏导数都连续的条件,减弱为$\dfrac{\partial z}{\partial x}$在点$p$处存在,而$\dfrac{\partial z}{\partial y}$在点$p$处连续.或者$\dfrac{\partial z}{\partial y}$在点$p$处存在,而$\dfrac{\partial z}{\partial x}$在点$p$处连续.对三元以上的函数,只能有一个偏导数的条件这样减弱,其他偏导数还要在点p处连续.

9. 可微的多元函数在一点处的全增量、偏增量、全微分与偏微分之间有何关系?

答　(1)全微分是全增量的线性主部;(2)偏微分是偏增量的线性主部;(3)全微分等于各个偏微分之和.但偏微分存在,不能保证全微分存在.

10. 在闭区域G内,如果多元函数有唯一的极大值点,能否断定这个极大值就是函数在闭区域上的最大值?

答　不能.例如,求函数

$$f(x,y)=x^3-4x^2+2xy-y^2$$

在矩形闭域 G. $|x|\leqslant 5$, $|y|\leqslant 1$ 上的极值.由方程组

$$f'_x(x,y)=3x^2-8x+2y=0,$$

$$f'_y(x,y)=2x-2y=0,$$

解得 G 内唯一极值可能取值点是 $(0,0)$,因为

$$f''_{xx}(0,0)=-8,\quad f''_{xy}(0,0)=2,\quad f''_{yy}(0,0)=-2,$$

$$A=-8<0,\quad AC-B^2=12>0.$$

所以,$f(0,0)=0$ 为极大值.但是 $f(5,1)=34$,可见函数在这个唯一的极值点取得极大值,但未必是 G 上的最大值,要想求最大值还需要和边界上的最大值比较.这是多元函数与一元函数的一个差别.另外,多元函数可能在区域内有多个极大值,但无极小值.这也是与一元函数的差别.

11. 多元函数在偏导数不存在的点处可能取得极值吗?

答 可能.比如,函数 $z=\sqrt{x^2+y^2}$ 在点 $(0,0)$ 处两个偏导数都不存在,但在 $(0,0)$ 处取得极小值,且是最小值.函数的图形是顶点在原点倒立的圆锥面.

12. 由拉格朗日乘数法求条件极值,得到可能极值点,是否还要判定?

答 必须判定.只不过我们采取具体问题具体分析的方法判定.比如对实际问题,如果能断定在讨论的范围内要求的最值存在,又只有唯一可能极值点,就可认定这点的函数值就是所求的最值,还有些问题我们可以附以恰当的几何解释,去分析判定.顺便指出,用拉格朗日函数 $F=f(x,y)+\lambda\varphi(x,y)$ 的黑塞矩阵来判定是没有道理的.

8.6 例题分析

偏导数的计算 计算具体函数在指定点 (x_0,y_0) 的偏导数.可根据条件选择不同的方法.

(1) 先求偏导函数,然后代入点 (x_0,y_0);

(2) 先将点的其他坐标代入,使函数变为一元函数,然后求导,如

$$f'_x(x_0,y_0)=[f(x,y_0)]'\big|_{x=x_0};$$

(3) 用偏导数定义计算,如

$$f'_x(x_0,y_0)=\lim_{\Delta x\to 0}\frac{f(x_0+\Delta x,\ y_0)-f(x_0,y_0)}{\Delta x};$$

(4) 通过全微分得到所有一阶偏导数.

多元复合函数求偏导数

(1) 引入中间变量,用链导法则(关键要分清自变量、中间变量、函数及它们的复合关系);

(2) 通过全微分形式不变性,求全微分,得到偏导数;

(3) 求复合函数的高阶偏导数时,要注意函数与中间变量、自变量的复合关系,在偏导

函数中仍然保持不变.计算时要防止丢项,还要注意不同次序的混合偏导数是否与求导次序无关.若是,该合并者必合并化简.

方程与方程组确定的隐函数求偏导数　在 m 个方程构成的方程组中,若有 n 个变量($n>m$),在一定条件下,可以确定出 m 个 $n-m$ 元函数(通俗地说,可解出 m 个变量是另外 $n-m$ 个变量的函数).要认定哪些变量是自变量,哪些变量是因变量.求隐函数的一阶偏导数的方法有:(1) 套用公式(套公式时注意所有 n 个变量都是自变量);(2) 将方程(组)两边同时对某自变量求偏导(注意因变量是自变量的函数),然后解偏导数的代数方程;(3) 方程(组)两边取全微分,得到函数的全微分,从而得到偏导数.求隐函数的高阶偏导数,如二阶偏导数,可以在求出一阶偏导数的基础上再求导(注意一阶偏导函数表达式中的因变量是自变量的隐函数);也可以将隐函数方程(组)两边连续求偏导,然后解出所需的高阶偏导数.

【例 1】　函数 $z=x^3f\left(xy,\ \dfrac{y}{x}\right)$,其中 $f\in C^2$,求 $\dfrac{\partial^2 z}{\partial x\partial y}$.

解

$$\frac{\partial z}{\partial y}=x^3\left(f_1'\cdot x+f_2'\cdot\frac{1}{x}\right)=x^4f_1'+x^2f_2'.$$

$$\begin{aligned}\frac{\partial^2 z}{\partial x\partial y}&=x^4\left(f_{11}''\cdot y+f_{12}''\cdot\frac{-y}{x^2}\right)+4x^3f_1'+x^2\left(f_{21}''\cdot y+f_{22}''\cdot\frac{-y}{x^2}\right)+2xf_2'\\&=x^4yf_{11}''-yf_{22}''+4x^3yf_1'+2xf_2'.\end{aligned}$$

【注】　由于二阶偏导数连续,混合偏导数与求导次序无关,注意选取求导次序以减少运算,同时要化简结果.

【例 2】　函数 $z=z(x,y)$ 由方程 $F(x+y,\ y-z)=0$ 确定,其中 $F\in C^2$,求 $\dfrac{\partial^2 z}{\partial x\partial y}$.

解　由隐函数求导法

$$\frac{\partial z}{\partial x}=\frac{F_1'}{F_2'},\quad \frac{\partial z}{\partial y}=\frac{F_1'+F_2'}{F_2'}=1+\frac{F_1'}{F_2'}.$$

故

$$\begin{aligned}\frac{\partial^2 z}{\partial x\partial y}&=\frac{1}{F_2'^2}\left\{\left[F_{11}''+F_{12}''\left(1-\frac{\partial z}{\partial y}\right)\right]F_2'-F_1'\left[F_{21}''+F_{22}''\left(1-\frac{\partial z}{\partial y}\right)\right]\right\}\\&=\frac{1}{F_2'^3}(F_2'^2F_{11}''-F_1'F_2'F_{12}''-F_1'F_2'F_{21}''+F_1'^2F_{22}'')\\&=\frac{1}{F_2'^3}(F_2'^2F_{11}''-2F_1'F_2'F_{12}''+F_1'^2F_{22}'').\end{aligned}$$

【例 3】　已知 $x+y-z=\mathrm{e}^z,\ x\mathrm{e}^x=\tan t, y=\cos t$,求 $\dfrac{\mathrm{d}z}{\mathrm{d}t}$.

解法 1　由全导数公式

$$\frac{\mathrm{d}z}{\mathrm{d}t}=\frac{\partial z}{\partial x}\frac{\mathrm{d}x}{\mathrm{d}t}+\frac{\partial z}{\partial y}\frac{\mathrm{d}y}{\mathrm{d}t}.$$

设 $F(x,y,z)=x+y-z-\mathrm{e}^z$，由隐函数求导法

$$\frac{\partial z}{\partial x}=\frac{1}{1+\mathrm{e}^z},\quad \frac{\partial z}{\partial y}=\frac{1}{1+\mathrm{e}^z},$$

又

$$\frac{\mathrm{d}x}{\mathrm{d}t}=\frac{\sec^2 t}{(1+x)\mathrm{e}^x},\quad \frac{\mathrm{d}y}{\mathrm{d}t}=-\sin t,$$

故

$$\frac{\mathrm{d}z}{\mathrm{d}t}=\frac{1}{1+\mathrm{e}^z}\left[\frac{\sec^2 t}{(1+x)\mathrm{e}^x}-\sin t\right].$$

解法 2 将 $x+y-z=\mathrm{e}^z$ 两边关于 t 求导，得

$$\frac{\mathrm{d}x}{\mathrm{d}t}+\frac{\mathrm{d}y}{\mathrm{d}t}-\frac{\mathrm{d}z}{\mathrm{d}t}=\mathrm{e}^z\frac{\mathrm{d}z}{\mathrm{d}t},$$

解得

$$\frac{\mathrm{d}z}{\mathrm{d}t}=\frac{1}{1+\mathrm{e}^z}\left(\frac{\mathrm{d}x}{\mathrm{d}t}+\frac{\mathrm{d}y}{\mathrm{d}t}\right)=\frac{1}{1+\mathrm{e}^z}\left[\frac{\sec^2 t}{(1+x)\mathrm{e}^x}-\sin t\right].$$

解法 3 将原方程两边取全微分，得

$$\mathrm{d}x+\mathrm{d}y-\mathrm{d}z=\mathrm{e}^z\mathrm{d}z,$$

$$(1+x)\mathrm{e}^x\mathrm{d}x=\sec^2 t\mathrm{d}t,\quad \mathrm{d}y=-\sin t\mathrm{d}t.$$

解得

$$\mathrm{d}z=\frac{1}{1+\mathrm{e}^z}(\mathrm{d}x+\mathrm{d}y),\quad \mathrm{d}x=\frac{\sec^2 t}{(1+x)\mathrm{e}^x}\mathrm{d}t.$$

于是

$$\frac{\mathrm{d}z}{\mathrm{d}t}=\frac{1}{1+\mathrm{e}^z}\left[\frac{\sec^2 t}{(1+x)\mathrm{e}^x}-\sin t\right].$$

解法 4 由隐函数方程组

$$\begin{cases}x+y-z-\mathrm{e}^z=0,\\ x\mathrm{e}^x-\tan t=0,\\ y-\cos t=0\end{cases}$$

确定的函数的求导法

$$\frac{\mathrm{d}z}{\mathrm{d}t}=-\frac{\begin{vmatrix}1&1&0\\(1+x)\mathrm{e}^x&0&-\sec^2 t\\0&1&\sin t\end{vmatrix}}{\begin{vmatrix}1&1&-1-\mathrm{e}^z\\(1+x)\mathrm{e}^x&0&0\\0&1&0\end{vmatrix}}=\frac{\sec^2 t-(1+x)\mathrm{e}^x\sin t}{(1+\mathrm{e}^z)(1+x)\mathrm{e}^x}.$$

【例 4】　已知函数 $u=u(x,y)\in C^2$，满足方程

$$\frac{\partial^2 u}{\partial x^2}-\frac{\partial^2 u}{\partial y^2}+2\frac{\partial u}{\partial x}+2\frac{\partial u}{\partial y}=0.$$

（1）求常数 α, β，使函数变换 $u(x,y)=\nu(x,y)\mathrm{e}^{\alpha x+\beta y}$ 把方程化为 $\nu(x,y)$ 的不含一阶偏导数的方程.

（2）对新的方程再作自变量变换 $\xi=x-y$, $\eta=x+y$，进一步简化.

思路　通过变量变换简化方程，就是要算复合函数的偏导数.无论是自变量的变换，还是因变量的变换，求偏导数时，一般都要把新引入的变量视为中间变量，明确计算目标.

解　（1）函数 $u=\nu\mathrm{e}^{\alpha x+\beta y}$ 分别对 x,y 求偏导

$$\frac{\partial u}{\partial x}=\left(\alpha\nu+\frac{\partial\nu}{\partial x}\right)\mathrm{e}^{\alpha x+\beta y},\quad \frac{\partial u}{\partial y}=\left(\beta\nu+\frac{\partial\nu}{\partial y}\right)\mathrm{e}^{\alpha x+\beta y},$$

$$\frac{\partial^2 u}{\partial x^2}=\left(\alpha^2\nu+2\alpha\frac{\partial\nu}{\partial x}+\frac{\partial^2\nu}{\partial x^2}\right)\mathrm{e}^{\alpha x+\beta y},\quad \frac{\partial^2 u}{\partial y^2}=\left(\beta^2\nu+2\beta\frac{\partial\nu}{\partial y}+\frac{\partial^2\nu}{\partial y^2}\right)\mathrm{e}^{\alpha x+\beta y}.$$

代入原方程，消去 $\mathrm{e}^{\alpha x+\beta y}$ 得

$$\frac{\partial^2\nu}{\partial x^2}-\frac{\partial^2\nu}{\partial y^2}+(2+2\alpha)\frac{\partial\nu}{\partial x}+(2-2\beta)\frac{\partial\nu}{\partial x}+(\alpha^2-\beta^2+2\alpha+2\beta)\nu=0.$$

取 $\alpha=-1$, $\beta=1$ 时，上式将不出现 ν 的一阶偏导数，方程变为

$$\frac{\partial^2\nu}{\partial x^2}-\frac{\partial^2\nu}{\partial y^2}=0.$$

（2）对函数 $\nu=\nu(x,y)$，引入新自变量 $\xi=x-y$, $\eta=x+y$，则

$$\frac{\partial\nu}{\partial x}=\frac{\partial\nu}{\partial\xi}\frac{\partial\xi}{\partial x}+\frac{\partial\nu}{\partial\eta}\frac{\partial\eta}{\partial x}=\frac{\partial\nu}{\partial\xi}+\frac{\partial\nu}{\partial\eta},$$

$$\frac{\partial\nu}{\partial y}=\frac{\partial\nu}{\partial\xi}\frac{\partial\xi}{\partial y}+\frac{\partial\nu}{\partial\eta}\frac{\partial\eta}{\partial y}=-\frac{\partial\nu}{\partial\xi}+\frac{\partial\nu}{\partial\eta},$$

$$\frac{\partial^2\nu}{\partial x^2}=\frac{\partial^2\nu}{\partial\xi^2}+2\frac{\partial^2\nu}{\partial\xi\partial\eta}+\frac{\partial^2\nu}{\partial\eta^2},\quad \frac{\partial^2\nu}{\partial y^2}=\frac{\partial^2\nu}{\partial\xi^2}-2\frac{\partial^2\nu}{\partial\xi\partial\eta}+\frac{\partial^2\nu}{\partial\eta^2}.$$

代入（1）中最后的方程，得

$$\frac{\partial^2\nu}{\partial\xi\partial\eta}=0.$$

【例 5】　设 $f\in C^2$，而函数 $z=f(\mathrm{e}^x\sin y)$ 满足方程

$$\frac{\partial^2 z}{\partial x^2}+\frac{\partial^2 z}{\partial y^2}=\mathrm{e}^{2x}z,$$

求函数 $f(u)$.

思路　作变换 $u=\mathrm{e}^x\sin y$，看 $f(u)$ 满足的方程.

解 令 $u=e^x\sin y$,则 $z=f(u)$,

$$\frac{\partial z}{\partial x}=f'(u)\frac{\partial u}{\partial x}=f'(u)e^x\sin y,\quad \frac{\partial z}{\partial y}=f'(u)\frac{\partial u}{\partial y}=f'(u)e^x\cos y,$$

$$\frac{\partial^2 z}{\partial x^2}=f''(u)(e^x\sin y)^2+f'(u)e^x\sin y,$$

$$\frac{\partial^2 z}{\partial y^2}=f''(u)(e^x\cos y)^2-f'(u)e^x\sin y.$$

代入方程,消去 e^{2x},得

$$f''(u)-f(u)=0.$$

解二阶常系数齐次线性微分方程,得

$$f(u)=c_1e^{-u}+c_2e^u,$$

其中 c_1, c_2为两个任意常数.

【例 6】 设函数$f(u,v)\in C^1$, $z=f(x^2-y^2,\cos xy)$, $x=r\cos\theta$, $y=r\sin\theta$,证明

$$\cos\theta\frac{\partial z}{\partial r}-\frac{1}{r}\sin\theta\frac{\partial z}{\partial\theta}=2x\frac{\partial z}{\partial u}-y\sin xy\cdot\frac{\partial z}{\partial v}.$$

思路 z 是 u,v 的函数,u,v 是 x,y 的函数,x,y 又是 r,θ 的函数,多重复合且涉及自变量的所有一阶偏导数,所以用雅可比矩阵形式给出的链导公式更方便.

证明

$$\begin{aligned}
&\cos\theta\frac{\partial z}{\partial r}-\frac{1}{r}\sin\theta\frac{\partial z}{\partial\theta}\\
&=\begin{pmatrix}\dfrac{\partial z}{\partial r} & \dfrac{\partial z}{\partial\theta}\end{pmatrix}\begin{pmatrix}\cos\theta\\ -\dfrac{1}{r}\sin\theta\end{pmatrix}\\
&=\left(\frac{\partial z}{\partial(u,v)}\right)\left(\frac{\partial(u,v)}{\partial(x,y)}\right)\left(\frac{\partial(x,y)}{\partial(r,\theta)}\right)\begin{pmatrix}\cos\theta\\ -\dfrac{1}{r}\sin\theta\end{pmatrix}\\
&=\begin{pmatrix}\dfrac{\partial z}{\partial u} & \dfrac{\partial z}{\partial v}\end{pmatrix}\begin{pmatrix}\dfrac{\partial u}{\partial x} & \dfrac{\partial u}{\partial y}\\ \dfrac{\partial v}{\partial x} & \dfrac{\partial v}{\partial y}\end{pmatrix}\begin{pmatrix}\dfrac{\partial x}{\partial r} & \dfrac{\partial x}{\partial\theta}\\ \dfrac{\partial y}{\partial r} & \dfrac{\partial y}{\partial\theta}\end{pmatrix}\begin{pmatrix}\cos\theta\\ -\dfrac{1}{r}\sin\theta\end{pmatrix}\\
&=\begin{pmatrix}\dfrac{\partial z}{\partial u} & \dfrac{\partial z}{\partial v}\end{pmatrix}\begin{pmatrix}2x & -2y\\ -y\sin xy & -x\sin xy\end{pmatrix}\begin{pmatrix}\cos\theta & -r\sin\theta\\ \sin\theta & r\cos\theta\end{pmatrix}\begin{pmatrix}\cos\theta\\ -\dfrac{1}{r}\sin\theta\end{pmatrix}\\
&=\begin{pmatrix}\dfrac{\partial z}{\partial u} & \dfrac{\partial z}{\partial v}\end{pmatrix}\begin{pmatrix}2x & -2y\\ -y\sin xy & -x\sin xy\end{pmatrix}\begin{pmatrix}1\\ 0\end{pmatrix}\\
&=\begin{pmatrix}\dfrac{\partial z}{\partial u} & \dfrac{\partial z}{\partial v}\end{pmatrix}\begin{pmatrix}2x\\ -y\sin xy\end{pmatrix}=2x\frac{\partial z}{\partial u}-y\sin xy\frac{\partial z}{\partial v}.
\end{aligned}$$

【例 7】　设函数 $z=z(x,y)$ 由方程 $\frac{x}{z}=\varphi\left(\frac{y}{z}\right)$ 确定，$\varphi\in C^2$.证明

$$x\frac{\partial z}{\partial x}+y\frac{\partial z}{\partial y}=z \tag{1}$$

及

$$\frac{\partial^2 z}{\partial x^2}\frac{\partial^2 z}{\partial y^2}=\left(\frac{\partial^2 z}{\partial x\partial y}\right)^2. \tag{2}$$

证明　将方程两边取全微分得

$$\frac{z\mathrm{d}x-x\mathrm{d}z}{z^2}=\varphi'\frac{z\mathrm{d}y-y\mathrm{d}z}{z^2},$$

故

$$(x-y\varphi')\mathrm{d}z=z\mathrm{d}x-z\varphi'\mathrm{d}y,$$

因此

$$\frac{\partial z}{\partial x}=\frac{z}{x-y\varphi'},\quad \frac{\partial z}{\partial y}=\frac{-z\varphi'}{x-y\varphi'},$$

代入(1)式左边得

$$x\frac{\partial z}{\partial x}+y\frac{\partial z}{\partial y}=\frac{zx-zy\varphi'}{x-y\varphi'}=z.$$

将(1)式两边分别对 x,y 求偏导，得

$$\frac{\partial z}{\partial x}+x\frac{\partial^2 z}{\partial x^2}+y\frac{\partial^2 z}{\partial y\partial x}=\frac{\partial z}{\partial x},$$

$$x\frac{\partial^2 z}{\partial x\partial y}+\frac{\partial z}{\partial y}+y\frac{\partial^2 z}{\partial y^2}=\frac{\partial z}{\partial y},$$

即有

$$x\frac{\partial^2 z}{\partial x^2}=-y\frac{\partial^2 z}{\partial y\partial x},\quad y\frac{\partial^2 z}{\partial y^2}=-x\frac{\partial^2 z}{\partial x\partial y}.$$

两式相乘，消去 xy，并注意 $\frac{\partial^2 z}{\partial x\partial y}=\frac{\partial^2 z}{\partial y\partial x}$，便得到(2)式

$$\frac{\partial^2 z}{\partial x^2}\frac{\partial^2 z}{\partial y^2}=\left(\frac{\partial^2 z}{\partial x\partial y}\right)^2.$$

【例 8】　设函数 $z=z(x,y)$ 由方程 $\frac{x}{z}=\Phi(x+y,\ yz)$ 确定，$\Phi\in C^1$，求全微分 $\mathrm{d}z$.

解　方程两边取全微分，由微分法则有

$$\frac{z\mathrm{d}x-x\mathrm{d}z}{z^2}=\Phi_1'(\mathrm{d}x+\mathrm{d}y)+\Phi_2'(y\mathrm{d}z+z\mathrm{d}y),$$

于是

$$\left(\frac{x}{z^2}+y\Phi_2'\right)\mathrm{d}z=\left(\frac{1}{z}-\Phi_1'\right)\mathrm{d}x-(\Phi_1'+z\Phi_2')\mathrm{d}y,$$

故

$$\mathrm{d}z=\frac{z(1-z\Phi_1')\mathrm{d}x-z^2(\Phi_1'+z\Phi_2')\mathrm{d}y}{x+yz^2\Phi_2'}.$$

【注】 求函数的全微分常用的方法有三个,其一是先求偏导数(观察是否连续),然后在偏导数连续条件下,写出函数的全微分;其二是用微分法则进行运算得到全微分;第三个方法是按定义,求函数的全增量的线性主部.

【例 9】 试证

$$f(x,y)=\begin{cases}\dfrac{x^3-y^3}{x^2+y^2}, & (x,y)\neq(0,0),\\ 0, & (x,y)=(0,0)\end{cases}$$

在点(0,0)处的偏导数存在,但不可微.

证明 由偏导数定义

$$f_x'(0,0)=\lim_{\Delta x\to 0}\frac{f(\Delta x,0)-f(0,0)}{\Delta x}=\lim_{\Delta x\to 0}\frac{\Delta x}{\Delta x}=1.$$

同理可得 $f_y'(0,0)=-1$,所以在点(0,0)处两个偏导数都存在.

由于

$$\frac{\Delta z-f_x'(0,0)\Delta x-f_y'(0,0)\Delta y}{\sqrt{(\Delta x)^2+(\Delta y)^2}}=\frac{\dfrac{(\Delta x)^3-(\Delta y)^3}{(\Delta x)^2+(\Delta y)^2}-\Delta x+\Delta y}{\sqrt{(\Delta x)^2+(\Delta y)^2}}$$

$$=\frac{\Delta x\Delta y(\Delta x-\Delta y)}{[(\Delta x)^2+(\Delta y)^2]^{3/2}},$$

沿直线 $\Delta y=k\Delta x$ 有

$$\lim_{\substack{\Delta x\to 0\\ \Delta y=k\Delta x}}\frac{\Delta x\Delta y(\Delta x-\Delta y)}{[(\Delta x)^2+(\Delta y)^2]^{3/2}}=\lim_{\Delta x\to 0}\frac{k(1-k)(\Delta x)^3}{(1+k^2)^{3/2}(\Delta x)^3}=\frac{k(1-k)}{(1+k^2)^{3/2}}.$$

因此 $\Delta z-f_x'(0,0)\Delta x-f_y'(0,0)\Delta y$ 不是 $\rho=\sqrt{(\Delta x)^2+(\Delta y)^2}$ 的高阶无穷小.故函数 $f(x,y)$ 在点(0,0)处不可微.

【例 10】　设

$$f(x,y)=\begin{cases}(x^2+y^2)\sin\dfrac{1}{x^2+y^2}, & x^2+y^2\neq 0,\\ 0, & x^2+y^2=0.\end{cases}$$

证明:(1) 在 $U(0,0)$ 内偏导数 $f'_x(x,y)$, $f'_y(x,y)$ 存在;(2) $f'_x(x,y)$, $f'_y(x,y)$ 在点 $(0,0)$ 处不连续;(3) 在点 $(0,0)$ 处 $f(x,y)$ 可微.

证明　(1) 当 $x^2+y^2\neq 0$ 时,由求导法则知

$$f'_x(x,y)=2x\sin\frac{1}{x^2+y^2}+(x^2+y^2)\cos\frac{1}{x^2+y^2}\left[-\frac{2x}{(x^2+y^2)^2}\right]$$

$$=2x\sin\frac{1}{x^2+y^2}-\frac{2x}{x^2+y^2}\cos\frac{1}{x^2+y^2}.$$

当 $x^2+y^2=0$ 时,由偏导数定义得

$$f'_x(0,0)=\lim_{x\to 0}\frac{f(x,0)-f(0,0)}{x}=\lim_{x\to 0}x\sin\frac{1}{x^2}=0.$$

根据对等性知

$$f'_y(x,y)=2y\sin\frac{1}{x^2+y^2}-\frac{2y}{x^2+y^2}\cos\frac{1}{x^2+y^2}\quad(x^2+y^2\neq 0),$$

$$f'_y(0,0)=0.$$

(2) 沿直线 $y=0$(x 轴),因为

$$\lim_{\substack{x\to 0\\ y=0}}2x\sin\frac{1}{x^2+y^2}=0,$$

$$\lim_{\substack{x\to 0\\ y=0}}\frac{2x}{x^2+y^2}\cos\frac{1}{x^2+y^2}=\lim_{x\to 0}\frac{2}{x}\cos\frac{1}{x^2}\quad(\text{不存在}).$$

所以 $\lim\limits_{\substack{x\to 0\\ y\to 0}}f'_x(x,y)$ 不存在,因此 $f'_x(x,y)$ 在 $(0,0)$ 处不连续.对等地,知 $f'_y(x,y)$ 在 $(0,0)$ 处也不连续.

(3) 因为 $(\Delta x,\Delta y)\to(0,0)$ 时

$$\frac{\Delta z-f'_x(0,0)\Delta x-f'_y(0,0)\Delta y}{\sqrt{(\Delta x)^2+(\Delta y)^2}}=\sqrt{(\Delta x)^2+(\Delta y)^2}\sin\frac{1}{(\Delta x)^2+(\Delta y)^2}\to 0,$$

所以 $f(x,y)$ 在点 $(0,0)$ 处可微,且 $\mathrm{d}f(0,0)=0$.

【注】　此例说明了偏导数连续是可微的充分条件,不是必要条件.

【例 11】　设 $u(x,y)\in C^2$,证明无零值的函数 $u(x,y)$ 可分离变量(即 $u(x,y)=f(x)\cdot g(y)$)的充分必要条件是

$$u\frac{\partial^2 u}{\partial x\partial y}=\frac{\partial u}{\partial x}\frac{\partial u}{\partial y}.$$

思路 （必要性）只需计算偏导数.（充分性）要理解多元函数的偏导数本质上是一元函数的导数，它的逆运算就是一元函数求原函数（不定积分）.有所差别的是任意常数（积分常数），这里应该是其他变量的任意函数.

证明 （必要性）设 $u(x,y)=f(x)g(y)$，则

$$\frac{\partial u}{\partial x}=f'(x)g(y),\quad \frac{\partial u}{\partial y}=f(x)g'(y),\quad \frac{\partial^2 u}{\partial x\partial y}=f'(x)g'(y),$$

因此

$$u\frac{\partial^2 u}{\partial x\partial y}=f(x)g(y)f'(x)g'(y)=\frac{\partial u}{\partial x}\frac{\partial u}{\partial y}.$$

（充分性） 因为 $\frac{\partial^2 u}{\partial x\partial y}=\frac{\partial}{\partial y}\left(\frac{\partial u}{\partial x}\right)$，所以由题设条件有

$$u(u'_x)'_y-(u'_x)(u'_y)=0,$$

可推知

$$\left(\frac{u'_x}{u}\right)'_y=0.$$

两边关于 y 积分得

$$\frac{u'_x}{u}=c_1(x),$$

其中 $c_1(x)$ 是 x 的任一可微函数.即有

$$(\ln|u|)'_x=c_1(x).$$

再对 x 积分得

$$\ln|u|=\int c_1(x)\,\mathrm{d}x+c_2(y).$$

故

$$u(x,y)=\mathrm{e}^{\int c_1(x)\mathrm{d}x}\mathrm{e}^{c_2(y)}=f(x)\cdot g(y).$$

其中 $c_2(y)$ 是 y 的任一可微函数.

【例 12】 已知 $\frac{\partial z}{\partial x}=-\sin y+\frac{1}{1-xy}$，且 $z(0,y)=2\sin y+y^2$，求函数 $z(x,y)$.

思路 这是由二元函数的一个偏导数求原函数的问题.因为多元函数对一个自变量求偏导数时，其他自变量是不变的（可视为常量），用一元函数求导公式和法则就可求得多元函数的偏导数.现在问题反过来，自然可以用不定积分由偏导数求原函数.

解　将等式

$$\frac{\partial z}{\partial x}=-\sin y+\frac{1}{1-xy}$$

两边对 x 积分(视 y 为常量),得

$$z(x,y)=-x\sin y-\frac{1}{y}\ln|1-xy|+\varphi(y),$$

其中 $\varphi(y)$ 为 y 的任意函数(注意,这里与一元函数的不定积分有所差异,其实对 x 来说,它不过是与 x 无关的数).

又由条件 $z(0,y)=2\sin y+y^2$,代入上式知

$$\varphi(y)=2\sin y+y^2,$$

因此,所求的二元函数为

$$z(x,y)=(2-x)\sin y-\frac{1}{y}\ln|1-xy|+y^2.$$

【例 13】　在曲线 $x=t,y=-t^2,z=t^3$ 的所有切线中,与平面 $x+2y+z=4$ 平行的切线条数为(　　).

(A) 1　　(B) 2　　(C) 3　　(D) 0

分析　曲线的切向量 $\boldsymbol{t}=(1,\ -2t,\ 3t^2)$,平面的法向量 $\boldsymbol{n}=(1,2,1)$,由垂直条件

$$\boldsymbol{t}\cdot\boldsymbol{n}=1-4t+3t^2=0,$$

解得 $t_1=1,t_2=\frac{1}{3}$,故有两条切线与给定的平面平行.

应选 B.

【例 14】　已知一椭球面方程为

$$x^2+y^2+z^2-yz-1=0.$$

求其切平面与 Oxy 平面垂直的切点的轨迹,并求此椭球面在 Oxy 面的投影域 σ_{xy}.

解　椭球面上任一点 (x,y,z) 处的法向量是 $\boldsymbol{n}=(2x,\ 2y-z,\ 2z-y)$.切平面与 Oxy 面垂直,等价于它们的法向量垂直

$$\boldsymbol{n}\cdot\boldsymbol{k}=0.$$

于是得到 $2z-y=0$,将它代入椭球面方程得到所求切点的轨迹方程为

$$\begin{cases}2z-y=0,\\ x^2+\frac{3}{4}y^2=1.\end{cases}$$

这个轨迹是椭球面与平面 $2z-y=0$ 的交线.上式说明这个轨迹也是母线平行 z 轴的椭圆柱面 $x^2+\frac{3}{4}y^2=1$ 与平面 $2z-y=0$ 的交线.不难看出椭球面在 Oxy 面上的投影域为

$$\sigma_{xy}: x^2+\frac{3}{4}y^2 \leqslant 1.$$

【例 15】 设函数 $z=f(x,y)$ 在点 $(0,0)$ 附近有定义,且 $f'_x(0,0)=3, f'_y(0,0)=1$,则(　　).

(A) 曲面 $z=f(x,y)$ 在点 $(0,0,f(0,0))$ 处的法向量为 $(3,1,-1)$

(B) 曲面 $z=f(x,y)$ 在点 $(0,0,f(0,0))$ 处的法向量为 $(3,1,1)$

(C) 曲线 $\begin{cases} z=f(x,y), \\ y=0 \end{cases}$ 在点 $(0,0,f(0,0))$ 处的切向量为 $(1,0,3)$

(D) 曲线 $\begin{cases} z=f(x,y), \\ y=0 \end{cases}$ 在点 $(0,0,f(0,0))$ 处的切向量为 $(3,0,1)$

分析 $f(x,y)$ 未必可微,未必有切平面,即未必有法向量,否定(A)、(B).所述曲线参数方程为 $x=x,\ y=0,\ z=f(x,0)$,在 $x=0$ 对应点的切向量 $\boldsymbol{t}=(1,0,3)$.

应选 C.

【例 16】 已知函数 $f(x,y)$ 在点 $(0,0)$ 的某邻域内连续,且

$$\lim_{\substack{x\to 0\\ y\to 0}}\frac{f(x,y)-axy}{(x^2+y^2)^2}=1,$$

其中 a 为非零常数,则 $f(0,0)$(　　).

(A) 不是极值　　(B) 是极大值

(C) 是极小值　　(D) 是否取极值与 a 有关

思路 充分挖掘所给极限蕴含的信息,通过极值的定义判定.

分析 显然 $f(0,0)=0$.当 $y=x$ 时,由

$$\lim_{x\to 0}\frac{f(x,x)-ax^2}{4x^4}=1,$$

知 $[f(x,x)-ax^2]\sim 4x^4$. 因此 $f(x,x)\sim ax^2$.故 x 充分小时,$f(x,x)$ 与 a 同号.

当 $y=-x$ 时,由

$$\lim_{x\to 0}\frac{f(x,-x)+ax^2}{4x^4}=1,$$

知 $[f(x,-x)+ax^2]\sim 4x^4$.因此 $f(x,-x)\sim(-ax^2)$.故 x 充分小时,$f(x,-x)$ 与 $-a$ 同号.

总之,在点 $(0,0)$ 附近,$f(x,y)$ 是变号函数,$f(0,0)=0$ 不是极值.

应选 A.

【注】 多元函数的研究有两种思考方法,其一是全方位的考察,其二是单向性的讨论.多元函数的极限、连续、全微分、黎曼积分概念都是全方位的,偏导数、方向导数、累次积分等都是单向性的.多元函数的一些计算问题,多半采用单向性的方法,如全微分等于各偏微分的和,重积分化为累次积分,用单向性的手段否定全方位的概念是个简单且重要的方法.

【例 17】 设 $F(x,y,z)$ 具有连续的偏导数,且 F'_x, F'_y, F'_z 不同时为零.如果对任意实数 t,有

$$F(tx,ty,tz)=t^kF(x,y,z)$$

(k 是正整数),则称 $F(x,y,z)$ 为 k 次齐次函数.试证曲面 $F(x,y,z)=0$ 上任一点处的切平面相交于一个定点.

思路　写出切平面方程,分析齐次函数特点.

证明　设 $p(x,y,z)$ 是曲面上任一点,过点 p 的切平面方程为

$$F'_x(x,y,z)(X-x)+F'_y(x,y,z)(Y-y)+F'_z(x,y,z)(Z-z)=0.$$

由于 $F(tx,ty,tz)=t^kF(x,y,z)$,令 $u=tx,\ v=ty,\ w=tz$,将等式两边对 t 求导,得

$$xF'_u+yF'_v+zF'_w=kt^{k-1}F(x,y,z).$$

两边乘 t 得

$$uF'_u+vF'_v+wF'_w=kt^kF(x,y,z)=kF(u,v,w),$$

说明齐次函数具有如下特点

$$xF'_x+yF'_y+zF'_z=kF(x,y,z).$$

因此,上述切平面方程为(注意曲面方程为 $F(x,y,z)=0$)

$$F'_x(x,y,z)X+F'_y(x,y,z)Y+F'_z(x,y,z)Z=0.$$

显然它们都通过坐标原点(0,0,0).

【注】　这里的曲面 $F(x,y,z)=0$ 是以原点为顶点的锥面.

【例 18】　证明:空间曲线 Γ

$$\begin{cases}F(x,y,z)=0,\\ G(x,y,z)=0\end{cases}$$

在 xOy 平面上的投影曲线 l 的切线,是 Γ 上相应的切线在 xOy 平面上的投影,其中 $F,\ G$ 具有连续的一阶偏导数.

思路　写出 Γ,l 的切线方程进行比较.

证明　设 $P_0(x_0,y_0,z_0)$ 是 Γ 上任一点,Γ 在 P_0处的切向量为

$$\boldsymbol{t}=\begin{vmatrix}\boldsymbol{i}&\boldsymbol{j}&\boldsymbol{k}\\ F'_x&F'_y&F'_z\\ G'_x&G'_y&G'_z\end{vmatrix}_{P_0}=\left(\begin{vmatrix}F'_y&F'_z\\ G'_y&G'_z\end{vmatrix},\begin{vmatrix}F'_z&F'_x\\ G'_z&G'_x\end{vmatrix},\begin{vmatrix}F'_x&F'_y\\ G'_x&G'_y\end{vmatrix}\right)_{P_0}.$$

所以切线方程为

$$\frac{x-x_0}{\begin{vmatrix}F'_y&F'_z\\ G'_y&G'_z\end{vmatrix}_{P_0}}=\frac{y-y_0}{\begin{vmatrix}F'_z&F'_x\\ G'_z&G'_x\end{vmatrix}_{P_0}}=\frac{z-z_0}{\begin{vmatrix}F'_x&F'_y\\ G'_x&G'_y\end{vmatrix}_{P_0}}.$$

设曲线 Γ 的隐函数方程组确定函数 $y=y(x),z=z(x)$,所以 Γ 在 xOy 平面的投影曲线 l 的方程为 $y=y(x)$,由隐函数求导法得曲线 l 的切线斜率

$$\frac{\mathrm{d}y}{\mathrm{d}x}=-\frac{\begin{vmatrix} F'_x & F'_z \\ G'_x & G'_z \end{vmatrix}}{\begin{vmatrix} F'_y & F'_z \\ G'_y & G'_z \end{vmatrix}}.$$

点 $P_0(x_0,y_0,z_0)$ 在 xOy 平面的投影点 $M_0(x_0,y_0)$，$y_0=y(x_0)$，l 在点 M_0 的切线方程为

$$y-y_0=-\frac{\begin{vmatrix} F'_x & F'_z \\ G'_x & G'_z \end{vmatrix}_{P_0}}{\begin{vmatrix} F'_y & F'_z \\ G'_y & G'_z \end{vmatrix}_{P_0}}(x-x_0),$$

即

$$\frac{x-x_0}{\begin{vmatrix} F'_y & F'_z \\ G'_y & G'_z \end{vmatrix}_{P_0}}=\frac{y-y_0}{\begin{vmatrix} F'_z & F'_x \\ G'_z & G'_x \end{vmatrix}_{P_0}}.$$

比较两个切线方程知结论成立.

【例 19】 设 $u(x,y,z)$，$v(x,y,z)$ 均有连续的偏导数，则 $u=u(x,y,z)$ 在 $v=v(x,y,z)$ 的梯度方向上的方向导数为零的充要条件是________.

分析 $\mathbf{grad}\,v$ 的方向是 v 的梯度方向.u 在这个方向的方向导数等于 u 的梯度 $\mathbf{grad}\,u$ 在此方向上的投影.所以这个方向导数为零的充要条件是 $\mathbf{grad}\,u\cdot\mathbf{grad}\,v=0$（或者说 u,v 满足关系 $\frac{\partial u}{\partial x}\frac{\partial v}{\partial x}+\frac{\partial u}{\partial y}\frac{\partial v}{\partial y}+\frac{\partial u}{\partial z}\frac{\partial v}{\partial z}=0$）.

应填 $\mathbf{grad}\,u\cdot\mathbf{grad}\,v=0$.

【例 20】 已知直线 $l:\begin{cases}4x+2y+z=8,\\2y-z=0\end{cases}$ 在平面 π 上，且平面 π 与曲面 $4x^2+2y^2+z^2=8$ 相切，求平面 π 的方程.

解 设 π 与曲面的切点为 (x_0,y_0,z_0)，在该点处曲面的法向量为

$$\boldsymbol{n}=(8x_0,\ 4y_0,\ 2z_0).$$

由过直线 l 的平面束，设平面 π 的方程为

$$4x+2y+z-8+\lambda(2y-z)=0,$$

其中 λ 为待定常数，平面 π 的法向量为

$$(4,\ 2(1+\lambda),\ (1-\lambda)).$$

由题设条件知

$$\begin{cases}\dfrac{8x_0}{4}=\dfrac{4y_0}{2(1+\lambda)}=\dfrac{2z_0}{1-\lambda},\\ 4x_0^2+2y_0^2+z_0^2=8,\\ 4x_0+2(1+\lambda)y_0+(1-\lambda)z_0=8.\end{cases}$$

解得 $x_0=1,\ y_0=0,\ z_0=2,\ \lambda=-1$ 及 $x_0=1,\ y_0=\dfrac{4}{3},\ z_0=\dfrac{2}{3},\ \lambda=\dfrac{1}{3}$.故适合要求的平面有两个，分别是

$$2x+z=4,$$

与

$$6x+4y+z=12.$$

至此,平面束方程中未包含的平面 $2y-z=0$,不可能是题目要求的平面 π.

【例 21】 求函数 $w=\mathrm{e}^{-2y}\ln(x+z^2)$ 在点 $P_0(\mathrm{e}^2,\ 1,\ \mathrm{e})$ 处,沿曲面 $x=\mathrm{e}^{u+v},\ y=\mathrm{e}^{u-v},\ z=\mathrm{e}^{uv}$ 的向上法方向的方向导数.

解 点 $P_0(\mathrm{e}^2,1,\mathrm{e})$ 在曲面上对应的参数 $u=1,v=1$.曲面在点 P_0 处的法向量为

$$\begin{vmatrix} \boldsymbol{i} & \boldsymbol{j} & \boldsymbol{k}\\ x'_u & y'_u & z'_u\\ x'_v & y'_v & z'_v\end{vmatrix}=\begin{vmatrix} \boldsymbol{i} & \boldsymbol{j} & \boldsymbol{k}\\ \mathrm{e}^{u+v} & \mathrm{e}^{u-v} & v\mathrm{e}^{uv}\\ \mathrm{e}^{u+v} & -\mathrm{e}^{u-v} & u\mathrm{e}^{uv}\end{vmatrix}_{\substack{u=1\\ v=1}}=\begin{vmatrix} \boldsymbol{i} & \boldsymbol{j} & \boldsymbol{k}\\ \mathrm{e}^2 & 1 & \mathrm{e}\\ \mathrm{e}^2 & -1 & \mathrm{e}\end{vmatrix}=(2\mathrm{e},\ 0,\ -2\mathrm{e}^2),$$

是向下的法向量,故所述的向上的单位法向量为

$$\boldsymbol{n}^0=\left(\frac{-1}{\sqrt{1+\mathrm{e}^2}},\ 0,\ \frac{\mathrm{e}}{\sqrt{1+\mathrm{e}^2}}\right).$$

又

$$\begin{aligned}\mathbf{grad}\ w\,\Big|_{P_0}&=\left(\frac{\mathrm{e}^{-2y}}{x+z^2},\ -2\mathrm{e}^{-2y}\ln(x+z^2),\ \frac{2z\mathrm{e}^{-2y}}{x+z^2}\right)_{P_0}\\ &=\left(\frac{1}{2\mathrm{e}^4},\ -\frac{2}{\mathrm{e}^2}(2+\ln 2),\ \frac{1}{\mathrm{e}^3}\right).\end{aligned}$$

所以

$$\left.\frac{\partial w}{\partial \boldsymbol{n}}\right|_{P_0}=\mathbf{grad}\ w\,\Big|_{P_0}\cdot\boldsymbol{n}^0=\frac{2\mathrm{e}^2-1}{2\mathrm{e}^4\sqrt{1+\mathrm{e}^2}}.$$

【例 22】 证明:函数

$$z=(1+\mathrm{e}^y)\cos x-y\mathrm{e}^y$$

有无穷多个极大值,但无极小值.

证明 令

$$\frac{\partial z}{\partial x}=-(1+e^y)\sin x=0,\quad \frac{\partial z}{\partial y}=(\cos x-1-y)e^y=0.$$

解得驻点$(k\pi,\cos k\pi-1)$，$k=0,\pm1,\pm2,\cdots$.由于

$$A=\frac{\partial^2 z}{\partial x^2}=-(1+e^y)\cos x,\quad B=\frac{\partial^2 z}{\partial x\partial y}=-e^y\sin x,$$

$$C=\frac{\partial^2 z}{\partial y^2}=(\cos x-2-y)e^y.$$

当$k=0,\pm2,\pm4,\cdots$时，$y=\cos k\pi-1=0$.

$$A\Big|_{\substack{x=k\pi\\y=0}}=-2,\quad B\Big|_{\substack{x=k\pi\\y=0}}=0,\quad C\Big|_{\substack{x=k\pi\\y=0}}=-1.$$

所以，$A<0$，$AC-B^2>0$，故点$(2n\pi,0)$处函数均取极大值.

当$k=\pm1,\pm3,\cdots$时，$y=\cos k\pi-1=-2$.

$$A\Big|_{\substack{x=k\pi\\y=-2}}=1+e^{-2},\quad B\Big|_{\substack{x=k\pi\\y=-2}}=0,\quad C\Big|_{\substack{x=k\pi\\y=-2}}=-e^{-2}.$$

所以，$AC-B^2=-e^{-2}(1+e^2)<0$，故点$(2(n+1)\pi,-2)$处函数均不取极值.

所以，此函数有无穷多个极大值，但无极小值.

【注】 一元连续函数在两个极大值之间必有极小值，而本例说明多元函数没有这样的结论，这是多元函数与一元函数的一个差别.

【例 23】 确定正数 a，使椭球面 $x^2+\frac{y^2}{4}+\frac{z^2}{9}=a^2$ 与平面 $3x-2y+z=34$ 相切.

思路 1 切点处两个面有共同的法向量.

解法 1 设切点为(x_0,y_0,z_0)，椭球面的法向量

$$\boldsymbol{n}_1=\left(2x_0,\frac{y_0}{2},\frac{2z_0}{9}\right)$$

与平面的法向量

$$\boldsymbol{n}_2=(3,-2,1)$$

平行，令

$$\frac{2x_0}{3}=\frac{\frac{y_0}{2}}{-2}=\frac{\frac{2z_0}{9}}{1}=\lambda,$$

则 $x_0=\frac{3}{2}\lambda$，$y_0=-4\lambda$，$z_0=\frac{9}{2}\lambda$.代入平面方程解得 $\lambda=2$.因此切点应为$(3,-8,9)$.它也在椭球面上，于是

$$a^2=3^2+\frac{64}{4}+\frac{81}{9}=34,$$

求得 $a=\sqrt{34}$.

思路 2　三元函数 $u=x^2+\frac{y^2}{4}+\frac{z^2}{9}$ 的等值面是以原点为中心的椭球面，所求的切点是平面上使 u 取得最小值的点，这个最小值就是 a^2（几何的思考，使问题转化）.

解法 2　求目标函数 $u=x^2+\frac{y^2}{4}+\frac{z^2}{9}$ 在条件 $3x-2y+z=34$ 下的最小值.设

$$F=x^2+\frac{y^2}{4}+\frac{z^2}{9}+\lambda(3x-2y+z-34),$$

由方程组

$$F'_x=2x+3\lambda=0,\quad F'_y=\frac{y}{2}-2\lambda=0,\quad F'_z=\frac{2z}{9}+\lambda=0,$$

$$F'_\lambda=3x-2y+z-34=0.$$

解得唯一极值可能取值点(3, -8, 9).由于问题中最小值是存在的，所以这个点就是条件极值取得最小值的点，且因此 $a=\sqrt{34}$.

【例 24】　设 l_1,l_2 为平面上两条光滑的不相交的闭曲线，其方程依次为

$$f(x,y)=0,\quad g(x,y)=0,$$

其中 f,g 具有连续的偏导数，且 f'_x,f'_y 不同时为零，g'_x,g'_y 不同时为零.如果点 $(\alpha,\beta)\in l_1$，点 $(\xi,\eta)\in l_2$ 是两条曲线上相距最远或最近的点，证明

$$\begin{vmatrix} \boldsymbol{i} & \boldsymbol{j} & \boldsymbol{k} \\ f'_x(\alpha,\beta) & g'_x(\xi,\eta) & \alpha-\xi \\ f'_y(\alpha,\beta) & g'_y(\xi,\eta) & \beta-\eta \end{vmatrix}=\boldsymbol{0}, \tag{1}$$

并说明其几何意义.

证明　在约束条件 $f(x_1,y_1)=0$，$g(x_2,y_2)=0$ 下，两个点 (x_1,y_1)，(x_2,y_2) 的距离

$$d=\sqrt{(x_1-x_2)^2+(y_1-y_2)^2}$$

的最值问题，由拉格朗日乘数法，设

$$F=(x_1-x_2)^2+(y_1-y_2)^2+\lambda_1 f(x_1,y_1)+\lambda_2 g(x_2,y_2).$$

根据题设条件，当 $(x_1,y_1)=(\alpha,\beta)$，$(x_2,y_2)=(\xi,\eta)$ 时，d 取最大（小）值，故应有

$$\begin{cases} F'_{x_1}=2(\alpha-\xi)+\lambda_1 f'_x(\alpha,\beta)=0, \\ F'_{y_1}=2(\beta-\eta)+\lambda_1 f'_y(\alpha,\beta)=0, \\ F'_{x_2}=-2(\alpha-\xi)+\lambda_2 g'_x(\xi,\eta)=0, \\ F'_{y_2}=-2(\beta-\eta)+\lambda_2 g'_y(\xi,\eta)=0. \end{cases}$$

因此

$$\alpha-\xi=-\frac{\lambda_1}{2}f'_x(\alpha,\beta)=\frac{\lambda_2}{2}g'_x(\xi,\eta),$$

$$\beta-\eta=-\frac{\lambda_1}{2}f'_y(\alpha,\beta)=\frac{\lambda_2}{2}g'_y(\xi,\eta).$$

它说明(1)式中二、三行元素成比例,所以(1)式成立.

当$f'_y(\alpha,\beta)\neq 0$时,(1)式可表示为

$$-\frac{f'_x(\alpha,\beta)}{f'_y(\alpha,\beta)}=-\frac{g'_x(\xi,\eta)}{g'_y(\xi,\eta)}=-\frac{\alpha-\xi}{\beta-\eta}. \tag{2}$$

(2)式的左边是曲线l_1在点(α,β)处切线的斜率,中间是曲线l_2在点(ξ,η)处切线的斜率,右边是(α,β)和(ξ,η)两点连线斜率的负倒数.所以(1)式(或(2)式)的几何意义是两条闭曲线l_1,l_2相距最远或最近的两点(α,β)与(ξ,η)处的切线平行,且两点处的法线共线(图8.2).

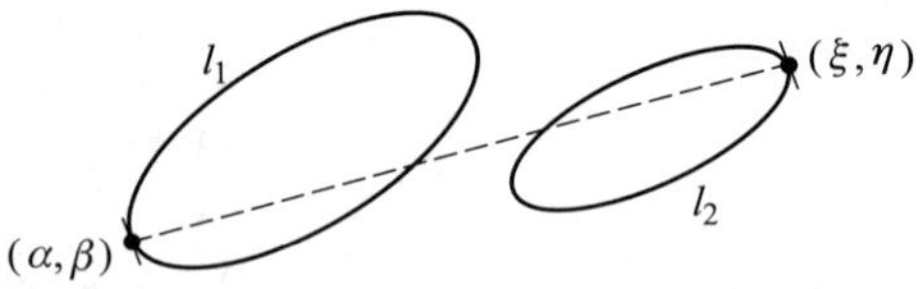

图 8.2

【例 25】 函数$z=\ln[x+y+\sqrt{1+(x+y)^2}]$在圆周$(x-1)^2+(y-1)^2=2$上哪一点处,沿怎样方向的方向导数最大(小),最大(小)值为多少?

解 在每点处沿梯度方向的方向导数最大,而

$$\mathbf{grad}\ z=\left(\frac{\partial z}{\partial x},\frac{\partial z}{\partial y}\right)=\left(\frac{1}{\sqrt{1+(x+y)^2}}\quad\frac{1}{\sqrt{1+(x+y)^2}}\right),$$

故每点处最大的方向导数为$|\mathbf{grad}\ z|=\sqrt{\dfrac{2}{1+(x+y)^2}}$.设

$$F=1+(x+y)^2+\lambda[(x-1)^2+(y-1)^2-2].$$

由

$$F'_x=2(x+y)+2\lambda(x-1)=0,\qquad F'_y=2(x+y)+2\lambda(y-1)=0,$$

$$F'_\lambda=(x-1)^2+(y-1)^2-2=0,$$

得驻点(0,0)和(2,2).因于$|\mathbf{grad}\ z|$在圆周上连续,必有最大值和最小值.而$|\mathbf{grad}\ z|_{(0,0)}=\sqrt{2}$, $|\mathbf{grad}\ z|_{(2,2)}=\sqrt{\dfrac{2}{17}}$.所以函数$z$在圆周上点(0,0)处沿(1, 1)方向的方向导数最大,最大值为$\sqrt{2}$,在点(0,0)处沿(-1, -1)方向的方向导数最小,最小值为$-\sqrt{2}$.

多元函数的极值问题分为无条件极值和条件极值两类.有些具体问题常常可相互转化.比如求某区域的边界上函数的最值问题,它是条件极值问题,但将边界面(或线)的方程代入到函数中,就化为无条件极值.又如隐函数$F(x,y,z)=0$在某区域上的极值问题,是无条件极值问题,也可以看作是$F(x,y,z)=0$确定的函数z在条件$F(x,y,z)=0$下的条件极值问题.

多元函数不等式的证明,如要证明在区域 D 内

$$f(x,y,z)\geqslant g(x,y,z).$$

一种想法是,设 $F=f(x,y,z)-g(x,y,z)$,证明三元函数 F 在区域 D 内的最小值大于等于零,是无条件极值问题;另一种想法是,在 $g(x,y,z)$ 的值域内,对每个确定的值 c,证明当 $g(x,y,z)=c$ 时,恒有 $f(x,y,z)\geqslant c$.就是证明在 $g(x,y,z)=c$ 的条件下,函数 $f(x,y,z)$ 的最小值大于或等于 c.在几何上,就是在 $g(x,y,z)$ 的每个等值面上,$f(x,y,z)$ 的值都大于或等于值 c.

【例 26】 设有一小山,取它的底面所在的平面为 Oxy 坐标面,其底部所占的区域为 $D=\{(x,y)\mid x^2+y^2-xy\leqslant 75\}$,小山的高度函数为 $h(x,y)=75-x^2-y^2+xy$.

(1) 设 $M(x_0,y_0)$ 为 D 内一点,问 $h(x,y)$ 在点 M 沿平面上什么方向的方向导数最大?若记此方向导数的最大值为 $g(x_0,y_0)$,试写出 $g(x_0,y_0)$ 的表达式.

(2) 现欲利用此小山开展攀岩活动,为此需要在山脚寻找一上山坡度最大的点作为攀登的起点.也就是说,要在 D 的边界线 $x^2+y^2-xy=75$ 上找出使(1)中的 $g(x,y)$ 达到最大值的点.试确定攀登起点的位置.

解 (1) 由梯度的几何意义知,$h(x,y)$ 在点 $M(x_0,y_0)$ 处沿梯度

$$\mathbf{grad}\, h(x,y)\big|_{(x_0,y_0)}=(y_0-2x_0)\boldsymbol{i}+(x_0-2y_0)\boldsymbol{j}$$

方向的方向导数最大.方向导数的最大值为该梯度的模,所以

$$g(x_0,y_0)=\sqrt{(y_0-2x_0)^2+(x_0-2y_0)^2}=\sqrt{5x_0^2+5y_0^2-8x_0y_0}.$$

(2) 令 $f(x,y)=g^2(x,y)=5x^2+5y^2-8xy$.由题意,只需求 $f(x,y)$ 在约束条件 $75-x^2-y^2+xy=0$ 下的最大值点.设拉格朗日函数

$$L(x,y,\lambda)=5x^2+5y^2-8xy+\lambda(75-x^2-y^2+xy).$$

令

$$\begin{cases}L'_x=10x-8y+\lambda(y-2x)=0,\\ L'_y=10y-8x+\lambda(x-2y)=0,\\ L'_\lambda=75-x^2-y^2+xy=0.\end{cases}$$

可解得 $y=\pm x$(注意到 x^2 与 y^2 对等性,可直接得到这一结果).代入到最后一式,得到极值的 4 个可能取值点:

$$M_1(5,\ -5),\quad M_2(-5,\ 5),\quad M_3(5\sqrt{3},5\sqrt{3}),\quad M_4(-5\sqrt{3},\ -5\sqrt{3}).$$

由于 $f(M_1)=f(M_2)=450$, $f(M_3)=f(M_4)=150$.故 $M_1(5,\ -5)$ 或 $M_2(-5,\ 5)$ 都可作为攀登的起点.

【例 27】 证明对任何正数 a,b,c,都有不等式

$$abc^3\leqslant 27\left(\frac{a+b+c}{5}\right)^5.$$

证明 对任一正数 d，考察函数

$$f(a,b,c)=abc^3$$

在条件 $a+b+c=d$ 下的最大值问题.设

$$F=abc^3+\lambda(a+b+c-d),$$

由

$$F'_a=bc^3+\lambda=0,\quad F'_b=ac^3+\lambda=0,\quad F'_c=3abc^2+\lambda=0,$$

$$F'_\lambda=a+b+c-d=0,$$

解得 $a=\dfrac{d}{5}$，$b=\dfrac{d}{5}$，$c=\dfrac{3d}{5}$，即$\left(\dfrac{d}{5},\dfrac{d}{5},\dfrac{3d}{5}\right)$是唯一的极值可能取值点.在以 a,b,c 为坐标轴的空间直角坐标系下，平面 $a+b+c=d$ 在第一卦限的三角形闭区域上（图 8.3），函数 $f=abc^3$ 连续，必有最大值和最小值，且最小值在边界上等于零.所以最大值必在三角形区域内部.故

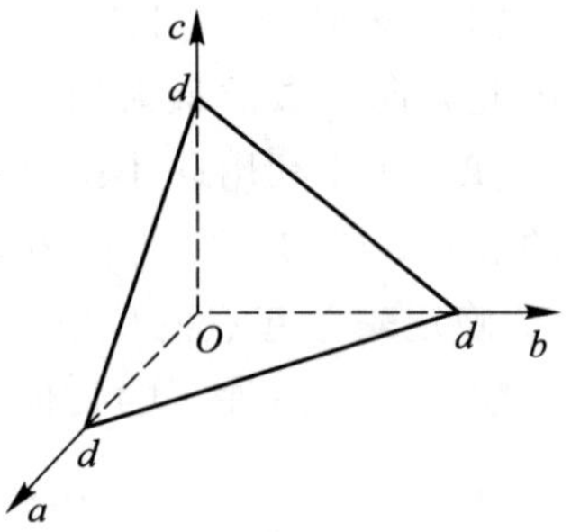

图 8.3

$$abc^3\leqslant\frac{d}{5}\frac{d}{5}\left(\frac{3d}{5}\right)^3=27\left(\frac{d}{5}\right)^5$$

$$=27\left(\frac{a+b+c}{5}\right)^5.$$

【**例 28**】 在点(0,0)处有一只死耗子，向周围散发气味，其浓度 $v=a^{-(x^2+2y^2)}$，点(1,1)处有一口半径为 R 的井，瞎猫在点(2,2)处嗅到耗子味，问它能否找到耗子而不落入井中？

思路 瞎猫按气味梯度方向行走，求出路线方程，考察井心到路线的最小距离.

解 瞎猫靠嗅觉向着气味最浓的方向搜寻.设它行走的路线方程为 $y=y(x)$.由于曲线的切向量

$$\boldsymbol{t}=\left(1,\frac{\mathrm{d}y}{\mathrm{d}x}\right).$$

气味的梯度

$$\mathbf{grad}\ v=a^{-(x^2+2y^2)}\ln a\cdot\mathbf{grad}[-(x^2+2y^2)]$$

$$=-a^{-(x^2+2y^2)}\ln a(2x\boldsymbol{i}+4y\boldsymbol{j}).$$

由它们平行条件得$\dfrac{1}{x}=\dfrac{y'}{2y}$，所以 $y=y(x)$ 是初值问题

$$\begin{cases}\dfrac{\mathrm{d}y}{\mathrm{d}x}=\dfrac{2y}{x},\\ y\big|_{x=2}=2\end{cases}$$

的解.由分离变量法解得

$$y=\frac{1}{2}x^2,\quad 0\leqslant x\leqslant 2.$$

猫能否落井，需计算井中心(1,1)到曲线 $y=\frac{1}{2}x^2$ 的距离.恰是目标函数

$$d=\sqrt{(x-1)^2+(y-1)^2}$$

在条件 $y=\frac{1}{2}x^2$ 下的最小值问题.$F=(x-1)^2+(y-1)^2+\lambda(x^2-2y)$.由

$$F'_x=2(x-1)+2\lambda x=0,\quad F'_y=2(y-1)-2\lambda=0,\quad F'_\lambda=x^2-2y=0,$$

解得驻点

$$x=\sqrt[3]{2},\quad y=\frac{1}{\sqrt[3]{2}}.$$

故曲线与井心的距离 $d\approx 0.33$.所以，当井口半径 $R<0.33$ 时，猫不会落井；而当 $R>0.33$ 时，猫将落入井中.

【注】　猫行走的线路也可通过气味的等值线的正交轨线来建立方程，求出 $y=y(x)$.

8.7　习题解答

8.1

1. 将圆弧所对之弦长 L 表示为:(1) 半径 r 与圆心角 θ 的函数；(2) 半径 r 与圆心到弦的距离 d 的函数(这里 $\theta<\pi$).

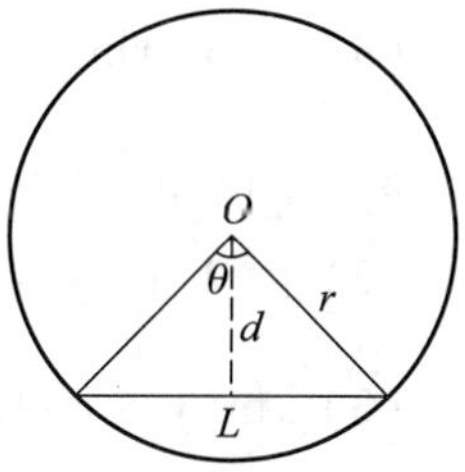

图 8.4

解　(1) $L=f(r,\theta)=2r\sin\frac{\theta}{2}(R>0,0<\theta<\pi)$,

(2) $L=g(r,d)=2\sqrt{r^2-d^2}\,(0<d<r)$.

2. 某水渠的横截面是一等腰梯形(图 8.5)，设 $AB=x,BC=y$，渠深为 z，试将水渠的横截面面积 A 表示为 x,y,z 的函数.

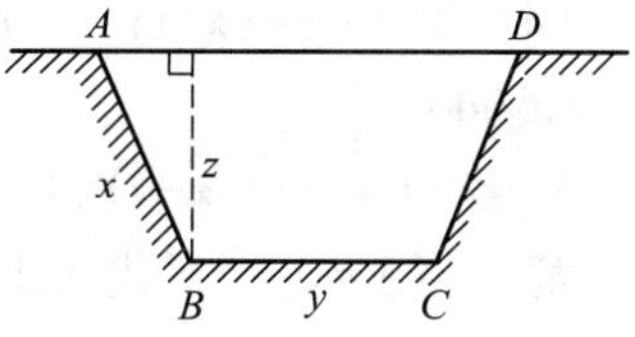

图 8.5

解　$$A=f(x,y,z)=\frac{1}{2}(y+y+2\sqrt{x^2-z^2})\cdot z$$

$$=z(y+\sqrt{x^2-z^2}).$$

3. 质量为 M 的质点位于定点(a,b,c)处，将质量为 m 的质点置于点(x,y,z)处，试将它们之间的万有引力在三个坐标上的投影 F_x,F_y,F_z表示为 x,y,z 的函数.

解 由万有引力定理：$P=\dfrac{GMm}{r^2}$，其中 G 为万有引力常数，r 为两点之间的距离.于是有

$$F=\frac{GMm}{(x-a)^2+(y-b)^2+(z-c)^2},$$

又由万有引力的方向(方向余弦)为

$$(\cos\alpha,\cos\beta,\cos\gamma)=\frac{1}{\sqrt{(x-a)^2+(y-b)^2+(z-c)^2}}(x-a,y-b,z-c),$$

所以

$$F_x=\frac{GMm(x-a)}{[(x-a)^2+(y-b)^2+(z-c)^2]^{\frac{3}{2}}},$$

$$F_y=\frac{GMm(y-b)}{[(x-a)^2+(y-b)^2+(z-c)^2]^{\frac{3}{2}}},$$

$$F_z=\frac{GMm(z-c)}{[(x-a)^2+(y-b)^2+(z-c)^2]^{\frac{3}{2}}}.$$

4. 确定并给出下列函数的定义域，画出定义域，并指出其中的开区域与闭区域，连通集与非连通集，有界域与无界域.

(1) $z=\sqrt{x-\sqrt{y}}$；　　(2) $z=\sqrt{2-x^2-y^2}+\dfrac{1}{\sqrt{x^2+y^2-1}}$；

(3) $z=\ln[x\ln(y-x)]$；　　(4) $u=\dfrac{1}{\arccos(x^2+y^2+z^2)}$.

解 (1) 由 $x-\sqrt{y}\geqslant 0, y\geqslant 0$ 得 $0\leqslant y\leqslant x^2$，且 $x\geqslant 0$，此为无界、连通闭区域(图 8.6(a)).

(2) 由 $2-x^2-y^2\geqslant 0, x^2+y^2-1>0$，得：$1<x^2+y^2\leqslant 2$，此为有界、连通集(图 8.6(b)).

(3) $x\ln(y-x)>0, y-x>0$，得$\begin{cases}x>0\\ y-x>1\end{cases}$或$\begin{cases}x<0,\\ 0<y-x<1,\end{cases}$即 $0<x<y-1$ 或$\begin{cases}x<0,\\ x<y<x+1,\end{cases}$
此为无界、不连通、开集(图 8.6(c)).

(4) 由 $\arccos(x^2+y^2+z^2)\neq 0$，$|x^2+y^2+z^2|\leqslant 1$，得 $x^2+y^2+z^2<1$，此为有界、连通，开区域(图 8.6(d)).

5. 若 $z=x+y+f(x-y)$，且当 $y=0$ 时，$z=x^2$，求函数 f 与 z.

解 将 $y=0, z=x^2$ 代入上式，得 $f(x)=x^2-x$，所以

$$z=x+y+[(x-y)^2-(x-y)]=2y+(x-y)^2.$$

6. 若 $f(x,y)=\sqrt{x^4+y^4}-2xy$，试证 $f(tx,ty)=t^2f(x,y)$.

证明 由已知，

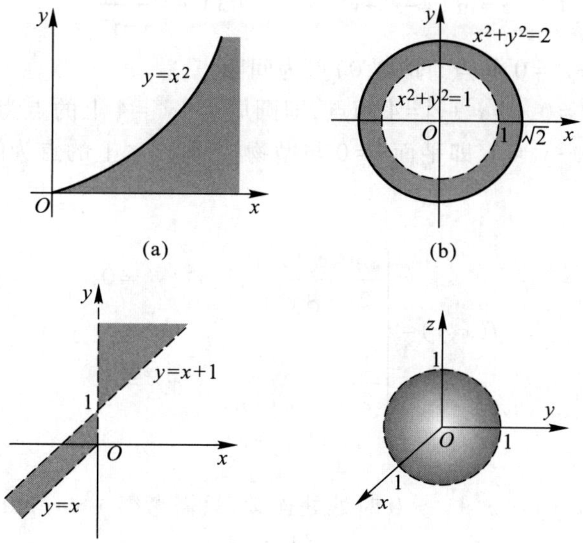

图 8.6

$$f(tx,ty)=\sqrt{(tx)^4+(ty)^4}-2(tx)\cdot(ty)$$

$$=t^2(\sqrt{x^4+y^4}-2xy)=t^2f(x,y).$$

7. 若 $f\left(x+y,\dfrac{y}{x}\right)=x^2-y^2$，求 $f(x,y)$.

解　令 $s=x+y,t=\dfrac{y}{x}$，则 $x=\dfrac{s}{1+t},y=\dfrac{st}{1+t}$.由已知得

$$f(s,t)=\left(\frac{s}{1+t}\right)^2-\left(\frac{st}{1+t}\right)^2=\frac{s^2(1-t)}{1+t},$$

所以

$$f(x,y)=x^2\cdot(1-y)(1+y)^{-1}.$$

8. 求下列极限.

(1) $\lim\limits_{\substack{x\to 0\\ y\to\pi}}[1+\sin(xy)]^{\frac{y}{x}}$；　　(2) $\lim\limits_{(x,y)\to(0,0)}\dfrac{xy}{\sqrt{xy+1}-1}$.

解　(1) $\lim\limits_{\substack{x\to 0\\ y\to\pi}}[1+\sin(xy)]^{\frac{y}{x}}=\lim\limits_{\substack{x\to 0\\ y\to\pi}}[1+\sin(xy)]^{\frac{1}{\sin(xy)}\frac{y^2\sin(xy)}{xy}}=e^{\pi^2}$.

(2) $$\lim_{(x,y)\to(0,0)}\frac{xy}{\sqrt{xy+1}-1}=\lim_{(x,y)\to(0,0)}\frac{xy(\sqrt{xy+1}+1)}{xy}$$

$$=\lim_{(x,y)\to(0,0)}(\sqrt{xy+1}+1)=2.$$

9. 指出下列函数的间断点.

(1) $z=\dfrac{1}{x^2+y^2}$;　　(2) $z=\ln|4-x^2-y^2|$;　　(3) $u=\dfrac{e^{\frac{1}{z}}}{x-y^2}$.

解　(1) 满足 $x^2+y^2=0$ 的点,即 $(0,0)$ 点为间断点.

(2) 满足 $4-x^2-y^2=0$,即 $x^2+y^2=4$ 的点,即圆周 $x^2+y^2=4$ 上的点为间断点.

(3) 满足 $z=0$ 或 $x-y^2=0$,即平面 $z=0$ 与抛物柱面 $x=y^2$ 上的点为间断点.

10. 讨论函数

$$f(x,y)=\begin{cases}\dfrac{\sin(x^2+y^2)}{2(x^2+y^2)}, & x^2+y^2\neq 0,\\ \dfrac{1}{2}, & x^2+y^2=0\end{cases}$$

的连续性.

解　显然函数 $f(x,y)$ 在 $x^2+y^2\neq 0$ 时处处连续,只需考察 $x^2+y^2=0$,即点 $(0,0)$ 处函数的连续性,因为 $\lim\limits_{(x,y)\to(0,0)} f(x,y)=\lim\limits_{(x,y)\to(0,0)}\dfrac{\sin(x^2+y^2)}{2(x^2+y^2)}=\dfrac{1}{2}=f(0,0)$.所以函数 $f(x,y)$ 在点 $(0,0)$ 处连续,于是函数 $f(x,y)$ 在 xOy 平面上处处连续.

11. 设函数 $f(x,y)$ 在闭区域:$|x|\leqslant a$, $|y|\leqslant b$ 上连续,且是正定的(即当 $(x,y)\neq(0,0)$ 时,$f(x,y)>0$,$f(0,0)=0$).试证对适当小的正数 C,方程 $f(x,y)=C$ 的图形中含有一条包围着原点 $(0,0)$ 的闭曲线.

证明　由函数 $f(x,y)$ 在闭区域 $|x|\leqslant a$, $|y|\leqslant b$ 上连续知,$f(x,y)$ 在边界线 $x=\pm a$, $-b\leqslant y\leqslant b$ 及 $y=\pm b$, $-a\leqslant x\leqslant a$ 上连续,故在其上,$f(x,y)$ 可以取到最小值,不妨设为 l,依题意 $l>0$,任取 C:$0<C<l$.因为 $f(x,y)$ 是正定的,所以满足 $f(x,y)=C$ 的点 $(x,y)\neq(0,0)$.从原点 $(0,0)$ 向边界线的任意点 (x_0,y_0) 任意引一条曲线 L,显然 $f(x,y)$ 在 L 上连续,又 $f(0,0)=0<C<l<f(x_0,y_0)$,由介值定理,存在 $(x,y)\in L$ 使 $f(x,y)=C$.由曲线 L 的任意性知,方程 $f(x,y)=C$ 的图形包含一条包围着原点 $(0,0)$ 的闭曲线.

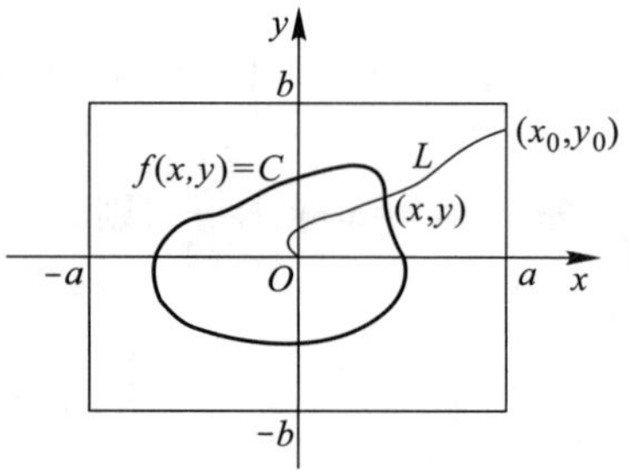

图 8.7

8.2

1. 设 $f(x,y)=x+(y-1)\arcsin\sqrt{\dfrac{x}{y}}$,求 $f'_x(x,1)$.

解　因为 $f(x,1)=x$,所以 $f'_x(x,1)=1$.

2. 设 $f(x,y)=\begin{cases}\dfrac{1}{2xy}\sin(x^2y), & xy\neq 0,\\ 0, & xy=0,\end{cases}$ 求 $f'_x(0,1)$,$f'_y(0,1)$.

解
$$f'_x(0,1)=\lim_{x\to 0}\frac{f(x,1)-f(0,1)}{x-0}=\lim_{x\to 0}\frac{\frac{\sin x^2}{2x}-0}{x}=\frac{1}{2};$$

$$f'_y(0,1)=\lim_{y\to 1}\frac{f(0,y)-f(0,1)}{y-1}=\lim_{y\to 1}\frac{0-0}{y-1}=0.$$

或

$$f'_x(0,1)=\lim_{x\to 0}\frac{f(0+x,1)-f(0,1)}{x}=\lim_{x\to 0}\frac{\frac{\sin x^2}{2x}-0}{x}=\frac{1}{2},$$

$$f'_y(0,1)=\lim_{y\to 0}\frac{f(0,y+1)-f(0,1)}{y}=\lim_{y\to 0}\frac{0-0}{y}=0.$$

3. 求下列函数的偏导数.

(1) $z=(1+xy)^y$;　(2) $z=e^{-x}\sin(x+2y)$;　(3) $z=\arctan\frac{y}{x}$;

(4) $z=\arcsin(y\sqrt{x})$;　(5) $u=xe^{\pi xyz}$;　(6) $u=z\ln\frac{x}{y}$.

解 (1)
$$\frac{\partial z}{\partial x}=y(1+xy)^{y-1}y=y^2(1+xy)^{y-1},$$

$$\frac{\partial z}{\partial y}=(1+xy)^y[y\ln(1+xy)]'_y=(1+xy)^y\left[\ln(1+xy)+\frac{yx}{1+xy}\right].$$

(2) $$\frac{\partial z}{\partial x}=-e^{-x}\sin(x+2y)+e^{-x}\cos(x+2y)=e^{-x}[\cos(x+2y)-\sin(x+2y)],$$

$$\frac{\partial z}{\partial y}=2e^{-x}\cos(x+2y).$$

(3) $$\frac{\partial z}{\partial x}=\frac{1}{1+\left(\frac{y}{x}\right)^2}\frac{-y}{x^2}=-\frac{y}{x^2+y^2},\quad \frac{\partial z}{\partial y}=\frac{1}{1+\left(\frac{y}{x}\right)^2}\cdot\frac{1}{x}=\frac{x}{x^2+y^2}.$$

(4) $$\frac{\partial z}{\partial x}=\frac{1}{\sqrt{1-xy^2}}\cdot y\cdot\frac{1}{2\sqrt{x}}=\frac{y}{2\sqrt{x(1-xy^2)}},\quad \frac{\partial z}{\partial y}=\frac{\sqrt{x}}{\sqrt{1-xy^2}}.$$

(5) $$\frac{\partial u}{\partial x}=e^{\pi xyz}+xe^{\pi xyz}\pi yz=e^{\pi xyz}(1+\pi xyz),\quad \frac{\partial u}{\partial y}=xe^{\pi xyz}\pi xz=\pi x^2ze^{\pi xyz},$$

$$\frac{\partial u}{\partial z}=xe^{\pi xyz}\pi xy=\pi x^2ye^{\pi xyz}.$$

(6) $$\frac{\partial u}{\partial x}=z\cdot\frac{y}{x}\cdot\frac{1}{y}=\frac{z}{x},\quad \frac{\partial u}{\partial y}=z\cdot\frac{y}{x}\cdot\left(-\frac{x}{y^2}\right)=-\frac{z}{y},\quad \frac{\partial u}{\partial z}=\ln\frac{x}{y}.$$

4. 求下列函数二阶偏导数.

(1) $z=\cos(xy)$;　(2) $z=x^{2y}$;

(3) $z=e^x\cos y$;　(4) $z=\ln(e^x+e^y)$.

解 (1) 由$\frac{\partial z}{\partial x}=-\sin(xy)\cdot y=-y\sin(xy)$,$\frac{\partial z}{\partial y}=-x\sin(xy)$,所以

$$\frac{\partial^2 z}{\partial x^2}=-y^2\cos(xy),\quad \frac{\partial^2 z}{\partial y^2}=-x^2\cos(xy),$$

$$\frac{\partial^2 z}{\partial x\partial y}=\frac{\partial^2 z}{\partial y\partial x}=-\sin(xy)-xy\cos(xy).$$

(2) 由$\frac{\partial z}{\partial x}=2yx^{2y-1}$,$\frac{\partial z}{\partial y}=x^{2y}\cdot 2\ln x=2x^{2y}\ln x$,所以

$$\frac{\partial^2 z}{\partial x^2}=2y(2y-1)x^{2y-2},\quad \frac{\partial^2 z}{\partial y^2}=2x^{2y}\ln x\cdot 2\ln x=4x^{2y}\ln^2 x,$$

$$\frac{\partial^2 z}{\partial x\partial y}=2x^{2y-1}+4yx^{2y-1}\ln x=2x^{2y-1}(1+2y\ln x)=\frac{\partial^2 z}{\partial y\partial x}.$$

(3) 由$\frac{\partial z}{\partial x}=e^x\cos y$,$\frac{\partial z}{\partial y}=-e^x\sin y$,所以

$$\frac{\partial^2 z}{\partial x^2}=e^x\cos y,\quad \frac{\partial^2 z}{\partial y^2}=-e^x\cos y,\quad \frac{\partial^2 z}{\partial x\partial y}=-e^x\sin y=\frac{\partial^2 z}{\partial y\partial x}.$$

(4) 由$\frac{\partial z}{\partial x}=\frac{e^x}{e^x+e^y}$,$\frac{\partial z}{\partial y}=\frac{e^y}{e^x+e^y}$,所以

$$\frac{\partial^2 z}{\partial x^2}=\frac{e^x(e^x+e^y)-e^x\cdot e^x}{(e^x+e^y)^2}=\frac{e^{x+y}}{(e^x+e^y)^2},$$

$$\frac{\partial^2 z}{\partial y^2}=\frac{e^y(e^x+e^y)-e^{2y}}{(e^x+e^y)^2}=\frac{e^{x+y}}{(e^x+e^y)^2},$$

$$\frac{\partial^2 z}{\partial x\partial y}=-\frac{e^x}{(e^x+e^y)^2}\cdot e^y=-\frac{e^{x+y}}{(e^x+e^y)^2}=\frac{\partial^2 z}{\partial y\partial x}.$$

5. 验证下列给定的函数满足指定的方程.

(1) $z=\frac{xy}{x+y}$,满足 $x\frac{\partial z}{\partial x}+y\frac{\partial z}{\partial y}=z$;

(2) $z=e^{\frac{x}{y^2}}$,满足 $2x\frac{\partial z}{\partial x}+y\frac{\partial z}{\partial y}=0$;

(3) $z=\ln\sqrt{x^2+y^2}$,满足$\frac{\partial^2 z}{\partial x^2}+\frac{\partial^2 z}{\partial y^2}=0$;

(4) $z=2\cos^2\left(x-\frac{t}{2}\right)$,满足 $2\frac{\partial^2 z}{\partial t^2}+\frac{\partial^2 z}{\partial x\partial t}=0$.

证明 (1) 由$\frac{\partial z}{\partial x}=\frac{y(x+y)-xy}{(x+y)^2}=\frac{y^2}{(x+y)^2}$,$\frac{\partial z}{\partial y}=\frac{x(x+y)-xy}{(x+y)^2}=\frac{x^2}{(x+y)^2}$,所以

$$x\frac{\partial z}{\partial x}+y\frac{\partial z}{\partial y}=\frac{xy^2}{(x+y)^2}+\frac{x^2y}{(x+y)^2}=\frac{xy}{x+y}=z.$$

（2）由$\dfrac{\partial z}{\partial x}=\mathrm{e}^{\frac{x}{y^2}}\cdot\dfrac{1}{y^2}=\dfrac{1}{y^2}\mathrm{e}^{\frac{x}{y^2}},\dfrac{\partial z}{\partial y}=\mathrm{e}^{\frac{x}{y^2}}\cdot\left(-\dfrac{2x}{y^3}\right)=-\dfrac{2x}{y^3}\mathrm{e}^{\frac{x}{y^2}}$，所以

$$2x\frac{\partial z}{\partial x}+y\frac{\partial z}{\partial y}=2x\cdot\frac{1}{y^2}\mathrm{e}^{\frac{x}{y^2}}-\frac{2xy}{y^3}\mathrm{e}^{\frac{x}{y^2}}=0.$$

（3）由$\dfrac{\partial z}{\partial x}=\dfrac{1}{\sqrt{x^2+y^2}}\cdot\dfrac{2x}{2\sqrt{x^2+y^2}}=\dfrac{x}{x^2+y^2},\dfrac{\partial^2 z}{\partial x^2}=\dfrac{(x^2+y^2)-2x^2}{(x^2+y^2)^2}=\dfrac{y^2-x^2}{(x^2+y^2)^2}$，

$$\frac{\partial z}{\partial y}=\frac{1}{\sqrt{x^2+y^2}}\cdot\frac{2y}{2\sqrt{x^2+y^2}}=\frac{y}{x^2+y^2},\quad \frac{\partial^2 z}{\partial y^2}=\frac{(x^2+y^2)-2y^2}{(x^2+y^2)^2}=\frac{x^2-y^2}{(x^2+y^2)^2},$$

所以

$$\frac{\partial^2 z}{\partial x^2}+\frac{\partial^2 z}{\partial y^2}=\frac{y^2-x^2}{(x^2+y^2)^2}+\frac{x^2-y^2}{(x^2+y^2)^2}=0.$$

（4）由$\dfrac{\partial z}{\partial t}=4\cos\left(x-\dfrac{t}{2}\right)\sin\left(x-\dfrac{t}{2}\right)\cdot\dfrac{1}{2}=2\cos\left(x-\dfrac{t}{2}\right)\sin\left(x-\dfrac{t}{2}\right)=\sin(2x-t)$，$\dfrac{\partial^2 z}{\partial t^2}=-\cos(2x-t)$，

$$\frac{\partial z}{\partial x}=-4\cos\left(x-\frac{t}{2}\right)\sin\left(x-\frac{t}{2}\right)=-2\sin(2x-t),\quad \frac{\partial^2 z}{\partial x\partial t}=2\cos(2x-t),$$

所以$2\dfrac{\partial^2 z}{\partial t^2}+\dfrac{\partial^2 z}{\partial x\partial t}=0$.

6. 设

$$f(x,y)=\begin{cases}\dfrac{x^3y}{x^6+y^6}, & x^2+y^2\neq 0,\\ 0, & x^2+y^2=0,\end{cases}$$

试证$f(x,y)$在点$(0,0)$处不连续，但在点$(0,0)$处两个偏导数都存在，且两个偏导数在点$(0,0)$处不连续.

解　（1）当点(x,y)沿曲线$y=kx^3$趋于点$(0,0)$时，

$$\lim_{(x,kx^3)\to(0,0)}f(x,y)=\lim_{x\to 0}\frac{x^3(kx^3)}{x^6+(kx^3)^6}=\lim_{x\to 0}\frac{k}{1+k^6x^{12}}=k,$$

所以$f(x,y)$在点$(0,0)$处不连续；

（2）$f'_x(0,0)=\lim\limits_{x\to 0}\dfrac{f(x,0)-f(0,0)}{x-0}=\lim\limits_{x\to 0}\dfrac{0-0}{x}=0,f'_y(0,0)=\lim\limits_{y\to 0}\dfrac{f(0,y)-f(0,0)}{y-0}=\lim\limits_{y\to 0}\dfrac{0-0}{y}=0$；

（3）当$x^2+y^2\neq 0$时，

$$f'_x(x,y)=\frac{3x^2y(x^6+y^6)-x^3y\cdot 6x^5}{(x^6+y^6)^2}=\frac{3x^2y^7-3x^8y}{(x^6+y^6)^2},$$

当点(x,y)沿曲线$y=kx^4$趋向于点$(0,0)$时，

$$\lim_{(x,kx^4)\to(0,0)}f'_x(x,y)=\lim_{x\to 0}\frac{3x^2k^7x^{28}-3kx^{12}}{(x^6+k^6x^{24})^2}=-3k,$$

所以 $f'_x(x,y)$ 在点 $(0,0)$ 处不连续.

(4) 当 $x^2+y^2\neq 0$ 时,

$$f'_y(x,y)=\frac{x^3(x^6+y^6)-x^3y\cdot 6y^5}{(x^6+y^6)^2}=\frac{x^9-5x^3y^6}{(x^6+y^6)^2},$$

当点 (x,y) 沿直线 $y=x$ 趋向于点 $(0,0)$ 时,

$$\lim_{(x,x)\to(0,0)}f'_y(x,y)=\lim_{x\to 0}\frac{x^9-5x^9}{(x^6+x^6)^2}=\lim_{x\to 0}\frac{-1}{x^3}=\infty\ ,$$

所以 $f'_y(x,y)$ 在点 $(0,0)$ 处不连续.

7. 设当 $x^2+y^2\neq 0$ 时, $f(x,y)=\dfrac{2xy}{x^2+y^2}$, 且 $f(0,0)=0$, 讨论 $f''_{xy}(0,0)$ 是否存在.

解 当 $x^2+y^2\neq 0$ 时,

$$f'_x(x,y)=\frac{2y(x^2+y^2)-2xy\cdot 2x}{(x^2+y^2)^2}=\frac{2(y^3-x^2y)}{(x^2+y^2)^2}=\frac{2y(y^2-x^2)}{(x^2+y^2)^2},$$

$$f'_x(0,0)=\lim_{x\to 0}\frac{f(x,0)-f(0,0)}{x-0}=\lim_{x\to 0}\frac{0-0}{x}=0,$$

所以

$$f'_x(x,y)=\begin{cases}\dfrac{2y(y^2-x^2)}{(x^2+y^2)^2}, & x^2+y^2\neq 0,\\ 0, & x^2+y^2=0.\end{cases}$$

所以

$$f''_{xy}(0,0)=\lim_{y\to 0}\frac{f'_x(0,y)-f'_x(0,0)}{y-0}=\lim_{y\to 0}\frac{\dfrac{2y(y^2-0)}{(0+y^2)^2}}{y}=\lim_{y\to 0}\frac{2}{y^2}=\infty\ .$$

故 $f''_{xy}(0,0)$ 不存在.

8. 在区域 D 上, $f'_x(x,y)>0$, 对函数 $z=f(x,y)$ 可以得到哪些几何信息?

解 (1) 对任意固定的 y 值, $z=f(x,y)$ 是 x 的一元单调增加的函数;

(2) 设 (x_0,y_0) 为 D 内的任意一点, 曲线 $z=f(x,y_0)$ 在 (x_0,y_0) 处的切线斜率大于 0.

9. 设二元函数 f 在点 P_0 的某邻域 $U(P_0)$ 内的偏导数 f'_x 与 f'_y 都有界, 证明 f 在 $U(P_0)$ 内连续.

证明 因为 f'_x, f'_y 在 $U(P_0)$ 内有界, 不妨设在 $U(P_0)$ 内满足 $|f'_x|\leqslant M$, $|f'_y|\leqslant M$. 设 $(x_0,y_0)\in U(P_0)$, 当 $|\Delta x|$, $|\Delta y|$ 充分小时, $(x_0+\Delta x,y_0+\Delta y)\in U(P_0)$, 则

$$\begin{aligned}&|f(x_0+\Delta x,y_0+\Delta y)-f(x_0,y_0)|\\ \leqslant\ &|f(x_0+\Delta x,y_0+\Delta y)-f(x_0+\Delta x,y_0)|+|f(x_0+\Delta x,y_0)-f(x_0,y_0)|\\ =\ &|f'_y(x_0+\Delta x,y_0+\theta_1\Delta y)\Delta y|+|f'_x(x_0+\theta_2\Delta x,y_0)\Delta x|\\ \leqslant\ &M(|\Delta x|+|\Delta y|).\end{aligned}$$

对任意 $\varepsilon>0$，取 $\eta=\dfrac{\varepsilon}{2M}$，则当 $|\Delta x|<\eta$，$|\Delta y|<\eta$ 时

$$|f(x_0+\Delta x,y_0+\Delta y)-f(x_0,y_0)|<\varepsilon,$$

所以 $f(x,y)$ 在点 (x_0,y_0) 处连续，由 $(x_0,y_0)\in U(P_0)$ 的任意性，可知 $f(x,y)$ 在 $U(P_0)$ 内连续.

8.3

1. 求下列函数在指定点 M_0 处和任意点 M 处的全微分.

(1) $z=x^2y^3$，$M_0(2,1)$；　　(2) $z=e^{xy}$，$M_0(0,0)$；

(3) $z=x\ln(xy)$，$M_0(-1,-1)$；　　(4) $u=\cos(xy+xz)$，$M_0\left(1,\dfrac{\pi}{6},\dfrac{\pi}{6}\right)$.

解　(1) $\mathrm{d}z\big|_{M(x,y)}=\dfrac{\partial z}{\partial x}\mathrm{d}x+\dfrac{\partial z}{\partial y}\mathrm{d}y=2xy^3\mathrm{d}x+3x^2y^2\mathrm{d}y$，$\mathrm{d}z\big|_{M_0(2,1)}=4\mathrm{d}x+12\mathrm{d}y$.

(2) $\mathrm{d}z\big|_{M(x,y)}=\dfrac{\partial z}{\partial x}\mathrm{d}x+\dfrac{\partial z}{\partial y}\mathrm{d}y=ye^{xy}\mathrm{d}x+xe^{xy}\mathrm{d}y=e^{xy}(y\mathrm{d}x+x\mathrm{d}y)$，

$$\mathrm{d}z\big|_{M_0(0,0)}=0\mathrm{d}x+0\mathrm{d}y=0.$$

(3) 因为 $\dfrac{\partial z}{\partial x}=\ln(xy)+x\cdot\dfrac{1}{xy}\cdot y=\ln(xy)+1$，$\dfrac{\partial z}{\partial y}=x\cdot\dfrac{1}{xy}\cdot x=\dfrac{x}{y}$，所以

$$\mathrm{d}z\big|_{M(x,y)}=[1+\ln(xy)]\mathrm{d}x+\frac{x}{y}\mathrm{d}y,\quad \mathrm{d}z\big|_{M_0(-1,-1)}=\mathrm{d}x+\mathrm{d}y.$$

(4) 因为 $\dfrac{\partial u}{\partial x}=-\sin(xy+xz)(y+z)=-(y+z)\sin(xy+xz)$，

$$\frac{\partial u}{\partial y}=-x\sin(xy+xz),\quad \frac{\partial u}{\partial z}=-x\sin(xy+xz),$$

所以

$$\begin{aligned}\mathrm{d}u\big|_{M(x,y,z)}&=\frac{\partial u}{\partial x}\mathrm{d}x+\frac{\partial u}{\partial y}\mathrm{d}y+\frac{\partial u}{\partial z}\mathrm{d}z\\&=-\sin(xy+xz)[(y+z)\mathrm{d}x+x\mathrm{d}y+x\mathrm{d}z],\end{aligned}$$

故

$$\mathrm{d}u\Big|_{M_0\left(1,\frac{\pi}{6},\frac{\pi}{6}\right)}=-\sin\frac{\pi}{3}\left[\frac{\pi}{3}\mathrm{d}x+\mathrm{d}y+\mathrm{d}z\right]=-\frac{\sqrt{3}}{2}\left(\frac{\pi}{3}\mathrm{d}x+\mathrm{d}y+\mathrm{d}z\right).$$

2. 用全微分定义，求函数 $z=4-\dfrac{1}{4}(x^2+y^2)$ 在点 $\left(\dfrac{3}{2},\dfrac{3}{2}\right)$ 处的全微分.

解　因

$$\begin{aligned}\Delta z\Big|_{\left(\frac{3}{2},\frac{3}{2}\right)}&=\left\{4-\frac{1}{4}\left[\left(\frac{3}{2}+\Delta x\right)^2+\left(\frac{3}{2}+\Delta y\right)^2\right]\right\}-\left\{4-\frac{1}{4}\left[\left(\frac{3}{2}\right)^2+\left(\frac{3}{2}\right)^2\right]\right\}\\&=-\frac{3}{4}(\Delta x+\Delta y)-\frac{1}{4}[(\Delta x)^2+(\Delta y)^2]\\&=-\frac{3}{4}(\Delta x+\Delta y)-\frac{1}{4}\left(\sqrt{(\Delta x)^2+(\Delta y)^2}\right)^2\end{aligned}$$

$$=-\frac{3}{4}\Delta x-\frac{3}{4}\Delta y-\frac{1}{4}\rho^2\left(\rho=\sqrt{(\Delta x)^2+(\Delta y)^2}\right)$$

$$=-\frac{3}{4}\Delta x-\frac{3}{4}\Delta y+o(\rho).$$

所以

$$\mathrm{d}z\Big|_{\left(\frac{3}{2},\frac{3}{2}\right)}=-\frac{3}{4}\Delta x-\frac{3}{4}\Delta y=-\frac{3}{4}\mathrm{d}x-\frac{3}{4}\mathrm{d}y.$$

3. 试证函数

$$f(x,y)=\begin{cases}\dfrac{x^3-y^3}{x^2+y^2}, & (x,y)\neq(0,0),\\ 0, & (x,y)=(0,0)\end{cases}$$

在原点(0,0)处偏导数存在,但不可微.

证明 详细解答过程参见8.6节例题分析部分例9.

4. 计算$(10.1)^{2.03}$的近似值.

解 设$f(x,y)=x^y$,取$x_0=10,y_0=2,\Delta x=0.1,\Delta y=0.03$,则

$$\begin{aligned}(10.1)^{2.03}&=f(10+0.1,2+0.03)\\&\approx f(10,2)+f'_x(10,2)0.1+f'_y(10,2)0.03\\&=\left[x^y+(yx^{y-1})0.1+(x^y\ln x)0.03\right]_{(10,2)}\\&=10^2+2\cdot10\cdot0.1+10^2\ln 10\cdot0.03\\&\approx100+2+3\cdot2.302\ 585\ 093\approx108.907\ 8.\end{aligned}$$

5. 设有一直角三角形,测得两直角边分别为7 cm及24 cm,测量的精度为±0.1 cm,试求利用上述两值计算出斜边长的误差.

解 设两直角边为x,y,则斜边$z=\sqrt{x^2+y^2}$,那么$x_0=7,y_0=24,\Delta x=\Delta y=\pm0.1$,

$$|\Delta z|\approx|\mathrm{d}z|=\left|\frac{\partial z}{\partial x}\Delta x+\frac{\partial z}{\partial y}\Delta y\right|\leqslant\left|\frac{x}{\sqrt{x^2+y^2}}\right||\Delta x|+\left|\frac{y}{\sqrt{x^2+y^2}}\right||\Delta y|$$

$$=\frac{7}{25}\times0.1+\frac{24}{25}\times0.1=0.124,$$

即误差近似为0.124 cm.

6. 函数$z=f(x,y)$在凸区域D上,$\dfrac{\partial z}{\partial x}\equiv0$的充要条件是什么?$\dfrac{\partial^2 z}{\partial x\partial y}\equiv0$的充要条件是什么?$\mathrm{d}z\equiv0$的充要条件是什么?(凸区域$D$,是指$D$内任意两点间的直线段都位于$D$内的区域.)

答 $\dfrac{\partial z}{\partial x}\equiv0\Leftrightarrow z=\varphi(y)$,$\varphi$为$y$的任一函数,即$z$与$x$无关;

$\dfrac{\partial^2 z}{\partial x\partial y}\equiv0\Leftrightarrow\dfrac{\partial z}{\partial x}=g_1(x)$或$\dfrac{\partial z}{\partial y}=g_2(y)\Leftrightarrow z=\varphi(x)+\psi(y)$,$\varphi,\psi$为任意两个可微函数;

$dz\equiv 0\Leftrightarrow\dfrac{\partial z}{\partial x}\equiv 0,\dfrac{\partial z}{\partial y}\equiv 0\Leftrightarrow z=c$，$c$ 为任意常数.

7. 若 $f'_x(x_0,y_0)$ 存在，$f'_y(x,y)$ 在点 (x_0,y_0) 处连续，试证函数 $f(x,y)$ 在点 (x_0,y_0) 处可微.

证明　设 $z=f(x,y)$，$(x_0+\Delta x,y_0+\Delta y)$ 为 (x_0,y_0) 某邻域内的任一点，考察全增量

$$\begin{aligned}\Delta z&=f(x_0+\Delta x,y_0+\Delta y)-f(x_0,y_0)\\&=f(x_0+\Delta x,y_0+\Delta y)-f(x_0+\Delta x,y_0)+f(x_0+\Delta x,y_0)-f(x_0,y_0)\\&=f'_y(x_0+\Delta x,y_0+\theta\Delta y)\Delta y+f(x_0+\Delta x,y_0)-f(x_0,y_0)\quad(0<\theta<1),\end{aligned}$$

因为 $f'_x(x_0,y_0)$ 存在，所以

$$\lim_{x\to 0}\frac{f(x_0+\Delta x,y_0)-f(x_0,y_0)}{\Delta x}=f'_x(x_0,y_0),$$

即存在无穷小量 α，使

$$\frac{f(x_0+\Delta x,y_0)-f(x_0,y_0)}{\Delta x}=f'_x(x_0,y_0)+\alpha,$$

又 $f'_y(x,y)$ 在 (x_0,y_0) 处连续，所以

$$\lim_{\substack{\Delta x\to 0\\ \Delta y\to 0}}f'_y(x_0+\Delta x,y_0+\theta\Delta y)=f'_y(x_0,y_0),$$

即存在无穷小量 β，使

$$f'_y(x_0+\Delta x,y_0+\theta\Delta y)=f'_y(x_0,y_0)+\beta,$$

所以

$$\begin{aligned}\Delta z&=[f'_y(x_0,y_0)+\beta]\Delta y+[f'_x(x_0,y_0)+\alpha]\Delta x\\&=f'_x(x_0,y_0)\Delta x+f'_y(x_0,y_0)\Delta y+(\alpha\Delta x+\beta\Delta y).\end{aligned}$$

而

$$\frac{|\alpha\Delta x+\beta\Delta y|}{\rho}\leqslant|\alpha|\frac{|\Delta x|}{\rho}+|\beta|\frac{|\Delta y|}{\rho}\leqslant|\alpha|+|\beta|\to 0\quad(\text{当 }\rho\to 0\text{ 时}),$$

其中 $\rho=\sqrt{\Delta x^2+\Delta y^2}$，故

$$\alpha\Delta x+\beta\Delta y=o(\rho).$$

所以 $\Delta z=f'_x(x_0,y_0)\Delta x+f'_y(x_0,y_0)\Delta y+o(\rho)$，即 $z=f(x,y)$ 在点 (x_0,y_0) 处可微.

8. 已知二元函数 $z=f(x,y)$ 可微，两个偏增量

$$\Delta_x z=(2+3x^2y^2)\Delta x+3xy^2\Delta x^2+y^2\Delta x^3,\quad \Delta_y z=2x^3y\Delta y+x^3\Delta y^2,$$

且 $f(0,0)=1$，求 $f(x,y)$.

解　由题意知 $\dfrac{\partial z}{\partial y}=2x^3y$，故

$$z(x,y)=2x+x^3y^2+\varphi(y).$$

又$\dfrac{\mathrm{d}\varphi}{\mathrm{d}y}=0,\varphi(y)=C$,所以

$$z(x,y)=2x+x^3y^2+C.$$

又 $z(0,0)=1$,所以

$$z=f(x,y)=2x+x^3y^2+1.$$

8.4

1. 用链导数求下列函数的偏导数.

(1) $z=(x^2+y^2)\exp\left(\dfrac{x^2+y^2}{xy}\right)$;　　(2) $z=\dfrac{xy}{x+y}\arctan(x+y+xy)$.

(1) **解法 1**　设 $z=f(u,\nu)=u\exp\left(\dfrac{u}{\nu}\right)$,$u=x^2+y^2$,$\nu=xy$,则

$$\begin{aligned}\frac{\partial z}{\partial x}&=\frac{\partial z}{\partial u}\cdot\frac{\partial u}{\partial x}+\frac{\partial z}{\partial \nu}\cdot\frac{\partial \nu}{\partial x}\\&=\left(\exp\left(\frac{u}{\nu}\right)+u\exp\left(\frac{u}{\nu}\right)\frac{1}{\nu}\right)\cdot 2x+u\exp\left(\frac{u}{\nu}\right)\cdot\left(-\frac{u}{\nu^2}\right)y\\&=\left[\left(1+\frac{u}{\nu}\right)\cdot 2x-y\cdot\frac{u^2}{\nu^2}\right]\exp\left(\frac{u}{\nu}\right)=\frac{x^4-y^4+2x^3y}{x^2y}\exp\left(\frac{x^2+y^2}{xy}\right).\end{aligned}$$

解法 2　
$$\begin{aligned}\frac{\partial z}{\partial x}&=2x\cdot\exp\left(\frac{x^2+y^2}{xy}\right)+(x^2+y^2)\cdot\exp\left(\frac{x^2+y^2}{xy}\right)\frac{2x\cdot xy-(x^2+y^2)y}{x^2y^2}\\&=\frac{x^4-y^4+2x^3y}{x^2y}\exp\left(\frac{x^2+y^2}{xy}\right)\end{aligned}$$

同理知

$$\frac{\partial z}{\partial y}=\frac{y^4-x^4+2xy^3}{xy^2}\exp\left(\frac{x^2+y^2}{xy}\right).$$

(2) **解法 1**　设 $z=f(u,\nu)=\dfrac{u}{\nu}\arctan(\nu+u)$,$u=xy$,$\nu=x+y$,则

$$\begin{aligned}\frac{\partial z}{\partial x}&=\frac{\partial z}{\partial u}\cdot\frac{\partial u}{\partial x}+\frac{\partial z}{\partial \nu}\cdot\frac{\partial \nu}{\partial x}\\&=\left[\frac{1}{\nu}\arctan(u+\nu)+\frac{u}{\nu}\frac{1}{1+(u+\nu)^2}\right]\cdot y+\\&\quad\left[\left(-\frac{u}{\nu^2}\right)\arctan(u+\nu)+\frac{u}{\nu}\frac{1}{1+(u+\nu)^2}\right]\cdot 1\\&=\frac{y^2}{(x+y)^2}\arctan(x+y+xy)+\frac{xy(1+y)}{(x+y)[1+(x+y+xy)^2]}.\end{aligned}$$

解法 2

$$\frac{\partial z}{\partial x}=\frac{y(x+y)-xy}{(x+y)^2}\arctan(x+y+xy)+\frac{xy}{x+y}\cdot\frac{(y+1)}{1+(x+y+xy)^2}$$
$$=\frac{y^2}{(x+y)^2}\arctan(x+y+xy)+\frac{xy(y+1)}{(x+y)[1+(x+y+xy)^2]}.$$

同理可得$\frac{\partial z}{\partial y}=\frac{x^2}{(x+y)^2}\arctan(x+y+xy)+\frac{xy(x+1)}{(x+y)[1+(x+y+xy)^2]}$.

2. 求下列函数的全导数.

(1) $u=\tan(3t+2x^2-y),x=\frac{1}{t},y=\sqrt{t}$;　　(2) $u=e^{x-2y}+\frac{1}{t},x=\sin t,y=t^3$.

(1) **解法 1**

$$\frac{du}{dt}=\frac{\partial u}{\partial t}+\frac{\partial u}{\partial x}\frac{dx}{dt}+\frac{\partial u}{\partial y}\frac{dy}{dt}$$
$$=\sec^2(3t+2x^2-y)\cdot 3+\sec^2(3t+2x^2-y)\cdot 4x\cdot\left(-\frac{1}{t^2}\right)+$$
$$\sec^2(3t+2x^2-y)\cdot(-1)\cdot\frac{1}{2\sqrt{t}}$$
$$=\left(3-\frac{4}{t^3}-\frac{1}{2\sqrt{t}}\right)\sec^2\left(3t+\frac{2}{t^2}-\sqrt{t}\right).$$

解法 2　$\frac{du}{dt}=\left[\tan\left(3t+\frac{2}{t^2}-\sqrt{t}\right)\right]'=\sec^2\left(3t+\frac{2}{t^2}-\sqrt{t}\right)\left(3-\frac{4}{t^3}-\frac{1}{2\sqrt{t}}\right)$.

(2) **解法 1**

$$\frac{du}{dt}=\frac{\partial u}{\partial t}+\frac{\partial u}{\partial x}\frac{dx}{dt}+\frac{\partial u}{\partial y}\frac{dy}{dt}$$
$$=-\frac{1}{t^2}+e^{x-2y}\cos t-2e^{x-2y}\cdot 3t^2$$
$$=-\frac{1}{t^2}+(\cos t-6t^2)e^{\sin t-2t^3}.$$

解法 2

$$u=e^{\sin t-2t^3}+\frac{1}{t},\quad \frac{du}{dt}=e^{\sin t-2t^3}(\cos t-6t^2)-\frac{1}{t^2}.$$

3. 已知 $z=e^u\sin v,u=xy,v=x-y$,求$\frac{\partial z}{\partial x},\frac{\partial z}{\partial y}$.

解

$$\frac{\partial z}{\partial x}=\frac{\partial z}{\partial u}\frac{\partial u}{\partial x}+\frac{\partial z}{\partial v}\frac{\partial v}{\partial x}$$
$$=e^u\sin v\cdot y+e^u\cos v\cdot 1$$
$$=e^{xy}[y\sin(x-y)+\cos(x-y)],$$

$$\frac{\partial z}{\partial y}=\frac{\partial z}{\partial u}\frac{\partial u}{\partial y}+\frac{\partial z}{\partial v}\frac{\partial v}{\partial y}$$
$$=e^u\sin v\cdot x+e^u\cos v\cdot(-1)$$
$$=e^{xy}[x\sin(x-y)-\cos(x-y)].$$

4. 设 f 与 g 是可微函数,求下列复合函数的一阶偏导数.

(1) $z=f(x+y,x^2+y^2)$;

(2) $z=f\left(\dfrac{x}{y},\dfrac{y}{x}\right)$;

(3) $u=f(xy)g(yz)$;

(4) $u=f(x-y^2,y-x^2,xy)$.

解 (1) $\dfrac{\partial z}{\partial x}=f_1'+2xf_2',\dfrac{\partial z}{\partial y}=f_1'+2yf_2'$.

(2) $\dfrac{\partial z}{\partial x}=\dfrac{1}{y}f_1'-\dfrac{y}{x^2}f_2',\dfrac{\partial z}{\partial y}=-\dfrac{x}{y^2}f_1'+\dfrac{1}{x}f_2'$.

(3) $\dfrac{\partial u}{\partial x}=yf'g,\dfrac{\partial u}{\partial y}=xf'g+zfg',\dfrac{\partial u}{\partial z}=yfg'$.

(4) $\dfrac{\partial u}{\partial x}=f_1'\dfrac{\partial u}{\partial x}+f_2'\dfrac{\partial v}{\partial x}+f_3'\dfrac{\partial w}{\partial x}=f_1'-2xf_2'+yf_3'$.

$$\frac{\partial u}{\partial y}=f_1'\frac{\partial u}{\partial y}+f_2'\frac{\partial v}{\partial y}+f_3'\frac{\partial w}{\partial y}=-2yf_1'+f_2'+xf_3'.$$

5. 设 f 具有连续二阶偏导数,对下列函数求指定的偏导数.

(1) $z=f(u,x,y),u=xe^y$,求 $\dfrac{\partial^2 z}{\partial x\partial y}$;

(2) $z=x^3f\left(xy,\dfrac{y}{x}\right)$,求 $\dfrac{\partial z}{\partial y},\dfrac{\partial^2 z}{\partial y^2}$ 及 $\dfrac{\partial^2 z}{\partial x\partial y}$.

解 (1) $\dfrac{\partial z}{\partial x}=f_1'e^y+f_2'=e^yf_1'+f_2'$,

$$\begin{aligned}\frac{\partial^2 z}{\partial x\partial y}&=e^yf_1'+e^y[f_{11}''xe^y+f_{13}'']+f_{21}''xe^y+f_{23}''\\&=e^yf_1'+xe^{2y}f_{11}''+e^yf_{13}''+xe^yf_{21}''+f_{23}'',\end{aligned}$$

$$f_1'=f_u'(u,x,y),f_2'=f_x'(u,x,y),f_{11}''=f_{uu}''(u,x,y),f_{13}'=f_{uy}''(u,x,y),$$
$$f_{21}''=f_{xu}''(u,x,y),f_{23}''=f_{xy}''(u,x,y);$$

(2) $\dfrac{\partial z}{\partial y}=x^3\left(f_1'x+f_2'\cdot\dfrac{1}{x}\right)=x^4f_1'+x^2f_2'$,

$$\begin{aligned}\frac{\partial^2 z}{\partial y^2}&=x^4\left(f_{11}''x+f_{12}''\cdot\frac{1}{x}\right)+x^2\left(f_{21}''x+f_{22}''\cdot\frac{1}{x}\right)\\&=x^5f_{11}''+2x^3f_{12}''+xf_{22}'',\end{aligned}$$

$$\begin{aligned}\frac{\partial^2 z}{\partial x\partial y}=\frac{\partial^2 z}{\partial y\partial x}&=4x^3f_1'+x^4\left(f_{11}''y-f_{12}''\cdot\frac{y}{x^2}\right)+2xf_2'+x^2\left(f_{21}''y-f_{22}''\cdot\frac{y}{x^2}\right)\\&=4x^3f_1'+2xf_2'+x^4yf_{11}''-yf_{22}''.\end{aligned}$$

6. 证明下列函数满足指定的方程.

(1) 设 $u=\varphi(x+at)+\psi(x-at)$,其中 φ,ψ 具有二阶导数,证明 u 满足方程 $\dfrac{\partial^2 u}{\partial t^2}=a^2\dfrac{\partial^2 u}{\partial x^2}$;

(2) 设 $z=f[x+\varphi(y)]$,其中 φ 可微,f 具有二阶连续导数,证明 $\dfrac{\partial z}{\partial x}\dfrac{\partial^2 z}{\partial x\partial y}=\dfrac{\partial z}{\partial y}\dfrac{\partial^2 z}{\partial x^2}$;

(3) 如果函数 $s=f(x,y,z)$ 满足关系

$$f(tx,ty,tz)=t^kf(x,y,z),\quad t>0,$$

则称此函数为 k **次齐次函数**.证明当 f 可微时,k 次齐次函数满足方程

$$x\frac{\partial f}{\partial x}+y\frac{\partial f}{\partial y}+z\frac{\partial f}{\partial z}=kf(x,y,z).$$

反之,满足此方程的函数,必为 k 次齐次函数.

证明 (1) $\frac{\partial u}{\partial x}=\varphi'(x+at)+\psi'(x-at),\frac{\partial^2 u}{\partial x^2}=\varphi''(x+at)+\psi''(x-at),\frac{\partial u}{\partial t}=a\varphi'(x+at)-a\psi'(x-at)$,

所以

$$\frac{\partial^2 u}{\partial t^2}=a^2\varphi''(x+at)+a^2\psi''(x-at)=a^2[\varphi''(x+at)+\psi''(x-at)]=a^2\frac{\partial^2 u}{\partial x^2}.$$

(2) $\frac{\partial z}{\partial x}=f'[x+\varphi(y)],\frac{\partial^2 z}{\partial x^2}=f''[x+\varphi(y)]$,

$$\frac{\partial^2 z}{\partial x\partial y}=f''[x+\varphi(y)]\cdot\varphi'(y),\frac{\partial z}{\partial y}=f'[x+\varphi(y)]\cdot\varphi'(y),$$

所以

$$\frac{\partial z}{\partial x}\cdot\frac{\partial^2 z}{\partial x\partial y}=f'[x+\varphi(y)]\cdot f''[x+\varphi(y)]\cdot\varphi'(y),$$

$$\frac{\partial z}{\partial y}\cdot\frac{\partial^2 z}{\partial x^2}=f'[x+\varphi(y)]\cdot\varphi'(y)\cdot f''[x+\varphi(y)],$$

故有$\frac{\partial z}{\partial x}\cdot\frac{\partial^2 z}{\partial x\partial y}=\frac{\partial z}{\partial y}\cdot\frac{\partial^2 z}{\partial x^2}$.

(3) 1) 对 $f(tx,ty,tz)=t^kf(x,y,z)$ 两边对 t 求导数,令 $u=tx,v=ty,w=tz$ 得

$$xf'_u+yf'_v+zf'_w=kt^{k-1}f(x,y,z).$$

两边乘 t 得

$$uf'_u+vf'_v+wf'_w=kt^kf(x,y,z)=kf(u,v,w),$$

即

$$x\frac{\partial f}{\partial x}+y\frac{\partial f}{\partial y}+z\frac{\partial f}{\partial z}=kf(x,y,z).$$

2) 已知

$$x\frac{\partial f}{\partial x}+y\frac{\partial f}{\partial y}+z\frac{\partial f}{\partial z}=kf(x,y,z)$$

恒成立.将等式中的 x,y,z 分别以 tx,ty,tz 替换后等式仍成立,即

$$tx\frac{\partial f}{\partial x}(tx,ty,tz)+ty\frac{\partial f}{\partial y}(tx,ty,tz)+tz\frac{\partial f}{\partial z}(tx,ty,tz)=kf(tx,ty,tz).$$

进一步可转化为

$$t\cdot\frac{\mathrm{d}f(tx,ty,tz)}{\mathrm{d}t}=kf(tx,ty,tz),$$

即

$$\frac{\mathrm{d}f(tx,ty,tz)}{f(tx,ty,tz)}=\frac{k}{t}.$$

解方程得

$$f(tx,ty,tz)=Ct^k,\quad C\text{ 为任意常数}.$$

特别地，取 $t=1$，可知 $C=f(x,y,z)$.从而便得到

$$f(tx,ty,tz)=t^kf(x,y,z),t>0.$$

7. 已知函数 $z=f(x,y)$ 有连续的二阶偏导数，且满足方程 $a^2\frac{\partial^2 z}{\partial x^2}-\frac{\partial^2 z}{\partial y^2}=0$，作变换 $u=x+ay,\nu=x-ay$，试求 z 作为 u,ν 的函数所应满足的方程.

解

$$\frac{\partial z}{\partial x}=\frac{\partial z}{\partial u}\cdot\frac{\partial u}{\partial x}+\frac{\partial z}{\partial \nu}\cdot\frac{\partial \nu}{\partial x}=\frac{\partial z}{\partial u}+\frac{\partial z}{\partial \nu},$$

$$\frac{\partial^2 z}{\partial x^2}=\left(\frac{\partial^2 z}{\partial u^2}\cdot\frac{\partial u}{\partial x}+\frac{\partial^2 z}{\partial u\partial \nu}\cdot\frac{\partial \nu}{\partial x}\right)+\left(\frac{\partial^2 z}{\partial \nu\partial u}\cdot\frac{\partial u}{\partial x}+\frac{\partial^2 z}{\partial \nu^2}\cdot\frac{\partial \nu}{\partial x}\right)=\frac{\partial^2 z}{\partial u^2}+2\frac{\partial^2 z}{\partial u\partial \nu}+\frac{\partial^2 z}{\partial \nu^2},$$

$$\frac{\partial z}{\partial y}=\frac{\partial z}{\partial u}\cdot\frac{\partial u}{\partial y}+\frac{\partial z}{\partial \nu}\cdot\frac{\partial \nu}{\partial y}=a\left(\frac{\partial z}{\partial u}-\frac{\partial z}{\partial \nu}\right),$$

$$\frac{\partial^2 z}{\partial y^2}=a\left[\left(\frac{\partial^2 z}{\partial u^2}\cdot\frac{\partial u}{\partial y}+\frac{\partial^2 z}{\partial u\partial \nu}\cdot\frac{\partial \nu}{\partial y}\right)-\left(\frac{\partial^2 z}{\partial \nu\partial u}\cdot\frac{\partial u}{\partial y}+\frac{\partial^2 z}{\partial \nu^2}\cdot\frac{\partial \nu}{\partial y}\right)\right]=a^2\left(\frac{\partial^2 z}{\partial u^2}-2\frac{\partial^2 z}{\partial u\partial \nu}+\frac{\partial^2 z}{\partial \nu^2}\right),$$

因为 $a^2\frac{\partial^2 z}{\partial x^2}-\frac{\partial^2 z}{\partial y^2}=0$，所以 $\frac{\partial^2 z}{\partial u\partial \nu}=0$.

8. 设变换 $u=x-2y,\nu=x+ay$ 可把方程 $6\frac{\partial^2 z}{\partial x^2}+\frac{\partial^2 z}{\partial x\partial y}-\frac{\partial^2 z}{\partial y^2}=0$ 简化为 $\frac{\partial^2 z}{\partial u\partial \nu}=0$，求常数 a（设 z 有连续二阶偏导数）.

解

$$\frac{\partial z}{\partial x}=\frac{\partial z}{\partial u}\cdot\frac{\partial u}{\partial x}+\frac{\partial z}{\partial \nu}\cdot\frac{\partial \nu}{\partial x}=\frac{\partial z}{\partial u}+\frac{\partial z}{\partial \nu},$$

$$\frac{\partial^2 z}{\partial x\partial y}=\frac{\partial^2 z}{\partial u^2}\cdot\frac{\partial u}{\partial y}+\frac{\partial^2 z}{\partial u\partial \nu}\cdot\frac{\partial \nu}{\partial y}+\frac{\partial^2 z}{\partial \nu\partial u}\cdot\frac{\partial u}{\partial y}+\frac{\partial^2 z}{\partial \nu^2}\cdot\frac{\partial \nu}{\partial y}$$

$$=-2\frac{\partial^2 z}{\partial u^2}+a\cdot\frac{\partial^2 z}{\partial u\partial \nu}-2\frac{\partial^2 z}{\partial \nu\partial u}+a\cdot\frac{\partial^2 z}{\partial \nu^2},$$

$$\frac{\partial^2 z}{\partial x^2}=\frac{\partial^2 z}{\partial u^2}\cdot\frac{\partial u}{\partial x}+\frac{\partial^2 z}{\partial u\partial \nu}\cdot\frac{\partial \nu}{\partial x}+\frac{\partial^2 z}{\partial \nu\partial u}\cdot\frac{\partial u}{\partial x}+\frac{\partial^2 z}{\partial \nu^2}\cdot\frac{\partial \nu}{\partial x}$$

$$=\frac{\partial^2 z}{\partial u^2}+\frac{\partial^2 z}{\partial u\partial \nu}+\frac{\partial^2 z}{\partial \nu\partial u}+\frac{\partial^2 z}{\partial \nu^2},$$

$$\frac{\partial z}{\partial y}=\frac{\partial z}{\partial u}\cdot\frac{\partial u}{\partial y}+\frac{\partial z}{\partial v}\cdot\frac{\partial v}{\partial y}=-2\frac{\partial z}{\partial u}+a\frac{\partial z}{\partial v},$$

$$\frac{\partial^2 z}{\partial y^2}=-2\left(\frac{\partial^2 z}{\partial u^2}\cdot\frac{\partial u}{\partial y}+\frac{\partial^2 z}{\partial u\partial v}\cdot\frac{\partial v}{\partial y}\right)+a\left(\frac{\partial^2 z}{\partial v\partial u}\cdot\frac{\partial u}{\partial y}+\frac{\partial^2 z}{\partial v^2}\cdot\frac{\partial v}{\partial y}\right)$$

$$=4\frac{\partial^2 z}{\partial u^2}-2a\frac{\partial^2 z}{\partial u\partial v}-2a\frac{\partial^2 z}{\partial v\partial u}+a^2\frac{\partial^2 z}{\partial v^2},$$

因为 $6\frac{\partial^2 z}{\partial x^2}+\frac{\partial^2 z}{\partial x\partial y}-\frac{\partial^2 z}{\partial y^2}=0$,所以

$$6\left(\frac{\partial^2 z}{\partial u^2}+\frac{\partial^2 z}{\partial u\partial v}+\frac{\partial^2 z}{\partial v\partial u}+\frac{\partial^2 z}{\partial v^2}\right)+\left(-2\frac{\partial^2 z}{\partial u^2}+a\cdot\frac{\partial^2 z}{\partial u\partial v}-2\frac{\partial^2 z}{\partial v\partial u}+a\cdot\frac{\partial^2 z}{\partial v^2}\right)$$

$$-\left(4\frac{\partial^2 z}{\partial u^2}-2a\frac{\partial^2 z}{\partial u\partial v}-2a\frac{\partial^2 z}{\partial v\partial u}+a^2\cdot\frac{\partial^2 z}{\partial v^2}\right)=0.$$

化简得

$$(6+3a)\frac{\partial^2 z}{\partial u\partial v}+(4+2a)\frac{\partial^2 z}{\partial v\partial u}+(6+a-a^2)\frac{\partial^2 z}{\partial v^2}=0=\frac{\partial^2 z}{\partial u\partial v},$$

故有

$$\begin{cases}6+a-a^2=0,\\6+3a\neq 0.\end{cases}$$

从而 $a=3$.

9. 设 $u=f(x,y,z)$ 可微,且满足关系 $\frac{u'_x}{x}=\frac{u'_y}{y}=\frac{u'_z}{z}$,试证作变换 $x=\rho\sin\varphi\cos\theta, y=\rho\sin\varphi\sin\theta, z=\rho\cos\varphi$ 后,u 仅是 ρ 的函数.

证明　经变换 $u=f(x,y,z)=F(\rho,\varphi,\theta)$,其中 $\rho=\sqrt{x^2+y^2+z^2}$, $\varphi=\arctan\frac{\sqrt{x^2+y^2}}{z}$, $\theta=\arctan\frac{y}{x}$,

$$\frac{u'_x}{x}=\frac{1}{x}\left(\frac{\partial u}{\partial\rho}\cdot\frac{\partial\rho}{\partial x}+\frac{\partial u}{\partial\varphi}\cdot\frac{\partial\varphi}{\partial x}+\frac{\partial u}{\partial\theta}\cdot\frac{\partial\theta}{\partial x}\right)$$

$$=\frac{\partial u}{\partial\rho}\frac{1}{\sqrt{x^2+y^2+z^2}}+\frac{\partial u}{\partial\varphi}\cdot\frac{z}{(x^2+y^2+z^2)\sqrt{x^2+y^2}}+\frac{\partial u}{\partial\theta}\frac{-y}{x(x^2+y^2)},\tag{1}$$

$$\frac{u'_y}{y}=\frac{1}{y}\left(\frac{\partial u}{\partial\rho}\cdot\frac{\partial\rho}{\partial y}+\frac{\partial u}{\partial\varphi}\cdot\frac{\partial\varphi}{\partial y}+\frac{\partial u}{\partial\theta}\cdot\frac{\partial\theta}{\partial y}\right)$$

$$=\frac{\partial u}{\partial\rho}\frac{1}{\sqrt{x^2+y^2+z^2}}+\frac{\partial u}{\partial\varphi}\cdot\frac{z}{(x^2+y^2+z^2)\sqrt{x^2+y^2}}+\frac{\partial u}{\partial\theta}\frac{x}{y(x^2+y^2)},\tag{2}$$

$$\frac{u'_z}{z}=\frac{1}{z}\left(\frac{\partial u}{\partial\rho}\cdot\frac{\partial\rho}{\partial z}+\frac{\partial u}{\partial\varphi}\cdot\frac{\partial\varphi}{\partial z}+\frac{\partial u}{\partial\theta}\cdot\frac{\partial\theta}{\partial z}\right)$$

$$=\frac{\partial u}{\partial \rho}\frac{1}{\sqrt{x^2+y^2+z^2}}-\frac{\partial u}{\partial \varphi}\cdot\frac{\sqrt{x^2+y^2}}{z(x^2+y^2+z^2)}. \tag{3}$$

由(1)(2)式相等,得

$$\frac{\partial u}{\partial \theta}=0.$$

代入(2)式,再由(2)(3)式相等得

$$\frac{\partial u}{\partial \varphi}=0,$$

即 $u=F(\rho,\varphi,\theta)$ 对 φ,θ 的偏导数均为零,所以 u 仅是 ρ 的函数.

10. 已知函数 $u=f\left(\frac{y}{x}\right)$ 满足方程 $\frac{\partial^2 u}{\partial x^2}+\frac{\partial^2 u}{\partial y^2}=0$,求 $f\left(\frac{y}{x}\right)$.

解 通过计算可知

$$\frac{\partial u}{\partial x}=-\frac{y}{x^2}f',\quad \frac{\partial u}{\partial y}=\frac{1}{x}f',\quad \frac{\partial^2 u}{\partial x^2}=\frac{2y}{x^3}f'+\frac{y^2}{x^4}f'',\quad \frac{\partial^2 u}{\partial y^2}=\frac{1}{x^2}f''.$$

故

$$\frac{\partial^2 u}{\partial x^2}+\frac{\partial^2 u}{\partial y^2}=\frac{2y}{x^3}f'+\left(\frac{y^2}{x^4}+\frac{1}{x^2}\right)f''=0,$$

即

$$2xyf'+(x^2+y^2)f''=0.$$

令 $g=f'$,得 $2xyg+(x^2+y^2)g'=0$,进一步令 $u=\frac{y}{x}$,可知:

$$\frac{g'}{g}=-\frac{2u}{1+u^2},$$

解上述方程得 $g=\frac{C_1}{1+u^2}$,所以 $f=C_1\arctan\left(\frac{y}{x}\right)+C_2$.

11. 利用全微分形式不变性和微分运算法则,求下列函数的全微分和偏导数.

(1) $u=f(x-y,x+y)$; (2) $u=f\left(xy,\frac{x}{y}\right)$;

(3) $u=f(\sin x+\sin y,\cos x-\cos z)$.

解 (1) $\mathrm{d}u=f_1'\mathrm{d}(x-y)+f_2'\mathrm{d}(x+y)=(f_1'+f_2')\mathrm{d}x+(f_2'-f_1')\mathrm{d}y$,

$$\frac{\partial u}{\partial x}=f_1'+f_2',\quad \frac{\partial u}{\partial y}=f_2'-f_1'.$$

(2)

$$\begin{aligned}\mathrm{d}u&=f_1'\mathrm{d}(xy)+f_2'\mathrm{d}\left(\frac{x}{y}\right)\\&=f_1'(y\mathrm{d}x+x\mathrm{d}y)+f_2'\frac{y\mathrm{d}x-x\mathrm{d}y}{y^2}\\&=\left(yf_1'+\frac{1}{y}f_2'\right)\mathrm{d}x+\left(xf_1'-\frac{x}{y^2}f_2'\right)\mathrm{d}y,\end{aligned}$$

$$\frac{\partial u}{\partial x}=yf_1'+\frac{1}{y}f_2',\quad \frac{\partial u}{\partial y}=xf_1'-\frac{x}{y^2}f_2'.$$

（3）
$$\begin{aligned}du&=f_1'd(\sin x+\sin y)+f_2'd(\cos x-\cos z)\\&=f_1'[d(\sin x)+d(\sin y)]+f_2'[d(\cos x)-d(\cos z)]\\&=f_1'(\cos xdx+\cos ydy)+f_2'(-\sin xdx+\sin zdz)\\&=(f_1'\cos x-f_2'\sin x)dx+f_1'\cos ydy+f_2'\sin zdz,\end{aligned}$$

$$\frac{\partial u}{\partial x}=f_1'\cos x-f_2'\sin x,\quad \frac{\partial u}{\partial y}=f_1'\cos y,\quad \frac{\partial u}{\partial z}=f_2'\sin z.$$

8.5

1. 求下列方程所确定的隐函数 z 的一阶和二阶偏导数.

（1）$\dfrac{x}{z}=\ln\dfrac{z}{y}$；　　（2）$x^2-2y^2+z^2-4x+2z-5=0.$

（1）**解法 1**　在方程两边对 x 求偏导，得

$$\frac{z-x\cdot\dfrac{\partial z}{\partial x}}{z^2}=\frac{1}{\dfrac{z}{y}}\cdot\frac{1}{y}\cdot\frac{\partial z}{\partial x},$$

所以

$$\frac{\partial z}{\partial x}=\frac{z}{x+z}.$$

在方程两边对 y 求偏导，得

$$-\frac{x}{z^2}\cdot\frac{\partial z}{\partial y}=\frac{1}{\dfrac{z}{y}}\cdot\frac{\dfrac{\partial z}{\partial y}\cdot y-z}{y^2},$$

所以

$$\frac{\partial z}{\partial y}=\frac{z^2}{y(x+z)}.$$

于是

$$\frac{\partial^2 z}{\partial x^2}=\frac{\dfrac{\partial z}{\partial x}(x+z)-z\cdot\left(1+\dfrac{\partial z}{\partial x}\right)}{(x+z)^2}=\frac{x\dfrac{\partial z}{\partial x}-z}{(x+z)^2}=\frac{x\cdot\dfrac{z}{x+z}-z}{(x+z)^2}=-\frac{z^2}{(x+z)^3},$$

$$\frac{\partial^2 z}{\partial x\partial y}=\frac{\dfrac{\partial z}{\partial y}(x+z)-z\cdot\dfrac{\partial z}{\partial y}}{(x+z)^2}=\frac{x\dfrac{\partial z}{\partial y}}{(x+z)^2}=\frac{x\cdot\dfrac{z^2}{y(x+z)}}{(x+z)^2}=\frac{xz^2}{y(x+z)^3},$$

$$\frac{\partial^2 z}{\partial y^2}=\frac{2z\dfrac{\partial z}{\partial y}\cdot y\cdot(x+z)-z^2\cdot\left(x+z+y\dfrac{\partial z}{\partial y}\right)}{y^2(x+z)^2}=\frac{(2xyz+yz^2)\dfrac{\partial z}{\partial y}-z^2(x+z)}{y^2(x+z)^2}$$

$$=\frac{(2xyz+yz^2)\cdot\dfrac{z^2}{y(y+z)}-z^2(x+z)}{y^2(x+z)^2}=-\frac{x^2z^2}{y^2(x+z)^3}.$$

解法 2 记 $F(x,y,z)=\frac{x}{z}-\ln\frac{z}{y}=0$,则

$$\frac{\partial z}{\partial x}=-\frac{F'_x}{F'_z}=-\frac{\dfrac{1}{z}}{-\dfrac{x}{z^2}-\dfrac{1}{\dfrac{z}{y}}\cdot\dfrac{1}{y}}=\frac{z}{x+z},$$

$$\frac{\partial z}{\partial y}=-\frac{F'_y}{F'_z}=-\frac{-\dfrac{1}{\dfrac{z}{y}}\cdot\left(-\dfrac{z}{y^2}\right)}{-\dfrac{x}{z^2}-\dfrac{1}{\dfrac{z}{y}}\cdot\dfrac{1}{y}}=\frac{z^2}{y(x+z)}=\frac{z}{y}\cdot\frac{\partial z}{\partial x}.$$

在 $(x+z)\frac{\partial z}{\partial x}=z$ 的两边分别对 x,y 求偏导,得

$$\left(1+\frac{\partial z}{\partial x}\right)\frac{\partial z}{\partial x}+(x+z)\frac{\partial^2 z}{\partial x^2}=\frac{\partial z}{\partial x},\quad \frac{\partial z}{\partial y}\cdot\frac{\partial z}{\partial x}+(x+z)\frac{\partial^2 z}{\partial x\partial y}=\frac{\partial z}{\partial y}.$$

解得

$$\frac{\partial^2 z}{\partial x^2}=-\frac{1}{x+z}\left(\frac{\partial z}{\partial x}\right)^2=-\frac{z^2}{(x+z)^3},\quad \frac{\partial^2 z}{\partial x\partial y}=\frac{1}{x+z}\left(1-\frac{\partial z}{\partial x}\right)\frac{\partial z}{\partial y}=\frac{xz^2}{y(x+z)^3}.$$

在 $y\frac{\partial z}{\partial y}=z\frac{\partial z}{\partial x}$两边对 y 求偏导,得

$$\frac{\partial z}{\partial y}+\frac{\partial^2 z}{\partial y^2}\cdot y=\frac{\partial z}{\partial y}\frac{\partial z}{\partial x}+z\frac{\partial^2 z}{\partial x\partial y},$$

解得

$$\frac{\partial^2 z}{\partial y^2}=\frac{1}{y}\left[\frac{\partial z}{\partial y}\left(\frac{\partial z}{\partial x}-1\right)+z\frac{\partial^2 z}{\partial x\partial y}\right]=-\frac{x^2z^2}{y^2(x+z)^3}.$$

(2) **解法 1** 两边对 x 求偏导数

$$2x+2z\cdot\frac{\partial z}{\partial x}-4+2\frac{\partial z}{\partial x}=0,$$

解得

$$\frac{\partial z}{\partial x}=\frac{2-x}{z+1},$$

两边对 y 求偏导数

$$-4y+2z\frac{\partial z}{\partial y}+2\frac{\partial z}{\partial y}=0,$$

解得

$$\frac{\partial z}{\partial y}=\frac{2y}{z+1}.$$

在 $(z+1)\frac{\partial z}{\partial x}=2-x$ 两边对 x 求偏导，

$$\left(\frac{\partial z}{\partial x}\right)^2+(z+1)\frac{\partial^2 z}{\partial x^2}=-1,$$

解得

$$\frac{\partial^2 z}{\partial x^2}=-\frac{1+\left(\frac{\partial z}{\partial x}\right)^2}{z+1}=-\frac{(z+1)^2+(2-x)^2}{(z+1)^3}.$$

在 $(z+1)\frac{\partial z}{\partial x}=2-x$ 两边对 y 求偏导，

$$\frac{\partial z}{\partial x}\cdot\frac{\partial z}{\partial y}+(z+1)\frac{\partial^2 z}{\partial x\partial y}=0,$$

解得

$$\frac{\partial^2 z}{\partial x\partial y}=-\frac{\frac{\partial z}{\partial x}\frac{\partial z}{\partial y}}{z+1}=-\frac{2y(2-x)}{(z+1)^3}.$$

在 $(z+1)\frac{\partial z}{\partial y}=2y$ 两边对 y 求偏导，得

$$\left(\frac{\partial z}{\partial y}\right)^2+(z+1)\frac{\partial^2 z}{\partial y^2}=2,$$

解得

$$\frac{\partial^2 z}{\partial y^2}=\frac{2-\left(\frac{\partial z}{\partial y}\right)^2}{z+1}=\frac{2[(z+1)^2-2y^2]}{(z+1)^3}.$$

解法 2　记 $F(x,y,z)=x^2-2y^2+z^2-4x+2z-5=0$，则

$$\frac{\partial z}{\partial x}=-\frac{F'_x}{F'_z}=-\frac{2x-4}{2z+2}=\frac{2-x}{z+1},\quad \frac{\partial z}{\partial y}=-\frac{F'_y}{F'_z}=\frac{-4y}{2z+2}=\frac{2y}{z+1},$$

$$\frac{\partial^2 z}{\partial x^2}=\frac{-(z+1)-(2-x)\frac{\partial z}{\partial x}}{(z+1)^2}=\frac{-(z+1)-(2-x)\frac{2-x}{z+1}}{(z+1)^2}=-\frac{(z+1)^2+(2-x)^2}{(z+1)^3},$$

$$\frac{\partial^2 z}{\partial x\partial y}=-\frac{2-x}{(z+1)^2}\cdot\frac{\partial z}{\partial y}=-\frac{2-x}{(z+1)^2}\cdot\frac{2y}{z+1}=-\frac{2y(2-x)}{(z+1)^3},$$

$$\frac{\partial^2 z}{\partial y^2}=\frac{2(z+1)-2y\dfrac{\partial z}{\partial y}}{(z+1)^2}=\frac{2(z+1)-2y\cdot\dfrac{2y}{z+1}}{(z+1)^2}=\frac{2[(z+1)^2-2y^2]}{(z+1)^3}.$$

解法 3 方程两边取全微分

$$2x\mathrm{d}x-4y\mathrm{d}y+2z\mathrm{d}z-4\mathrm{d}x+2\mathrm{d}z=0,$$

$$\mathrm{d}z=\frac{(2-x)\mathrm{d}x+2y\mathrm{d}y}{z+1}=\frac{2-x}{z+1}\mathrm{d}x+\frac{2y}{z+1}\mathrm{d}y,$$

所以

$$\frac{\partial z}{\partial x}=\frac{2-x}{z+1},\quad \frac{\partial z}{\partial y}=\frac{2y}{z+1}.$$

以下解法参照解法 1、2.

2. 利用全微分形式不变性,求下列隐函数 z 的全微分及偏导数.

(1) $xyz+\sqrt{x^2+y^2+z^2}=\sqrt{2}$;　　(2) $z-y-x+xe^{z-y-x}=0$.

解 (1) 两边微分,得

$$yz\mathrm{d}x+xz\mathrm{d}y+xy\mathrm{d}z+\frac{1}{2\sqrt{x^2+y^2+z^2}}\mathrm{d}(x^2+y^2+z^2)=0,$$

即

$$yz\mathrm{d}x+xz\mathrm{d}y+xy\mathrm{d}z+\frac{x\mathrm{d}x+y\mathrm{d}y+z\mathrm{d}z}{\sqrt{x^2+y^2+z^2}}=0,$$

整理得

$$\left(yz+\frac{x}{\sqrt{x^2+y^2+z^2}}\right)\mathrm{d}x+\left(xz+\frac{y}{\sqrt{x^2+y^2+z^2}}\right)\mathrm{d}y+\left(xy+\frac{z}{\sqrt{x^2+y^2+z^2}}\right)\mathrm{d}z=0,$$

从而

$$\begin{aligned}\mathrm{d}z&=-\frac{yz+\dfrac{x}{\sqrt{x^2+y^2+z^2}}}{xy+\dfrac{z}{\sqrt{x^2+y^2+z^2}}}\mathrm{d}x-\frac{xz+\dfrac{y}{\sqrt{x^2+y^2+z^2}}}{xy+\dfrac{z}{\sqrt{x^2+y^2+z^2}}}\mathrm{d}y\\&=-\frac{yz\sqrt{x^2+y^2+z^2}+x}{xy\sqrt{x^2+y^2+z^2}+z}\mathrm{d}x-\frac{xz\sqrt{x^2+y^2+z^2}+y}{xy\sqrt{x^2+y^2+z^2}+z}\mathrm{d}y\\&=-\frac{yz(\sqrt{2}-xyz)+x}{xy(\sqrt{2}-xyz)+z}\mathrm{d}x-\frac{xz(\sqrt{2}-xyz)+y}{xy(\sqrt{2}-xyz)+z}\mathrm{d}y,\end{aligned}$$

所以

$$\frac{\partial z}{\partial x}=-\frac{x+yz(\sqrt{2}-xyz)}{z+xy(\sqrt{2}-xyz)},\quad \frac{\partial z}{\partial y}=-\frac{y+xz(\sqrt{2}-xyz)}{z+xy(\sqrt{2}-xyz)}.$$

(2) 两边微分,得

$$dz-dy-dx+e^{z-y-x}dx+xde^{z-y-x}=0,$$

即

$$dz-dy+(e^{z-y-x}-1)dx+xe^{z-y-x}(dz-dy-dx)=0,$$

整理得

$$(1+xe^{z-y-x})dz-(1+xe^{z-y-x})dy+(e^{z-y-x}-1-xe^{z-y-x})dx=0,$$

即

$$(1+x+y-z)dz-(1+x+y-z)dy+(e^{z-y-x}-1+z-y-x)dx=0,$$

从而

$$dz=\frac{1+x+y-z-e^{z-y-x}}{1+x+y-z}dx+dy,$$

所以

$$\frac{\partial z}{\partial x}=1-\frac{e^{z-y-x}}{1+x+y-z},\quad \frac{\partial z}{\partial y}=1.$$

3. 设 $z=z(x,y)$ 由方程 $ax+by+cz=\varphi(x^2+y^2+z^2)$ 所确定,其中 φ 可微,证明

$$(cy-bz)\frac{\partial z}{\partial x}+(az-cx)\frac{\partial z}{\partial y}=bx-ay.$$

证法 1　方程两边对 x 求偏导,得

$$a+c\frac{\partial z}{\partial x}=\varphi'(x^2+y^2+z^2)\cdot\left(2x+2z\frac{\partial z}{\partial x}\right)\Rightarrow\frac{\partial z}{\partial x}=\frac{a-2x\varphi'}{2z\varphi'-c},$$

方程两边对 y 求偏导,得

$$b+c\frac{\partial z}{\partial y}=\varphi'(x^2+y^2+z^2)\cdot\left(2y+2z\frac{\partial z}{\partial y}\right)\Rightarrow\frac{\partial z}{\partial y}=\frac{b-2y\varphi'}{2z\varphi'-c},$$

所以

$$\begin{aligned}(cy-bz)\frac{\partial z}{\partial x}+(az-cx)\frac{\partial z}{\partial y}&=(cy-bz)\frac{a-2x\varphi'}{2z\varphi'-c}+(az-cx)\frac{b-2y\varphi'}{2z\varphi'-c}\\&=\frac{acy-abz-2cxy\varphi'+2bxz\varphi'+abz-bcx-2ayz\varphi'+2cxy\varphi'}{2z\varphi'-c}\\&=\frac{acy-bcx+2bxz\varphi'-2ayz\varphi'}{2z\varphi'-c}=\frac{2z\varphi'(bx-ay)-c(bx-ay)}{2z\varphi'-c}=bx-ay.\end{aligned}$$

证法 2　记 $F(x,y,z)=ax+by+cz-\varphi(x^2+y^2+z^2)$,则

$$\frac{\partial z}{\partial x}=-\frac{F'_x}{F'_z}=-\frac{a-2x\varphi'}{c-2z\varphi'},\quad \frac{\partial z}{\partial y}=-\frac{F'_y}{F'_z}=-\frac{b-2y\varphi'}{c-2z\varphi'},$$

所以

$$(cy-bz)\frac{\partial z}{\partial y}+(az-cx)\frac{\partial z}{\partial y}=bx-ay.$$

4. 设函数 $z=z(x,y)$ 是由方程 $F(x+zy^{-1},y+zx^{-1})=0$ 所确定,证明

$$x\frac{\partial z}{\partial x}+y\frac{\partial z}{\partial y}=z-xy.$$

证法 1 $\frac{\partial z}{\partial x}=-\frac{F'_x}{F'_z}=-\frac{F'_1-\frac{z}{x^2}F'_2}{\frac{1}{y}F'_1+\frac{1}{x}F'_2}$, $\frac{\partial z}{\partial y}=-\frac{F'_y}{F'_z}=-\frac{-\frac{z}{y^2}F'_1+F'_2}{\frac{1}{y}F'_1+\frac{1}{x}F'_2}$.

所以

$$x\frac{\partial z}{\partial x}+y\frac{\partial z}{\partial y}=\frac{\left(-xF'_1+\frac{z}{x}F'_2\right)+\left(\frac{z}{y}F'_1-yF'_2\right)}{\frac{1}{y}F'_1+\frac{1}{x}F'_2}$$

$$=\frac{(-x^2y+xz)F'_1+(yz-xy^2)F'_2}{xF'_1+yF'_2}$$

$$=\frac{xF'_1(-xy+z)+yF'_2(z-xy)}{xF'_1+yF'_2}=z-xy.$$

证法 2 方程两边分别对 x,y 求偏导,得

$$F'_1\left(1+y^{-1}\frac{\partial z}{\partial x}\right)+F'_2\left[x^{-1}\frac{\partial z}{\partial x}+z\left(-\frac{1}{x^2}\right)\right]=0,\quad F'_1\left(\frac{\partial z}{\partial y}y^{-1}-\frac{z}{y^2}\right)+F'_2\left(x^{-1}\frac{\partial z}{\partial y}+1\right)=0.$$

解得

$$\frac{\partial z}{\partial x}=-\frac{F'_1-\frac{z}{x^2}F'_2}{y^{-1}F'_1+x^{-1}F'_2},\quad \frac{\partial z}{\partial y}=-\frac{-\frac{z}{y^2}F'_1+F'_2}{y^{-1}F'_1+x^{-1}F'_2}.$$

所以

$$x\frac{\partial z}{\partial x}+y\frac{\partial z}{\partial y}=z-xy.$$

5. 设 $F(x+y+z,x^2+y^2+z^2)=0$ 确定函数 $z=z(x,y)$,其中 F 具有二阶连续的偏导数,求$\frac{\partial^2 z}{\partial x\partial y}$.

解

$$\frac{\partial z}{\partial x}=-\frac{F'_x}{F'_z}=-\frac{F'_1+2xF'_2}{F'_1+2zF'_2},\tag{1}$$

$$\frac{\partial z}{\partial y}=-\frac{F'_y}{F'_z}=-\frac{F'_1+2yF'_2}{F'_1+2zF'_2},\tag{2}$$

再求$\frac{\partial^2 z}{\partial x\partial y}$(注:如果用$\frac{\partial^2 z}{\partial x\partial y}=\frac{\partial}{\partial y}\left(-\frac{F'_1+2xF'_2}{F'_1+2zF'_2}\right)=\cdots$,思路虽直观,但繁杂),令 $u=x+y+z,v=x^2+y^2+z^2$,则

$$\frac{\partial u}{\partial x}=1+\frac{\partial z}{\partial x}=1-\frac{F'_1+2xF'_2}{F'_1+2zF'_2}=\frac{2(z-x)F'_2}{F'_1+2zF'_2},$$

$$\frac{\partial u}{\partial y}=1+\frac{\partial z}{\partial y}=\frac{2(z-y)F'_2}{F'_1+2zF'_2},\quad \frac{\partial^2 u}{\partial x\partial y}=\frac{\partial^2 z}{\partial x\partial y},$$

$$\frac{\partial^2 \nu}{\partial x\partial y}=2\frac{\partial z}{\partial x}\cdot\frac{\partial z}{\partial y}+2z\frac{\partial^2 z}{\partial x\partial y}=\frac{2(F_1'-2xF_2')(F_1'+2yF_2')}{(F_1'+2zF_2')^2}+2z\frac{\partial^2 z}{\partial x\partial y}.$$

而原方程写成了 $F(u,\nu)=0$,其两边对 x,y 求偏导,得

$$F_1'\frac{\partial u}{\partial x}+F_2'\frac{\partial \nu}{\partial x}=0,\quad F_1'\frac{\partial u}{\partial y}+F_2'\frac{\partial \nu}{\partial y}=0,$$

不妨设 $F_2'\neq 0$,则

$$\frac{\partial \nu}{\partial x}=-\frac{F_1'}{F_2'}\cdot\frac{\partial u}{\partial x},\tag{3}$$

$$\frac{\partial \nu}{\partial y}=-\frac{F_1'}{F_2'}\cdot\frac{\partial u}{\partial y},\tag{4}$$

在 $F_1'\frac{\partial u}{\partial x}+F_2'\frac{\partial \nu}{\partial x}=0$ 两端再对 y 求偏导,得

$$\left(F_{11}''\frac{\partial u}{\partial y}+F_{12}''\frac{\partial \nu}{\partial y}\right)\frac{\partial u}{\partial x}+F_1'\frac{\partial^2 u}{\partial x\partial y}+\left(F_{21}''\frac{\partial u}{\partial y}+F_{22}''\frac{\partial \nu}{\partial y}\right)\frac{\partial \nu}{\partial x}+F_2'\frac{\partial^2 \nu}{\partial x\partial y}=0,\tag{5}$$

把式(3)(4)代入式(5)得

$$\frac{(F_2')^2F_{11}''-2F_1'F_2'F_{12}''+(F_1')^2F_{22}''}{(F_2')^2}\frac{\partial u}{\partial x}\frac{\partial u}{\partial y}+F_1'\frac{\partial^2 u}{\partial x\partial y}+F_2'\frac{\partial^2 \nu}{\partial x\partial y}=0,$$

把$\frac{\partial u}{\partial x},\frac{\partial u}{\partial y},\frac{\partial^2 u}{\partial x\partial y},\frac{\partial^2 \nu}{\partial x\partial y}$代入上式得

$$\frac{\partial^2 z}{\partial x\partial y}=-\frac{4(z-x)(z-y)[(F_2')^2F_{11}''-2F_1'F_2'F_{12}''+(F_1')^2F_{22}'']+2F_2'(F_1'+2xF_2')(F_1'+2yF_2')}{(F_1'+2zF_2')^2}.$$

【注】 一般地,由 $u=\varphi(x,y,z)$,$\nu=\psi(x,y,z)$,$F(u,\nu)=0$ 确定的隐函数 $z=z(x,y)$.

当求$\frac{\partial^2 z}{\partial x\partial y}$时,有$\frac{A}{(F_2')^2}\frac{\partial u}{\partial x}\frac{\partial u}{\partial y}+F_1'\frac{\partial^2 u}{\partial x\partial y}+F_2'\frac{\partial^2 \nu}{\partial x\partial y}=0$;

当求$\frac{\partial^2 z}{\partial x^2}$时,有$\frac{A}{(F_2')^2}\left(\frac{\partial u}{\partial x}\right)^2+F_1'\frac{\partial^2 u}{\partial x^2}+F_2'\frac{\partial^2 \nu}{\partial x^2}=0$;

当求$\frac{\partial^2 z}{\partial y^2}$时,有$\frac{A}{(F_2')^2}\left(\frac{\partial u}{\partial y}\right)^2+F_1'\frac{\partial^2 u}{\partial y^2}+F_2'\frac{\partial^2 \nu}{\partial y^2}=0$,

其中 $A=(F_2')^2F_{11}''-2F_1'F_2'F_{12}''+(F_1')^2F_{22}''$.

6. 已知函数 $z=z(x,y)$ 可微,且$\frac{\partial z}{\partial x}\neq 0$,,满足方程$(x-z)\frac{\partial z}{\partial x}+y\frac{\partial z}{\partial y}=0$,若将 x 作为 y,z 的函数,它应满足怎样的方程?

解 在方程 $z=z(x,y)$ 两边对 y 求偏导(其中 y,z 是自变量,x 是函数),则有

$$0=\frac{\partial z}{\partial x}\cdot\frac{\partial x}{\partial y}+\frac{\partial z}{\partial y},$$

于是有

$$y\cdot\frac{\partial z}{\partial y}=-y\cdot\frac{\partial z}{\partial x}\cdot\frac{\partial x}{\partial y},$$

代入方程$(x-z)\frac{\partial z}{\partial x}+y\frac{\partial z}{\partial y}=0$,得

$$(x-z)\frac{\partial z}{\partial x}-y\cdot\frac{\partial z}{\partial x}\cdot\frac{\partial x}{\partial y}=0.$$

由$\frac{\partial z}{\partial x}\neq 0$,得所求方程:

$$\frac{\partial x}{\partial y}=\frac{x-z}{y}.$$

7. 设 F 具有二阶连续函数的偏导数,求曲线 $F(x,y)=0$ 的曲率.

解 $y'=-\frac{F'_x}{F'_y}$,

$$y''=-\frac{(F''_{xx}+F''_{xy}\cdot y')F'_y-F'_x(F''_{yx}+F''_{yy}\cdot y')}{(F'_y)^2}$$

$$=\frac{-F''_{xx}F'_y-F''_{xy}F'_y\cdot\left(-\frac{F'_x}{F'_y}\right)+F'_xF''_{xy}-F'_xF''_{yy}\left(-\frac{F'_x}{F'_y}\right)}{(F'_y)^2}$$

$$=\frac{-F''_{xx}(F'_y)^2+2F'_xF'_yF''_{xy}-(F'_x)^2F''_{yy}}{(F'_y)^3}.$$

所以

$$k=\frac{|y''|}{(1+y'^2)^{3/2}}=\frac{|-[F''_{xx}(F'_y)^2-2F'_xF'_yF''_{xy}+(F'_x)^2F''_{yy}]/(F'_y)^3|}{[1+(-F'_x/F'_y)^2]^{3/2}}$$

$$=\frac{|F''_{xx}(F'_y)^2-2F'_xF'_yF''_{xy}+(F'_x)^2F''_{yy}|}{[(F'_x)^2+(F'_y)^2]^{3/2}}.$$

8. 求下列方程组所确定的隐函数的导数或偏导数.

(1) $\begin{cases}z=x^2+y^2,\\x^2+2y^2+3z^2=20,\end{cases}$ 求$\frac{\mathrm{d}y}{\mathrm{d}x},\frac{\mathrm{d}z}{\mathrm{d}x}$;

(2) $\begin{cases}u=f(ux,v+y),\\v=g(u-x,v^2y),\end{cases}$ 其中 f,g 具有一阶连续偏导数,求$\frac{\partial u}{\partial x},\frac{\partial v}{\partial x}$;

(3) $\begin{cases}x=\mathrm{e}^u+u\sin v,\\y=\mathrm{e}^u-u\cos v,\end{cases}$ 求$\frac{\partial u}{\partial x},\frac{\partial v}{\partial y}$.

(1) **解法 1** 把方程组化成 $x^2+2y^2+3(x^2+y^2)^2=20$,对 x 求导得

$$2x+4y\cdot\frac{dy}{dx}+6(x^2+y^2)\left(2x+2y\frac{dy}{dx}\right)=0,$$

解得

$$\frac{dy}{dx}=-\frac{x[1+6(x^2+y^2)]}{2y[1+3(x^2+y^2)]},$$

把方程组化为 $x^2+2(z-x^2)+3z^2=20$，对 x 求导得

$$2x+2\left(\frac{dz}{dx}-2x\right)+6z\frac{dz}{dx}=0,$$

解得

$$\frac{dz}{dx}=\frac{x}{1+3z}.$$

解法 2　方程组同时对 x 求导得，

$$\begin{cases}\dfrac{dz}{dx}=2x+2y\cdot\dfrac{dy}{dx},\\[2ex] 2x+4y\cdot\dfrac{dy}{dx}+6z\cdot\dfrac{dz}{dx}=0,\end{cases}$$

解得

$$\begin{cases}\dfrac{dz}{dx}=\dfrac{x}{1+3z},\\[2ex] \dfrac{dy}{dx}=-\dfrac{x(1+6z)}{2y(1+3z)}.\end{cases}$$

（2）方程组同时对 x 求导，得

$$\begin{cases}\dfrac{\partial u}{\partial x}=f_1'\left(x\dfrac{\partial u}{\partial x}+u\right)+f_2'\dfrac{\partial v}{\partial x},\\[2ex] \dfrac{\partial v}{\partial x}=g_1'\left(\dfrac{\partial u}{\partial x}-1\right)+g_2'\left(2v\cdot\dfrac{\partial v}{\partial x}\cdot y\right),\end{cases}$$

化简得

$$\begin{cases}(1-x\cdot f_1')\dfrac{\partial u}{\partial x}-f_2'\dfrac{\partial v}{\partial x}=u\cdot f_1',\\[2ex] g_1'\cdot\dfrac{\partial u}{\partial x}+(2yvg_2'-1)\dfrac{\partial v}{\partial x}=g_1'.\end{cases}$$

记 $\Delta=\begin{vmatrix}1-xf_1' & -f_2'\\ g_1' & 2yvg_2'-1\end{vmatrix}=(1-x\cdot f_1')(2yvg_2'-1)+f_2'\cdot g_1'$，则

$$\frac{\partial u}{\partial x}=\frac{\begin{vmatrix} uf_1' & -f_2' \\ g_1' & 2yvg_2'-1 \end{vmatrix}}{\Delta}=\frac{1}{\Delta}(2yuvf_1'\cdot g_2'-uf_1'+f_2'\cdot g_1'),$$

$$\frac{\partial v}{\partial x}=\frac{\begin{vmatrix} 1-xf_1' & uf_1' \\ g_1' & g_1' \end{vmatrix}}{\Delta}=\frac{1}{\Delta}(g_1'-xf_1'\cdot g_1'-uf_1'\cdot g_1').$$

(3) 方程组对 x 求偏导得

$$\begin{cases} 1=e^u\cdot\dfrac{\partial u}{\partial x}+\dfrac{\partial u}{\partial x}\sin v+u\cos v\cdot\dfrac{\partial v}{\partial x}, \\ 0=e^u\cdot\dfrac{\partial u}{\partial x}-\dfrac{\partial u}{\partial x}\cos v+u\sin v\,\dfrac{\partial v}{\partial x}, \end{cases}$$

化简得

$$\begin{cases} (e^u+\sin v)\cdot\dfrac{\partial u}{\partial x}+u\cos v\cdot\dfrac{\partial v}{\partial x}=1, \\ (e^u-\cos v)\cdot\dfrac{\partial u}{\partial x}+u\sin v\,\dfrac{\partial v}{\partial x}=0, \end{cases}$$

所以

$$\frac{\partial u}{\partial x}=\frac{\begin{vmatrix} 1 & u\cos v \\ 0 & u\sin v \end{vmatrix}}{\begin{vmatrix} e^u+\sin v & u\cos v \\ e^u-\cos v & u\sin v \end{vmatrix}}=\frac{u\sin v}{(e^u+\sin v)u\sin v-u\cos v(e^u-\cos v)}$$

$$=\frac{\sin v}{e^u(\sin v-\cos v)+1},$$

方程组对 y 求偏导得

$$\begin{cases} 0=e^u\cdot\dfrac{\partial u}{\partial y}+\sin v\,\dfrac{\partial u}{\partial y}+u\cos v\cdot\dfrac{\partial v}{\partial y}, \\ 1=e^u\cdot\dfrac{\partial u}{\partial y}-\cos v\,\dfrac{\partial u}{\partial y}+u\sin v\,\dfrac{\partial v}{\partial y}, \end{cases}$$

化简得

$$\begin{cases} (e^u+\sin v)\cdot\dfrac{\partial u}{\partial y}+u\cos v\cdot\dfrac{\partial v}{\partial y}=0, \\ (e^u-\cos v)\cdot\dfrac{\partial u}{\partial y}+u\sin v\,\dfrac{\partial v}{\partial y}=1, \end{cases}$$

所以

$$\frac{\partial v}{\partial y}=\frac{\begin{vmatrix} e^u+\sin v & 0 \\ e^u-\cos v & 1 \end{vmatrix}}{\begin{vmatrix} e^u+\sin v & u\cos v \\ e^u-\cos v & u\sin v \end{vmatrix}}=\frac{e^u+\sin v}{(e^u+\sin v)u\sin v-u\cos v(e^u-\cos v)}$$

$$=\frac{e^u+\sin v}{u(1-e^u\sin v-e^u\cos v)}=\frac{e^u+\sin v}{u[e^u(\sin v-\cos v)+1]}.$$

9. 设 $y=f(x,t)$，而 t 是由方程 $F(x,y,t)=0$ 所确定的 x,y 的函数，其中 f,F 均有一阶连续的偏导数，求 $\dfrac{dy}{dx}$.

解　方程 $F(x,y,t)=0$ 对 x 求导得

$$F'_x+F'_y\cdot\frac{\mathrm{d}y}{\mathrm{d}x}+F'_t\cdot\frac{\partial t}{\partial x}=0,$$

解得

$$\frac{\partial t}{\partial x}=-\frac{F'_x+F'_y\cdot\dfrac{\mathrm{d}y}{\mathrm{d}x}}{F'_t}.$$

方程 $y=f(x,t)$ 对 x 求导得

$$\frac{\mathrm{d}y}{\mathrm{d}x}=f'_x+f'_t\cdot\frac{\partial t}{\partial x}=f'_x+f'_t\cdot\left(\frac{F'_x+F'_y\cdot\dfrac{\mathrm{d}y}{\mathrm{d}x}}{F'_t}\right),$$

解得

$$\frac{\mathrm{d}y}{\mathrm{d}x}=\frac{f'_xF'_t-f'_tF'_x}{F'_t+f'_tF'_y}.$$

【注】　方程组$\begin{cases}y=f(x,t),\\F(x,y,t)=0\end{cases}$可以确定 $y=y(x)$，$t=t(x)$，所以可用雅可比行列式求解.

10. 设 $u=f(x,y,z)$，$\varphi(x^2,\mathrm{e}^y,z)=0$，$y=\sin x$，其中 f,φ 具有一阶连续的偏导数，且$\dfrac{\partial\varphi}{\partial z}\neq0$，求$\dfrac{\mathrm{d}u}{\mathrm{d}x}$.

解　由方程组$\begin{cases}u=f(x,y,z),\\\varphi(x^2,\mathrm{e}^y,z)=0,\\y=\sin x\end{cases}$确定 $y=y(x)$，$z=z(x)$，$u=u(x)$，由 $y=\sin x$，$\dfrac{\mathrm{d}y}{\mathrm{d}x}=\cos x$.由 $\varphi(x^2,\mathrm{e}^y,z)=0$，两端对 x 求导可得

$$\varphi'_1\cdot2x+\varphi'_2\cdot\mathrm{e}^y\cdot\frac{\mathrm{d}y}{\mathrm{d}x}+\varphi'_3\cdot\frac{\mathrm{d}z}{\mathrm{d}x}=0,$$

解得

$$\frac{\mathrm{d}z}{\mathrm{d}x}=-\frac{1}{\varphi'_3}(2x\varphi'_1+\mathrm{e}^y\cdot\cos x\cdot\varphi'_2),$$

所以

$$\begin{aligned}\frac{\mathrm{d}u}{\mathrm{d}x}&=f'_x+f'_y\cdot\frac{\mathrm{d}y}{\mathrm{d}x}+f'_z\frac{\mathrm{d}z}{\mathrm{d}x}\\&=f'_x+\cos x\cdot f'_y-\frac{f'_z}{\varphi'_3}(2x\varphi'_1+\mathrm{e}^y\cdot\cos x\cdot\varphi'_2)\\&=f'_x+f'_y\cos x-\frac{f'_z}{\varphi'_3}(2x\varphi'_1+\mathrm{e}^{\sin x}\cos x\cdot\varphi'_2).\end{aligned}$$

11. 设函数 $z=f(x,y)$ 具有二阶连续偏导数，且$\dfrac{\partial z}{\partial y}\neq0$，证明对函数的值域内任意给定的

值 C,$f(x,y)=C$ 为直线的充要条件是 $(z_y')^2z_{xx}''-2z_x'z_y'z_{xy}''+(z_x')^2z_{yy}''=0$.

证明 必要性:设 $z=f(x,y)=C$ 为直线,则 $f(x,y)$ 是一次函数,必有 z 的二阶偏导为零,故必满足方程.

充分性:若 $z=f(x,y)$ 满足方程(对值域内任意给定的 C 值),有

$$y_x'=-\frac{z_x'}{z_y'},$$

$$\begin{aligned}y_{xx}''&=-\frac{(z_x')'z_y'-(z_y')z_x'}{(z_y')^2}\\&=-\frac{(z_{xx}''+z_{xy}''y')z_y'-(z_{xy}''+z_{yy}''y')z_x'}{(z_y')^2}\\&=-\frac{\left(z_{xx}''-z_{xy}''\dfrac{z_x'}{z_y'}\right)z_y'-\left(z_{xy}''-z_{yy}''\dfrac{z_x'}{z_y'}\right)z_x'}{(z_y')^2}\\&=-\frac{(z_y')^2z_{xx}''-2z_x'z_y'z_{xy}''+(z_x')^2z_{yy}''}{(z_y')^3}=0.\end{aligned}$$

所以,曲线 $z=f(x,y)=C$ 的曲率为 0,故 $z=f(x,y)=C$ 为直线.

8.6

1. 求下列曲线在指定点处的切线与法平面.

(1) $x=at,y=bt^2,z=ct^3$,在 $t=1$ 的对应点;

(2) $x=\cos t+\sin^2 t,y=\sin t(1-\cos t),z=\cos t$,在 $t=\dfrac{\pi}{2}$ 的对应点;

(3) $x=y^2,z=x^2$,点 $(1,1,1)$;

(4) $2x^2+y^2+z^2=45,x^2+2y^2=z$,点 $(-2,1,6)$.

解 (1) 切线的方向向量为 $(x'(1),y'(1),z'(1))=(a,2b,3c)$,$t=1$ 对应点的坐标为 (a,b,c),所求切线方程

$$\frac{x-a}{a}=\frac{y-b}{2b}=\frac{z-c}{3c}.$$

所求法平面方程

$$a(x-a)+2b(y-b)+3c(z-c)=0,$$

即

$$ax+2by+3cz-(a^2+2b^2+3c^2)=0.$$

(2) $t=\dfrac{\pi}{2}$ 的对应点的坐标为 $(1,1,0)$,切线的方向向量为

$$\left(x'\left(\frac{\pi}{2}\right),y'\left(\frac{\pi}{2}\right),z'\left(\frac{\pi}{2}\right)\right)=(-1,1,-1),$$

所求切线方程

$$\frac{x-1}{-1}=\frac{y-1}{1}=\frac{z}{-1}.$$

所求法平面方程

$$-(x-1)+(y-1)-z=0,$$

即

$$x-y+z=0.$$

（3）把曲线写成参数方程$\begin{cases}x=y^2=t^2,\\ y=t,\\ z=x^2=t^4,\end{cases}$即求此曲线在 $t=1$ 对应点处的切线、法平面.切线的方向向量为

$$(x'(1),y'(1),z'(1))=(2,1,4),$$

所求切线方程为

$$\frac{x-1}{2}=\frac{y-1}{1}=\frac{z-1}{4},$$

所求法平面方程

$$2(x-1)+(y-1)+4(z-1)=0,$$

即

$$2x+y+4z-7=0.$$

（4）把曲线写成参数方程$\begin{cases}x=x(t),\\ y=t,\\ z=z(t),\end{cases}$则 $(x(1),y(1),z(1))=(-2,1,6)$ 在 $t=1$ 处的切向量为 $(x'(1),1,z'(1))$，由$\begin{cases}2x^2(t)+t^2+z^2(t)=45,\\ x^2(t)+2t^2=z(t),\end{cases}$对 t 求导得

$$\begin{cases}4x(t)x'(t)+2t+2z(t)z'(t)=0,\\ 2x(t)x'(t)+4t=z'(t).\end{cases}$$

把 $t=1$ 代入得

$$\begin{cases}-8x'(1)+2+12z'(1)=0,\\ -4x'(1)+4=z'(1).\end{cases}$$

解得

$$\begin{cases}x'(1)=\dfrac{25}{28},\\ z'(1)=\dfrac{12}{28}.\end{cases}$$

在点$(-2,1,6)$处，即$t=1$处的切向量为

$$\left(\frac{25}{28},1,\frac{12}{28}\right)=\frac{1}{28}(25,28,12),$$

所求切线方程

$$\frac{x+2}{25}=\frac{y-1}{28}=\frac{z-6}{12},$$

所求法平面方程

$$25(x+2)+28(y-1)+12(z-6)=0,$$

即

$$25x+28y+12z-50=0.$$

2. 在曲线$x=t,y=t^2,z=t^3$上求出一点，使曲线在该点的切线平行于平面$x+2y+z=4$.

解 曲线上任一点处切向量为$(x'(t),y'(t),z'(t))=(1,2t,3t^2)$，所求点处切向量满足$(1,2t,3t^2)$，垂直于$(1,2,1)$，即$1+4t+3t^2=0$，解得$t_1=-1,t_2=-\frac{1}{3}$，所求点为$(-1,1,-1)$或$\left(-\frac{1}{3},\frac{1}{9},-\frac{1}{27}\right)$.

3. 证明螺旋线$x=a\cos\theta,y=a\sin\theta,z=k\theta$($a,k$为常数)上任一点的切向量与$z$轴正向的夹角为定角.

证明 曲线上任一点处切向量为$(x'(\theta),y'(\theta),z'(\theta))=(-a\sin\theta,a\cos\theta,k)$，$z$轴正向方向向量为$\boldsymbol{k}=(0,0,1)$，二者夹角$\varphi$满足

$$\cos\varphi=\frac{k}{\sqrt{(-a\sin\theta)^2+(a\cos\theta)^2+k^2}\sqrt{0^2+0^2+1^2}}=\frac{k}{\sqrt{a^2+k^2}},$$

所以夹角$\varphi=\arccos\dfrac{k}{\sqrt{a^2+k^2}}$为定角.

4. 求下列曲面上指定点处的切平面方程和法线方程.

(1) $z=\sqrt{x^2-y^2}$，点$(3,4,5)$；

(2) $x^3+y^3+z^3+xyz-6=0$，点$(1,2,-1)$；

(3) $x=u+v,y=u^2+v^2,z=u^3+v^3$，在$(u_0,v_0)=(2,1)$的对应点处.

解 (1) 设$F(x,y,z)=\sqrt{x^2-y^2}-z$，则

$$\left.\frac{\partial F}{\partial x}\right|_{(3,4)}=\left.\frac{x}{\sqrt{x^2-y^2}}\right|_{(3,4)}=\frac{3}{5},\left.\frac{\partial F}{\partial y}\right|_{(3,4)}=\left.\frac{y}{\sqrt{x^2-y^2}}\right|_{(3,4)}=\frac{4}{5},$$

法向量为

$$\boldsymbol{n}=\left(\frac{3}{5},\frac{4}{5},-1\right)=\frac{1}{5}(3,4,-5),$$

所求切平面方程为

$$\frac{3}{5}(x-3)+\frac{4}{5}(y-4)-(z-5)=0\text{，即 }3x+4y-5z=0.$$

所求法线方程为

$$\frac{x-3}{3}=\frac{y-4}{4}=\frac{z-5}{-5}.$$

(2) 设 $F(x,y,z)=x^3+y^3+z^3+xyz-6$，则

$$(F'_x,F'_y,F'_z)\bigg|_{(1,2,-1)}=(3x^2+yz,3y^2+xz,3z^2+xy)\bigg|_{(1,2,-1)}=(1,11,5).$$

所求切平面方程为

$$(x-1)+11(y-2)+5(z+1)=0\text{，即 }x+11y+5z-18=0.$$

所求法线方程为

$$\frac{x-1}{1}=\frac{y-2}{11}=\frac{z+1}{5}.$$

(3) 首先$(u_0,v_0)=(2,1)$的对应点为$(3,5,9)$，曲面的法向量为

$$\boldsymbol{n}=\begin{vmatrix}\boldsymbol{i}&\boldsymbol{j}&\boldsymbol{k}\\x'_u&y'_u&z'_u\\x'_v&y'_v&z'_v\end{vmatrix}_{u=2,v=1}=\begin{vmatrix}\boldsymbol{i}&\boldsymbol{j}&\boldsymbol{k}\\1&2u&3u^2\\1&2v&3v^2\end{vmatrix}_{u=2,v=1}=-(12,-9,2),$$

所求切平面方程为

$$12(x-3)-9(y-5)+2(z-9)=0\text{，即 }12x-9y+z-9=0.$$

所求法线方程为

$$\frac{x-3}{12}=\frac{y-5}{-9}=\frac{z-9}{2}.$$

5. 在曲面 $z=xy$ 上求一点，使这点的法线垂直于平面 $x+3y+z+9=0$，并写出此法线方程.

解 设 $F(x,y,z)=xy-z$，则$(F'_x,F'_y,F'_z)=(y,x,-1)$，依题意$(y,x,-1)$平行于$(1,3,1)$，即

$$\frac{y}{1}=\frac{x}{3}=\frac{-1}{1},$$

所以 $y=-1,x=-3$，从而 $z=3$，所求点为$(-3,-1,3)$，该点处法线向量为

$$(y,x,-1)\bigg|_{(-3,-1,3)}=(-1,-3,-1)=-(1,3,1),$$

点$(-3,-1,3)$处法线方程为

$$x+3=\frac{y+1}{3}=z-3.$$

6. 设$f(u,v)$可微，证明曲面$f(ax-bz,ay-cz)=0$上任一点的切平面都与某一定直线平行，其中 a,b,c 是不同时为零的常数.

证明 曲面上任一点的切平面的法向量为

$$\boldsymbol{n}=(af'_1,af'_2,-bf'_1-cf'_2),$$

因 a,b,c 是不同时为零的常数，(b,c,a)为某一定直线的方向向量，

$$\boldsymbol{n}\cdot(b,c,a)=baf'_1+caf'_2+a(-bf'_1-cf'_2)=0,$$

所以 $\boldsymbol{n}$ 垂直于(b,c,a)，即以 $\boldsymbol{n}$ 为法向量的平面平行于以(b,c,a)为方向向量的直线，即曲线

上任一点的切平面都与以(b,c,a)为方向向量的定直线平行.

7. 设$f(u,v)$可微,证明曲面$f\left(\dfrac{y-b}{x-a},\dfrac{z-c}{x-a}\right)=0$上任一点的切平面都过定点.

证明 设$u=\dfrac{y-b}{x-a},v=\dfrac{z-c}{x-a}$,则曲面上任一点的法向量为

$$\boldsymbol{n}=\left\{-\frac{y-b}{(x-a)^2}f'_u-\frac{z-c}{(x-a)^2}f'_v,\frac{1}{x-a}f'_u,\frac{1}{x-a}f'_v\right\},$$

于是切平面方程为

$$-\frac{(y-b)f'_u+(z-c)f'_v}{(x-a)^2}(X-x)+\frac{1}{x-a}f'_u(Y-y)+\frac{1}{x-a}f'_v(Z-z)=0,$$

即

$$[(x-a)(Y-y)-(y-b)(X-x)]f'_u+[(x-a)(Z-z)-(z-c)(X-x)]f'_v=0,$$

对曲面上任一点(x,y,z),点$(X,Y,Z)=(a,b,c)$都满足切平面方程,即切平面都通过定点(a,b,c).

8. 证明曲面$xyz=a^3(a>0)$上任一点处的切平面和三个坐标面所围四面体的体积是一常数.

证明 设(x_0,y_0,z_0)是曲面上任一点,此点处的法向量为(y_0z_0,z_0x_0,x_0y_0),切平面方程为$y_0z_0(x-x_0)+z_0x_0(y-y_0)+x_0y_0(z-z_0)=0$,即

$$\frac{x}{3x_0}+\frac{y}{3y_0}+\frac{z}{3z_0}=1,$$

与三个坐标轴的截距分别为:$3x_0,3y_0,3z_0$.所围四面体的体积为

$$V=\frac{1}{6}\cdot 3x_0\cdot 3y_0\cdot 3z_0=\frac{9}{2}a^3\text{ 为常数.}$$

9. 设$f'(x)\neq 0$,证明旋转曲面$z=f(\sqrt{x^2+y^2})$上任一点的法线都与旋转轴z相交.

证明 曲面上任一点$(x,y,f(\sqrt{x^2+y^2}))$处的法向量为

$$\left(\frac{x}{\sqrt{x^2+y^2}}f'(\sqrt{x^2+y^2}),\frac{y}{\sqrt{x^2+y^2}}f'(\sqrt{x^2+y^2}),-1\right),$$

法线方程

$$\frac{X-x}{\dfrac{x}{\sqrt{x^2+y^2}}f'}=\frac{Y-y}{\dfrac{y}{\sqrt{x^2+y^2}}f'}=\frac{Z-f(\sqrt{x^2+y^2})}{-1},$$

参数方程$\begin{cases}X=x+\dfrac{x}{\sqrt{x^2+y^2}}f'\cdot t,\\Y=y+\dfrac{y}{\sqrt{x^2+y^2}}f'\cdot t,\\Z=f(\sqrt{x^2+y^2})-t,\end{cases}$代入$z$轴方程$\begin{cases}X=0,\\Y=0,\end{cases}$解得$t=-\dfrac{\sqrt{x^2+y^2}}{f'}$,从而$X=0,Y=0,Z=$

$f(\sqrt{x^2+y^2})-\dfrac{\sqrt{x^2+y^2}}{f'}$，即曲面上任一点$(x,y,z)$处的法线与$z$轴总相交于点

$$\left(0,0,f(\sqrt{x^2+y^2})-\frac{\sqrt{x^2+y^2}}{f'(\sqrt{x^2+y^2})}\right).$$

10. 求螺旋面 $x=u\cos\nu, y=u\sin\nu, z=a\nu$ 的法线与 z 轴的夹角 θ.

解　由$\begin{cases}x_u=\cos\nu, & y_u=\sin\nu, & z_u=0,\\ x_\nu=-u\sin\nu, & y_\nu=u\cos\nu, & z_\nu=a,\end{cases}$所以曲面在$(u,\nu)$的对应点处的法向量

$$\boldsymbol{n}=\begin{vmatrix}\boldsymbol{i} & \boldsymbol{j} & \boldsymbol{k}\\ \cos\nu & \sin\nu & 0\\ -u\sin\nu & u\cos\nu & a\end{vmatrix}=(a\sin\nu,-a\cos\nu,u),$$

z 轴正向单位向量 $\boldsymbol{k}=(0,0,1)$，故 $\theta=\arccos\dfrac{u}{\sqrt{a^2+u^2}}$.

11. 证明曲面 $e^{2x-z}=f(\pi y-\sqrt{2}z)$ 是柱面，其中 f 可微.

证明　设 $F=f(\pi y-\sqrt{2}z)-e^{2x-z}$，则曲面上任一点处的法向量为

$$\boldsymbol{n}=(-2e^{2x-z},\pi f',-\sqrt{2}f'+e^{2x-z}).$$

下面证明 $\boldsymbol{n}$ 与某定向量(a,b,c)垂直，设$-2ae^{2x-z}+\pi bf'+(-\sqrt{2}f'+e^{2x-z})c=0$ 解得：$a=\dfrac{c}{2}$，$b=\dfrac{\sqrt{2}}{\pi}c$，令 $c=1$ 则 $a=\dfrac{1}{2}$，$b=\dfrac{\sqrt{2}}{\pi}$，这样曲面任一点处的法向量 $\boldsymbol{n}$ 均与定向量$\left(\dfrac{1}{2},\dfrac{\sqrt{2}}{\pi},1\right)$垂直，这就证明了该曲面就是柱面.

8.7

1. 求 $f(x,y)=\sin x\sin y$ 在点$\left(\dfrac{\pi}{4},\dfrac{\pi}{4}\right)$处的一阶和二阶泰勒公式.

解

$$f'_x(x,y)=\cos x\sin y,\quad f'_y(x,y)=\sin x\cos y,$$

$$f''_{xx}(x,y)=-\sin x\sin y,\quad f''_{xy}(x,y)=\cos x\cos y,$$

$$f''_{yy}(x,y)=-\sin x\sin y.$$

$$\Delta x=x-\frac{\pi}{4},\Delta y=y-\frac{\pi}{4},x=\frac{\pi}{4}+\Delta x,y=\frac{\pi}{4}+\Delta y,$$

$$f(x,y)=f\left(\frac{\pi}{4},\frac{\pi}{4}\right)+f'_x\left(\frac{\pi}{4},\frac{\pi}{4}\right)\Delta x+f'_y\left(\frac{\pi}{4},\frac{\pi}{4}\right)\Delta y$$

$$+\frac{1}{2}\left[f''_{xx}\left(\frac{\pi}{4}+\theta\Delta x,\frac{\pi}{4}+\theta\Delta y\right)(\Delta x)^2+2f''_{xy}\left(\frac{\pi}{4}+\theta\Delta x,\frac{\pi}{4}+\theta\Delta y\right)(\Delta x)(\Delta y)+\right.$$

$$f''_{yy}\left(\frac{\pi}{4}+\theta\Delta x,\frac{\pi}{4}+\theta\Delta y\right)(\Delta y)^2\Big]\quad(0<\theta<1).$$

$f(x,y)=\sin x\sin y$ 在点$\left(\frac{\pi}{4},\frac{\pi}{4}\right)$处的一阶泰勒公式为

$$\sin x\sin y=\frac{1}{2}+\frac{1}{2}\left(x-\frac{\pi}{4}\right)+\frac{1}{2}\left(y-\frac{\pi}{4}\right)-\frac{1}{2}\sin\left[\frac{\pi}{4}+\theta\left(x-\frac{\pi}{4}\right)\right]\sin\left[\frac{\pi}{4}+\theta\left(y-\frac{\pi}{4}\right)\right]$$

$$\left[\left(x-\frac{\pi}{4}\right)^2+\left(y-\frac{\pi}{4}\right)^2\right]+\frac{1}{2}\cos\left[\frac{\pi}{4}+\theta\left(x-\frac{\pi}{4}\right)\right]\cos\left[\frac{\pi}{4}+\theta\left(y-\frac{\pi}{4}\right)\right]\left(x-\frac{\pi}{4}\right)\left(y-\frac{\pi}{4}\right)$$

$$=\frac{1}{2}+\frac{1}{2}\left(x-\frac{\pi}{4}\right)+\frac{1}{2}\left(y-\frac{\pi}{4}\right)+o(\rho)\quad(0<\theta<1),$$

其中 $\rho=\sqrt{\left(x-\frac{\pi}{4}\right)^2+\left(y-\frac{\pi}{4}\right)^2}$,事实上因为

$$\lim_{\substack{x\to0\\y\to0}}\frac{x^2+y^2}{\sqrt{x^2+y^2}}=\lim_{\substack{x\to0\\y\to0}}\sqrt{x^2+y^2}=0,$$

$$\frac{|xy|}{\sqrt{x^2+y^2}}\leqslant\frac{2}{\sqrt{x^2+y^2}}=\frac{\sqrt{x^2+y^2}}{2}\Rightarrow\lim_{\substack{x\to0\\y\to0}}\frac{xy}{\sqrt{x^2+y^2}}=0,$$

所以

$$\lim_{\substack{x\to\frac{\pi}{4}\\y\to\frac{\pi}{4}}}\left[\frac{-\frac{1}{2}\sin\left[\frac{\pi}{4}+\theta\left(x-\frac{\pi}{4}\right)\right]\sin\left[\frac{\pi}{4}+\theta\left(y-\frac{\pi}{4}\right)\right]\left[\left(x-\frac{\pi}{4}\right)^2+\left(y-\frac{\pi}{4}\right)^2\right]}{\sqrt{\left(x-\frac{\pi}{4}\right)^2+\left(y-\frac{\pi}{4}\right)^2}}\right.$$

$$\left.+\frac{\frac{1}{2}\cos\left[\frac{\pi}{4}+\theta\left(x-\frac{\pi}{4}\right)\right]\cos\left[\frac{\pi}{4}+\theta\left(y-\frac{\pi}{4}\right)\right]\left(x-\frac{\pi}{4}\right)\left(y-\frac{\pi}{4}\right)}{\sqrt{\left(x-\frac{\pi}{4}\right)^2+\left(y-\frac{\pi}{4}\right)^2}}\right]=0.$$

同理可得 $f(x,y)$ 在点$\left(\frac{\pi}{4},\frac{\pi}{4}\right)$处的二阶泰勒公式为

$$\sin x\sin y=\frac{1}{2}+\frac{1}{2}\left(x-\frac{\pi}{4}\right)+\frac{1}{2}\left(y-\frac{\pi}{4}\right)-\frac{1}{4}\left(x-\frac{\pi}{4}\right)^2+\frac{1}{2}\left(x-\frac{\pi}{4}\right)\left(y-\frac{\pi}{4}\right)-\frac{1}{4}\left(y-\frac{\pi}{4}\right)^2+o(\rho^2).$$

2. 求下列函数的极值：

(1) $z=3axy-x^3-y^3,\quad a>0$；　　　　(2) $z=\mathrm{e}^{2x}(x+2y+y^2)$.

解　(1) $z'_x=3ay-3x^2, z'_y=3ax-3y^2, z''_{xx}=-6x, z''_{xy}=3a, z''_{yy}=-6y$.

令 $\begin{cases}3ay-3x^2=0,\\3ax-3y^2=0,\end{cases}$ 解出驻点 $(0,0),(a,a)$.

在 $(0,0)$ 点,因 $B^2-AC=[(3a)^2-(-6x)(-6y)]\big|_{(0,0)}=9a^2>0$.所以无极值；

在 (a,a) 点,因 $B^2-AC=[(3a)^2-(-6x)(-6y)]\big|_{(a,a)}=-27a^2<0$,且 $A=-6a<0$,

所以 $z\big|_{(a,a)}=a^3$ 为极大值.

(2) $z'_x=e^{2x}(1+2x+4y+2y^2)$， $z'_y=e^{2x}(2+2y)=2e^{2x}(1+y)$.

令$\begin{cases}1+2x+4y+2y^2=0,\\1+y^2=0,\end{cases}$解出驻点$\left(\frac{1}{2},-1\right)$.

$$A=z''_{xx}\Big|_{\left(\frac{1}{2},-1\right)}=e^{2x}(2+2+4x+8y+4y^2)\Big|_{\left(\frac{1}{2},-1\right)}=2e,$$

$$B=z''_{xy}\Big|_{\left(\frac{1}{2},-1\right)}=4e^{2x}(1+y)\Big|_{\left(\frac{1}{2},-1\right)}=0,$$

$$C=z''_{yy}\Big|_{\left(\frac{1}{2},-1\right)}=2e^{2x}\Big|_{\left(\frac{1}{2},-1\right)}=2e,$$

因 $B^2-AC=-4e^2<0$，且 $A=2e>0$，所以 $z\Big|_{\left(\frac{1}{2},-1\right)}=e^{2x}(x+2y+y^2)\Big|_{\left(\frac{1}{2},-1\right)}=-\frac{e}{2}$为极小值.

3. 求函数 $f(x,y)=2x^3-4x^2+2xy-y^2$ 在三角形闭区域 $-2\leqslant x\leqslant 2, x-1\leqslant y\leqslant 1$ 上的最大值与最小值，此题的结果说明什么？

解 由$\begin{cases}f'_x=6x^2-8x+2y=0,\\f'_y=2x-2y=0\end{cases}$知在三角形区域内，有唯一的驻点(0,0)，又 $f''_{xx}=12x-8, f''_{xy}=2, f''_{yy}=-2$，在点(0,0)，$A=-8<0, AC-B^2>0$，故 $f(0,0)$ 是唯一极值且为极大值.

在边界 $y=1(-2\leqslant x\leqslant 2)$ 上，$f(x,1)=2x^3-4x^2+2x-1$，由

$$f'(x,1)=6x^2-8x+2=2(x-1)(3x-1)=0,$$

知有两个驻点 $x=1$ 及 $x=\frac{1}{3}$，这两点及边界点的函数值为

$$f\left(\frac{1}{3},1\right)=-\frac{19}{27},\quad f(1,1)=-1,\quad f(-2,1)=-37,\quad f(2,1)=3.$$

在边界 $y=x-1(-2\leqslant x\leqslant 2)$ 上 $f(x,x-1)=2x^3-3x^2-1$，由 $f'(x,x-1)=6x^2-6x=6(x-1)x=0$，知有两个驻点 $x=0$ 及 $x=1$，这两点及边界点的函数值为

$$f(0,-1)=-1,\quad f(1,0)=2,\quad f(-2,-3)=-29.$$

在边界 $x=-2(-3\leqslant y\leqslant 1)$ 上 $f(-2,y)=-32-4y-y^2$，由 $f'(-2,y)=-4-2y=0$，知 $y=-2$ 为驻点 $f(-2,-2)=-28$.

比较已算出的九个特殊点的函数值知，函数 $f(x,y)$ 在三角形区域上的最大值为 $f(2,1)=3$，最小值为 $f(-2,1)=-37$.

此结果说明多元函数与一元函数的一个差别.在一个区间内若一元函数有唯一的驻点，且取极大(小)值，它必是函数在此区间上的极大(小)值.对多元函数这个结论不成立.

4. 在 Oxy 面上求一点，使它到 $x=0, y=0$ 及 $x+2y-16=0$ 三条直线的距离的平方和最小.

解 由平面上点到直线的距离公式有

$$z=x^2+y^2+\left(\frac{|x+2y-16|}{\sqrt{1^2+2^2}}\right)^2=x^2+y^2+\frac{1}{5}(x+2y-16)^2,$$

从方程组$\begin{cases}z'_x=2x+\frac{2}{5}(x+2y-16)=0,\\z'_y=2y+\frac{4}{5}(x+2y-16)=0\end{cases}$解出唯一驻点$\left(\frac{8}{5},\frac{16}{5}\right)$.因为最小的距离平方和是存在的，所以点$\left(\frac{8}{5},\frac{16}{5}\right)$到三条直线的距离平方和最小.

5. 已知函数 $z=z(x,y)$ 在区域 D 内满足方程 $\frac{\partial^2 z}{\partial x^2}\cdot\frac{\partial^2 z}{\partial y^2}+a\frac{\partial z}{\partial x}+b\frac{\partial z}{\partial y}+c=0$（常数 $c>0$），证明在 D 内函数 $z=z(x,y)$ 无极值.

证明 假设 $z=z(x,y)$ 在 D 内某点 $(x_0,y_0)\in D$ 取到极值，则在此点

$$\left.\frac{\partial z}{\partial x}\right|_{(x_0,y_0)}=\left.\frac{\partial z}{\partial y}\right|_{(x_0,y_0)}=0,$$

故有

$$\left.\frac{\partial^2 z}{\partial x^2}\right|_{(x_0,y_0)}\cdot\left.\frac{\partial^2 z}{\partial y^2}\right|_{(x_0,y_0)}=-c<0,$$

所以

$$\frac{\partial^2 z}{\partial x^2}\cdot\frac{\partial^2 z}{\partial y^2}-\left(\frac{\partial^2 z}{\partial x\partial y}\right)^2<0.$$

从而 z 在 (x_0,y_0) 不能取极值，矛盾.此矛盾说明假设错误，所以在 D 内函数 $z=z(x,y)$ 无极值.

6. 证明周长为常数 $2p$ 的三角形中，等边三角形的面积最大.

证明 设三角形三边的长分别为 a,b,c，则 $a+b+c=2p$，三角形面积

$$S_\Delta=\sqrt{p(p-a)(p-b)(p-c)},$$

令

$$S=p(p-a)(p-b)(a+b-p),$$

$$\begin{cases}\frac{\partial S}{\partial a}=0,\\ \frac{\partial S}{\partial b}=0,\end{cases}\quad 即\begin{cases}2a+b=2p,\\ a+2b=2p,\end{cases}$$

解得：$a=b=\frac{2}{3}p$，故等边三角形的面积最大.

7. 求下列函数在指定约束条件下的极值点.

(1) $u=x-2y+2z$，条件为 $x^2+y^2+z^2=1$；

(2) $u=xyz$，条件为 $x^2+y^2+z^2=1$，$x+y+z=0$.

解 (1) 设 $F(x,y,z,\lambda)=x-2y+2z+\lambda(x^2+y^2+z^2-1)$，由方程组

$$\begin{cases}F'_x=1+2\lambda x=0,\\ F'_y=-2+2\lambda y=0,\\ F'_z=2+2\lambda z=0,\\ x^2+y^2+z^2=1,\end{cases}$$

解得点 $M_1\left(\frac{1}{3},-\frac{2}{3},\frac{2}{3}\right)$，$M_2\left(-\frac{1}{3},\frac{2}{3},-\frac{2}{3}\right)$ 可能是极值点.

该问题相当于函数 u 是定义在球面（三维有界闭域）上的三元连续函数，由连续函数的性质知，函数 $u=x-2y+2z$ 在闭球面 $x^2+y^2+z^2=1$ 上必有最大值与最小值，且最大（小）值点一定是极大（小）值点.而 $u|_{M_1}=3$，$u|_{M_2}=-3$，所以，$M_1\left(\frac{1}{3},-\frac{2}{3},\frac{2}{3}\right)$ 是极（最）大值点，$M_2\left(-\frac{1}{3},\frac{2}{3},-\frac{2}{3}\right)$ 是极（最）小值点.

（2）设 $F(x,y,z,\lambda_1,\lambda_2)=xyz+\lambda_1(x^2+y^2+z^2-1)+\lambda_2(x+y+z)$，则

$$F'_x=yz+2\lambda_1x+\lambda_2=0, \tag{1}$$
$$F'_y=xz+2\lambda_1y+\lambda_2=0, \tag{2}$$
$$F'_z=xy+2\lambda_1z+\lambda_2=0, \tag{3}$$
$$x^2+y^2+z^2=1, \tag{4}$$
$$x+y+z=0, \tag{5}$$

（1）式－（2）式，（2）式－（3）式得 $\begin{cases}(x-y)(2\lambda_1-z)=0, & (6)\\ (y-z)(2\lambda_1-x)=0. & (7)\end{cases}$

当 $x-y=0$ 时，把 $x=y$ 代入（5）式得 $z=-2y$，把 $x=y,z=-2y$ 代入（4）式得可能的极值点 $M_1\left(\frac{1}{\sqrt{6}},\frac{1}{\sqrt{6}},-\frac{2}{\sqrt{6}}\right)$，$M_2\left(-\frac{1}{\sqrt{6}},-\frac{1}{\sqrt{6}},\frac{2}{\sqrt{6}}\right)$.

当 $2\lambda_1=z$ 时，把 $2\lambda_1=z$ 代入（7）式得 $(y-z)(z-x)=0$，那么，当 $y-z=0$ 或 $z-x=0$ 时，可以与前面类似，解出可能的极值点

$$M_3\left(-\frac{2}{\sqrt{6}},\frac{1}{\sqrt{6}},\frac{1}{\sqrt{6}}\right),M_4\left(\frac{2}{\sqrt{6}},-\frac{1}{\sqrt{6}},-\frac{1}{\sqrt{6}}\right),M_5\left(\frac{1}{\sqrt{6}},-\frac{2}{\sqrt{6}},\frac{1}{\sqrt{6}}\right),M_6\left(-\frac{1}{\sqrt{6}},\frac{2}{\sqrt{6}},-\frac{1}{\sqrt{6}}\right).$$

而 $u=xyz$ 是定义在闭圆 $x^2+y^2+z^2=1$ 且 $x+y+z=0$ 上的三元函数，必有最大值，最小值.且最大（小）值点一定是极大（小）值点.

那么可能的极值点中必有最大值和最小值点.

由 $u\big|_{M_1}=u\big|_{M_3}=u\big|_{M_5}=-\frac{1}{3\sqrt{6}}$，$u\big|_{M_2}=u\big|_{M_4}=u\big|_{M_6}=\frac{1}{3\sqrt{6}}$ 知：M_1,M_3,M_5 是极（最）小值点，M_2,M_4,M_6 是极（最）大值点.

8. 某公司通过电台和报纸做某种商品的销售广告，根据统计资料，销售收入 R（万元）与电台广告费用 x（万元）及报纸广告费用 y（万元）之间有经验关系：

$$R=15+14x+32y-8xy-2x^2-10y^2.$$

（1）在广告费不限的情况下，求最优广告策略；

（2）若提供的广告费为 1.5 万元，求相应的最优广告策略.

解　（1）无条件极值问题.由方程组

$$\begin{cases}\dfrac{\partial R}{\partial x}=14-8y-4x=0,\\ \dfrac{\partial R}{\partial y}=32-8x-20y=0,\end{cases}$$

解得唯一驻点 $\left(\frac{3}{2},1\right)$.依题意，最优广告策略存在，所以电台广告费 1.5 万元，报纸广告费 1 万元时，销售收入最高.

（2）为条件 $x+y=1.5=\frac{3}{2}$ 下的极值问题，设

$$F(x,y,\lambda)=15+14x+32y-8xy-2x^2-10y^2+\lambda\left(x+y-\frac{3}{2}\right),$$

由方程组

$$\begin{cases}F'_x=14-8y-4x+\lambda=0,\\F'_y=32-8x-20y+\lambda=0,\\x+y=\dfrac{3}{2},\end{cases}$$

得可能的极值点$\left(0,\dfrac{3}{2}\right)$,依题意,将 1.5 万元全部用作报纸广告费为此时的最优广告策略.

9. 设生产某种产品必须投入两种要素,x_1 和 x_2 分别为两种要素的投入量,Q 为产品的产出量.若生产函数为 $Q=2x_1^{\alpha}x_2^{\beta}$,其中 α,β 为正的常数,且 $\alpha+\beta=1$.假设两种要素的价格分别为 P_1 和 P_2,问当产出量为 12 时,两种要素各投入多少可使得投入的总费用最少?

解 总费用 $S=P_1x_1+P_2x_2$,在条件 $2x_1^{\alpha}x_2^{\beta}=12$ 下的条件极值问题.设 $F=P_1x_1+P_2x_2+\lambda(x_1^{\alpha}x_2^{\beta}-6)$,解方程组

$$\begin{cases}F'_{x_1}=P_1+\lambda\alpha x_1^{\alpha-1}x_2^{\beta}=0,\\F'_{x_2}=P_2+\lambda\beta x_1^{\alpha}x_2^{\beta-1}=0,\\F'_{\lambda}=x_1^{\alpha}x_2^{\beta}-6=0,\end{cases}$$

得 $x_1=-\dfrac{6\lambda\alpha}{P_1},x_2=-\dfrac{6\lambda\beta}{P_2},\lambda=-\dfrac{P_1^{\alpha}P_2^{\beta}}{\alpha^{\alpha}\beta^{\beta}}$.

注意 $\alpha+\beta=1$ 便可得到:

$$x_1=6\left(\frac{P_2\alpha}{P_1\beta}\right)^{\beta},\quad x_2=6\left(\frac{P_1\beta}{P_2\alpha}\right)^{\alpha}.$$

由于总费用最小是存在的,所以按上面的量投入两种要素时产出量为 12 费用最少.

10. 在曲面 $z=\sqrt{2+x^2+4y^2}$ 上求一点,使它到平面 $x-2y+3z=1$ 的距离最近.

解 在曲面 $z=\sqrt{2+x^2+4y^2}$ 上任取一点(x,y,z),它到平面 $x-2y+3z=1$ 的距离

$$d=\frac{|x-2y+3z-1|}{\sqrt{1^2+(-2)^2+3^2}}.$$

而函数 $f(x,y,z)=(x-2y+3z-1)^2$ 与 d 同时取得极大(小)值.所以该问题相当于求函数 $f(x,y,z)$在条件 $x^2+4y^2-z^2+2=0(z>0)$下的极值点.设

$$F=(x-2y+3z-1)^2+\lambda(x^2+4y^2-z+2),$$

则

$$\begin{cases}F'_x=2(x-2y+3z-1)+2\lambda x=0, & (1)\\F'_y=-4(x-2y+3z-1)+8\lambda y=0, & (2)\\F'_z=6(x-2y+3z-1)-2\lambda z=0, & (3)\\x^2+4y^2-z^2+2=0, & (4)\end{cases}$$

(1)式×2+(2)式,(1)式×3-(3)式,得

$$\begin{cases}\lambda(x+2y)=0,\\\lambda(3x+z)=0.\end{cases}$$

易知 $\lambda=0$ 时方程无解.

当 $\lambda\neq0$ 时，$x=-2y$，$z=-3x=6y$ 代入(4)式解得 $y=\pm\frac{1}{\sqrt{14}}$，因为 $z>0$，所以：$y=\frac{1}{\sqrt{14}}$，$x=-\frac{2}{\sqrt{14}}$，$z=\frac{6}{\sqrt{14}}$，依题意，曲面 $z=\sqrt{2+x^2+4y^2}$ 上的点 $\left(-\frac{2}{\sqrt{14}},\frac{1}{\sqrt{14}},\frac{6}{\sqrt{14}}\right)$ 到平面 $x-2y+3z=1$ 的距离最近.

11. 求椭球面 $\frac{x^2}{3}+\frac{y^2}{2}+z^2=1$ 被平面 $x+y+z=0$ 截得的椭圆的长半轴与短半轴.

解　椭球面中心为(0,0,0)在平面 $x+y+z=0$ 上，因此(0,0,0)为所截椭圆的中心，设 (x,y,z) 为椭圆上任一点，中心到 (x,y,z) 的距离为 $d=\sqrt{x^2+y^2+z^2}$，因为 $f(x,y,z)=x^2+y^2+z^2$ 与 d 同时取极大(小)值，因此问题相当于求函数 $f(x,y,z)$ 在条件 $\frac{x^2}{3}+\frac{y^2}{2}+z^2=1$ 及 $x+y+z=0$ 下的极值点.

设 $F(x,y,z)=x^2+y^2+z^2+\lambda_1(2x^2+3y^2+6z^2-6)+\lambda_2(x+y+z)$，则

$$\begin{cases}F_x'=2x+4\lambda_1x+\lambda_2=0, & (1)\\ F_y'=2y+6\lambda_1y+\lambda_2=0, & (2)\\ F_z'=2z+12\lambda_1z+\lambda_2=0, & (3)\\ 2x^2+3y^2+6z^2=6, & (4)\\ x+y+z=0, & (5)\end{cases}$$

(1)式 $\times x$+(2)式 $\times y$+(3)式 $\times z$，得

$$x^2+4y^2+z^2+6\lambda_1=0.$$

由(1)、(2)、(3)式得

$$2x(1+2\lambda_1)=2y(1+3\lambda_1)=2z(1+6\lambda_1)=-\lambda_2,$$

即

$$z=\frac{1+2\lambda_1}{1+6\lambda_1}x,\quad y=\frac{1+2\lambda_1}{1+3\lambda_1}x,$$

代入(5)式得

$$1+\frac{1+2\lambda_1}{1+3\lambda_1}+\frac{1+2\lambda_1}{1+6\lambda_1}=0,$$

整理得　$$36\lambda_1^2+22\lambda_1+3=0,\quad \lambda_1=\frac{-11\pm\sqrt{13}}{36}.$$

所以分别满足(1)至(5)式的点 (x_0,y_0,z_0)，(x_1,y_1,z_1) 使

$$f(x_0,y_0,z_0)=x_0^2+y_0^2+z_0^2=-6\lambda_1=\frac{11+\sqrt{13}}{6},$$

$$f(x_1,y_1,z_1)=x_1^2+y_1^2+z_1^2=-6\lambda_1=\frac{11-\sqrt{13}}{6}.$$

因距离的最大(小)值是存在的，所以长半轴长为 $\sqrt{\frac{11+\sqrt{13}}{6}}$，短半轴长是 $\sqrt{\frac{11-\sqrt{13}}{6}}$.

12. 确定正数 a，使椭球面 $x^2+\frac{y^2}{4}+\frac{z^2}{9}=a^2$ 与平面 $3x-2y+z=34$ 相切.

解 详细解答过程参见 8.6 节例题分析部分例 23.

13. 修建一个容积为 V 的长方体的水池(无盖),已知底面与侧面单位面积造价比为 3∶2,问如何设计水池的长 x,宽 y,高 z,使总造价最低.

解 即求 $F(x,y,z)=3xy+4(xz+yz)$ 在 $xyz=V$ 时的极值.

令 $f(x,y)=3xy+4(xz+yz)=3xy+\dfrac{4V}{y}+\dfrac{4V}{x}$,则

$$\begin{cases}\dfrac{\partial f}{\partial x}=0,\\[2mm] \dfrac{\partial f}{\partial y}=0,\end{cases}\Rightarrow\begin{cases}3y-\dfrac{4V}{x^2}=0,\\[2mm] 3x-\dfrac{4V}{y^2}=0,\end{cases}\Rightarrow x=y=\sqrt[3]{\dfrac{4}{3}V}.$$

从而当 $x=y=\sqrt[3]{\dfrac{4}{3}V}$,$z=\sqrt[3]{\dfrac{9}{16}V}=\dfrac{3}{4}\sqrt[3]{\dfrac{4}{3}V}$ 时造价最低.

14. 将长为 l 的线段分为三段,一段围成圆,一段围成正方形,一段围成正三角形,问如何分 l 才能使它们的面积之和最小,并求这个最小值.

解 设所分三段长分别为 x,y,z,问题归结为求函数

$$S(x,y,z)=\pi\left(\frac{x}{2\pi}\right)^2+\left(\frac{y}{4}\right)^2+\frac{1}{2}\left(\frac{z}{3}\right)^2\sin\frac{\pi}{3}=\frac{x^2}{4\pi}+\frac{y^2}{16}+\frac{\sqrt{3}}{36}z^2$$

在条件 $x+y+z=l$ 下的极值问题.

设 $F(x,y,z)=\dfrac{x^2}{4\pi}+\dfrac{y^2}{16}+\dfrac{\sqrt{3}}{36}z^2+\lambda(x+y+z-l)$,则

$$\begin{cases}F'_x=\dfrac{x}{2\pi}+\lambda=0,\\[2mm] F'_y=\dfrac{y}{8}+\lambda=0,\\[2mm] F'_z=\dfrac{\sqrt{3}}{18}z+\lambda=0,\\[2mm] x+y+z=l,\end{cases}\Rightarrow\begin{cases}x=\dfrac{\pi}{4}y,\\[2mm] z=\dfrac{3\sqrt{3}}{4}y,\\[2mm] x+y+z=l,\end{cases}\Rightarrow\begin{cases}x=\dfrac{\pi l}{\pi+4+3\sqrt{3}},\\[2mm] y=\dfrac{4l}{\pi+4+3\sqrt{3}},\\[2mm] z=\dfrac{3\sqrt{3}\,l}{\pi+4+3\sqrt{3}},\end{cases}$$

即有唯一可能的极值点:$\left(\dfrac{\pi l}{\pi+4+3\sqrt{3}},\dfrac{4l}{\pi+4+3\sqrt{3}},\dfrac{3\sqrt{3}\,l}{\pi+4+3\sqrt{3}}\right)$,依题意,极(最)小值点存在,所以当取 $\dfrac{\pi l}{\pi+4+3\sqrt{3}}$ 长的一段围成圆,取 $\dfrac{4l}{\pi+4+3\sqrt{3}}$ 长的一段围成正方形,以 $\dfrac{3\sqrt{3}\,l}{\pi+4+3\sqrt{3}}$ 长的一段围成正三角形时,能使它们的面积值和最小,这个最小值为

$$\begin{aligned}&S\left(\frac{\pi l}{\pi+4+3\sqrt{3}},\frac{4l}{\pi+4+3\sqrt{3}},\frac{3\sqrt{3}\,l}{\pi+4+3\sqrt{3}}\right)\\ &=\frac{1}{4\pi}\left(\frac{\pi l}{\pi+4+3\sqrt{3}}\right)^2+\frac{1}{16}\left(\frac{4l}{\pi+4+3\sqrt{3}}\right)^2+\frac{\sqrt{3}}{36}\left(\frac{3\sqrt{3}\,l}{\pi+4+3\sqrt{3}}\right)^2\\ &=\frac{l^2}{4(\pi+4+3\sqrt{3})}.\end{aligned}$$

15. 将正数 a 分成 n 个非负数之和，使其乘积最大，并由此导出 n 个正数的几何平均值不超过其算术平均值.

证明　即在 $a_1+a_2+\cdots+a_n=a, a_i>0$ 的条件下，求 $F(a_1,a_2,\cdots,a_n)=a_1a_2\cdots a_{n-1}a_n$ 的最大值. 令 $f(a_1,a_2,\cdots,a_{n-1})=a_1a_2\cdots a_{n-1}(a-a_1-a_2\cdots-a_{n-1})$，则

$$\begin{cases}\dfrac{\partial f}{\partial a_1}=0,\\ \cdots\cdots\cdots\cdots \\ \dfrac{\partial f}{\partial a_{n-1}}=0,\end{cases}\Rightarrow\begin{cases}a_2\cdots a_{n-1}(a-a_1-a_2\cdots-a_{n-1})-a_1a_2\cdots a_{n-1}=0,\\ a_1a_3\cdots a_{n-1}(a-a_1-a_2\cdots-a_{n-1})-a_1a_2\cdots a_{n-1}=0,\\ \cdots\cdots\cdots\cdots \\ a_1a_2\cdots a_{n-2}(a-a_1-a_2\cdots-a_{n-1})-a_1a_2\cdots a_{n-1}=0,\end{cases}$$

$\Rightarrow a_1=a_2=\cdots=a_{n-1}=\dfrac{a}{n}$. 所以当 $a_1=a_2=\cdots=a_{n-1}=a_n$ 时乘积最大.

16. 三角形的顶点分别在三条不相交的曲线 $f(x,y)=0$，$\varphi(x,y)=0$ 及 $\psi(x,y)=0$ 上，其中 f,φ,ψ 均可微，且 $f'_y\varphi'_y\psi'_y\neq0$. 如果三角形的面积能取得极值，试证面积取得极值时的三角形的顶点处，曲线的法线必经过三角形的垂心.

解　设面积取极值时，三个顶点坐标分别为 $M_1(x_1,y_1)$，$M_2(x_2,y_2)$，$M_3(x_3,y_3)$，设

$$\begin{aligned}&F(x_1,y_1,x_2,y_2,x_3,y_3,\lambda_1,\lambda_2,\lambda_3)\\=&(x_3-x_1)(y_2-y_1)-(x_2-x_1)(y_3-y_1)+\\&\lambda_1f(x_1,y_1)+\lambda_2\varphi(x_2,y_2)+\lambda_3\psi(x_3,y_3),\end{aligned}$$

则有

$$F'_{x_1}=-(y_2-y_1)+(y_3-y_1)+\lambda_1f'_{x_1}(x_1,y_1)=0,$$
$$F'_{y_1}=-(x_3-x_1)+(x_2-x_1)+\lambda_1f'_{y_1}(x_1,y_1)=0,$$

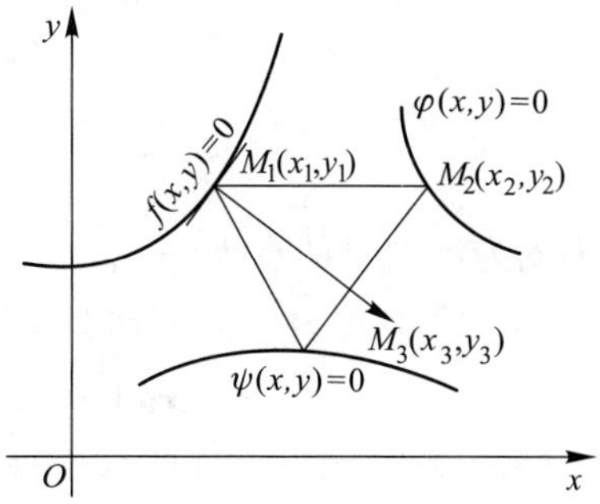

图 8.8

因为 $f'_y\neq0$，所以 $f'_{y_1}(x_1,y_1)\neq0$，消去 λ_1 可得，$k\big|_{(x_1,y_1)}=-\dfrac{f'_{x_1}}{f'_{y_1}}=\dfrac{y_3-y_2}{x_3-x_2}$，即 (x_1,y_1) 点处切线平行于 M_2M_3，所以曲线 $f(x,y)=0$ 在点 M_1 处法线垂直于 M_2M_3. 同理可证曲线 $\varphi(x,y)=0$ 在点 $M_2(x_2,y_2)$ 处法线垂直于 M_1M_3，曲线 $\psi(x,y)=0$ 在点 $M_3(x_3,y_3)$ 处法线垂直于 M_1M_2. 即三条法线经过三角形的垂心.

17. 证明光滑闭曲面 $G(x,y,z)=0$ 上离原点最近的点处的法线必过原点.

证明　考察在 $G(x,y,z)=0$ 条件下 $d=\sqrt{x^2+y^2+z^2}$ 的最小值问题.

设 $F=x^2+y^2+z^2+\lambda G(x,y,z)$，则

$$\begin{cases}F'_x=2x+\lambda G'_x=0,\\ F'_y=2y+\lambda G'_y=0,\\ F'_z=2z+\lambda G'_z=0,\end{cases}$$

在曲面 $G(x,y,z)=0$ 上离原点最近的点 (x_0,y_0,z_0) 必有 $(G'_x,G'_y,G'_z)=-\dfrac{2}{\lambda}(x_0,y_0,z_0)$.

故曲面在 (x_0,y_0,z_0) 处的法线方程为 $\dfrac{x-x_0}{x_0}=\dfrac{y-y_0}{y_0}=\dfrac{z-z_0}{z_0}$. 显然法线必过原点.

8.8

1. 求数量场 $u=x^2+y^2-2z^2+3xy+xyz-2z-3y$ 在点(1,2,3)处的梯度,和沿方向 $\boldsymbol{l}=(1,-1,0)$ 的方向导数.

解 $$\mathbf{grad}\ u\Big|_{(1,2,3)}=\left(\frac{\partial u}{\partial x},\frac{\partial u}{\partial y},\frac{\partial u}{\partial z}\right)\Big|_{(1,2,3)}$$
$$=(2x+3y+yz,2y+3x+xz-3,-4z+xy-2)\Big|_{(1,2,3)}=(14,7,-12),$$
因 $(\cos\alpha,\cos\beta,\cos\gamma)=\dfrac{\boldsymbol{l}}{|\boldsymbol{l}|}=\left(\dfrac{1}{\sqrt{2}},-\dfrac{1}{\sqrt{2}},0\right)$,所以
$$\frac{\partial u}{\partial \boldsymbol{l}}\Big|_{(1,2,3)}=14\times\frac{1}{\sqrt{2}}+7\times\left(-\frac{1}{\sqrt{2}}\right)+(-12)\times 0=\frac{7}{\sqrt{2}}.$$

2. 设数量场 $u=x^2+2y^2+3z^2+xy+3x-2y-6z$,求

(1) 梯度为零向量的点;

(2) 在点(2,0,1)处,沿哪一个方向,u 的变化率最大,并求此最大变化率;

(3) 使其梯度垂直于 Oz 轴的点.

解 (1) 令 $\mathbf{grad}\ u=\left(\dfrac{\partial u}{\partial x},\dfrac{\partial u}{\partial y},\dfrac{\partial u}{\partial z}\right)=(2x+y+3,4y+x-2,6z-6)=(0,0,0)$,则有
$$\begin{cases}2x+y+3=0,\\x+4y-2=0,\\6z-6=0,\end{cases}\Rightarrow\begin{cases}x=-2,\\y=1,\\z=1,\end{cases}$$
即梯度为零向量的点为(-2,1,1).

(2) 沿梯度 $\mathbf{grad}\ u$ 方向,u 的变化率最大,为
$$\left|\mathbf{grad}\ u\big|_{(2,0,1)}\right|=|(7,0,0)|=\sqrt{7^2+0^2+0^2}=7.$$

(3) 设点 (x,y,z) 处的梯度垂直于 Oz 轴,则
$$\mathbf{grad}\ u\cdot\boldsymbol{k}=(2x+y+3,4y+x-2,6z-6)\cdot(0,0,1)=6z-6=0,$$
所以 $z=1$,x,y 任取.即数量场 u 在平面 $z=1$ 上的任一点处的梯度都垂直于 Oz 轴.

3. 指出数量场 $u=u(x,y,z)$ 在一点 (x_0,y_0,z_0) 处的梯度,方向导数、等值面及全微分之间的关系.

解 $\dfrac{\partial u}{\partial \boldsymbol{l}}=\mathbf{grad}\ u\cdot\boldsymbol{l}$,$\boldsymbol{l}$ 代表 $\boldsymbol{l}$ 方向单位向量.$\mathbf{grad}\ u$ 是等值面 $u(x,y,z)=c$ 的法方向向量.在等值面上 $u(x,y,z)$ 的全微分等于0,即
$$\frac{\partial u}{\partial x}\mathrm{d}x+\frac{\partial u}{\partial y}\mathrm{d}y+\frac{\partial u}{\partial z}\mathrm{d}z=0.$$

4. 求 $u=xyz$ 在点 $M(3,4,5)$ 处沿锥面 $z=\sqrt{x^2+y^2}$ 的法线方向的方向导数.

解 记 $F(x,y,z)=\sqrt{x^2+y^2}-z$ 在 $M(3,4,5)$ 点处法线方向向量为
$$\boldsymbol{n}=\pm(F'_x,F'_y,F'_z)\Big|_M=\pm\left(\frac{x}{\sqrt{x^2+y^2}},\frac{y}{\sqrt{x^2+y^2}},-1\right)\Big|_{(3,4,5)}=\pm\left(\frac{3}{5},\frac{4}{5},-1\right),$$
$$(\cos\alpha,\cos\beta,\cos\gamma)=\frac{\boldsymbol{n}}{|\boldsymbol{n}|}=\pm\left(\frac{3}{5\sqrt{2}},\frac{4}{5\sqrt{2}},-\frac{5}{5\sqrt{2}}\right),$$

$$\left.\frac{\partial u}{\partial \boldsymbol{n}}\right|_M=\left.\left(\frac{\partial u}{\partial x}\cos\alpha+\frac{\partial u}{\partial y}\cos\beta+\frac{\partial u}{\partial z}\cos\gamma\right)\right|_{(3,4,5)}$$

$$=\pm\left.\left(yz\cdot\frac{3}{5\sqrt{2}}+xz\frac{4}{5\sqrt{2}}-xy\frac{5}{5\sqrt{2}}\right)\right|_{(3,4,5)}=\pm 6\sqrt{2}.$$

5. 求 $u=1-\frac{x^2}{a^2}-\frac{y^2}{b^2}$在点$\left(\frac{a}{\sqrt{2}},\frac{b}{\sqrt{2}}\right)$处沿曲线$\frac{x^2}{a^2}+\frac{y^2}{b^2}=1$ 的内法线的方向导数.

解 记 $F(x,y)=\frac{x^2}{a^2}+\frac{y^2}{b^2}-1=0$,则在平面上曲线$\frac{x^2}{a^2}+\frac{y^2}{b^2}=1$ 在$\left(\frac{a}{\sqrt{2}},\frac{b}{\sqrt{2}}\right)$处的内法线方向

$$\boldsymbol{n}=-\left.(F'_x,F'_y)\right|_{\left(\frac{a}{\sqrt{2}},\frac{b}{\sqrt{2}}\right)}=-\left.\left(\frac{2x}{a^2},\frac{2y}{b^2}\right)\right|_{\left(\frac{a}{\sqrt{2}},\frac{b}{\sqrt{2}}\right)}=-\frac{\sqrt{2}}{ab}(b,a),$$

$$(\cos\alpha,\cos\beta)=\frac{\boldsymbol{n}}{|\boldsymbol{n}|}=-\frac{1}{\sqrt{b^2+a^2}}(b,a),$$

$$\left.\frac{\partial u}{\partial \boldsymbol{n}}\right|_{\left(\frac{a}{\sqrt{2}},\frac{b}{\sqrt{2}}\right)}=\left.\left(\frac{\partial u}{\partial x}\cos\alpha+\frac{\partial u}{\partial y}\cos\beta\right)\right|_{\left(\frac{a}{\sqrt{2}},\frac{b}{\sqrt{2}}\right)}$$

$$=\left.\left[\left(-\frac{2x}{a^2}\right)\left(-\frac{b}{\sqrt{b^2+a^2}}\right)+\left(-\frac{2y}{b^2}\right)\left(-\frac{a}{\sqrt{b^2+a^2}}\right)\right]\right|_{\left(\frac{a}{\sqrt{2}},\frac{b}{\sqrt{2}}\right)}$$

$$=\frac{\sqrt{2}}{ab}\sqrt{a^2+b^2}.$$

6. 求函数 $w=\mathrm{e}^{-2y}\ln(x+z^2)$在点$(\mathrm{e}^2,1,\mathrm{e})$处沿曲面 $x=\mathrm{e}^{u+v},y=\mathrm{e}^{u-v},z=\mathrm{e}^{uv}$的法向量的方向导数.

解 把曲面的参数方程

$$\begin{cases}x=\mathrm{e}^{u+v},\\ y=\mathrm{e}^{u-v},\\ z=\mathrm{e}^{uv}\end{cases}\text{化成}\begin{cases}xy=\mathrm{e}^{2u},\\ \ln\left(\frac{x}{y}\right)=2v,\\ 4\ln z=(2u)(2v),\end{cases}$$

推出曲面方程为 $4\ln z=\ln(xy)\ln\left(\frac{x}{y}\right)$,记 $F(x,y,z)=\ln(xy)\ln\left(\frac{x}{y}\right)-4\ln z=0$.曲面在$(\mathrm{e}^2,1,\mathrm{e})$点处的法向量为

$$\boldsymbol{n}=\pm\left.(F'_x,F'_y,F'_z)\right|_{(\mathrm{e}^2,1,\mathrm{e})}=\pm\left.\left(\frac{1}{x}\ln\frac{x}{y}+\frac{1}{x}\ln(xy),\frac{1}{y}\ln\frac{x}{y}-\frac{1}{y}\ln(xy),-\frac{4}{z}\right)\right|_{(\mathrm{e}^2,1,\mathrm{e})}$$

$$=\pm\left(\frac{4}{\mathrm{e}^2},0,-\frac{4}{\mathrm{e}}\right),$$

$$(\cos\alpha,\cos\beta,\cos\gamma)=\frac{\boldsymbol{n}}{|\boldsymbol{n}|}=\pm\left(\frac{1}{\sqrt{1+\mathrm{e}^2}},0,-\frac{\mathrm{e}}{\sqrt{1+\mathrm{e}^2}}\right),$$

则

$$\left.\frac{\partial w}{\partial \boldsymbol{n}}\right|_{(\mathrm{e}^2,1,\mathrm{e})}=\left.\left(\frac{\partial w}{\partial x}\cos\alpha+\frac{\partial w}{\partial y}\cos\beta+\frac{\partial w}{\partial z}\cos\gamma\right)\right|_{(\mathrm{e}^2,1,\mathrm{e})}$$

$$=\pm\left.\left(\frac{\mathrm{e}^{-2y}}{x+z^2}\cdot\frac{1}{\sqrt{1+\mathrm{e}^2}}+(-2)\mathrm{e}^{-2y}\ln(x+z^2)\cdot 0+\frac{2z\mathrm{e}^{-2y}}{x+z^2}\cdot\frac{-\mathrm{e}}{\sqrt{1+\mathrm{e}^2}}\right)\right|_{(\mathrm{e}^2,1,\mathrm{e})}$$

$$= \pm\frac{1}{\sqrt{1+e^2}}\left(\frac{1}{2e^4}-\frac{1}{e^2}\right) = \pm\frac{1}{e^2\sqrt{1+e^2}}\left(\frac{1}{2e^2}-1\right).$$

7. 函数 $z=f(x,y)$ 在点 $(0,0)$ 处可微，沿 $\boldsymbol{i}+\sqrt{3}\boldsymbol{j}$ 方向的方向导数为 1；沿 $\sqrt{3}\boldsymbol{i}+\boldsymbol{j}$ 方向的方向导数为 $\sqrt{3}$，求 $f(x,y)$ 在点 $(0,0)$ 处变化最快的方向和这个最大的变化率.

解 依题意可知

$$\begin{cases}\dfrac{\partial f}{\partial x}\cdot\dfrac{1}{2}+\dfrac{\partial f}{\partial y}\cdot\dfrac{\sqrt{3}}{2}=1,\\[2mm] \dfrac{\partial f}{\partial x}\cdot\dfrac{\sqrt{3}}{2}+\dfrac{\partial f}{\partial y}\cdot\dfrac{1}{2}=\sqrt{3},\end{cases}\Rightarrow\begin{cases}\left.\dfrac{\partial f}{\partial x}\right|_{(0,0)}=2,\\[2mm] \left.\dfrac{\partial f}{\partial y}\right|_{(0,0)}=0.\end{cases}$$

故 $f(x,y)$ 在点 $(0,0)$ 处变化最快的方向是 $\boldsymbol{i}$，这个最大的变化率是 2.

8. 计算 $\mathbf{grad}\left[\boldsymbol{c}\cdot\boldsymbol{r}+\frac{1}{2}\ln(\boldsymbol{c}\cdot\boldsymbol{r})\right]$，其中 $\boldsymbol{c}$ 为常向量，$\boldsymbol{r}$ 为向径，且 $\boldsymbol{c}\cdot\boldsymbol{r}>0$.

解 向径 $\boldsymbol{r}=(x,y,z)$，设 $\boldsymbol{c}=(k_1,k_2,k_3)$，所以

$$\begin{aligned}&\mathbf{grad}\left[\boldsymbol{c}\cdot\boldsymbol{r}+\frac{1}{2}\ln(\boldsymbol{c}\cdot\boldsymbol{r})\right]\\ &=\mathbf{grad}(\boldsymbol{c}\cdot\boldsymbol{r})+\frac{1}{2}\cdot\frac{1}{|\boldsymbol{c}\cdot\boldsymbol{r}|}\mathbf{grad}(\boldsymbol{c}\cdot\boldsymbol{r})\\ &=\left[1+\frac{1}{2(\boldsymbol{c}\cdot\boldsymbol{r})}\right]\mathbf{grad}(k_1x+k_2y+k_3z)\\ &=\left[1+\frac{1}{2(\boldsymbol{c}\cdot\boldsymbol{r})}\right](k_1,k_2,k_3)=\left[1+\frac{1}{2(\boldsymbol{c}\cdot\boldsymbol{r})}\right]\cdot\boldsymbol{c}.\end{aligned}$$

9. 证明 $\mathbf{grad}\,u$ 为常向量的充要条件是 u 为线性函数 $u=ax+by+cz+d$.

证明 充分性：$u=ax+by+cz+d$，则

$$\mathbf{grad}\,u=\left(\frac{\partial u}{\partial x},\frac{\partial u}{\partial y},\frac{\partial u}{\partial z}\right)=(a,b,c)$$

为常向量.

必要性：设 $\mathbf{grad}\,u=(a,b,c)$，则

$$\frac{\partial u}{\partial x}=a,\quad \frac{\partial u}{\partial y}=b,\quad \frac{\partial u}{\partial z}=c,$$

由 $\mathrm{d}u=\frac{\partial u}{\partial x}\mathrm{d}x+\frac{\partial u}{\partial y}\mathrm{d}y+\frac{\partial u}{\partial z}\mathrm{d}z=a\mathrm{d}x+b\mathrm{d}y+c\mathrm{d}z$ 知，u 是 $a\mathrm{d}x+b\mathrm{d}y+c\mathrm{d}z$ 的一个原函数，所以

$$\begin{aligned}u(x,y,z)&=\int_{(0,0,0)}^{(x,y,z)}\mathrm{d}u+d=\int_{(0,0,0)}^{(x,y,z)}a\mathrm{d}x+b\mathrm{d}y+c\mathrm{d}z+d\\ &=\int_0^x a\mathrm{d}x+\int_0^y b\mathrm{d}y+\int_0^z c\mathrm{d}z+d=ax+by+cz+d,\end{aligned}$$

其中 $d=u(0,0,0)$.

10. 海平面上点 (x_0,y_0) 处，一条鲨鱼嗅到水中有血腥味后，时时刻刻向着血腥味最浓的方向游动，设海水中海平面上点 (x,y) 处血液浓度（每百万份水中含血的份数）为

$$C=\exp[-(x^2+2y^2)/10^4],$$

求鲨鱼游动的路线.

解　由已知$(\mathrm{d}x,\mathrm{d}y)=k\left(-\dfrac{2x}{10^4},-\dfrac{4y}{10^4}\right)\mathrm{e}^{-\frac{x^2+y^2}{10^4}}$，$k$为常数.

当$x_0\neq 0$时，$\begin{cases}\dfrac{\mathrm{d}y}{\mathrm{d}x}=2\dfrac{y}{x},\\ y(x_0)=y_0,\end{cases}$解得$y=Cx^2$，当$x_0\neq 0$时，$y=y_0\left(\dfrac{x}{x_0}\right)^2$；当$x_0=0$时，$x=0$.

故鲨鱼游动的路线为：当$x_0\neq 0$时，$y=\dfrac{y_0}{x_0^2}x^2$；当$x_0=0$时，$x=0$.

8.9

1. 设$f(x,y,z)$在原点处连续，其他点处可微，且$x\dfrac{\partial f}{\partial x}+y\dfrac{\partial f}{\partial y}+z\dfrac{\partial f}{\partial z}>a\sqrt{x^2+y^2+z^2}$，则$f(0,0,0)$是$f(x,y,z)$的(　　)。

(A) 最大值　　(B) 最小值

(C) 极大值，不是最大值　　(D) 极小值，不是最小值

答案：选 B.

2. 若函数$f(x,y)$在点(x_0,y_0)沿任何方向的方向导数都存在且相等，那么$f(x,y)$在点(x_0,y_0)处偏导数是否存在？是否可微？

解　函数$z=\sqrt{x^2+y^2}$在点$(0,0)$处沿任何方向的方向导数为

$$\lim_{\rho\to 0}\frac{\Delta z}{\rho}=\lim_{M\to 0}\frac{z(M)-z(O)}{|OM|}=\lim_{\substack{x\to 0\\ y\to 0}}\frac{\sqrt{x^2+y^2}-0}{\sqrt{x^2+y^2}}=1,$$

而偏导数$f'_x(0,0)=\lim\limits_{x\to 0}\dfrac{\sqrt{x^2+0}-0}{x}=\lim\limits_{x\to 0}\dfrac{|x|}{x}$不存在.

所以偏导数不一定存在，当然也不一定可微.

3. 设$z=\sin(xy)$，求$\dfrac{\partial^3 z}{\partial x\partial y^2},\dfrac{\partial^3 z}{\partial y\partial x\partial y},\dfrac{\partial^3 z}{\partial y^2\partial x}$.

解
$$\frac{\partial z}{\partial x}=y\cos(xy),\quad \frac{\partial z}{\partial y}=x\cos(xy),$$

$$\frac{\partial^2 z}{\partial x\partial y}=\frac{\partial}{\partial y}[y\cos(xy)]=\cos(xy)-xy\sin(xy),$$

$$\frac{\partial^3 z}{\partial x\partial y^2}=\frac{\partial}{\partial y}[\cos(xy)-xy\sin(xy)]=-x\sin(xy)-x\sin(xy)-x^2y\cos(xy)$$

$$=-x[2\sin(xy)+xy\cos(xy)]=\frac{\partial^3 z}{\partial y\partial x\partial y}=\frac{\partial^3 z}{\partial y^2\partial x}.$$

4. 设$x=f(u,v,w)$，$y=g(u,v,w)$，$z=h(u,v,w)$，确定u,v,w是x,y,z的函数.求$\dfrac{\partial u}{\partial x}$.

解 由$\begin{cases}f(u,v,w)=x,\\ g(u,v,w)=y,\\ h(u,v,w)=z\end{cases}$对 x 求偏导得$\begin{cases}f'_u\cdot\dfrac{\partial u}{\partial x}+f'_v\cdot\dfrac{\partial v}{\partial x}+f'_w\cdot\dfrac{\partial w}{\partial x}=1,\\ g'_u\cdot\dfrac{\partial u}{\partial x}+g'_v\cdot\dfrac{\partial v}{\partial x}+g'_w\cdot\dfrac{\partial w}{\partial x}=0,\\ h'_u\cdot\dfrac{\partial u}{\partial x}+h'_v\cdot\dfrac{\partial v}{\partial x}+h'_w\cdot\dfrac{\partial w}{\partial x}=0,\end{cases}$解得

$$\frac{\partial u}{\partial x}=\frac{\begin{vmatrix}1&f'_v&f'_w\\0&g'_v&g'_w\\0&h'_v&h'_w\end{vmatrix}}{\begin{vmatrix}f'_u&f'_v&f'_w\\g'_u&g'_v&g'_w\\h'_u&h'_v&h'_w\end{vmatrix}}=\frac{\begin{vmatrix}g'_v&g'_w\\h'_v&h_w\end{vmatrix}}{\dfrac{\partial(f,g,h)}{\partial(u,v,w)}}=\frac{\dfrac{\partial(g,h)}{\partial(v,w)}}{\dfrac{\partial(f,g,h)}{\partial(u,v,w)}}.$$

5. 设 $x=\varphi(u,v)$，$y=\psi(u,v)$，$z=f(u,v)$，确定 z 是 x,y 的二元函数，试求出偏导数$\dfrac{\partial z}{\partial x}$及$\dfrac{\partial z}{\partial y}$的计算公式.

解 由方程组$\begin{cases}\varphi(u,v)=x,\\ \psi(u,v)=y,\end{cases}$分别对 x,y 求偏导得

$$\begin{cases}\varphi'_u\cdot\dfrac{\partial u}{\partial x}+\varphi'_v\cdot\dfrac{\partial v}{\partial x}=1,\\ \psi'_u\cdot\dfrac{\partial u}{\partial x}+\psi'_v\cdot\dfrac{\partial v}{\partial x}=0,\end{cases}\quad\begin{cases}\varphi'_u\cdot\dfrac{\partial u}{\partial y}+\varphi'_v\cdot\dfrac{\partial v}{\partial y}=0,\\ \psi'_u\cdot\dfrac{\partial u}{\partial y}+\psi'_v\cdot\dfrac{\partial v}{\partial y}=1.\end{cases}$$

解得

$$\frac{\partial u}{\partial x}=\frac{\begin{vmatrix}1&\varphi'_v\\0&\psi'_v\end{vmatrix}}{\begin{vmatrix}\varphi'_u&\varphi'_v\\\psi'_u&\psi'_v\end{vmatrix}}=\frac{\psi'_v}{\dfrac{\partial(\varphi,\psi)}{\partial(u,v)}},\quad\frac{\partial v}{\partial x}=\frac{\begin{vmatrix}\varphi'_u&1\\\psi'_u&0\end{vmatrix}}{\dfrac{\partial(\varphi,\psi)}{\partial(u,v)}}=\frac{-\psi'_u}{\dfrac{\partial(\varphi,\psi)}{\partial(u,v)}},$$

$$\frac{\partial u}{\partial y}=\frac{\begin{vmatrix}0&\varphi'_v\\1&\psi'_v\end{vmatrix}}{\begin{vmatrix}\varphi'_u&\varphi'_v\\\psi'_u&\psi'_v\end{vmatrix}}=\frac{-\varphi'_v}{\dfrac{\partial(\varphi,\psi)}{\partial(u,v)}},\quad\frac{\partial v}{\partial y}=\frac{\begin{vmatrix}\varphi'_u&0\\\psi'_u&1\end{vmatrix}}{\dfrac{\partial(\varphi,\psi)}{\partial(u,v)}}=\frac{\varphi'_u}{\dfrac{\partial(\varphi,\psi)}{\partial(u,v)}}.$$

由 $z=f(u,v)$，则

$$\frac{\partial z}{\partial x}=f'_u\cdot\frac{\partial u}{\partial x}+f'_v\cdot\frac{\partial v}{\partial x}=\frac{f'_u\cdot\psi'_v}{\dfrac{\partial(\varphi,\psi)}{\partial(u,v)}}+\frac{-f'_v\cdot\psi'_u}{\dfrac{\partial(\varphi,\psi)}{\partial(u,v)}}=\frac{\begin{vmatrix}f'_u&f'_v\\\psi'_u&\psi'_v\end{vmatrix}}{\dfrac{\partial(\varphi,\psi)}{\partial(u,v)}}$$

$$=\frac{\dfrac{\partial(f,\psi)}{\partial(u,v)}}{\dfrac{\partial(\varphi,\psi)}{\partial(u,v)}}=\frac{\partial(z,y)}{\partial(u,v)}\Bigg/\frac{\partial(x,y)}{\partial(u,v)},$$

$$\frac{\partial z}{\partial y}=f'_u\cdot\frac{\partial u}{\partial y}+f'_v\cdot\frac{\partial v}{\partial y}=\frac{-f'_u\cdot\varphi'_v}{\dfrac{\partial(\varphi,\psi)}{\partial(u,v)}}+\frac{f'_v\cdot\varphi'_u}{\dfrac{\partial(\varphi,\psi)}{\partial(u,v)}}=\frac{\begin{vmatrix}\varphi'_u & \varphi'_v\\ f'_u & f'_v\end{vmatrix}}{\dfrac{\partial(\varphi,\psi)}{\partial(u,v)}}$$

$$=\frac{\dfrac{\partial(\varphi,f)}{\partial(u,v)}}{\dfrac{\partial(\varphi,\psi)}{\partial(u,v)}}=\frac{\partial(x,z)}{\partial(u,v)}\Bigg/\frac{\partial(x,y)}{\partial(u,v)}.$$

6. 已知 $z=f(x,y)$ 在点 P_0 处可微，$\boldsymbol{l}_1=(2,-2)$，$\boldsymbol{l}_2=(-2,0)$，且 $\left.\dfrac{\partial u}{\partial \boldsymbol{l}_1}\right|_{P_0}=1$，$\left.\dfrac{\partial u}{\partial \boldsymbol{l}_2}\right|_{P_0}=-3$.求 z 在 P_0 处的梯度、全微分及沿 $\boldsymbol{l}=\{3,2\}$ 方向的方向导数.

解　由已知可得 $(\cos\alpha_1,\cos\beta_1)=\dfrac{\boldsymbol{l}_1}{|\boldsymbol{l}_1|}=\left(\dfrac{1}{\sqrt{2}},\dfrac{-1}{\sqrt{2}}\right)$，$(\cos\alpha_2,\cos\beta_2)=\dfrac{\boldsymbol{l}_2}{|\boldsymbol{l}_2|}=(-1,0)$，

从而

$$(\cos\alpha,\cos\beta)=\frac{\boldsymbol{l}}{|\boldsymbol{l}|}=\left(\frac{3}{\sqrt{13}},\frac{2}{\sqrt{13}}\right),$$

$$\begin{cases}\left.\dfrac{\partial u}{\partial x}\right|_{P_0}\cos\alpha_1+\left.\dfrac{\partial u}{\partial y}\right|_{P_0}\cos\beta_1=1,\\[2ex] \left.\dfrac{\partial u}{\partial x}\right|_{P_0}\cos\alpha_2+\left.\dfrac{\partial u}{\partial y}\right|_{P_0}\cos\beta_2=-3,\end{cases}$$

解得

$$\begin{cases}\left.\dfrac{\partial u}{\partial x}\right|_{P_0}=3,\\[2ex] \left.\dfrac{\partial u}{\partial y}\right|_{P_0}=3-\sqrt{2},\end{cases}$$

$$\left.\mathbf{grad}\,z\right|_{P_0}=3\boldsymbol{i}+(3-\sqrt{2})\boldsymbol{j},$$

$$\left.\mathrm{d}z\right|_{P_0}=3\mathrm{d}x+(3-\sqrt{2})\mathrm{d}y,$$

$$\left.\frac{\partial u}{\partial \boldsymbol{l}}\right|_{P_0}=\left.\frac{\partial u}{\partial x}\right|_{P_0}\cos\alpha+\left.\frac{\partial u}{\partial y}\right|_{P_0}\cos\beta=\frac{15-2\sqrt{2}}{\sqrt{13}}.$$

7. 设函数 $u=F(x,y,z)$ 在条件 $\varphi(x,y,z)=0$ 和 $\psi(x,y,z)=0$ 下，在点 (x_0,y_0,z_0) 处取极值 m.试证三个曲面 $F(x,y,z)=m$，$\varphi(x,y,z)=0$ 和 $\psi(x,y,z)=0$ 在点 (x_0,y_0,z_0) 处的三条法线共面.这里 F,φ,ψ 都具有连续的一阶偏导数，且每个函数的三个偏导数不同时为零.

证明　由已知，若设 $G(x,y,z,\lambda_1,\lambda_2)=F(x,y,z)+\lambda_1\varphi(x,y,z)+\lambda_2\psi(x,y,z)$，则在点 (x_0,y_0,z_0) 处满足

$$\begin{cases}(F'_x+\lambda_1\varphi'_x+\lambda_2\psi'_x)\Big|_{(x_0,y_0,z_0)}=0,\\(F'_y+\lambda_1\varphi'_y+\lambda_2\psi'_y)\Big|_{(x_0,y_0,z_0)}=0,\\(F'_z+\lambda_1\varphi'_z+\lambda_2\psi'_z)\Big|_{(x_0,y_0,z_0)}=0,\\\varphi(x_0,y_0,z_0)=0,\\\psi(x_0,y_0,z_0)=0,\\F(x_0,y_0,z_0)=m,\end{cases}$$

曲面 $F(x,y,z)=m,\varphi(x,y,z)=0,\psi(x,y,z)=0$ 在点(x_0,y_0,z_0)处法向量分别为

$$\boldsymbol{n}_1=(F'_x,F'_y,F'_z)\Big|_{(x_0,y_0,z_0)},\boldsymbol{n}_2=(\varphi'_x,\varphi'_y,\varphi'_z)\Big|_{(x_0,y_0,z_0)},\boldsymbol{n}_3=(\psi'_x,\psi'_y,\psi'_z)\Big|_{(x_0,y_0,z_0)},$$

而

$$[\boldsymbol{n}_1,\boldsymbol{n}_2,\boldsymbol{n}_3]=\boldsymbol{n}_1\cdot(\boldsymbol{n}_2\times\boldsymbol{n}_3)\begin{vmatrix}F'_x&F'_y&F'_z\\\varphi'_x&\varphi'_y&\varphi'_z\\\psi'_x&\psi'_y&\psi'_z\end{vmatrix}_{(x_0,y_0,z_0)}$$

$$=\begin{vmatrix}F'_x+\lambda_1\varphi'_x+\lambda_2\psi'_x&F'_y+\lambda_1\varphi'_y+\lambda_2\psi'_y&F'_z+\lambda_1\varphi'_z+\lambda_2\psi'_z\\\varphi'_x&\varphi'_y&\varphi'_z\\\psi'_x&\psi'_y&\psi'_z\end{vmatrix}_{(x_0,y_0,z_0)}$$

$$=\begin{vmatrix}0&0&0\\\varphi'_x|_{M_0}&\varphi'_y|_{M_0}&\varphi'_z|_{M_0}\\\psi'_x|_{M_0}&\psi'_y|_{M_0}&\psi'_z|_{M_0}\end{vmatrix}=0.$$

即 $\boldsymbol{n}_1,\boldsymbol{n}_2,\boldsymbol{n}_3$ 混合积为 0,$\boldsymbol{n}_1,\boldsymbol{n}_2,\boldsymbol{n}_3$ 共面,进而三个曲面在(x_0,y_0,z_0)点处的三条法线共面.

另:还可以用下法证明 $\boldsymbol{n}_1\cdot(\boldsymbol{n}_2\times\boldsymbol{n}_3)=0$.

$$\begin{cases}(F'_x+\lambda_1\varphi'_x+\lambda_2\psi'_x)\big|_{(x_0,y_0,z_0)}=0,\\(F'_y+\lambda_1\varphi'_y+\lambda_2\psi'_y)\big|_{(x_0,y_0,z_0)}=0,\\(F'_z+\lambda_1\varphi'_z+\lambda_2\psi'_z)\big|_{(x_0,y_0,z_0)}=0,\end{cases}\Leftrightarrow\begin{pmatrix}F'_x&F'_y&F'_z\\\varphi'_x&\varphi'_y&\varphi'_z\\\psi'_x&\psi'_y&\psi'_z\end{pmatrix}_{(x_0,y_0,z_0)}\cdot\boldsymbol{P}=\begin{pmatrix}0\\0\\0\end{pmatrix}.$$

有非零解 $\boldsymbol{P}=\begin{pmatrix}1\\\lambda_1\\\lambda_2\end{pmatrix}$.所以

$$\boldsymbol{n}_1\cdot(\boldsymbol{n}_2\times\boldsymbol{n}_3)=\begin{vmatrix}F'_x&F'_y&F'_z\\\varphi'_x&\varphi'_y&\varphi'_z\\\psi'_x&\psi'_y&\psi'_z\end{vmatrix}_{(x_0,y_0,z_0)}=0.$$

8. 利用求条件极值的方法,证明对任何正数 a,b,c,都有不等式 $abc^3\leqslant27\left(\dfrac{a+b+c}{5}\right)^5$.

证明 详细解答过程参见 8.6 节例题分析部分例 27.

9. 已知四边形的四条边边长为 a,b,c,d,问何时四边形面积最大?

解 设四边形 $ABCD$ 的 $\angle ABC=x$, $\angle CDA=y$,连接 AC,此题转化为求函数 $f(x,y)=S=$

$ab\sin x+cd\sin y$ 在条件 $a^2+b^2-2ab\cos x=c^2+d^2-2cd\cos y$ 下的极值.设

$F(x,y,\lambda)=ab\sin x+cd\sin y+\lambda(a^2+b^2-c^2-d^2-2ab\cos x+2cd\cos y)$,

由方程组

$$\begin{cases}F'_x=ab\cos x+2ab\lambda\sin x=0,\\ F'_y=cd\cos y-2cd\lambda\sin y=0, \quad (0<x,y<\pi),\\ a^2+b^2-2ab\cos x=c^2+d^2-2cd\cos y\end{cases}$$

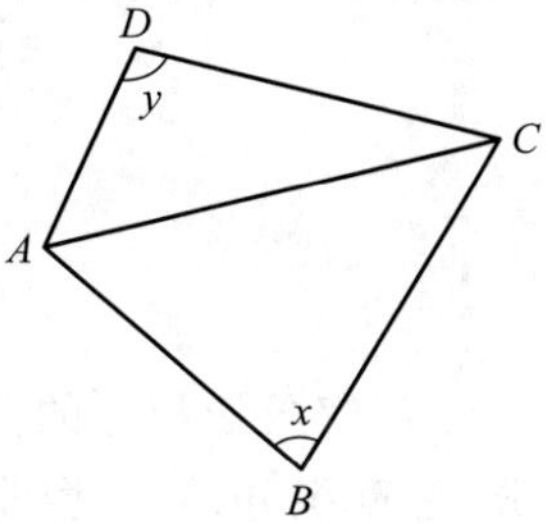

图 8.9

解得 $\sin(x+y)=0$,即 $x+y=\pi$,所以不相邻的两角之和为 π 时,四边形的面积最大.

10. 中国国家大剧院的房顶为一椭球壳型(被称为世纪之蛋),假设其方程为$\frac{x^2}{4}+\frac{y^2}{3}+\frac{z^2}{2}=1$,问雨水落在房顶上点$(x_0,y_0,z_0)$处后,受重力的作用向下滑落的曲线方程.

解 雨水下落方向即函数 $z=\sqrt{2-\frac{x^2}{2}-\frac{2y^2}{3}}$ 的梯度反方向,从而

$$\mathbf{grad}\, z=\left(\frac{\partial z}{\partial x},\frac{\partial z}{\partial y}\right)=k(\mathrm{d}x,\mathrm{d}y),$$

$$\begin{cases}\frac{\mathrm{d}y}{\mathrm{d}x}=\frac{4}{3}\frac{y}{x},\\ y(x_0)=y_0,\end{cases}$$

解得 $y=y_0\left(\frac{x}{x_0}\right)^{\frac{4}{3}}$.故曲线方程为 $y=y_0\left(\frac{x}{x_0}\right)^{\frac{4}{3}}$ 与$\frac{x^2}{4}+\frac{y^2}{3}+\frac{z^2}{2}=1(z\geqslant 0)$的交线.

第九章　多元函数积分学

9.1　教学基本要求

1. 理解黎曼积分的概念,知道用它解决问题的思想,了解它的性质,理解它的分类:二重积分,三重积分,第一型曲线积分和第一型曲面积分.

2. 掌握二重积分(在直角坐标系、极坐标系下)的计算方法,会对累次积分交换积分顺序.

3. 掌握三重积分(在直角坐标系、柱面坐标系、球面坐标系下)的计算方法.

4. 掌握第一型曲线积分的计算方法,掌握第一型曲面积分的计算方法.

5. 会用黎曼积分求一些几何量和物理量(平面区域的面积、曲面的面积、立体的体积、曲线的弧长、质量、质心、转动惯量、引力等).

9.2　内容总结

9.2.1　基本概念

设 $f(p)$ 是几何形体 Ω 上的点函数.黎曼积分

$$\int_{\Omega} f(p)\,\mathrm{d}\Omega = \lim_{\lambda\to 0}\sum_{i=1}^{n} f(p_i)\,\Delta\Omega_i \quad (\mathrm{d}\Omega\ \text{为度量微元}) \tag{1}$$

具体分为四类:

1. 当 Ω 是平面有界闭区域 σ 时,称(1)式为**二重积分**,记为

$$\iint_{\sigma} f(p)\,\mathrm{d}\sigma \quad (\mathrm{d}\sigma\ \text{为面积微元}).$$

2. 当 Ω 是三维空间有界闭区域 V 时,称(1)式为**三重积分**,记为

$$\iiint_{V} f(p)\,\mathrm{d}V \quad (\mathrm{d}V\ \text{为体积微元}).$$

3. 当 Ω 是曲线段 l 时,称(1)式为**对弧长的曲线积分**(第一型曲线积分),记为

$$\int_{l} f(p)\,\mathrm{d}s \quad (\mathrm{d}s\ \text{为弧长微元}).$$

4. 当 Ω 是曲面片 S 时,称(1)式为**对面积的曲面积分**(第一型曲面积分),记为

$$\iint_{S} f(p)\,\mathrm{d}S \quad (\mathrm{d}S\ \text{为曲面面积微元}).$$

9.2.2　基本理论

1. $f(p)\in C(\Omega)$ 是函数 $f(p)$ 在有界闭区域 Ω 上可积的充分条件.

【注】　同定积分一样,可积的一个必要条件是 $f(p)$ 在有界闭区域 Ω 上有界.如果 $f(p)$ 无界或 Ω 为无界域,则属于反常黎曼积分.

2. 度量性　$\int_{\Omega} 1\mathrm{d}\Omega = \Omega$（度量）.

3. 线性性　$\int_{\Omega}[af(p)+bg(p)]\mathrm{d}\Omega = a\int_{\Omega} f(p)\mathrm{d}\Omega + b\int_{\Omega} g(p)\mathrm{d}\Omega$.

4. 积分域可加性

$$\int_{\Omega} f(p)\mathrm{d}\Omega = \int_{\Omega_1} f(p)\mathrm{d}\Omega + \int_{\Omega_2} f(p)\mathrm{d}\Omega \quad (\Omega = \Omega_1 + \Omega_2).$$

5. 比较性

（1）当 $f(p)\leqslant g(p)$ 时，$\int_{\Omega} f(p)\mathrm{d}\Omega \leqslant \int_{\Omega} g(p)\mathrm{d}\Omega$.

（2）$\left|\int_{\Omega} f(p)\mathrm{d}\Omega\right| \leqslant \int_{\Omega} |f(p)|\mathrm{d}\Omega$.

6. 估值性　当 $m\leqslant f(p)\leqslant M$ 时，$m\Omega \leqslant \int_{\Omega} f(p)\mathrm{d}\Omega \leqslant M\Omega$.

7. 积分中值定理　若 $f(p)\in C(\Omega)$，则存在 $p^*\in\Omega$，使

$$\int_{\Omega} f(p)\mathrm{d}\Omega = f(p^*)\Omega.$$

8. 对称性　当 Ω 关于 $x=0$ 对称时，

（1）若 $f(-x,y,z)=f(x,y,z)$，则 $\int_{\Omega} f(x,y,z)\mathrm{d}\Omega = 2\int_{\Omega^+} f(x,y,z)\mathrm{d}\Omega$，其中 Ω^+ 是 Ω 内 $x\geqslant 0$ 的部分.

（2）若 $f(-x,y,z)=-f(x,y,z)$，则 $\int_{\Omega} f(x,y,z)\mathrm{d}\Omega = 0$.

9.2.3　计算方法

黎曼积分与定积分一样，都是无穷累积的运算，定积分已有了简便的算法，黎曼积分只要可积，就可按着一个恰当的顺序进行累积，转化为定积分计算.这种累积要保证积分域 Ω 内每一点都累积到，又不重复.对四种不同的积分，在不同的坐标系下，选取最简单的分割，采用不同的顺序累积，就得到不同的计算公式（方法）.

1. 二重积分的计算

（1）在直角坐标系下.用平行于坐标轴的直线网分割 σ，面积微元 $\mathrm{d}\sigma=\mathrm{d}x\mathrm{d}y$.

对 x-型积分域 $\sigma: a\leqslant x\leqslant b, y_1(x)\leqslant y\leqslant y_2(x)$，见图 9.1，有二重积分计算公式

$$\iint_{\sigma} f(x,y)\mathrm{d}x\mathrm{d}y = \int_a^b \mathrm{d}x\int_{y_1(x)}^{y_2(x)} f(x,y)\mathrm{d}y.$$

对 y-型积分域 $\sigma: c\leqslant y\leqslant d, x_1(y)\leqslant x\leqslant x_2(y)$，见图 9.2，有二重积分计算公式

$$\iint_{\sigma} f(x,y)\mathrm{d}x\mathrm{d}y = \int_c^d \mathrm{d}y\int_{x_1(y)}^{x_2(y)} f(x,y)\mathrm{d}x.$$

（2）在极坐标系下.用 $r=$ 常数，$\theta=$ 常数网分割 σ，面积微元 $\mathrm{d}\sigma=r\mathrm{d}r\mathrm{d}\theta$.

当积分域 $\sigma: \alpha\leqslant\theta\leqslant\beta, r_1(\theta)\leqslant r\leqslant r_2(\theta)$，见图 9.3，则有二重积分计算公式

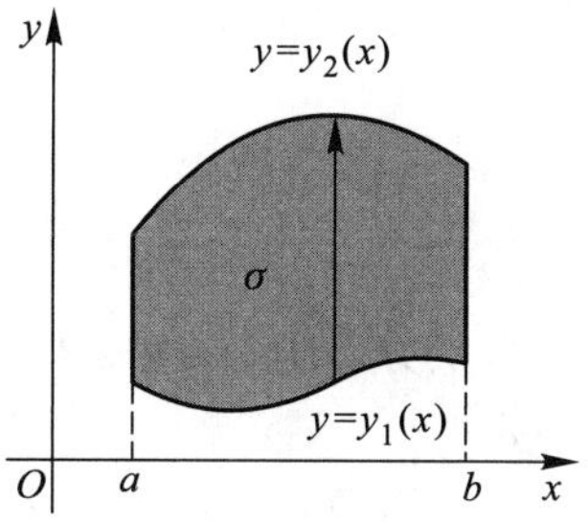

图 9.1

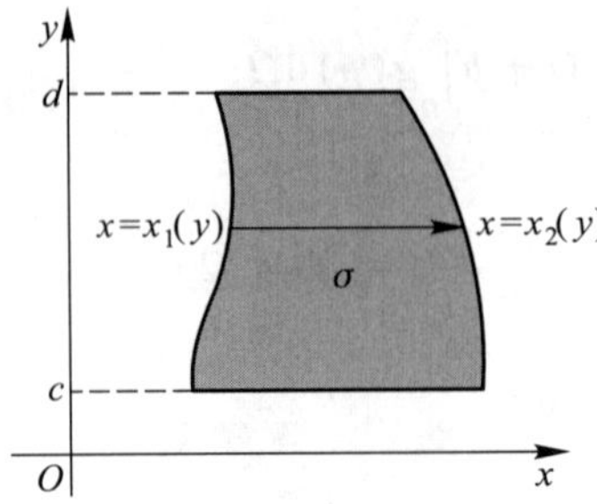

图 9.2

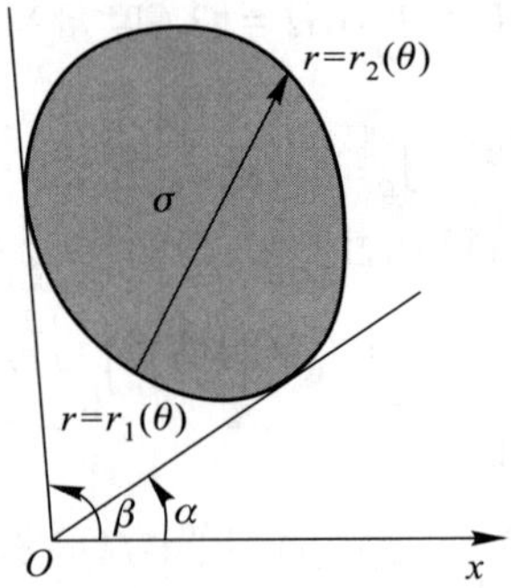

图 9.3

$$\iint f(r,\theta)\, r\mathrm{d}r\mathrm{d}\theta = \int_{\alpha}^{\beta}\mathrm{d}\theta\int_{r_1(\theta)}^{r_2(\theta)} f(r,\theta)\, r\mathrm{d}r.$$

（3）累次积分换序问题.直角坐标系下累次积分与极坐标系下累次积分转换问题，关键是借助重积分转换.

2. 三重积分的计算

（1）在直角坐标系下.用平行坐标面的三组平面分割 V，体积微元 $\mathrm{d}V=\mathrm{d}x\mathrm{d}y\mathrm{d}z$.

投影法.当积分域 $V:(x,y)\in\sigma_{xy}, z_1(x,y)\leqslant z\leqslant z_2(x,y)$，见图 9.4，则有三重积分计算公式

$$\iiint_V f(x,y,z)\,\mathrm{d}x\mathrm{d}y\mathrm{d}z = \iint_{\sigma_{xy}}\mathrm{d}x\mathrm{d}y\int_{z_1(x,y)}^{z_2(x,y)} f(x,y,z)\,\mathrm{d}z.$$

截面法.当积分域 $V:a\leqslant x\leqslant b,(y,z)\in\sigma_x$（截面），见图 9.5，则有三重积分计算公式

$$\iiint_V f(x,y,z)\,\mathrm{d}x\mathrm{d}y\mathrm{d}z = \int_a^b\mathrm{d}x\iint_{\sigma_x} f(x,y,z)\,\mathrm{d}y\mathrm{d}z.$$

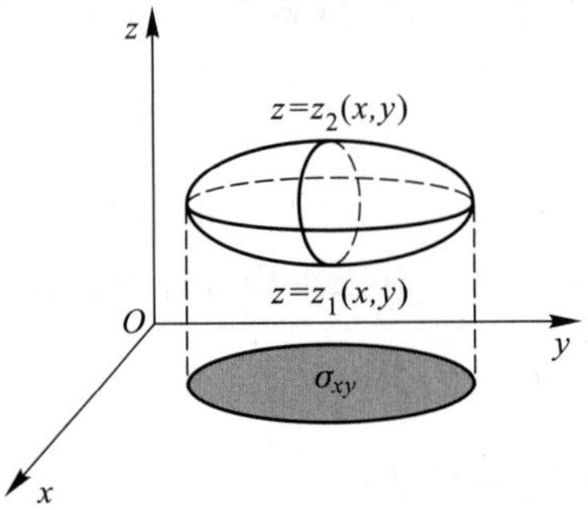

图 9.4

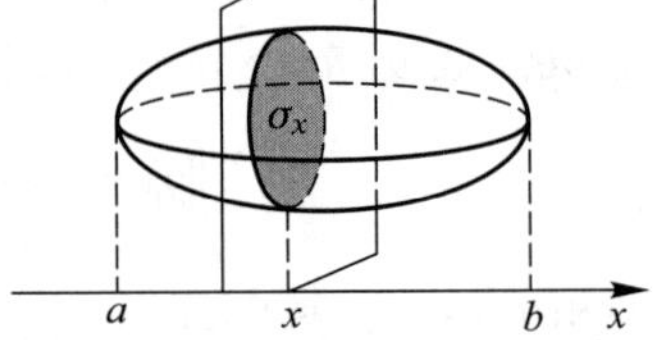

图 9.5

（2）在柱（面）坐标系下.用三组坐标面分割 V，体积微元 $\mathrm{d}V=r\mathrm{d}r\mathrm{d}\theta\mathrm{d}z$.

当积分域 $V:\alpha\leqslant\theta\leqslant\beta, r_1(\theta)\leqslant r\leqslant r_2(\theta), z_1(r,\theta)\leqslant z\leqslant z_2(r,\theta)$，见图 9.6，则有三重积分计算公式

$$\iiint_V f(x,y,z)\,\mathrm{d}V = \int_{\alpha}^{\beta}\mathrm{d}\theta\int_{r_1(\theta)}^{r_2(\theta)} r\mathrm{d}r\int_{z_1(r,\theta)}^{z_2(r,\theta)} f(r\cos\theta, r\sin\theta, z)\,\mathrm{d}z.$$

【注】 柱坐标相当于在一个直角坐标面上取极坐标，再加另一个直角坐标.柱坐标系下的三重积分也可化为其他次序的累次积分.

(3) 在球(面)坐标系下.用三组坐标面分割 V，体积微元 $\mathrm{d}V=\rho^2\sin\varphi\mathrm{d}\rho\mathrm{d}\varphi\mathrm{d}\theta$.

当积分域 $V:\alpha\leqslant\theta\leqslant\beta,\varphi_1(\theta)\leqslant\varphi\leqslant\varphi_2(\theta),\rho_1(\theta,\varphi)\leqslant\rho\leqslant\rho_2(\theta,\varphi)$，见图 9.7，则有三重积分公式

$$\iiint_V f(x,y,z)\,\mathrm{d}V=\int_\alpha^\beta\mathrm{d}\theta\int_{\varphi_1(\theta)}^{\varphi_2(\theta)}\sin\varphi\mathrm{d}\varphi\int_{\rho_1(\theta,\varphi)}^{\rho_2(\theta,\varphi)}f(\rho\sin\varphi\cos\theta,\rho\sin\varphi\sin\theta,\rho\cos\theta)\rho^2\mathrm{d}\rho.$$

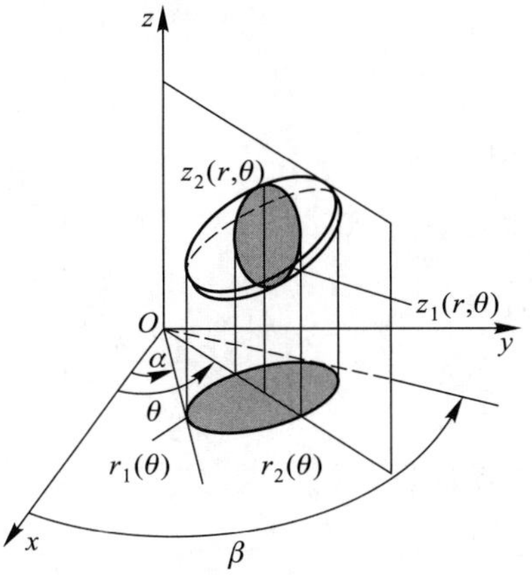

图 9.6

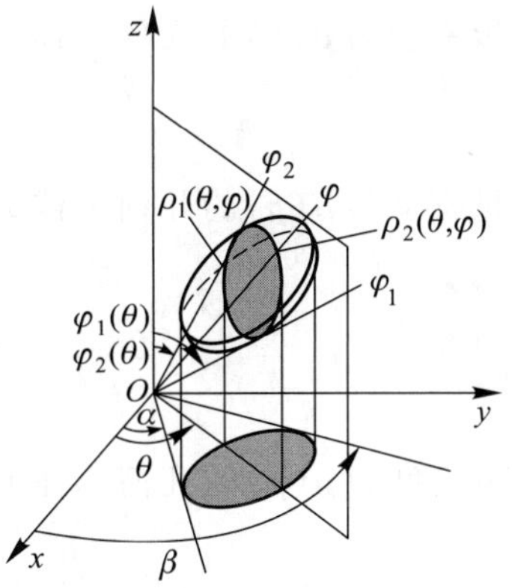

图 9.7

【注】 球(面)坐标相当于在直角坐标面上取个极角 θ，加上 θ 半平面上的极坐标(ρ,φ)，所以球坐标相当于两个极坐标.

3. 对弧长的曲线积分(第一型曲线积分)的计算

设曲线 l 的方程：$x=x(t),y=y(t),z=z(t),\alpha\leqslant t\leqslant\beta$. 则弧长微元 $\mathrm{d}s=\sqrt{x'^2(t)+y'^2(t)+z'^2(t)}\,\mathrm{d}t$，并有第一型曲线积分计算公式

$$\int_l f(x,y,z)\,\mathrm{d}s=\int_\alpha^\beta f(x(t),y(t),z(t))\sqrt{x'^2(t)+y'^2(t)+z'^2(t)}\,\mathrm{d}t.$$

4. 对面积的曲面积分(第一型曲面积分)的计算

设曲面 S 的方程：$z=z(x,y),(x,y)\in\sigma_{xy}$. 则曲面面积微元 $\mathrm{d}S=\sqrt{1+\left(\frac{\partial z}{\partial x}\right)^2+\left(\frac{\partial z}{\partial y}\right)^2}\,\mathrm{d}\sigma$，并有第一型曲面积分计算公式

$$\iint_S f(x,y,z)\,\mathrm{d}S=\iint_{\sigma_{xy}}f(x,y,z(x,y))\sqrt{1+\left(\frac{\partial z}{\partial x}\right)^2+\left(\frac{\partial z}{\partial y}\right)^2}\,\mathrm{d}\sigma.$$

【注】 因为每种黎曼积分的度量微元均为正，所以计算公式中的每个定积分的下限都不大于上限，这是与一般定积分不同的，原因在于定积分定义中乘的不是小区间长度，而是自变量的增量 Δx.

9.2.4　应用

分布在几何形体 Ω 上的量的总量的计算，当分布均匀时，总量等于分布密度与 Ω 的度

量之积，一般情况下（特别是非均匀分布时），总量等于分布密度函数在几何形体 Ω 上的黎曼积分.

1. 曲面 $S: z=z(x,y),(x,y)\in\sigma_{xy}$ 的面积

$$S=\iint_S \mathrm{d}S=\iint_{\sigma_{xy}}\sqrt{1+\left(\frac{\partial z}{\partial x}\right)^2+\left(\frac{\partial z}{\partial y}\right)^2}\,\mathrm{d}\sigma.$$

2. 曲顶为 $z=z(x,y),(x,y)\in\sigma_{xy}$ 的柱体体积

$$V=\iiint_V \mathrm{d}V=\iint_{\sigma_{xy}}z(x,y)\,\mathrm{d}\sigma.$$

3. 质量密度为 $\mu(p)$ 的几何形体 Ω 的总质量

$$m=\int_\Omega \mu(p)\,\mathrm{d}\Omega.$$

4. 质量密度为 $\mu(p)$ 的几何形体 Ω 的质心的横坐标

$$\bar{x}=\frac{\int_\Omega \mu(p)x\,\mathrm{d}\Omega}{\int_\Omega \mu(p)\,\mathrm{d}\Omega}.$$

5. 质量密度为 $\mu(p)$ 的几何形体 Ω 对 x 轴的转动惯量

$$I_x=\int_\Omega \mu(p)(y^2+z^2)\,\mathrm{d}\Omega.$$

此外，还有弧长、曲面面积、柱面面积、平面面积、体积、电量、引力等量的计算.

9.3 思考与讨论

1. 设闭区域 $\sigma:(x-1)^2+(y-1)^2\leqslant 2$，则 $\iint_\sigma[\cos^2(x+y^2)+\sin^2(x^2+y)]\mathrm{d}\sigma=$ ____.

分析 积分域中 x,y 对等（对换 x,y，积分域不变），故由对等性知

$$\iint_\sigma \sin^2(x^2+y)\,\mathrm{d}\sigma=\iint_\sigma \sin^2(x+y^2)\,\mathrm{d}\sigma,$$

所以

$$\begin{aligned}&\iint_\sigma[\cos^2(x+y^2)+\sin^2(x^2+y)]\mathrm{d}\sigma\\=&\iint_\sigma[\cos^2(x+y^2)+\sin^2(x+y^2)]\mathrm{d}\sigma=\iint_\sigma 1\,\mathrm{d}\sigma=2\pi.\end{aligned}$$

应填 2π.

【注】 对等性原则的使用，给我们带来许多方便，减少了工作量.

2. 设区域 $D=\{(x,y)\mid x^2+y^2\leqslant 4,x\geqslant 0,y\geqslant 0\}$，$f(x)$ 为 D 上的正值连续函数，a,b 为常数，则 $\iint_D \frac{a\sqrt{f(x)}+b\sqrt{f(y)}}{\sqrt{f(x)}+\sqrt{f(y)}}\mathrm{d}\sigma=(\quad)$.

(A) $ab\pi$　　(B) $\frac{ab}{2}\pi$　　(C) $(a+b)\pi$　　(D) $\frac{a+b}{2}\pi$

分析　记 $\iint\limits_D \frac{\sqrt{f(x)}}{\sqrt{f(x)}+\sqrt{f(y)}}\mathrm{d}\sigma = I_1$，$\iint\limits_D \frac{\sqrt{f(y)}}{\sqrt{f(x)}+\sqrt{f(y)}}\mathrm{d}\sigma = I_2$，由对等性知，$I_1=I_2$，又

$$I_1+I_2=\iint\limits_D \mathrm{d}\sigma=\pi,$$

故 $I_1=I_2=\frac{\pi}{2}$，因此

$$\iint\limits_D \frac{a\sqrt{f(x)}+b\sqrt{f(y)}}{\sqrt{f(x)}+\sqrt{f(y)}}\mathrm{d}\sigma = aI_1+bI_2=\frac{a+b}{2}\pi.$$

应选 D.

3. 设 D 是 xOy 平面上以点 $A(1,1)$，$B(-1,1)$，$C(-1,-1)$ 为顶点的三角形区域，D_1 是 D 在第一象限的部分，则 $\iint\limits_D (xy+\cos x\sin y)\mathrm{d}x\mathrm{d}y=($　　$)$.

(A) $2\iint\limits_{D_1}\cos x\sin y\mathrm{d}x\mathrm{d}y$

(B) $2\iint\limits_{D_1}xy\mathrm{d}x\mathrm{d}y$

(C) $4\iint\limits_{D_1}(xy+\cos x\sin y)\mathrm{d}x\mathrm{d}y$

(D) 0

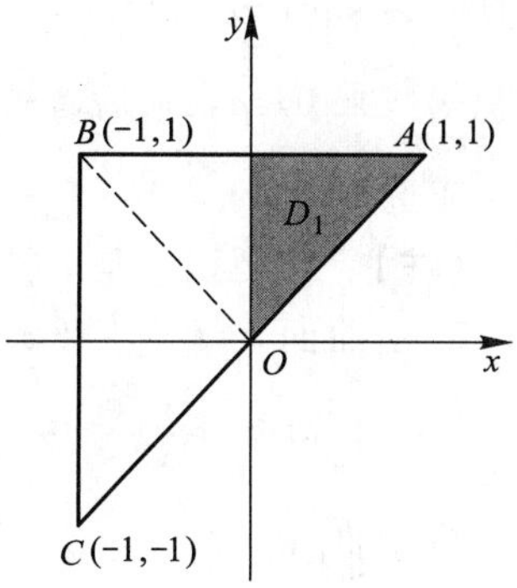

图 9.8

分析　用直线 OB 将 D 分为两部分，一部分关于 $x=0$ 对称，另一部分关于 $y=0$ 对称(图 9.8)，再考察被积函数的奇偶性，利用对称性质知选 A.

应选 A.

【注】　计算黎曼积分时，充分利用对称性是一个重要的思想.有时不具备对称性，还可像本题那样，由积分的区域可加性及线性性，分出对称部分，分出奇偶函数.

4. 记 $I_1=\iint\limits_{1\leqslant x^2+y^2\leqslant 2}\ln(x^2+y^2)\mathrm{d}x\mathrm{d}y$，$I_2=\iint\limits_{\frac{1}{2}\leqslant |x|+|y|\leqslant 1}\ln(x^2+y^2)\mathrm{d}x\mathrm{d}y$，$I_3=\iint\limits_{x^2+2y^2\leqslant 1}xy(x+y)\mathrm{d}x\mathrm{d}y$，则它们的大小顺序为(　　).

(A) $I_1<I_2<I_3$　　　　(B) $I_2<I_3<I_1$

(C) $I_3<I_1<I_2$　　　　(D) $I_1<I_3<I_2$

分析　当 $1<x^2+y^2\leqslant 2$ 时，$\ln(x^2+y^2)>0$，$I_1>0$；当 $\frac{1}{2}\leqslant|x|+|y|\leqslant 1$，$\ln(x^2+y^2)<0$，$I_2<0$；积分域 $x^2+2y^2\leqslant 1$ 关于 $x=0$ 对称，关于 $y=0$ 也对称，$xy(x+y)=x^2y+xy^2$，x^2y 是 y 的奇函数，xy^2 是 x 的奇函数，故 $I_3=0$.

应选 B.

5. 设 $f(x)$ 连续，$F(t)=\int_1^t \mathrm{d}y\int_y^t f(x)\mathrm{d}x$，则 $F'(3)$ 等于(　　).

(A) $3f(3)$　　(B) $2f(3)$　　(C) $f(3)$　　(D) 0

分析　根据变限定积分求导法，需要把被积表达式 $\int_1^t \mathrm{d}y\int_y^t f(x)\mathrm{d}x$ 中的 t 消除.这里采用

累次积分换序,得

$$F(t)=\int_1^t f(x)\,\mathrm{d}x\int_1^x \mathrm{d}y,$$

故 $F'(t)=f(t)\int_1^t \mathrm{d}y=(t-1)f(t)$,于是 $F'(3)=2f(3)$.

应选 B.

6. 设闭区域 $V: x^2+y^2+z^2\leqslant 4$,则 $I=\iiint\limits_V \frac{\sin^9(\pi\sqrt{x^2+y^2+z^2})}{\sqrt{x^2+y^2+z^2}}\mathrm{d}V$ (　　).

(A) 为正　　(B) 为负　　(C) 为零　　(D) 不存在

分析

$$I=\iiint\limits_{\rho\leqslant 2}\sin^9(\pi\rho)\cdot\rho\sin\varphi\,\mathrm{d}\rho\mathrm{d}\varphi\mathrm{d}\theta$$

$$=\int_0^{2\pi}\mathrm{d}\theta\int_0^{\pi}\sin\varphi\,\mathrm{d}\varphi\int_0^2\rho\sin^9(\pi\rho)\,\mathrm{d}\rho<0.$$

这是因为 $\sin^9(\pi\rho)$ 在 $0\leqslant\rho\leqslant 1$ 上积分为正,在 $1\leqslant\rho\leqslant 2$ 上积分为负,绝对值相等.但当前者的被积函数乘 $0\leqslant\rho\leqslant 1$,后者被积函数乘 $\rho\geqslant 1$,所以 $\int_0^2\rho\sin^9(\pi\rho)\,\mathrm{d}\rho<0$.

应选 B.

【注】 黎曼积分是由被积函数和积分域两者确定的一个数.

7. 由曲面 $z=x^2+y^2$ 及 $z=1$ 所围立体 V 的体积不等于(　　).

(A) $\int_0^1\pi z\,\mathrm{d}z$　　(B) $\iint\limits_{x^2+y^2\leqslant 1}[1-(x^2+y^2)]\,\mathrm{d}\sigma$

(C) $\iiint\limits_V\mathrm{d}V$　　(D) $\iint\limits_{\substack{r\leqslant 1\\0\leqslant\theta\leqslant 2\pi}}(1-r^2)\,\mathrm{d}r\mathrm{d}\theta$

分析 (A)是用定积分表示的旋转体体积.(B)是用二重积分计算曲顶、曲底柱体体积.(C)是用三重积分表示立体体积.(D)是将直角坐标系下二重积分(B)化为极坐标系下的二重积分,但面积微元中丢掉了因子 r.

应选 D.

8. 由圆柱面 $x^2+y^2=a^2$ 及 $x^2+z^2=a^2$ 围成的立体 V 的表面积 S 不等于(　　).

(A) $4\int_{x^2+y^2=a^2}\sqrt{a^2-x^2}\,\mathrm{d}s$

(B) $8\iint\limits_{x^2+y^2\leqslant a^2}\sqrt{1+\frac{x^2}{a^2-x^2}}\,\mathrm{d}\sigma$

(C) $16\int_0^a\mathrm{d}z\int_0^z\sqrt{1+\frac{z^2}{a^2-z^2}}\,\mathrm{d}y$

(D) $\iint\limits_S\mathrm{d}S$

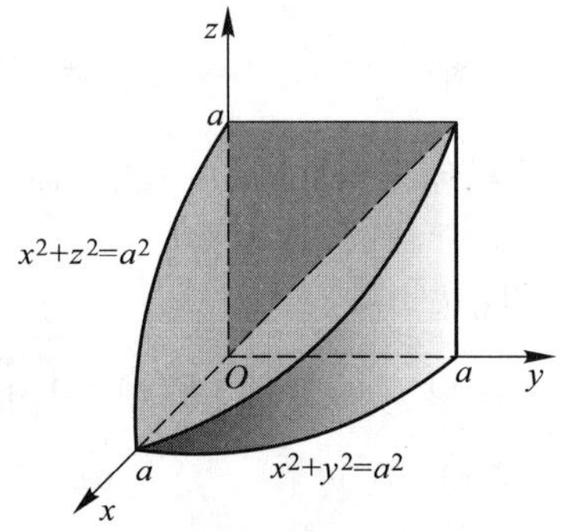

图 9.9

分析 参看图 9.9.(A)是将曲面视为两个柱面部分,通过曲线积分表示曲面面积.(B)是用二重积分计算曲面面积,但应是给定积分的 4 倍.(C)是将二重积分化为累次积分来求曲面面积的.(D)是用曲面积分表示曲面面积.

应选 B.

9.4　典型错误纠正

1. 将二重积分 $\iint\limits_{\sigma} f(x,y)\,\mathrm{d}\sigma$ 化为极坐标系下的累次积分，其中 σ 由不等式 $x^2+y^2\leqslant 4$ 及 $x^2+y^2\geqslant 2y$ 确定.

解法 1　积分域 σ 如图 9.10.

$$\iint\limits_{\sigma} f(x,y)\,\mathrm{d}\sigma=\iint\limits_{x^2+y^2\leqslant 4} f(x,y)\,\mathrm{d}\sigma-\iint\limits_{x^2+y^2\leqslant 2y} f(x,y)\,\mathrm{d}\sigma$$
$$=\int_0^{2\pi}\mathrm{d}\theta\int_0^2 f(r\cos\theta,r\sin\theta)\,r\mathrm{d}r-\int_0^{\pi}\mathrm{d}\theta\int_0^{2\sin\theta} f(r\cos\theta,r\sin\theta)\,r\mathrm{d}r.$$

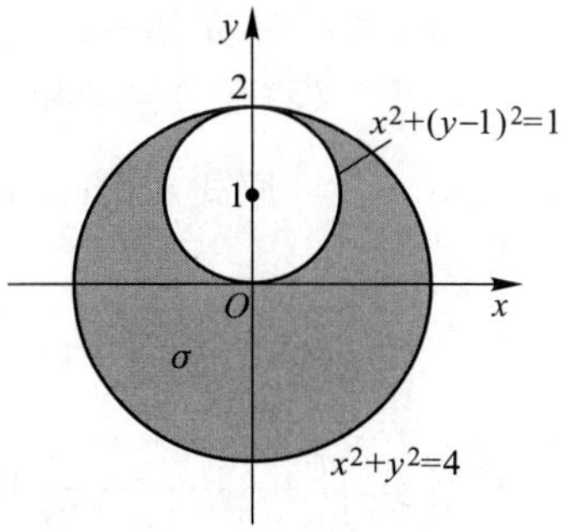

图 9.10

解法 2　设 σ^+ 是 σ 中 $x\geqslant 0$ 的部分.

$$\iint\limits_{\sigma} f(x,y)\,\mathrm{d}\sigma=2\iint\limits_{\sigma^+} f(x,y)\,\mathrm{d}\sigma$$
$$=2\int_{-\frac{\pi}{2}}^{0}\mathrm{d}\theta\int_0^2 f(r\cos\theta,r\sin\theta)\,r\mathrm{d}r+2\int_0^{\frac{\pi}{2}}\mathrm{d}\theta\int_{2\sin\theta}^{2} f(r\cos\theta,r\sin\theta)\,\mathrm{d}r.$$

问题分析　解法 1 中将 σ 视为两个圆形区域的差，但题目中没有说 $f(x,y)$ 在 $x^2+y^2\leqslant 2y$ 内有定义、可积，所以一般不应这样做.但是，如果知道 $f(x,y)$ 在 $x^2+y^2\leqslant 2y$ 内有定义且可积，这样做又是对的.所以扩大积分域考虑问题，要特别小心.

解法 2 中考虑到积分区域关于 $x=0$ 对称，就利用了对称性，这是错的，因为未考察函数是否有奇偶性.此外，最后一个累次积分的被积函数中丢掉因子 r.

正确的结果应为

$$\iint\limits_{\sigma} f(x,y)\,\mathrm{d}\sigma=\int_0^{\pi}\mathrm{d}\theta\int_{2\sin\theta}^{2} f(r\cos\theta,r\sin\theta)\,r\mathrm{d}r+\int_{\pi}^{2\pi}\mathrm{d}\theta\int_0^2 f(r\cos\theta,r\sin\theta)\,r\mathrm{d}r.$$

2. 交换累次积分 $\int_{\frac{\pi}{2}}^{\frac{3\pi}{2}}\mathrm{d}x\int_0^{\sin x} f(x,y)\,\mathrm{d}y$ 的顺序.

解　由累次积分上、下限画出二重积分积分域如图 9.11，分为 D_1,D_2 两块，所以换序为

$$\text{原式}=\iint\limits_{D_1} f(x,y)\,\mathrm{d}\sigma+\iint\limits_{D_2} f(x,y)\,\mathrm{d}\sigma$$
$$=\int_0^1\mathrm{d}y\int_{\frac{\pi}{2}}^{\arcsin y} f(x,y)\,\mathrm{d}x+\int_{-1}^{0}\mathrm{d}y\int_{\arcsin y}^{\frac{3\pi}{2}} f(x,y)\,\mathrm{d}x.$$

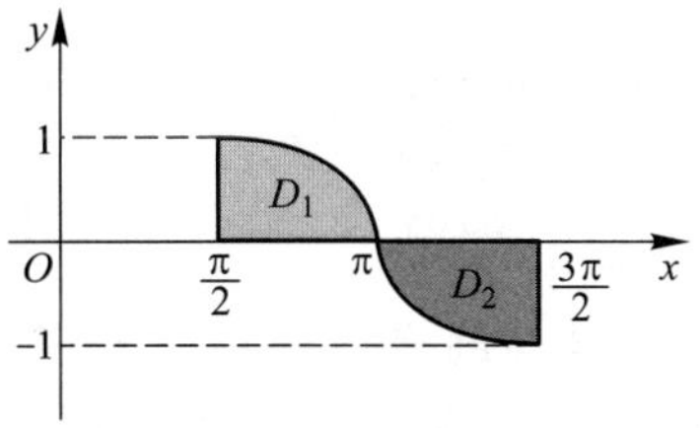

图 9.11

问题分析 二重积分化为累次积分其上限不能小于下限.在$\frac{\pi}{2}\leqslant x\leqslant\frac{3\pi}{2}$上,$y=\sin x$有正有负.为了将给定的累次积分表示为二重积分,必须先将它变为

$$\int_{\frac{\pi}{2}}^{\frac{3\pi}{2}}dx\int_0^{\sin x}f(x,y)dy=\int_{\frac{\pi}{2}}^{\pi}dx\int_0^{\sin x}f(x,y)dy-\int_{\pi}^{\frac{3\pi}{2}}dx\int_{\sin x}^{0}f(x,y)dy,$$

所以题解中第一步是错的.

第二步,又将积分限定错,忽视了反三角函数的主值区间.正确的结果应为

$$原式=\iint_{D_1}f(x,y)d\sigma-\iint_{D_2}f(x,y)d\sigma.$$

$$=\int_0^1dy\int_{\frac{\pi}{2}}^{\pi-\arcsin y}f(x,y)dx-\int_{-1}^{0}dy\int_{\pi-\arcsin y}^{\frac{3\pi}{2}}f(x,y)dx.$$

3. 计算$\iiint\limits_V\frac{e^{x^2+y^2+z^2}}{\sqrt{x^2+y^2+z^2}}dV$,其中$V$由曲面$x^2+y^2+z^2=a^2$围成.

解 将$x^2+y^2+z^2=a^2$代入被积函数得

$$\iiint\limits_V\frac{e^{x^2+y^2+z^2}}{\sqrt{x^2+y^2+z^2}}dV=\iiint\limits_V\frac{e^{a^2}}{a}dV=\frac{e^{a^2}}{a}\cdot\frac{4}{3}\pi a^3=\frac{4}{3}\pi a^2e^{a^2}.$$

问题分析 错误出现在将积分域V的边界面方程代入到被积函数中,实际上是把曲线、曲面积分使用的方法错误地用到重积分里.积分域V内部的点肯定不能满足边界面的方程.本题正确解法是在球坐标系下计算,

$$\iiint\limits_V\frac{e^{x^2+y^2+z^2}}{\sqrt{x^2+y^2+z^2}}dV=\iiint\limits_V e^{\rho^2}\rho\sin\varphi d\rho d\varphi d\theta$$

$$=\int_0^{2\pi}d\theta\int_0^{\pi}\sin\varphi d\varphi\int_0^a e^{\rho^2}\rho d\rho=2\pi(e^{a^2}-1).$$

4. 设c是由$y=0,y=x$和$x^2+y^2=a^2$三条线在第一象限内围成的闭曲线,求

$$\oint_c e^{\sqrt{x^2+y^2}}ds.$$

解 参考图9.12.

$$\oint_c e^{\sqrt{x^2+y^2}}ds=\int_{\overline{OA}}e^{\sqrt{x^2+y^2}}ds+\int_{\widehat{AB}}e^{\sqrt{x^2+y^2}}ds+\int_{\overline{BO}}e^{\sqrt{x^2+y^2}}ds$$

$$=\int_0^a e^x dx+\int_0^{\frac{\pi}{4}}e^a\sqrt{(-a\sin t)^2+(a\cos t)^2}dt+\int_{\frac{a}{\sqrt{2}}}^{0}e^{\sqrt{2}x}\sqrt{2}dx=\frac{\pi}{4}ae^a.$$

问题分析 将第一型曲线积分分为几段运算是没有错的.错在其中第三个曲线积分$\int_{\overline{BO}}e^{\sqrt{x^2+y^2}}ds$化为定积分$\int_{\frac{a}{\sqrt{2}}}^{0}e^{\sqrt{2}x}\sqrt{2}dx$中,错误地把定积分上、下限与曲线$\overline{BO}$的起点$B$与终点$O$的对应上.第一型曲线积分与曲线的方向无关,化为定积分时必须保证积分上限不小于下限(因$ds>0$).

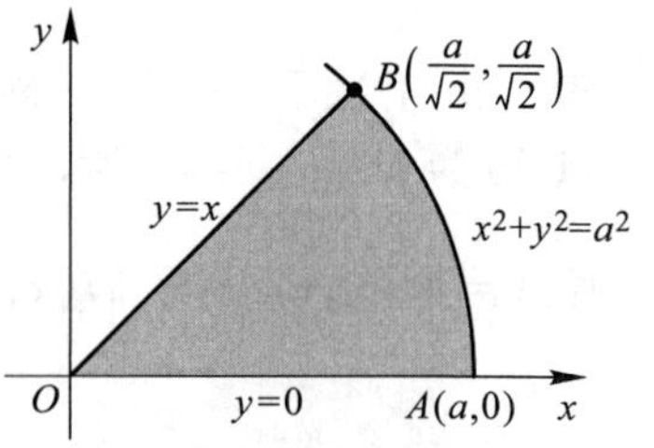

图 9.12

$$\int_{\overline{BO}} e^{\sqrt{x^2+y^2}}\,ds = \int_0^{\frac{a}{\sqrt{2}}} \sqrt{2}\, e^{\sqrt{2}x}\,dx$$

才是正确的.

5. 求函数 $f(x,y,z)=\sqrt{\dfrac{1-x^2-y^2}{4-z^2}}$ 在曲面 $x^2+y^2+\dfrac{z^2}{2}=1, x\geqslant 0, y\geqslant 0, z\leqslant 1$ 上对面积的曲面积分.

解　将 $x^2+y^2+\dfrac{z^2}{2}=1$ 两边取全微分得

$$2x\,dx+2y\,dy+z\,dz=0,$$

故

$$\frac{\partial z}{\partial x}=-\frac{2x}{z},\quad \frac{\partial z}{\partial y}=-\frac{2y}{z}.$$

$$dS=\sqrt{1+\left(\frac{\partial z}{\partial x}\right)^2+\left(\frac{\partial z}{\partial y}\right)^2}\,d\sigma=\sqrt{\frac{z^2+4x^2+4y^2}{z^2}}\,d\sigma=\sqrt{\frac{1+x^2+y^2}{1-x^2-y^2}}\,d\sigma.$$

曲面 S 在 xOy 面上的投影域 $\sigma_{xy}: x^2+y^2\leqslant\dfrac{1}{2}, x\geqslant 0, y\geqslant 0$. 故

$$\iint_S \sqrt{\frac{1-x^2-y^2}{4-z^2}}\,dS=\iint_{\sigma_{xy}}\sqrt{\frac{1-x^2-y^2}{2+2x^2+2y^2}}\sqrt{\frac{1+x^2+y^2}{1-x^2-y^2}}\,d\sigma$$

$$=\frac{1}{\sqrt{2}}\iint_{\sigma_{xy}} d\sigma=\frac{\pi}{8\sqrt{2}}.$$

问题分析　(1) 认为 S 的投影域 σ_{xy} 为 $x^2+y^2\leqslant\dfrac{1}{2}, x\geqslant 0, y\geqslant 0$ 是错的.原因一般是没有画图,也没有认真思考,只把曲面 $x^2+y^2+\dfrac{z^2}{2}=1$ 与平面 $z=1$ 的交线投影到 xOy 面,作为 σ_{xy} 的边界线了. (2) 如果简单地认为投影域 σ_{xy} 是 $x^2+y^2\leqslant 1, x\geqslant 0, y\geqslant 0$,也是错的.因为在 σ_{xy} 上曲面方程不是单值函数.

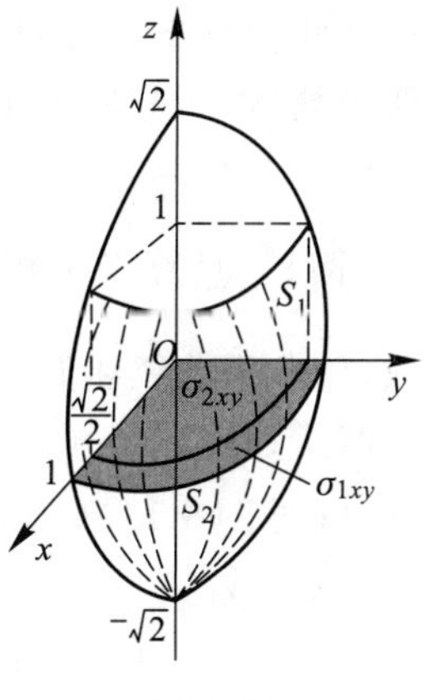

图 9.13

正确的做法要先画出积分曲面 S 的图形(图 9.13),用平面 $z=0$ 将曲面 S 分为上下两片 S_1、S_2, S_1 在 xOy 面的投影域 $\sigma_{1xy}: \dfrac{1}{2}\leqslant x^2+y^2\leqslant 1, x\geqslant 0, y\geqslant 0$. 而 S_2 的投影域 $\sigma_{2xy}: x^2+y^2\leqslant 1, x\geqslant 0, y\geqslant 0$. S_1, S_2 的方程为单值函数.然后分开计算曲面积分,求和.

$$\iint_S \sqrt{\frac{1-x^2-y^2}{4-z^2}}\,dS=\iint_{S_1}\sqrt{\frac{1-x^2-y^2}{4-z^2}}\,dS+\iint_{S_2}\sqrt{\frac{1-x^2-y^2}{4-z^2}}\,dS$$

$$=\iint_{\sigma_{1xy}}\frac{1}{\sqrt{2}}\,d\sigma+\iint_{\sigma_{2xy}}\frac{1}{\sqrt{2}}\,d\sigma=\frac{3\sqrt{2}}{16}\pi.$$

若将曲面向 yOz 面投影,曲面方程是单值的

$$x=\sqrt{1-y^2-\frac{z^2}{2}},$$

$$\sigma_{yz}:-\sqrt{2}\leqslant z\leqslant 1,0\leqslant y\leqslant \sqrt{1-\frac{z^2}{2}}.$$

9.5 释疑解惑

1. 黎曼积分定义中，$\lambda\to 0$ 能否改为 $n\to\infty$ 或 $\Delta\Omega_i$（度量）$\to 0$，为什么？

答 不能.因为 $\lambda\to 0$ 表示每个小几何形体 $\Delta\Omega_i$ 的直径都趋于零，即小几何形体内任何两点的距离都趋于零，这样才体现出分割得无限细密.从而保证积分域 Ω 上的连续函数 $f(p)$ 在 $\Delta\Omega_i$ 上近似等于常数.而 $n\to\infty$，只说明分割后 $\Delta\Omega_i$ 的个数无限变大，它不能保证每个 $\Delta\Omega_i$ 的直径都很小.同样，$\Delta\Omega_i$（度量）$\to 0$，也不能保证每个 $\Delta\Omega_i$ 的直径都很小.比如一个立体，如果只按高度分割，n 无限变大，ΔV_i（体积）可无限变小，但 ΔV_i 上的点的距离未见很小，在其上的点函数 $f(p)$ 的函数值可能变化较大，所以不能将定义中的 $\lambda\to 0$ 换为 $n\to\infty$ 或 $\Delta\Omega_i\to 0$.

2. 黎曼积分的对称性，在计算积分时很重要，在使用这条性质时需要注意什么？

答 使用这条性质需要两个条件，其一是在（直角坐标系下）积分域要关于坐标轴（面）对称，其二是被积函数要有相对应的奇偶性.两者要匹配，否则会出现错误.比如，二重积分

$$I=\iint_{\sigma}f(x,y)\,\mathrm{d}\sigma,$$

若 σ 关于直线 $x=0$（y 轴）对称，则当 $f(x,y)$ 是 x 的奇函数，即 $f(-x,y)=-f(x,y)$ 时，有 $I=0$；当 $f(x,y)$ 是 x 的偶函数，即 $f(-x,y)=f(x,y)$ 时，有 $I=2\iint_{\sigma_x^+}f(x,y)\,\mathrm{d}\sigma$，其中 σ_x^+ 是 σ 中 $x\geqslant 0$ 的半部.

有些积分不具备对称性，但可以通过积分的线性性和积分域的可加性，将被积函数分出奇偶函数，将积分域拆出对称的部分，这样创造条件，利用对称性，也给运算带来方便，是值得思考的.

【例】 计算二重积分 $\iint_{\sigma}x[1+yf(x^2+y^2)]\,\mathrm{d}\sigma$，其中 σ 由直线 $x=-1$，$y=1$ 和曲线 $y=x^3$ 围成，$f(u)$ 为连续函数.

解 显然积分域 σ 对直线 $x=0$ 或 $y=0$ 都不对称.但若用曲线 $y=-x^3$，将 σ 分为 σ_1,σ_2 两部分（见图 9.14），则 σ_1 关于 $x=0$ 对称，σ_2 关于 $y=0$ 对称.被积函数 $x[1+yf(x^2+y^2)]$ 是 x 的奇函数，故

$$\iint_{\sigma_1}x[1+yf(x^2+y^2)]\,\mathrm{d}\sigma=0.$$

在 σ_2 上，将被积函数拆开为 x 与 $xyf(x^2+y^2)$ 的和，后者是 y 的奇函数，前者 x 是 y 的偶函数，故

$$\iint_{\sigma_2}x[1+yf(x^2+y^2)]\,\mathrm{d}\sigma=2\iint_{\sigma_{2y}^+}x\,\mathrm{d}y$$

$$=2\int_{-1}^{0}\mathrm{d}x\int_{0}^{-x^3}x\,\mathrm{d}y=-\frac{2}{5}.$$

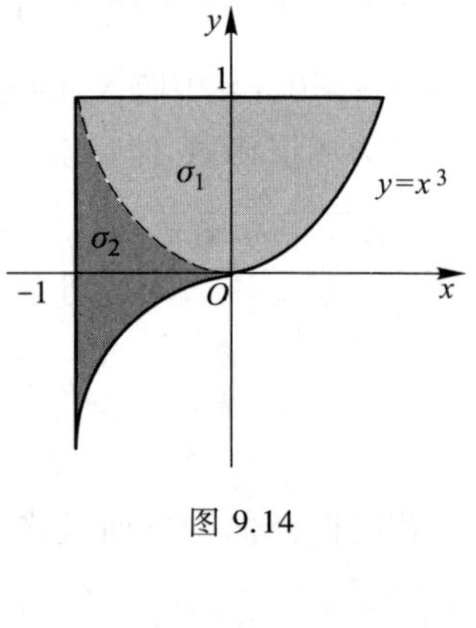

图 9.14

所以

$$\iint_{\sigma} x[1+yf(x^2+y^2)]\mathrm{d}\sigma=-\frac{2}{5}.$$

3. 在多元函数微积分学中,常常提到“对等性”是什么意思?

答　“对等性”是指对每个可能的个体,在同样的条件下,会有同样的结果.用在数学上,可简化计算和论证.

例如,二元函数 $f(x,y)$,如果将函数表达式中的 x,y 对换,函数不变,即 $f(x,y)=f(y,x)$,就说这个函数中 x,y 具有对等性,或者说具有可轮换性.这种条件下,若已知 $f'_x(x,y)$,则 $f'_y(x,y)$ 必存在,且能直接写出它的表达式.

【例】　函数 $z=a\sin(x^2+xy+y^2)$,求 z'_x,z'_y.

解　由复合函数求导法知

$$z'_x=a\cos(x^2+xy+y^2)\cdot(2x+y)=a(2x+y)\cos(x^2+xy+y^2).$$

由对等性知

$$z'_y=a(2y+x)\cos(x^2+xy+y^2).$$

如果黎曼积分的积分域 Ω 的表达式中,将 x,y,z 轮换后表达式不变(即积分域不变).就说这个积分域 Ω 对 x,y,z 对等(可轮换).这时 Ω 上任何可积函数 $f(x,y,z)$ 的积分,与 x,y,z 轮换后的函数 $f(y,z,x)$,$f(z,x,y)$,$f(y,x,z)$ 等的积分结果都一样(一样的结构一样的数值).

【例】　求 $J=\oint_c(2x^2+3y^2)\mathrm{d}s$,其中闭曲线 $c:x^2+y^2=2(x+y)$.

解　由对等性,$\oint_c x^2\mathrm{d}s=\oint_c y^2\mathrm{d}s$,$\oint_c x\mathrm{d}s=\oint_c y\mathrm{d}s$,故

$$J=\frac{5}{2}\oint_c(x^2+y^2)\mathrm{d}s=5\oint_c(x+y)\mathrm{d}s=10\oint_c x\mathrm{d}s.$$

令 $X=x-1$(坐标平移不影响几何形体的度量),利用对称性(图 9.15)

$$J=10\oint_L(X+1)\mathrm{d}s=10\oint_L\mathrm{d}s=20\sqrt{2}\,\pi.$$

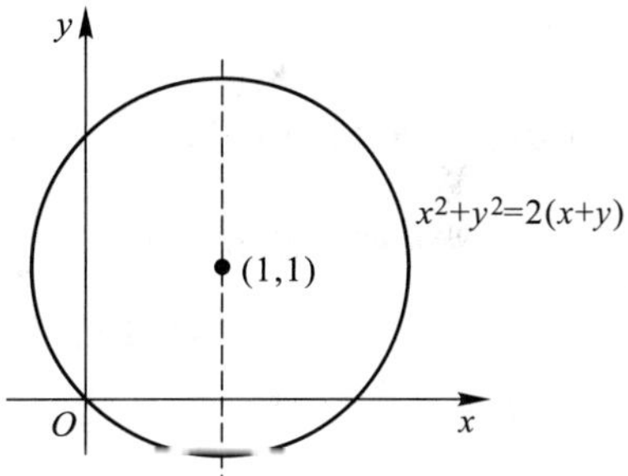

图 9.15

【例】　V 是由平面 $\frac{x}{a}+\frac{y}{b}+\frac{z}{c}=1$ 及三个坐标面围成的四面体,体密度为常数 μ,求该立体对三个坐标轴的转动惯量.

解　积分域对 $\frac{x}{a},\frac{y}{b},\frac{z}{c}$ 具有对等性,由于(图 9.16)

$$\iiint_V \mu x^2\mathrm{d}V=\mu\int_0^a\mathrm{d}x\int_0^{b\left(1-\frac{x}{a}\right)}\mathrm{d}y\int_0^{c\left(1-\frac{x}{a}-\frac{y}{b}\right)}x^2\mathrm{d}z=\frac{1}{60}a^3bc,$$

故

$$I_z=\iiint_V\mu(x^2+y^2)\mathrm{d}V=\frac{1}{60}abc(a^2+b^2),$$

$$I_x=\frac{1}{60}abc(b^2+c^2),\quad I_y=\frac{1}{60}abc(c^2+a^2).$$

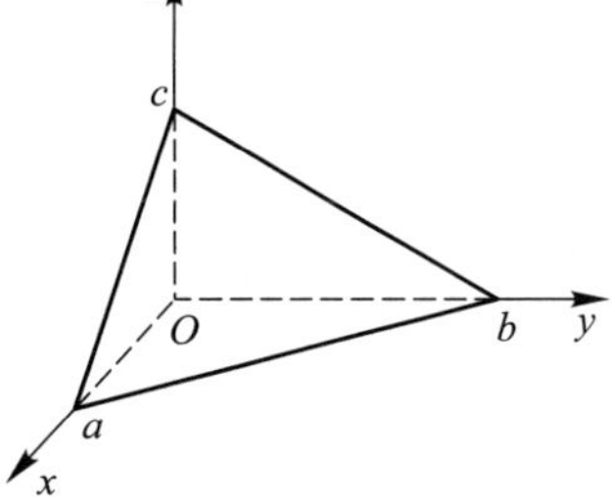

图 9.16

4. 如何估计黎曼积分值?

答 利用估值性.关键是求被积函数在积分域上的最大值和最小值.有的函数可以通过初等方法直接找到最大值和最小值,有的函数需要用多元函数求极值的方法,求条件极值或无条件极值.

【例】 估计 $\iint\limits_{\sigma}(\sin x^2+\cos y^2)\mathrm{d}\sigma$ 的值,其中 σ 为正方形 $0\leqslant x,y\leqslant 1$.

解 由对等性

$$\iint\limits_{\sigma}\cos y^2\mathrm{d}\sigma=\iint\limits_{\sigma}\cos x^2\mathrm{d}\sigma.$$

又

$$\sin x^2+\cos x^2=\sqrt{2}\sin\left(x^2+\frac{\pi}{4}\right).$$

由于 $0\leqslant x\leqslant 1$,所以 $\frac{\pi}{4}\leqslant x^2+\frac{\pi}{4}\leqslant 1+\frac{\pi}{4}\leqslant\frac{3\pi}{4}$,于是

$$1\leqslant\sqrt{2}\sin\left(x^2+\frac{\pi}{4}\right)\leqslant\sqrt{2}.$$

σ 的面积为 1,故有积分估计

$$1\leqslant\iint\limits_{\sigma}(\sin x^2+\cos y^2)\mathrm{d}\sigma\leqslant\sqrt{2}.$$

【例】 估计曲面积分 $\iint\limits_{S}xy^2z^3\mathrm{d}S$ 的值,其中 S 为球面 $x^2+y^2+z^2=a^2$ 位于第一卦限的部分.

解 先求被积函数 $f(x,y,z)=xy^2z^3$,在 $x^2+y^2+z^2=a^2(x,y,z\geqslant 0)$ 上的最大(小)值.设

$$F(x,y,z,\lambda)=xy^2z^3+\lambda(x^2+y^2+z^2-a^2),$$

$$F'_x=y^2z^3+2\lambda x=0,\quad F'_y=2xyz^3+2\lambda y=0,$$

$$F'_z=3xy^2z^2+2\lambda z=0,\quad F'_\lambda=x^2+y^2+z^2-a^2=0.$$

解得唯一的驻点 $\left(\frac{a}{\sqrt{6}},\frac{a}{\sqrt{3}},\frac{a}{\sqrt{2}}\right)$.由于 $f(x,y,z)$ 在闭区域 S 上连续,必有最大值与最小值,且在边界线上取最小值为零,所以最大值

$$f_{\max}=\frac{a}{\sqrt{6}}\left(\frac{a}{\sqrt{3}}\right)^2\left(\frac{a}{\sqrt{2}}\right)^3=\frac{a^6}{12\sqrt{3}}.$$

于是有积分估值

$$0\leqslant\iint\limits_{S}xy^2z^3\mathrm{d}S\leqslant\frac{\pi a^8}{24\sqrt{3}}.$$

5. 累次积分如何换序,换序时要注意什么?

答　多元函数依次对它的各个自变量取定积分的计算，叫做累次积分.这里不是一般地讨论累次积分换序的条件和方法，仅讨论重积分导出的累次积分换序问题.

二元函数 $f(x,y)$ 在 xOy 平面区域 σ 上的二重积分

$$\iint_{\sigma} f(x,y)\,\mathrm{d}x\mathrm{d}y$$

存在时，它可以化为两种不同次序的累次积分，一个是先对 x 积分后对 y 积分，另一个是先对 y 积分后对 x 积分，积分结果相等.如果给定一个次序的累次积分，要把它化为另外次序的累次积分，自然要借助于二重积分.为此，首先要检查给定的累次积分上限是否不小于下限，如有上限小于下限的部分，这部分要颠倒上下限（积分号前加负号）.然后根据外层积分上下限，确定积分域 σ 在积分变量所在的轴的区间，再根据内层积分上下限，确定积分域 σ 的两条边界线，画出 σ.最后把 σ 投影到另外一个轴上，确定投影区间，以及这个区间内 σ 的两条边界线的方程，就可写出交换了次序的累次积分（参看 9.4 典型错误纠正 2）.

6. 被积函数中带有绝对值或被积函数的表达式不是一个算式给出时，如何计算黎曼积分.

答　要根据积分域的可加性，将积分域用绝对值号内的表达式大于零和小于零分成几部分，使每部分的被积函数不再带有绝对值号，能用一个算式表达，分别积分后，再相加.

7. 计算重积分时，能否将积分域的边界方程代入到被积函数中，化简积分运算？

答　绝对不能.这是学过曲线积分、曲面积分后，再算重积分时容易出现的错误.

在曲线积分、曲面积分里，被积函数 $f(p)$ 的点 p 是在曲线、曲面上，所以点的坐标满足曲线、曲面的方程.因此在曲线积分、曲面积分中，将曲线方程、曲面的方程代入到被积函数里，简化积分是个重要方法.

在重积分中，如 $\iiint_V f(p)\,\mathrm{d}V$，由于点 p 在闭区域 V 上（内部及边界上），内部点的坐标不可能满足边界面方程，所以将边界方程代入被积函数是错误的（参看 9.4 典型错误纠正 3）.

8. 因为圆柱面 $S: x^2+y^2=a, 0\leqslant z\leqslant 1$ 在 Oxy 面上的投影是圆周，面积为零，所以这个曲面上的任何对面积的曲面积分 $\iint_S f(x,y,z)\,\mathrm{d}S$ 均为零，对吗？

答　不对.

按对面积的曲面积分的一般计算方法，先确定曲面在坐标面上的投影区域 σ，然后把曲面积分转化为 σ 上的二重积分计算（其中 $\mathrm{d}S$ 要用曲面面积微元替换）.这里有一个重要的条件是，曲面的方程必须为投影域 σ 上的单值可微函数.

如果将曲面投影到 Oxy 面上，投影域为 σ_{xy}，曲面方程一定要表示为 σ_{xy} 上的单值可微函数 $z=z(x,y)$ 的显函数形式.像本题给出的圆柱面上的积分，不能向 Oxy 面投影计算，可以向 Oxz 或 Oyz 面投影.如果向 Oxz 面投影，则投影域为矩形 $\sigma_{zx}: -a\leqslant x\leqslant a, 0\leqslant z\leqslant 1$.曲面分为两片，其方程分别为 $y=\sqrt{a^2-x^2}$ 和 $y=-\sqrt{a^2-x^2}$，在 σ_{zx} 上都是单值可微函数.将被积函数中的变量 y 用曲面方程代入，$\mathrm{d}S$ 用曲面面积微元 $\sqrt{1+\left(\frac{\partial y}{\partial x}\right)^2+\left(\frac{\partial y}{\partial z}\right)^2}\,\mathrm{d}x\mathrm{d}z$ 代入，化为 σ_{zx} 上的两个二重积分之和.

9.6 例题分析

【例 1】 求 $I=\iint\limits_{\sigma}\sqrt{|y-x^2|}\,\mathrm{d}x\mathrm{d}y$，其中 σ 由 $|x|\leqslant 1,0\leqslant y\leqslant 2$ 确定.

思路 去掉绝对值号.

解 用曲线 $y=x^2$ 将 σ 分为 σ_1,σ_2(图 9.17).

$$\begin{aligned}I&=\iint\limits_{\sigma_1}\sqrt{y-x^2}\,\mathrm{d}x\mathrm{d}y+\iint\limits_{\sigma_2}\sqrt{x^2-y}\,\mathrm{d}x\mathrm{d}y\\&=2\int_0^1\mathrm{d}x\int_{x^2}^2\sqrt{y-x^2}\,\mathrm{d}y+2\int_0^1\mathrm{d}x\int_0^{x^2}\sqrt{x^2-y}\,\mathrm{d}y\\&=\frac{\pi}{2}+\frac{5}{3}.\end{aligned}$$

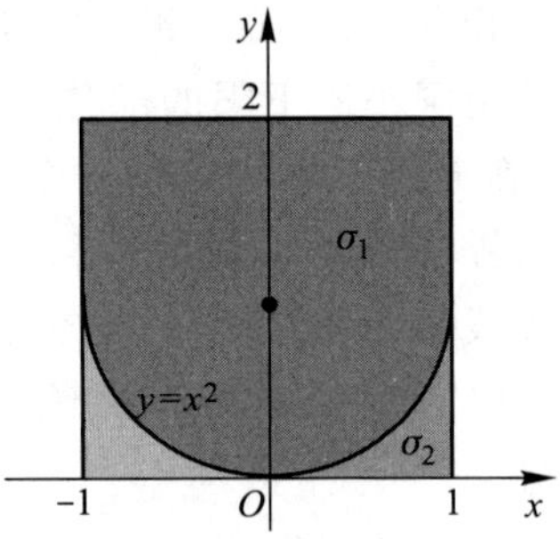

图 9.17

【例 2】 求 $\iiint\limits_{V}\left|z-\sqrt{x^2+y^2}\right|\mathrm{d}V$，其中 V 由不等式组 $x^2+y^2+z^2\leqslant 2,x^2+y^2\leqslant 1,z\geqslant 0$ 确定.

思路 用锥面 $z=\sqrt{x^2+y^2}$ 将 V 分为图 9.18 中的 V_1,V_2 两部分，在 V_1 上用球坐标，在 V_2 上用柱坐标.

解 用 $z=\sqrt{x^2+y^2}$ 将 V 分为 V_1,V_2 两部分，

$$\begin{aligned}&\iiint\limits_{V_1}\left(z-\sqrt{x^2+y^2}\right)\mathrm{d}V\\&=\int_0^{2\pi}\mathrm{d}\theta\int_0^{\frac{\pi}{4}}\sin\varphi\mathrm{d}\varphi\int_0^{\sqrt{2}}\rho^3(\cos\varphi-\sin\varphi)\,\mathrm{d}\rho\\&=\pi\left(1-\frac{\pi}{4}\right),\end{aligned}$$

$$\iiint\limits_{V_2}\left(\sqrt{x^2+y^2}-z\right)\mathrm{d}V=\int_0^{2\pi}\mathrm{d}\theta\int_0^1 r\mathrm{d}r\int_0^r(r-z)\,\mathrm{d}z=\frac{\pi}{4}.$$

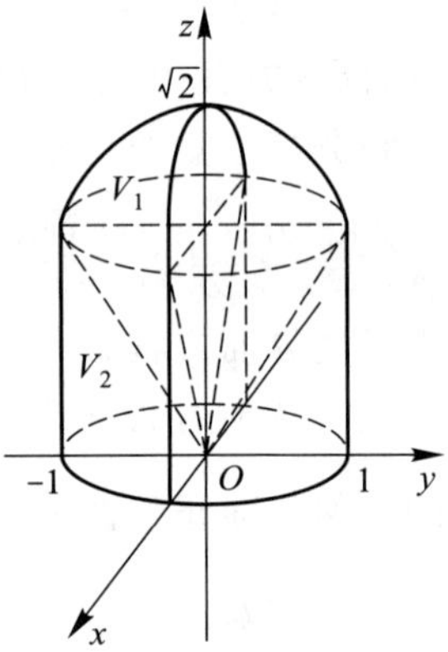

图 9.18

故

$$\iiint\limits_{V}\left|z-\sqrt{x^2+y^2}\right|\mathrm{d}V=\frac{\pi}{4}(5-\pi).$$

【例 3】 设 S 为上半球面 $x^2+y^2+z^2=a^2(z\geqslant 0)$，$S_1$ 为 S 在第一卦限中的部分，则有(　　).

(A) $\iint\limits_{S}x\mathrm{d}S=4\iint\limits_{S_1}x\mathrm{d}S$ 　　(B) $\iint\limits_{S}y\mathrm{d}S=4\iint\limits_{S_1}x\mathrm{d}S$

(C) $\iint\limits_{S}z\mathrm{d}S=4\iint\limits_{S_1}x\mathrm{d}S$ 　　(D) $\iint\limits_{S}xyz\mathrm{d}S=4\iint\limits_{S_1}xyz\mathrm{d}S$

分析 积分曲面 S 关于平面 $x=0$ 和平面 $y=0$ 均对称，由对称性知(A)、(B)、(D)的左

边均为零.但右边被积函数均为正,所以 $\iint\limits_{S_1} x\mathrm{d}S > 0$, $\iint\limits_{S_1} xyz\mathrm{d}S > 0$. 因此(A)、(B)、(D)都是错的.

在(C)中,z 是 x,y 的偶函数,$\iint\limits_{S} z\mathrm{d}S = 4\iint\limits_{S_1} z\mathrm{d}S$,再由 S_1 上 x,y,z 对等,由对等性 $\iint\limits_{S_1} z\mathrm{d}S = \iint\limits_{S_1} x\mathrm{d}S$.

应选 C.

【例 4】 计算 $I = \iint\limits_{\sigma} x[1 + \sin y f(x^2 + y^2)]\mathrm{d}x\mathrm{d}y$,其中 σ 由不等式 $x^2+y^2 \leqslant \pi^2, y \geqslant \sin x$ 确定,$f(t) \in C$.

思路 被积函数中含有一个抽象函数,计算时,必须充分利用重积分性质.被积函数是 x 的奇函数,$x\sin y f(x^2+y^2)$ 又是 y 的奇函数.所以要创造对称性.

解 用曲线 $y=-\sin x$ 将积分域 σ 分为图 9.19 中 σ_1, σ_2 两个对 $x=0$ 和 $y=0$ 对称的区域.

$$\begin{aligned} I &= \iint\limits_{\sigma_1} x[1 + \sin y f(x^2 + y^2)]\mathrm{d}x\mathrm{d}y \\ &\quad + \iint\limits_{\sigma_2} x[1 + \sin y f(x^2 + y^2)]\mathrm{d}x\mathrm{d}y \\ &= \iint\limits_{\sigma_2} x\mathrm{d}x\mathrm{d}y = 2\int_{-\pi}^{0} x\mathrm{d}x\int_{0}^{-\sin x}\mathrm{d}y \\ &= -2\int_{-\pi}^{0} x\sin x\mathrm{d}x = -2\pi. \end{aligned}$$

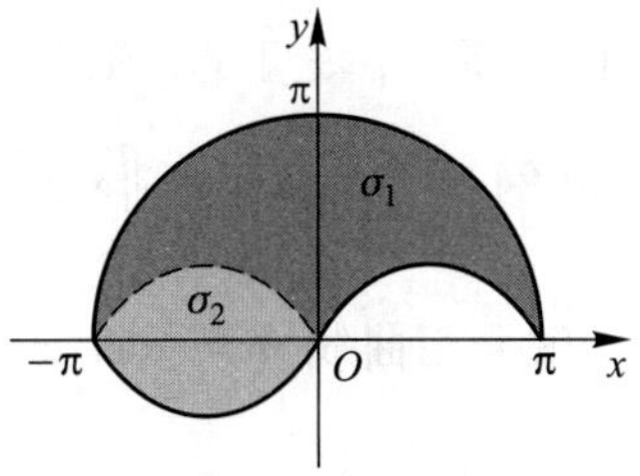

图 9.19

【例 5】 设 l 为下半圆周 $y=-\sqrt{R^2-x^2}$,则 $\int_l (x - 2y)^2\mathrm{d}s =$ ________.

分析 l 关于 $x=0$ 对称,而圆周 $x^2+y^2=R^2$ 关于 $y=0$ 对称,且 x,y 对等.故

$$\int_l (x - 2y)^2\mathrm{d}s = \int_l (x^2 + 4y^2 - 4xy)\mathrm{d}s = \int_l (x^2 + 4y^2)\mathrm{d}s$$

$$= \frac{1}{2}\int_{x^2+y^2=R^2} (x^2 + 4y^2)\mathrm{d}s = \frac{5}{4}\int_{x^2+y^2=R^2} R^2\mathrm{d}s = \frac{5}{2}\pi R^3.$$

应填 $\frac{5}{2}\pi R^3$.

【例 6】 设 S 是半径为 R 的球面在第一卦限的部分,则 $\iint\limits_{S} (2x^2 + 3y^2 + 2z^2)\mathrm{d}S =$ ________.

分析 在 S 上,x,y,z 对等.被积函数的点(x,y,z)在曲面 S 上.

$$\iint\limits_{S} (2x^2 + 3y^2 + 2z^2)\mathrm{d}S = \frac{7}{3}\iint\limits_{S} (x^2 + y^2 + z^2)\mathrm{d}S = \frac{7}{3}\iint\limits_{S} R^2\mathrm{d}S = \frac{7}{6}\pi R^4.$$

应填$\frac{7}{6}\pi R^4$.

【例 7】 计算$\iiint\limits_V[(1-x+2y)^2+z^2]\mathrm{d}V$, 其中 V 为正八面体$|x|+|y|+|z|\leqslant 1$.

思路 充分利用对称性、对等性.

解 因为 V 对 $x=0,y=0,z=0$ 三个坐标面对称,对 x,y,z 对等,且

$$(1-x+2y)^2+z^2=x^2+4y^2+z^2-4xy-2x+4y+1.$$

记 V_1 为 V 在第一卦限的部分(图 9.20),则

$$\iiint\limits_V[(1-x+2y)^2+z^2]\mathrm{d}V$$

$$=48\iiint\limits_{V_1}x^2\mathrm{d}V+8\iiint\limits_{V_1}\mathrm{d}V$$

$$=48\int_0^1x^2\mathrm{d}x\iint\limits_{\sigma_x}\mathrm{d}y\mathrm{d}z+\frac{8}{6}=\frac{32}{15}.$$

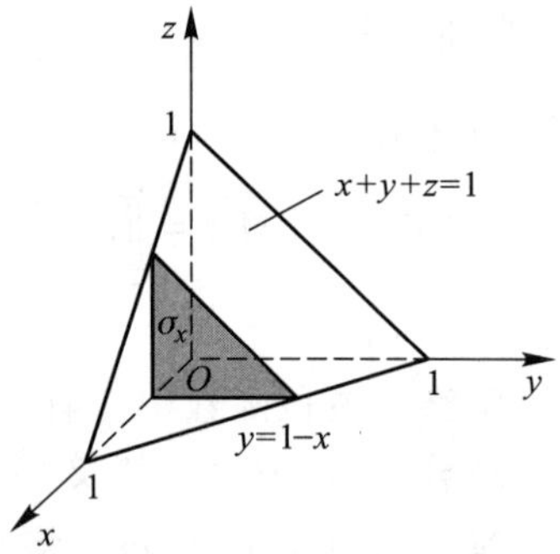

图 9.20

其中 σ_x 是 V_1 垂直于 x 轴的截面.

【例 8】 计算$I=\iint\limits_\sigma x\sqrt{1-\sin^2(xy)}\,\mathrm{d}\sigma,\sigma=\left\{(x,y)\mid 0\leqslant x,y\leqslant\frac{\pi}{2}\right\}$.

解 用曲线 $xy=\frac{\pi}{2}$将 σ 分为图中两部分 σ_1,σ_2(图 9.21).

$$I=\iint\limits_\sigma x|\cos(xy)|\mathrm{d}x\mathrm{d}y$$

$$=\iint\limits_{\sigma_1}x\cos(xy)\mathrm{d}x\mathrm{d}y+\iint\limits_{\sigma_2}-x\cos(xy)\mathrm{d}x\mathrm{d}y$$

$$=\int_0^1\mathrm{d}x\int_0^{\frac{\pi}{2}}x\cos(xy)\mathrm{d}y+\int_1^{\frac{\pi}{2}}\mathrm{d}x\int_0^{\frac{\pi}{2x}}x\cos(xy)\mathrm{d}y$$

$$-\int_1^{\frac{\pi}{2}}\mathrm{d}x\int_{\frac{\pi}{2x}}^{\frac{\pi}{2}}x\cos(xy)\mathrm{d}y$$

$$=\frac{2}{\pi}\left(1+\cos\frac{\pi^2}{4}\right)+\pi-2.$$

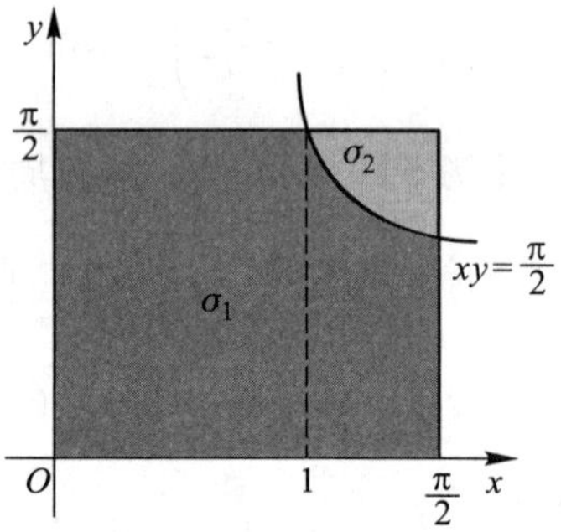

图 9.21

【例 9】 计算累次积分$\int_0^2\mathrm{d}x\int_2^x\mathrm{e}^{-y^2}\mathrm{d}y$.

思路 由于e^{-y^2}的原函数不是初等函数,所以要将累次积分换序.

解 因为$0\leqslant x\leqslant 2$,所以内层积分上限 x 小于下限 2,要颠倒内层积分的上下限,再确定相应二重积分域(图 9.22),最后换序为新的累次积分,计算.

$$\int_0^2\mathrm{d}x\int_2^x\mathrm{e}^{-y^2}\mathrm{d}y=-\int_0^2\mathrm{d}x\int_x^2\mathrm{e}^{-y^2}\mathrm{d}y$$

$$=-\int_0^2\mathrm{e}^{-y^2}\mathrm{d}y\int_0^y\mathrm{d}x$$

$$= -\int_0^2 e^{-y^2} y \mathrm{d}y = \frac{1}{2}(e^{-4} - 1).$$

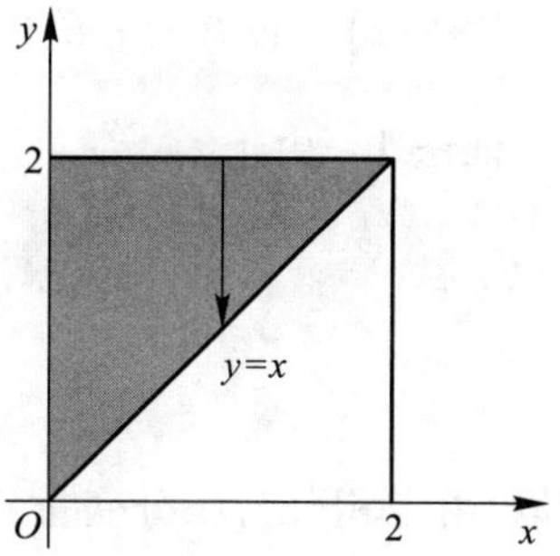

图 9.22

【例 10】 计算积分 $I = \int_0^1 \frac{x-1}{\ln x} \mathrm{d}x.$

思路 由 $\lim\limits_{x \to 0} \frac{x-1}{\ln x} = 0$ 知 I 是定积分，不是反常积分.但是这个被积函数的原函数不是初等函数，被积函数可由积分表示

$$\frac{x-1}{\ln x} = \int_0^1 x^y \mathrm{d}y.$$

所以 I 可表为累次积分，累次积分换序是个思路.

解 设平面区域 $\sigma: 0 \leqslant x, y \leqslant 1$，二元函数 x^y 在 D 上连续，故

$$I = \int_0^1 \frac{x-1}{\ln x} \mathrm{d}x = \int_0^1 \mathrm{d}x \int_0^1 x^y \mathrm{d}y = \int_0^1 \mathrm{d}y \int_0^1 x^y \mathrm{d}x = \int_0^1 \frac{1}{y+1} \mathrm{d}y = \ln 2.$$

【例 11】 计算二次积分

$$I = \int_0^a \mathrm{d}x \int_{-x}^{-a+\sqrt{a^2-x^2}} \frac{1}{\sqrt{x^2+y^2}\sqrt{4a^2-x^2-y^2}} \mathrm{d}y \quad (a > 0).$$

思路 直接计算这个二次积分较困难，换序也不能解决问题.观察被积函数和积分限换为极坐标系下计算会好些.

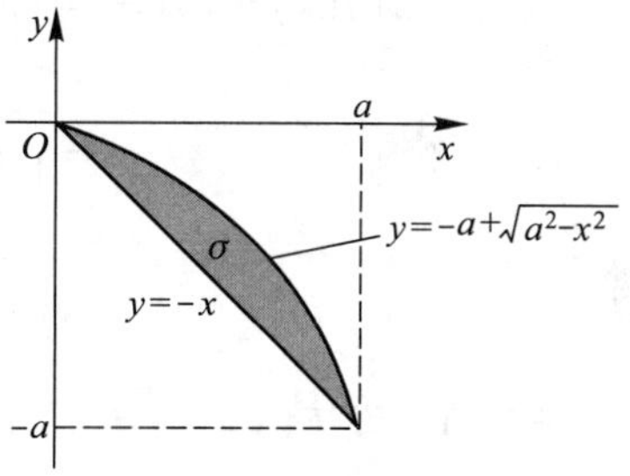

图 9.23

解 此二次积分等于被积函数在区域(图 9.23)

$$\sigma: 0 \leqslant x \leqslant a, -x \leqslant y \leqslant -a + \sqrt{a^2 - x^2}$$

上的二重积分.在极坐标系下

$$\sigma: -\frac{\pi}{4} \leqslant \theta \leqslant 0, 0 \leqslant r \leqslant -2a\sin\theta.$$

故

$$I = \iint_\sigma \frac{\mathrm{d}x\mathrm{d}y}{\sqrt{x^2+y^2}\sqrt{4a^2-x^2-y^2}} = \iint_\sigma \frac{1}{\sqrt{4a^2-r^2}} \mathrm{d}r\mathrm{d}\theta$$

$$= \int_{-\pi/4}^0 \mathrm{d}\theta \int_0^{-2a\sin\theta} \frac{1}{\sqrt{4a^2-r^2}} \mathrm{d}r$$

$$= \int_{-\pi/4}^0 \arcsin \frac{r}{2a} \Bigg|_0^{-2a\sin\theta} \mathrm{d}\theta$$

$$= \int_{-\pi/4}^0 -\theta \mathrm{d}\theta = \frac{\pi^2}{32}.$$

【例 12】 设$f(x)\in C[0,1]$,证明:$2\iint\limits_{\sigma}f(x)f(y)\,\mathrm{d}\sigma=\left(\int_0^1 f(x)\,\mathrm{d}x\right)^2$.其中$\sigma:0\leqslant x\leqslant 1,0\leqslant y\leqslant x$.

证法 1 由于

$$\iint\limits_{\sigma}f(x)f(y)\,\mathrm{d}\sigma=\int_0^1 f(x)\,\mathrm{d}x\int_0^x f(y)\,\mathrm{d}y,$$

$$\iint\limits_{\sigma}f(x)f(y)\,\mathrm{d}\sigma=\int_0^1 f(y)\,\mathrm{d}y\int_y^1 f(x)\,\mathrm{d}x,$$

所以,由定积分与积分变量记号无关有

$$\begin{aligned}2\iint\limits_{\sigma}f(x)f(y)\,\mathrm{d}\sigma&=\int_0^1 f(x)\,\mathrm{d}x\int_0^x f(y)\,\mathrm{d}y+\int_0^1 f(y)\,\mathrm{d}y\int_y^1 f(x)\,\mathrm{d}x\\&=\int_0^1 f(x)\,\mathrm{d}x\int_0^x f(y)\,\mathrm{d}y+\int_0^1 f(x)\,\mathrm{d}x\int_x^1 f(y)\,\mathrm{d}y\\&=\int_0^1 f(x)\,\mathrm{d}x\int_0^1 f(y)\,\mathrm{d}y=\left(\int_0^1 f(x)\,\mathrm{d}x\right)^2.\end{aligned}$$

证法 2 被积函数$f(x)f(y)$关于x,y对等,故在σ上的二重积分与$\sigma^*:0\leqslant y\leqslant 1,0\leqslant x\leqslant y$上的二重积分相等(图 9.24)

$$\iint\limits_{\sigma}f(x)f(y)\,\mathrm{d}\sigma=\iint\limits_{\sigma^*}f(y)f(x)\,\mathrm{d}\sigma$$

于是

$$\begin{aligned}2\iint\limits_{\sigma}f(x)f(y)\,\mathrm{d}\sigma&=\iint\limits_{\sigma+\sigma^*}f(x)f(y)\,\mathrm{d}\sigma\\&=\int_0^1 f(x)\,\mathrm{d}x\int_0^1 f(y)\,\mathrm{d}y\\&=\left(\int_0^1 f(x)\,\mathrm{d}x\right)^2.\end{aligned}$$

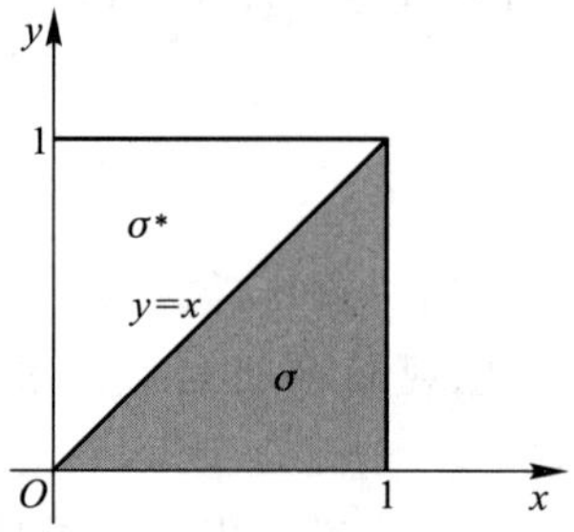

图 9.24

证法 3 设$F(x)=\int_0^x f(y)\,\mathrm{d}y$,则$\mathrm{d}F(x)=f(x)\,\mathrm{d}x,F(0)=0,F(1)=\int_0^1 f(x)\,\mathrm{d}x$.

$$\begin{aligned}2\iint\limits_{\sigma}f(x)f(y)\,\mathrm{d}\sigma&=2\int_0^1 f(x)\,\mathrm{d}x\int_0^x f(y)\,\mathrm{d}y=2\int_0^1 F(x)\,\mathrm{d}F(x)\\&=F^2(x)\Big|_0^1=F^2(1)-F^2(0)=\left(\int_0^1 f(x)\,\mathrm{d}x\right)^2.\end{aligned}$$

【注】 累次积分换序不但可以解决一些累次积分运算问题,还可证明一些积分的等式、不等式.从证法 3 可以想到对二次定积分的累次积分,通过变限积分函数引入原函数,就化为一个定积分了,可以使用定积分的换元积分法或分部积分法来证明问题.证法 2 虽然特殊,说明解决具体问题时,充分利用它的特殊性,将使问题变得简单.

【例 13】 设$f(x,y)$连续,且$f(x,y)=xy+\iint\limits_{D}f(x,y)\,\mathrm{d}x\mathrm{d}y$,其中$D$是由曲线$y=x^2$和直线$y=0,x=1$围成的区域,则$f(x,y)=$(　　).

(A) $xy+1$　　(B) $xy+\frac{1}{3}$　　(C) $xy+\frac{1}{8}$　　(D) $xy-\frac{1}{12}$

分析　二重积分是个数,设 $I=\iint\limits_D f(x,y)\mathrm{d}x\mathrm{d}y$, 将 $f(x,y)$ 满足的关系式两边作二重积分,得

$$I=\iint\limits_D xy\mathrm{d}x\mathrm{d}y+\iint\limits_D I\mathrm{d}x\mathrm{d}y=\int_0^1 x\mathrm{d}x\int_0^{x^2}y\mathrm{d}y+I\int_0^1\mathrm{d}x\int_0^{x^2}\mathrm{d}y=\frac{1}{12}+\frac{1}{3}I,$$

解得 $I=\dfrac{1}{8}$.

应选 C.

【例 14】　设 $f(x,y,z)$ 连续, $F(t)=\iiint\limits_{x^2+y^2+z^2\leqslant t^2}f(x,y,z)\mathrm{d}V$, 求 $\lim\limits_{t\to0^+}\dfrac{F(t)}{t^3}$ 和 $F'(t)$.

思路　用积分中值定理,去掉积分号;化为累次积分,利用变限积分函数求导法.

解　由积分中值定理知,存在 $(\xi,\eta,\zeta)\in V(V:x^2+y^2+z^2\leqslant t^2)$,使

$$F(t)=f(\xi,\eta,\zeta)\cdot\frac{4}{3}\pi t^3.$$

故

$$\lim_{t\to0^+}\frac{F(t)}{t^3}=\lim_{t\to0^+}\frac{4}{3}\pi f(\xi,\eta,\zeta)=\frac{4}{3}\pi f(0,0,0).$$

在球坐标系下,$V:0\leqslant\theta\leqslant2\pi,0\leqslant\varphi\leqslant\pi,0\leqslant\rho\leqslant t$.故

$$F(t)=\int_0^t\mathrm{d}\rho\int_0^{2\pi}\mathrm{d}\theta\int_0^{\pi}\rho^2 f(\rho\sin\varphi\cos\theta,\rho\sin\varphi\sin\theta,\rho\cos\varphi)\sin\varphi\mathrm{d}\varphi,$$

因此

$$F'(t)=\int_0^{2\pi}\mathrm{d}\theta\int_0^{\pi}t^2 f(t\sin\varphi\cos\theta,t\sin\varphi\sin\theta,t\cos\varphi)\sin\varphi\mathrm{d}\varphi.$$

【例 15】　计算 $\iint\limits_D y\mathrm{d}x\mathrm{d}y$, 其中 D 是由摆线 $x=a(t-\sin t),y=a(1-\cos t),0\leqslant t\leqslant2\pi$,与 x 轴所围成的闭区域.

解　D 是 x-型闭区域,记上边界线(摆线)为 $y=y(x)$,则

$$\iint\limits_D y\mathrm{d}x\mathrm{d}y=\int_0^{2\pi a}\int_0^{y(x)}y\mathrm{d}y=\frac{1}{2}\int_0^{2\pi a}y^2(x)\mathrm{d}x.$$

因为 $y=y(x)$ 由参数方程给出.对最后的定积分作变换,令 $x=a(t-\sin t)$,则 $y=a(1-\cos t)$,故

$$\iint\limits_D y\mathrm{d}x\mathrm{d}y=\frac{1}{2}\int_0^{2\pi}a^3(1-\cos t)^3\mathrm{d}t=4a^3\int_0^{2\pi}\sin^6\frac{t}{2}\mathrm{d}t=\frac{5}{2}\pi a^3.$$

【注】　当二重积分域的边界线由参数方程给出时,只需在累次积分计算时,作相应的定积分变量变换.

【例 16】　已知物质曲线 C:

$$\begin{cases}x^2+y^2+z^2=R^2,\\x^2+y^2=Rx\end{cases}\quad(z\geqslant0)$$

的线密度为 $\sqrt{x}$,求其对三个坐标轴的转动惯量之和 $I_x+I_y+I_z$.

思路 关键是写出空间曲参数方程.

解 因为所述曲线 C 在 Oxy 平面投影是圆 $\left(x-\frac{R}{2}\right)^2+y^2=\left(\frac{R}{2}\right)^2$（图 9.25）.它的参数方程为 $x=\frac{R}{2}+\frac{R}{2}\cos t, y=\frac{R}{2}\sin t$，把它们代入到 $z=\sqrt{R^2-x^2-y^2}$，得到 $z=R\sin\frac{t}{2}$. 于是曲线 C 的参数方程为

$$x=\frac{R}{2}+\frac{R}{2}\cos t,\quad y=\frac{R}{2}\sin t,\quad z=R\sin\frac{t}{2},\quad 0\leqslant t\leqslant 2\pi.$$

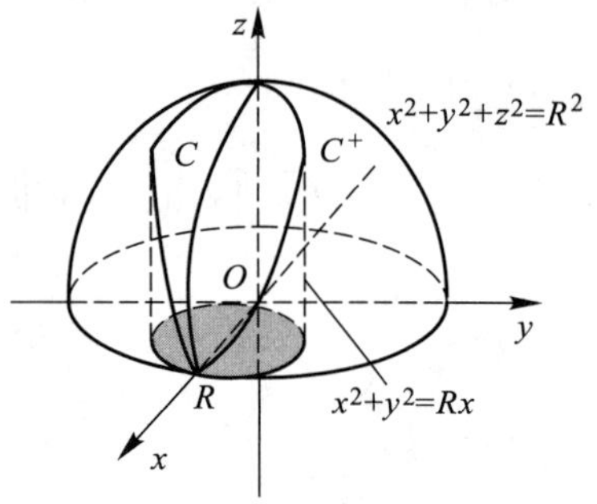

图 9.25

故

$$\begin{aligned}I_x+I_y+I_z&=\int_C\sqrt{x}(y^2+z^2)\mathrm{d}s+\int_C\sqrt{x}(z^2+x^2)\mathrm{d}s+\int_C\sqrt{x}(x^2+y^2)\mathrm{d}s\\&=2\int_C\sqrt{x}R^2\mathrm{d}s=4R^2\int_{C^+}\sqrt{x}\,\mathrm{d}s.\end{aligned}$$

其中 C^+ 是 C 上 $y\geqslant 0$ 部分.由于

$$\mathrm{d}s=\sqrt{x_t'^2+y_t'^2+z_t'^2}\,\mathrm{d}t=\frac{R}{2}\sqrt{1+\cos^2\frac{t}{2}}\,\mathrm{d}t,$$

所以

$$\begin{aligned}I_x+I_y+I_z&=4R^2\int_0^{\pi}\sqrt{\frac{R}{2}+\frac{R}{2}\cos t}\cdot\frac{R}{2}\sqrt{1+\cos^2\frac{t}{2}}\,\mathrm{d}t\\&=2R^{\frac{7}{2}}\int_0^{\pi}\cos\frac{t}{2}\sqrt{2-\sin^2\frac{t}{2}}\,\mathrm{d}t=R^{\frac{7}{2}}(2+\pi).\end{aligned}$$

【注】 空间曲线的参数方程不是唯一的.对以交面形式给出的空间曲线,可以先找出它在直角坐标系的一个坐标面的投影线的参数方程,然后把它们代入曲线方程,解出另一个坐标与参数的关系.例 16 的曲线 C 还可以用 x 为参数表示为如下两条曲线之和

$$C^+: x=x, y=\sqrt{Rx-x^2},\quad z=\sqrt{R^2-Rx},$$
$$C^-: x=x, y=-\sqrt{Rx-x^2},\quad z=\sqrt{R^2-Rx}.$$

如果考虑到曲线 C 在球面上,利用球坐标与直角坐标的关系 $x=\rho\sin\varphi\cos\theta, y=\rho\sin\varphi\sin\theta, z=\rho\cos\varphi$. 在球坐标系下,曲线 C 的方程为

$$\rho=R,\quad \sin\varphi=\cos\theta,$$

于是曲线 C 的参数方程可为

$$x=R\cos^2\theta,\quad y=R\cos\theta\sin\theta,\quad z=R\sin\theta,\quad -\frac{\pi}{2}\leqslant\theta\leqslant\frac{\pi}{2}.$$

【例 17】 在球面 $x^2+y^2+z^2=1$ 上,以三个点 $A(1,0,0), B(0,1,0), C\left(\frac{\sqrt{2}}{2},0,\frac{\sqrt{2}}{2}\right)$ 为顶点的球面三角形 S（边 $\widehat{AB},\widehat{BC},\widehat{CA}$ 均为大圆弧）上,已知电荷面密度 $\mu=x^2+z^2$,求 S 上带电总量 Q.

解法 1 曲面 S 的方程

$$y=\sqrt{1-x^2-z^2},\quad (x,y)\in\sigma_{zx}.$$

其中 $\sigma_{zx}: 0 \leqslant \theta \leqslant \frac{\pi}{4}, 0 \leqslant r \leqslant 1$.

$$\frac{\partial y}{\partial x}=\frac{-x}{\sqrt{1-x^2-z^2}},\quad \frac{\partial y}{\partial z}=\frac{-z}{\sqrt{1-x^2-z^2}},$$

$$\mathrm{d}S=\frac{1}{\sqrt{1-x^2-z^2}}\mathrm{d}\sigma,$$

故

$$Q=\iint_S (x^2+z^2)\,\mathrm{d}S=\iint_{\sigma_{zx}}\frac{x^2+z^2}{\sqrt{1-x^2-z^2}}\mathrm{d}\sigma=\int_0^{\frac{\pi}{4}}\mathrm{d}\theta\int_0^1\frac{r^3}{\sqrt{1-r^2}}\mathrm{d}r=\frac{\pi}{6}.$$

解法 2　由于函数 μ 中 x,z 地位对等，μ 在 S 上的积分，与球面在第一卦限内 S 余下的部分 S^* 上的积分相等（图 9.26），所以

$$Q=\iint_S (x^2+z^2)\,\mathrm{d}S=\frac{1}{2}\iint_{S+S^*}(x^2+z^2)\,\mathrm{d}S$$

$$=\frac{1}{3}\iint_{S+S^*}(x^2+y^2+z^2)\,\mathrm{d}S=\frac{1}{3}\iint_{S+S^*}\mathrm{d}S=\frac{\pi}{6}.$$

其中用到 $S+S^*$ 上 x,y,z 对等，及球面方程 $x^2+y^2+z^2=1$.

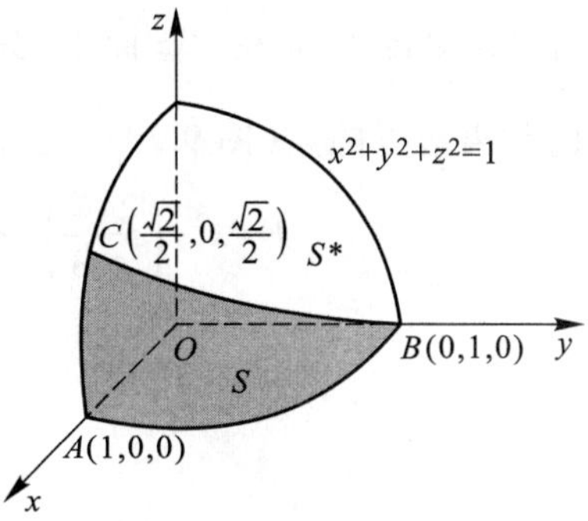

图 9.26

【注】　曲面积分化为不同坐标面上的二重积分，计算难易程度不同，要恰当地选取投影的坐标面.

【例 18】　计算 $\iint_\sigma y\,\mathrm{d}\sigma$，其中 σ 是由直线 $y=0, y=2$，$x=-2$ 及曲线 $x=-\sqrt{2y-y^2}$ 围成的区域.

解法 1　积分域 σ 如图 9.27 所示，

$$\iint_\sigma y\,\mathrm{d}\sigma=\int_0^2 y\,\mathrm{d}y\int_{-2}^{-\sqrt{2y-y^2}}\mathrm{d}x=4-\frac{\pi}{2}.$$

解法 2　利用物理意义，显然此板 σ 的形心的纵坐标 $y=1$，因此

$$\frac{\iint_\sigma y\,\mathrm{d}\sigma}{\iint_\sigma \mathrm{d}\sigma}=1,$$

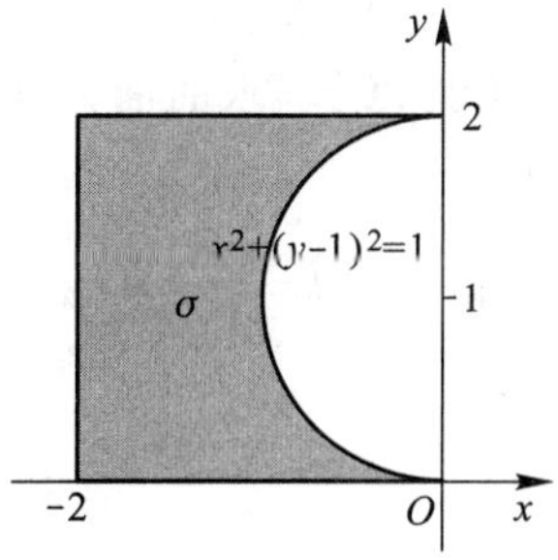

图 9.27

于是

$$\iint_\sigma y\,\mathrm{d}\sigma=\iint_\sigma \mathrm{d}\sigma=\sigma(\text{面积})=4-\frac{\pi}{2}.$$

解法 3　令 $Y=y-1$，由对称性

$$\iint_\sigma y\,\mathrm{d}\sigma=\iint_\sigma (Y+1)\,\mathrm{d}x\mathrm{d}Y=\iint_\sigma \mathrm{d}x\mathrm{d}Y=\sigma(\text{面积})=4-\frac{\pi}{2}.$$

【例 19】　以旋转抛物面 $z=x^2+y^2$ 和平面 $z=1$ 为边界面的均匀物体 V，斜放在平台上，物体仅受重力作用，求物体静止时与平台接触点的坐标.

思路 物体静止于稳定平衡态，这时质心最低.

解 先求质心，由对称性只需求它的竖坐标

$$\bar{z}=\frac{\iiint\limits_V z\mathrm{d}V}{\iiint\limits_V \mathrm{d}V}=\frac{\int_0^{2\pi}\mathrm{d}\theta\int_0^1 r\mathrm{d}r\int_{r^2}^1 z\mathrm{d}z}{\int_0^{2\pi}\mathrm{d}\theta\int_0^1 r\mathrm{d}r\int_{r^2}^1 \mathrm{d}z}=\frac{2}{3},$$

故质心坐标为$\left(0,0,\frac{2}{3}\right)$.

再讨论质心到曲面 $z=x^2+y^2(0\leqslant z\leqslant 1)$ 上哪点距离最小.因为 V 是一个均质的凸形旋转体，所以在过旋转轴（z 轴）的任何截面上讨论即可.如在 Oxz 面上，只需求点$\left(0,\frac{2}{3}\right)$到抛物线 $z=x^2$ 的距离最近的点（图 9.28），设

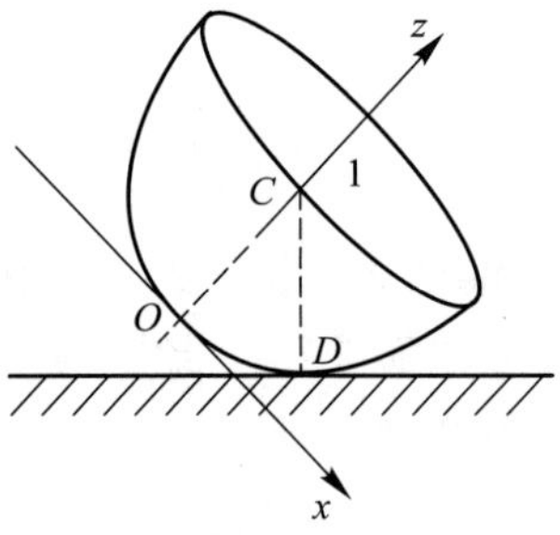

图 9.28

$$F=x^2+\left(z-\frac{2}{3}\right)^2+\lambda(x^2-z).$$

令

$$\begin{cases}F'_x=2(1+\lambda)x=0,\\ F'_z=2\left(z-\frac{2}{3}\right)-\lambda=0,\\ F'_\lambda=x^2-z=0.\end{cases}$$

解得 $x=\frac{1}{\sqrt{6}},z=\frac{1}{6}(\lambda=-1)$ 和 $x=0,z=0(\lambda\neq 0)$.显然后者对应不稳定平衡点$(0,0,0)$.所以，物体 V 处于稳定平衡态时，与平台的接触点应为$\left(x_0,y_0,\frac{1}{6}\right)$，其中$\sqrt{x_0^2+y_0^2}=\frac{1}{\sqrt{6}}$.

【例 20】 求曲面 $z=x^2+y^2+1$ 在点 $M_0(1,-1,3)$ 处的切平面与曲面 $z=x^2+y^2$ 所围立体的体积 V.

解 因为$\left.\frac{\partial z}{\partial x}\right|_{M_0}=\left.2x\right|_{M_0}=2,\left.\frac{\partial z}{\partial y}\right|_{M_0}=\left.2y\right|_{M_0}=-2$，所以，曲面 $z=x^2+y^2+1$ 在 M_0 处的法向量为

$$(2,-2,-1).$$

切平面方程为 $2(x-1)-2(y+1)-(z-3)=0$，即

$$z=2x-2y-1.$$

切平面与曲面 $z=x^2+y^2$ 的交线为

$$\begin{cases}z=2x-2y-1,\\ z=x^2+y^2.\end{cases}$$

在 Oxy 坐标面上的投影线方程为 $(x-1)^2+(y+1)^2=1$，所以 V 在 Oxy 面的投影域（图 9.29）

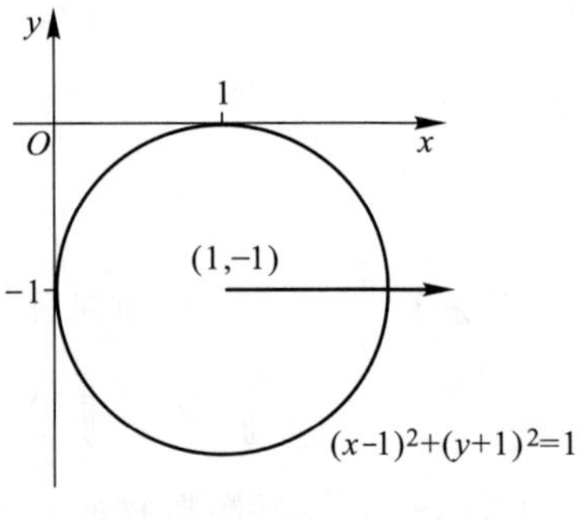

图 9.29

$$\sigma_{xy}:(x-1)^2+(y+1)^2\leqslant 1.$$

故

$$V=\iiint_V \mathrm{d}V=\iint_{\sigma_{xy}}[(2x-2y-1)-(x^2+y^2)]\mathrm{d}\sigma$$

$$=\iint_{\sigma_{xy}}[1-(x-1)^2-(y+1)^2]\mathrm{d}\sigma.$$

取点(1,-1)为极点,极轴平行于 x 轴,则

$$x-1=r\cos\theta,\quad y+1=r\sin\theta,$$

$$V=\iint_{\sigma_{xy}}(1-r^2)r\mathrm{d}r\mathrm{d}\theta=\int_0^{2\pi}\mathrm{d}\theta\int_0^1(1-r)^2r\mathrm{d}r=\frac{\pi}{2}.$$

【注】 本题中另选了极点,前一题中作变换令 $Y=y-1$,实际上都相当于做了坐标平移,在黎曼积分计算中,坐标平移不改变几何形体的度量微元.

【例 21】 在有界闭区域 $D=\{(x,y)\mid y^2\leqslant x\leqslant 1\}$ 上的薄板,质量面密度 μ 为常数,求薄板对直线 $y=x$ 的转动惯量 I.

解 由转动惯量公式,及点 (x,y) 到直线 $y=x$ 的距离公式

$$I=\iint_D r^2\mu\mathrm{d}\sigma=\iint_D\frac{(x-y)^2}{2}\mu\mathrm{d}x\mathrm{d}y=\frac{\mu}{2}\iint_D(x^2+y^2-2xy)\mathrm{d}x\mathrm{d}y$$

$$=\mu\int_0^1\mathrm{d}y\int_{y^2}^1(x^2+y^2)\mathrm{d}x=\frac{44}{105}\mu.$$

【例 22】 求心脏线 $r=a(1+\cos\theta)$ 绕极轴旋转一周所围成的立体体积 V.

解 取极轴为 z 轴,在球坐标系下旋转面方程为 $\rho=a(1+\cos\varphi)$(图 9.30).故立体 V:

$$0\leqslant\theta\leqslant 2\pi,0\leqslant\varphi\leqslant\pi,0\leqslant\rho\leqslant a(1+\cos\varphi).$$

因此

$$V=\iiint_V\mathrm{d}V=\int_0^{2\pi}\mathrm{d}\theta\int_0^{\pi}\sin\varphi\mathrm{d}\varphi\int_0^{a(1+\cos\varphi)}\rho^2\mathrm{d}\rho$$

$$=\frac{2\pi}{3}\int_0^{\pi}a^3(1+\cos\varphi)^3\sin\varphi\mathrm{d}\varphi=\frac{8}{3}\pi a^3.$$

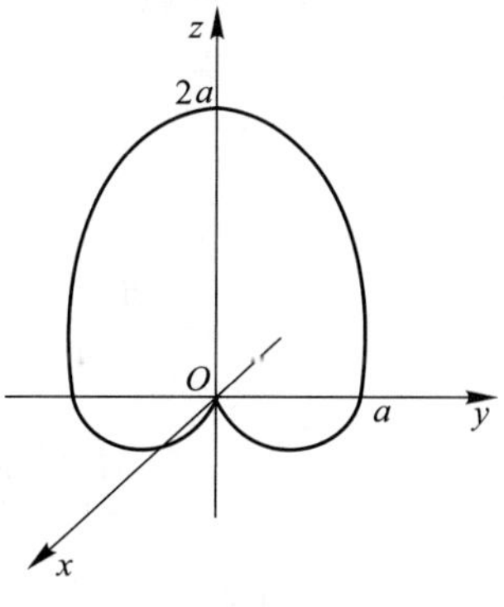

图 9.30

【例 23】 平面上有一光滑曲线 l,起点为 A,$P(x,y)$ 是 l 上任一点,已知图 9.31 中曲边梯形 $OAPB$ 绕 x 轴旋转得到的旋转体的形心坐标 $(\bar{x},0,0)$,满足 $\bar{x}=\dfrac{4}{5}x$,求曲线 l 的方程.

解 设曲线 l 的方程为 $y=f(x)$,则

$$m=\mu\pi\int_0^x f^2(t)\mathrm{d}t,$$

$$M_x=\mu\iiint_V x\mathrm{d}V=\mu\int_0^x t\mathrm{d}t\int_0^{2\pi}\mathrm{d}\theta\int_0^{f(t)}r\mathrm{d}r$$

$$=\mu\pi\int_0^x tf^2(t)\mathrm{d}t,$$

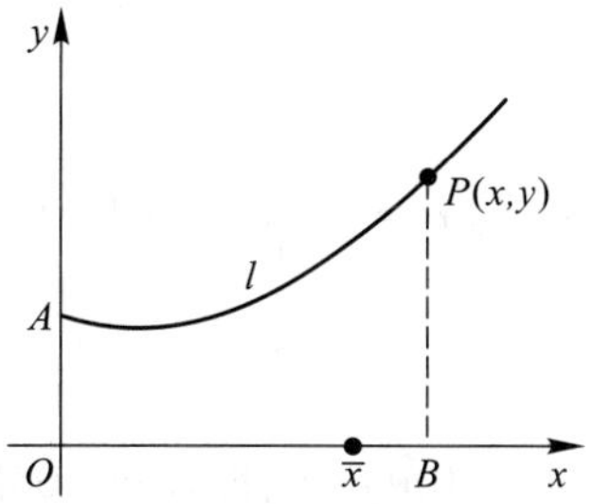

图 9.31

其中三重积分是在球面坐标系下用截面法计算的.

由 $\bar{x}=\dfrac{M_x}{m}=\dfrac{4x}{5}$得

$$4x\int_0^x f^2(t)\,\mathrm{d}t = 5\int_0^x tf^2(t)\,\mathrm{d}t.$$

两边求导得

$$4\int_0^x f^2(t)\,\mathrm{d}t = xf^2(x),$$

再求导,得到 $f(x)$ 满足的方程(显然 $f(x)\neq 0$)

$$2xf'(x)=3f(x).$$

由分离变量法解得

$$f(x)=cx^{\frac{3}{2}},$$

其中 c 为任意非零常数.

【例 24】 有一融化过程中的雪堆,高 $h=h(t)$(t 为时间,单位是 h;长度单位为 cm).侧面方程为 $z=h(t)-\dfrac{2(x^2+y^2)}{h(t)}$,已知体积减少的速率与侧面面积成正比(比例系数为 0.9),问开始高 $h(0)=130$ cm 的这个雪堆全部融化需要多少小时?

思路 先求出 t 时刻雪堆的体积与侧面积,然后通过给定的关系建立方程,求解.

解 到 t 时刻雪堆的体积(用截面法)

$$V=\iiint\limits_{V(t)}\mathrm{d}V=\int_0^{h(t)}\mathrm{d}z\iint\limits_{\sigma_z}\mathrm{d}\sigma=\int_0^{h(t)}\frac{\pi}{2}[h^2(t)-h(t)z]\,\mathrm{d}z=\frac{\pi}{4}h^3(t),$$

侧面积

$$S=\iint\limits_{x^2+y^2\leqslant\frac{h^2(t)}{2}}\sqrt{1+z_x'^2+z_y'^2}\,\mathrm{d}x\mathrm{d}y=\iint\limits_{x^2+y^2\leqslant\frac{h^2(t)}{2}}\sqrt{1+\frac{16(x^2+y^2)}{h^2(t)}}\,\mathrm{d}x\mathrm{d}y$$

$$=\frac{2\pi}{h(t)}\int_0^{\frac{h(t)}{\sqrt{2}}}[h^2(t)+16r^2]^{\frac{1}{2}}r\mathrm{d}r=\frac{13\pi}{12}h^2(t).$$

由题意知$\dfrac{\mathrm{d}V}{\mathrm{d}t}=-0.9S$,所以

$$\frac{\mathrm{d}h}{\mathrm{d}t}=-\frac{13}{10}.$$

因此,$h(t)=-\dfrac{13}{10}t+c$.由 $h(0)=130$,得 $c=130$,故

$$h(t)=-\frac{13}{10}t+130.$$

显然 $h(100)=0$,即经过 100h,雪堆全部融化.

【例 25】 设半径为 R 的球面 Σ 的球心在定球面 $x^2+y^2+z^2=a^2$ 上,问 R 取何值时,球面 Σ

含在定球面内部的面积最大？

解　由球面的对称性，不妨设 Σ 的球心为 $(0,0,a)$，则 Σ 的方程为 $x^2+y^2+(z-a)^2=R^2$，含在定球面内的部分 Σ_1，其方程为

$$z=a-\sqrt{R^2-x^2-y^2}.$$

Σ_1 在 Oxy 面上的投影域 σ_{xy} 的边界线，由

$$\begin{cases}x^2+y^2+(z-a)^2=R^2,\\x^2+y^2+z^2=a^2,\end{cases}$$

消去 z，得到

$$x^2+y^2=\frac{R^2}{4a^2}(4a^2-R^2).$$

因为

$$\sqrt{1+z_x'^2+z_y'^2}=\frac{R}{\sqrt{R^2-x^2-y^2}},$$

所以 Σ_1 的面积

$$S(R)=\iint\limits_{\sigma_{xy}}\frac{R}{\sqrt{R^2-x^2-y^2}}\mathrm{d}\sigma=\int_0^{2\pi}\mathrm{d}\theta\int_0^{\frac{R}{2a}\sqrt{4a^2-R^2}}\frac{Rr}{\sqrt{R^2-r^2}}\mathrm{d}r$$

$$=2\pi R^2-\frac{\pi}{a}R^3,\quad 0<R\leqslant 2a.$$

由于

$$S'(R)=4\pi R-\frac{3\pi}{a}R^2,\quad S''(R)=4\pi-\frac{6\pi}{a}R,$$

所以极值可能取值点 $R_0=\dfrac{4}{3}a$，又 $S''(R_0)=-4\pi<0$，故 $R_0=\dfrac{4}{3}a$ 时，Σ_1 最大.

【注】　恰当地选取坐标系，使运算较简单.

【例 26】　证明 $\oiint\limits_{\Sigma}(x+y+z+\sqrt{3}a)^3\mathrm{d}S\geqslant 108\pi a^5(a>0)$，其中 Σ 是球面 $x^2+y^2+z^2-2a(x+y+z)+2a^2=0$.

思路　这是一个积分估值问题，要考察被积函数在积分曲面 Σ 上的最小值.

证明　由拉格朗日乘数法，设

$$F=x+y+z+\sqrt{3}a+\lambda[x^2+y^2+z^2-2a(x+y+z)+2a^2].$$

令 $F_x'=0,F_y'=0,F_z'=0,F_\lambda'=0$.容易解得

$$x=y=z=a\pm\frac{\sqrt{3}}{3}a.$$

由于被积函数在球面 Σ 上连续，必有最大值最小值，又

$$(x+y+z+\sqrt{3}a)^3\Big|_{x=y=z=a+\frac{\sqrt{3}}{3}a}=(3+2\sqrt{3})^3a^3.$$

$$(x+y+z+\sqrt{3}a)^3\Big|_{x=y=z=a-\frac{\sqrt{3}}{3}a}=27a^3.$$

前者为最大值，后者为最小值.在 Σ 上

$$(x+y+z+\sqrt{3}a)^3\geqslant 27a^3,$$

故

$$\oiint_{\Sigma}(x+y+z+\sqrt{3}a)^3\mathrm{d}S \geqslant 27a^3\oiint_{\Sigma}\mathrm{d}S = 108\pi a^5.$$

【例 27】 设 $f(x)\in C[a,b]$，且 $f(x)>0$，证明

$$\int_a^b f(x)\mathrm{d}x\cdot\int_a^b\frac{\mathrm{d}x}{f(x)} \geqslant (b-a)^2.$$

思路 两个定积分之积可视为长方形上的二重积分.

证明 设 $D: a\leqslant x\leqslant b, a\leqslant y\leqslant b$，因为

$$\int_a^b f(x)\mathrm{d}x\int_a^b\frac{\mathrm{d}x}{f(x)} = \int_a^b f(x)\mathrm{d}x\int_a^b\frac{\mathrm{d}y}{f(y)} = \iint_D\frac{f(x)}{f(y)}\mathrm{d}x\mathrm{d}y,$$

又

$$\int_a^b f(x)\mathrm{d}x\int_a^b\frac{\mathrm{d}x}{f(x)} = \iint_D\frac{f(y)}{f(x)}\mathrm{d}x\mathrm{d}y,$$

所以

$$\begin{aligned}\int_a^b f(x)\mathrm{d}x\int_a^b\frac{\mathrm{d}x}{f(x)} &= \frac{1}{2}\left[\iint_D\frac{f(x)}{f(y)}\mathrm{d}x\mathrm{d}y + \iint_D\frac{f(y)}{f(x)}\mathrm{d}x\mathrm{d}y\right]\\ &\geqslant \frac{1}{2}\iint_D 2\mathrm{d}x\mathrm{d}y = (b-a)^2.\end{aligned}$$

【例 28】 证明摆线 l:

$$\begin{cases}x=a(\theta-\sin\theta),\\ y=a(1+\cos\theta),\end{cases}\quad 0\leqslant\theta\leqslant 2\pi$$

为等时线，即在摆线 l 上任何一点 A 处静止放置一个小球，在重力作用下，小球从 A 滚到曲线的最低点 B 所需要的时间都相同.

思路 时间耗费在曲线上，与速率相关.所以应从速率上下手，找出关系.

证明 由图 9.32，设 $t=0$ 时，将小球置于曲线 l 上点 A 处，A 的坐标 (x_0,y_0)，对应参数 θ_0，小球速率 $v_0=0$.到 t 时，小球滚到点 $P(x,y)$ 处，对应参数 θ，小球速率为 $v=v(t)$.由能量守恒定律得

$$\frac{1}{2}mv^2+mgy=mgy_0.$$

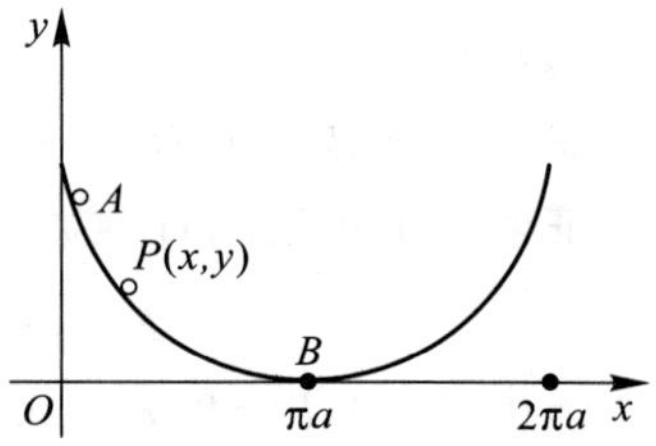

图 9.32

于是

$$\frac{\mathrm{d}s}{\mathrm{d}t}=v=\sqrt{2g(y_0-y)},$$

$$\mathrm{d}t=\frac{1}{\sqrt{2g(y_0-y)}}\mathrm{d}s.$$

因此小球从点 A 滚到最低点 $B(\theta=\pi)$ 需要的时间

$$T=\int_{l_{AB}}\frac{1}{\sqrt{2g(y_0-y)}}\mathrm{d}s.$$

由

$$\mathrm{d}s=\sqrt{x_\theta'^2+y_\theta'^2}\,\mathrm{d}\theta=2a\sin\frac{\theta}{2}\mathrm{d}\theta,$$

所以

$$T=\int_{\theta_0}^{\pi}\sqrt{\frac{a}{g}}\frac{\sin\frac{\theta}{2}}{\sqrt{\cos^2\frac{\theta_0}{2}-\cos^2\frac{\theta}{2}}}\mathrm{d}\theta=2\sqrt{\frac{a}{g}}\int_{\theta_0}^{\pi}\frac{-1}{\sqrt{1-\left(\dfrac{\cos\frac{\theta}{2}}{\cos\frac{\theta_0}{2}}\right)^2}}\mathrm{d}\left(\dfrac{\cos\frac{\theta}{2}}{\cos\frac{\theta_0}{2}}\right)$$

$$=2\sqrt{\frac{a}{g}}\arccos\left(\dfrac{\cos\frac{\theta}{2}}{\cos\frac{\theta_0}{2}}\right)\Bigg|_{\theta_0}^{\pi}=\pi\sqrt{\frac{a}{g}}.$$

此结果与 θ_0 无关,说明小球滚到最低点 B 需要的时间与起始点 A 的位置无关,因此称这条曲线为等时线.在等时线最低点 B 的两边,任意放两个小球,都会在 B 点相撞.

9.7 习题解答

9.1

1. 试将二曲面 $z=8-x^2-y^2$ 和 $z=x^2+y^2$ 所围立体之体积 V 表示为黎曼积分.

解　$z=8-x^2-y^2$ 与 $z=x^2+y^2$ 所围立体之体积在 xOy 平面上的投影域为 $\sigma:x^2+y^2\leqslant4$,所以所围立体之体积用黎曼积分表示为

$$\iint_\sigma(8-x^2-y^2)\mathrm{d}\sigma-\iint_\sigma(x^2+y^2)\mathrm{d}\sigma$$

$$=\iint_\sigma[(8-x^2-y^2)-(x^2+y^2)]\mathrm{d}\sigma=2\iint_\sigma(4-x^2-y^2)\mathrm{d}\sigma.$$

2. 在 $x^2+y^2\leqslant2ax$ 与 $x^2+y^2\leqslant2ay(a>0)$ 的公共部分的平面板 σ 上,电荷面密度为 $\mu(x,y)=\sqrt{x^2+y^2}$,试将 σ 上的总电荷量 Q 表示为黎曼积分.

解　由二重积分的物理意义知

$$\rho=\iint_\sigma\mu(x,y)\mathrm{d}\sigma=\iint_\sigma\sqrt{x^2+y^2}\mathrm{d}\sigma,\quad 其中\ \sigma:x^2+y^2\leqslant2ax,x^2+y^2\leqslant2ay.$$

3. 设球体 $x^2+y^2+z^2\leqslant a^2$ 的质量体密度 $\rho=1$,在球外点 $(0,0,h)$ 处有一单位质点,$h>a$,试将此球对这个质点的万有引力 $\boldsymbol{F}$ 在 z 轴上的分量 F_z 表示为黎曼积分.

解　由物理学知:若质量分别为 m_1 与 m_2 的两个质点之间的距离是 r,则这两个质点之间的引力为

$$F=K\frac{m_1m_2}{r^2},\quad K\ 为引力常数.$$

把描述球体的空间区域 $V:x^2+y^2+z^2\leqslant a^2$ 分成 n 个小区域 $\Delta v_i,i=1,2,\cdots,n,\left(\sum_{i=1}^{n}v_i=V\right)$, Δv_i 也表示 Δv_i 的体积,λ 表示 $\Delta v_i,i=1,2,\cdots,n$ 的直径中的最大值,任取 $M_i(\xi_i,\eta_i,\zeta_i)\in\Delta v_i$,则 Δv_i 的质量 $\rho\Delta v_i=\Delta v_i$,小体积 Δv_i 对 $A(0,0,h)$ 处的单位质点的引力近似等于

$$k\frac{|\Delta v_i|}{|\overrightarrow{AM_i}|^2}\cdot\frac{\overrightarrow{AM_i}}{|\overrightarrow{AM_i}|}=\left(k\frac{\xi_i}{|\overrightarrow{AM_i}|^3}\Delta v_i,k\frac{\eta_i}{|\overrightarrow{AM_i}|^3}\Delta v_i,k\frac{\zeta_i-h}{|\overrightarrow{AM_i}|^3}\Delta v_i\right),$$

那么在 Oz 轴方向的分力为 $k\dfrac{\zeta_i-h}{|\overrightarrow{AM_i}|^3}\Delta v_i$，由此得 F_z 的近似值为

$$\sum_{i=1}^{n}k\frac{\zeta_i-h}{|\overrightarrow{AM_i}|^3}\Delta v_i=\sum_{i=1}^{n}k\frac{\zeta_i-h}{[\xi_i^2+\eta_i^2+(\zeta_i-h)^2]^{\frac{3}{2}}}\Delta v_i.$$

F_z 的黎曼积分表示为

$$F_z=\lim_{\lambda\to 0}\sum_{i=1}^{n}k\frac{\zeta_i-h}{[\xi_i^2+\eta_i^2+(\zeta_i-h)^2]^{\frac{3}{2}}}\Delta v_i=\iiint_V\frac{k(z-h)}{[x^2+y^2+(z-h)^2]^{\frac{3}{2}}}\mathrm{d}v,$$

其中 $V:x^2+y^2+z^2\leqslant a^2$.

4. 一物质曲线 L，其形状由方程组

$$\begin{cases}x^2+y^2+z^2=1,\\x+y+z=1\end{cases}$$

确定，其质量线密度 $\rho(x,y,z)=x^2+y^2$，试将此曲线 L 的质量 m 表示为黎曼积分.

解 由第一型曲线积分的物理意义知

$$m=\int_L(x^2+y^2)\mathrm{d}l,$$

其中 L 为空间圆周 $x^2+y^2+z^2=1,x+y+z=1$.

5. 设有一太阳灶，其聚光镜是旋转抛物面 S，设旋转轴为 z 轴，顶点在原点处，已知聚光镜的口径是 4，深为 1，聚光镜将太阳能汇聚在灶上，已知聚光镜的能流（即单位面积传播的能量）是 z 的函数 $p=\dfrac{1}{\sqrt{1+z}}$，试用黎曼积分表示聚光镜汇聚的总能量 W.

解 聚光镜片由曲面 $S:z=\dfrac{x^2+y^2}{4},x^2+y^2\leqslant 4$ 描述，由第一型曲面积分的物理意义知

$$W=\iint_S\frac{1}{\sqrt{1+z}}\mathrm{d}S.$$

6. 估计下列积分值.

(1) $\iint\limits_{\sigma}(x+y+10)\mathrm{d}\sigma$，积分域 σ 为圆域 $x^2+y^2\leqslant 4$；

(2) $\iiint\limits_{V}(x^2+y^2+z^2)\mathrm{d}V$，积分域 V 为球域 $x^2+y^2+z^2\leqslant R^2$.

解 (1) 先求 $f(x,y)=x+y+10$ 在 $x^2+y^2\leqslant 4$ 内的最大最小值.

当 $x^2+y^2<4$ 时，$f'_x=1,f'_y=1$，无驻点；

当 $x^2+y^2=4$ 时，利用条件极值，设 $F(x,y,\lambda)=x+y+10+\lambda(x^2+y^2-4)$，令 $\begin{cases}F'_x=1+2\lambda x=0,\\F'_y=1+2\lambda y=0,\end{cases}$ 得 $x=y$. 于是 $x^2+x^2=4,x=\pm\sqrt{2}$，即 $x=y=\pm\sqrt{2}$. 故 $f(x,y)=x+y+10$ 在 $x^2+y^2\leqslant 4$ 内，最小值为 $f(-\sqrt{2},-\sqrt{2})=2(5-\sqrt{2})$，最大值为 $f(\sqrt{2},\sqrt{2})=2(5+\sqrt{2})$.

由黎曼积分的性质知

$$\iint\limits_{\sigma}2(5-\sqrt{2})\,\mathrm{d}\sigma \leqslant \iint\limits_{\sigma}(x+y+10)\,\mathrm{d}\sigma \leqslant \iint\limits_{\sigma}2(5+\sqrt{2})\,\mathrm{d}\sigma.$$

于是

$$2(5-\sqrt{2})\times(\pi\cdot 2^2) \leqslant \iint\limits_{\sigma}(x+y+10)\,\mathrm{d}\sigma \leqslant 2(5+\sqrt{2})\times(\pi\cdot 2^2),$$

即

$$8\pi(5-\sqrt{2}) \leqslant \iint\limits_{\sigma}(x+y+10)\,\mathrm{d}\sigma \leqslant 8\pi(5+\sqrt{2}).$$

（2）因为 $0\leqslant x^2+y^2+z^2\leqslant R^2$，从而

$$\iiint\limits_{V}0\,\mathrm{d}V \leqslant \iiint\limits_{V}(x^2+y^2+z^2)\,\mathrm{d}V \leqslant \iiint\limits_{V}R^2\,\mathrm{d}V,$$

所以

$$0 \leqslant \iiint\limits_{V}(x^2+y^2+z^2)\,\mathrm{d}V \leqslant R^2\times\frac{4}{3}\pi R^3,$$

即

$$0 \leqslant \iiint\limits_{V}(x^2+y^2+z^2)\,\mathrm{d}V \leqslant \frac{4}{3}\pi R^5.$$

7. 指出下列积分值.

（1）$\iint\limits_{S}(x\mathrm{e}^z+x^2\sin y)\,\mathrm{d}S$，曲面 $S: x^2+y^2+z^2=1, z\geqslant 0$；

（2）$\iint\limits_{D}|y|\,\mathrm{d}\sigma$，积分域 $D: 0\leqslant x\leqslant 1, -1\leqslant y\leqslant 1$.

解　（1）因 $f(x,y,z)=x\mathrm{e}^z$ 是 x 的奇函数，$S: x^2+y^2+z^2=1, z\geqslant 0$ 关于坐标面 $x=0$ 对称，所以由黎曼积分性质知

$$\iint\limits_{S}x\mathrm{e}^z\,\mathrm{d}S=0.$$

又因 $g(x,y,z)=x^2\sin y$ 是 y 的奇函数，$S: x^2+y^2+z^2=1, z\geqslant 0$ 关于坐标面 $y=0$ 对称，所以 $\iint\limits_{S}x^2\sin y\,\mathrm{d}S=0$，故

$$\iint\limits_{S}(x\mathrm{e}^z+x^2\sin y)\,\mathrm{d}S=\iint\limits_{S}x\mathrm{e}^z\,\mathrm{d}S+\iint\limits_{S}x^2\sin y\,\mathrm{d}S=0.$$

（2）因 $f(x,y)=|y|$ 是 y 的偶函数，$D: 0\leqslant x\leqslant 1, -1\leqslant y\leqslant 1$ 关于直线 $y=0$（x 轴）对称，由黎曼积分性质知

$$\iint\limits_{\sigma}|y|\,\mathrm{d}\sigma=2\iint\limits_{\substack{0\leqslant x\leqslant 1\\ 0\leqslant y\leqslant 1}}y\,\mathrm{d}\sigma=1 \quad \text{（最后一步利用二重积分几何意义）}.$$

8. 设 D 是 xOy 平面上以 $(1,1)$，$(-1,1)$ 和 $(-1,-1)$ 为顶点的三角形区域，D_1 是 D 在第一象限的部分，证明

$$\iint\limits_{D}(xy+\cos x\sin y)\,\mathrm{d}\sigma=2\iint\limits_{D_1}\cos x\sin y\,\mathrm{d}\sigma.$$

证明　记以点 $A(-1,1)$，$B(-1,-1)$，$O(0,0)$ 围成的三角形区域为 $\triangle ABO$，以 $A(-1,1)$，$C(1,1)$，$O(0,0)$ 围成的三角形区域为 $\triangle ACO$，则 $\triangle ABO+\triangle ACO=D$，所以

$$\iint\limits_{D}(xy+\cos x\sin y)\mathrm{d}\sigma=\iint\limits_{\triangle ABO}(xy+\cos x\sin y)\mathrm{d}\sigma+\iint\limits_{\triangle ACO}(xy+\cos x\sin y)\mathrm{d}\sigma.$$

而$\triangle ABO$关于$y=0$(x轴)对称,且$f(x,y)=xy+\cos x\sin y$是y的奇函数,由黎曼积分性质知:

$$\iint\limits_{\triangle ABO}(xy+\cos x\sin y)\mathrm{d}\sigma=0,$$

而$\triangle ACO$关于$x=0$(y轴)对称,且xy是关于x的奇函数,$\cos x\sin y$是x的偶函数,由黎曼积分性质知

$$\begin{aligned}\iint\limits_{\triangle ACO}(xy+\cos x\sin y)\mathrm{d}\sigma&=\iint\limits_{\triangle ACO}xy\mathrm{d}\sigma+\iint\limits_{\triangle ACO}\cos x\sin y\mathrm{d}\sigma\\&=2\iint\limits_{D_1}\cos x\sin y\mathrm{d}\sigma,\end{aligned}$$

所以

$$\iint\limits_{D}(xy+\cos x\sin y)\mathrm{d}\sigma=2\iint\limits_{D_1}\cos x\sin y\mathrm{d}\sigma.$$

9. 指出下列积分值.

(1) $\int_l(x^2+y^2)\mathrm{d}s$, 曲线$l$是下半圆周$y=-\sqrt{1-x^2}$;

(2) $\iint\limits_{S}f(x^2+y^2+z^2)\mathrm{d}S$, 曲面$S$是球面$x^2+y^2+z^2=R^2$.

解 (1) l的长是π,于是$\int_l(x^2+y^2)\mathrm{d}s=\int_l 1\mathrm{d}s=\pi$;

(2) S的面积是$4\pi R^2$,于是

$$\iint\limits_{S}f(x^2+y^2+z^2)\mathrm{d}S=\iint\limits_{S}f(R^2)\mathrm{d}S=f(R^2)\iint\limits_{S}\mathrm{d}S=4\pi R^2f(R^2).$$

10. 设函数$f(x,y,z)$连续,$f(0,0,0)\neq0$,V_t是以原点为球心,t为半径的球形域,求$t\to0$时,下列积分是t的几阶无穷小.

(1) 三重积分$\iiint\limits_{V_t}f(x,y,z)\mathrm{d}V$;

(2) 第一型曲面积分$\iint\limits_{S_t}f(x,y,z)\mathrm{d}S$, S_t是V_t的表面;

(3) 第一型曲线积分$\int_{c_t}f(x,y,z)\mathrm{d}s$,$c_t$是曲面$S_t$与平面$x+y+z=0$的交线.

解 下面3个小题都是应用黎曼积分性质(积分中值定理).

(1) 存在$(\xi_t,\eta_t,\zeta_t)\in V_t$,使

$$\iiint\limits_{V_t}f(x,y,z)\mathrm{d}V=f(\xi_t,\eta_t,\zeta_t)V_t=f(\xi_t,\eta_t,\zeta_t)\frac{4}{3}\pi t^3,$$

于是

$$\lim_{t\to0}\frac{\iiint\limits_{V_t}f(x,y,z)\mathrm{d}V}{t^3}=\lim_{t\to0}\frac{f(\xi_t,\eta_t,\zeta_t)\frac{4}{3}\pi t^3}{t^3}=f(0,0,0)\frac{4}{3}\pi\neq0.$$

所以当$t\to0$时,$\iiint\limits_{V_t}f(x,y,z)\mathrm{d}V$是$t$的3阶无穷小.

（2）存在$(\bar{\xi}_t,\bar{\eta}_t,\bar{\zeta}_t)\in S_t$，使

$$\iint_{S_t} f(x,y,z)\,\mathrm{d}S=f(\bar{\xi}_t,\bar{\eta}_t,\bar{\zeta}_t)S_t=f(\bar{\xi}_t,\bar{\eta}_t,\bar{\zeta}_t)4\pi t^2,$$

于是

$$\lim_{t\to 0}\frac{\iint\limits_{S_t} f(x,y,z)\,\mathrm{d}S}{t^2}=\lim_{t\to 0}\frac{f(\bar{\xi}_t,\bar{\eta}_t,\bar{\zeta}_t)4\pi t^2}{t^2}=f(0,0,0)4\pi\neq 0,$$

所以当$t\to 0$时，$\iint\limits_{S_t} f(x,y,z)\,\mathrm{d}S$是$t$的2二阶无穷小.

（3）存在$(\xi_t^*,\eta_t^*,\zeta_t^*)\in c_t$，使

$$\int_{c_t} f(x,y,z)\,\mathrm{d}s=f(\xi_t^*,\eta_t^*,\zeta_t^*)c_t=f(\xi_t^*,\eta_t^*,\zeta_t^*)2\pi t,$$

于是

$$\lim_{t\to 0}\frac{\int_{c_t} f(x,y,z)\,\mathrm{d}s}{t}=\lim_{t\to 0}\frac{f(\xi_t^*,\eta_t^*,\zeta_t^*)2\pi t}{t}=f(0,0,0)2\pi\neq 0,$$

所以当$t\to 0$时，$\int_{c_t} f(x,y,z)\,\mathrm{d}s$是$t$的1阶无穷小.

11. 比较下列各组积分的大小.

（1）$\iint\limits_D (x+y)^2\mathrm{d}\sigma$与$\iint\limits_D (x+y)^3\mathrm{d}\sigma$，其中$D:(x-2)^2+(y-2)^2\leqslant 1$；

（2）$\iint\limits_D \ln(x+y)\,\mathrm{d}\sigma$与$\iint\limits_D xy\mathrm{d}\sigma$，其中$D$由直线$x=0,y=0,x+y=\frac{1}{2},x+y=1$围成.

解　（1）由$(x-2)^2+(y-2)^2\leqslant 1$知$|x-2|\leqslant 1,|y-2|\leqslant 1$，即$1\leqslant x\leqslant 3,1\leqslant y\leqslant 3$，于是$1<2\leqslant x+y$，所以$(x+y)^2\leqslant(x+y)^3$，于是

$$\iint_D (x+y)^2\mathrm{d}\sigma<\iint_D (x+y)^3\mathrm{d}\sigma;$$

（2）在D中，$x\geqslant 0,y\geqslant 0$，且$\frac{1}{2}\leqslant x+y\leqslant 1$，而不在直线$x+y=1$上的$D$内任何点$(x,y)$都有

$$\frac{1}{2}\leqslant x+y<1,\quad \ln(x+y)<xy,$$

于是

$$\iint_D \ln(x+y)\,\mathrm{d}\sigma<\iint_D xy\mathrm{d}\sigma.$$

12. 函数$\frac{\sin(\pi\sqrt{x^2+y^2})}{x^2+y^2}$在圆环$D:1\leqslant x^2+y^2\leqslant 4$上的二重积分(　　).

（A）不存在　　（B）存在，且为正值　（C）存在，且为负值　（D）存在，且为零

解　因为函数$\frac{\sin(\pi\sqrt{x^2+y^2})}{x^2+y^2}\in C(D)$，且在$D$的内部取负值，边界上取零值，故二重积分存在且为负值，应选C.

9.2

1. 画出下列积分域 σ 的图形,并把其上的二重积分 $\iint\limits_{\sigma} f(x,y)\mathrm{d}\sigma$ 化为不同次序的累次积分.

(1) σ 由直线 $x+y=1, x-y=1, x=0$ 围成;

(2) σ 由直线 $y=0, y=a, y=x, y=x-2a(a>0)$ 围成;

(3) $\sigma: xy\geqslant 1, y\leqslant x, 0\leqslant x\leqslant 2$;

(4) $\sigma: x^2+y^2\leqslant 1, x\geqslant y^2$;

(5) $\sigma: 4x^2+9y^2\geqslant 36, y^2\leqslant x+4$ 的有界域.

解 (1) 见图 9.33,

$$\iint\limits_{\sigma} f(x,y)\mathrm{d}\sigma = \int_0^1 \mathrm{d}x\int_{x-1}^{1-x} f(x,y)\mathrm{d}y = \int_{-1}^{0}\mathrm{d}y\int_0^{1+y} f(x,y)\mathrm{d}x + \int_0^1 \mathrm{d}y\int_0^{1-y} f(x,y)\mathrm{d}x;$$

(2) 见图 9.34,

$$\iint\limits_{\sigma} f(x,y)\mathrm{d}\sigma = \int_0^a \mathrm{d}y\int_y^{2a+y} f(x,y)\mathrm{d}x = \int_0^a \mathrm{d}x\int_0^x f(x,y)\mathrm{d}y + \int_a^{2a}\mathrm{d}x\int_0^a f(x,y)\mathrm{d}y + \int_{2a}^{3a}\mathrm{d}x\int_{x-2a}^{a} f(x,y)\mathrm{d}y;$$

(3) 见图 9.35,

$$\iint\limits_{\sigma} f(x,y)\mathrm{d}\sigma = \int_1^2 \mathrm{d}x\int_{\frac{1}{x}}^{x} f(x,y)\mathrm{d}y = \int_{\frac{1}{2}}^{1}\mathrm{d}y\int_{\frac{1}{y}}^{2} f(x,y)\mathrm{d}x + \int_1^2 \mathrm{d}y\int_y^2 f(x,y)\mathrm{d}x;$$

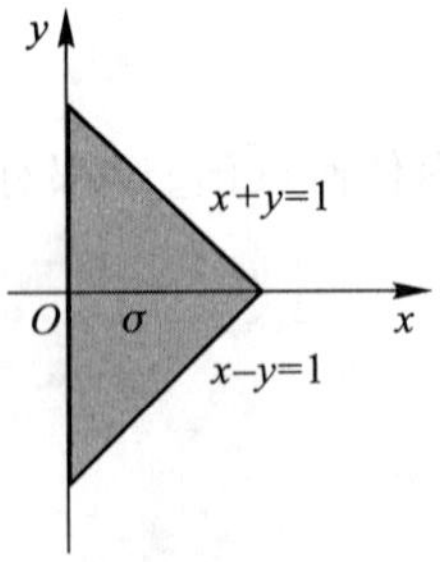

图 9.33

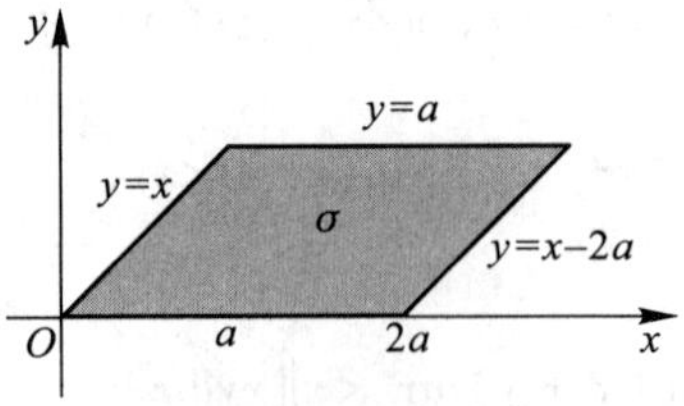

图 9.34

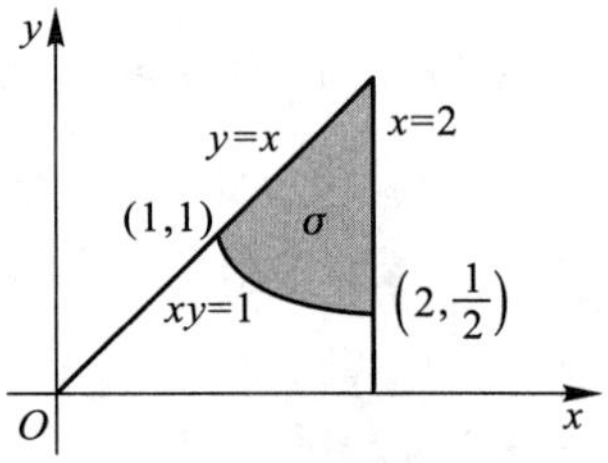

图 9.35

(4) 见图 9.36,

$$\iint\limits_{\sigma} f(x,y)\mathrm{d}\sigma = \int_{-\sqrt{\frac{\sqrt{5}-1}{2}}}^{\sqrt{\frac{\sqrt{5}-1}{2}}}\mathrm{d}y\int_{y^2}^{\sqrt{1-y^2}} f(x,y)\mathrm{d}x = \int_0^{\frac{\sqrt{5}-1}{2}}\mathrm{d}x\int_{-\sqrt{x}}^{\sqrt{x}} f(x,y)\mathrm{d}y + \int_{\frac{\sqrt{5}-1}{2}}^{1}\mathrm{d}x\int_{-\sqrt{1-x^2}}^{\sqrt{1-x^2}} f(x,y)\mathrm{d}y;$$

（5）见图 9.37，$\iint\limits_{\sigma} f(x,y)\,\mathrm{d}\sigma=\int_{-\frac{\sqrt{7}}{2}}^{\frac{\sqrt{7}}{2}}\mathrm{d}y\int_{y^2-4}^{\frac{1}{2}\sqrt{36-9y^2}} f(x,y)\,\mathrm{d}x$

$$=\int_{-4}^{-3}\mathrm{d}x\int_{-\sqrt{x+4}}^{\sqrt{x+4}} f(x,y)\,\mathrm{d}y+\int_{-3}^{-\frac{9}{4}}\mathrm{d}x\int_{\frac{1}{3}\sqrt{36-4x^2}}^{\sqrt{x+4}} f(x,y)\,\mathrm{d}y+$$

$$\int_{-3}^{-\frac{9}{4}}\mathrm{d}x\int_{-\sqrt{x+4}}^{-\frac{1}{3}\sqrt{36-4x^2}} f(x,y)\,\mathrm{d}y.$$

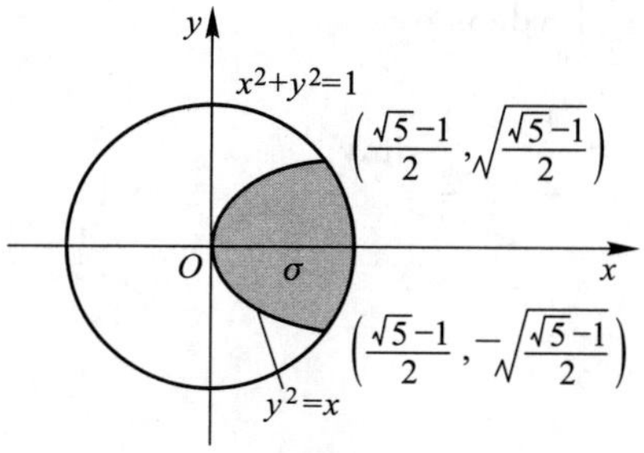

图 9.36

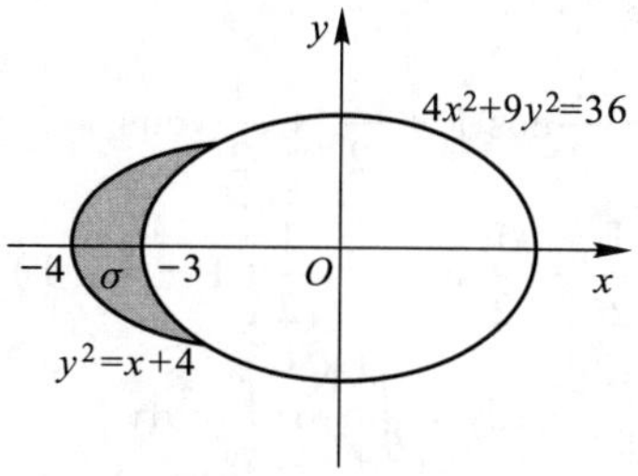

图 9.37

2. 计算下列二重积分.

（1）$\iint\limits_{D}\frac{x^2}{1+y^2}\mathrm{d}\sigma$，其中 $D:0\leqslant x\leqslant 1,0\leqslant y\leqslant 1$；

（2）$\iint\limits_{D}(x+y)\,\mathrm{d}\sigma$，其中 D 是以 $O(0,0),A(1,0),B(1,1)$ 为顶点的三角形区域；

（3）$\iint\limits_{D}\frac{x^2}{y^2}\mathrm{d}\sigma$，其中 D 是由 $y=2,y=x,xy=1$ 所围成的区域；

（4）$\iint\limits_{D}\cos(x+y)\,\mathrm{d}x\mathrm{d}y$，其中 D 是由 $x=0,y=x,y=\pi$ 所围成的区域；

（5）$\iint\limits_{D}\frac{x\sin y}{y}\mathrm{d}x\mathrm{d}y$，其中 D 是由 $y=x,y=x^2$ 所围成；

（6）$\iint\limits_{D}y^2\,\mathrm{d}x\mathrm{d}y$，其中 D 由横轴和摆线 $x=a(t-\sin t),y=a(1-\cos t)$ 的一拱（$0\leqslant t\leqslant 2\pi,a>0$）围成；

（7）$\iint\limits_{D}\sqrt{1-\sin^2(x+y)}\,\mathrm{d}x\mathrm{d}y$，其中 $D:0\leqslant x\leqslant\pi,0\leqslant y\leqslant\pi$.

解　（1）$\iint\limits_{D}\frac{x^2}{1+y^2}\mathrm{d}\sigma=\int_0^1 x^2\mathrm{d}x\int_0^1\frac{\mathrm{d}y}{1+y^2}=\frac{x^3}{3}\Big|_0^1\arctan y\Big|_0^1=\frac{\pi}{12}$；

（2）$\iint\limits_{D}(x+y)\,\mathrm{d}\sigma=\int_0^1\mathrm{d}x\int_0^x(x+y)\,\mathrm{d}y=\frac{3}{2}\int_0^1 x^2\mathrm{d}x=\frac{1}{2}$；

（3）见图 9.38，$\iint\limits_{D}\frac{x^2}{y^2}\mathrm{d}\sigma=\int_1^2\mathrm{d}y\int_{\frac{1}{y}}^{y}\frac{x^2}{y^2}\mathrm{d}x$

$$=\frac{1}{3}\int_1^2(y-y^{-5})\,\mathrm{d}y=\frac{27}{64}；$$

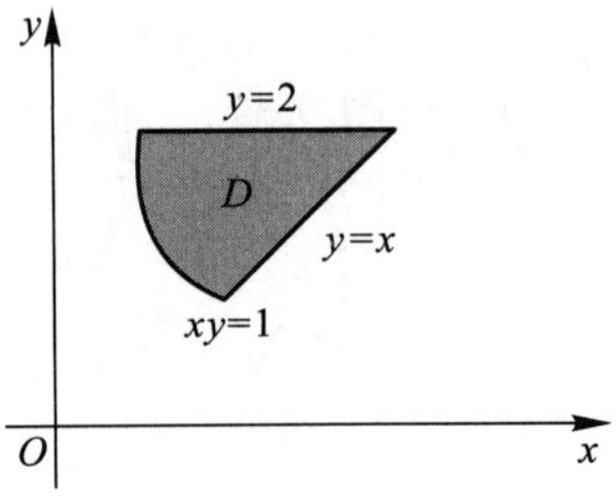

图 9.38

(4) $\iint\limits_D \cos(x+y)\,dxdy = \int_0^{\pi} dx\int_x^{\pi}\cos(x+y)\,dy$

$= \int_0^{\pi}[\sin(x+\pi) - \sin 2x]\,dx = -2$;

(5) $\iint\limits_D \frac{x\sin y}{y}dxdy = \int_0^1 \frac{\sin y}{y}dy\int_y^{\sqrt{y}} x\,dx = \frac{1}{2}\int_0^1(\sin y - y\sin y)\,dy$

$= \frac{1}{2}\int_0^1 \sin y\,dy - \frac{1}{2}\int_0^1 y\sin y\,dy = -\frac{1}{2}\cos y\Big|_0^1 + \frac{1}{2}\int_0^1 y\,d\cos y$

$= -\frac{1}{2}\cos 1 + \frac{1}{2} + \frac{1}{2}y\cos y\Big|_0^1 - \frac{1}{2}\int_0^1 \cos y\,dy = \frac{1}{2} - \frac{1}{2}\sin y\Big|_0^1$

$= \frac{1}{2} - \frac{1}{2}\sin 1 = \frac{1}{2}(1-\sin 1)$;

(6) $\iint\limits_D y^2\,dxdy = \int_0^{2\pi a} dx\int_0^{y} y^2\,dy$

$= \frac{1}{3}\int_0^{2\pi a} y^3\,dx = \frac{1}{3}\int_0^{2\pi}[a(1-\cos t)]^3 d[a(t-\sin t)]$

$= \frac{16}{3}a^4\int_0^{2\pi}\sin^8\frac{t}{2}dt \xlongequal{2u=t} \frac{32}{3}a^4\int_0^{\pi}\sin^8 u\,du$

$= \frac{64}{3}a^4\int_0^{\frac{\pi}{2}}\sin^8 u\,du = \frac{64}{3}a^4\cdot\frac{7}{8}\cdot\frac{5}{6}\cdot\frac{3}{4}\cdot\frac{1}{2}\cdot\frac{\pi}{2} = \frac{35}{12}\pi a^4$;

(7) 设:$D_1\begin{cases}0\leqslant x\leqslant\frac{\pi}{2},\\ 0\leqslant y\leqslant\frac{\pi}{2}-x,\end{cases}$ $D_2\begin{cases}0\leqslant x\leqslant\frac{\pi}{2},\\ \frac{\pi}{2}-x\leqslant y\leqslant\pi,\end{cases}$

$D_3\begin{cases}\frac{\pi}{2}\leqslant x\leqslant\pi,\\ 0\leqslant y\leqslant\frac{3\pi}{2}-x,\end{cases}$ $D_4\begin{cases}\frac{\pi}{2}\leqslant x\leqslant\pi,\\ \frac{3\pi}{2}-x\leqslant y\leqslant\pi.\end{cases}$

则原式$= \iint\limits_{D_1}\cos(x+y)\,dxdy - \iint\limits_{D_2+D_3}\cos(x+y)\,dxdy + \iint\limits_{D_4}\cos(x+y)\,dxdy$

$= \int_0^{\frac{\pi}{2}}dx\int_0^{\frac{\pi}{2}-x}\cos(x+y)\,dy - \int_0^{\frac{\pi}{2}}dx\int_{\frac{\pi}{2}-x}^{\pi}\cos(x+y)\,dy$

$- \int_{\frac{\pi}{2}}^{\pi}dx\int_0^{\frac{3\pi}{2}-x}\cos(x+y)\,dy + \int_{\frac{\pi}{2}}^{\pi}dx\int_{\frac{3\pi}{2}-x}^{\pi}\cos(x+y)\,dy = 2\pi.$

3. 计算下列二重积分.

(1) $\iint\limits_{\sigma}[x^2y + \sin(xy^2)]\,d\sigma$, 其中 σ 是由 $x^2-y^2=1, y=0, y=1$ 所围成的区域;

（2）$\iint\limits_{\sigma} x|y|\mathrm{d}x\mathrm{d}y$，$\sigma: y\leqslant x, x\leqslant 1, y\geqslant -\sqrt{2-x^2}$；

（3）$\iint\limits_{\sigma}(1-2x+\sin y^3)\mathrm{d}x\mathrm{d}y$，$\sigma: x^2+y^2\leqslant R^2$.

解　（1）因 $\sin(xy^2)$ 是 x 的奇函数，x^2y 是 x 的偶函数，且 σ 是关于 $x=0$（y 轴）对称的，所以

$$\iint\limits_{\sigma}\sin(xy^2)\mathrm{d}\sigma=0,$$

$$\begin{aligned}\iint\limits_{\sigma}x^2y\mathrm{d}\sigma&=2\iint\limits_{\sigma_1}x^2y\mathrm{d}\sigma\\&=2\int_0^1 y\mathrm{d}y\int_0^{\sqrt{1+y^2}}x^2\mathrm{d}x=\frac{2}{3}\int_0^1 y(\sqrt{1+y^2})^3\mathrm{d}y\\&=\frac{1}{3}\int_0^1(1+y^2)^{\frac{3}{2}}\mathrm{d}(1+y^2)=\frac{2}{15}(1+y^2)^{\frac{5}{2}}\Big|_0^1=\frac{2}{15}(4\sqrt{2}-1).\end{aligned}$$

（2）见图 9.39，因 $x|y|$ 是 x 的奇函数，且 σ_1 关于 $x=0$（y 轴）对称，所以 $\iint\limits_{\sigma_1}x|y|\mathrm{d}\sigma=0$，又 $x|y|$ 是 y 的偶函数，且 $\sigma_2+\sigma_3$ 关于 $y=0$（x 轴）对称，所以

$$\begin{aligned}\iint\limits_{\sigma_2+\sigma_3}x|y|\mathrm{d}x\mathrm{d}y&=2\iint\limits_{\sigma_3}x|y|\mathrm{d}x\mathrm{d}y\\&=2\int_0^1\mathrm{d}x\int_0^x xy\mathrm{d}y=\int_0^1 x^3\mathrm{d}x=\frac{1}{4},\end{aligned}$$

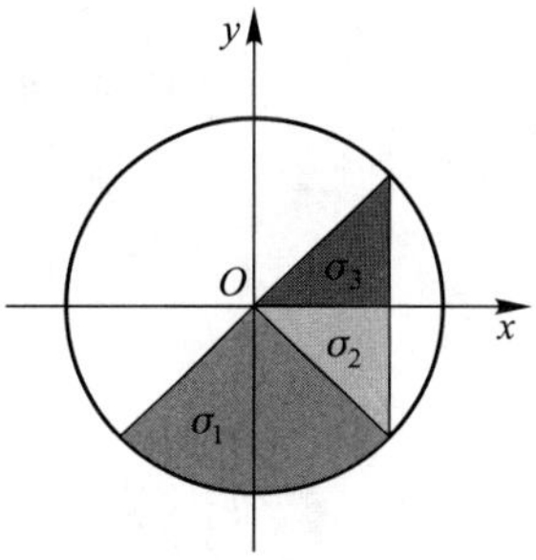

图 9.39

于是

$$\iint\limits_{\sigma}x|y|\mathrm{d}x\mathrm{d}y=\iint\limits_{\sigma_1}x|y|\mathrm{d}x\mathrm{d}y+\iint\limits_{\sigma_2+\sigma_3}x|y|\mathrm{d}x\mathrm{d}y=\frac{1}{4}.$$

（3）因 $-2x$ 是 x 的奇函数，$\sin y^3$ 是 y 的奇函数，且 σ 关于 $x=0$（y 轴）对称，又关于 $y=0$（x 轴）对称，所以

$$\iint\limits_{\sigma}(-2x)\mathrm{d}x\mathrm{d}y=0,\quad\iint\limits_{\sigma}\sin y^3\mathrm{d}x\mathrm{d}y=0,$$

于是

$$\begin{aligned}\iint\limits_{\sigma}(1-2x+\sin y^3)\mathrm{d}x\mathrm{d}y&=\iint\limits_{\sigma}1\mathrm{d}x\mathrm{d}y+\iint\limits_{\sigma}(-2x)\mathrm{d}x\mathrm{d}y+\iint\limits_{\sigma}\sin y^3\mathrm{d}x\mathrm{d}y\\&=\iint\limits_{\sigma}\mathrm{d}x\mathrm{d}y+0+0=\pi R^2.\end{aligned}$$

4. 画出下列累次积分的积分域 σ，并改变累次积分的次序.

（1）$\int_1^{\mathrm{e}}\mathrm{d}x\int_0^{\ln x}f(x,y)\mathrm{d}y$；　　（2）$\int_0^1\mathrm{d}x\int_x^{2x}f(x,y)\mathrm{d}y$；

（3）$\int_0^1\mathrm{d}y\int_{\sqrt{y}}^{\sqrt[3]{y}}f(x,y)\mathrm{d}x$；　　（4）$\int_0^1\mathrm{d}y\int_{\sqrt{1-y^2}}^{-\sqrt{1-y^2}}f(x,y)\mathrm{d}x$；

(5) $\int_{\frac{1}{2}}^{\frac{1}{\sqrt{2}}}\mathrm{d}x\int_{\frac{1}{2}}^{x}f(x,y)\mathrm{d}y+\int_{\frac{1}{\sqrt{2}}}^{1}\mathrm{d}x\int_{x^2}^{x}f(x,y)\mathrm{d}y$;

(6) $\int_{0}^{\frac{a}{2}}\mathrm{d}y\int_{\sqrt{a^2-2ay}}^{\sqrt{a^2-y^2}}f(x,y)\mathrm{d}x+\int_{\frac{a}{2}}^{a}\mathrm{d}y\int_{0}^{\sqrt{a^2-x^2}}f(x,y)\mathrm{d}x$.

解 积分域图形略去.请读者自己给出.

(1) 由 $0\leqslant y\leqslant \ln x,1\leqslant x\leqslant \mathrm{e}$,得

$$\int_{1}^{\mathrm{e}}\mathrm{d}x\int_{0}^{\ln x}f(x,y)\mathrm{d}y=\int_{0}^{1}\mathrm{d}y\int_{\mathrm{e}^y}^{\mathrm{e}}f(x,y)\mathrm{d}x.$$

(2) 由 $x\leqslant y\leqslant 2x,0\leqslant x\leqslant 1$,得

$$\int_{0}^{1}\mathrm{d}x\int_{x}^{2x}f(x,y)\mathrm{d}y=\int_{0}^{1}\mathrm{d}y\int_{\frac{y}{2}}^{y}f(x,y)\mathrm{d}x+\int_{1}^{2}\mathrm{d}y\int_{\frac{y}{2}}^{1}f(x,y)\mathrm{d}x.$$

(3) 由$\sqrt{y}\leqslant x\leqslant\sqrt[3]{y},0\leqslant y\leqslant 1$,得

$$\int_{0}^{1}\mathrm{d}y\int_{\sqrt{y}}^{\sqrt[3]{y}}f(x,y)\mathrm{d}x=\int_{0}^{1}\mathrm{d}x\int_{x^3}^{x^2}f(x,y)\mathrm{d}y.$$

(4) 由$-\sqrt{1-y^2}\leqslant x\leqslant\sqrt{1-y^2},0\leqslant y\leqslant 1$,得

$$\int_{0}^{1}\mathrm{d}y\int_{\sqrt{1-y^2}}^{-\sqrt{1-y^2}}f(x,y)\mathrm{d}x=-\int_{0}^{1}\mathrm{d}y\int_{-\sqrt{1-y^2}}^{\sqrt{1-y^2}}f(x,y)\mathrm{d}x$$

$$=-\int_{-1}^{1}\mathrm{d}x\int_{0}^{\sqrt{1-x^2}}f(x,y)\mathrm{d}y.$$

(5) 由$\frac{1}{2}\leqslant y\leqslant x,\frac{1}{2}\leqslant x\leqslant\frac{1}{\sqrt{2}}$,又 $x^2\leqslant y\leqslant x,\frac{1}{\sqrt{2}}\leqslant x\leqslant 1$,于是

$$原式=\int_{\frac{1}{2}}^{1}\mathrm{d}y\int_{y}^{\sqrt{y}}f(x,y)\mathrm{d}x.$$

(6) 由$\sqrt{a^2-2ay}\leqslant x\leqslant\sqrt{a^2-y^2},0\leqslant y\leqslant\frac{a}{2}$,又 $0\leqslant x\leqslant\sqrt{a^2-y^2},\frac{a}{2}\leqslant y\leqslant a$,于是

$$原式=\int_{0}^{a}\mathrm{d}x\int_{\frac{a^2-x^2}{2a}}^{\sqrt{a^2-x^2}}f(x,y)\mathrm{d}y.$$

5. 计算 $\int_{0}^{1}\mathrm{d}x\int_{x^2}^{1}\frac{xy}{\sqrt{1+y^3}}\mathrm{d}y$.

解 按此次序计算是困难的,考虑换序.

$$故原式=\int_{0}^{1}\mathrm{d}y\int_{0}^{\sqrt{y}}\frac{xy}{\sqrt{1+y^3}}\mathrm{d}x=\frac{1}{2}\int_{0}^{1}\frac{y^2}{\sqrt{1+y^3}}\mathrm{d}y$$

$$=\frac{1}{6}\int_{0}^{1}(1+y^3)^{-\frac{1}{2}}\mathrm{d}(1+y^3)=\frac{1}{3}(1+y^3)^{\frac{1}{2}}\Big|_{0}^{1}=\frac{1}{3}(\sqrt{2}-1).$$

6. 求由曲面 $z=x^2+y^2,y=x^2,y=1,z=0$ 所围成的立体的体积.

解 所求体积是以 D 为底,$z=x^2+y^2$ 为顶的曲顶柱体体积

$$V=\iint\limits_D(x^2+y^2)\,d\sigma=\int_{-1}^{1}dx\int_{x^2}^{1}(x^2+y^2)\,dy$$

$$=2\int_0^1\left\{x^2(1-x^2)+\frac{1}{3}[1-(x^2)^3]\right\}dx$$

$$=2\int_0^1\left(\frac{1}{3}+x^2-x^4-\frac{1}{3}x^6\right)dx=2\left(\frac{x}{3}+\frac{x^3}{3}-\frac{x^5}{5}-\frac{x^7}{21}\right)\Bigg|_0^1$$

$$=2\left(\frac{1}{3}+\frac{1}{3}-\frac{1}{5}-\frac{1}{21}\right)=\frac{88}{105}.$$

7. 求圆柱体 $x^2+y^2\leqslant a^2$ 与 $x^2+z^2\leqslant a^2$ 的公共部分的体积.

解　由对称性知,所求体积在每一卦限是相等的,在第一卦限的体积相当于以 D 为底,以 $z=\sqrt{a^2-x^2}$ 为顶的曲顶柱体体积(图 9.40),于是

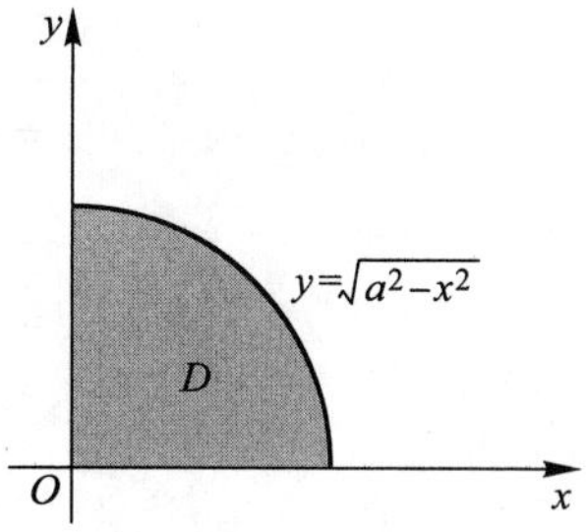

图 9.40

$$V=8\iint\limits_D\sqrt{a^2-x^2}\,d\sigma=8\int_0^a dx\int_0^{\sqrt{a^2-x^2}}\sqrt{a^2-x^2}\,dy$$

$$=8\int_0^a(a^2-x^2)\,dx=\frac{16}{3}a^3.$$

8. 求曲线 $xy=1$ 及直线 $x+y=\frac{5}{2}$ 围成的平面板,质量面密度等于$\frac{1}{x}$,求板的质量.

解　$$m=\iint\limits_D\frac{1}{x}d\sigma=\int_{\frac{1}{2}}^{2}dx\int_{\frac{1}{x}}^{\frac{5}{2}-x}\frac{1}{x}dy$$

$$=\int_{\frac{1}{2}}^{2}\frac{1}{x}\left(\frac{5}{2}-x-\frac{1}{x}\right)dx=\int_{\frac{1}{2}}^{2}\left(\frac{5}{2}\frac{1}{x}-1-\frac{1}{x^2}\right)dx$$

$$=\left(\frac{5}{2}\ln x-x+\frac{1}{x}\right)\Bigg|_{\frac{1}{2}}^{2}=5\ln 2-3.$$

9. 计算下列二重积分.

(1) $\iint\limits_D\ln(1+x^2+y^2)\,d\sigma$, 其中 D 为 $x^2+y^2\leqslant 1$ 的圆域;

(2) $\iint\limits_D\sqrt{a^2-x^2-y^2}\,d\sigma$, D:$x^2+y^2\leqslant ay$, $|y|\geqslant|x|$　$(a>0)$;

(3) $\iint\limits_D\sin\sqrt{x^2+y^2}\,d\sigma$, D:$\pi^2\leqslant x^2+y^2\leqslant 4\pi^2$;

(4) $\iint\limits_D(x^2+y^2)\,d\sigma$, D:$x^2+y^2\geqslant 2x$,$x^2+y^2\leqslant 4x$;

(5) $\iint\limits_D(x^2+y^2)^{\frac{3}{2}}\,d\sigma$, D:$x^2+y^2\leqslant 1$,$x^2+y^2\leqslant 2x$;

(6) $\iint\limits_D\arctan\frac{y}{x}\,dx\,dy$, D:$1\leqslant x^2+y^2\leqslant 4$,$x\geqslant 0$,$y\geqslant 0$;

(7) $\iint\limits_D|x^2+y^2-4|\,dx\,dy$, D:$x^2+y^2\leqslant 16$;

(8) $\iint\limits_D \sqrt{x^2+y^2}\,\mathrm{d}x\mathrm{d}y$, $D:0\leqslant x\leqslant a, 0\leqslant y\leqslant a$.

解 (1) 原式 $\xlongequal[y=r\sin\theta]{x=r\cos\theta}\int_0^{2\pi}\mathrm{d}\theta\int_0^1[\ln(1+r^2)]r\mathrm{d}r$

$$=\pi\int_0^1\ln(1+r^2)\mathrm{d}r^2=\pi\left[r^2\ln(1+r^2)\Big|_0^1-\int_0^1\frac{r^2}{1+r^2}\mathrm{d}r^2\right]$$

$$=\pi\{\ln 2-[r^2-\ln(1+r^2)]\Big|_0^1\}=\pi(2\ln 2-1).$$

(2) 见图 9.41，原式 $\xlongequal[y=r\sin\theta]{x=r\cos\theta}\int_{\frac{\pi}{4}}^{\frac{3\pi}{4}}\mathrm{d}\theta\int_0^{a\sin\theta}\sqrt{a^2-r^2}\,r\mathrm{d}r$

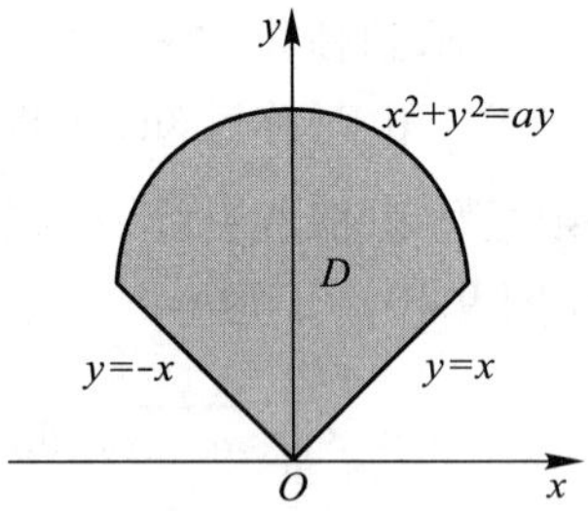

图 9.41

$$=-\frac{1}{2}\int_{\frac{\pi}{4}}^{\frac{3\pi}{4}}\mathrm{d}\theta\int_0^{a\sin\theta}(a^2-r^2)^{\frac{1}{2}}\mathrm{d}(a^2-r^2)$$

$$=-\frac{1}{3}\int_{\frac{\pi}{4}}^{\frac{3\pi}{4}}(a^2-r^2)^{\frac{3}{2}}\Big|_0^{a\sin\theta}\mathrm{d}\theta$$

$$=-\frac{a^3}{3}\int_{\frac{\pi}{4}}^{\frac{3\pi}{4}}[\,|\cos^3\theta|-1]\mathrm{d}\theta$$

$$=-\frac{a^3}{3}\left[2\int_{\frac{\pi}{4}}^{\frac{\pi}{2}}(1-\sin^2\theta)\mathrm{d}\sin\theta-\frac{\pi}{2}\right]$$

$$=-\frac{a^3}{3}\left[2\left(\sin\theta-\frac{1}{3}\sin^3\theta\right)\Big|_{\frac{\pi}{4}}^{\frac{\pi}{2}}-\frac{\pi}{2}\right]$$

$$=-\frac{a^3}{3}\left[2\left(1-\frac{1}{3}\right)-2\left(\frac{\sqrt{2}}{2}-\frac{1}{3}\times\frac{\sqrt{2}}{4}\right)-\frac{\pi}{2}\right]=\frac{a^3}{6}\left(\pi-\frac{8-5\sqrt{2}}{3}\right).$$

(3) 原式 $\xlongequal[y=r\sin\theta]{x=r\cos\theta}\int_0^{2\pi}\mathrm{d}\theta\int_\pi^{2\pi}(\sin r)r\mathrm{d}r$

$$=-2\pi\int_\pi^{2\pi}r\mathrm{d}\cos r=-2\pi\left[r\cos r\Big|_\pi^{2\pi}-\int_\pi^{2\pi}\cos r\mathrm{d}r\right]=-6\pi^2.$$

(4) $\iint\limits_D(x^2+y^2)\mathrm{d}\sigma\xlongequal[y=r\sin\theta]{x=r\cos\theta}\int_{-\frac{\pi}{2}}^{\frac{\pi}{2}}\mathrm{d}\theta\int_{2\cos\theta}^{4\cos\theta}r^3\mathrm{d}r$

$$=\int_{-\frac{\pi}{2}}^{\frac{\pi}{2}}\frac{1}{4}(4^4\cos^4\theta-2^4\cos^4\theta)\mathrm{d}\theta$$

$$=8\int_0^{\frac{\pi}{2}}15\cos^4\theta\mathrm{d}\theta=8\int_0^{\frac{\pi}{2}}15\left(\frac{1+\cos\theta}{2}\right)^2\mathrm{d}\theta$$

$$=2\int_0^{\frac{\pi}{2}}15(1+2\cos 2\theta+\cos^2 2\theta)\mathrm{d}\theta$$

$$=2\int_0^{\frac{\pi}{2}}15\left(1+2\cos\theta+\frac{1}{2}+\frac{1}{2}\cos 4\theta\right)\mathrm{d}\theta=2\times 15\times\frac{3}{2}\times\frac{\pi}{2}=\frac{45}{2}\pi.$$

(5) 见图 9.42，原式$\xlongequal[y=r\sin\theta]{x=r\cos\theta}2\left[\int_0^{\frac{\pi}{3}}d\theta\int_0^1 r^4dr+\int_{\frac{\pi}{3}}^{\frac{\pi}{2}}d\theta\int_0^{2\cos\theta}r^4dr\right]$

$$=2\left[\frac{\pi}{3}\times\frac{1}{5}+\frac{1}{5}\int_{\frac{\pi}{3}}^{\frac{\pi}{2}}2^5\cos^3\theta d\theta\right]$$

$$=\frac{2\pi}{15}+\frac{64}{5}\int_{\frac{\pi}{3}}^{\frac{\pi}{2}}(1-\sin^2\theta)^2 d\sin\theta$$

$$=\frac{2\pi}{15}+\frac{64}{5}\int_{\frac{\pi}{3}}^{\frac{\pi}{2}}(1-2\sin^2\theta+\sin^4\theta)d\sin\theta$$

$$=\frac{2\pi}{15}+\frac{64}{5}\left(\sin\theta-\frac{2}{3}\sin^3\theta+\frac{1}{5}\sin^5\theta\right)\bigg|_{\frac{\pi}{3}}^{\frac{\pi}{2}}$$

$$=\frac{2}{15}\left(\pi+\frac{256-147\sqrt{3}}{5}\right).$$

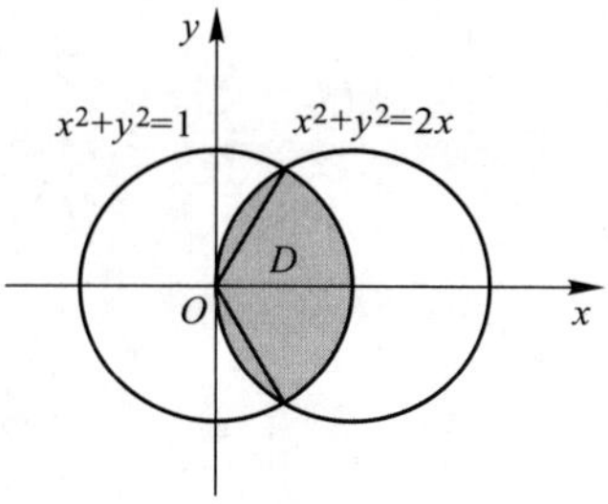

图 9.42

(6) $\iint\limits_D \arctan\frac{y}{x}dxdy\xlongequal[y=r\sin\theta]{x=r\cos\theta}\int_0^{\frac{\pi}{2}}d\theta\int_1^2\left[\arctan\left(\frac{r\sin\theta}{r\cos\theta}\right)\right]rdr$

$$=\frac{3}{2}\int_0^{\frac{\pi}{2}}\theta d\theta=\frac{3}{16}\pi^2.$$

(7) $\iint\limits_D |x^2+y^2-4|dxdy=\iint\limits_{x^2+y^2\leqslant 4}(4-x^2-y^2)dxdy+\iint\limits_{4<x^2+y^2\leqslant 16}(x^2+y^2-4)dxdy$

$$=\int_0^{2\pi}d\theta\int_0^2(4-r^2)rdr+\int_0^{2\pi}d\theta\int_2^4(r^2-4)rdr$$

$$=2\pi\left(2r^2-\frac{r^4}{4}\right)\bigg|_0^2-2\pi\left(\frac{r^4}{4}-2r^2\right)\bigg|_2^4=80\pi.$$

(8) 此积分中 x,y 对等(可轮换)，故在 D_1,D_2 上积分相等，又

$$D:0\leqslant\theta\leqslant\frac{\pi}{4},\quad 0\leqslant r\leqslant\frac{a}{\cos\theta}.$$

故

$$\iint\limits_D\sqrt{x^2+y^2}dxdy$$

$$=2\int_0^{\frac{\pi}{4}}d\theta\int_0^{\frac{a}{\cos\theta}}r^2dr=\frac{2a^3}{3}\int_0^{\frac{\pi}{4}}\frac{d\theta}{\cos^3\theta}$$

$$=\frac{a^3}{3}[\sec\theta\tan\theta+\ln|\sec\theta+\tan\theta|]\bigg|_0^{\frac{\pi}{4}}=\frac{a^3}{3}[\sqrt{2}+\ln(1+\sqrt{2})].$$

10. 用二重积分计算下列平面区域的面积.

(1) 心脏线 $r=a(1-\cos\theta)$ 内，圆 $r=a$ 外的公共区域；

(2) 曲线 $(x^2+y^2)^2=8a^2xy(a>0)$ 围成的区域.

解 (1) 见图 9.43, $S=\iint\limits_D \mathrm{d}\sigma \xlongequal[y=r\sin\theta]{x=r\cos\theta} \int_{\frac{\pi}{2}}^{\frac{3\pi}{2}}\mathrm{d}\theta\int_a^{a(1-\cos\theta)} r\mathrm{d}r$

$=\frac{a^2}{2}\int_{\frac{\pi}{2}}^{\frac{3\pi}{2}}(\cos^2\theta-2\cos\theta)\mathrm{d}\theta$

$=\frac{a^2}{2}\int_{\frac{\pi}{2}}^{\frac{3\pi}{2}}\left(\frac{1}{2}+\frac{1}{2}\cos 2\theta-2\cos\theta\right)\mathrm{d}\theta$

$=\frac{a^2}{4}\pi+2a^2$;

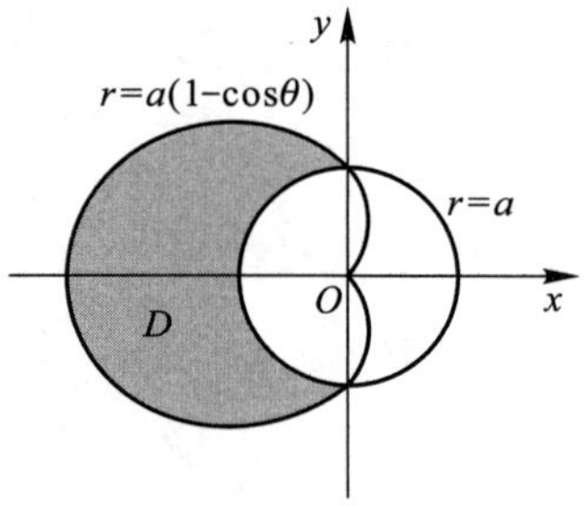

图 9.43

(2) 见图 9.44, $S=2\iint\limits_{S_1}\mathrm{d}S=2\int_0^{\frac{\pi}{2}}\mathrm{d}\theta\int_0^{2a\sqrt{\sin 2\theta}} r\mathrm{d}r$

$=\int_0^{\frac{\pi}{2}}4a^2\sin 2\theta\mathrm{d}\theta=2a^2(-\cos 2\theta)\Big|_0^{\frac{\pi}{2}}$

$=4a^2$.

9.3

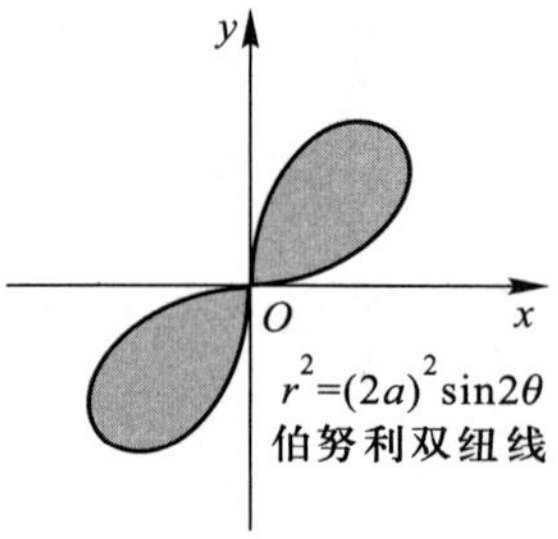

图 9.44

1. 将三重积分 $\iiint\limits_V f(x,y,z)\mathrm{d}V$ 化为直角坐标系下的累次积分,积分域 V 分别是:

(1) 由曲面 $z=x^2+2y^2$ 及 $z=2-x^2$ 所围成的区域;

(2) 由曲面 $z=1-\sqrt{x^2+y^2}$,平面 $z=x(x\geqslant 0)$ 及 $x=0$ 所围成的区域;

(3) 由不等式组 $0\leqslant x\leqslant\sin z, x^2+y^2\leqslant 1, 0\leqslant z\leqslant\pi$ 所确定的区域.

解 (1) $\iiint\limits_V f(x,y,z)\mathrm{d}V=\int_{-1}^{1}\mathrm{d}x\int_{-\sqrt{1-x^2}}^{\sqrt{1-x^2}}\mathrm{d}y\int_{x^2+2y^2}^{2-x^2}f(x,y,z)\mathrm{d}z$.

(2) $\iiint\limits_V f(x,y,z)\mathrm{d}V=\int_0^{\frac{1}{2}}\mathrm{d}x\int_{-\sqrt{1-2x}}^{\sqrt{1-2x}}\mathrm{d}y\int_x^{1-\sqrt{x^2+y^2}}f(x,y,z)\mathrm{d}z$.

(3) $\iiint\limits_V f(x,y,z)\mathrm{d}V=\int_{-1}^{1}\mathrm{d}y\int_0^{\sqrt{1-y^2}}\mathrm{d}x\int_{\arcsin x}^{\pi-\arcsin x}f(x,y,z)\mathrm{d}z$

$=\int_0^{\pi}\mathrm{d}z\int_0^{\sin z}\mathrm{d}x\int_{-\sqrt{1-x^2}}^{\sqrt{1-x^2}}f(x,y,z)\mathrm{d}y$.

2. 在直角坐标系下,计算下列三重积分.

(1) $\iiint\limits_V xy^2z^3\mathrm{d}V$, 其中 V 是由曲面 $z=xy, y=x, x=1, z=0$ 所围成的区域;

(2) $\iiint\limits_V y\cos(x+z)\mathrm{d}V$, 其中 V 是由柱面 $y=\sqrt{x}$ 和平面 $y=0, z=0, x+z=\frac{\pi}{2}$ 所围成的区域;

(3) $\iiint\limits_V z^2\mathrm{d}x\mathrm{d}y\mathrm{d}z$, 其中 V 是由 $\frac{x}{a}+\frac{y}{b}+\frac{z}{c}=1, x=0, y=0, z=0$ 所围成的区域;

(4) $\iiint\limits_V y^2\mathrm{d}x\mathrm{d}y\mathrm{d}z$，其中 $V:\dfrac{x^2}{a^2}+\dfrac{y^2}{b^2}+\dfrac{z^2}{c^2}\leqslant 1$；

(5) $\iiint\limits_V (x+y+z)\mathrm{d}V$，其中 V 是由不等式组 $0\leqslant x\leqslant a, 0\leqslant y\leqslant b, 0\leqslant z\leqslant c$ 所限定的区域；

(6) $\iiint\limits_V y[1+xf(z)]\mathrm{d}V$，其中 V 是由不等式组 $-1\leqslant x\leqslant 1, x^3\leqslant y\leqslant 1, 0\leqslant z\leqslant x^2+y^2$ 所限定的区域，函数 $f(z)$ 为任一连续函数.

解 (1)
$$\iiint\limits_V xy^2z^3\mathrm{d}V=\iint\limits_\sigma xy^2\mathrm{d}\sigma\int_0^{xy}z^3\mathrm{d}z=\frac{1}{28}\int_0^1 x^{12}\mathrm{d}x=\frac{1}{364}.$$

(2)
$$\iiint\limits_V y\cos(x+z)\mathrm{d}V=\iint\limits_\sigma y\mathrm{d}\sigma\int_0^{\frac{\pi}{2}-x}\cos(x+z)\mathrm{d}z$$
$$=\iint\limits_\sigma y(1-\sin x)\mathrm{d}\sigma=\int_0^{\frac{\pi}{2}}(1-\sin x)\mathrm{d}x\int_0^{\sqrt{x}}y\mathrm{d}y$$
$$=\frac{1}{2}\int_0^{\frac{\pi}{2}}(x-x\sin x)\mathrm{d}x$$
$$=\frac{1}{2}\left(\frac{x^2}{2}+x\cos x-\sin x\right)\Bigg|_0^{\frac{\pi}{2}}=\frac{1}{2}\left(\frac{\pi^2}{8}-1\right).$$

(3)
$$\iiint\limits_V z^2\mathrm{d}x\mathrm{d}y\mathrm{d}z=\int_0^c\mathrm{d}z\iint\limits_{0\leqslant\frac{x}{a}+\frac{y}{b}\leqslant 1-\frac{z}{c}}z^2\mathrm{d}x\mathrm{d}y$$
$$=\int_0^c z^2\times\frac{1}{2}a\left(1-\frac{z}{c}\right)b\left(1-\frac{z}{c}\right)\mathrm{d}z$$
$$=\frac{1}{2}\frac{ab}{c^2}\int_0^c(c^2z^2-2cz^3+z^4)\mathrm{d}z$$
$$=\frac{1}{2}\frac{ab}{c^2}\left(\frac{c^5}{3}-\frac{c^5}{2}+\frac{c^5}{5}\right)=\frac{abc^3}{60}.$$

(4)
$$\iiint\limits_V y^2\mathrm{d}x\mathrm{d}y\mathrm{d}z=\int_{-b}^b y^2\mathrm{d}y\iint\limits_{\frac{x^2}{a^2}+\frac{z^2}{c^2}\leqslant 1-\frac{y^2}{b^2}}\mathrm{d}x\mathrm{d}z$$
$$=2\int_0^b y^2\pi\left(a\sqrt{1-\frac{y^2}{b^2}}\right)\left(c\sqrt{1-\frac{y^2}{b^2}}\right)\mathrm{d}y$$
$$=2\pi\frac{ac}{b^2}\int_0^b(b^2y^2-y^4)\mathrm{d}y$$
$$=2\pi\frac{ac}{b^2}\left(\frac{b^5}{3}-\frac{b^5}{5}\right)=\frac{4}{15}\pi ab^3c.$$

(5) $\iiint\limits_V x\mathrm{d}V=\int_0^a x\mathrm{d}x\int_0^b\mathrm{d}y\int_0^c\mathrm{d}z=\dfrac{1}{2}a^2bc$，

同理

$$\iiint\limits_V y\mathrm{d}V = \frac{1}{2}ab^2c, \quad \iiint\limits_V z\mathrm{d}V = \frac{1}{2}abc^2,$$

于是

$$\iiint\limits_V (x + y + z)\mathrm{d}V = \frac{1}{2}a^2bc + \frac{1}{2}ab^2c + \frac{1}{2}abc^2 = \frac{1}{2}abc(a + b + c).$$

（6）由 $y=-x^3$ 把 V 分成

$$V_1: 0\leqslant y\leqslant 1, \quad -\sqrt[3]{y}\leqslant x\leqslant \sqrt[3]{y}, \quad 0\leqslant z\leqslant x^2+y^2.$$

$$V_2: -1\leqslant x\leqslant 0, \quad x^3\leqslant y\leqslant -x^3, \quad 0\leqslant z\leqslant x^2+y^2.$$

因 $xyf(z)$ 是 x 的奇函数，V_1 关于 $x=0$ 对称，所以

$$\iiint\limits_{V_1} xyf(z)\mathrm{d}V = 0.$$

又因 $xyf(z)$ 是 y 的奇函数，V_2 关于 $y=0$ 对称，所以

$$\iiint\limits_{V_2} xyf(z)\mathrm{d}V = 0.$$

于是

$$\iiint\limits_V xyf(z)\mathrm{d}V = \iiint\limits_{V_1} xyf(z)\mathrm{d}V + \iiint\limits_{V_2} xyf(z)\mathrm{d}V = 0.$$

$$\begin{aligned}
\text{原式} &= \iiint\limits_V y\mathrm{d}V + \iiint\limits_V xyf(z)\mathrm{d}V = \iint\limits_D y\mathrm{d}\sigma\int_0^{x^2+y^2}\mathrm{d}z \\
&= \iint\limits_D y(x^2 + y^2)\mathrm{d}\sigma = \int_{-1}^{1}\mathrm{d}x\int_{x^2}^{1}(yx^2 + y^3)\mathrm{d}y \\
&= \int_{-1}^{1}\left[\frac{1}{2}(1 - x^6)x^2 + \frac{1}{4}(1 - x^{12})\right]\mathrm{d}x \\
&= \int_0^1\left(\frac{1}{2} + x^2 - x^8 - \frac{1}{2}x^{12}\right)\mathrm{d}x = \frac{1}{2} + \frac{1}{3} - \frac{1}{9} - \frac{1}{26} = \frac{80}{117}.
\end{aligned}$$

3. 将下列累次积分化为柱面或球面坐标系下的累次积分，并计算之.

（1）$\displaystyle\int_0^1\mathrm{d}x\int_0^{\sqrt{1-x^2}}\mathrm{d}y\int_0^{\sqrt{1-x^2-y^2}}(x^2 + y^2)\mathrm{d}z$；

（2）$\displaystyle\int_0^2\mathrm{d}x\int_0^{\sqrt{2x-x^2}}\mathrm{d}y\int_0^a z\sqrt{x^2 + y^2}\mathrm{d}z$.

解 （1）由 $0\leqslant x\leqslant 1, 0\leqslant y\leqslant\sqrt{1-x^2}, 0\leqslant z\leqslant\sqrt{1-x^2-y^2}$ 知积分区域 $V: x^2+y^2+z^2\leqslant 1$，且 $x\geqslant 0, y\geqslant 0, z\geqslant 0$，于是

$$原式=\iiint_V (x^2+y^2)\,dV=\int_0^{\frac{\pi}{2}}d\theta\int_0^1 dr\int_0^{\sqrt{1-r^2}}dz$$

$$=\frac{\pi}{2}\int_0^1 r^3\sqrt{1-r^2}\,dr\xlongequal{r=\sin t}\frac{\pi}{2}\int_0^{\frac{\pi}{2}}(\sin^3 t-\sin^5 t)\,dt$$

$$=\frac{\pi}{2}\left(\frac{2}{1\cdot 3}-\frac{2\cdot 4}{1\cdot 3\cdot 5}\right)=\frac{\pi}{2}\frac{2}{15}=\frac{\pi}{15}.$$

(2) 由 $0\leqslant x\leqslant 2,0\leqslant y\leqslant\sqrt{2x-x^2},0\leqslant z\leqslant a$ 知积分区域以半径为 1 的半圆为底,高为 a 的柱体(图 9.45)

$$原式=\iiint_V z\sqrt{x^2+y^2}\,dV\xlongequal[z=z]{x=r\cos\theta,\ y=r\sin\theta}\int_0^{\frac{\pi}{2}}d\theta\int_0^{2\cos\theta}dr\int_0^a zr\cdot r\,dz$$

$$=\frac{a^2}{2}\int_0^{\frac{\pi}{2}}d\theta\int_0^{2\cos\theta}r^2\,dr=\frac{a^2}{6}\int_0^{\frac{\pi}{2}}(2\cos\theta)^3\,d\theta$$

$$=\frac{4}{3}a^2\int_0^{\frac{\pi}{2}}(1-\sin^2\theta)\,d\sin\theta$$

$$=\frac{4}{3}a^2\left(\sin\theta-\frac{1}{3}\sin^3\theta\right)\Bigg|_0^{\frac{\pi}{2}}=\frac{8}{9}a^2,$$

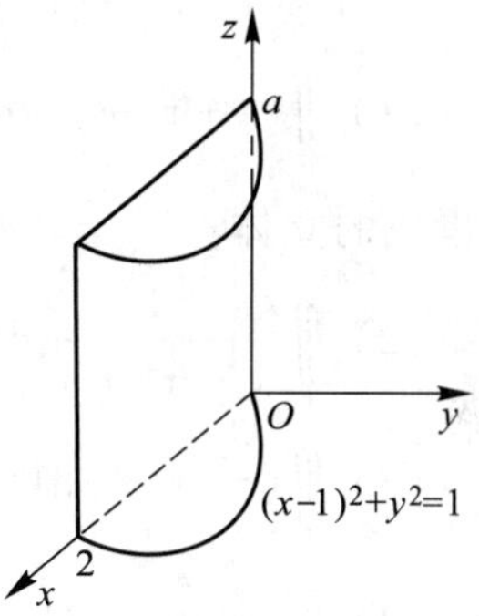

图 9.45

又

$$原式=\iiint_V z\sqrt{x^2+y^2}\,dV\xlongequal[z=\rho\cos\varphi]{x=\rho\sin\varphi\cos\theta,\ y=\rho\sin\varphi\sin\theta}\int_0^{\frac{\pi}{2}}d\theta\int_0^{\arctan\frac{2\cos\theta}{a}}d\varphi\int_0^{\frac{a}{\cos\varphi}}\rho\cos\varphi$$

$$\cdot\rho\sin\varphi\cdot\rho^2\sin\varphi\,d\rho+\int_0^{\frac{\pi}{2}}d\theta\int_{\arctan\frac{2\cos\theta}{a}}^{\frac{\pi}{2}}d\varphi\int_0^{\frac{2\cos\theta}{\sin\varphi}}\rho\cos\varphi\rho\sin\varphi\rho^2\sin\varphi\,d\rho$$

$$=\int_0^{\frac{\pi}{2}}d\theta\int_0^{\arctan\frac{2\cos\theta}{a}}\frac{1}{5}\cos\varphi\sin^2\varphi\left(\frac{a}{\cos\varphi}\right)^5d\varphi$$

$$+\int_0^{\frac{\pi}{2}}d\theta\int_{\arctan\frac{2\cos\theta}{a}}^{\frac{\pi}{2}}\frac{1}{5}\cos\varphi\sin^2\varphi\left(\frac{2\cos\varphi}{\sin\varphi}\right)^5d\varphi$$

$$=\frac{a^5}{5}\int_0^{\frac{\pi}{2}}d\theta\int_0^{\arctan\frac{2\cos\theta}{a}}\tan^2\varphi\,d\tan\varphi+\frac{2^5}{5}\int_0^{\frac{\pi}{2}}d\theta\int_{\arctan\frac{2\cos\theta}{a}}^{\frac{\pi}{2}}\cos^5\theta\cdot\frac{1}{\sin^3\varphi}d\sin\varphi$$

$$=\frac{a^5}{5}\int_0^{\frac{\pi}{2}}\frac{1}{3}\left(\frac{2\cos\theta}{a}\right)^3d\theta+\frac{2^5}{5}\int_0^{\frac{\pi}{2}}\cos^5\theta\left(-\frac{1}{2}\frac{1}{\sin^2\varphi}\right)\Bigg|_{\arctan\frac{2\cos\theta}{a}}^{\frac{\pi}{2}}d\theta$$

$$=\frac{8}{15}a^2\int_0^{\frac{\pi}{2}}\cos^3\theta\,d\theta-\frac{2^4}{5}\int_0^{\frac{\pi}{2}}\cos^5\theta\left(1+\frac{1}{\tan^2\varphi}\right)\Bigg|_{\arctan\frac{2\cos\theta}{\theta}}^{\frac{\pi}{2}}d\theta$$

$$=\frac{8}{15}a^2\int_0^{\frac{\pi}{2}}\cos^3\theta\mathrm{d}\theta-\frac{16}{5}\int_0^{\frac{\pi}{2}}\cos^5\theta\left[1-\frac{1}{\left(\frac{2\cos\theta}{a}\right)^2}\right]\mathrm{d}\theta$$

$$=\frac{8}{15}a^2\int_0^{\frac{\pi}{2}}\cos^3\theta\mathrm{d}\theta+\frac{4}{5}a^2\int_0^{\frac{\pi}{2}}\cos^3\theta\mathrm{d}\theta=\frac{4}{3}a^2\int_0^{\frac{\pi}{2}}(1-\sin^2\theta)\mathrm{d}\sin\theta$$

$$=\frac{4}{3}a^2\left(\sin\theta-\frac{1}{3}\sin^3\theta\right)\Bigg|_0^{\frac{\pi}{2}}=\frac{8}{9}a^2.$$

4. 计算下列三重积分.

(1) $\iiint\limits_V(z+x^2+y^2)\mathrm{d}V$, 其中 V 是由曲线 $\begin{cases}y^2=2z,\\x=0\end{cases}$ 绕 z 轴旋转一周而成的曲面与平面 $z=4$ 所围成的立体;

(2) $\iiint\limits_V\frac{1}{1+x^2+y^2}\mathrm{d}V$, 其中 V 是由锥面 $x^2+y^2=z^2$ 及平面 $z=1$ 所围的空间区域;

(3) $\iiint\limits_V(x^2+y^2)\mathrm{d}V$, 其中 V 是旋转抛物面 $2z=x^2+y^2$ 与平面 $z=2,z=8$ 围成的空间区域;

(4) $\iiint\limits_V(x^2+y^2)\mathrm{d}V$, 其中 V 是两个半球面 $z=\sqrt{A^2-x^2-y^2}$, $z=\sqrt{a^2-x^2-y^2}$ $(A>a)$ 及平面 $z=0$ 所围成的区域;

(5) $\iiint\limits_V(x+z)\mathrm{d}V$, 其中 V 是由锥面 $z=\sqrt{x^2+y^2}$ 与球面 $z=\sqrt{1-x^2-y^2}$ 所围成的区域;

(6) $\iiint\limits_V\frac{x^2+y^2}{z^2}\mathrm{d}V$, 其中 V 是由不等式组 $x^2+y^2+z^2\geqslant1$, $x^2+y^2+(z-1)^2\leqslant1$ 所确定的空间区域;

(7) $\iiint\limits_V(x^3y-3xy^2+3xy)\mathrm{d}V$, 其中 V 是球 $(x-1)^2+(y-1)^2+(z-1)^2\leqslant1$.

解 (1) 原式 $=\iiint\limits_{\frac{x^2+y^2}{2}\leqslant z\leqslant4}(z+x^2+y^2)\mathrm{d}V\xlongequal[z=z]{x=r\cos\theta,\ y=r\sin\theta}\int_0^{2\pi}\mathrm{d}\theta\int_0^{2\sqrt2}r\mathrm{d}r\int_{\frac{r^2}{2}}^4(z+r^2)\mathrm{d}z$

$$=2\pi\int_0^{2\sqrt2}r\left\{\frac{1}{2}\left[4^2-\left(\frac{r}{2}\right)^2\right]+r^2\left(4-\frac{r^2}{2}\right)\right\}\mathrm{d}r$$

$$=2\pi\int_0^{2\sqrt2}\left(8r-\frac{5r^2}{8}+4r^3\right)\mathrm{d}r=2\pi\left(4r^2-\frac{5}{48}r^6+r^4\right)\Bigg|_0^{2\sqrt2}=\frac{256}{3}\pi.$$

(2) 原式 $=\int_0^{2\pi}\mathrm{d}\theta\int_0^1\mathrm{d}r\int_r^1\frac{r}{1+r^2}\mathrm{d}z=2\pi\int_0^1\frac{r(1-r)}{1+r^2}\mathrm{d}r$

$$=2\pi\left[\int_0^1\frac{r}{1+r^2}\mathrm{d}r-\int_0^1\left(1-\frac{1}{1+r^2}\right)\mathrm{d}r\right]=\pi\left[\ln2-2+\frac{\pi}{2}\right].$$

(3) $$原式=\int_0^{2\pi}\mathrm{d}\theta\int_2^8\mathrm{d}z\int_0^{\sqrt{2z}}r^2\cdot r\mathrm{d}r=2\pi\int_2^8\frac{1}{4}(\sqrt{2z})^4\mathrm{d}z$$

$$=2\pi\int_2^8 z^2\mathrm{d}z=z\pi\times\frac{z^3}{3}\Big|_2^8=2\pi\times\frac{1}{3}(8^3-2^3)=336\pi.$$

(4) $$原式\xlongequal[z=\rho\cos\varphi]{\substack{x=\rho\sin\varphi\cos\theta\\ y=\rho\sin\varphi\sin\theta}}\int_0^{2\pi}\mathrm{d}\theta\int_0^{\frac{\pi}{2}}\sin^3\varphi\mathrm{d}\varphi\int_a^A\rho^4\mathrm{d}\rho$$

$$=2\pi\times\frac{1}{5}(A^5-a^5)\int_0^{\frac{\pi}{2}}(\cos^2\varphi-1)\mathrm{d}\cos\varphi$$

$$=\frac{2}{5}\pi(A^5-a^5)\left(\frac{1}{3}\cos^3\varphi-\cos\varphi\right)\Big|_0^{\frac{\pi}{2}}=\frac{4}{15}\pi(A^5-a^5).$$

(5) x 是关于 x 的奇函数,积分区域关于 $x=0$ 对称,所以 $\iiint\limits_V x\mathrm{d}V=0$.

$$\iiint\limits_V z\mathrm{d}V=\int_0^{2\pi}\mathrm{d}\theta\int_0^{\frac{\pi}{4}}\cos\varphi\sin\varphi\mathrm{d}\varphi\int_0^1\rho^3\mathrm{d}\rho=\pi\sin^2\varphi\Big|_0^{\frac{\pi}{4}}\cdot\frac{1}{4}=\frac{\pi}{8},$$

所以

$$原式=\iiint\limits_V x\mathrm{d}V+\iiint\limits_V z\mathrm{d}V=\frac{\pi}{8}.$$

(6) $$原式\xlongequal[z=\rho\cos\varphi]{\substack{x=\rho\sin\varphi\cos\theta\\ y=\rho\sin\varphi\sin\theta}}\int_0^{2\pi}\mathrm{d}\theta\int_0^{\frac{\pi}{3}}\mathrm{d}\varphi\int_1^{2\cos\varphi}\frac{\rho^2\sin^2\varphi}{\rho^2\cos^2\varphi}\rho^2\sin\varphi\mathrm{d}\rho$$

$$=2\pi\int_0^{\frac{\pi}{3}}\frac{\sin^3\varphi}{\cos^2\varphi}\cdot\frac{1}{3}[(2\cos\varphi)^3-1]\mathrm{d}\varphi$$

$$=\frac{2\pi}{3}\left[\int_0^{\frac{\pi}{3}}8\sin^3\varphi\cos\varphi\mathrm{d}\varphi-\int_0^{\frac{\pi}{3}}\frac{1-\cos^2\varphi}{\cos^2\varphi}\sin\varphi\mathrm{d}\varphi\right]$$

$$=\frac{2\pi}{3}\left[2\sin^4\varphi\Big|_0^{\frac{\pi}{3}}+\left(-\frac{1}{\cos\varphi}-\cos\varphi\right)\Big|_0^{\frac{\pi}{3}}\right]$$

$$=\frac{2\pi}{3}\left[\frac{9}{8}+\left(-2-\frac{1}{2}+2\right)\right]=\frac{5}{12}\pi.$$

(7) 坐标平移,令 $X=x-1,Y=y-1,Z=z-1$,则 $V:X^2+Y^2+Z^2\leqslant 1$,关于 $X=0,Y=0,Z=0$ 三个坐标面对称.利用对称性去掉被积函数中 X 或 Y 的奇函数部分,得

$$\iiint\limits_V(x^3y-3xy^2+3xy)\mathrm{d}V=\iiint\limits_V[3(X^2-Y^2)+1]\mathrm{d}V.$$

在球 V 上,X,Y 对等,故

$$原式=\iiint\limits_V\mathrm{d}X\mathrm{d}Y\mathrm{d}Z=\frac{4}{3}\pi.$$

5. 已知曲面 $x=\sqrt{y-z^2}$ 与 $\frac{1}{2}\sqrt{y}=x$ 及平面 $y=1$ 所围之立体的体密度为 $|z|$,求其质量 m.

解 $$m=\iiint_V |z|\,\mathrm{d}V=2\int_0^1\mathrm{d}y\int_{\frac{\sqrt{y}}{2}}^{\sqrt{y}}\mathrm{d}x\int_0^{\sqrt{y-x^2}}z\mathrm{d}z$$

$$=\int_0^1\mathrm{d}y\int_{\frac{\sqrt{y}}{2}}^{\sqrt{y}}(y-x^2)\mathrm{d}x$$

$$=\int_0^1\left\{y\cdot\frac{\sqrt{y}}{2}-\frac{1}{3}\left[(\sqrt{y})^3-\left(\frac{\sqrt{y}}{2}\right)^3\right]\right\}\mathrm{d}y$$

$$=\frac{5}{24}\int_0^1 y^{\frac{3}{2}}\mathrm{d}y=\frac{1}{12}.$$

6. 用三重积分求下列立体的体积 V.

(1) 由曲面 $az=x^2+y^2$, $2az=a^2-x^2-y^2(a>0)$ 所围成的立体;

(2) 由不等式组 $x^2+y^2-z^2\leqslant 0$, $x^2+y^2+z^2\leqslant a^2$ 所确定的立体;

(3) 由闭曲面 $(x^2+y^2+z^2)^2=a^3z(a>0)$ 所围成的立体.

解 (1) $$V=\iiint_V\mathrm{d}V=\int_0^{2\pi}\mathrm{d}\theta\int_0^{\frac{a}{\sqrt{3}}}\mathrm{d}r\int_{\frac{r^2}{a}}^{\frac{a^2-r^2}{2a}}r\mathrm{d}z$$

$$=2\pi\int_0^{\frac{a}{\sqrt{3}}}\left(\frac{a}{2}r-\frac{3}{2a}r^3\right)\mathrm{d}r=\frac{\pi}{12}a^3.$$

(2) $$V=\iiint_V\mathrm{d}V=2\int_0^{2\pi}\mathrm{d}\theta\int_0^{\frac{a}{\sqrt{2}}}\mathrm{d}r\int_r^{\sqrt{a^2-r^2}}r\mathrm{d}z$$

$$=4\pi\int_0^{\frac{a}{\sqrt{2}}}(\sqrt{a^2-r^2}-r)r\mathrm{d}r=\frac{2\pi}{3}a^3(2-\sqrt{2}).$$

(3) 由曲面方程知,立体关于平面 $x=0$, $y=0$ 对称, $z\geqslant 0$, 点 $(0,0,0)$ 和 $(0,0,a)$ 在曲面上,在 $0\leqslant z\leqslant a$ 间,每个截面积都是圆 $x^2+y^2\leqslant\sqrt{a^3z}-z^2$,故

$$V:0\leqslant\theta\leqslant 2\pi,\quad 0\leqslant\varphi\leqslant\frac{\pi}{2},\quad 0\leqslant\rho\leqslant a\cos^{\frac{1}{3}}\varphi.$$

故

$$V=\iiint_V\mathrm{d}V=\int_0^{2\pi}\mathrm{d}\theta\int_0^{\frac{\pi}{2}}\sin\varphi\mathrm{d}\varphi\int_0^{a\cos^{\frac{1}{3}}\varphi}\rho^2\mathrm{d}\rho=\frac{1}{3}\pi a^3.$$

7. 设 $f(x)$ 连续, $F(t)=\iiint_V(z^2+f(x^2+y^2)]\mathrm{d}V$, 其中 V 由不等式组 $0\leqslant z\leqslant h$, $x^2+y^2\leqslant t^2$ 确定,求 $\frac{\mathrm{d}F}{\mathrm{d}t}$.

解 $F(t)=\int_0^{2\pi}\mathrm{d}\theta\int_0^t\mathrm{d}r\int_0^h[z^2+f(r^2)]r\mathrm{d}z=2\pi\int_0^t\left[\frac{rh^3}{3}+rf(r^2)h\right]\mathrm{d}r$,

$F'(t)=2\pi\left[\frac{th^3}{3}+tf(t^2)h\right]=2\pi t\left[\frac{h^3}{3}+hf(t^2)\right]$.

8. 有一融化过程中的雪堆，高 $h=h(t)$（t 为时间），侧面方程为 $z=h(t)-\dfrac{2(x^2+y^2)}{h(t)}$（长度单位为 cm，时间单位为 h）. 已知体积减少的速率与侧面积成正比（比例系数为 0.9），问原高 $h(0)=130$ cm 的这个雪堆全部融化需要多少小时？

解　详细解答过程参见 9.6 例题分析部分例 24.

9.4

1. 计算下列对弧长的（第一型）曲线积分.

(1) $\int_l \sqrt{2y}\,ds$，其中 l 为摆线 $x=a(t-\sin t)$，$y=a(1-\cos t)$ 的一拱；

(2) $\int_l (x^{\frac{4}{3}}+y^{\frac{4}{3}})\,ds$，其中 l 为星形线 $x=a\cos^3 t$，$y=a\sin^3 t\left(0\leqslant t\leqslant\dfrac{\pi}{2}\right)$ 在第一象限内的弧；

(3) $\oint_C \sqrt{x^2+y^2}\,ds$，其中 C 是圆周 $x^2+y^2=ax$；

(4) $\int_l x\,ds$，其中 l 为双曲线 $xy=1$ 上点 $\left(\dfrac{1}{2},2\right)$ 到点 $(1,1)$ 的弧段；

(5) $\int_l |y|\,ds$，其中 l 为 $x=\sqrt{1-y^2}$；

(6) $\oint_C e^{\sqrt{x^2+y^2}}\,ds$，其中 C 为曲线 $x^2+y^2=a^2$，直线 $y=x$ 及 x 轴正半轴在第一象限内所围平面区域的边界线；

(7) $\int_L z\,ds$，其中 L 为空间曲线 $x=t\cos t$，$y=t\sin t$，$z=t$，从 $t=0$ 到 $t=t_0$ 的弧段；

(8) $\int_L \dfrac{z^2}{x^2+y^2}\,ds$，其中 L 为螺线 $x=a\cos t$，$y=a\sin t$，$z=at$，从 $t=0$ 到 $t=2\pi$ 的弧段；

(9) $\oint_C (2xy+3x^2+4y^2)\,ds$，其中 C 为椭圆 $\dfrac{x^2}{4}+\dfrac{y^2}{3}=1$，设其周长为 a；

(10) $\oint_L (2yz+2zx+2xy)\,ds$，其中 L 是空间圆周 $\begin{cases}x^2+y^2+z^2=a^2,\\ x+y+z=\dfrac{3}{2}a,\end{cases}$

(11) $\oint_L (x^2+y^2)\,ds$，其中 L 是空间圆周 $\begin{cases}x^2+y^2+z^2=1,\\ x+y+z=0;\end{cases}$

(12) $\oint_C (2x^2+3y^2)\,ds$，其中 C 是曲线 $x^2+y^2=2(x+y)$.

解　(1) $\displaystyle\int_l \sqrt{2y}\,ds=\int_0^{2\pi}\sqrt{2y(t)}\sqrt{[x'(t)]^2+[y'(t)]^2}\,dt$

$$=2a\sqrt{a}\int_0^{2\pi}(1-\cos t)\,dt=4\pi a\sqrt{a}.$$

(2) $\displaystyle\int_l (x^{\frac{4}{3}}+y^{\frac{4}{3}})\,ds=\int_0^{\frac{\pi}{2}}[x^{\frac{4}{3}}(t)+y^{\frac{4}{3}}(t)]\sqrt{[x'(t)]^2+[y'(t)]^2}\,dt$

$$=3a^{\frac{7}{3}}\int_0^{\frac{\pi}{2}}[\sin^4 t+\cos^4 t]\sin t\cos t\,dt$$

$$= 3a^{\frac{7}{3}}\left[\int_0^{\frac{\pi}{2}}\sin^5 t\mathrm{d}\sin t - \int_0^{\frac{\pi}{2}}\cos^5 t\mathrm{d}\cos t\right] = a^{\frac{7}{3}}.$$

(3) $\oint_C \sqrt{x^2+y^2}\mathrm{d}s = \oint_C \sqrt{ax}\mathrm{d}s$

$$\xlongequal[y=\frac{a}{2}\sin t]{x-\frac{a}{2}=\frac{a}{2}\cos t}\int_0^{2\pi}\sqrt{a\left(\frac{a}{2}+\frac{a}{2}\cos t\right)}\sqrt{\left(-\frac{a}{2}\sin t\right)^2+\left(\frac{a}{2}\cos t\right)^2}\mathrm{d}t$$

$$= \frac{a^2}{2}\int_0^{2\pi}\left|\cos\frac{t}{2}\right|\mathrm{d}t = a^2\int_0^{\pi}\cos\frac{t}{2}\mathrm{d}t = 2a^2.$$

(4) $\int_l x\mathrm{d}s \xlongequal{x=\frac{1}{y}} \int_1^2 \frac{1}{y}\sqrt{1+\left(-\frac{1}{y^2}\right)^2}\mathrm{d}y = \int_1^2\frac{\sqrt{1+y^4}}{y^3}\mathrm{d}y$

$$= -\frac{1}{2}\int_1^2\sqrt{1+y^4}\,\mathrm{d}\frac{1}{y^2} = -\frac{1}{2}\frac{\sqrt{1+y^4}}{y^2}\Bigg|_1^2 + \frac{1}{2}\int_1^2\frac{1}{y^2}\frac{4y^3}{2\sqrt{1+y^4}}\mathrm{d}y$$

$$= \frac{\sqrt{2}}{2} - \frac{\sqrt{17}}{8} + \frac{1}{2}\int_1^2\frac{\mathrm{d}(y^2)}{\sqrt{1+(y^2)^2}} = \frac{\sqrt{2}}{2} - \frac{\sqrt{17}}{8} + \frac{1}{2}\ln[y^2+\sqrt{1+y^4}]\Big|_1^2$$

$$= \frac{\sqrt{2}}{2} - \frac{\sqrt{17}}{8} + \frac{1}{2}\ln(4+\sqrt{17}) - \frac{1}{2}\ln(1+\sqrt{2}).$$

(5)
$$\int_l |y|\mathrm{d}s \xlongequal[y=\sin t]{x=\cos t} \int_{-\frac{\pi}{2}}^{\frac{\pi}{2}}|\sin t|\sqrt{(-\sin t)^2+\cos^2 t}\,\mathrm{d}t$$

$$= 2\int_0^{\frac{\pi}{2}}\sin t\mathrm{d}t = 2.$$

(6)
$$\int_{C_1}\mathrm{e}^{\sqrt{x^2+y^2}}\mathrm{d}s \xlongequal{y=0} \int_0^a \mathrm{e}^{\sqrt{x^2+0^2}}\sqrt{1+0^2}\,\mathrm{d}x = \int_0^a \mathrm{e}^x\mathrm{d}x = \mathrm{e}^a - 1,$$

$$\int_{C_2}\mathrm{e}^{\sqrt{x^2+y^2}}\mathrm{d}s = \mathrm{e}^a\cdot\int_0^{\frac{\pi}{4}}a\mathrm{d}\theta = \frac{\pi}{4}a\mathrm{e}^a,$$

$$\int_{C_3}\mathrm{e}^{\sqrt{x^2-y^2}}\mathrm{d}s \xlongequal{y=x} \int_0^{\frac{a}{\sqrt{2}}}\mathrm{e}^{\sqrt{x^2+x^2}}\sqrt{1+1^2}\,\mathrm{d}x = \int_0^{\frac{a}{\sqrt{2}}}\mathrm{e}^{\sqrt{2}x}\mathrm{d}(\sqrt{2}x) = \mathrm{e}^a - 1,$$

故

$$\oint_C \mathrm{e}^{\sqrt{x^2+y^2}}\mathrm{d}s = \int_{C_1}\mathrm{e}^{\sqrt{x^2+y^2}}\mathrm{d}s + \int_{C_2}\mathrm{e}^{\sqrt{x^2+y^2}}\mathrm{d}s + \int_{C_3}\mathrm{e}^{\sqrt{x^2+y^2}}\mathrm{d}s$$

$$= 2(\mathrm{e}^a - 1) + \frac{\pi}{4}a\mathrm{e}^a.$$

(7)
$$\int_L z\mathrm{d}s = \int_0^{t_0} t\sqrt{(\cos t - t\sin t)^2 + (\sin t + t\cos t)^2 + 1^2}\,\mathrm{d}t$$

$$= \int_0^{t_0} t\sqrt{t^2+2}\,\mathrm{d}t = \frac{1}{3}[(t_0^2+2)^{\frac{3}{2}} - 2\sqrt{2}].$$

(8) $$\int_L \frac{z^2}{x^2+y^2}\mathrm{d}s = \int_0^{2\pi} \frac{a^2t^2}{a^2}\sqrt{(-a\sin t)^2+(a\cos t)^2+a^2}\,\mathrm{d}t$$

$$=\sqrt{2}a\int_0^{2\pi} t^2\mathrm{d}t = \frac{8\sqrt{2}}{3}a\pi^3.$$

(9) $\oint_C (2xy+3x^2+4y^2)\mathrm{d}s = \oint_C (2xy+12)\mathrm{d}s$，

又 $2xy$ 是关于 x 的奇函数,曲线 C 关于 $x=0$ 对称.所以 $\oint_C 2xy\mathrm{d}s = 0$.
于是

$$\text{原式} = \oint_C 2xy\mathrm{d}s + \oint_C 12\mathrm{d}s = 12a.$$

(10) 球心(0,0,0)到平面 $x+y+z=\dfrac{3a}{2}$的距离为

$$d=\frac{\left|0+0+0-\dfrac{3a}{2}\right|}{\sqrt{1^2+1^2+1^2}}=\frac{\sqrt{3}}{2}a.$$

圆$\begin{cases}x^2+y^2+z^2=a^2,\\ x+y+z=\dfrac{3}{2}a\end{cases}$ 的半径为 $r=\sqrt{a^2-\left(\dfrac{\sqrt{3}a}{2}\right)^2}=\dfrac{a}{2}$,圆 L 的周长为 $2\pi r=\pi a$,于是

$$\oint_L (2yz+2zx+2xy)\mathrm{d}s$$

$$=\oint_L [(x+y+z)^2-(x^2+y^2+z^2)]\mathrm{d}s$$

$$=\oint_L \left[\left(\frac{3a}{2}\right)^2-a^2\right]\mathrm{d}s = \frac{5a^2}{4}\int_L \mathrm{d}s = \frac{5}{4}a^2\times\pi a = \frac{5}{4}\pi a^3.$$

(11) 由对称性知 $\oint_L x^2\mathrm{d}s = \oint_L y^2\mathrm{d}s = \oint_L z^2\mathrm{d}s$, 于是

$$\oint_L (x^2+y^2)\mathrm{d}s = \oint_L x^2\mathrm{d}s + \oint_L y^2\mathrm{d}s$$

$$=2\oint_L x^2\mathrm{d}s = \frac{2}{3}\left(\oint_L x^2\mathrm{d}s + \oint_L x^2\mathrm{d}s + \oint_L x^2\mathrm{d}s\right)$$

$$=\frac{2}{3}\left(\oint_L x^2\mathrm{d}s + \oint_L y^2\mathrm{d}s + \oint_L z^2\mathrm{d}s\right)$$

$$=\frac{2}{3}\oint_L (x^2+y^2+z^2)\mathrm{d}s = \frac{2}{3}\oint_L 1\mathrm{d}s = \frac{2}{3}\times 2\pi\times 1^2 = \frac{4}{3}\pi.$$

(12) C 是$(x-1)^2+(y-1)^2=2$ 的圆,关于 $y=x$ 对称,由对称性

$$\oint_C x^2\mathrm{d}s = \oint_C y^2\mathrm{d}s.$$

故

$$\oint_C (2x^2+3y^2)\,ds = \frac{5}{2}\oint_C (x^2+y^2)\,ds = 5\oint_C (x+y)\,ds = 20\sqrt{2}\pi.$$

2. 求下列柱面片的面积.

(1) 圆柱面 $x^2+y^2=R^2$ 介于坐标面 xOy 及柱面 $z=R+\dfrac{x^2}{R}$ 之间的一块;

(2) 圆柱面 $x^2+y^2=1$ 被抛物柱面 $x=z^2$ 截下的一块(用定积分表示,不必计算).

(1) **解法 1** 由对称性知

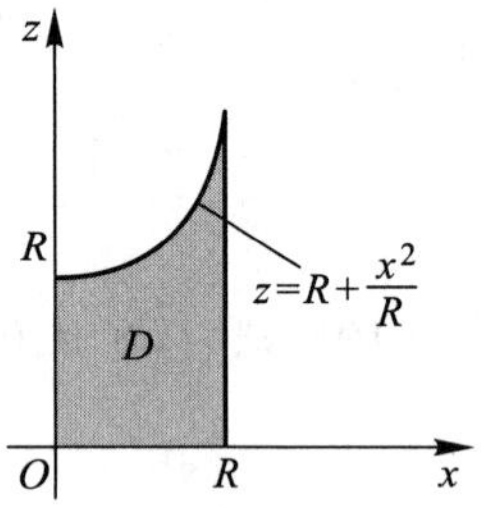

图 9.46

$$S = 4\iint_D \sqrt{1+\left(\frac{\partial y}{\partial x}\right)^2+\left(\frac{\partial y}{\partial z}\right)^2}\,dx\,dz$$

$$= 4\int_0^R dx\int_0^{R+\frac{x^2}{R}} \sqrt{1+\left(\frac{x}{\sqrt{R^2-x^2}}\right)^2+0^2}\,dz$$

$$= 4\int_0^R dx\int_0^{R+\frac{x^2}{R}} \frac{R}{\sqrt{R^2-x^2}}\,dz$$

$$= 4R\int_0^R \frac{1}{\sqrt{R^2-x^2}}\left(R+\frac{x^2}{R}\right)dx$$

$$= 4R\left[\int_0^R \frac{R}{\sqrt{R^2-x^2}}\,dx + \frac{1}{R}\int_0^R \frac{x^2}{\sqrt{R^2-x^2}}\,dx\right]$$

$$= 4R\left[R\arcsin\frac{x}{R}\bigg|_0^R + \frac{1}{R}\int_0^{\frac{\pi}{2}} \frac{(R\sin t)^2}{\sqrt{R^2-(R\sin t)^2}}R\cos t\,dt\right]$$

$$= 4R\left[\frac{\pi}{2}R + R\int_0^{\frac{\pi}{2}}\sin^2 t\,dt\right] = 4R\left[\frac{\pi}{2}R+\frac{\pi}{4}R\right] = 3\pi R^2.$$

解法 2 设 $L: x^2+y^2=R^2, x\geqslant 0, y\geqslant 0$,则

$$S = 4\int_L\left(R+\frac{x^2}{R}\right)ds = 4R\int_L ds + \frac{4}{R}\int_L x^2\,ds$$

$$= 4R\cdot\frac{2\pi R}{4} + \frac{4}{R}\int_0^R x^2\sqrt{1+\left(-\frac{x}{\sqrt{R^2-x^2}}\right)^2}\,dx$$

$$= 2\pi R^2 + 4R^2\int_0^{\frac{\pi}{2}}\sin^2 t\,dt = 3\pi R^2.$$

(2) $$S = 4\int_{\substack{x^2+y^2=1\\ x\geqslant 0, y\geqslant 0}} \sqrt{x}\,ds \xlongequal[y=\sin\theta]{x=\cos\theta} 4\int_0^{\frac{\pi}{2}}\sqrt{\cos\theta}\sqrt{(-\sin\theta)^2+\cos^2\theta}\,d\theta = 4\int_0^{\frac{\pi}{2}}\sqrt{\cos\theta}\,d\theta.$$

3. 试用曲线积分计算由曲线 $L: y=\dfrac{x^2}{4}-\dfrac{1}{2}\ln x\,(1\leqslant x\leqslant 2)$ 绕直线 $y=\dfrac{3}{4}x-\dfrac{9}{8}$ 旋转所成旋转曲面的面积.

解　在曲线 $L:y=\frac{1}{4}x^2-\frac{1}{2}\ln x(1\leqslant x\leqslant 2)$ 上任取一点 $M(x,y)$，及小微元 ds，M 到直线 l：$3x-4y-\frac{9}{2}=0$ 的距离为

$$r=\frac{\left|3x-4y-\frac{9}{2}\right|}{\sqrt{3^2+(-4)^2}}=\frac{1}{5}\left|3x-4\left(\frac{1}{4}x^2-\frac{1}{2}\ln x\right)-\frac{9}{2}\right|$$

$$=\frac{1}{5}\left(x^2-2\ln x-3x+\frac{9}{2}\right),1\leqslant x\leqslant 2.$$

当曲线 L 绕直线 l 旋转时，小弧段 ds 绕 l 旋转形成小窄圆带，其面积近似为

$$2\pi r ds=\frac{2\pi}{5}\left(x^2-2\ln x-3x+\frac{9}{2}\right)ds,$$

那么整个旋转曲面的面积为

$$S=\int_L 2\pi r ds=\int_1^2 2\pi r\sqrt{1+\left(\frac{dy}{dx}\right)^2}dx$$

$$=\int_1^2 2\pi r\sqrt{1+\left(\frac{x}{2}-\frac{1}{2x}\right)^2}dx$$

$$=\int_1^2 2\pi r\sqrt{\left[\frac{1}{2}\left(x+\frac{1}{x}\right)\right]^2}dx$$

$$=\int_1^2\frac{2\pi}{5}\left(x^2-2\ln x-3x+\frac{9}{2}\right)\left[\frac{1}{2}\left(x+\frac{1}{x}\right)\right]dx$$

$$=\frac{\pi}{5}\left[\int_1^2\left(x^3-3x^2+\frac{11}{2}x-3+\frac{9}{2}\frac{1}{x}\right)dx-2\int_1^2\frac{\ln x}{x}dx-2\int_1^2 x\ln x dx\right]$$

$$=\frac{\pi}{5}\left[\frac{7}{2}+\frac{1}{2}\ln 2-\ln^2 2\right].$$

4. 设悬链线 $y=\frac{a}{2}(e^{\frac{x}{a}}+e^{-\frac{x}{a}})$ 上每一点的密度与该点的纵坐标成反比，且在点 $(0,a)$ 处的密度等于 δ，试求曲线在横坐标 $x_1=0$ 及 $x_2=a$ 之间一段的质量 $(a>0)$.

解　$$m=\int_L\frac{a\delta}{y}ds=a\delta\int_0^a\frac{1}{\frac{a}{2}(e^{\frac{x}{a}}+e^{-\frac{x}{a}})}\sqrt{1+\left[\frac{a}{2}\left(\frac{1}{a}e^{\frac{x}{a}}-\frac{1}{a}e^{-\frac{x}{a}}\right)\right]^2}dx$$

$$=\delta\int_0^a\frac{1}{e^{\frac{x}{a}}+e^{-\frac{x}{a}}}\sqrt{(e^{\frac{x}{a}}+e^{-\frac{x}{a}})^2}dx=\delta\int_0^a dx=a\delta.$$

9.5

1. 计算下列对面积的(第一型)曲面积分.

(1) $\iint\limits_S \left(2x+\dfrac{4}{3}y+z\right)\mathrm{d}S$，其中 S 为平面 $\dfrac{x}{2}+\dfrac{y}{3}+\dfrac{z}{4}=1$ 在第一卦限中的部分；

(2) $\iint\limits_S x^2y^2\mathrm{d}S$，其中 S 为上半球面 $z=\sqrt{R^2-x^2-y^2}$；

(3) $\iint\limits_S \dfrac{1}{x^2+y^2+z^2}\mathrm{d}S$，其中 S 是下半球面 $z=-\sqrt{R^2-x^2-y^2}$；

(4) $\iint\limits_S |y|\sqrt{z}\,\mathrm{d}S$，其中 S 是曲面 $z=x^2+y^2(z\leqslant 1)$；

(5) $\iint\limits_S (xy+yz+zx)\mathrm{d}S$，其中 S 为锥面 $z=\sqrt{x^2+y^2}$ 被曲面 $x^2+y^2=2ax(a>0)$ 所截下的部分；

(6) $\iint\limits_\Sigma (3x^2+y^2+2z^2)\mathrm{d}S$，其中 Σ 为球面 $(x-1)^2+(y-1)^2+(z-1)^2=3$.

解 (1) $z=4-2x-\dfrac{4}{3}y$，投影域 $D:\dfrac{x}{2}+\dfrac{y}{3}\leqslant 1, x\geqslant 0, y\geqslant 0$.

$$\text{原式}=\iint\limits_D 4\sqrt{1+\left(\frac{\partial z}{\partial x}\right)^2+\left(\frac{\partial z}{\partial y}\right)^2}\,\mathrm{d}\sigma=\frac{4}{3}\sqrt{61}\iint\limits_D\mathrm{d}\sigma=4\sqrt{61}.$$

(2)
$$\begin{aligned}\text{原式}&=\iint\limits_{x^2+y^2\leqslant R^2} x^2y^2\sqrt{1+\left(\frac{\partial z}{\partial x}\right)^2+\left(\frac{\partial z}{\partial y}\right)^2}\,\mathrm{d}\sigma\\&=\iint\limits_{x^2+y^2\leqslant R^2}\frac{Rx^2y^2}{\sqrt{R^2-x^2-y^2}}\mathrm{d}\sigma\\&\xlongequal[y=r\sin\theta]{x=r\cos\theta} R\int_0^{2\pi}\cos^2\theta\sin^2\theta\,\mathrm{d}\theta\int_0^R\frac{r^5}{\sqrt{R^2-r^2}}\mathrm{d}r=\frac{2}{15}\pi R^6.\end{aligned}$$

(3)
$$\begin{aligned}\text{原式}&=\iint\limits_{x^2+y^2\leqslant R^2}\frac{1}{R^2}\sqrt{1+\left(\frac{\partial z}{\partial x}\right)^2+\left(\frac{\partial z}{\partial y}\right)^2}\,\mathrm{d}\sigma\\&=\frac{1}{R}\iint\limits_{x^2+y^2\leqslant R^2}\frac{1}{\sqrt{R^2-x^2-y^2}}\mathrm{d}\sigma\\&\xlongequal[y=r\sin\theta]{x=r\cos\theta}\frac{1}{R}\int_0^{2\pi}\mathrm{d}\theta\int_0^R\frac{r}{\sqrt{R^2-r^2}}\mathrm{d}r=2\pi.\end{aligned}$$

(4)
$$\begin{aligned}\text{原式}&=\iint\limits_{x^2+y^2\leqslant 1}|y|\sqrt{x^2+y^2}\sqrt{1+\left(\frac{\partial z}{\partial x}\right)^2+\left(\frac{\partial z}{\partial y}\right)^2}\,\mathrm{d}\sigma\\&=\iint\limits_{x^2+y^2\leqslant 1}|y|\sqrt{x^2+y^2}\sqrt{1+\left(\frac{\partial z}{\partial x}\right)^2+\left(\frac{\partial z}{\partial y}\right)^2}\,\mathrm{d}\sigma\\&=\iint\limits_{x^2+y^2\leqslant 1}|y|\sqrt{x^2+y^2}\sqrt{1+4x^2+4y^2}\,\mathrm{d}\sigma\end{aligned}$$

$$\xlongequal[y=r\sin\theta]{x=r\cos\theta}\int_0^{2\pi}|\sin\theta|\,d\theta\int_0^1 r^3\sqrt{1+4r^2}\,dr=\frac{25\sqrt{5}+1}{30}=\frac{5}{6}\sqrt{5}+\frac{1}{30}.$$

(5) 因 $xy+yz$ 是关于 y 的奇函数，zx 是关于 y 的偶函数，且 S 关于 $y=0$ 对称，所以 $\iint\limits_S(xy+yz)\,dS=0$.

$$\iint\limits_S zx\,dS=2\iint\limits_{\substack{z=\sqrt{x^2+y^2}\\0\leqslant y\leqslant\sqrt{2ax-x^2}}}zx\,ds=2\iint\limits_{0\leqslant y\leqslant\sqrt{2ax-x^2}}x\sqrt{x^2+y^2}\sqrt{1+\left(\frac{\partial z}{\partial x}\right)^2+\left(\frac{\partial z}{\partial y}\right)^2}\,dxdy$$

$$=2\sqrt{2}\iint\limits_{0\leqslant y\leqslant\sqrt{2ax-x^2}}x\sqrt{x^2+y^2}\,dxdy$$

$$\xlongequal[y=r\sin\theta]{x=r\cos\theta}2\sqrt{2}\int_0^{\frac{\pi}{2}}d\theta\int_0^{2a\cos\theta}r\cos\theta\cdot r\cdot r\,dr$$

$$=2\sqrt{2}\int_0^{\frac{\pi}{2}}\cos\theta\cdot\frac{(2a\cos\theta)^4}{4}d\theta$$

$$=8\sqrt{2}a^4\int_0^{\frac{\pi}{2}}(1-2\sin^2\theta+\sin^4\theta)\,d\sin\theta$$

$$=8\sqrt{2}a^4\left(\sin\theta-\frac{2}{3}\sin^3\theta+\frac{1}{5}\sin^5\theta\right)\Bigg|_0^{\frac{\pi}{2}}=\frac{64}{15}\sqrt{2}a^4.$$

(6) 将球心平移到坐标原点，即设 $X=x-1,Y=y-1,Z=z-1$，则曲面 Σ 为 $X^2+Y^2+Z^2=3$，被积函数变为 $3X^2+Y^2+2Z^2+6X+2Y+4Z+6$. 由对称性得

$$\oiint\limits_S(3x^2+y^2+2z^2)\,dS=\oiint\limits_\Sigma(3X^2+Y^2+2Z^2+6X+2Y+4Z+6)\,dS$$

$$=\oiint\limits_\Sigma(3X^2+Y^2+2Z^2+6)\,dS=2\oiint\limits_\Sigma(X^2+Y^2+Z^2)\,dS+\oiint\limits_\Sigma 6\,dS$$

$$=12\oiint\limits_\Sigma dS=144\pi.$$

2. 已知抛物面薄壳 $z=\frac{1}{2}(x^2+y^2)\,(0\leqslant z\leqslant 1)$ 的质量面密度 $\mu(x,y,z)=z$，求此薄壳的质量.

解　$$m=\iint\limits_S z\,ds=\iint\limits_{x^2+y^2\leqslant 2}\frac{1}{2}(x^2+y^2)\sqrt{1+\left(\frac{\partial z}{\partial x}\right)^2+\left(\frac{\partial z}{\partial y}\right)^2}\,dxdy$$

$$=\frac{1}{2}\iint\limits_{x^2+y^2\leqslant 2}(x^2+y^2)\sqrt{1+x^2+y^2}\,dxdy$$

$$\xlongequal[y=r\sin\theta]{x=r\cos\theta}\frac{1}{2}\int_0^{2\pi}d\theta\int_0^{\sqrt{2}}r^2\sqrt{1+r^2}\,r\,dr$$

$$=\frac{\pi}{2}\int_0^{\sqrt{2}}\left[(1+r^2)^{\frac{3}{2}}-(1+r^2)^{\frac{1}{2}}\right]\mathrm{d}(1+r^2)$$

$$=\frac{\pi}{2}\left[\frac{2}{5}(1+r^2)^{\frac{5}{2}}-\frac{2}{3}(1+r^2)^{\frac{3}{2}}\right]\Bigg|_0^{\sqrt{2}}=\frac{\pi}{15}(12\sqrt{3}+2).$$

3. 证明不等式：$\oiint\limits_{\Sigma}(x+y+z+\sqrt{3}a)^3\mathrm{d}S\geqslant 108\pi a^5(a>0)$，其中 Σ 是球面 $x^2+y^2+z^2-2ax-2ay-2az+2a^2=0$.

证明 详细解答过程参见 9.6 例题分析部分例 26.

4. 设 S 为椭球面 $\frac{x^2}{2}+\frac{y^2}{2}+z^2=1$ 的上半部分，点 $P(x,y,z)\in S$，π 为 S 在点 P 处的切平面，$\rho(x,y,z)$ 为原点 $(0,0,0)$ 到平面 π 的距离，求 $\iint\limits_S\frac{z}{\rho(x,y,z)}\mathrm{d}S$.

解 平面 π 的方程为

$$x(X-x)+y(Y-y)+2z(Z-z)=0,$$

即

$$xX+yY+2zZ-2=0.$$

于是

$$\rho(x,y,z)=\frac{|-2|}{\sqrt{x^2+y^2+4z^2}}=\frac{2}{\sqrt{x^2+y^2+4z^2}}.$$

又 S 的方程为 $z=\sqrt{1-\frac{x^2}{2}-\frac{y^2}{2}}$，设在 xOy 平面的投影区域为 $D:x^2+y^2\leqslant 2$，

$$\mathrm{d}S=\sqrt{1+\left(\frac{\partial z}{\partial x}\right)^2+\left(\frac{\partial z}{\partial y}\right)^2}\mathrm{d}\sigma$$

$$=\sqrt{1+\left(\frac{-x}{2\sqrt{1-\frac{x^2}{2}-\frac{y^2}{2}}}\right)^2+\left(\frac{-y}{2\sqrt{1-\frac{x^2}{2}-\frac{y^2}{2}}}\right)^2}\mathrm{d}\sigma z$$

$$=\frac{\sqrt{4-x^2-y^2}}{2\sqrt{1-\frac{x^2}{2}-\frac{y^2}{2}}}\mathrm{d}\sigma,$$

$$\iint\limits_S\frac{z}{\rho(x,y,z)}\mathrm{d}S=\iint\limits_S z\frac{\sqrt{x^2+y^2+4z^2}}{2}\mathrm{d}S$$

$$=\iint\limits_D\sqrt{1-\frac{x^2}{2}-\frac{y^2}{2}}\cdot\frac{\sqrt{4-x^2-y^2}}{2}\cdot\frac{\sqrt{4-x^2-y^2}}{2\sqrt{1-\frac{x^2}{2}-\frac{y^2}{2}}}\mathrm{d}\sigma$$

$$=\iint\limits_D\frac{4-x^2-y^2}{4}\mathrm{d}\sigma=\int_0^{2\pi}\mathrm{d}\theta\int_0^{\sqrt{2}}\frac{4-r^2}{4}\cdot r\mathrm{d}r$$

$$=2\pi\cdot\frac{1}{8}\left(4r^2-\frac{1}{2}r^4\right)\Bigg|_0^{\sqrt{2}}=\frac{3}{2}\pi.$$

5. 求下列曲面的面积.

（1）锥面 $y^2+z^2=x^2$ 含在圆柱面 $x^2+y^2=a^2$ 内的部分；

（2）锥面 $z=\sqrt{x^2+y^2}$ 被抛物柱面 $z^2=2x$ 截下的部分；

（3）旋转抛物面 $2z=x^2+y^2$ 被圆柱面 $x^2+y^2=1$ 截下的部分；

（4）双曲抛物面 $z=xy$ 被圆柱面 $x^2+y^2=a^2$ 截下的部分；

（5）球面 $x^2+y^2+z^2=3a^2$ 含在旋转抛物面 $x^2+y^2-2az=0(a>0)$ 上方的部分.

解　（1）由对称性知，所求表面积在每一个卦限都是相等的，下面求在第一卦限的面积，曲面函数为 $z=\sqrt{x^2-y^2}$，在 xOy 平面上的投影域如图 9.47 所示.

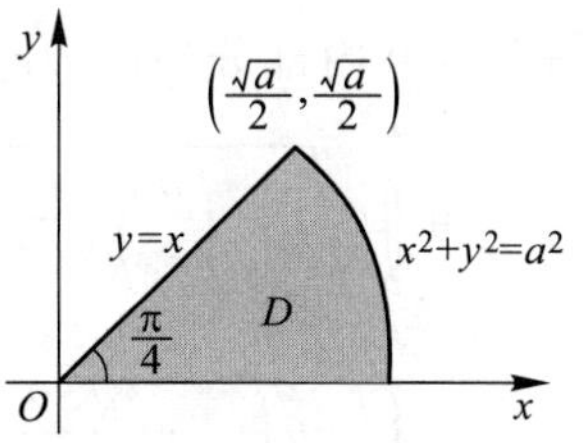

图 9.47

$$S_1=\iint\limits_D\sqrt{1+\left(\frac{\partial z}{\partial x}\right)^2+\left(\frac{\partial z}{\partial y}\right)^2}\mathrm{d}\sigma=\iint\limits_D\frac{\sqrt{2}x}{\sqrt{x^2-y^2}}\mathrm{d}\sigma$$

$$=\sqrt{2}\int_0^{\frac{a}{\sqrt{2}}}\mathrm{d}y\int_y^{\sqrt{a^2-x^2}}\frac{x}{\sqrt{x^2-y^2}}\mathrm{d}x=\sqrt{2}\int_0^{\frac{a}{\sqrt{2}}}\sqrt{a^2-2y^2}\,\mathrm{d}y$$

$$\xlongequal{\sqrt{2}y=a\sin t}a^2\int_0^{\frac{\pi}{2}}\cos^2t\mathrm{d}t=\frac{a^2}{2}\int_0^{\frac{\pi}{2}}(1+\cos 2t)\mathrm{d}t=\frac{\pi}{4}a^2,$$

所求表面积为 $S=8S_1=2\pi a^2$.

（2）曲面为 $z=\sqrt{x^2+y^2}$，在 xOy 平面上的投影域为

$$D:x^2+y^2\leqslant 2x,(x-1)^2+y^2\leqslant 1.$$

$$S=\iint\limits_D\sqrt{1+\left(\frac{\partial z}{\partial x}\right)^2+\left(\frac{\partial z}{\partial y}\right)^2}\mathrm{d}\sigma=\iint\limits_D\sqrt{2}\,\mathrm{d}\sigma=\sqrt{2}\pi.$$

（3）曲面为 $z=\frac{x^2+y^2}{2}$，在 xOy 平面上的投影域为

$$D:x^2+y^2\leqslant 1.$$

$$S=\iint\limits_D\sqrt{1+\left(\frac{\partial z}{\partial x}\right)^2+\left(\frac{\partial z}{\partial y}\right)^2}\mathrm{d}\sigma=\iint\limits_D\sqrt{1+x^2+y^2}\,\mathrm{d}\sigma$$

$$=\int_0^{2\pi}\mathrm{d}\theta\int_0^1\sqrt{1+r^2}\,r\mathrm{d}r=\pi\int_0^1(1+r^2)^{\frac{1}{2}}\mathrm{d}(1+r^2)$$

$$=\frac{2}{3}\pi(1+r^2)^{\frac{3}{2}}\Big|_0^1=\frac{2}{3}\pi(2\sqrt{2}-1).$$

（4）曲面为 $z=xy$，在 xOy 平面上的投影域为

$$D:x^2+y^2\leqslant a^2.$$

$$S=\iint\limits_D\sqrt{1+\left(\frac{\partial z}{\partial x}\right)^2+\left(\frac{\partial z}{\partial y}\right)^2}\mathrm{d}\sigma=\iint\limits_D\sqrt{1+x^2+y^2}\,\mathrm{d}\sigma$$

$$=\int_0^{2\pi}\mathrm{d}\theta\int_0^a\sqrt{1+r^2}\,r\mathrm{d}r=\frac{2}{3}\pi(1+r^2)^{\frac{3}{2}}\Big|_0^a=\frac{2\pi}{3}[(1+a^2)^{\frac{3}{2}}-1].$$

（5）由 $x^2+y^2+\left(\dfrac{x^2+y^2}{2a}\right)^2=3a^2$，得

$$[(x^2+y^2)+6a^2][(x^2+y^2)-2a^2]=0,$$

于是

$$x^2+y^2=2a^2.$$

即球面 $x^2+y^2+z^2=3a^2$ 与旋转抛物面 $x^2+y^2-2az=0$ 的交线，故曲面 $z=\sqrt{3a^2-x^2-y^2}$（含在 $x^2+y^2-2az=0$ 内部分）在 xOy 平面内的投影域为 $D:x^2+y^2\leqslant 2a^2$.

$$S=\iint\limits_D\sqrt{1+\left(\frac{\partial z}{\partial x}\right)^2+\left(\frac{\partial z}{\partial y}\right)^2}\mathrm{d}\sigma=\iint\limits_D\frac{\sqrt{3}a}{\sqrt{3a^2-x^2-y^2}}\mathrm{d}\sigma$$

$$=\int_0^{2\pi}\mathrm{d}\theta\int_0^{\sqrt{2}a}\frac{\sqrt{3}a}{\sqrt{3a^2-r^2}}r\mathrm{d}r=2\sqrt{3}a\pi[-(3a^2-r^2)^{\frac{1}{2}}]\Big|_0^{\sqrt{2}a}=2(3-\sqrt{3})\pi a^2.$$

6. 设半径为 R 的球面 Σ 的球心在定球面 $x^2+y^2+z^2=a^2(a>0)$ 上，问 R 取何值时，球面 Σ 在定球面内部的那部分的面积最大.

解 设球面方程为 $x^2+y^2+(z-a)^2=R^2$，由 $x^2+y^2+z^2-2az+a^2=R^2$ 与 $x^2+y^2+z^2=a^2$ 得 $a^2-2az+a^2=R^2$，$a-z=\dfrac{R^2}{2a}$，于是 $x^2+y^2=R^2-\left(\dfrac{R^2}{2a}\right)^2=R^2-\dfrac{1}{4a^2}R^4$.

$$S(R)=\iint\limits_{D_R}\sqrt{1+\left(\frac{\partial z}{\partial x}\right)^2+\left(\frac{\partial z}{\partial y}\right)^2}\mathrm{d}\sigma=\iint\limits_{D_R}\frac{R}{\sqrt{R^2-x^2-y^2}}\mathrm{d}\sigma$$

$$\xlongequal[y=r\sin\theta]{x=r\cos\theta}\int_0^{2\pi}\mathrm{d}\theta\int_0^{\sqrt{R^2-\frac{1}{4a^2}R^4}}\frac{R}{\sqrt{R^2-r^2}}r\mathrm{d}r$$

$$=2\pi R(-\sqrt{R^2-r^2})\Big|_0^{\sqrt{R^2-\frac{1}{4a^2}R^4}}=2\pi\left(R^2-\frac{1}{2a}R^3\right).$$

又令

$$\frac{\mathrm{d}S(R)}{\mathrm{d}R}=2\pi\left(2R-\frac{3}{2a}R^2\right)=2\pi R\left(2-\frac{3R}{2a}\right)=0.$$

得 $R=\dfrac{4}{3}a$，由于该实际问题的最大面积是存在唯一的，所以当 $R=\dfrac{4}{3}a$ 时，最大面积为

$$S\left(\frac{4}{3}a\right)=\frac{45}{64}\pi a^2.$$

9.6

1. 设平面薄片是由抛物线 $y=x^2$ 及直线 $y=x$ 所围成，其面密度 $\mu=x^2y$，求该薄片的质心位置.

解
$$m=\iint\limits_{x^2\leqslant y\leqslant x}x^2y\,\mathrm{d}x\mathrm{d}y=\int_0^1x^2\mathrm{d}x\int_{x^2}^{x}y\mathrm{d}y$$
$$=\int_0^1x^2\cdot\frac{1}{2}(x^2-x^4)\,\mathrm{d}x=\frac{1}{35},$$
$$\bar{x}=\frac{1}{m}\iint\limits_{x^2\leqslant y\leqslant x}(x^2y)\,x\mathrm{d}x\mathrm{d}y=35\int_0^1x^3\mathrm{d}x\int_{x^2}^{x}y\mathrm{d}y$$
$$=\frac{35}{2}\int_0^1(x^5-x^7)\,\mathrm{d}x=\frac{35}{48},$$
$$\bar{y}=\frac{1}{m}\iint\limits_{x^2\leqslant y\leqslant x}(x^2y)\,y\mathrm{d}x\mathrm{d}y=35\int_0^1x^2\mathrm{d}x\int_{x^2}^{x}y^2\mathrm{d}y$$
$$=\frac{35}{3}\int_0^1(x^5-x^8)\,\mathrm{d}x=\frac{35}{54}.$$

质心坐标为$\left(\frac{35}{48},\frac{35}{54}\right)$.

2. 设均质立体由旋转抛物面 $z=x^2+y^2$ 及平面 $z=1$ 所围成,试求其质心.

解
$$m=\iiint\limits_V\mu\,\mathrm{d}V=\mu\int_0^1\mathrm{d}z\iint\limits_{x^2+y^2\leqslant z}\mathrm{d}\sigma_z\quad(\text{设}\ \mu\ \text{为物体密度})$$
$$=\mu\int_0^1\pi z\mathrm{d}z=\frac{\pi}{2}\mu,$$

由对称性知 $\bar{x}=\bar{y}=0$,于是
$$\bar{z}=\frac{1}{m}\iiint\limits_V\mu z\,\mathrm{d}V=\frac{2}{\pi}\int_0^1z\mathrm{d}z\iint\limits_{x^2+y^2\leqslant z}\mathrm{d}\sigma_z$$
$$=\frac{2}{\pi}\int_0^1z\cdot\pi z\mathrm{d}z=\frac{2}{3},$$

质心坐标为$\left(0,0,\frac{2}{3}\right)$.

3. 设均质立体由抛物柱面 $y=\sqrt{x}$,$y=2\sqrt{x}$,平面 $z=0$ 及 $x+z=6$ 四个面围成,求其质心.

解　设均质立体的密度为 μ,σ:$\sqrt{x}\leqslant y\leqslant2\sqrt{x}$,$0\leqslant x\leqslant6$.
$$m=\iiint\limits_V\mu\,\mathrm{d}V=\mu\iint\limits_\sigma\mathrm{d}\sigma\int_0^{6-x}\mathrm{d}z=\mu\iint\limits_\sigma(6-x)\,\mathrm{d}\sigma$$
$$=\mu\int_0^6\mathrm{d}x\int_{\sqrt{x}}^{2\sqrt{x}}(6-x)\,\mathrm{d}y=\mu\int_0^6(6-x)\sqrt{x}\,\mathrm{d}x=\frac{48}{5}\sqrt{6}\mu,$$
$$\bar{x}=\frac{1}{m}\iiint\limits_V\mu x\,\mathrm{d}V=\frac{\mu}{m}\int_0^6x(6-x)\sqrt{x}\,\mathrm{d}x=\frac{18}{7},$$
$$\bar{y}=\frac{1}{m}\iiint\limits_V\mu y\,\mathrm{d}V=\frac{\mu}{m}\int_0^6(6-x)\,\mathrm{d}x\int_{\sqrt{x}}^{2\sqrt{x}}y\mathrm{d}y=\frac{15}{16}\sqrt{6},$$

$$\bar{z}=\frac{1}{m}\iiint_V \mu z\mathrm{d}V=\frac{\mu}{m}\iint_\sigma \mathrm{d}\sigma\int_0^{6-x}z\mathrm{d}z,$$

$$=\frac{\mu}{2m}\iint_\sigma (6-x)^2\mathrm{d}\sigma=\frac{\mu}{2m}\int_0^6 (6-x)^2\sqrt{x}\,\mathrm{d}x=\frac{12}{7},$$

质心坐标为$\left(\frac{18}{7},\frac{15}{16}\sqrt{6},\frac{12}{7}\right)$.

4. 设锥面形薄壳 $z=\frac{h}{R}\sqrt{x^2+y^2}$ $(0\leqslant z\leqslant h, R, h$ 为常数)的面密度 $\mu=1$,求其质心.

解

$$m=\iint_S 1\mathrm{d}S=\iint_{x^2+y^2\leqslant R^2}\sqrt{1+\left(\frac{\partial z}{\partial x}\right)^2+\left(\frac{\partial z}{\partial y}\right)^2}\mathrm{d}\sigma$$

$$=\iint_{x^2+y^2\leqslant R^2}\sqrt{1+\left(\frac{h}{R}\frac{x}{\sqrt{x^2+y^2}}\right)^2+\left(\frac{h}{R}\frac{y}{\sqrt{x^2+y^2}}\right)^2}\mathrm{d}\sigma$$

$$=\iint_{x^2+y^2\leqslant R^2}\sqrt{1+2\frac{h^2}{R^2}}\mathrm{d}\sigma=\sqrt{1+2\frac{h^2}{R^2}}\cdot\pi R^2=\pi R\sqrt{R^2+2h^2}.$$

由对称性知 $\bar{x}=\bar{y}=0$,而

$$\bar{z}=\frac{1}{m}\iint_S z\mathrm{d}S=\frac{1}{m}\iint_{x^2+y^2\leqslant R^2}\sqrt{x^2+y^2}\sqrt{1+\left(\frac{\partial z}{\partial x}\right)^2+\left(\frac{\partial z}{\partial y}\right)^2}\mathrm{d}\sigma$$

$$=\frac{h}{\pi R^3}\iint_{x^2+y^2\leqslant R^2}\sqrt{x^2+y^2}\mathrm{d}\sigma=\frac{h}{\pi R^3}\int_0^{2\pi}\mathrm{d}\theta\int_0^R r\cdot r\mathrm{d}r$$

$$=\frac{h}{\pi R^3}\times 2\pi\times\frac{R^3}{3}=\frac{2}{3}h.$$

质心坐标为$\left(0,0,\frac{2}{3}h\right)$.

5. 求八分之一的球面 $x^2+y^2+z^2=R^2, x\geqslant 0, y\geqslant 0, z\geqslant 0$ 的边界线的质心,设曲线的线密度 $\rho=1$.

解 $m=\rho\times 3\left(\frac{2\pi R}{4}\right)=\frac{3}{2}\pi R,$

$$\bar{x}=\frac{1}{m}\int_L \rho x\mathrm{d}s=\frac{1}{m}\Big[\int_{\substack{x^2+y^2=R^2\\ x\geqslant 0, y\geqslant 0, z=0}}x\mathrm{d}s+\int_{\substack{y^2+z^2=R^2\\ y\geqslant 0, z\geqslant 0, x=0}}x\mathrm{d}s+\int_{\substack{x^2+z^2=R^2\\ x\geqslant 0, z\geqslant 0, y=0}}x\mathrm{d}s\Big]$$

$$=\frac{1}{m}\left[\int_0^R x\sqrt{1+\left(\frac{-x}{\sqrt{R-x^2}}\right)^2}\mathrm{d}x+0+\int_0^R x\sqrt{1+\left(\frac{-x}{\sqrt{R^2-x^2}}\right)^2}\mathrm{d}x\right]$$

$$=\frac{2}{m}\int_0^R\frac{Rx}{\sqrt{R^2-x^2}}\mathrm{d}x=\frac{2R}{m}\left(-\sqrt{R^2-x^2}\right)\Big|_0^R=\frac{4R}{3\pi}.$$

由对称性知 $\bar{x}=\bar{y}=\bar{z}$,质心坐标为$\left(\dfrac{4R}{3\pi},\dfrac{4R}{3\pi},\dfrac{4R}{3\pi}\right)$.

6. 求半径为 r,高为 h 的均匀圆柱体绕其轴线的转动惯量,设体密度 $\mu=1$.

解　设圆柱体的方程为 $V:x^2+y^2\leqslant r^2,0\leqslant z\leqslant h$.

$$I=\iiint\limits_V \mu(x^2+y^2)\,\mathrm{d}V\xlongequal[z=z]{\substack{x=\rho\cos\theta\\ y=\rho\sin\theta}}\int_0^{2\pi}\mathrm{d}\theta\int_0^r\rho^2\cdot\rho\,\mathrm{d}\rho\int_0^h\mathrm{d}z=2\pi\cdot\frac{r^4}{4}\cdot h=\frac{\pi}{2}hr^4.$$

7. 由上半球面 $x^2+y^2+z^2=2$ 与锥面 $z=\sqrt{x^2+y^2}$ 所围的均匀物体,设体密度为 μ_0,求其对 z 轴的转动惯量 I_z.

解

$$\begin{aligned}
I_z&=\iiint\limits_V \mu_0(x^2+y^2)\,\mathrm{d}V\xlongequal[z=z]{\substack{x=r\cos\theta\\ y=r\sin\theta}}\mu_0\int_0^{2\pi}\mathrm{d}\theta\int_0^1 r^3\,\mathrm{d}r\int_r^{\sqrt{2-r^2}}\mathrm{d}z\\
&=2\pi\mu_0\int_0^1 r^3(\sqrt{2-r^2}-r)\,\mathrm{d}r\\
&=2\pi\mu_0\left[\int_0^1\frac{1}{2}r^2\sqrt{2-r^2}\,\mathrm{d}r^2-\int_0^1 r^4\mathrm{d}r\right]\\
&=2\pi\mu_0\left\{\frac{1}{2}\int_0^1\left[(2-r^2)^{\frac{3}{2}}-2(2-r^2)^{\frac{1}{2}}\right]\mathrm{d}(2-r^2)-\frac{1}{5}\right\}\\
&=2\pi\mu_0\left\{\frac{1}{2}\left[\frac{2}{5}(2-r^2)^{\frac{5}{2}}-\frac{4}{3}(2-r^2)^{\frac{3}{2}}\right]\Bigg|_0^1-\frac{1}{5}\right\}\\
&=\frac{4\pi}{15}(4\sqrt{2}-5)\mu_0.
\end{aligned}$$

8. 已知均质的半球壳 $z=\sqrt{a^2-x^2-y^2}$ 的面密度为 μ_0,求其对 z 轴的转动惯量 I_z(试用球坐标计算 I_z)

解

$$\begin{aligned}
I_z&=\iint\limits_S\mu_0(x^2+y^2)\,\mathrm{d}S=\mu_0\iint\limits_{x^2+y^2\leqslant a^2}(x^2+y^2)\sqrt{1+\left(\frac{\partial z}{\partial x}\right)^2+\left(\frac{\partial z}{\partial y}\right)^2}\,\mathrm{d}\sigma\\
&=\mu_0\iint\limits_{x^2+y^2\leqslant a^2}(x^2+y^2)\frac{a}{\sqrt{a^2-x^2-y^2}}\mathrm{d}\sigma=\mu_0 a\int_0^{2\pi}\mathrm{d}\theta\int_0^a\frac{r^2\cdot r}{\sqrt{a^2-r^2}}\mathrm{d}r\\
&\xlongequal{r=a\sin t}2\pi a\mu_0\int_0^{\frac{\pi}{2}}\frac{(a\sin t)^3}{\sqrt{a^2-(a\sin t)^2}}a\cos t\,\mathrm{d}t\\
&=2\pi a^4\mu_0\int_0^{\frac{\pi}{2}}(\cos^2 t-1)\,\mathrm{d}\cos t=2\pi a^4\mu_0\left(\frac{1}{3}\cos^3 t-\cos t\right)\Bigg|_0^{\frac{\pi}{2}}=\frac{4}{3}\mu_0\pi a^4.
\end{aligned}$$

9. 已知物质曲线$\begin{cases}x^2+y^2+z^2=R^2,\\ x^2+y^2=Rx\end{cases}$$(z\geqslant 0)$的线密度为$\sqrt{x}$,求其对三个坐标轴的转动惯量之和 $I_x+I_y+I_z$.

解　详细解答参见 9.6 例题分析部分例 16.

9.7

1. 求曲面$\sqrt{x}+\sqrt{y}+\sqrt{z}=\sqrt{a}\,(a>0)$与三个坐标面所围成的立体的体积.

解 $V=\iint\limits_{\sqrt{x}+\sqrt{y}\leqslant\sqrt{a}}(\sqrt{a}-\sqrt{x}-\sqrt{y})^2\mathrm{d}\sigma=\int_0^a\mathrm{d}x\int_0^{(\sqrt{a}-\sqrt{x})^2}(\sqrt{a}-\sqrt{x}-\sqrt{y})^2\mathrm{d}y$

$$=\int_0^a\mathrm{d}x\int_0^{(\sqrt{a}-\sqrt{x})^2}[(\sqrt{a}-\sqrt{x})^2-2(\sqrt{a}-\sqrt{x})y^{\frac{1}{2}}+y]\mathrm{d}y$$

$$=\frac{1}{6}\int_0^a(\sqrt{a}-\sqrt{x})^4\mathrm{d}x\xlongequal{t=\sqrt{a}-\sqrt{x}}-\frac{1}{3}\int_{-\sqrt{a}}^0(\sqrt{a}t^4-t^5)\mathrm{d}t=\frac{a^3}{90}.$$

2. 计算$\iint\limits_D\mathrm{d}x\mathrm{d}y$, 其中$D$是由不等式组:$x\geqslant0,y\geqslant0,(x^2+y^2)^3\leqslant4a^2x^2y^2$所确定的区域($a>0$).

解 $\iint\limits_D\mathrm{d}x\mathrm{d}y\xlongequal[y=r\sin\theta]{x=r\cos\theta}\int_0^{\frac{\pi}{2}}\mathrm{d}\theta\int_0^{a\sin2\theta}r\mathrm{d}r$

$$=\frac{1}{2}\int_0^{\frac{\pi}{2}}a^2\sin2\theta\mathrm{d}\theta=\frac{\pi}{8}a^2.$$

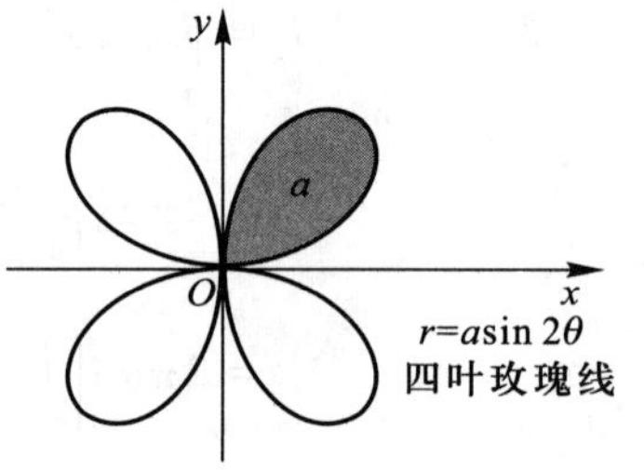

图 9.48

3. 已知$f(x)$具有三阶连续的导数,且$f(0)=f'(0)=f''(0)=-1$, $f(2)=-\frac{1}{2}$,计算累次积分

$$I=\int_0^2\mathrm{d}x\int_0^x\sqrt{(2-x)(2-y)}f'''(y)\mathrm{d}y.$$

解 $I=\int_0^2(2-y)^{\frac{1}{2}}f'''(y)\mathrm{d}y\int_y^2(2-x)^{\frac{1}{2}}\mathrm{d}x$

$$=\frac{2}{3}\int_0^2(2-y)^2f'''(y)\mathrm{d}y=\frac{2}{3}\int_0^2(2-y)^2\mathrm{d}f''(y)$$

$$=\frac{2}{3}(2-y)^2f''(y)\Big|_0^2+\frac{4}{3}\int_0^2(2-y)f''(y)\mathrm{d}y$$

$$=\frac{8}{3}+\frac{4}{3}\int_0^2(2-y)\mathrm{d}f'(y)=\frac{8}{3}+\frac{4}{3}(2-y)f'(y)\Big|_0^2+\frac{4}{3}\int_0^2f'(y)\mathrm{d}y$$

$$=\frac{8}{3}+\frac{8}{3}+\frac{4}{3}\left(-\frac{1}{2}+1\right)=6.$$

4. 计算二重积分$\iint\limits_\sigma\sqrt{|y-x^2|}\mathrm{d}x\mathrm{d}y$, 其中$\sigma$是由直线$x=-1,x=1,y=0$及$y=2$所围成的区域.

解 详细解答过程参见9.6例题分析部分例1.

5. 设函数$f(x)$在区间$[0,1]$上连续,并设$\int_0^1f(x)\mathrm{d}x=A$, 求$\int_0^1\mathrm{d}x\int_x^1f(x)f(y)\mathrm{d}y$.

解法 1　因 $\int_0^1 dx\int_x^1 f(x)f(y)dy = \int_0^1 dy\int_0^y f(x)f(y)dx$

$$= \int_0^1 f(y)dy\int_0^y f(x)dx = \int_0^1 f(u)du\int_0^u f(t)dt$$

$$= \int_0^1 f(x)dx\int_0^x f(y)dy = \int_0^1 dx\int_0^x f(x)f(y)dy,$$

所以

$$\int_0^1 dx\int_x^1 f(x)f(y)dy$$

$$= \frac{1}{2}\left[\int_0^1 dx\int_x^1 f(x)f(y)dy + \int_0^1 dx\int_0^x f(x)f(y)dy\right]$$

$$= \frac{1}{2}\int_0^1 dx\int_0^1 f(x)f(y)dy = \frac{1}{2}\left(\int_0^1 f(x)dx\right)\left(\int_0^1 f(y)dy\right) = \frac{A^2}{2}.$$

解法 2　$\int_0^1 dx\int_x^1 f(x)f(y)dy = \int_0^1 f(x)dx\int_x^1 f(y)dy$

$$= -\int_0^1\int_x^1 f(y)dy\,d\left(\int_x^1 f(y)dy\right)$$

$$= -\frac{1}{2}\left(\int_x^1 f(y)dy\right)^2\Bigg|_0^1 = \frac{1}{2}\left(\int_0^1 f(y)dy\right)^2 = \frac{A^2}{2}.$$

6. 计算 $\int_{-\infty}^{+\infty}\int_{-\infty}^{+\infty}\min\{x,y\}e^{-(x^2+y^2)}dxdy$.

解法 1　原式 $= \int_{-\infty}^{+\infty}\int_{-\infty}^{+\infty}\frac{1}{2}(x+y-|x-y|)e^{-x^2-y^2}dxdy$

$$\xlongequal[y=r\sin\theta]{x=r\cos\theta}\frac{1}{2}\int_0^{2\pi}d\theta\int_0^{+\infty}(r\cos\theta + r\sin\theta - |r\cos\theta - r\sin\theta|)e^{-r^2}rdr$$

$$= \frac{1}{2}\left(\int_0^{2\pi}(\cos\theta + \sin\theta - |\cos\theta - \sin\theta|)d\theta\right)\left(\int_0^{+\infty}e^{-r^2}\cdot r^2dr\right)$$

$$= \frac{1}{2}\times(-4\sqrt{2})\times\frac{\sqrt{\pi}}{4} = -\sqrt{\frac{\pi}{2}}.$$

解法 2　原式 $= \iint\limits_{y\leqslant x}\min\{x,y\}e^{-(x^2+y^2)}dxdy + \iint\limits_{y>x}\min\{x,y\}\cdot e^{-(x^2+y^2)}dxdy$

$$= \int_{-\infty}^{+\infty}dx\int_{-\infty}^{x}ye^{-(x^2+y^2)}dy + \int_{-\infty}^{+\infty}dy\int_{-\infty}^{y}xe^{-(x^2+y^2)}dx$$

$$= -\frac{1}{2}\left[\int_{-\infty}^{+\infty}e^{-2x^2}dx + \int_{-\infty}^{+\infty}e^{-2y^2}dy\right] = -\int_{-\infty}^{+\infty}e^{-2x^2}dx$$

$$=-2\int_0^{+\infty}e^{-2x^2}dx\xlongequal{x=\frac{t}{\sqrt{2}}}-\frac{2}{\sqrt{2}}\int_0^{+\infty}e^{-t^2}dt$$

$$=-\frac{2}{\sqrt{2}}\cdot\frac{\sqrt{\pi}}{2}=-\sqrt{\frac{\pi}{2}}.$$

【注】 $\left(\int_0^{+\infty}e^{-t^2}dt\right)^2=\int_0^{+\infty}\int_0^{+\infty}e^{-(x^2+y^2)}dxdy=\int_0^{\frac{\pi}{2}}d\theta\int_0^{+\infty}e^{-r^2}rdr=\frac{\pi}{4}$，故$\int_0^{+\infty}e^{-r^2}dr=\frac{\sqrt{\pi}}{2}$.

7. 证明抛物面 $z=x^2+y^2+1$ 上任意点处的切平面与抛物面 $z=x^2+y^2$ 所围成的立体的体积为一定值，并求出此值.

证明 在抛物面 $z=x^2+y^2+1$ 上任取一点 $M(a,b,c)=M(a,b,a^2+b^2+1)$，则在 M 点处的切平面的法向量为$\left(\frac{\partial z}{\partial x},\frac{\partial z}{\partial y},-1\right)\Big|_{(a,b)}=(2a,2b,-1)$，那么在 M 点处的切平面方程为

$$2a(x-a)+2b(y-b)-[z-(a^2+b^2+1)]=0,$$

化成

$$z=2ax-a^2+2by-b^2-1.$$

切平面与抛物面 $z=x^2+y^2$ 的交线在 xOy 平面上的投影为

$$x^2+y^2=2ax-a^2+2by-b^2+1,$$

即

$$(x-a)^2+(y-b)^2=1.$$

在 M 点处的切平面与抛物面 $z=x^2+y^2$ 所围成的体积为

$$V=\iint\limits_{(x-a)^2+(y-b)^2\leqslant 1}[(2ax-a^2+2by-b^2+1)-(x^2+y^2)]d\sigma$$

$$=\iint\limits_{(x-a)^2+(y-b)^2\leqslant 1}\{1-[(x-a)^2+(y-b)^2]\}d\sigma$$

$$\xlongequal[y-b=r\sin\theta]{x-a=r\cos\theta}\int_0^{2\pi}d\theta\int_0^1(1-r^2)rdr=\frac{\pi}{2}.$$

8. 求抛物面 $z=x^2+y^2+1$ 的一个切平面，使得它与该抛物面及圆柱面 $(x-1)^2+y^2=1$ 围成的立体体积最小，并求出这个最小的体积.

解 在抛物面 $z=x^2+y^2+1$ 上任取一点 $M(a,b,c)=M(a,b,a^2+b^2+1)$，在 M 点处的切平面方程为

$$2a(x-a)+2b(y-b)-[z-(a^2+b^2+1)]=0.$$

即

$$z=2ax+2by-a^2-b^2+1.$$

那么该切平面与抛物面 $z=x^2+y^2+1$ 及柱面 $(x-1)^2+y^2=1$ 围成的体积为

$$V(a,b)=\iint\limits_{(x-1)^2+y^2\leqslant 1}[(1+x^2+y^2)-(2ax+2by-a^2-b^2+1)]d\sigma$$

$$=\iint\limits_{(x-1)^2+y^2\leqslant 1}(x^2+y^2)d\sigma-2a\iint\limits_{(x-1)^2+y^2\leqslant 1}xd\sigma-2b\iint\limits_{(x-1)^2+y^2\leqslant 1}yd\sigma+(a^2+b^2)\iint\limits_{(x-1)^2+y^2\leqslant 1}d\sigma$$

$$=\iint\limits_{(x-1)^2+y^2\leqslant 1}(x^2+y^2)d\sigma-2a\pi+(a^2+b^2)\pi.$$

由$\frac{\partial V}{\partial a}=-2\pi+2a\pi=0,\frac{\partial V}{\partial b}=2b\pi=0$，得 $a=1,b=0$，所以切平面为 $z=2x$ 时，最小体积为

$$V(1,0)=\iint\limits_{(x-1)^2+y^2\leqslant 1}[(1+x^2+y^2)-2x]\mathrm{d}\sigma=\iint\limits_{(x-1)^2+y^2\leqslant 1}[(x-1)^2+y^2]\mathrm{d}\sigma$$

$$\xlongequal[y=r\sin\theta]{x-1=r\cos\theta}\int_0^{2\pi}\mathrm{d}\theta\int_0^1 r^3\mathrm{d}r=\frac{\pi}{2}.$$

9. 设有一个由 $y=\ln x,y=0,x=\mathrm{e}$ 所围成的均质薄片，面密度 $\mu=1$，求此薄片绕直线 $x=t$ 的转动惯量 $I(t)$，并求 $I(t)$ 的最小值.

解　描述薄片的区域为 $D:0\leqslant y\leqslant \ln x,1\leqslant x\leqslant \mathrm{e}$，在 D 中任取一个小微元 $\mathrm{d}\sigma$ 及 $(x,y)\in \mathrm{d}\sigma$，则质量为 $\mu\mathrm{d}\sigma$ 的小微元关于直线 $x=t$ 的转动惯量为

$$(\mu\mathrm{d}\sigma)\cdot(x-t)^2=(x-t)^2\mathrm{d}\sigma,$$

那么整个薄片关于直线 $x=t$ 的转动惯量为

$$I(t)=\iint\limits_D(x-t)^2\mathrm{d}\sigma=\iint\limits_D x^2\mathrm{d}\sigma-2t\iint\limits_D x\mathrm{d}\sigma+t^2\iint\limits_D\mathrm{d}\sigma$$

$$=\frac{2\mathrm{e}^3+1}{9}-\frac{\mathrm{e}^2+1}{2}t+t^2,$$

令 $I'(t)=-2\left(\frac{\mathrm{e}^2+1}{4}\right)+2t=0$ 得，当 $t=\frac{\mathrm{e}^2+1}{4}$时，$I\left(\frac{\mathrm{e}^2+1}{4}\right)=\frac{2\mathrm{e}^3+1}{9}-\left(\frac{\mathrm{e}^2+1}{4}\right)^2$ 最小.

10. 设有一半径为 R，高为 H 的圆柱形容器，盛有$\frac{2}{3}H$ 高的水，放在离心机上高速旋转，受离心力的作用，水面呈抛物面形，问当水刚要溢出容器时，液面的最低点在何处？

解　如图 9.49 选取坐标系，设水面最低点在 h 处，那么描述水面的方程为 $z=\frac{H-h}{R^2}(x^2+y^2)+h$，水的体积为

$$\iint\limits_{x^2+y^2\leqslant R^2}\left[\frac{H-h}{R^2}(x^2+y^2)+h\right]\mathrm{d}\sigma=\frac{(H-h)\pi R^2}{2}+h\pi R^2=\frac{2}{3}\pi R^2H,$$

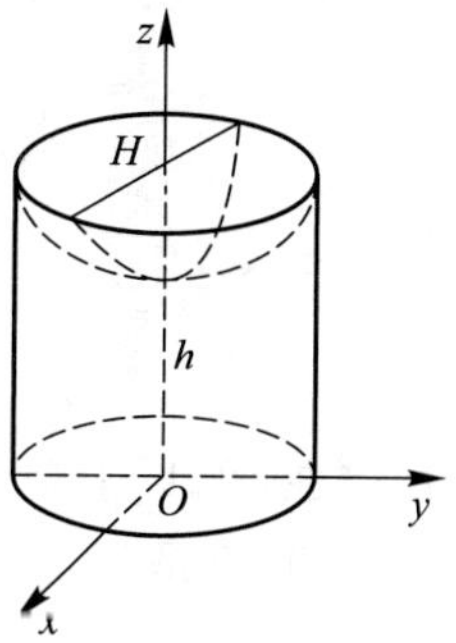

图 9.49

解得 $h=\frac{1}{3}H$.

11. 设 $f(t)$ 连续，试证

$$\iint\limits_D f(x-y)\mathrm{d}x\mathrm{d}y=\int_{-A}^{A}f(t)(A-|t|)\mathrm{d}t,$$

其中 A 为正的常数，$D:|x|\leqslant\frac{A}{2},|y|\leqslant\frac{A}{2}$.

证明

$$\iint\limits_D f(x-y)\mathrm{d}x\mathrm{d}y=\int_{-\frac{A}{2}}^{\frac{A}{2}}\mathrm{d}y\int_{-\frac{A}{2}}^{\frac{A}{2}}f(x-y)\mathrm{d}x$$

$$=\int_{-\frac{A}{2}}^{\frac{A}{2}}\mathrm{d}y\int_{-\frac{A}{2}-y}^{\frac{A}{2}-y}f(t)\mathrm{d}t=\int_{-A}^{0}\mathrm{d}t\int_{-t+\frac{A}{2}}^{\frac{A}{2}}f(t)\mathrm{d}y+\int_0^A\mathrm{d}t\int_{-\frac{A}{2}}^{\frac{A}{2}-t}f(t)\mathrm{d}y$$

$$= \int_{-A}^{0} f(t)(A+t)\,dt + \int_{0}^{A} f(t)(A-t)\,dt$$

$$= \int_{-A}^{0} f(t)(A-|t|)\,dt + \int_{0}^{A} f(t)(A-|t|)\,dt$$

$$= \int_{-A}^{A} (A-|t|)\,dt.$$

12. 设函数$f(x)$在区间$[0,1]$上连续、正值且单调下降,试证

$$\frac{\int_0^1 xf^2(x)\,dx}{\int_0^1 xf(x)\,dx} \leqslant \frac{\int_0^1 f^2(x)\,dx}{\int_0^1 f(x)\,dx}.$$

证明 因 $I = \int_0^1 xf^2(x)\,dx\int_0^1 f(x)\,dx - \int_0^1 xf(x)\,dx\int_0^1 f^2(x)\,dx$

$$= \int_0^1 xf^2(x)\,dx\int_0^1 f(y)\,dy - \int_0^1 xf(x)\,dx\int_0^1 f^2(y)\,dy$$

$$= \iint_D xf^2(x)f(y)\,dxdy - \iint_D xf(x)f^2(y)\,dxdy$$

$$= \iint_D xf(x)f(y)(f(x)-f(y))\,dxdy,$$

其中 $D:0\leqslant x\leqslant 1,0\leqslant y\leqslant 1$.又

$$I = \int_0^1 yf^2(y)\,dy\int_0^1 f(x)\,dx - \int_0^1 yf(y)\,dy\int_0^1 f^2(x)\,dx$$

$$= \iint_D yf^2(y)f(x)\,dxdy - \iint_D yf(y)f^2(x)\,dxdy$$

$$= \iint_D yf(x)f(y)(f(y)-f(x))\,dxdy.$$

因$f(x)$在$[0,1]$上单调减少,所以当$(x,y)\in D$时,$x-y$与$f(x)-f(y)$反号,即$(x-y)(f(x)-f(y))\leqslant 0$,于是

$$2I = \iint_D xf(x)f(y)(f(x)-f(y))\,dxdy + \iint_D yf(x)f(y)(f(y)-f(x))\,dxdy$$

$$= \iint_D f(x)f(y)(x-y)(f(x)-f(y))\,dxdy \leqslant 0,$$

所以 $I\leqslant 0$,即

$$\int_0^1 xf^2(x)\,dx\int_0^1 f(x)\,dx \leqslant \int_0^1 xf(x)\,dx\int_0^1 f^2(x)\,dx,$$

原式成立.

13. 试证

$$\iiint\limits_{x^2+y^2+z^2\leqslant 1} f(z)\,dxdydz = \pi\int_{-1}^{1} f(u)(1-u^2)\,du,$$

并利用这个式子计算

$$\iiint\limits_{x^2+y^2+z^2\leqslant 1}(z^4+z^2\sin^3 z)\,\mathrm{d}x\mathrm{d}y\mathrm{d}z.$$

证明

$$\iiint\limits_{x^2+y^2+z^2\leqslant 1}f(z)\,\mathrm{d}x\mathrm{d}y\mathrm{d}z=\int_{-1}^{1}f(z)\,\mathrm{d}z\iint\limits_{x^2+y^2\leqslant 1-z^2}\mathrm{d}\sigma_z$$

$$=\int_{-1}^{1}f(z)\pi(1-z^2)\,\mathrm{d}z=\pi\int_{-1}^{1}f(u)(1-u^2)\,\mathrm{d}u,$$

而

$$\iiint\limits_{x^2+y^2+z^2\leqslant 1}(z^4+z^2\sin^3 z)\,\mathrm{d}x\mathrm{d}y\mathrm{d}z=\pi\int_{-1}^{1}(u^4+u^2\sin^3 u)(1-u^2)\,\mathrm{d}u$$

$$=2\pi\int_0^1(u^4-u^6)\,\mathrm{d}u=\frac{4}{35}\pi.$$

14. 已知函数 $F(t)=\iiint\limits_{\Omega}f(x^2+y^2+z^2)\,\mathrm{d}x\mathrm{d}y\mathrm{d}z$，其中 f 为可微函数，积分域 Ω 为球体 $x^2+y^2+z^2\leqslant t^2$，求 $F'(t)$.

解 $F(t)=\int_0^{2\pi}\mathrm{d}\theta\int_0^{\pi}\sin\varphi\mathrm{d}\varphi\int_0^{|t|}f(\rho^2)\rho^2\mathrm{d}\rho=4\pi\int_0^{|t|}f(\rho)^2\rho^2\mathrm{d}\rho$

$$F'(t)=4\pi f(|t|^2)|t|^2\frac{\mathrm{d}\sqrt{t^2}}{\mathrm{d}t}=4\pi f(t^2)|t|t.$$

15. 计算 $\iiint\limits_{V}|\sqrt{x^2+y^2+z^2}-1|\,\mathrm{d}V$，其中 V 是由锥面 $z=\sqrt{x^2+y^2}$ 与平面 $z=1$ 所围成的立体.

解

$$\text{原式}=\int_0^{2\pi}\mathrm{d}\theta\int_0^{\frac{\pi}{4}}\mathrm{d}\varphi\int_0^{\frac{1}{\cos\varphi}}|\rho-1|\rho^2\sin\varphi\mathrm{d}\rho$$

$$=2\pi\int_0^{\frac{\pi}{4}}\sin\varphi\mathrm{d}\varphi\left[\int_0^1(1-\rho)\rho^2\mathrm{d}\rho+\int_1^{\frac{1}{\cos\varphi}}(\rho-1)\rho^2\mathrm{d}\rho\right]$$

$$=-2\pi\int_0^{\frac{\pi}{4}}\left[\frac{1}{6}+\frac{1}{4}(\cos\varphi)^{-4}-\frac{1}{3}(\cos\varphi)^{-3}\right]\mathrm{d}\cos\varphi$$

$$=-\frac{\pi}{3}\left[\cos\varphi-\frac{1}{2}(\cos\varphi)^{-3}+(\cos\varphi)^{-2}\right]\Bigg|_0^{\frac{\pi}{4}}=\frac{\sqrt{2}-1}{6}\pi.$$

16. 求 $\iiint\limits_{V}(x+2y+3z)\,\mathrm{d}V$，其中 V 为圆锥体，其顶点在原点$(0,0,0)$处，底为平面 $x+y+z=3$ 上以点$(1,1,1)$为圆心，1 为半径的圆.

解 在此锥体上 x,y,z 对称，故

$$\iiint\limits_{V}x\mathrm{d}V=\iiint\limits_{V}y\mathrm{d}V=\iiint\limits_{V}z\mathrm{d}V,$$

因此

$$\iiint\limits_{V}(x+2y+3z)\,\mathrm{d}V=2\iiint\limits_{V}(x+y+z)\,\mathrm{d}V.$$

后面的积分，可以认为体密度 $\mu=x+y+z$ 的立体 V 的质量的 2 倍，换个角度来计算它.以圆锥

的轴为 l,则锥体分布在区间$[0,\sqrt{3}]$上,垂直于 l 轴,截面半径为 $r=\dfrac{l}{\sqrt{3}}$,位于平面 $x+y+z=\sqrt{3}l$ 上,即此截面上各点体密度 $\mu=\sqrt{3}l$,按 l 轴向累积可求得质量

$$m=\int_0^{\sqrt{3}}\sqrt{3}l\pi\left(\frac{l}{\sqrt{3}}\right)^2\mathrm{d}l=\frac{3\sqrt{3}}{4}\pi.$$

于是有

$$\iiint_V(x+2y+3z)\mathrm{d}V=\frac{3\sqrt{3}\pi}{2}.$$

17. 试证由连续曲线 $y=f(x)>0$,直线 $x=a,x=b$,及 x 轴所围的曲边梯形绕 x 轴旋转一周所形成的旋转体,当体密度 $\mu=1$ 时,对 x 轴的转动惯量

$$I_x=\frac{\pi}{2}\int_a^b f^4(x)\mathrm{d}x.$$

证明

$$I_x=\iiint_V(y^2+z^2)\mu\mathrm{d}V=\mu\int_0^{2\pi}\mathrm{d}\theta\int_a^b\mathrm{d}x\int_0^{f(x)}r^2r\mathrm{d}r$$

$$=2\pi\int_a^b\frac{r^4}{4}\bigg|_0^{f(x)}\mathrm{d}x=\frac{\pi}{2}\int_a^b f^4(x)\mathrm{d}x.$$

18. 已知

$$f(x,y,z)=\begin{cases}x^2+y^2, & z\geqslant\sqrt{x^2+y^2},\\ 0, & z<\sqrt{x^2+y^2},\end{cases}$$

计算曲面积分 $\displaystyle\iint_{x^2+y^2+z^2=R^2}f(x,y,z)\mathrm{d}S$.

解

$$\iint_{x^2+y^2+z^2=R^2}f(x,y,z)\mathrm{d}S=\iint_{\substack{x^2+y^2+z^2=R^2\\ z\geqslant\sqrt{x^2+y^2}}}(x^2+y^2)\mathrm{d}S+\iint_{\substack{x^2+y^2+z^2=R^2\\ z<\sqrt{x^2+y^2}}}0\mathrm{d}S$$

$$=\iint_{\substack{z=\sqrt{R^2-x^2-y^2}\\ x^2+y^2\leqslant\frac{R^2}{2}}}(x^2+y^2)\mathrm{d}S$$

$$=\iint_{x^2+y^2\leqslant\frac{R^2}{2}}(x^2+y^2)\sqrt{1+\left(\frac{\partial z}{\partial x}\right)^2+\left(\frac{\partial z}{\partial y}\right)^2}\mathrm{d}\sigma$$

$$=\iint_{x^2+y^2\leqslant\frac{R^2}{2}}(x^2+y^2)\frac{|R|}{\sqrt{R^2-x^2-y^2}}\mathrm{d}\sigma=\int_0^{2\pi}\mathrm{d}\theta\int_0^{\frac{|R|}{\sqrt{2}}}r^2\frac{|R|}{\sqrt{R^2-r^2}}r\mathrm{d}r$$

$$=2\pi\int_0^{\frac{|R|}{\sqrt{2}}}\frac{|R|}{2}\frac{(R^2-r^2)-R^2}{\sqrt{R^2-r^2}}\mathrm{d}(-r^2)$$

$$= \pi |R| \int_0^{\frac{|R|}{\sqrt{2}}} [(R^2 - r^2)^{\frac{1}{2}} - R^2(R^2 - r^2)^{-\frac{1}{2}}] \mathrm{d}(R^2 - r^2)$$

$$= \pi |R| \left[\frac{2}{3}(R^2 - r^2)^{\frac{3}{2}} - 2R^2(R^2 - r^2)^{\frac{1}{2}}\right] \Bigg|_0^{\frac{|R|}{\sqrt{2}}} = \pi \frac{8 - 5\sqrt{2}}{6} R^4.$$

19. 理解曲面积分的定义，试通过球面坐标计算均质球壳 $x^2+y^2+z^2=R^2$，对 z 轴的转动惯量 I_z，设面密度为 μ_0.

解　$I_z = \iint\limits_{x^2+y^2+z^2=R^2} \mu_0(x^2 + y^2) \mathrm{d}S$

$$= \iint\limits_{z=\sqrt{R^2-x^2-y^2}} \mu_0(x^2 + y^2) \mathrm{d}S + \iint\limits_{z=-\sqrt{R^2-x^2-y^2}} \mu_0(x^2 + y^2) \mathrm{d}S$$

$$= \iint\limits_{x^2+y^2 \leqslant R^2} \mu_0(x^2 + y^2) \sqrt{1 + \left(\frac{\partial z}{\partial x}\right)^2 + \left(\frac{\partial z}{\partial y}\right)^2} \mathrm{d}\sigma$$

$$+ \iint\limits_{x^2+y^2 \leqslant R^2} \mu_0(x^2 + y^2) \sqrt{1 + \left(\frac{\partial z}{\partial x}\right)^2 + \left(\frac{\partial z}{\partial y}\right)^2} \mathrm{d}\sigma$$

$$= 2 \iint\limits_{x^2+y^2 \leqslant R^2} \mu_0(x^2 + y^2) \frac{R}{\sqrt{R^2 - x^2 - y^2}} \mathrm{d}\sigma$$

$$= 2R\int_0^{2\pi} \mathrm{d}\theta \int_0^R \frac{\mu_0 r^2}{\sqrt{R^2 - r^2}} r \mathrm{d}r = 2R\pi\mu_0 \int_0^R \frac{R^2 - (R^2 - r^2)}{\sqrt{R^2 - r^2}} \mathrm{d}r^2$$

$$= 2R\pi\mu_0 \int_0^R [(R^2 - r^2)^{\frac{1}{2}} - R^2(R^2 - r^2)^{-\frac{1}{2}}] \mathrm{d}(R^2 - r^2)$$

$$= 2R\pi\mu_0 \left[\frac{2}{3}(R^2 - r^2)^{\frac{3}{2}} - 2R^2(R^2 - r^2)^{\frac{1}{2}}\right] \Bigg|_0^R = \frac{8}{3}\mu_0 \pi R^4.$$

20. 试用曲线积分求平面曲线段 $l: y=\frac{1}{3}x^3+2x, 0\leqslant x\leqslant 1$ 绕直线 $L: y=\frac{4}{3}x$ 旋转一周所产生的旋转面的面积 S.

解　在曲线 $l: y=\frac{1}{3}x^3+2x, 0\leqslant x\leqslant 1$ 上任取一小微元 $\mathrm{d}s$，及 $M(x,y)\in \mathrm{d}s$，则 M 点到直线 $L: 4x-3y=0$ 的距离为

$$r=\frac{|4x-3y|}{\sqrt{4^2+3^2}}=\frac{1}{5}\left|4x-3\left(\frac{1}{3}x^3+2x\right)\right|=\frac{1}{5}(x^3+2x),\quad 0\leqslant x\leqslant 1.$$

当曲线 l 绕直线 L 旋转时，小弧段 $\mathrm{d}s$ 绕 L 旋转形成小窄圆带，其面积近似为

$$2\pi r \mathrm{d}s=\frac{2\pi}{5}(x^3+2x)\mathrm{d}s.$$

那么整个旋转曲面的面积为

$$\int_l 2\pi r\mathrm{d}s=\int_l \frac{2\pi}{5}(x^3+2x)\mathrm{d}s=\int_0^1 \frac{2\pi}{5}(x^3+2x)\sqrt{1+\left(\frac{\partial y}{\partial x}\right)^2}\mathrm{d}x$$

$$=\frac{2\pi}{5}\int_0^1 (x^3+2x)\sqrt{1+(x^2+2)^2}\mathrm{d}x$$

$$=\frac{\pi}{10}\int_0^1 (x^4+4x^2+5)^{\frac{1}{2}}\mathrm{d}(x^4+4x^2+5)$$

$$=\frac{\pi}{15}(x^4+4x^2+5)^{\frac{3}{2}}\Big|_0^1=\frac{\sqrt{5}\pi}{3}(2\sqrt{2}-1).$$

21. 计算对弧长的曲线积分$\int_l (|x|+|y|)^2(1+\sin xy)\mathrm{d}s$，其中$l$是以原点为圆心的单位圆圆周.

解 因$(|x|+|y|)^2\sin xy$是关于x的奇函数，且$x^2+y^2=1$关于$x=0$（y轴）对称，所以

$$\int_l (|x|+|y|)^2\sin xy\mathrm{d}s=0,$$

$$\int_l (|x|+|y|)^2\mathrm{d}s\xlongequal[y=\sin t]{x=\cos t}\int_0^{2\pi}(|\cos t|+|\sin t|)^2\sqrt{(-\sin t)^2+(\cos t)^2}\mathrm{d}t$$

$$=4\int_0^{\frac{\pi}{2}}(|\cos t|+|\sin t|)^2\mathrm{d}t$$

$$=4\int_0^{\frac{\pi}{2}}(1+\sin 2t)\mathrm{d}t=4\left(t-\frac{1}{2}\cos 2t\right)\Big|_0^{\frac{\pi}{2}}=2\pi+4,$$

所以

$$\text{原式}=\int_l (|x|+|y|)^2\mathrm{d}s+\int_l (|x|+|y|)^2\sin xy\mathrm{d}s=2\pi+4+0=2\pi+4.$$

第十章　第二型曲线积分与第二型曲面积分、向量场

10.1　教学基本要求

1. 理解第二型曲线积分的概念,了解它的性质及其与第一型曲线积分的关系.

2. 掌握第二型曲线积分的计算法.

3. 掌握格林公式,并会运用它计算一些平面曲线积分,熟悉平面曲线积分与路径无关的条件,会求全微分的原函数,会解全微分方程.

4. 理解第二型曲面积分的概念,了解它的性质及其与第一型曲面积分的关系.

5. 掌握第二型曲面积分的计算方法.

6. 掌握高斯公式,了解斯托克斯公式,会用高斯公式计算一些曲面积分,知道空间曲线积分与路径无关的条件,知道曲面积分与曲面无关(与边界线有关)的条件.

7. 了解向量场的通量与散度、环量与旋度的概念,并会计算它们(在直角坐标系下).了解格林公式、高斯公式、斯托克斯公式的向量形式及其物理意义.

10.2　内容总结

10.2.1　基本概念

1. 第二型曲线积分　向量函数

$$\boldsymbol{F}(M)=P(x,y,z)\boldsymbol{i}+Q(x,y,z)\boldsymbol{j}+R(x,y,z)\boldsymbol{k}$$

在有向曲线 L 上的积分(即函数 P,Q,R 在 L 上的第二型曲线积分)

$$\int_L \boldsymbol{F}\cdot \mathrm{d}\boldsymbol{r}=\int_L P(x,y,z)\,\mathrm{d}x+Q(x,y,z)\,\mathrm{d}y+R(x,y,z)\,\mathrm{d}z,$$

其中 $\mathrm{d}\boldsymbol{r}=(\mathrm{d}x,\mathrm{d}y,\mathrm{d}z)=(\cos\alpha,\cos\beta,\cos\gamma)\,\mathrm{d}S$ 是有向曲线 L 同向切向量,大小等于弧微分 $\mathrm{d}S$,称为**弧长微元向量**.

$$\int_L P(x,y,z)\,\mathrm{d}x=\lim_{\lambda\to 0}\sum_{k=1}^{n}P(\xi_k,\eta_k,\zeta_k)\Delta x_k$$

称为函数 P 在有向曲线 L 上**对坐标 x 的曲线积分**.

2. 第二型曲面积分　向量函数

$$\boldsymbol{F}(M)=P(x,y,z)\boldsymbol{i}+Q(x,y,z)\boldsymbol{j}+R(x,y,z)\boldsymbol{k}$$

在有向曲面 Σ 上的曲面积分(函数 P,Q,R 在 Σ 上的第二型曲面积分)

$$\iint_{\Sigma}\boldsymbol{F}\cdot \mathrm{d}\boldsymbol{S}=\iint_{\Sigma}\boldsymbol{F}\cdot\boldsymbol{n}^0\,\mathrm{d}S=\iint_{\Sigma}P\mathrm{d}y\mathrm{d}z+Q\mathrm{d}z\mathrm{d}x+R\mathrm{d}x\mathrm{d}y,$$

其中 $\mathrm{d}\boldsymbol{S}=(\mathrm{d}y\mathrm{d}z,\mathrm{d}z\mathrm{d}x,\mathrm{d}x\mathrm{d}y)=(\cos\alpha,\cos\beta,\cos\gamma)\mathrm{d}S$ 是有向曲面 Σ 上同侧的法向量,大小等于曲面面积微元 $\mathrm{d}S$,称为**曲面面积微元向量**.它的横坐标 $\mathrm{d}y\mathrm{d}z=\cos\alpha\mathrm{d}\boldsymbol{S}$,等于有向平面片 $\mathrm{d}\boldsymbol{S}$ 在 Oyz 面上的投影.

$$\iint_{\Sigma}R(x,y,z)\,\mathrm{d}x\mathrm{d}y=\lim_{\lambda\to 0}\sum_{k=1}^{n}R(\xi_k,\eta_k,\zeta_k)\cos\gamma_k\Delta S_k$$

称为函数 $R(x,y,z)$ 在有向曲面 Σ 上对坐标 x,y 的**曲面积分**.

3. 通量与散度、环量与旋度

在向量场 $\boldsymbol{F}(M)$ 中,称曲面积分

$$\Phi=\iint_{\Sigma}\boldsymbol{F}\cdot\mathrm{d}\boldsymbol{S}=\iint_{\Sigma}\boldsymbol{F}\cdot\boldsymbol{n}^0\mathrm{d}S\quad(\boldsymbol{n}^0\text{ 是曲面 }\Sigma\text{ 上指定的单位法向量})$$

为向量场 $\boldsymbol{F}(M)$ 穿过有向曲面 Σ 到指定一侧的通量.

通量的体密度(设 Σ 是闭曲面外侧,ΔV 表示 Σ 包围的立体体积)

$$\mathrm{div}\,\boldsymbol{F}(M)=\lim_{\Sigma\to M}\frac{1}{\Delta V}\oiint_{\Sigma}\boldsymbol{F}\cdot\mathrm{d}\boldsymbol{S}$$

称为向量场 $\boldsymbol{F}(M)$ 在点 M 处的散度.

称闭曲线积分

$$\Gamma=\oint_{C}\boldsymbol{F}\cdot\mathrm{d}\boldsymbol{r}=\oint_{C}\boldsymbol{F}\cdot\boldsymbol{t}^0\mathrm{d}S\quad(\boldsymbol{t}^0\text{ 是曲线 }C\text{ 上指定的单位切向量})$$

为向量场 $\boldsymbol{F}(M)$ 沿有向闭曲线 C 的环量.点 M 处以 $\boldsymbol{n}$ 为法向量的其有向曲面的边界线上的环量与面积之比的极限

$$\lim_{\Delta S\to M}\frac{1}{\Delta s}\oint_{C}\boldsymbol{F}\cdot\mathrm{d}\boldsymbol{r}$$

称为点 M 处沿 $\boldsymbol{n}$ 方向的环量面密度.在点 M 处,环量面密度最大的方向,和这个最大环量面密度所确定的向量称为点 M 处向量场的旋度,记为 $\mathrm{rot}\,\boldsymbol{F}(M)$.

10.2.2 基本理论

1. 第二型曲线积分、曲面积分的性质

(1) 有向性;

(2) 线性性;

(3) 积分域可加性;

(4) 被积表达式中点的坐标满足积分曲线或曲面方程;

(5) 当 L 是平行于 yOz 面的平面曲线时(即 L 在一个垂直于 x 的平面上),$\int_{L}P(x,y,z)\,\mathrm{d}x=0$; 当 Σ 为母线平行于 z 轴的柱面时,$\iint_{\Sigma}R(x,y,z)\,\mathrm{d}x\mathrm{d}y=0$.

2. 两类曲线积分、曲面积分的关系

（1）$\int_L P\mathrm{d}x+Q\mathrm{d}y+R\mathrm{d}z=\int_L(P\cos\alpha+Q\cos\beta+R\cos\gamma)\mathrm{d}S$，即$\int_L \boldsymbol{F}\cdot\mathrm{d}\boldsymbol{r}=\int_L \boldsymbol{F}\cdot\boldsymbol{t}^0\mathrm{d}S$.其中$\boldsymbol{t}^0=(\cos\alpha,\cos\beta,\cos\gamma)$是曲线$L$同向单位切向量.

（2）$\iint_\Sigma P\mathrm{d}y\mathrm{d}z+Q\mathrm{d}z\mathrm{d}x+R\mathrm{d}x\mathrm{d}y=\iint_\Sigma(P\cos\alpha+Q\cos\beta+R\cos\gamma)\mathrm{d}S$，即$\iint_\Sigma \boldsymbol{F}\cdot\mathrm{d}\boldsymbol{S}=\iint_\Sigma \boldsymbol{F}\cdot\boldsymbol{n}^0\mathrm{d}S$.其中$\boldsymbol{n}^0=(\cos\alpha,\cos\beta,\cos\gamma)$是曲面$\boldsymbol{\Sigma}$同侧单位法向量.

3. 三个基本公式

（1）**格林公式**　当$P,Q\in C^1(D)$，c是闭区域D的边界线时，则

$$\oint_{c^+}P\mathrm{d}x+Q\mathrm{d}y=\iint_D\left(\frac{\partial Q}{\partial x}-\frac{\partial P}{\partial y}\right)\mathrm{d}x\mathrm{d}y.$$

$$\oint_{c_{外}}(P\cos\alpha+Q\cos\beta)\mathrm{d}S=\iint_D\left(\frac{\partial P}{\partial x}+\frac{\partial Q}{\partial y}\right)\mathrm{d}x\mathrm{d}y.$$

其中$(\cos\alpha,\cos\beta)$为闭曲线c的单位外法向量.

（2）**高斯公式**　当$P,Q,R\in C^1(V)$，$\boldsymbol{\Sigma}$是闭区域V的边界面时，则

$$\oiint_{\Sigma_{外}}P\mathrm{d}y\mathrm{d}z+Q\mathrm{d}z\mathrm{d}x+R\mathrm{d}x\mathrm{d}y=\iiint_V\left(\frac{\partial P}{\partial x}+\frac{\partial Q}{\partial y}+\frac{\partial R}{\partial z}\right)\mathrm{d}V,$$

即

$$\oiint_{\Sigma_{外}}\boldsymbol{F}\cdot\boldsymbol{n}^0\mathrm{d}S=\iiint_V\mathrm{div}\boldsymbol{F}\mathrm{d}V.$$

（3）**斯托克斯公式**　当$P,Q,R\in C^1$，曲面$\boldsymbol{\Sigma}$与其边界闭曲线c的方向满足右手法则时，则

$$\begin{aligned}&\oint_c P\mathrm{d}x+Q\mathrm{d}y+R\mathrm{d}z\\=&\iint_\Sigma\left(\frac{\partial R}{\partial y}-\frac{\partial Q}{\partial z}\right)\mathrm{d}y\mathrm{d}z+\left(\frac{\partial P}{\partial z}-\frac{\partial R}{\partial x}\right)\mathrm{d}z\mathrm{d}x+\left(\frac{\partial Q}{\partial x}-\frac{\partial P}{\partial y}\right)\mathrm{d}x\mathrm{d}y\\=&\iint_\Sigma\begin{vmatrix}\mathrm{d}y\mathrm{d}z&\mathrm{d}z\mathrm{d}x&\mathrm{d}x\mathrm{d}y\\\dfrac{\partial}{\partial x}&\dfrac{\partial}{\partial y}&\dfrac{\partial}{\partial z}\\P&Q&R\end{vmatrix}.\end{aligned}$$

即

$$\oint_c\boldsymbol{F}\cdot\boldsymbol{t}^0\mathrm{d}s=\iint_\Sigma\mathrm{rot}\,\boldsymbol{F}\cdot\boldsymbol{n}^0\mathrm{d}S.$$

4. 曲线积分与路径无关的条件

（1）（平面上）在单连通区域G内，$P(x,y),Q(x,y)\in C^1(G)$时

$$\frac{\partial Q}{\partial x}=\frac{\partial P}{\partial y}\Leftrightarrow\oint_{c}P\mathrm{d}x+Q\mathrm{d}y=0$$

$$\Leftrightarrow\int_{\widehat{AB}}P\mathrm{d}x+Q\mathrm{d}y \text{ 与路径无关}$$

$$\Leftrightarrow P\mathrm{d}x+Q\mathrm{d}y \text{ 是某函数 } u \text{ 的全微分}.$$

(2)(空间上)有与(1)类似的结论.

(3)对单连通区域上,连续可微的向量场无旋场⇔保守场⇔有势场.

5. 曲面积分与曲面无关的条件

在空间单连通区域 V 内,当 $P,Q,R\in C^1(V)$ 时,

$$\frac{\partial P}{\partial x}+\frac{\partial Q}{\partial y}+\frac{\partial R}{\partial z}=0\Rightarrow\iint_{\Sigma}P\mathrm{d}y\mathrm{d}z+Q\mathrm{d}z\mathrm{d}x+R\mathrm{d}x\mathrm{d}y$$

与曲面形状无关(只要曲面的边界不变),即在散度为零的区域内,曲面可连续变形(边界线不变),积分值不变.

10.2.3 计算方法

1. 第二型曲线积分计算法

(1)将曲线 l 的方程 $x=x(t),y=y(t)$ 代入被积表达式,将第二型曲线积分化为定积分,积分下限是起点对应的参数 α,上限是终点对应的参数 β.

$$\int_{l}P\mathrm{d}x+Q\mathrm{d}y=\int_{\alpha}^{\beta}[P(x(t),y(t))x'(t)+Q(x(t),y(t))y'(t)]\mathrm{d}t.$$

当 l 是分段表达时,可分段计算,再相加.

(2)在单连通区域 G 内,若 $\frac{\partial Q}{\partial x}\equiv\frac{\partial P}{\partial y}$,曲线积分与路径无关,可换路径;闭曲线积分为零.

(3)在 G 内,若 $\frac{\partial Q}{\partial x}-\frac{\partial P}{\partial y}\neq 0$(但较简单时),则 G 内闭曲线 c 上的第二型曲线积分可由格林公式化为二重积分.

$$\oint_{c^+}P\mathrm{d}x+Q\mathrm{d}y=\iint_{D}\left(\frac{\partial Q}{\partial x}-\frac{\partial P}{\partial y}\right)\mathrm{d}x\mathrm{d}y,$$

其中 D 是闭曲线 c 所围的区域.

非闭曲线积分,可补线,变为闭曲线积分,用格林公式化为一个二重积分,减去补线上的曲线积分.

(4)空间曲线积分.类似于(1)可化为定积分:若曲面单连通区域内是无旋场,曲线积分与路径无关,可换路径;曲面单连通区域内的闭曲线 c 上的积分可用斯托克斯公式,化为 c 所张开的曲面 Σ 上的第二型曲面积分,注意 c 和 Σ 的方向要满足右手法则.

(5)正向闭曲线 c 所围平面区域 D 的面积:$S=\frac{1}{2}\oint_{c}x\mathrm{d}y-y\mathrm{d}x.$

(6)由全微分表达式 $P\mathrm{d}x+Q\mathrm{d}y$,求原函数方法

$$u(x,y)=\int_{(x_0,y_0)}^{(x,y)}P\mathrm{d}x+Q\mathrm{d}y+c$$

$$=\int_{x_0}^{x}P(x,y_0)\mathrm{d}x+\int_{y_0}^{y}Q(x,y)\mathrm{d}y+c.$$

此外,还可由全微分运算法则,观察出原函数 $u(x,y)$.此时有

$$\int_{(x_0,y_0)}^{(x,y)}P\mathrm{d}x+Q\mathrm{d}y=u(x,y)\Big|_{(x_0,y_0)}^{(x,y)}.$$

(7) 若$\dfrac{\partial Q}{\partial x}=\dfrac{\partial P}{\partial y}$,则方程 $P\mathrm{d}x+Q\mathrm{d}y=0$ 称为全微分方程,其通解为 $u(x,y)=c$,$u(x,y)$由(6)中公式得到.

2. 第二型曲面积分的计算

(1) 化为在坐标面的投影域上的二重积分.要充分注意利用曲面方程化简被积表达式.

统一化为一个坐标面的投影域上的二重积分:设曲面

$$\Sigma:z=z(x,y),(x,y)\in\sigma_{xy},$$

$z=z(x,y)$是 σ_{xy}上单值的可微函数时,则

$$\iint\limits_{\Sigma\binom{上}{下}}P\mathrm{d}y\mathrm{d}z+Q\mathrm{d}z\mathrm{d}x+R\mathrm{d}x\mathrm{d}y$$

$$=\pm\iint\limits_{\sigma_{xy}}\left[P(x,y,z(x,y))\left(-\frac{\partial z}{\partial x}\right)+Q(x,y,z(x,y))\left(-\frac{\partial z}{\partial y}\right)+R(x,y,z(x,y))\right]\mathrm{d}x\mathrm{d}y.$$

对不同坐标的曲面积分,化为不同坐标面的投影域上的二重积分

$$\iint\limits_{\Sigma\binom{前}{后}}P\mathrm{d}y\mathrm{d}z=\pm\iint\limits_{\sigma_{yz}}P(x(y,z),y,z)\mathrm{d}y\mathrm{d}z,$$

$$\iint\limits_{\Sigma\binom{右}{左}}Q\mathrm{d}z\mathrm{d}x=\pm\iint\limits_{\sigma_{zx}}Q(x,y(z,x),z)\mathrm{d}z\mathrm{d}x,$$

$$\iint\limits_{\Sigma\binom{上}{下}}R\mathrm{d}x\mathrm{d}y=\pm\iint\limits_{\sigma_{xy}}R(x,y,z(x,y))\mathrm{d}x\mathrm{d}y.$$

(2) 用高斯公式将闭曲面积分化为三重积分

$$\oint\!\!\!\!\oint\limits_{\Sigma_{外}}P\mathrm{d}y\mathrm{d}z+Q\mathrm{d}z\mathrm{d}x+R\mathrm{d}x\mathrm{d}y=\iiint\limits_{V}\left(\frac{\partial P}{\partial x}+\frac{\partial Q}{\partial y}+\frac{\partial R}{\partial z}\right)\mathrm{d}V.$$

当 Σ 为非闭曲面时,可补面后用高斯公式.

在$\dfrac{\partial P}{\partial x}+\dfrac{\partial Q}{\partial y}+\dfrac{\partial R}{\partial z}=0$ 的区域内,曲面可连续变形(边界线不变),曲面积分值不变.

3. 在直角坐标系下,向量场

$$F(M)=P(x,y,z)\boldsymbol{i}+Q(x,y,z)\boldsymbol{j}+R(x,y,z)\boldsymbol{k},\quad P,Q,R\in C^1$$

的散度公式

$$\mathrm{div}\boldsymbol{F}(M)=\frac{\partial P}{\partial x}+\frac{\partial Q}{\partial y}+\frac{\partial R}{\partial z}.$$

旋度公式

$$\mathrm{rot}\,\boldsymbol{F}(M)=\begin{vmatrix}\boldsymbol{i} & \boldsymbol{j} & \boldsymbol{k}\\ \dfrac{\partial}{\partial x} & \dfrac{\partial}{\partial y} & \dfrac{\partial}{\partial z}\\ P & Q & R\end{vmatrix}.$$

10.3 思考与讨论

1. 设函数 $P(x,y),Q(x,y)\in C(G)$，且曲线积分 $\int_l P\mathrm{d}x+Q\mathrm{d}y$ 在区域 G 内与路径无关，则(　　).

(A) $\forall A,B\in G$，都有 $\int_{\widehat{AB}}P\mathrm{d}x+Q\mathrm{d}y=\int_{\overline{AB}}P\mathrm{d}x+Q\mathrm{d}y$

(B) 对 G 内任一闭曲线 c，恒有 $\oint_c P\mathrm{d}x+Q\mathrm{d}y=0$

(C) $P\mathrm{d}x+Q\mathrm{d}y$ 的原函数 $u=\int_{x_0}^{x}P(x,y_0)\mathrm{d}x+\int_{y_0}^{y}Q(x,y)\mathrm{d}y+c$，定点 $(x_0,y_0)\in G$

(D) 在 G 内恒有 $\dfrac{\partial Q}{\partial x}=\dfrac{\partial P}{\partial y}$

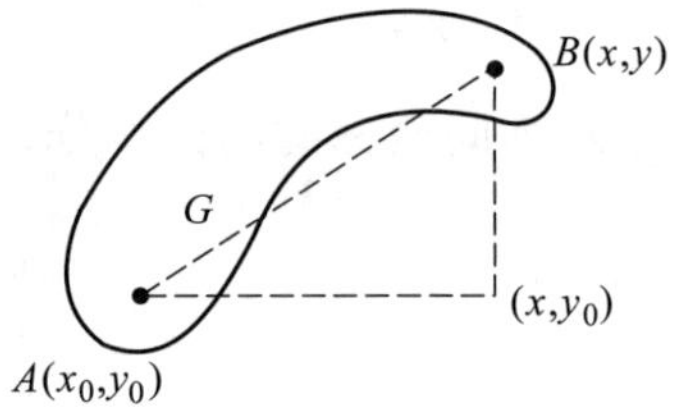

图 10.1

分析　由于直线 $\overline{AB}$ 和点 (x,y_0) 未见含于 G，见图 10.1，否定了(A)、(C). P,Q 未见有偏导数，否定了(D).

应选 B.

2. 设 $f(x)$ 是非负的连续可微的函数，c 是圆周 $x=R\cos t,y=R\sin t,0\leqslant t\leqslant 2\pi$ 顺时针方向，则 $\oint_c f(x)y\mathrm{d}x\neq$(　　).

(A) $R^2\int_0^{2\pi}f(R\cos t)\sin^2 t\mathrm{d}t$　　(B) $\dfrac{1}{R}\oint_c f(x)y^2\mathrm{d}s$

(C) $\iint_{x^2+y^2\leqslant R^2}f(x)\mathrm{d}x\mathrm{d}y$　　(D) $\oint_c f(x)y\cos t\mathrm{d}s$

分析　第二型曲线积分可以化为定积分、第一型曲线积分、二重积分，经检验(A)(B)(C)都对.(D)中所乘的 $\cos t$ 不是有向闭曲线 c 指定的切向量 $(R\sin t,-R\cos t)$ 的方向余弦 $\cos\alpha$，而是法向量方向余弦 $\cos t$，见图 10.2.

应选 D.

3. 设曲线 $l: y=x^2$（x 从 1 到 -1），则 $\int_l x\mathrm{d}s$ 和 $\int_l y\mathrm{d}x + x\mathrm{d}y$ 依次等于（　　）.

（A）0,0　　（B）0,2　　（C）0,-2　　（D）-2,0

分析　见图 10.3，由对称性知 $\int_l x\mathrm{d}x = 0$. 由 $\frac{\partial Q}{\partial x}=\frac{\partial P}{\partial y}$，换路径为 $y=1$（x 从 1 到 -1），

$$\int_l y\mathrm{d}x + x\mathrm{d}y = \int_1^{-1} 1\mathrm{d}x = -2.$$

应选 C.

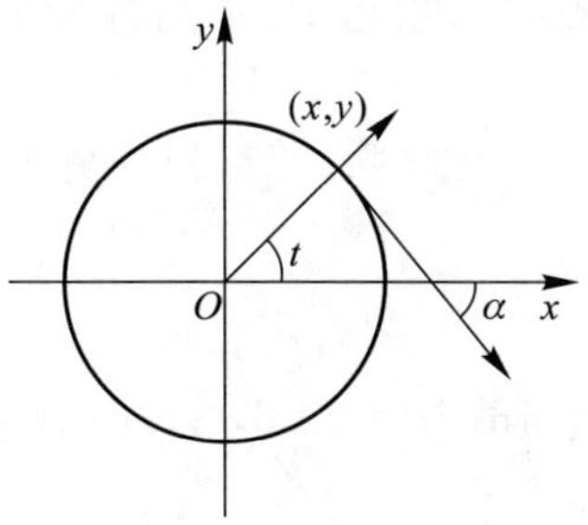

图 10.2

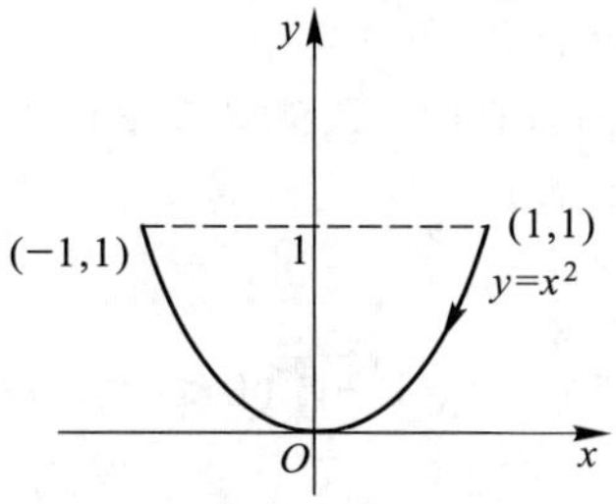

图 10.3

4. 在逆时针方向的闭曲线 $C: |x|+|y|=2$ 上，$I=\oint_C \frac{ax\mathrm{d}y - by\mathrm{d}x}{|x|+|y|}=$（　　）.

（A）$4(a+b)$　　（B）0　　（C）$-4(a+b)$　　（D）$-4(a-b)$

分析　$I=\frac{1}{2}\oint_C ax\mathrm{d}y - by\mathrm{d}x=\frac{1}{2}\iint_D (a+b)\mathrm{d}\sigma = 4(a+b)$，用曲线方程化简曲线积分是一个重要手段，使用格林公式时，要认准 P,Q.

应选 A.

5. 设函数 $P(x,y,z)$ 具有连续的一阶偏导数，Σ 是锥面 $x^2+y^2-(z-1)^2=0$ $(0\leqslant z\leqslant 1)$ 的上侧，则 $\iint_\Sigma P(x,y,z)\mathrm{d}y\mathrm{d}z \neq$（　　）.

（A）$\iint_{x^2+y^2\leqslant 1} P(x,y,1-\sqrt{x^2+y^2})\frac{x}{\sqrt{x^2+y^2}}\mathrm{d}x\mathrm{d}y$

（B）$\iint_{0\leqslant z\leqslant 1-|y|} P(\sqrt{(z-1)^2-y^2},y,z)\mathrm{d}y\mathrm{d}z$

（C）$\frac{1}{\sqrt{2}}\iint_\Sigma P(x,y,z)\frac{x}{\sqrt{x^2+y^2}}\mathrm{d}S$

（D）$\iint_{x^2+y^2\leqslant 1}\mathrm{d}x\mathrm{d}y\int_0^{1-\sqrt{x^2+y^2}}\frac{\partial P}{\partial x}\mathrm{d}z$

分析　第二型曲面积分可化为投影域上的二重积分，且可以向不同坐标面上投影.（A）为转移投影法，结果是正确的.（B）是直接向 Oyz 面投影，由于这时曲面 Σ 在投影域上不能用单值函数表示，需将曲面 Σ 分两片，前片前侧和后片后侧，化为二重积分.（B）中仅表示前片前侧化出的二重积分，丢掉另一半.因此，（B）是错的.（C）是将对坐标 y,z 的积分用第一型曲面积分表示，结果正确.（D）是补面后用高斯公式的结果.

应选 B.

6. 设 S 为上半球面 $x^2+y^2+z^2=R^2(z\geqslant 0)$ 的上侧,则下列曲面积分不等于零的是(　　).

(A) $\iint\limits_S x^2\mathrm{d}y\mathrm{d}z$　　(B) $\iint\limits_S x\mathrm{d}y\mathrm{d}z$

(C) $\iint\limits_S z\mathrm{d}z\mathrm{d}y$　　(D) $\iint\limits_S y\mathrm{d}x\mathrm{d}y$

分析　化为投影域上的二重积分.注意:曲面、侧、被积函数.曲面 S 按 Oyz 面分为前片前侧和后片后侧(图 10.4),前后两片的曲面方程,解出 x 相差一个符号.由前侧和后侧的不同,在投影域上的二重积分也相差一个符号.对于(A)被积函数是 x^2,前后片曲面方程代入后相同,所以(A)为零,(B)不为零.

类似的分析知(C)为零.S 在 Oxy 面投影域关于 $y=0$ 对称,二重积分被积函数是奇函数,故(D)也等于零.

应选 B.

7. 设 S 为锥面 $z=\sqrt{x^2+y^2}\ (0\leqslant z\leqslant H)$ 的下侧,则 $\iint\limits_S \mathrm{d}y\mathrm{d}z+2\mathrm{d}z\mathrm{d}x+3\mathrm{d}x\mathrm{d}y=$ ________.

分析　$\dfrac{\partial P}{\partial x}+\dfrac{\partial Q}{\partial y}+\dfrac{\partial R}{\partial z}=0$,无源场,换面为 $S_1:z=H(x^2+y^2\leqslant H^2)$ 的下侧(图 10.5).

原式 $=\iint\limits_{S_1}3\mathrm{d}x\mathrm{d}y=-3\iint\limits_{x^2+y^2\leqslant H^2}\mathrm{d}x\mathrm{d}y=-3\pi H^2$.

应填 $-3\pi H^2$.

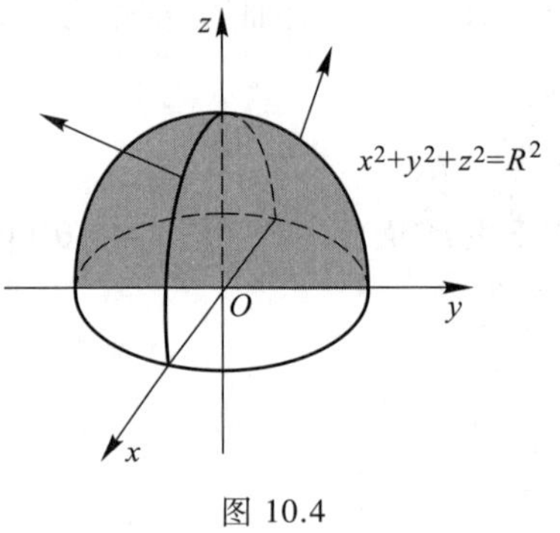

图 10.4

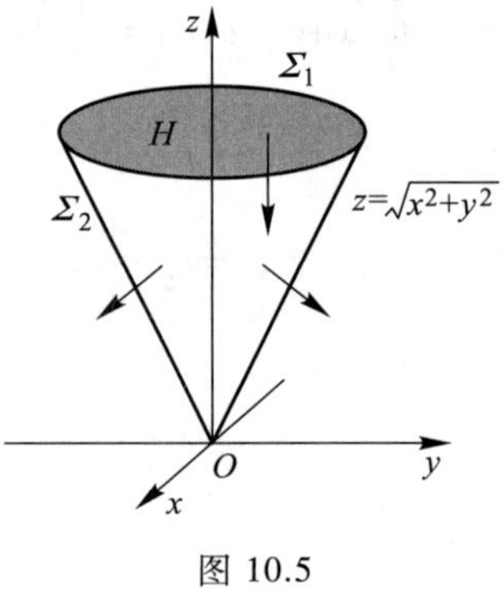

图 10.5

8. 设 S 为椭球面 $x^2+2y^2+3z^2=1$ 的内侧,则 $I=\oiint\limits_S \dfrac{x\mathrm{d}y\mathrm{d}z+y\mathrm{d}z\mathrm{d}x+z\mathrm{d}x\mathrm{d}y}{(x^2+y^2+z^2)^{3/2}}=$ ________.

分析　因 $\dfrac{\partial P}{\partial x}+\dfrac{\partial Q}{\partial y}+\dfrac{\partial R}{\partial z}=0$,当 $(x,y,z)\neq(0,0,0)$ 时.将 S 换面为球面 $S_1:x^2+y^2+z^2=1$ 内侧,再用高斯公式

$$I=\oiint\limits_{S_1}x\mathrm{d}y\mathrm{d}z+y\mathrm{d}z\mathrm{d}x+z\mathrm{d}x\mathrm{d}y=-\iiint\limits_V 3\mathrm{d}V=-4\pi.$$

应填 -4π.

【注】　在 $\dfrac{\partial P}{\partial x}+\dfrac{\partial Q}{\partial y}+\dfrac{\partial R}{\partial z}=0$ 的区域内,积分曲面可以连续变形(曲面的边界线不变).

闭曲面没有边界线,故可随意连续变形.

10.4 典型错误纠正

1. 计算曲线积分 $\int_l (2a-y)\mathrm{d}x+(a+x)\mathrm{d}y$, 其中 $l: y=\sqrt{a^2-x^2}$, 从 $A(-a,0)$ 到 $B(a,0)$.

解法 1 因为 l 的参数方程为: $x=a\cos t, y=a\sin t, 0\leqslant t\leqslant\pi$, 故

$$\begin{aligned}&\int_l (2a-y)\mathrm{d}x+(a+x)\mathrm{d}y\\=&\int_0^{\pi}[(2a-a\sin t)(-a\sin t)+(a+a\cos t)a\cos t]\mathrm{d}t\\=&a^2\int_0^{\pi}(1-2\sin t+\cos t)\mathrm{d}t=a^2(\pi-4).\end{aligned}$$

解法 2 换路为 $\overline{AB}: y=0, x$ 从 $-a$ 到 a, 则

$$\int_l (2a-y)\mathrm{d}x+(a+x)\mathrm{d}y=\int_{-a}^{a}2a\mathrm{d}x=4a^2.$$

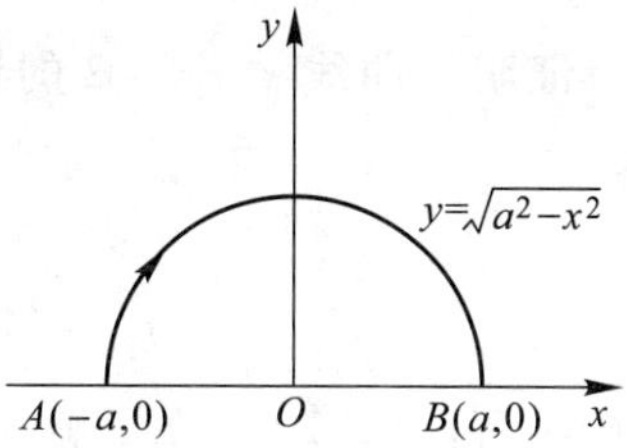

图 10.6

问题分析 有向曲线 l 的起点 $A(-a,0)$ 对应 $t=\pi$, 终点 $B(a,0)$ 对应 $t=0$. 所以解法 1 中第一步定积分上下限颠倒了. 解法 2 未考察曲线积分与路径是否无关,就来换路,而本题曲线积分与路径有关,所以两个解法都错了.

2. 计算 $I=\oint_c \dfrac{(x+y)\mathrm{d}y+(x-y)\mathrm{d}x}{x^2+y^2}$, 其中 c 为上半圆周 $x^2+y^2=1\ (y\geqslant 0)$ 与 $y=x^2-1$ 围成的区域 D 的边界顺时针方向.

解 将曲线方程 $x^2+y^2=1$ 代入被积函数得

$$I=\oint_c (x+y)\mathrm{d}y+(x-y)\mathrm{d}x,$$

由于 $\dfrac{\partial Q}{\partial x}=(x-y)'_x=1$, $\dfrac{\partial P}{\partial y}=(x+y)'_y=1$, 所以由格林公式知

$$I=\iint_D 2\mathrm{d}\sigma=2\int_0^1\mathrm{d}x\int_{x^2-1}^{\sqrt{1-x^2}}\mathrm{d}y=\frac{\pi}{2}+\frac{4}{3}.$$

问题分析 首先注意 D 的边界线由两条曲线 $y=\sqrt{1-x^2}$ 和 $y=x^2-1$ 构成,将一条曲线的方程 $y=\sqrt{1-x^2}$ 代入被积函数来简化整个边界线 c 上的积分是第一个错误.第二个错误是认错了积分中函数 P,Q, $\mathrm{d}x$ 前的系数是函数 P, $\mathrm{d}y$ 前的系数是函数 Q.第三个错误是把格林公式中的二重积分的被积函数 $\dfrac{\partial Q}{\partial x}-\dfrac{\partial P}{\partial y}$, 错记为 $\dfrac{\partial Q}{\partial x}+\dfrac{\partial P}{\partial y}$.最后未注意曲线 c 的方向,二重积分号前缺个负号.正确的解法应为

$$P(x,y)=\frac{x-y}{x^2+y^2},\quad Q(x,y)=\frac{x+y}{x^2+y^2},$$

$$\frac{\partial Q}{\partial x}=\frac{y^2-x^2-2xy}{(x^2+y^2)^2}=\frac{\partial P}{\partial y},\quad (x,y)\neq(0,0).$$

将曲线 $y=x^2-1$ 换为 $y=-\sqrt{1-x^2}$,即将闭曲线 c 换为 c': $x^2+y^2=1$ 顺时针方向,则

$$I=\oint_{c'}(x+y)\mathrm{d}y+(x-y)\mathrm{d}x=-\iint_{x^2+y^2\leqslant 1}2\mathrm{d}x\mathrm{d}y=-2\pi.$$

3. 设 l 是以点 $(0,0)$ 为圆心的,从点 $(1,1)$ 到点 $(-1,1)$ 的圆周的劣弧,函数 $P(x,y)$, $Q(x,y)\in C(l)$,证明

$$\int_l P\mathrm{d}x+Q\mathrm{d}y=\frac{1}{\sqrt{2}}\int_l(xQ-yP)\mathrm{d}s.$$

证明 曲线 $x^2+y^2=2$ 的切向量

$$\left(1,\frac{\mathrm{d}y}{\mathrm{d}x}\right)=\left(1,-\frac{x}{y}\right),$$

其模为 $\sqrt{1+\left(-\frac{x}{y}\right)^2}=\frac{\sqrt{2}}{y}$,故切向量的方向余弦 $\cos\alpha=\frac{y}{\sqrt{2}}$, $\cos\beta=-\frac{x}{\sqrt{2}}$,由两类曲线积分的关系得

$$\int_l P\mathrm{d}x+Q\mathrm{d}y=\frac{1}{\sqrt{2}}\int_l(yP-xQ)\mathrm{d}s.$$

问题分析 这类曲线积分的关系中 $\cos\alpha,\cos\beta$ 是有向曲线 l 同向切向量的方向余弦,这里曲线 l: $y=\sqrt{2-x^2}$,x 从 1 到 -1,所以同向切向量的水平分量应为负,上面证明中切向量方向反了,所以结果差个负号.

4. 求微分表达式 $\frac{x\mathrm{d}y-y\mathrm{d}x}{(x+y)^2}$ 的一个原函数 u,使 $u(-1,0)=1$.

解 由于 $P=\frac{-y}{(x+y)^2}$, $Q=\frac{x}{(x+y)^2}$,故恒有

$$\frac{\partial Q}{\partial x}=\frac{y^2-x^2}{(x+y)^4}=\frac{\partial P}{\partial y},$$

所以,对任何 (x,y)

$$u(x,y)=\int_{(1,0)}^{(x,y)}\frac{x\mathrm{d}y-y\mathrm{d}x}{(x+y)^2}+C$$

$$=\int_1^x 0\mathrm{d}x+\int_0^y\frac{x}{(x+y)^2}\mathrm{d}y+C=\frac{y}{x+y}+C.$$

又 $u(-1,0)=1$,知 $C=1$,故所求的原函数是

$$u(x,y)=\frac{x+2y}{x+y}.$$

问题分析　表达式$\frac{x\mathrm{d}y-y\mathrm{d}x}{(x+y)^2}$分别在 $x+y>0$ 和 $x+y<0$ 的两个半平面上有原函数,$x+y=0$ 这条线上无意义.计算中把曲线积分的起点取为(1,0)得到的原函数仅在 $x+y>0$ 部分上适用.需要的原函数应在 $x+y<0$ 部分上,因为(-1,0)在这里.另一个错误是把曲线积分换路为折线上的积分,对这里两个半平面来说都会出现折线越过直线 $x+y=0$ 到另一半平面的情况,这是错的.正确的计算可取点(-1,0)到点(x,y)的直线上进行曲线积分(在 $x+y<0$ 部分上).

5. 解方程$[y+\ln(x+1)]\mathrm{d}x+\left(x-\frac{1}{\sqrt{y}}\right)\mathrm{d}y=0.$

解　$P=y+\ln(x+1)$,$Q=x-\frac{1}{\sqrt{y}}$,$\frac{\partial Q}{\partial x}=1=\frac{\partial P}{\partial y}$,因此这是一个全微分方程.由于在 $x>-1,y>0$ 的区域内方程有意义,所以取点$(x_0,y_0)=(0,1)$,由

$$\begin{aligned}u(x,y)&=\int_0^x[1+\ln(x+1)]\mathrm{d}x+\int_1^y\left(-\frac{1}{\sqrt{y}}\right)\mathrm{d}y\\&=(x+1)\ln(x+1)+2-2\sqrt{y},\end{aligned}$$

知方程的通解为

$$(x+1)\ln(x+1)-2\sqrt{y}=C.$$

问题分析　将 $u(x,y)$计算公式搞错.定积分的两个积分下限 x_0,y_0分别交叉代入另一个积分中是错的

$$u(x,y)\neq\int_{x_0}^x P(x,y_0)\mathrm{d}x+\int_{y_0}^y Q(x_0,y)\mathrm{d}y.$$

正确的公式为

$$u(x,y)=\int_{x_0}^x P(x,y_0)\mathrm{d}x+\int_{y_0}^y Q(x,y)\mathrm{d}y,$$

或

$$u(x,y)=\int_{x_0}^x P(x,y)\mathrm{d}x+\int_{y_0}^y Q(x_0,y)\mathrm{d}y.$$

只有一个积分的下限代入另一个积分中.正确的答案,即方程的通解为

$$(1+x)\ln(1+x)+x(y-1)-2\sqrt{y}=C.$$

6. 计算曲面积分 $I=\iint\limits_S xz\mathrm{d}y\mathrm{d}z+z^2\mathrm{d}x\mathrm{d}y$, 其中 S 是锥面 $z=\sqrt{x^2+y^2}$ $(z\leqslant1)$的上侧.

解法 1　对不同坐标的曲面积分分别化为相应坐标面上的二重积分.参看图 10.7,曲面

S：$z=\sqrt{x^2+y^2}$，$\sigma_{xy}:x^2+y^2\leqslant 1$，故

$$\iint_S z^2\mathrm{d}x\mathrm{d}y=\iint_{\sigma_{xy}}(x^2+y^2)\mathrm{d}x\mathrm{d}y=\int_0^{2\pi}\mathrm{d}\theta\int_0^1 r^3\mathrm{d}r=\frac{\pi}{2}.$$

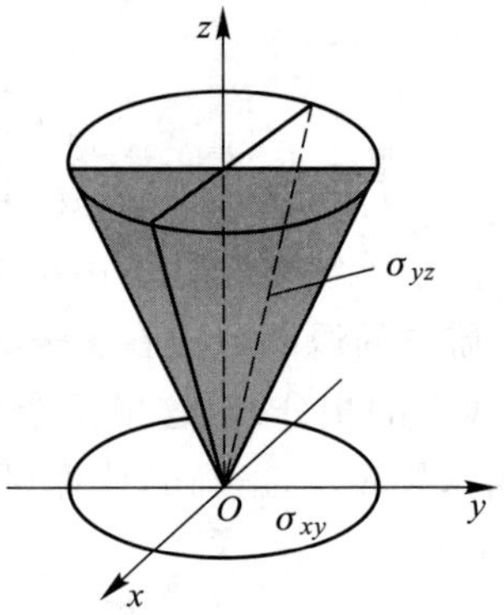

图 10.7

曲面 $S:x=\sqrt{z^2-y^2}$，σ_{yz}：$-1\leqslant y\leqslant 1$，　$|y|\leqslant z\leqslant 1$，故

$$\iint_S xz\mathrm{d}y\mathrm{d}z=\iint_{\sigma_{yz}}z\sqrt{z^2-y^2}\mathrm{d}y\mathrm{d}z=2\int_0^1\mathrm{d}y\int_y^1 z\sqrt{z^2-y^2}\mathrm{d}z=\frac{\pi}{8},$$

于是

$$I=\frac{\pi}{2}+\frac{\pi}{8}=\frac{5\pi}{8}.$$

解法 2　向一个坐标面投影法，曲面 S：$z=\sqrt{x^2+y^2}$ 上侧，$\sigma_{xy}:x^2+y^2\leqslant 1$，$\dfrac{\partial z}{\partial x}=\dfrac{x}{\sqrt{x^2+y^2}}$，故

$$I=\iint_{\sigma_{xy}}\left[x\sqrt{x^2+y^2}\,\frac{x}{\sqrt{x^2+y^2}}+x^2+y^2\right]\mathrm{d}x\mathrm{d}y$$

$$=\iint_{\sigma_{xy}}(2x^2+y^2)\mathrm{d}x\mathrm{d}y=\frac{3\pi}{4}.$$

解法 3　用高斯公式，补面 S_1：$z=1$ $(x^2+y^2\leqslant 1)$ 的下侧，因为 $P=xz,Q=z^2,R=0$，所以

$$\frac{\partial P}{\partial x}+\frac{\partial Q}{\partial y}+\frac{\partial R}{\partial z}=z.$$

于是由高斯公式得

$$I=\oiint_{S+S_1}xz\mathrm{d}y\mathrm{d}z+z^2\mathrm{d}x\mathrm{d}y-\iint_{S_1}\mathrm{d}x\mathrm{d}y$$

$$=\iiint_V z\mathrm{d}V-\pi=\frac{1}{4}\pi-\pi=-\frac{3\pi}{4}.$$

问题分析　解法 1 中，计算 $\iint_S xz\mathrm{d}y\mathrm{d}z$ 时，仅计算了曲面 S 在 $x\geqslant 0$ 部分上的积分，而且化为 σ_{yz} 上的二重积分时丢掉"负"号，丢掉了 S 在 $x<0$ 部分前侧上的积分.

解法 2 中，将 $\iint_S xz\mathrm{d}y\mathrm{d}z$ 化为 σ_{xy} 上的二重积分时，被积函数应乘$\left(-\dfrac{\partial z}{\partial x}\right)$，而误乘$\dfrac{\partial z}{\partial x}$.

解法 3 中，第一个错是认错了函数 Q,R.被积表达式中，$\mathrm{d}y\mathrm{d}z$ 前的系数是函数 $P(x,y,z)$，$\mathrm{d}z\mathrm{d}x$ 前的系数是函数 $Q(x,y,z)$，$\mathrm{d}x\mathrm{d}y$ 前的系数是函数 $R(x,y,z)$，所以 $P=xz,Q=0,R=z^2$，

$$\frac{\partial P}{\partial x}+\frac{\partial Q}{\partial y}+\frac{\partial R}{\partial z}=3z.$$

第二个错误是使用高斯公式时，忽略了闭曲面内侧，三重积分前应加“ - ”号.第三个错误是 $\iint\limits_{S_1}\mathrm{d}x\mathrm{d}y=\pi$，误把 1 在曲面 S_1 上的第二型曲面积分等于 S_1 的面积值.实际上它应是有向平面 S_1 在 Oxy 面的投影，等于$-\pi$.所求的曲面积分正确结果为 $I=\dfrac{\pi}{4}$.

7. 计算 $J=\iint\limits_{\Sigma}x\mathrm{d}y\mathrm{d}z-y\mathrm{d}z\mathrm{d}x+z\mathrm{d}x\mathrm{d}y$，其中 Σ 是旋转抛物面 $z=x^2+y^2(z\leqslant 1)$ 的下侧.

解　见图 10.8.由对称性得

$$\iint\limits_{\Sigma}x\mathrm{d}y\mathrm{d}z=0,\quad \iint\limits_{\Sigma}y\mathrm{d}z\mathrm{d}x=0,$$

故

$$J=0+0+\iint\limits_{\Sigma}z\mathrm{d}x\mathrm{d}y=-\iint\limits_{\sigma_{xy}}(x^2+y^2)\mathrm{d}x\mathrm{d}y$$

$$=-\int_0^{2\pi}\mathrm{d}\theta\int_0^1 r^2\mathrm{d}r=-\frac{2\pi}{3}.$$

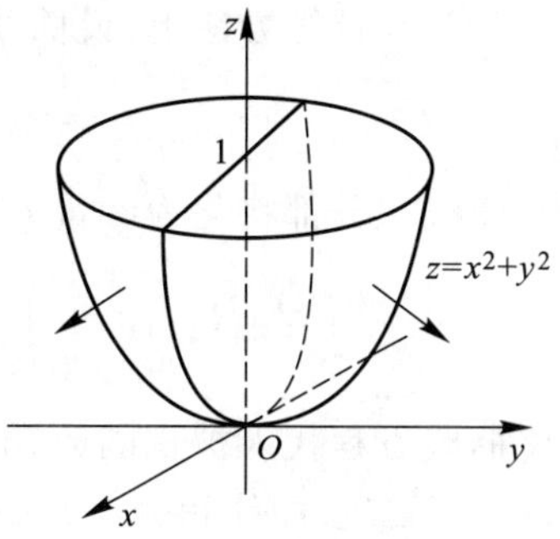

图 10.8

问题分析　解题中出现两个错误，其一是错用对称性，虽然曲面 Σ 关于平面 $x=0$ 对称，被积函数是 x 的奇函数，但这里计算的是第二型曲面积分，积分结果还与曲面的方向(侧)有关.故推出 $\iint\limits_{\Sigma}x\mathrm{d}y\mathrm{d}z=0$ 是错的.同样 $\iint\limits_{\Sigma}y\mathrm{d}z\mathrm{d}x=0$ 也是错的.其二是把二重积分化为极坐标下累次积分时，被积函数少乘了一个 r.本题一个正确解法是：由于 x,y 的对等性知

$$\iint\limits_{\Sigma}x\mathrm{d}y\mathrm{d}z=\iint\limits_{\Sigma}y\mathrm{d}z\mathrm{d}x,$$

故

$$J=0+\iint\limits_{\Sigma}z\mathrm{d}x\mathrm{d}y=-\iint\limits_{\sigma_{xy}}(x^2+y^2)\mathrm{d}x\mathrm{d}y=-\int_0^{2\pi}\mathrm{d}\theta\int_0^1 r^3\mathrm{d}r=-\frac{\pi}{2}.$$

10.5　释疑解惑

1. 两类曲线积分有何区别和联系？

答　(1) 在概念上，都是分布在曲线 L 上的量的总量计算问题.但第一型曲线积分，它的局部量(总量的微元)是分布的线密度函数 $f(x,y,z)$ 与弧长微分 $\mathrm{d}s$ 之积

$$\int_L f(x,y,z)\mathrm{d}s,$$

与 L 的方向无关.第二型曲线积分，它的局部量等于向量函数 $\boldsymbol{F}(x,y,z)=(P(x,y,z),\ Q(x,y,z),R(x,y,z))$，与弧长微元向量 $\mathrm{d}\boldsymbol{r}$ 的点乘，

$$\int_L \boldsymbol{F} \cdot \mathrm{d}\boldsymbol{r} = \int_L P\mathrm{d}x + Q\mathrm{d}y + R\mathrm{d}z.$$

这里 L 是有向曲线，$\mathrm{d}\boldsymbol{r}$ 是 L 同向切向量

$$\mathrm{d}\boldsymbol{r} = (\cos\alpha, \cos\beta, \cos\gamma)\mathrm{d}s = (\mathrm{d}x, \mathrm{d}y, \mathrm{d}z).$$

特别对 $\int_L P(x,y,z)\mathrm{d}x$ 来说，它的局部量是函数 $P(x,y,z)$ 与弧长微元向量 $\mathrm{d}\boldsymbol{r}$ 在 x 轴上的坐标 $\mathrm{d}x$ 之积.

（2）在计算方法上，设曲线 L 的参数方程为

$$x=x(t),\quad y=y(t),\quad z=z(t),\quad \alpha\leqslant t\leqslant\beta.$$

两类曲线积分都将化为参量 t 的定积分.第一型曲线积分

$$\int_L f(x,y,z)\mathrm{d}s = \int_\alpha^\beta f(x(t),y(t),z(t))\sqrt{x'^2(t)+y'^2(t)+z'^2(t)}\,\mathrm{d}t$$

是将曲线方程代入被积函数，$\mathrm{d}s$ 用曲线的弧微分代入后，化为积分下限 α 小于上限 β 的定积分.对于第二型曲线积分，假如有向曲线 L 的起点对应 $t=\beta$，终点对应 $t=\alpha$，则

$$\int_L P\mathrm{d}x + Q\mathrm{d}y + R\mathrm{d}z = \int_\beta^\alpha [P(x(t),y(t),z(t))x'(t) + Qy'(t) + Rz'(t)]\mathrm{d}t,$$

是将曲线方程代入被积表达式后，化为起点的参数为下限，终点的参数为上限的定积分.

（3）因为两类曲线积分都是在曲线 L 上进行，所以都可以用 L 的方程简化被积函数.

（4）两类曲线积分的关系是

$$\int_L P\mathrm{d}x + Q\mathrm{d}y + R\mathrm{d}z = \int_L (P\cos\alpha + Q\cos\beta + R\cos\gamma)\mathrm{d}s,$$

即

$$\int_L \boldsymbol{F} \cdot \mathrm{d}\boldsymbol{r} = \int_L \boldsymbol{F} \cdot \boldsymbol{t}^0 \mathrm{d}s,$$

其中 $\boldsymbol{t}^0=(\cos\alpha,\cos\beta,\cos\gamma)$ 为 L 上点 (x,y,z) 处与 L 同向的单位切向量.所以，第二型曲线积分可以看作特殊的第一型曲线积分，曲线的方向隐藏在被积表达式中.

2. 定理 10.2 中条件"G 为单连通区域，函数 $P,Q\in C^1(G)$"，在证明中哪里用到，在没有用到之处，能否降低要求，推出一些等价的条款？

答 条件 $P,Q\in C^1(G)$ 在(3)$\Rightarrow$(4)的证明中，即由"$P\mathrm{d}x+Q\mathrm{d}y$ 是某函数 u 的全微分"推导"$\frac{\partial Q}{\partial x}=\frac{\partial P}{\partial y}$"时用到，它保证了 u 的混合二阶偏导数与求导次序无关，从而得 $\frac{\partial Q}{\partial x}=\frac{\partial P}{\partial y}$.在(4)$\Rightarrow$(1)的证明中，用格林公式，需要 $P,Q\in C^1(G)$.

如果不考虑(4)$\frac{\partial Q}{\partial x}=\frac{\partial P}{\partial y}$这条款，只要 P,Q 在区域上连续，条款(1)，(2)，(3)就等价，即在区域 G 内，"任意闭曲线积分为零""曲线积分与路径无关""$P\mathrm{d}x+Q\mathrm{d}y$ 是某函数的全微分"三条款等价.下面证明(3)$\Rightarrow$(2).

设 l 是 G 内从点 A 到点 B 的任一光滑有向曲线，其参数方程为

$$x=x(t),\quad y=y(t),$$

起点 A 对应 $t=\alpha$,终点 B 对应 $t=\beta$.因为

$$P\mathrm{d}x+Q\mathrm{d}y=\mathrm{d}u,$$

所以由第二型曲线积分计算法及全导数公式

$$\int_l P\mathrm{d}x+Q\mathrm{d}y=\int_\alpha^\beta[P(x(t),y(t))x'(t)+Q(x(t),y(t))y'(t)]\mathrm{d}t,$$

$$\int_\alpha^\beta \frac{\mathrm{d}u}{\mathrm{d}t}\mathrm{d}t=u(x(t),y(t))\Big|_\alpha^\beta=u\Big|_A^B.$$

这就证明了曲线积分与路径无关,只与起点 A,终点 B 有关.这个证明也表明:已知被积表达式的原函数时,曲线积分就等于这个原函数在终点和起点函数值之差,与牛顿-莱布尼茨公式一致.

(2) ⇒(1)是显然的,注意这里未要求 G 单连通.

例如,曲线积分 $\int_l \frac{x\mathrm{d}x+y\mathrm{d}y}{(x^2+y^2)^{3/2}}$ 的被积表达式,在复连通区域 $G=\{(x,y)\mid(x,y)\neq(0,0)\}$ 上有意义,且有原函数 $u=\frac{1}{\sqrt{x^2+y^2}}$,所以这个曲线积分在 G 上与路径无关.

3. 格林公式有何用处,应用时要注意什么?

答　格林公式无论在理论上,还是应用中都十分重要.它与高斯公式、斯托克斯公式构成场论中的三大公式,是后两个公式在平面上的情况. $\oint_{c^+}P\mathrm{d}x+Q\mathrm{d}y=\iint_D\left(\frac{\partial Q}{\partial x}-\frac{\partial P}{\partial y}\right)\mathrm{d}x\mathrm{d}y$ 说明沿闭曲线 c 正向的环量与所包围的区域 D 上各点旋度的关系.格林公式的另一种形式 $\oint_{c_{外}}[P\cos(\boldsymbol{n},x)+Q\cos(\boldsymbol{n},y)]\mathrm{d}S=\iint_D\left(\frac{\partial P}{\partial x}+\frac{\partial Q}{\partial y}\right)\mathrm{d}x\mathrm{d}y$ 说明穿过闭曲线向外的通量与所包围区域内各点散度的关系.总之它表明了向量场的表面现象和事物的内在本质的关系.在数学和物理学中都是重要的.因为它把平面有向闭曲线积分化为所包围区域上的二重积分,这不但使曲线积分运算增加了新的途径,而且可以利用重积分的性质,如度量性、比较性、估值性和中值定理讨论第二型曲线积分的相关问题.我们还利用它讨论了曲线积分与路径无关的条件;给出了表达式 $P\mathrm{d}x+Q\mathrm{d}y$ 是某函数 u 的全微分的条件及原函数 u 的求法,讨论了全微分方程求解;讨论保守场、有势场和无旋场的关系;还给出了一个通过曲线积分计算平面区域面积的公式 $S=\frac{1}{2}\oint_c x\mathrm{d}y-y\mathrm{d}x$.

使用格林公式时,需要注意:

(1) 函数 $P(x,y)$,$Q(x,y)$在区域 D 上要有连续的一阶偏导数;

(2) 二重积分前的正负号要与区域 D 的边界线 c 的方向一致;

(3) 当 D 是复连通区域时,格林公式仍然成立,但此时 D 的边界闭曲线不止一条,它包含有外边界线 $c_{外}$ 和内边界线 $c_{内i}$($i=1,2,\cdots,n$),它们的方向对区域 D 是一致的(简单情况下,按时针方向看是相反的).

$$\iint_D \left(\frac{\partial Q}{\partial x}-\frac{\partial P}{\partial y}\right)\mathrm{d}x\mathrm{d}y=\oint_{c_{外}} P\mathrm{d}x+Q\mathrm{d}y+\sum_{i=1}^{n}\oint_{c_{内i}} P\mathrm{d}x+Q\mathrm{d}y.$$

(4) 在闭曲线 c 所围的区域内,若有点(x_0,y_0),使 P,Q 的偏导数不连续(含不存在)时,需要挖洞抠除,在复连通区域上用格林公式.

使用高斯公式也要注意类似的问题.

4. 在曲面 $\Sigma: z=z(x,y),(x,y)\in\sigma_{xy}$ 上,第一型曲面积分 $\iint\limits_{\Sigma} f(x,y,z)\mathrm{d}S$ 与第二型曲面积分 $\iint\limits_{\Sigma} R(x,y,z)\mathrm{d}x\mathrm{d}y$ 在计算方法上有何异同?

答

$$\iint_{\Sigma} f(x,y,z)\mathrm{d}S=\iint_{\sigma_{xy}} f(x,y,z(x,y))\sqrt{1+z_x'^2+z_y'^2}\,\mathrm{d}x\mathrm{d}y,$$

$$\iint_{\Sigma\binom{上}{下}} R(x,y,z)\mathrm{d}x\mathrm{d}y=\pm\iint_{\sigma_{xy}} R(x,y,z(x,y))\mathrm{d}x\mathrm{d}y.$$

它们都可化为投影域 σ_{xy} 上的二重积分,都要将曲面方程(单值函数)代入被积函数.但第一型曲面积分中的 $\mathrm{d}S$,要用曲面面积微元 $\sqrt{1+z_x'^2+z_y'^2}\,\mathrm{d}x\mathrm{d}y$ 代入;而第二型曲面积分要注意认准积分是在曲面的哪一侧进行的,它决定了二重积分前的符号,上侧取正号,下侧取负号.

5. 在坐标面上的斯托克斯公式是否就是格林公式? 若是,那么在坐标面上的第二型曲面积分就是二重积分吗?

答 第一个问题的答案是肯定的,在坐标面 Oxy 上,斯托克斯公式化为

$$\oint_c P\mathrm{d}x+Q\mathrm{d}y=\iint_D \left(\frac{\partial Q}{\partial x}-\frac{\partial P}{\partial y}\right)\mathrm{d}x\mathrm{d}y.$$

其中 D 是闭曲线 c 包围的有向平面,c,D 的方向满足右手法则:c 取正向时,D 取上侧;c 取负向时,D 取下侧.即

$$\oint_{c(\pm)} P\mathrm{d}x+Q\mathrm{d}y=\iint_{D\binom{上}{下}} \left(\frac{\partial Q}{\partial x}-\frac{\partial P}{\partial y}\right)\mathrm{d}x\mathrm{d}y.$$

上两式的右边均为第二型曲面积分,由于 D 在 Oxy 平面的投影域是它自己,根据第二型曲面积分的计算法得

$$\iint_{D\binom{上}{下}} \left(\frac{\partial Q}{\partial x}-\frac{\partial P}{\partial y}\right)\mathrm{d}x\mathrm{d}y=\pm\iint_D \left(\frac{\partial Q}{\partial x}-\frac{\partial P}{\partial y}\right)\mathrm{d}x\mathrm{d}y,$$

右边是二重积分,于是得到格林公式

$$\oint_{c(\pm)} P\mathrm{d}x+Q\mathrm{d}y=\pm\iint_D \left(\frac{\partial Q}{\partial x}-\frac{\partial P}{\partial y}\right)\mathrm{d}x\mathrm{d}y.$$

由此可见,在坐标平面 Oxy 上侧的第二型曲面积分等于二重积分,下侧的第二型曲面积分等

于二重积分的负值.因此,坐标面上的第二型曲面积分与曲面的侧有关,它不是二重积分,故第二个问题的答案是不定的.

6. 第二型曲面积分 $\iint\limits_{\Sigma}\boldsymbol{F}\cdot\mathrm{d}\boldsymbol{S}$ 和 $\iint\limits_{\Sigma}R(x,y,z)\mathrm{d}x\mathrm{d}y$ 中的 $\mathrm{d}\boldsymbol{S}$ 和 $\mathrm{d}x\mathrm{d}y$ 表示什么?

答　由定义

$$\iint\limits_{\Sigma}\boldsymbol{F}\cdot\mathrm{d}\boldsymbol{S}=\lim_{\lambda\to 0}\sum_{k=1}^{n}\boldsymbol{F}(M_k)\cdot\Delta\boldsymbol{S}_k,$$

$$\iint\limits_{\Sigma}R\mathrm{d}x\mathrm{d}y=\lim_{\lambda\to 0}\sum_{k=1}^{n}R(M_k)\Delta\Sigma_{k_{xy}},$$

知

$$\mathrm{d}\boldsymbol{S}=\mathrm{d}S(\cos\alpha,\cos\beta,\cos\gamma),$$

其中 $\mathrm{d}S$ 是点 M 处曲面面积微元,$\cos\alpha,\cos\beta,\cos\gamma$ 是有向曲面 Σ 上点 M 处指定的法向量的方向余弦.所以 $\mathrm{d}\boldsymbol{S}$ 是向量,它表示面积为 $\mathrm{d}S$,以$(\cos\alpha,\cos\beta,\cos\gamma)$为法向量的有向平面片,称为曲面面积微元向量.这个向量的三个坐标依次为 $\cos\alpha\mathrm{d}S,\cos\beta\mathrm{d}S,\cos\gamma\mathrm{d}S$.恰好等于有向平面片 $\mathrm{d}\boldsymbol{S}$ 在 Oyz,Ozx,Oxy 面上的投影,记为 $\mathrm{d}y\wedge\mathrm{d}z,\mathrm{d}z\wedge\mathrm{d}x,\mathrm{d}x\wedge\mathrm{d}y$.

所以对坐标 x,y 的曲面积分 $\iint\limits_{\Sigma}R\mathrm{d}x\mathrm{d}y$ 中的 $\mathrm{d}x\mathrm{d}y$ 是

$$\mathrm{d}x\wedge\mathrm{d}y=\cos\gamma\mathrm{d}S$$

的简单记法,表示 $\mathrm{d}\boldsymbol{S}$ 在 Oxy 面上的投影.注意它与直角坐标系下二重积分的面积微元 $\mathrm{d}x\mathrm{d}y$ 的含义不同.

一般情况下,$\iint\limits_{\Sigma}\mathrm{d}x\mathrm{d}y\neq\Sigma$ 的面积,除非 Σ 是平行于坐标面 Oxy 的平面的上侧.$\iint\limits_{\Sigma}\mathrm{d}x\mathrm{d}y\neq\sigma_{xy}$ 的面积(σ_{xy}是 Σ 在 Oxy 上的投影域),除非 Σ 取上侧.

7. 在向量场 $\boldsymbol{F}(M)$ 中,环量面密度是怎么回事,旋度又是怎么回事?

答　向量场 $\boldsymbol{F}(M)$ 内,沿有向闭曲线 C 的环量定义为

$$\Gamma=\oint_C\boldsymbol{F}\cdot\mathrm{d}\boldsymbol{r}=\oint_C\boldsymbol{F}\cdot\boldsymbol{t}^0\mathrm{d}s,$$

其中 $\boldsymbol{t}^0$是曲线 C 同向单位切向量,环量是向量 $\boldsymbol{F}(M)$ 在曲线 C 的切向量上的投影沿曲线 C 的总累积.在不同的向量场内,环量含义不同.如在力场内,环量表示质点沿曲线 C 运动一周场力做的功;在流速场内,环量 Γ 为环流.

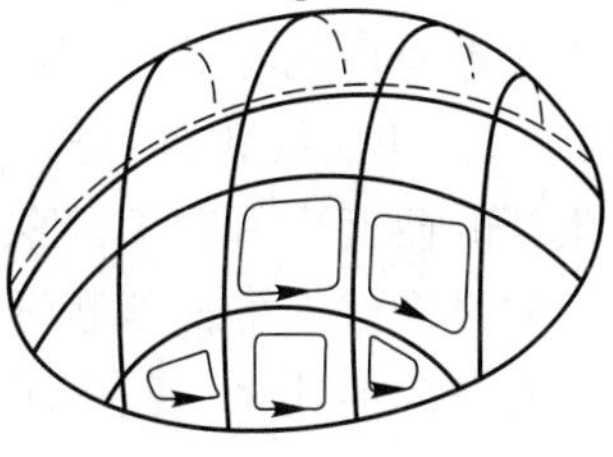

图 10.9

注意:沿有向曲面的边界线的总环量,等于曲面上各个小曲面片的边界线的环量之和(见图 10.9).所以环量是沿曲面累积的(环量不是按曲线累积的,因为一段的曲线积分不是环量).类似于曲面片的总质量是按曲面累积的一样,质量均匀分布时,总质量等于质量面密度乘曲面面积,而非均匀分布

时,总质量等于质量面密度在曲面上对面积的积分.为了研究环量,需引入环量面密度概念.

设 $\boldsymbol{n}$ 为有向曲面 ΔS 上点 M 处的法向量,C 为 ΔS 的边界线,C,ΔS 的方向满足右手法则,若极限

$$\lim_{\Delta S\to M}\frac{\oint_C \boldsymbol{F}\cdot \mathrm{d}\boldsymbol{r}}{\Delta S}$$

存在,则称之为向量场 $\boldsymbol{F}(M)$ 在点 M 处沿 $\boldsymbol{n}$ 方向的环量面密度.

环量面密度与点的位置有关,又与取定的方向 $\boldsymbol{n}$ 有关,在直角坐标系下,通过斯托克斯公式可推得

$$\lim_{\Delta S\to M}\frac{\oint_C \boldsymbol{F}\cdot \mathrm{d}\boldsymbol{r}}{\Delta S}=\left(\frac{\partial R}{\partial y}-\frac{\partial Q}{\partial z},\frac{\partial P}{\partial z}-\frac{\partial R}{\partial x},\frac{\partial Q}{\partial x}-\frac{\partial P}{\partial y}\right)\cdot(\cos\alpha,\cos\beta,\cos\gamma),$$

$\cos\alpha,\cos\beta,\cos\gamma$ 是方向 $\boldsymbol{n}$ 的方向余弦,可见在一点处各方向上的环量面密度中有一个方向最大,其他方向环量的密度等于它在这个方向投影,故引入新概念——旋度.

向量场 $\boldsymbol{F}(M)$ 在点 M 处的旋度是个向量,它指向点 M 处环量面密度最大的方向,它的大小恰好等于这个最大环量面密度,记为 $\mathrm{rot}\,\boldsymbol{F}(M)$,在直角坐标系下

$$\mathrm{rot}\,\boldsymbol{F}(M)=\begin{vmatrix}\boldsymbol{i} & \boldsymbol{j} & \boldsymbol{k}\\ \dfrac{\partial}{\partial x} & \dfrac{\partial}{\partial y} & \dfrac{\partial}{\partial z}\\ P & Q & R\end{vmatrix}.$$

8. 向量场内,有向曲线(或有向曲面)上的积分,用曲线(或曲面)的方程代入被积函数来化简积分后,向量场都变了,积分值还能相等吗?

答 这是计算曲线(曲面)积分时常用的简化方法,因为积分是在给定的曲线(曲面)上进行,积分的结果由曲线(曲面)上的向量完全确定,我们把曲线(曲面)的方程代入到被积函数中,仅把曲线(曲面)上的向量表达形式改变了,但其上每点处的向量没有变.这时曲线(曲面)以外的点对应的向量确实变了.这正是我们的目的——换一个简单的向量场来讨论问题.

9. 空间曲线上第二型曲线积分,主要计算方法有哪些?

答 主要方法有四种.(1) 将曲线参数方程代入到被积表达式中,化为定积分,积分下限是起点对应的参数,上限是终点对应的参数.(2) 如果向量场是无旋的,曲线积分可以换路.(3) 对闭曲线积分,可以考虑用斯托克斯公式将曲线积分化为曲面积分.这里要求闭曲线所张开的曲面中有我们最熟悉的曲面,如平面、球面等.(4) 将空间曲线积分化为曲线在坐标面的投影线上的曲线积分.下面对最后的方法作简要的说明.

设空间曲线 Γ(见图 10.10)

$$\begin{cases}F(x,y,z)=0,\\ G(x,y,z)=0.\end{cases}$$

若能从中解出 $z=z(x,y)$,从中消去 z 得到 $f(x,y)=0$,则 Γ 的方程变为

$$\begin{cases}z=z(x,y),\\ f(x,y)=0.\end{cases}$$

Γ 在坐标面 Oxy 上的投影线 l 的方程为

$$f(x,y)=0.$$

这时一个函数 $\varphi(x,y,z)$ 在空间曲线 Γ 上点 (x,y,z) 处的值,等于 $\varphi(x,y,z(x,y))$ 在 Γ 的投影线 l 上点 (x,y) 处的值.又因 $\mathrm{d}z=z_x'\mathrm{d}x+z_y'\mathrm{d}y$,于是有

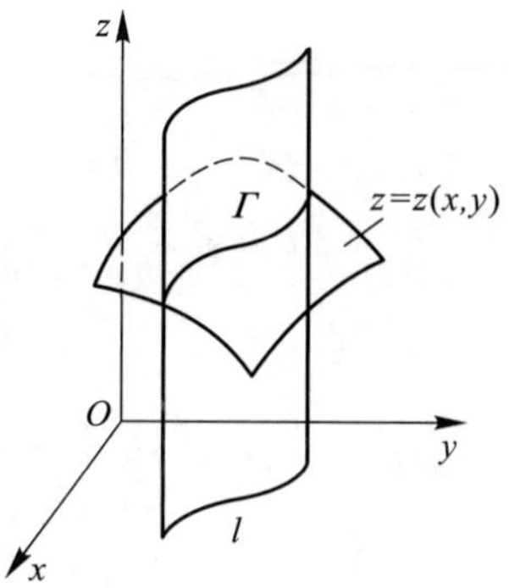

图 10.10

$$\begin{aligned}&\int_\Gamma P(x,y,z)\,\mathrm{d}x+Q(x,y,z)\,\mathrm{d}y+R(x,y,z)\,\mathrm{d}z\\ =&\int_l [P(x,y,z(x,y))+R(x,y,z(x,y))z_x']\,\mathrm{d}x+\\ &[Q(x,y,z(x,y))+R(x,y,z(x,y))z_y']\,\mathrm{d}y.\end{aligned}$$

从 z 轴正向看 Γ,l 的方向一致.这样空间曲线积分就化为在平面投影线上的曲线积分.它相当于将 $z=z(x,y)$ 代入被积表达式,空间曲线 Γ 换为它在坐标面 Oxy 的投影线 l.

【例】 计算 $I=\oint_\Gamma y\,\mathrm{d}x+z\,\mathrm{d}y+x\,\mathrm{d}z$,其中 Γ:$\begin{cases}x^2+y^2+z^2=2az,\\ x+z=a\end{cases}$ $(a>0)$,且从 z 轴正向看去为逆时针方向.

解法 1 在 Γ 的方程组中消去 z,得 Γ 在 Oxy 面上投影线 l 的方程

$$2x^2+y^2=a^2.$$

因此,Γ 的参数方程为

$$x=\frac{a}{\sqrt{2}}\cos t,\quad y=a\sin t,\quad z=a\left(1-\frac{1}{\sqrt{2}}\cos t\right),\quad t\text{ 从 }0\text{ 到 }2\pi,$$

故

$$\begin{aligned}I&=\int_0^{2\pi}\left[-\frac{a^2}{\sqrt{2}}\sin^2 t+a^2\left(1-\frac{1}{\sqrt{2}}\cos t\right)\cos t+\frac{a^2}{2}\cos t\sin t\right]\mathrm{d}t\\ &=\int_0^{2\pi}-\frac{a^2}{\sqrt{2}}\mathrm{d}t=-\sqrt{2}\,\pi a^2.\end{aligned}$$

解法 2 取 Σ 为平面 $x+z=a$ 上 Γ 所围圆面的上侧,则其单位法向量为

$$(\cos\alpha,\cos\beta,\cos\gamma)=\left(\frac{1}{\sqrt{2}},0,\frac{1}{\sqrt{2}}\right).$$

由斯托克斯公式,化为第一型曲面积分

$$I=\iint_{\Sigma}\begin{vmatrix}\frac{1}{\sqrt{2}} & 0 & \frac{1}{\sqrt{2}}\\ \frac{\partial}{\partial x} & \frac{\partial}{\partial y} & \frac{\partial}{\partial z}\\ y & z & x\end{vmatrix}\mathrm{d}S=\frac{1}{\sqrt{2}}\iint_{\Sigma}(-2)\,\mathrm{d}S=-\sqrt{2}\pi a^{2}.$$

解法 3 曲线 $\Gamma:\begin{cases}z=a-x,\\2x^2+y^2=a^2\end{cases}$在 Oxy 的投影线 l：$2x^2+y^2=a^2$，$\mathrm{d}z=-\mathrm{d}x$，故由格林公式

$$I=\oint_{l}(y-x)\,\mathrm{d}x+(a-x)\,\mathrm{d}y=\iint_{2x^2+y^2\leqslant a^2}(-2)\,\mathrm{d}x\mathrm{d}y$$

$$=-2\pi\frac{a}{\sqrt{2}}a=-\sqrt{2}\pi a^{2}.$$

10. 设 Σ 为球面 $x^2+y^2+z^2=R^2$ 的外侧，下面的曲面积分计算

$$\oiint_{\Sigma}x^3\mathrm{d}y\mathrm{d}z+y^3\mathrm{d}z\mathrm{d}x+z^3\mathrm{d}x\mathrm{d}y=3\iiint_{V}(x^2+y^2+z^2)\,\mathrm{d}x\mathrm{d}y\mathrm{d}z$$

$$=3R^2\iiint_{V}\mathrm{d}x\mathrm{d}y\mathrm{d}z=4\pi R^5.$$

为什么与用投影法得到的结果不一致，用高斯公式错了吗？

答 高斯公式用得对.但要注意在用公式前，曲面积分中被积函数的点 (x,y,z) 在曲面上，满足曲面方程.用了高斯公式，曲面积分化为 Σ 包围区域 V 上的三重积分，这时被积函数的点 (x,y,z) 在 V 上，V 的内部的点不能满足边界面 Σ 的方程，所以在上面的计算中，将三重积分的被积函数 $x^2+y^2+z^2$ 用 V 的边界面 Σ 的方程代入是错的.

10.6 例题分析

【例 1】 设曲线 $l:y=1-|1-x|$，x 从 0 到 2，则 $I=\int_{l}(x^3+y^2)\,\mathrm{d}x+2xy\,\mathrm{d}y=$ ________.

解法 1 $(2xy)'_x=2y$，$(x^3+y^2)'_y=2y$，换路为 $y=0$，则 $I=\int_0^2 x^3\mathrm{d}x=4$.

解法 2 被积表达式的原函数 $u=\frac{1}{4}x^4+xy^2$，故

$$I=u\Big|_{(0,0)}^{(2,0)}=4.$$

解法 3 分段化为定积分：$l_1:y=x$（x 从 0 到 1）；$l_2:y=2-x$（x 从 1 到 2），见图 10.11.故

$$I=\int_0^1(x^3+3x^2)\,\mathrm{d}x+\int_1^2[x^3+(2-x)^2-2x(2-x)]\,\mathrm{d}x=4.$$

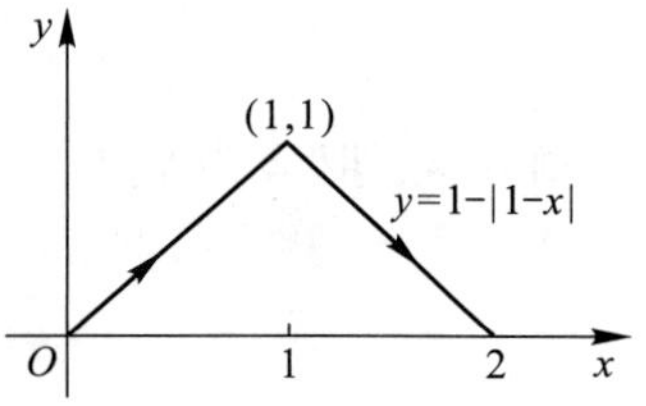

图 10.11

显然解法 3 要有些计算，解法 1 可直接心算出结果.

【例 2】 将第二型曲线积分 $\int_l P(x,y)\mathrm{d}x + Q(x,y)\mathrm{d}y$ 化为第一型曲面积分，其中 l 是从点 $(2,0)$ 沿上半圆周 $x^2+y^2=2x$ 到点 $(0,0)$ 的曲线.

解 由曲线 l 的参数方程 $x=x, y=\sqrt{2x-x^2}$，得

$$(x',y')=\left(1,\frac{1-x}{\sqrt{2x-x^2}}\right),$$

这是 l 上沿 x 增加方向的切向量.故沿有向曲线 l 指定方向的切向量为

$$-\left(1,\frac{1-x}{\sqrt{2x-x^2}}\right),$$

此向量的长度为 $\frac{1}{\sqrt{2x-x^2}}$，因此，与 l 同方向的方向余弦

$$\cos\alpha=-\sqrt{2x-x^2},\quad \cos\beta=x-1.$$

所以

$$\int_l P(x,y)\mathrm{d}x + Q(x,y)\mathrm{d}y=\int_l\left[-\sqrt{2x-x^2}P(x,y)+(x-1)Q(x,y)\right]\mathrm{d}s.$$

【例 3】 曲线积分 $\int_l(\sin x+axy^b)\mathrm{d}x+(bx^cy^2-\ln y)\mathrm{d}y$ 在上半平面与路径无关，则 $(a,b,c)=($　　$)$.

(A) (1,2,3)　　(B) (2,3,4)

(C) (3,2,3)　　(D) (2,3,2)

分析 由 $\frac{\partial Q}{\partial x}=\frac{\partial P}{\partial y}$，比较系数及 x,y 的幂指数，决定参量 a,b,c.

应选 D.

【例 4】 设 $f(u)\in C^1(0,+\infty)$，l 是由点 $A(1,2)$ 到点 $B(2,8)$ 的直线，求

$$J=\int_l\left[2xy-\frac{2y}{x^3}f\left(\frac{y}{x^2}\right)\right]\mathrm{d}x+\left[x^2+\frac{1}{x^2}f\left(\frac{y}{x^2}\right)\right]\mathrm{d}y.$$

思路 被积表达式中有一个抽象函数，沿直线 $y=6x-4$ 积分无法直接算下去.是否可换路？换为怎样的路线？如果换为平行坐标轴的折线，还将遇到 $f\left(\frac{2}{x^2}\right)$，$f\left(\frac{y}{4}\right)$.根据函数 $f\left(\frac{y}{x^2}\right)$，换为路径 $\frac{y}{x^2}=c$（常数）是恰当的选择.

解 由于

$$\frac{\partial Q}{\partial x}=2x-\frac{2}{x^3}f\left(\frac{y}{x^2}\right)-\frac{2y}{x^5}f'\left(\frac{y}{x^2}\right)=\frac{\partial P}{\partial y},$$

所以在第一象限内曲线积分与路径无关,将积分路径换为 $l_1:y=2x^2$,x 从 1 到 2,则

$$J=\int_1^2 8x^3\mathrm{d}x=30.$$

【例 5】 计算 $K=\oint_c \frac{y\mathrm{d}x-x\mathrm{d}y}{x^2+y^2}$,其中 c 是 $|x|+|y|=1$ 顺时针方向.

解 因为

$$\frac{\partial Q}{\partial x}=\frac{x^2-y^2}{(x^2+y^2)}=\frac{\partial P}{\partial y},\quad (x,y)\neq(0,0),$$

所以在原点(0,0)外,曲线可连续变形,变为单位圆 c_1: $x^2+y^2=1$ 顺时针,则

$$K=\oint_{c_1}\frac{y\mathrm{d}x-x\mathrm{d}y}{x^2+y^2}=\oint_{c_1}y\mathrm{d}x-x\mathrm{d}y=2\pi.$$

【注】 最后一步可由面积公式,或格林公式化为二重积分得到,注意 c_1 的方向.

【例 6】 计算 $m=\int_l \frac{y^2\mathrm{d}x}{\sqrt{a^2+x^2}}+2[2x+y\ln(x+\sqrt{a^2+x^2})]\mathrm{d}y$,其中 l 是从点 $A(a,0)$ 沿上半圆 $x^2+y^2=a^2$ 到点 $B(-a,0)$ 的弧段($a>0$).

解 $\frac{\partial Q}{\partial x}-\frac{\partial P}{\partial y}=4$,见图 10.12.补线$\overline{BA}$: $y=0$,x 从$-a$ 到 a.

由格林公式

$$m=\oint_{l+\overline{BA}}-\int_{\overline{BA}}=\iint_D 4\mathrm{d}x\mathrm{d}y-\int_{-a}^{a}0\mathrm{d}x=2\pi a^2.$$

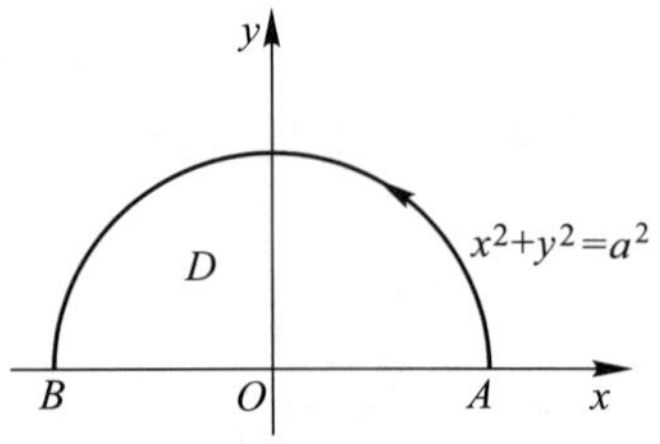

图 10.12

【例 7】 计算 $n=\oint_c \frac{y\mathrm{d}x-(x+1)\mathrm{d}y}{x^2+4y^2}$,其中闭曲线 c 为图 10.13 中的正六边形逆时针方向.

解 由于

$$\frac{\partial Q}{\partial x}-\frac{\partial P}{\partial y}=\frac{2x}{(x^2+4y^2)^2},\quad (x,y)\neq(0,0).$$

补椭圆线 c_1: $x^2+4y^2=\varepsilon^2$,即 $x=\varepsilon\cos t, y=\frac{\varepsilon}{2}\sin t$,$t$ 从 0 到 2π ($\varepsilon<1$).在以 c 为外边界线,c_1^-为内边界线的复连通区域 D 上,用格林公式,并由对称性得

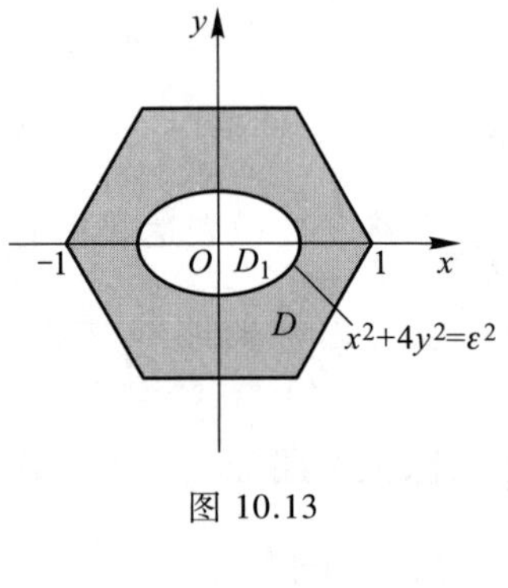

图 10.13

$$n=\oint_{c+c_1^-}+\oint_{c_1}=\iint_D\frac{2x}{(x^2+4y^2)^2}\mathrm{d}x\mathrm{d}y+\oint_{c_1}\frac{y\mathrm{d}x-(x+1)\mathrm{d}y}{x^2+4y^2}$$

$$=0+\frac{1}{\varepsilon^2}\oint_{c_1}y\mathrm{d}x-(x+1)\mathrm{d}y=\frac{1}{\varepsilon^2}\iint_{D_1}(-2)\mathrm{d}x\mathrm{d}y=-\pi.$$

【注】 对于平面闭曲线积分,首先要想到格林公式,特别当$\frac{\partial Q}{\partial x}-\frac{\partial P}{\partial y}$较简单时,化为二重积分计算很方便,如果个别点使$\frac{\partial Q}{\partial x}-\frac{\partial P}{\partial y}$无意义,可以像例7这样在复连通域上用格林公式.此时补充的内边界线的选取,应考虑用它来简化其上的曲线积分.

【例8】 设l是由点$A(-2,1)$到点$B(2,1)$的抛物线$x^2=2(y+1)$,求

$$H=\int_l\frac{y\mathrm{d}x-x\mathrm{d}y}{9x^2+y^2}.$$

解法1 因为$\frac{\partial Q}{\partial x}=\frac{\partial P}{\partial y}$,$(x,y)\neq(0,0)$,补直线$\overline{BA}$:$y=1$,$x$从2到$-2$.再将闭曲线$l+\overline{BA}$变形为椭圆$C$:$9x^2+y^2=1$逆时针方向,则

$$H=\oint_{l+\overline{BA}}-\int_{\overline{BA}}=\oint_c+\int_{\overline{AB}}=\oint_c y\mathrm{d}x-x\mathrm{d}y+\int_{-2}^{2}\frac{\mathrm{d}x}{1+9x^2}$$

$$=-\frac{2\pi}{3}+\frac{1}{3}\arctan 3x\Big|_{-2}^{2}=\frac{2}{3}(-\pi+\arctan 6).$$

解法2 将l换为由点$A(-2,1)$到点$C(-2,-1)$,再到点$D(2,-1)$,最后到点$B(2,1)$的折线,分三段计算.

【例9】 设曲线l为$y=|\sin 2x|$从点$(0,0)$到点$(\pi,0)$,求$\int_l(x-y)\mathrm{d}x+(x+y)\mathrm{d}y$.

思路1 见图10.14,将曲线l:

$$y=\begin{cases}\sin 2x, & 0\leqslant x\leqslant\frac{\pi}{2},\\ -\sin 2x, & \frac{\pi}{2}\leqslant x\leqslant\pi\end{cases}$$

分段代入被积表达式,分段计算定积分.

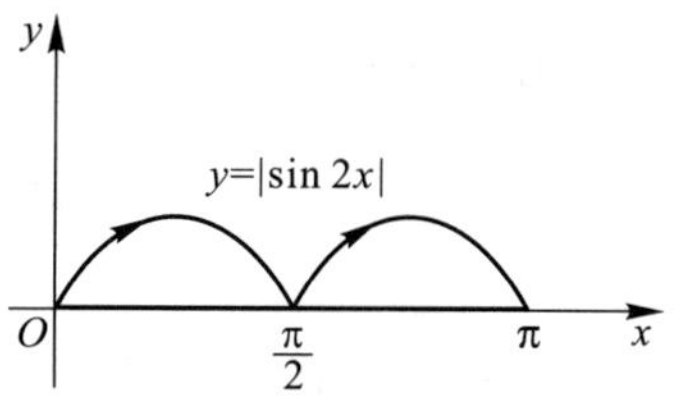

图10.14

思路2 因为$\frac{\partial Q}{\partial x}-\frac{\partial P}{\partial y}=2$.补线$y=0$后用格林公式,注意方向.答案为$\frac{\pi^2}{2}-4$.

【例10】 设c是Oxy平面上光滑不自相交的正向闭曲线,$\boldsymbol{r}=x\boldsymbol{i}+y\boldsymbol{j}$是点$(x,y)$的向径,$r=|\boldsymbol{r}|$,$\boldsymbol{n}^0$是曲线$c$上点$(x,y)$处的单位外法向量,$\theta$为$\boldsymbol{n}^0$与$\boldsymbol{r}$的夹角.计算$\oint_c\frac{\cos\theta}{r}\mathrm{d}s$.

思路 先分析被积表达式，搞清曲线积分的类型.

解 设 $\boldsymbol{t}^0=(\cos\alpha,\cos\beta)$ 为曲线 c 上点 (x,y) 处正向单位切向量，见图 10.15. $\boldsymbol{n}^0\perp\boldsymbol{t}^0$，$\left(\boldsymbol{n}^0\text{逆时针旋转}\frac{\pi}{2}\text{到 }\boldsymbol{t}^0\right)$，故

$$\boldsymbol{n}^0=(\cos\beta,-\cos\alpha),$$

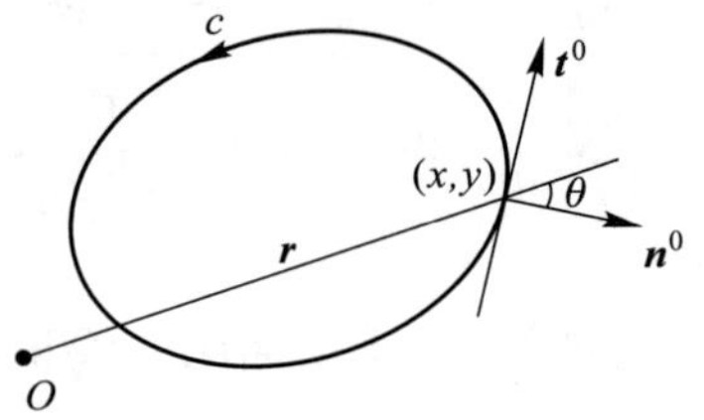

图 10.15

因此

$$\cos\theta=\boldsymbol{r}^0\cdot\boldsymbol{n}^0=\frac{1}{r}\boldsymbol{r}\cdot\boldsymbol{n}^0=\frac{1}{r}(x\cos\beta-y\cos\alpha),$$

$$\cos\theta\mathrm{d}s=\frac{1}{r}(-y\mathrm{d}x+x\mathrm{d}y).$$

可见

$$\oint_c\frac{\cos\theta}{r}\mathrm{d}s=\oint_c\frac{-y\mathrm{d}x+x\mathrm{d}y}{x^2+y^2}$$

为第二型曲线积分，且 $\frac{\partial Q}{\partial x}=\frac{\partial P}{\partial y}$，当 $(x,y)\neq(0,0)$. 故当原点不在 c 所围的区域内时，

$$\oint_c\frac{\cos\theta}{r}\mathrm{d}s=0.$$

当原点在 c 所围的区域内时

$$\oint_c\frac{\cos\theta}{r}\mathrm{d}s=\oint_{x^2+y^2=1}x\mathrm{d}y-y\mathrm{d}x=2\pi.$$

【例 11】 设 $f(u)$ 连续，曲线 c 为平面 Oxy 上任意分段光滑不自相交的闭曲线，证明

$$\oint_c f(x^2+y^2)(x\mathrm{d}x+y\mathrm{d}y)=0.$$

思路 曲线积分与路径无关？因为 $f(u)$ 未见可导，不能用 $\frac{\partial Q}{\partial x}=\frac{\partial P}{\partial y}$ 判定.转而考虑被积表达式是否为某函数的全微分.

证明 因为

$$f(x^2+y^2)(x\mathrm{d}x+y\mathrm{d}y)=\frac{1}{2}f(x^2+y^2)\mathrm{d}(x^2+y^2),$$

设变限积分函数 $F(u)=\int_0^u f(t)\mathrm{d}t$，则

$$\mathrm{d}F(x^2+y^2)=2f(x^2+y^2)(x\mathrm{d}x+y\mathrm{d}y),$$

所以，$\frac{1}{2}F(x^2+y^2)$ 是题目中曲线积分的被积表达式的原函数.因此，曲线积分与路径无关，故

$$\oint_c f(x^2+y^2)(x\mathrm{d}x+y\mathrm{d}y)=0.$$

【注】 一般地，若 $f(u)$ 连续，$\varphi(x,y)$ 在某区域 D 内可微，则对 D 内的闭曲线 c，都有

$$\oint_c f(\varphi(x,y))\mathrm{d}\varphi(x,y)=0.$$

在 D 内，$\int_l f(\varphi(x,y))\mathrm{d}\varphi(x,y)$ 与路径无关.

【例 12】 设 $f(x)$ 是取正值的连续函数，c 是以原点为圆心的单位圆周正向，D 是 c 所围的区域，证明

(1) $\oint_c xf(y)\mathrm{d}y-\dfrac{y}{f(x)}\mathrm{d}x=\oint_c -yf(x)\mathrm{d}x+\dfrac{x}{f(y)}\mathrm{d}y$；

(2) $\oint_c xf(y)\mathrm{d}y-\dfrac{y}{f(x)}\mathrm{d}x\geqslant 2\pi$.

思路 利用格林公式化为二重积分处理.

证明 (1) 由格林公式

$$\oint_c xf(y)\mathrm{d}y-\frac{y}{f(x)}\mathrm{d}x=\iint_D\left[f(y)+\frac{1}{f(x)}\right]\mathrm{d}x\mathrm{d}y,$$

$$\oint_c -yf(x)\mathrm{d}x+\frac{x}{f(y)}\mathrm{d}y=\iint_D\left[f(x)+\frac{1}{f(y)}\right]\mathrm{d}x\mathrm{d}y.$$

对二重积分，由对等性知两个二重积分相等，故(1)成立.

(2) 由(1)的结果，对等性 $\left(\iint_D f(y)\mathrm{d}x\mathrm{d}y=\iint_D f(x)\mathrm{d}x\mathrm{d}y\right)$

$$\oint_c xf(y)\mathrm{d}y-\frac{y}{f(x)}\mathrm{d}x=\iint_D\left[f(y)+\frac{1}{f(x)}\right]\mathrm{d}x\mathrm{d}y$$

$$=\iint_D\left[f(x)+\frac{1}{f(x)}\right]\mathrm{d}x\mathrm{d}y\geqslant\iint_D 2\mathrm{d}x\mathrm{d}y=2\pi.$$

【例 13】 设区域 $D_t=\{(x,y)\mid x^2+y^2\leqslant t^2,t>0\}$，$C_t$ 是 D_t 的边界正向，$\boldsymbol{n}$ 为 C_t 的外法向量. $f(x,y)$ 有连续的二阶偏导数，且 $f(0,0)=1$，$f(x,y)$ 满足方程

$$\frac{\partial^2 f}{\partial x^2}+\frac{\partial^2 f}{\partial y^2}=kf(x,y),\quad k\neq 0.$$

求极限 $\lim\limits_{t\to 0^+}\dfrac{1}{t^2}\oint_{C_t}\dfrac{\partial f}{\partial \boldsymbol{n}}\mathrm{d}s$.

思路 用格林公式，将曲线积分化为二重积分，然后去掉积分求极限.

解 设 $\boldsymbol{n}^0=\{\cos(\boldsymbol{n},x),\cos(\boldsymbol{n},y)\}$，由方向导数公式及格林公式的另一形式得：

$$\oint_{C_t}\frac{\partial f}{\partial \boldsymbol{n}}\mathrm{d}s=\oint_{C_t}\left[\frac{\partial f}{\partial x}\cos(\boldsymbol{n},x)+\frac{\partial f}{\partial y}\cos(\boldsymbol{n},y)\right]\mathrm{d}s$$

$$=\iint_{D_t}\left(\frac{\partial^2 f}{\partial x^2}+\frac{\partial^2 f}{\partial y^2}\right)\mathrm{d}x\mathrm{d}y=\iint_{D_t}kf(x,y)\mathrm{d}x\mathrm{d}y$$

$$=kf(\xi,\eta)\pi t^2.$$

最后用到二重积分的中值公式，(ξ,η)为区域 D_t 内某一点.由于 $f(x,y)$ 连续，且 $f(0,0)=1$，故

$$\lim_{t\to 0^+}\frac{1}{t^2}\oint_{C_t}\frac{\partial f}{\partial \boldsymbol{n}}\mathrm{d}s=\lim_{t\to 0^+}kf(\xi,\eta)\pi=k\pi.$$

【例 14】 设 L 是光滑的弧长为 s 的有向曲线段，函数 $P(x,y)$，$Q(x,y)$ 在 L 上连续，$M=\max_L\{\sqrt{P^2(x,y)+Q^2(x,y)}\}$，证明

$$\left|\int_L P(x,y)\,\mathrm{d}x+Q(x,y)\,\mathrm{d}y\right|\leqslant Ms.$$

思路 我们没有第二型曲线积分的估值命题，结果中又涉及曲线 L 的弧长 s，从而想到用两类曲线积分的关系，通过第一型曲线积分的性质来论证.

证明 由两类曲线积分的关系及第一型曲线积分的绝对值性，得

$$\begin{aligned}\left|\int_L P\mathrm{d}x+Q\mathrm{d}y\right|&=\left|\int_L(P\cos\alpha+Q\cos\beta)\,\mathrm{d}s\right|\\&\leqslant\int_L|P\cos\alpha+Q\cos\beta|\,\mathrm{d}s.\end{aligned}$$

其中$(\cos\alpha,\cos\beta)$是有向曲线 L 同向单位切向量.而

$$\begin{aligned}|P\cos\alpha+Q\cos\beta|&=|(P,Q)\cdot(\cos\alpha,\cos\beta)|\\&\leqslant|(P,Q)|\,|(\cos\alpha,\cos\beta)|=\sqrt{P^2+Q^2},\end{aligned}$$

因此，由第一型曲线积分的比较性，得

$$\left|\int_L P\mathrm{d}x+Q\mathrm{d}y\right|=\int_L\sqrt{P^2+Q^2}\,\mathrm{d}s\leqslant M\int_L\mathrm{d}s=Ms.$$

【例 15】 已知 $y[f(x)+3\mathrm{e}^{2x}]\mathrm{d}x+f'(x)\mathrm{d}y$ 是某函数 $u(x,y)$ 的全微分，$f(0)=0$，$f'(0)=1$. 求函数 $f(x)$ 及原函数 $u(x,y)$.

思路 首先想到条件$\dfrac{\partial Q}{\partial x}=\dfrac{\partial P}{\partial y}$来建立方程.但这里未说明函数 $f(x)$ 有二阶导数.就得从全微分的定义和偏导数概念进行分析.

解 由于

$$\frac{\partial u}{\partial x}=y[f(x)+3\mathrm{e}^{2x}],\quad \frac{\partial u}{\partial y}=f'(x).\tag{1}$$

(1) 式中前一式两边对 x 积分得

$$u=\left[\int f(x)\,\mathrm{d}x+\frac{3}{2}\mathrm{e}^{2x}\right]y+c(y),\tag{2}$$

其中 $c(y)$ 是 y 的可微函数，与 x 无关.(2)式两边关于 y 求偏导数，应与(1)式中后一式相等，因此

$$\frac{\partial u}{\partial y}=\int f(x)\,\mathrm{d}x+\frac{3}{2}\mathrm{e}^{2x}+c'(y)=f'(x),$$

故

$$c'(y)=f'(x)-\int f(x)\,\mathrm{d}x-\frac{3}{2}\mathrm{e}^{2x}. \tag{3}$$

由于(3)式左边与 x 无关,右边与 y 无关,所以(3)式两边为常数.设为 c_0,则 $c(y)=c_0y+c_1$,

$$f'(x)=\int f(x)\,\mathrm{d}x+\frac{3}{2}\mathrm{e}^{2x}+c_0. \tag{4}$$

因(4)式右边对 x 可导,故 $f'(x)$ 可导,于是(4)式两边求导得

$$f''(x)-f(x)=3\mathrm{e}^{2x}.$$

解此方程,注意条件 $f(0)=0,f'(0)=1$ 得到

$$f(x)=-\mathrm{e}^{x}+\mathrm{e}^{2x}.$$

代入(2)式得

$$u(x,y)=(2\mathrm{e}^{2x}-\mathrm{e}^{x})y+c_0y+c_1.$$

最后要将结果代入(1)式检查,因为取不定积分时,可能增加了任意常数,经检查知 $c_0=0$.

$$u(x,y)=(2\mathrm{e}^{2x}-\mathrm{e}^{x})y+c_1.$$

如果题目中给出 $f(x)$ 有二阶连续的偏导数,则由 $\frac{\partial Q}{\partial x}=\frac{\partial P}{\partial y}$,得 $f(x)$ 满足微分方程

$$f''(x)-f(x)=3\mathrm{e}^{2x},$$

注意到初值条件 $f(0)=0,f'(0)=1$,求得解

$$f(x)=-\mathrm{e}^{x}+\mathrm{e}^{2x}.$$

取 $(x_0,y_0)=(0,0)$,于是

$$u(x,y)=\int_0^x 0\,\mathrm{d}x+\int_0^y(-\mathrm{e}^{x}+2\mathrm{e}^{2x})\,\mathrm{d}y+c=(2\mathrm{e}^{2x}-\mathrm{e}^{x})y+c.$$

【例 16】 计算 $I=\oint_c x(z-y)\,\mathrm{d}x+y(x-z)\,\mathrm{d}y+z(y-x)\,\mathrm{d}z$,其中 c 是以原点为球心,半径为 R 的球面在第一卦限部分的边界线 $\widehat{ABCA}$.

解法 1 由对等性

$$I=3\int_{\widehat{AB}}=3\int_{\widehat{AB}}-xy\,\mathrm{d}x+xy\,\mathrm{d}y$$

$$=3R^3\int_0^{\frac{\pi}{2}}[\cos t\sin^2 t+\cos^2 t\sin t]\,\mathrm{d}t=2R^3.$$

解法 2 取曲面 $\Sigma: z=\sqrt{R^2-x^2-y^2}$ $(x\geqslant 0,y\geqslant 0)$ 上侧(见图 10.16).

$$\begin{vmatrix} \boldsymbol{i} & \boldsymbol{j} & \boldsymbol{k} \\ \dfrac{\partial}{\partial x} & \dfrac{\partial}{\partial y} & \dfrac{\partial}{\partial z} \\ x(z-y) & y(x-z) & z(y-x) \end{vmatrix} = (z+y)\boldsymbol{i}+(x+z)\boldsymbol{j}+(y+x)\boldsymbol{k},$$

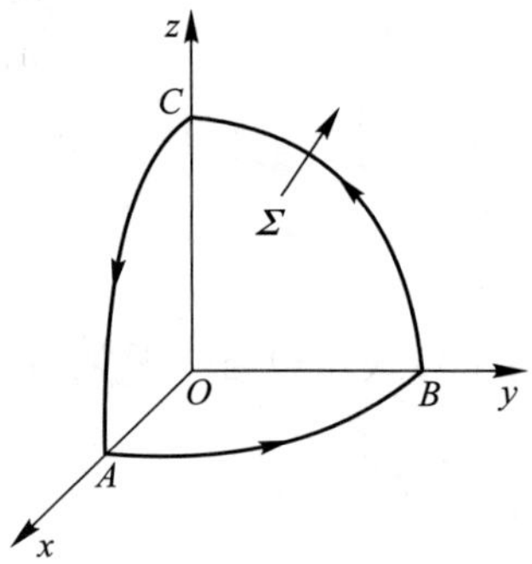

图 10.16

由斯托克斯公式及对等性

$$I = \iint_{\Sigma}(y+z)\,\mathrm{d}y\mathrm{d}z + (z+x)\,\mathrm{d}z\mathrm{d}x + (x+y)\,\mathrm{d}x\mathrm{d}y$$

$$= 3\iint_{\Sigma}(x+y)\,\mathrm{d}x\mathrm{d}y = 3\iint_{\sigma_{xy}}(x+y)\,\mathrm{d}x\mathrm{d}y$$

$$= 3\int_0^{\frac{\pi}{2}}\mathrm{d}\theta\int_0^R r^2(\cos\theta+\sin\theta)\,\mathrm{d}r = 2R^3.$$

其中 σ_{xy} 是 Σ 在 Oxy 的投影域：$0\leqslant\theta\leqslant\dfrac{\pi}{2}, 0\leqslant r\leqslant R$.

【例 17】 设 Γ 是圆柱螺线 $x=R\cos\theta, y=R\sin\theta, z=bt$，从点 $A(R,0,0)$ 到点 $B(R,0,2\pi b)$，求

$$J = \int_{\Gamma}(x^2-yz)\,\mathrm{d}x + (y^2-zx)\,\mathrm{d}y + (z^2-xy)\,\mathrm{d}z.$$

解 由于

$$\begin{vmatrix} \boldsymbol{i} & \boldsymbol{j} & \boldsymbol{k} \\ \dfrac{\partial}{\partial x} & \dfrac{\partial}{\partial y} & \dfrac{\partial}{\partial z} \\ x^2-yz & y^2-zx & z^2-xy \end{vmatrix} = \boldsymbol{0},$$

所以全空间内曲线积分与路径无关，将 Γ 换为直线 $\overline{AB}$：$x=R, y=0, z$ 从 0 到 $2\pi b$，则

$$J = \int_{\overline{AB}} z^2\,\mathrm{d}z = \int_0^{2\pi b} z^2\,\mathrm{d}z = \frac{8}{3}\pi^3 b^3.$$

【例 18】 设 Γ 为空间闭曲线 $\begin{cases} x^2+y^2+z^2=a^2, \\ x+y+z=0, \end{cases}$ 从 z 轴正向看为逆时针方向，求

$$k = \oint_{\Gamma}(y+1)\,\mathrm{d}x + (z+2)\,\mathrm{d}y + (x+3)\,\mathrm{d}z.$$

思路 (1) 可写出 Γ 的参数方程，化为定积分计算；(2) 可以用斯托克斯公式，化为曲面积分计算；(3) 还可以化为坐标面的投影线上的曲线积分计算.

解 Γ 的方程中消去 z，得 Γ 在 Oxy 平面投影线 c 的方程为：$2(x^2+y^2+xy)=a^2$. 曲线 Γ 上的点满足方程 $z=-x-y$，故

$$\mathrm{d}z = -\mathrm{d}x - \mathrm{d}y,$$

$$k=\oint_c (y+1)\mathrm{d}x+(2-x-y)\mathrm{d}y+(x+3)\mathrm{d}(-x-y)$$

$$=\oint_c (y-x-2)\mathrm{d}x-(2x+y+1)\mathrm{d}y$$

$$=\iint_\sigma (-3)\mathrm{d}\sigma=-\sqrt{3}\pi a^2.$$

其中 σ 是平面曲线 c 所围的区域,这里用了格林公式.

【例 19】 在力场 $F=(yz,zx,xy)$ 内,质点由原点移动到椭球面 $\frac{x^2}{a^2}+\frac{y^2}{b^2}+\frac{z^2}{c^2}=1$ 上位于第一卦限的点 $M(\xi,\eta,\zeta)$ 处,问 ξ,η,ζ 为何值时,场力 $\boldsymbol{F}$ 做功 W 最大.

解 因为

$$\begin{vmatrix} \boldsymbol{i} & \boldsymbol{j} & \boldsymbol{k} \\ \frac{\partial}{\partial x} & \frac{\partial}{\partial y} & \frac{\partial}{\partial z} \\ yz & zx & xy \end{vmatrix}=\boldsymbol{0},$$

所以 $\boldsymbol{F}$ 为无旋场,曲线积分与路径无关.取直线 $\overline{OM}$:

$$x=\xi t,\quad y=\eta t,\quad z=\zeta t,\quad t \text{ 从 } 0 \text{ 到 } 1.$$

质点从原点移到 M 点,场力 $\boldsymbol{F}$ 做功

$$W=\int_{\overline{OM}} \boldsymbol{F}\cdot \mathrm{d}\boldsymbol{r}=\int_{\overline{OM}} yz\mathrm{d}x+zx\mathrm{d}y+xy\mathrm{d}z$$

$$=3\int_0^1 \xi\eta\zeta t^2\mathrm{d}t=\xi\eta\zeta.$$

再求 W 在条件 $\frac{\xi^2}{a^2}+\frac{\eta^2}{b^2}+\frac{\zeta^2}{c^2}=1$ 下的条件极值,令

$$F=\xi\eta\zeta+\lambda\left(\frac{\xi^2}{a^2}+\frac{\eta^2}{b^2}+\frac{\zeta^2}{c^2}-1\right).$$

由方程组

$$\begin{cases} F'_\xi=\eta\zeta-\dfrac{2\lambda}{a^2}\xi=0, \\ F'_\eta=\xi\zeta-\dfrac{2\lambda}{b^2}\eta=0, \\ F'_\zeta=\xi\eta-\dfrac{2\lambda}{c^2}\zeta=0, \\ \dfrac{\xi^2}{a^2}+\dfrac{\eta^2}{b^2}+\dfrac{\zeta^2}{c^2}=1. \end{cases}$$

解得

$$\xi=\frac{a}{\sqrt{3}},\quad \eta=\frac{b}{\sqrt{3}},\quad \zeta=\frac{c}{\sqrt{3}}.$$

因 $\xi\eta\zeta$ 在第一卦限的球面部分有最大(小)值,在边界线上取最小值为零,所以最大值在内部,故

$$W_{\max}=\frac{\sqrt{3}}{9}abc.$$

【例 20】 计算 $I=\iint\limits_{\Sigma}4zx\mathrm{d}y\mathrm{d}z-2yz\mathrm{d}z\mathrm{d}x+(z-z^2)\mathrm{d}x\mathrm{d}y$,其中 Σ 是由曲线 $z=\mathrm{e}^y(0\leqslant y\leqslant 2)$ 绕 z 轴旋转一周得到的曲面下侧.

解法 1 见图 10.17,Σ: $z=\mathrm{e}^{\sqrt{x^2+y^2}}$,$(x,y)\in D$,$D=\{(x,y)\mid x^2+y^2\leqslant 4\}$.

$$\frac{\partial P}{\partial x}+\frac{\partial Q}{\partial y}+\frac{\partial R}{\partial z}=1.$$

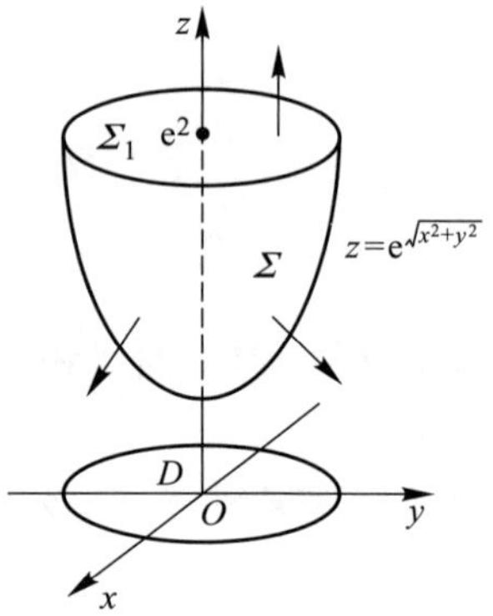

图 10.17

补面 Σ_1:$z=\mathrm{e}^2(x^2+y^2\leqslant 4)$上侧,由高斯公式

$$I=\oiint\limits_{\Sigma+\Sigma_1}-\iint\limits_{\Sigma_1}=\iiint\limits_{V}\mathrm{d}v-\iint\limits_{D}(\mathrm{e}^2-\mathrm{e}^4)\mathrm{d}x\mathrm{d}y$$

$$=\int_0^{2\pi}\mathrm{d}\theta\int_0^2 r\mathrm{d}r\int_{\mathrm{e}^r}^{\mathrm{e}^2}\mathrm{d}z-4\pi\mathrm{e}^2(1-\mathrm{e}^2)$$

$$=2\pi(2\mathrm{e}^4-\mathrm{e}^2-1).$$

解法 2 向坐标面投影化为二重积分.

【例 21】 计算 $J=\oiint\limits_{S}|xy|z^2\mathrm{d}x\mathrm{d}y+|x|y^2z\mathrm{d}y\mathrm{d}z$,其中 S 是由 $z=x^2+y^2$ 与平面 $z=1$ 构成的闭曲面外侧.

思路 注意认准 P,Q,R. 由于 $P=|x|y^2z$ 在 $x=0$ 面上对 x 的偏导数不存在,对 P 的曲面积分不能用高斯公式,$Q=0$,$R=|xy|z^2$.可分项用不同方法计算.

解法 1 由高斯公式(注意,这里仅有 R_z'连续)

$$J_1=\oiint\limits_{S}|xy|z^2\mathrm{d}x\mathrm{d}y=\iiint\limits_{V}2|xy|z\mathrm{d}V=8\iiint\limits_{V^+}xyz\mathrm{d}V$$

$$=8\int_0^{\frac{\pi}{2}}\mathrm{d}\theta\int_0^1 r\mathrm{d}r\int_{r^2}^1 r^2z\cos\theta\sin\theta\mathrm{d}z=\frac{1}{4}.$$

其中 V 是 S 包围的区域,V^+是 V 在第一卦限的部分.

曲面 S_1:$z=1(x^2+y^2\leqslant 1)$上侧,是母线平行于 x 轴的柱面,故

$$J_2=\iint\limits_{S_1}|x|y^2z\mathrm{d}y\mathrm{d}z=0.$$

曲面 $S_2: z=x^2+y^2(x^2+y^2\leqslant 1)$ 下侧，由转移投影法，因 $\dfrac{\partial z}{\partial x}=2x$，

$$J_3=\iint\limits_{S_2}|x|y^2z\mathrm{d}y\mathrm{d}z=-\iint\limits_{x^2+y^2\leqslant 1}|x|y^2(x^2+y^2)(-2x)\mathrm{d}x\mathrm{d}y=0.$$

最后用到二重积分对称性，总之

$$J=J_1+J_2+J_3=\frac{1}{4}.$$

解法 2　可直接化为 Oxy 面投影域上的二重积分，然后利用对称性去掉绝对值，计算积分.

【例 22】　计算 $L=\iint\limits_S(x^2\cos\alpha+y^2\cos\beta)\mathrm{d}S$，其中 S 为球面 $x^2+y^2+z^2=1$ 在第一卦限的部分，α,β 分别为 S 向上的法向量与 x 轴、y 轴正向的夹角.

解　由两类曲面积分的关系知

$$L=\iint\limits_S(x^2\cos\alpha+y^2\cos\beta)\mathrm{d}S=\iint\limits_{S(上)}x^2\mathrm{d}y\mathrm{d}z+y^2\mathrm{d}z\mathrm{d}x$$

因为 S 在 yOz 面上的投影域 $\sigma_{yz}=\{(y,z)\mid y^2+z^2\leqslant 1,y\geqslant 0,z\geqslant 0\}$，所以

$$\iint\limits_{S(前)}x^2\mathrm{d}y\mathrm{d}z=\iint\limits_{\sigma_{yz}}(1-y^2-z^2)\mathrm{d}y\mathrm{d}z=\int_0^{\frac{\pi}{2}}\mathrm{d}\theta\int_0^1(1-r^2)r\mathrm{d}r=\frac{\pi}{8}.$$

由轮换对等性（被积表达式，曲面及方向），知

$$\iint\limits_{S(右)}y^2\mathrm{d}z\mathrm{d}x=\frac{\pi}{8}.$$

因此

$$L-\frac{\pi}{4}.$$

【例 23】　计算 $K=\iint\limits_\Sigma[f(x,y,z)+x]\mathrm{d}y\mathrm{d}z+[2f(x,y,z)+y]\mathrm{d}z\mathrm{d}x+[f(x,y,z)+z]\mathrm{d}x\mathrm{d}y$，其中函数 $f(x,y,z)$ 连续，Σ 为平面 $x-y+z=1$ 于第四卦限部分的上侧.

解　见图 10.18，设曲面 Σ: $z=1-x+y$ 上侧，在 Oxy 面的投影域 $\sigma_{xy}:0\leqslant x\leqslant 1,x-1\leqslant y\leqslant 0$，$\Sigma$ 的法向量

$$\boldsymbol{n}=(-z_x',-z_y',1)=(1,-1,1),$$

故

$$K=\iint\limits_{\sigma_{xy}}[(f+x)\cdot 1+(2f+y)(-1)+(f+1-x+y)]\mathrm{d}x\mathrm{d}y$$

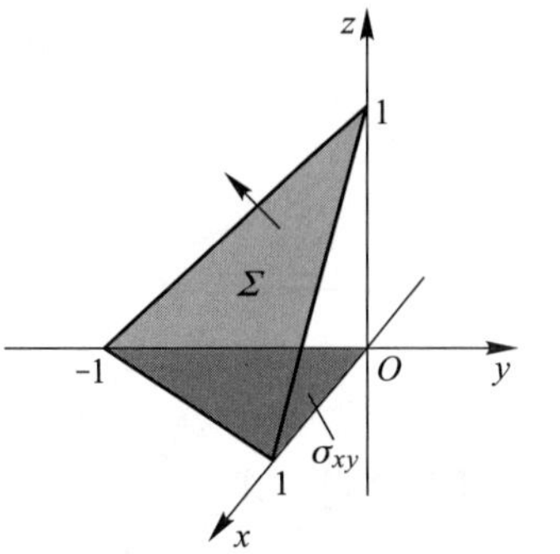

图 10.18

$$=\iint_{\sigma_{xy}}\mathrm{d}x\mathrm{d}y=\frac{1}{2}.$$

【注】 统一向一个坐标面投影的方法（转移投影法），所显示的优点是值得注意的.

【例 24】 计算 $I=\iint_{\Sigma}\frac{x\mathrm{d}y\mathrm{d}z+y\mathrm{d}z\mathrm{d}x+z\mathrm{d}x\mathrm{d}y}{(x^2+y^2+z^2)^{3/2}}$，其中 S：$|x|+|y|+|z|=1(z\geqslant 0)$ 的下侧.

思路 被积函数和曲面都较复杂，用投影法计算会较麻烦，曲面不封闭，被积表达式在原点(0,0,0)处无意义，所以想要补面用高斯公式，不能简单地补平面 $z=0$，一定要把原点排除在外.

解 补两个曲面（图 10.19）.

（1）有洞的正方形 $S_1:z=0$，$|x|+|y|\leqslant 1$，且 $x^2+y^2\geqslant\frac{1}{4}$，上侧；

（2）上半球面 $S_2:z=\sqrt{\frac{1}{4}-x^2-y^2}$ 上侧.

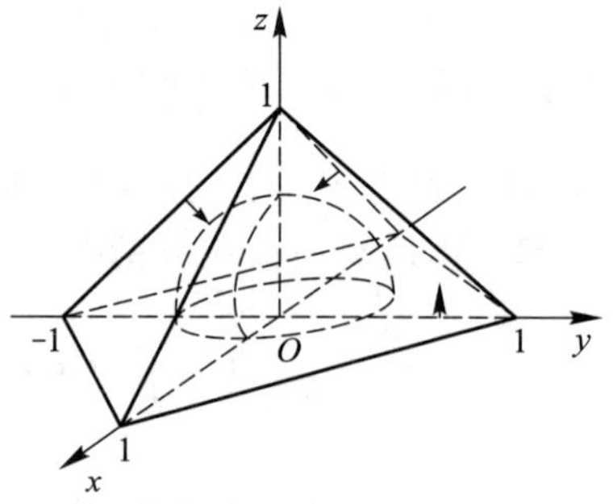

图 10.19

则

$$I=\left(\oiint_{\Sigma+S_1+S_2}-\iint_{S_1}-\iint_{S_2}\right)\frac{x\mathrm{d}y\mathrm{d}z+y\mathrm{d}z\mathrm{d}x+z\mathrm{d}x\mathrm{d}y}{(x^2+y^2+z^2)^{3/2}}$$
$$=I_1-I_2-I_3.$$

由于 $\Sigma+S_1+S_2$ 围的区域 V 内，$\frac{\partial P}{\partial x}+\frac{\partial Q}{\partial y}+\frac{\partial R}{\partial z}=0$，由高斯公式得

$$I_1=-\iiint_V 0\mathrm{d}V=0.$$

在面 S_1 上，因 $z=0$，所以 $I_2=0$.在半球面 S_2 上，先用球面方程化简积分得

$$I_3=8\iint_{S_2}x\mathrm{d}y\mathrm{d}z+y\mathrm{d}z\mathrm{d}x+z\mathrm{d}x\mathrm{d}y.$$

再补面 $S_3:z=0,x^2+y^2\leqslant\frac{1}{4}$，下侧.则

$$I_3=8\left(\oiint_{S_2+S_3}-\iint_{S_3}\right)x\mathrm{d}y\mathrm{d}z+y\mathrm{d}z\mathrm{d}x+z\mathrm{d}x\mathrm{d}y$$
$$=8\iiint_{V_1}3\mathrm{d}V-0=2\pi.$$

故

$$I=I_1-I_2-I_3=-2\pi.$$

【例 25】 求 $A=\iint_{\Sigma}yx^3\mathrm{d}y\mathrm{d}z+xy^3\mathrm{d}z\mathrm{d}x+z\mathrm{d}x\mathrm{d}y$，其中 Σ：$z=x^2+y^2$ 被围在柱面 $|x|+|y|=1$ 内的部分下侧.

解 见图 10.20,曲面 Σ: $x=\pm\sqrt{z-y^2}$, $(y,z)\in\sigma_{yz}$, σ_{yz}关于 $y=0$对称,故

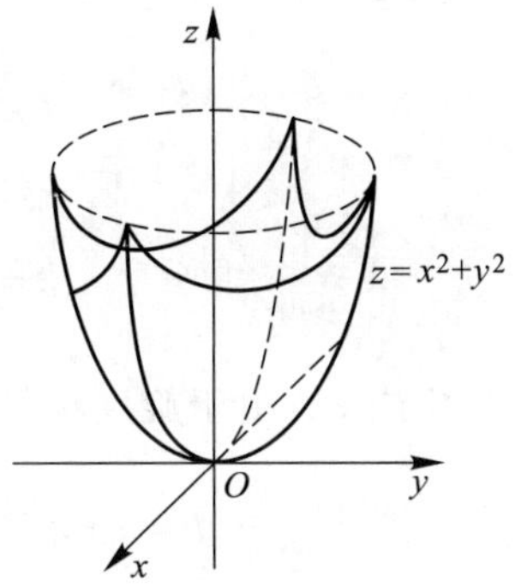

图 10.20

$$\iint_{\Sigma} yz^3\,\mathrm{d}y\mathrm{d}z=\left(\iint_{\Sigma(\text{前})}+\iint_{\Sigma(\text{后})}\right)yz^3\,\mathrm{d}y\mathrm{d}z$$

$$=\iint_{\sigma_{yz}} y(\sqrt{z-y^2})^3\mathrm{d}\sigma-\iint_{\sigma_{yz}} y(-\sqrt{z-y^2})^3\mathrm{d}\sigma$$

$$=2\iint_{\sigma_{yz}} y(z-y^2)^{3/2}\mathrm{d}\sigma=0.$$

Σ 上 x,y 对等,于是

$$\iint_{\sigma} xy^3\,\mathrm{d}z\mathrm{d}x=0.$$

又 Σ:$z=x^2+y^2$, $(x,y)\in\sigma_{xy}$, σ_{xy}: $|x|+|y|\leqslant 1$.

$$\iint_{\Sigma(\text{下})} z\mathrm{d}x\mathrm{d}y=-2\iint_{\sigma_{xy}}(x^2+y^2)\mathrm{d}x\mathrm{d}y=-\iint_{\sigma_{xy}}x^2\mathrm{d}x\mathrm{d}y$$

$$=-8\int_0^1\mathrm{d}x\int_0^{1-x}x^2\mathrm{d}y=-\frac{2}{3}.$$

故

$$A=-\frac{2}{3}.$$

本题用转移投影法,也很简单.

【例 26】 设 $\boldsymbol{F}=(x-z,x^3+yz,-3xy^2)$,求 $I=\iint_S \mathrm{rot}\,\boldsymbol{F}\cdot\boldsymbol{n}^0\mathrm{d}S$, 其中 S 为锥面 $z=2-\sqrt{x^2+y^2}$ $(z\geqslant 0)$, $\boldsymbol{n}^0$是曲面 S 向上的单位法向量.

思路 I 是第二型曲面积分,利用斯托克斯公式可化为曲面 S 的边界线 c 上的第二型曲线积分,因为 c 是 Oxy 坐标面上的曲线,又可通过格林公式将 I 化为二重积分计算.

另一个想法是:旋度场是无源场,所以旋度穿过有向曲面 S 的通量与曲面无关,仅取决于曲面的边界线 c,所以可将有向曲面 S 换为 c 所张开的平面 $z=0$ $(x^2+y^2\leqslant 2^2)$的上侧.故 I 等于旋度穿过此平面的区域的通量.

解法 1 记 $P=x-z$, $Q=x^3+yz$, $R=-3xy^2$,曲面 S 的边界线 c:$\begin{cases}x^2+y^2=2^2\\ z=0\end{cases}$ 逆时针方向,c 在 Oxy 面上所围的平面区域为 D(上侧).由斯托克斯公式

$$I=\iint_S \mathrm{rot}\,\boldsymbol{F}\cdot\boldsymbol{n}^0\mathrm{d}S=\iint_S\begin{vmatrix}\cos\alpha & \cos\beta & \cos\gamma\\ \dfrac{\partial}{\partial x} & \dfrac{\partial}{\partial y} & \dfrac{\partial}{\partial z}\\ P & Q & R\end{vmatrix}\mathrm{d}S=\oint_c P\mathrm{d}x+Q\mathrm{d}y+R\mathrm{d}z.$$

因为 c 是平面 $z=0$ 上的闭曲线，$\mathrm{d}z=0$.由格林公式

$$I=\oint_c P\mathrm{d}x+Q\mathrm{d}y=\oint_c x\mathrm{d}x+x^3\mathrm{d}y=3\iint_D x^2\mathrm{d}x\mathrm{d}y$$

$$=3\int_0^{2\pi}\mathrm{d}\theta\int_0^2 r^3\cos^2\theta\mathrm{d}r=12\pi.$$

解法 2 由于旋度场是无源场

$$I=\iint_S \mathrm{rot}\,\boldsymbol{F}\cdot\boldsymbol{n}^0\mathrm{d}S$$

$$=\iint_S\left(\frac{\partial R}{\partial y}-\frac{\partial Q}{\partial z}\right)\mathrm{d}y\mathrm{d}z+\left(\frac{\partial P}{\partial z}-\frac{\partial R}{\partial x}\right)\mathrm{d}z\mathrm{d}x+\left(\frac{\partial Q}{\partial x}-\frac{\partial P}{\partial y}\right)\mathrm{d}x\mathrm{d}y$$

$$=\iint_D\left(\frac{\partial Q}{\partial x}-\frac{\partial P}{\partial y}\right)\bigg|_{z=0}\mathrm{d}x\mathrm{d}y=\iint_D 3x^2\mathrm{d}x\mathrm{d}y=12\pi.$$

【注】 本题还可以用投影法化为坐标面上的二重积分，也可以补面用高斯公式计算.

【例 27】 设对于 $x>0$ 半空间内任意的光滑有向闭曲面 S，都有

$$\oiint_S xf(x)\mathrm{d}y\mathrm{d}z-xyf(x)\mathrm{d}z\mathrm{d}x-\mathrm{e}^{2x}z\mathrm{d}x\mathrm{d}y=0,$$

其中函数 $f(x)$ 在 $(0,+\infty)$ 内具有连续的一阶导数，且 $\lim\limits_{x\to0^+}f(x)=1$，求 $f(x)$.

解 由题设条件和高斯公式

$$0=\oiint_S xf(x)\mathrm{d}y\mathrm{d}z-xyf(x)\mathrm{d}z\mathrm{d}x-\mathrm{e}^{2x}z\mathrm{d}x\mathrm{d}y$$

$$=\pm\iiint_V\left(xf'(x)+f(x)-xf(x)-\mathrm{e}^{2x}\right)\mathrm{d}V.$$

其中 V 为 S 所围的区域，S 的法向量向外时，取“+”号，S 的法向量向内时，取“-”号.由 S 的任意性，知

$$xf'(x)+f(x)-xf(x)-\mathrm{e}^{2x}=0,\quad x>0,$$

即

$$f'(x)+\left(\frac{1}{x}-1\right)f(x)=\frac{1}{x}\mathrm{e}^{2x},\quad x>0.$$

按一阶线性微分方程通解公式，有

$$f(x)=\mathrm{e}^{\int\left(1-\frac{1}{x}\right)\mathrm{d}x}\left[c+\int\frac{1}{x}\mathrm{e}^{2x}\cdot\mathrm{e}^{\int\left(\frac{1}{x}-1\right)\mathrm{d}x}\mathrm{d}x\right]=\frac{\mathrm{e}^x}{x}(\mathrm{e}^x+c).$$

由于 $\lim\limits_{x\to0^+}f(x)=\lim\limits_{x\to0^+}\left[\dfrac{\mathrm{e}^{2x}+c\mathrm{e}^x}{x}\right]=1$，故必有 $\lim\limits_{x\to0^+}(\mathrm{e}^{2x}+c\mathrm{e}^x)=0$，从而 $c=-1$.于是

$$f(x)=\frac{e^{x}}{x}(e^{x}-1).$$

【例 28】 设 Σ 是由圆柱面 $x^2+y^2=a^2(a>1)$ 与平面 $z=a,z=-a$ 围成的立体的表面外侧,求

$$B=\oiint_{\Sigma}\frac{x}{x^2+y^2+z^2-1}\mathrm{d}y\mathrm{d}z.$$

思路 (1) Σ 包围的区域内,被积函数有无定义的点,故不能直接用高斯公式.(2) Σ 各部分无共同表达式,不能用曲面方程简化被积函数.(3) 场有源,曲面积分与曲面有关.可采用的一个计算方法是化为投影域上的二重积分计算.另一个方法是补面 $\Sigma_1:x^2+y^2+z^2=a^2$ 内侧,抠除无定义的点,用高斯公式,再减去 Σ_1 上的积分.下面仅就前一方法计算.

解 设 $\Sigma=\Sigma_1+\Sigma_2+\Sigma_3+\Sigma_4$,其中

$\Sigma_1:z=-a$(下侧), Σ_2: $z=a$(上侧),

Σ_3: $x=\sqrt{a^2-y^2}$(前侧), Σ_4: $x=-\sqrt{a^2-y^2}$(后侧),

σ_{yz}: $-a\leqslant y\leqslant a,-a\leqslant z\leqslant a$,则

$$\begin{aligned}B&=0+0+\iint_{\sigma_{yz}}\frac{\sqrt{a^2-y^2}}{a^2-1+z^2}\mathrm{d}y\mathrm{d}z-\iint_{\sigma_{yz}}\frac{-\sqrt{a^2-y^2}}{a^2-1+z^2}\mathrm{d}y\mathrm{d}z\\&=2\int_{-a}^{a}\sqrt{a^2-y^2}\,\mathrm{d}y\int_{-a}^{a}\frac{1}{a^2-1+z^2}\mathrm{d}z\\&=\frac{2\pi a^2}{\sqrt{a^2-1}}\arctan\frac{a}{\sqrt{a^2-1}}.\end{aligned}$$

【例 29】 计算 $E=\oiint_{S}x^2\mathrm{d}y\mathrm{d}z+y^2\mathrm{d}z\mathrm{d}x+z^2\mathrm{d}x\mathrm{d}y$,其中 S 是球面:$(x-a)^2+(y-b)^2+(z-c)^2=R^2$ 的外侧.

解 因为 $\frac{\partial P}{\partial x}+\frac{\partial Q}{\partial y}+\frac{\partial R}{\partial z}=2(x+y+z)$,由高斯公式

$$E=2\iiint_{V}(x+y+z)\mathrm{d}V.$$

V 是 S 所围球体.令 $X=x-a,Y=y-b,Z=z-c$,则 $V:X^2+Y^2+Z^2\leqslant R^2$.

$$\begin{aligned}E&=2\iiint_{V}[(X+Y+Z)+(a+b+c)]\mathrm{d}V\\&=2\iiint_{V}(a+b+c)\mathrm{d}V=\frac{8}{3}(a+b+c)\pi R^3.\end{aligned}$$

【注】 坐标平移不改变体积微元,这样可使对称性应用更广泛.

【例 30】 试将曲面积分 $T=\oint\!\!\!\oint_S \dfrac{x\cos\alpha+y\cos\beta+z\cos\gamma}{\sqrt{x^2+y^2+z^2}}\mathrm{d}S$ 化为光滑的闭曲面 S 所包围的区域 V 上的三重积分表示，其中 $\cos\alpha,\cos\beta,\cos\gamma$ 是曲面 S 的外法向量方向余弦，点 $(0,0,0)$ 不在曲面 S 上.

解 由于

$$\frac{\partial P}{\partial x}+\frac{\partial Q}{\partial y}+\frac{\partial R}{\partial z}=\frac{2}{\sqrt{x^2+y^2+z^2}},\quad (x,y,z)\neq(0,0,0),$$

当点 $(0,0,0)\notin V$ 时，由高斯公式

$$T=\iiint_V \frac{2}{\sqrt{x^2+y^2+z^2}}\mathrm{d}V.$$

当点 $(0,0,0)\in V$ 时，补面 S_ε：$x^2+y^2+z^2=\varepsilon^2$ 内侧. 设 S_ε 所围的球形区域为 V_ε，S,S_ε 之间区域记为 $V-V_\varepsilon$. 由高斯公式

$$\oint\!\!\!\oint_{S+S_\varepsilon}=\iiint_{V-V_\varepsilon}\frac{2}{\sqrt{x^2+y^2+z^2}}\mathrm{d}V,$$

而

$$\begin{aligned}\oint\!\!\!\oint_{S_\varepsilon}&=\frac{1}{\varepsilon}\oint\!\!\!\oint_{S_\varepsilon}x\mathrm{d}y\mathrm{d}z+y\mathrm{d}z\mathrm{d}x+z\mathrm{d}x\mathrm{d}y\\&=-\frac{1}{\varepsilon}\iiint_{V_\varepsilon}3\mathrm{d}V=-4\pi\varepsilon^2,\end{aligned}$$

从而

$$T=\iiint_{V-V_\varepsilon}\frac{2}{\sqrt{x^2+y^2+z^2}}\mathrm{d}V+4\pi\varepsilon^2.$$

由于 T 是与 ε 无关的常数，令 $\varepsilon\to0$，得

$$T=\iiint_V\frac{2}{\sqrt{x^2+y^2+z^2}}\mathrm{d}V.$$

最后的积分是三重反常积分.

【例 31】 设 $u=u(x,y,z)\in C^2$，$\boldsymbol{n}$ 是闭曲面 S 的外法向量，S 所围的区域为 V，证明

$$\oint\!\!\!\oint_S u\frac{\partial u}{\partial \boldsymbol{n}}\mathrm{d}S=\iiint_V(\mathbf{grad}\,u)^2\mathrm{d}V+\iiint_V u\,\mathrm{div}(\mathbf{grad}\,u)\mathrm{d}V.$$

思路 将被积函数写成我们最熟悉的形式，用高斯公式.

证明 设 $\boldsymbol{n}^0=(\cos\alpha,\cos\beta,\cos\gamma)$，则方向导数

$$\frac{\partial u}{\partial\boldsymbol{n}}=\mathbf{grad}\,u\cdot\boldsymbol{n}^0=\frac{\partial u}{\partial x}\cos\alpha+\frac{\partial u}{\partial y}\cos\beta+\frac{\partial u}{\partial z}\cos\gamma.$$

而

$$(\mathbf{grad}\ u)^2=\left(\frac{\partial u}{\partial x}\right)^2+\left(\frac{\partial u}{\partial y}\right)^2+\left(\frac{\partial u}{\partial z}\right)^2,$$

$$\operatorname{div}(\mathbf{grad}\ u)=\frac{\partial^2 u}{\partial x^2}+\frac{\partial^2 u}{\partial y^2}+\frac{\partial^2 u}{\partial z^2}.$$

由高斯公式

$$\begin{aligned}\oiint\limits_S u\frac{\partial u}{\partial \boldsymbol{n}}\mathrm{d}S&=\oiint\limits_S\left(u\frac{\partial u}{\partial x}\cos\alpha+u\frac{\partial u}{\partial y}\cos\beta+u\frac{\partial u}{\partial z}\cos\gamma\right)\mathrm{d}S\\&=\iiint\limits_V\left[\frac{\partial}{\partial x}\left(u\frac{\partial u}{\partial x}\right)+\frac{\partial}{\partial y}\left(u\frac{\partial u}{\partial y}\right)+\frac{\partial}{\partial z}\left(u\frac{\partial u}{\partial z}\right)\right]\mathrm{d}V\\&=\iiint\limits_V\left[\left(\frac{\partial u}{\partial x}\right)^2+\left(\frac{\partial u}{\partial y}\right)^2+\left(\frac{\partial u}{\partial z}\right)^2+u\left(\frac{\partial^2 u}{\partial x^2}+\frac{\partial^2 u}{\partial y^2}+\frac{\partial^2 u}{\partial z^2}\right)\right]\mathrm{d}V\\&=\iiint\limits_V(\mathbf{grad}\ u)^2\mathrm{d}V+\iiint\limits_V u\operatorname{div}(\mathbf{grad}\ u)\mathrm{d}V.\end{aligned}$$

“立体角”概念.

设 O 为曲面 S 外一点，从 O 发出的每条射线与 S 最多交于一点.所有与 S 相交的射线构成的锥形区域记为 $\boldsymbol{\Lambda}$.以 O 为球心，R 为半径的球面含于 $\boldsymbol{\Lambda}$ 内的部分记为 S_R(同时表示其面积)见图 10.21，则称数

$$\Omega_S=\frac{S_R}{R^2}$$

为曲面 S 关于定点 O 的立体角.

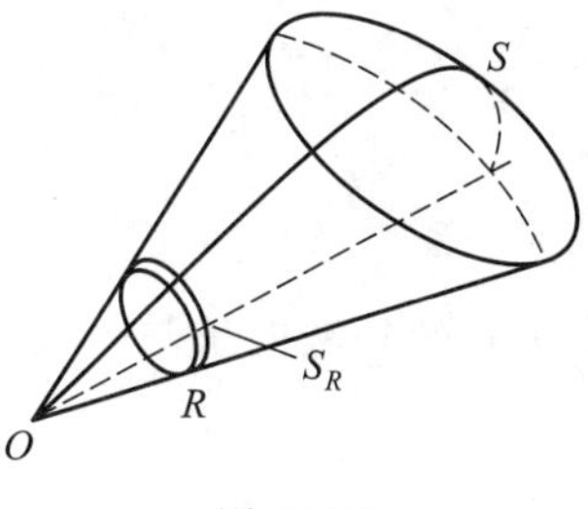

图 10.21

【例 32】　证明:(1) 立体角 Ω_S 与 R 无关;(2) 若 S 是包围着点 O 的闭曲面，则 $\Omega_S=4\pi$;(3) 设 $\boldsymbol{r}=x\boldsymbol{i}+y\boldsymbol{j}+z\boldsymbol{k}$ 是点 (x,y,z) 的向径，$r=|\boldsymbol{r}|$，$\boldsymbol{r}^0=\frac{\boldsymbol{r}}{r}$，则

$$\Omega_S=\iint\limits_S\frac{\boldsymbol{r}^0}{r^2}\cdot\mathrm{d}\boldsymbol{S},$$

其中 S 的法向量 $\boldsymbol{n}$ 与 $\boldsymbol{r}$ 夹角小于 $\frac{\pi}{2}$.

思路　(1) 在球坐标系下表示球面部分 S_R 的面积;(2)将球面 S_R 上的曲面积分与曲面上的曲面积分联系起来，利用高斯公式.

证明　(1) 取 O 为坐标原点，设曲面 S 的球坐标系下方程为

$$\rho=\rho(\varphi,\theta),\quad(\varphi,\theta)\in\sigma_{\varphi\theta}.$$

$\sigma_{\varphi\theta}$ 是曲面 S 上 φ,θ 变化范围.球坐标系下曲面面积微元 $\mathrm{d}S=\rho^2\sin\varphi\mathrm{d}\varphi\mathrm{d}\theta$.球面 S_R 的方程为

$$\rho=R,\quad(\varphi,\theta)\in\sigma_{\varphi\theta}.$$

故面积

$$S_R = \iint_{S_R} \mathrm{d}S = \iint_{\sigma_{\varphi\theta}} R^2 \sin\varphi \mathrm{d}\varphi \mathrm{d}\theta = R^2 \iint_{\sigma_{\varphi\theta}} \sin\varphi \mathrm{d}\varphi \mathrm{d}\theta,$$

因此

$$\Omega_S = \iint_{\sigma_{\varphi\theta}} \sin\varphi \mathrm{d}\varphi \mathrm{d}\theta$$

与 R 无关(仅与锥形区域 $\boldsymbol{\Lambda}$ 顶点各向张开的角度有关).

(2) 当 S 为包围着 O 的闭曲面时,$\sigma_{\varphi\theta}: 0 \leqslant \theta \leqslant 2\pi, 0 \leqslant \varphi \leqslant \pi$,

$$\Omega_S = \int_0^{2\pi} \mathrm{d}\theta \int_0^{\pi} \sin\varphi \mathrm{d}\varphi = 4\pi,$$

即一点 O 对全空间的立体角为 4π.

(3) 取 R 适当小,使球面 S_R 位于点 O 和曲面 S 之间,由曲面 S, S_R 及锥 $\boldsymbol{\Lambda}$ 的边界面 S_{Λ} 围成的立体记为 $\boldsymbol{\Lambda}_R$.记 $\boldsymbol{\Sigma} = S + S_R + S_{\Lambda}$ 是 $\boldsymbol{\Lambda}_R$ 的边界外侧.由于

$$\frac{\boldsymbol{r}^0}{r^2} = \frac{\boldsymbol{r}}{r^3} = \frac{x\boldsymbol{i} + y\boldsymbol{j} + z\boldsymbol{k}}{(x^2+y^2+z^2)^{\frac{3}{2}}},$$

$\operatorname{div} \dfrac{\boldsymbol{r}^0}{r^2} = \dfrac{\partial P}{\partial x} + \dfrac{\partial Q}{\partial y} + \dfrac{\partial R}{\partial z} = 0, (x,y,z) \neq (0,0,0)$.故 O 点外向量场 $\dfrac{\boldsymbol{r}^0}{r^2}$ 无源,为管形场,所以

$$\oiint_{\Sigma} \frac{\boldsymbol{r}^0}{r^2} \cdot \mathrm{d}\boldsymbol{S} = 0.$$

因为 S_{Λ} 的外法向量与 $\boldsymbol{r}^0$ 垂直,所以 $\iint_{S_{\Lambda}} \dfrac{\boldsymbol{r}^0}{r^2} \cdot \mathrm{d}\boldsymbol{S} = 0$, 于是

$$\begin{aligned}\iint_S \frac{\boldsymbol{r}^0}{r^2} \cdot \mathrm{d}\boldsymbol{S} &= \iint_{S_{R(外)}} \frac{\boldsymbol{r}^0}{r^2} \cdot \mathrm{d}\boldsymbol{S} = \iint_{S_R} \frac{1}{r^2} \boldsymbol{r}^0 \cdot \boldsymbol{n}^0 \mathrm{d}S \text{(球面上 } \boldsymbol{n}^0 = \boldsymbol{r}^0, r = R) \\ &= \frac{1}{R^2} \iint_{S_R} \mathrm{d}S = \frac{S_R}{R^2} = \Omega_S.\end{aligned}$$

这样由曲面 S 上的第二型曲面积分表示出立体角 Ω_S.

10.7 习题解答

10.1

1. 求向量场 $\boldsymbol{F} = (z-y)^2 \boldsymbol{i} + z\boldsymbol{j} + y\boldsymbol{k}$ 的向量线方程.

解 $\boldsymbol{F} = (z-y)^2 \boldsymbol{i} + z\boldsymbol{j} + y\boldsymbol{k}$,所以向量线方程为

$$\frac{dx}{(z-y)^2}=\frac{dy}{z}=\frac{dz}{y}.$$

由$\frac{dy}{z}=\frac{dz}{y}$得 $y^2=z^2+C_1$，由$\frac{dx}{(z-y)^2}=\frac{d(z-y)}{y-z}$，解得 $x=-\frac{1}{2}(z-y)^2+C_2'$，从而得 $x=z\sqrt{C_1+z^2}-z^2+C_2$. 故通解为 $y^2=z^2+C_1$，$x=z\sqrt{C_1+z^2}-z^2+C_2$.

2. 电流 I 流过无限长的直导线，在导线周围产生磁场，当取导线为 z 轴时，磁场强度

$$\boldsymbol{H}=\frac{2I}{x^2+y^2}(-y\boldsymbol{i}+x\boldsymbol{j}),$$

求磁力线方程.

解　磁场强度

$$\boldsymbol{H}=\frac{2I}{x^2+y^2}(-y\boldsymbol{i}+x\boldsymbol{j}),$$

故磁力线满足

$$\frac{dx}{\frac{-2Iy}{x^2+y^2}}=\frac{dy}{\frac{2Ix}{x^2+y^2}},$$

故

$$-\frac{1}{y}dx=\frac{1}{x}dy.$$

通解为 $x^2+y^2=C_1$. 故磁力线方程为 $x^2+y^2=C_1$，$z=C_2$.

10.2

1. 计算 $\oint_l x\,dy$，其中 l 是由坐标轴和直线$\frac{x}{2}+\frac{y}{3}=1$所围成的三角形逆时针方向的回路.

解　如图 10.22，$\int_l x\,dy=\int_{\overrightarrow{BO}}x\,dy+\int_{\overrightarrow{OA}}x\,dy+\int_{\overrightarrow{AB}}x\,dy$，

$\overrightarrow{BO}$：　$x=0$，y 从 3 变到 0，故 $\int_{\overrightarrow{BO}}x\,dy=\int_{\overrightarrow{BO}}0\,dy=0$；

$\overrightarrow{OA}$：　$y=0$，x 从 0 变到 2，故 $dy=0$，$\int_{\overrightarrow{OA}}x\,dy=0$；

$\overrightarrow{AB}$：　$x=2-\frac{2}{3}y$，y 从 0 变到 3，

$$\int_{\overrightarrow{AB}}x\,dy=\int_0^3\left(2-\frac{2}{3}y\right)dy=3,$$

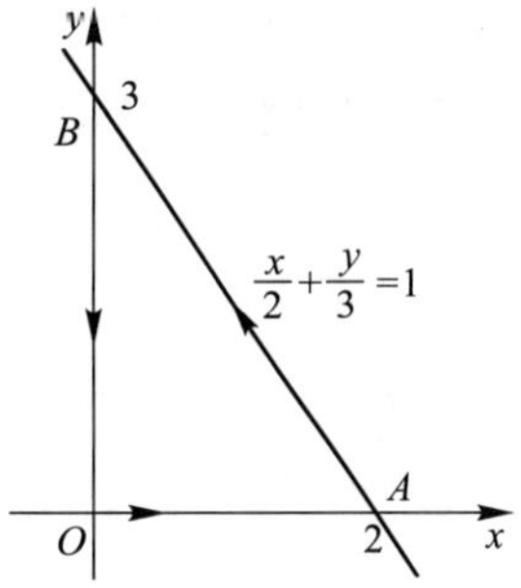

图 10.22

所以 $\int_l x\,dy=3$.

2. 计算 $\int_l (x^2-2xy)\,dx+(y^2-2xy)\,dy$，其中 l 为抛物线 $y=x^2$，对应于 x 由 -1 增加到 1

的那一段弧.

解 如图 10.23,抛物线方程 $y=x^2$,起点 $A(-1,1)$,终点 $B(1,1)$,

$$\int_l (x^2-2xy)\mathrm{d}x+(y^2-2xy)\mathrm{d}y$$
$$=\int_{-1}^{1}[x^2-2x\cdot x^2+(x^4-2x\cdot x^2)\cdot 2x]\mathrm{d}x$$
$$=\int_{-1}^{1}(2x^5-4x^4-2x^3+x^2)\mathrm{d}x=-\frac{14}{15}.$$

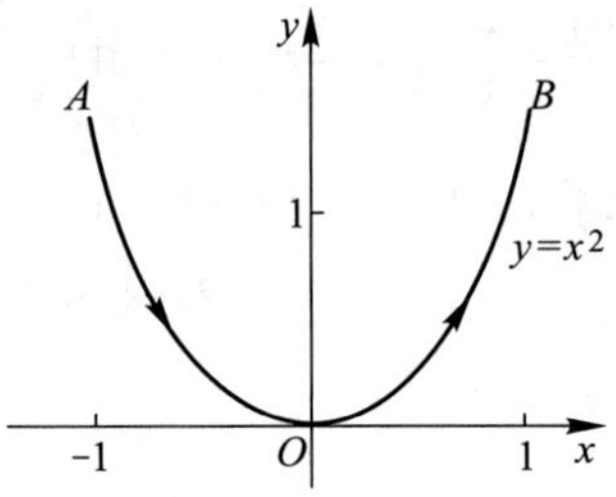

图 10.23

3. 计算 $\int_l (2a-y)\mathrm{d}x-(a-y)\mathrm{d}y$, 其中 l 为摆线 $x=a(t-\sin t)$, $y=a(1-\cos t)$一拱,$0\leqslant t\leqslant 2\pi$.

解 如图 10.24,$\int_l (2a-y)\mathrm{d}x-(a-y)\mathrm{d}y$

$$=\int_0^{2\pi}\{[2a-a(1-\cos t)][a(1-\cos t)]$$
$$-[a-a(1-\cos t)](a\sin t)\}\mathrm{d}t$$
$$=\int_0^{2\pi}[a^2(1-\cos^2 t)-a^2\cos t\sin t]\mathrm{d}t$$
$$=a^2\pi.$$

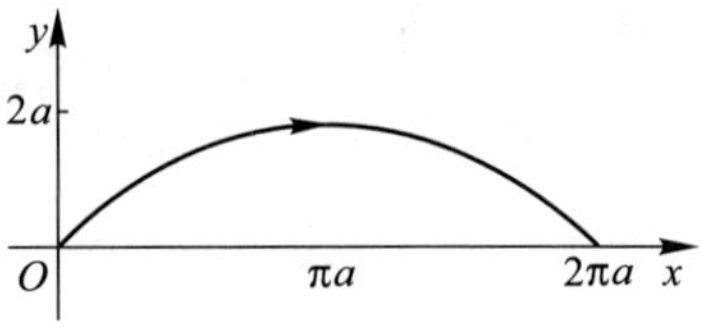

图 10.24

4. 计算 $\oint_l \dfrac{(x+y)\mathrm{d}x-(x-y)\mathrm{d}y}{x^2+y^2}$, 其中 l 为圆周 $x^2+y^2=a^2$,顺时针方向.

解 $l:\begin{cases}x=a\cos\theta,\\ y=a\sin\theta.\end{cases}$

原式 $=\dfrac{1}{a^2}\int_{2\pi}^{0}[(a\cos\theta+a\sin\theta)(-a\sin\theta)-(a\cos\theta-a\sin\theta)a\cos\theta]\mathrm{d}\theta=-\int_{2\pi}^{0}\mathrm{d}\theta=2\pi.$

5. 计算 $\int_l (x^2+y^2)\mathrm{d}x+(x^2-y^2)\mathrm{d}y$, 其中 l 为曲线 $y=1-|1-x|$上对应于 x 由 0 变到 2 的一段.

解 如图 10.25, $\int_l (x^2+y^2)\mathrm{d}x+(x^2-y^2)\mathrm{d}y$

$$=\int_{\overrightarrow{OA}}(x^2+y^2)\mathrm{d}x+(x^2-y^2)\mathrm{d}y$$
$$+\int_{\overrightarrow{AB}}(x^2+y^2)\mathrm{d}x+(x^2-y^2)\mathrm{d}y$$

$\overrightarrow{OA}$: $y=x$,x 从 0 变到 1,

$\overrightarrow{AB}$: $y=2-x$,x 从 1 变到 2.

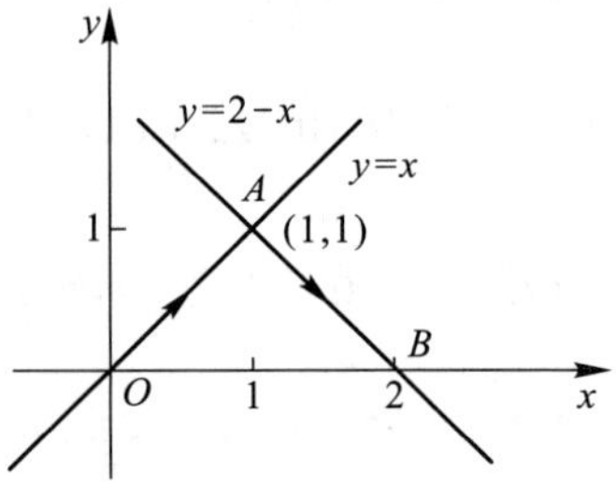

图 10.25

原式 $=\int_0^1(x^2+x^2+x^2-x^2)\mathrm{d}x+\int_1^2\{[x^2+(2-x)^2]+[x^2-(2-x)^2]\cdot(-1)\}\mathrm{d}x$

$$=\int_0^1 2x^2\mathrm{d}x+\int_1^2 2(2-x)^2\mathrm{d}x=\frac{4}{3}.$$

6. 计算 $\int_\Gamma y\mathrm{d}x+z\mathrm{d}y+x\mathrm{d}z$，其中 Γ 为螺旋线 $x=a\cos t, y=a\sin t, z=bt$ 从 $t=0$ 到 $t=2\pi$ 的一段.

解　Γ 的参数方程为 $x=a\cos t, y=a\sin t, z=bt$，$t$ 从 0 变到 2π，故

$$\begin{aligned}&\int_\Gamma y\mathrm{d}x+z\mathrm{d}y+x\mathrm{d}z\\=&\int_0^{2\pi}[(a\sin t)(a\cos t)'+\\&bt(a\sin t)'+a\cos t(bt)']\mathrm{d}t\\=&\int_0^{2\pi}(-a^2\sin^2 t+abt\cos t+ab\cos t)\mathrm{d}t\\=&-\pi a^2.\end{aligned}$$

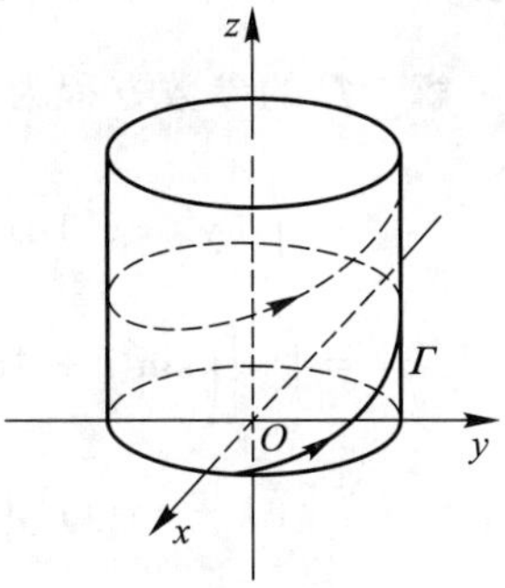

图 10.26

7. 计算 $\int_\Gamma x\mathrm{d}x+y\mathrm{d}y+(x+y-1)\mathrm{d}z$，其中 Γ 是从点 $(1,1,1)$ 到点 $(4,7,10)$ 的直线段.

解　直线的方程为

$$\frac{x-1}{4-1}=\frac{y-1}{7-1}=\frac{z-1}{10-1},$$

故直线段的参数方程为

$$x=1+3t,\quad y=1+6t,\quad z=1+9t,\quad 0\leqslant t\leqslant 1.$$

如图 10.27，起点 A 对应 $t=0$，终点 B 对应 $t=1$.

$$\begin{aligned}&\int_\Gamma x\mathrm{d}x+y\mathrm{d}y+(x+y-1)\mathrm{d}z\\=&\int_0^1[(1+3t)(1+3t)'+(1+6t)(1+6t)'+\\&(1+3t+1+6t-1)(1+9t)']\mathrm{d}t\\=&\int_0^1(126t+18)\mathrm{d}t=81.\end{aligned}$$

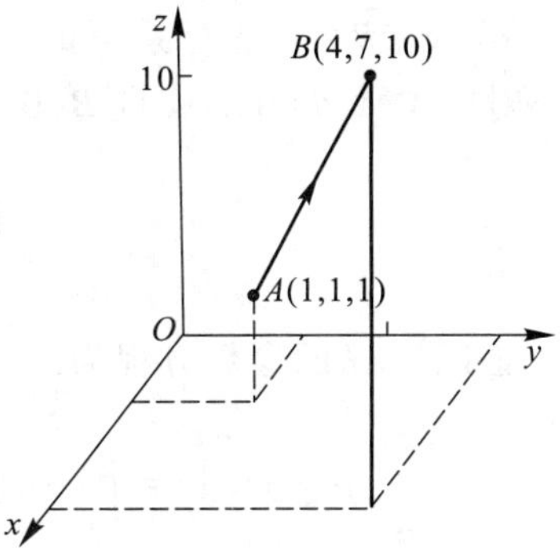

图 10.27

8. 计算 $\int_l 2x\mathrm{e}^{xy}\mathrm{d}x+y\mathrm{e}^{xy}\mathrm{d}y$，其中 l 是从 $A(1,0)$ 沿椭圆 $x^2+\frac{y^2}{2}=1$ 至点 $B(0,\sqrt{2})$ 逆时针弧段.

解　椭圆的参数方程为 $x=\cos t, y=\sqrt{2}\sin t$，$A$ 对应 $t=0$，B 对应 $t=\frac{\pi}{2}$，

$$\begin{aligned}&\int_l 2x\mathrm{e}^{xy}\mathrm{d}x+y\mathrm{e}^{xy}\mathrm{d}y\\=&\int_0^{\frac{\pi}{2}}[2\cos t\cdot\mathrm{e}^{\cos t\cdot\sqrt{2}\sin t}\cdot(\cos t)'+\sqrt{2}\sin t\,\mathrm{e}^{\cos t\cdot\sqrt{2}\sin t}(\sqrt{2}\sin t)']\mathrm{d}t\\=&\int_0^{\frac{\pi}{2}}0\mathrm{d}t=0.\end{aligned}$$

9. 计算$\oint_{\Gamma}(y^2+z^2)\mathrm{d}x+(z^2+x^2)\mathrm{d}y+(x^2+y^2)\mathrm{d}z$，其中$\Gamma$为$\begin{cases}x^2+y^2+z^2=4x,\\ x^2+y^2=2x\end{cases}$ $(z\geqslant 0)$从z轴正向看Γ取逆时针方向.

解 Γ的参数方程为$x=1+\cos t, y=\sin t, z=2\cos\dfrac{t}{2}$，$t$从0变到$2\pi$，

$$\begin{aligned}&\int_{\Gamma}(y^2+z^2)\mathrm{d}x+(z^2+x^2)\mathrm{d}y+(x^2+y^2)\mathrm{d}z\\ =&\int_0^{2\pi}\left\{\left(\sin^2 t+4\cos^2\frac{t}{2}\right)(1+\cos t)'+\left[4\cos^2\frac{t}{2}+\right.\right.\\ &\left.\left.(1+\cos t)^2\right](\sin t)'+[(1+\cos t)^2+\sin^2 t]\cdot 2\left(\cos\frac{t}{2}\right)'\right\}\mathrm{d}t\\ =&\int_0^{2\pi}(1-\cos^2 t+2\cos t+2)\mathrm{d}\cos t+\int_0^{2\pi}(3\cos t+4\cos^2 t+\cos^3 t)\mathrm{d}t+\\ &\int_0^{2\pi}4(1+\cos t)\mathrm{d}\cos\frac{t}{2}\\ =&4\pi.\end{aligned}$$

10. 设$\widehat{AB}$在极坐标系下的方程为$r=f(\theta)$，其中$f(\theta)$在$[0,2\pi]$上具有连续的导数，且$\theta=\alpha$对应点A，$\theta=\beta$对应点$B(0\leqslant\alpha\leqslant\beta\leqslant 2\pi)$，试证

$$\int_{\widehat{AB}}-y\mathrm{d}x+x\mathrm{d}y=\int_{\alpha}^{\beta}f^2(\theta)\mathrm{d}\theta.$$

证明 $\widehat{AB}$的参数方程为$\begin{cases}x=r\cos\theta=f(\theta)\cos\theta,\\ y=r\sin\theta=f(\theta)\sin\theta,\end{cases}$ $\alpha\leqslant\theta\leqslant\beta.$

$$\begin{aligned}&\int_{\widehat{AB}}-y\mathrm{d}x+x\mathrm{d}y=\int_{\alpha}^{\beta}-f(\theta)\sin\theta\mathrm{d}(f(\theta)\cos\theta)+f(\theta)\cos\theta\mathrm{d}(f(\theta)\sin\theta)\\ =&\int_{\alpha}^{\beta}[-f(\theta)\sin\theta(f'(\theta)\cos\theta-f(\theta)\sin\theta)+f(\theta)\cos\theta(f'(\theta)\sin\theta+f(\theta)\cos\theta)]\mathrm{d}\theta\\ =&\int_{\alpha}^{\beta}f^2(\theta)(\cos^2\theta+\sin^2\theta)\mathrm{d}\theta=\int_{\alpha}^{\beta}f^2(\theta)\mathrm{d}\theta.\end{aligned}$$

11. 设$\widehat{MEN}$是由点$M(0,-1)$沿右半圆$x=\sqrt{1-y^2}$经点$E(1,0)$到点$N(0,1)$的弧段，求$\int_{\widehat{MEN}}|y|\mathrm{d}x+y^3\mathrm{d}y$.

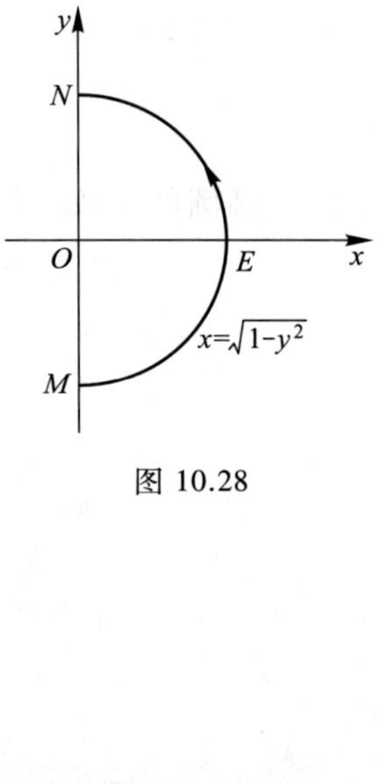

图 10.28

解 $\widehat{MEN}$的参数方程为$x=\cos t, y=\sin t$，t从$-\dfrac{\pi}{2}$变到$\dfrac{\pi}{2}$，

$$\begin{aligned}&\int_{\widehat{MEN}}|y|\mathrm{d}x+y^3\mathrm{d}y=\int_{-\frac{\pi}{2}}^{\frac{\pi}{2}}|\sin t|\mathrm{d}\cos t+\sin^3 t\mathrm{d}\sin t\\ =&\int_{-\frac{\pi}{2}}^{\frac{\pi}{2}}[-|\sin t|\sin t+\sin^3 t\cos t]\mathrm{d}t=0.\end{aligned}$$

12. 设xOy平面内有一力场$\boldsymbol{F}(M)$，它的方向指向原点；大小等于点M到原点的距离.

（1）求质点从 $A(a,0)$ 沿椭圆 $\frac{x^2}{a^2}+\frac{y^2}{b^2}=1$，逆时针移动到点 $B(0,b)$，力场做的功；

（2）质点按逆时针方向沿椭圆 $\frac{x^2}{a^2}+\frac{y^2}{b^2}=1$ 运动一周后，力场做的功.

解　$|\boldsymbol{F}|=\sqrt{x^2+y^2}$，$\boldsymbol{F}$ 的单位向量 $\boldsymbol{F}^0=\frac{1}{\sqrt{x^2+y^2}}(-x\boldsymbol{i}-y\boldsymbol{j})$，$\boldsymbol{F}=-x\boldsymbol{i}-y\boldsymbol{j}$ 所作的功

$$W=\int_l -x\mathrm{d}x-y\mathrm{d}y.$$

（1）如图 10.29，l 的参数方程为 $x=a\cos t, y=b\sin t$，t 从 0 变到 $\frac{\pi}{2}$.

$$W_1=\int_0^{\frac{\pi}{2}}[(-a\cos t)(a\cos t)'+(-b\sin t)\cdot(b\sin t)']\mathrm{d}t$$

$$=\int_0^{\frac{\pi}{2}}(a^2-b^2)\sin t\cos t\mathrm{d}t=\frac{a^2-b^2}{2}.$$

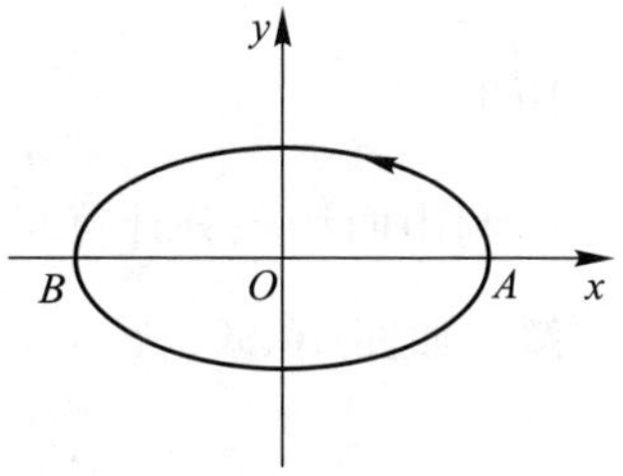

图 10.29

（2）$l: x=a\cos t, y=b\sin t$，t 从 0 变到 2π.

$$W_2=\int_0^{2\pi}(a^2-b^2)\sin t\cos t\mathrm{d}t=0.$$

13. 设 Γ 是弧长为 s 的光滑曲线段，函数 $P(x,y,z)$，$Q(x,y,z)$，$R(x,y,z)$ 在 Γ 上连续，且 $M=\max\limits_{\Gamma}\{\sqrt{P^2+Q^2+R^2}\}$，证明 $\left|\int_\Gamma P\mathrm{d}x+Q\mathrm{d}y+R\mathrm{d}z\right|\leqslant Ms$.

证明　设 $\boldsymbol{F}=(P,Q,R)$，$\boldsymbol{\tau}^0=(\cos\alpha,\cos\beta,\cos\gamma)$ 为曲线 Γ 指向弧长增加方向的单位切向量，由两类曲线积分的关系：

$$\left|\int_\Gamma P\mathrm{d}x+Q\mathrm{d}y+R\mathrm{d}z\right|$$

$$=\left|\int_\Gamma(P\cos\alpha+Q\cos\beta+R\cos\gamma)\mathrm{d}s\right|$$

$$\leqslant\int_\Gamma\left|\ |\boldsymbol{F}|\mathrm{d}s\right|\leqslant Ms.$$

14. 将 $\int_l P(x,y)\mathrm{d}x+Q(x,y)\mathrm{d}y$ 化为对弧长的曲线积分，其中

（1）l 为从点 $(0,0)$ 到点 $(1,1)$ 的抛物线 $y=\sqrt{x}$；

（2）l 为从点 $(1,1)$ 到点 $(0,0)$ 的抛物线 $y=x^2$.

解　（1）曲线 $l: y=\sqrt{x}$，x 从 0 到 1，x 增加方向与曲线方向一致，切向量 $\boldsymbol{\tau}=\left(1,\frac{1}{2\sqrt{x}}\right)$

故

$$\int_l P(x,y)\mathrm{d}x+Q(x,y)\mathrm{d}y=\int_l\frac{2\sqrt{x}P(x,y)+Q(x,y)}{\sqrt{1+4x}}\mathrm{d}s.$$

(2) 曲线 $l: y=x^2$, x 从 1 到 0, x 增加方向与曲线方向相反,切向量 $\boldsymbol{\tau}=(1,2x)$,

$$-\boldsymbol{\tau}^0=(\cos\alpha,\cos\beta)=\frac{-1}{\sqrt{1+4x}}(1,2x),$$

故

$$\int_l P(x,y)\,\mathrm{d}x+Q(x,y)\,\mathrm{d}y=\int_l \frac{-P(x,y)-2xQ(x,y)}{\sqrt{1+4x^2}}\mathrm{d}s.$$

10.3

1. 利用曲线积分计算星形线 $x=a\cos^3 t$, $y=a\sin^3 t$ 所围图形的面积.

解 如图 10.30,

$$\begin{aligned}S_{星}&=\frac{1}{2}\oint_C -y\,\mathrm{d}x+x\,\mathrm{d}y\\&=\frac{1}{2}\int_0^{2\pi}(3a^2\sin^4 t\cos^2 t+3a^2\cos^4 t\sin^2 t)\,\mathrm{d}t\\&=\frac{3}{2}a^2\int_0^{2\pi}\cos^2 t\sin^2 t\,\mathrm{d}t=\frac{3}{8}a^2\int_0^{2\pi}\sin^2 2t\,\mathrm{d}t\\&=\frac{3}{16}a^2\int_0^{2\pi}(1-\cos 4t)\,\mathrm{d}t=\frac{3}{8}\pi a^2.\end{aligned}$$

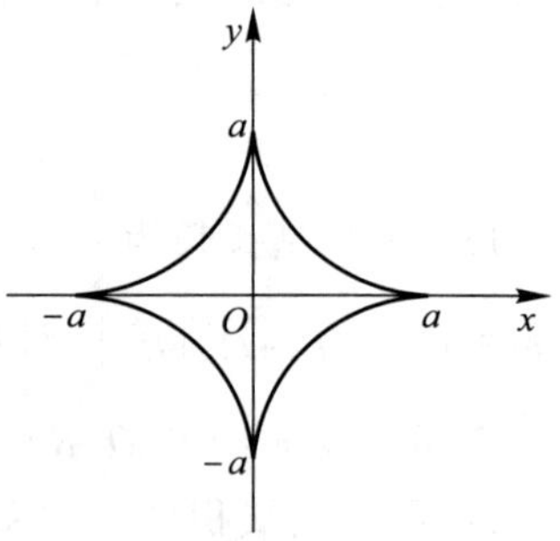

图 10.30

2. 计算 $\oint_C x^2\mathrm{d}x+x\mathrm{e}^{y^2}\mathrm{d}y$, 其中 C 是由直线 $y=x-1$, $y=1$ 及 $x=1$ 所围成的三角形区域边界线的正向.

解 如图 10.31, $\oint_C x^2\mathrm{d}x+x\mathrm{e}^{y^2}\mathrm{d}y$

$$\begin{aligned}&=\iint_D\left[\frac{\partial}{\partial x}(x\mathrm{e}^{y^2})-\frac{\partial}{\partial y}x^2\right]\mathrm{d}\sigma\\&=\iint_D \mathrm{e}^{y^2}\mathrm{d}\sigma=\int_0^1\mathrm{d}y\int_1^{1+y}\mathrm{e}^{y^2}\mathrm{d}x\\&=\int_0^1\mathrm{e}^{y^2}y\,\mathrm{d}y=\frac{1}{2}(\mathrm{e}-1).\end{aligned}$$

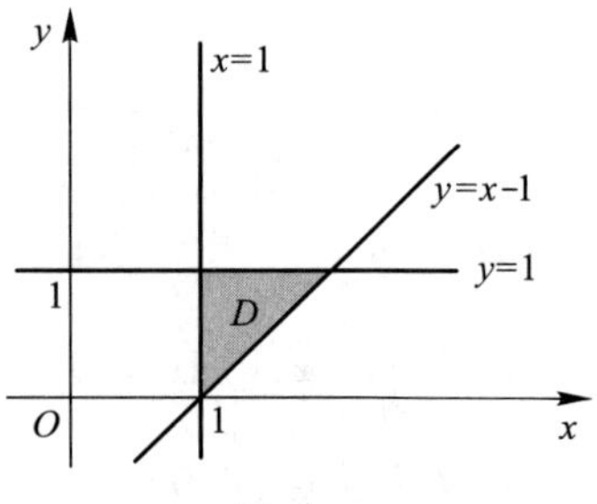

图 10.31

3. 设 C 为 xOy 平面一顺时针方向简单闭曲线,且 $\oint_C(x-2y)\,\mathrm{d}x+(4x+3y)\,\mathrm{d}y=-9$, 求曲线 C 所围成的区域的面积.

解 由格林公式(记 C 所围成区域为 D),

$$-9=\oint_C(x-2y)\,\mathrm{d}x+(4x+3y)\,\mathrm{d}y=-\iint_D[4-(-2)]\,\mathrm{d}x\mathrm{d}y=-6\iint_D\mathrm{d}\sigma,$$

故 D 的面积

$$S=\iint_D\mathrm{d}S=\frac{3}{2}.$$

4. 计算 $\oint_C \mathrm{e}^x[(1-\cos y)\,\mathrm{d}x-(y-\sin y)\,\mathrm{d}y]$，其中 C 是区域 $0<x<\pi, 0<y<\sin x$ 的边界的正向闭曲线.

解　如图 10.32，　$\oint_C \mathrm{e}^x[(1-\cos y)\,\mathrm{d}x-(y-\sin y)\,\mathrm{d}y]$

$$=\iint_D\left\{\frac{\partial}{\partial x}[-\mathrm{e}^x(y-\sin y)]-\frac{\partial}{\partial y}[\mathrm{e}^x(1-\cos y)]\right\}\mathrm{d}\sigma$$

$$=\iint_D(-\mathrm{e}^x y+\mathrm{e}^x\sin y-\mathrm{e}^x\sin y)\,\mathrm{d}\sigma$$

$$=\int_0^\pi\mathrm{d}x\int_0^{\sin x}-\mathrm{e}^x y\,\mathrm{d}y=\int_0^\pi\mathrm{e}^x\left(-\frac{1}{2}\right)\sin^2 x\,\mathrm{d}x$$

$$=\int_0^\pi\frac{1}{4}\mathrm{e}^x\cos 2x\,\mathrm{d}x-\frac{1}{4}\int_0^\pi\mathrm{e}^x\,\mathrm{d}x=\frac{1}{4}\int_0^\pi\mathrm{e}^x\cos 2x\,\mathrm{d}x-\frac{1}{4}(\mathrm{e}^\pi-1),$$

令　$I=\int_0^\pi\mathrm{e}^x\cos 2x\,\mathrm{d}x=\int_0^\pi\cos 2x\,\mathrm{d}\mathrm{e}^x=\mathrm{e}^x\cos 2x\Big|_0^\pi+2\int_0^\pi\mathrm{e}^x\sin 2x\,\mathrm{d}x$

$$=(\mathrm{e}^\pi-1)+2\int_0^\pi\sin 2x\,\mathrm{d}\mathrm{e}^x=(\mathrm{e}^\pi-1)+2\mathrm{e}^x\sin 2x\Big|_0^\pi$$

$$-4\int_0^\pi\mathrm{e}^x\cos 2x\,\mathrm{d}x=\mathrm{e}^\pi-1-4I,$$

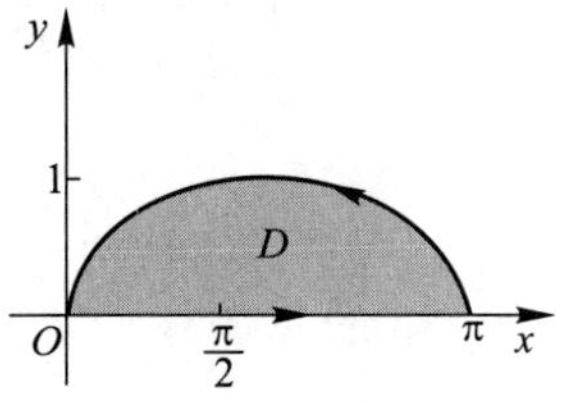

图 10.32

$$I=\frac{1}{5}(\mathrm{e}^\pi-1),$$

$$\oint_C\mathrm{e}^x[(1-\cos y)\,\mathrm{d}x-(y-\sin y)\,\mathrm{d}y]=\frac{1}{5}(1-\mathrm{e}^\pi).$$

5. 计算 $\oint_C(x^3-x^2y)\,\mathrm{d}x+(xy^2-y^3)\,\mathrm{d}y$，其中 C 是圆周 $x^2+y^2=a^2(a>0)$ 顺时针方向一周.

解　如图 10.33，　$\oint_C(x^3-x^2y)\,\mathrm{d}x+(xy^2-y^3)\,\mathrm{d}y$

$$=-\iint_D\left[\frac{\partial}{\partial x}(xy^2-y^3)-\frac{\partial}{\partial y}(x^3-x^2y)\right]\mathrm{d}\sigma$$

$$=-\iint_D(y^2+x^2)\,\mathrm{d}\sigma=-\iint_D r^2\cdot r\,\mathrm{d}r\,\mathrm{d}\theta.$$

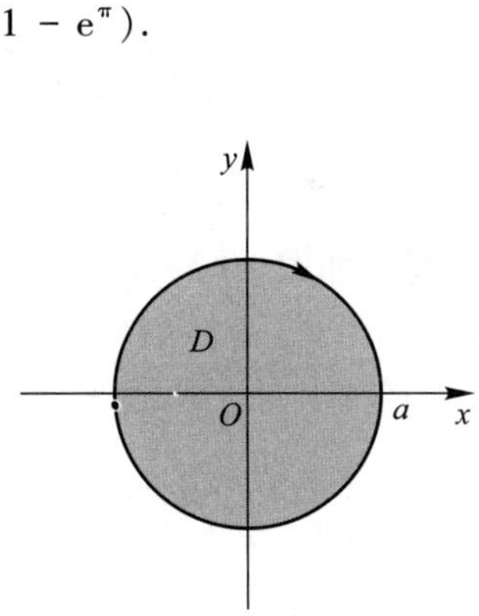

图 10.33

$$=-\int_0^{2\pi}\mathrm{d}\theta\int_0^a r^3\mathrm{d}r=-\frac{\pi a^4}{2}.$$

6. 计算 $\oint_C y(2x-1)\mathrm{d}x-x(x+1)\mathrm{d}y$，其中 C 是正向椭圆周 $b^2x^2+a^2y^2=a^2b^2$.

解 如图 10.34，$\oint_C y(2x-1)\mathrm{d}x-x(x+1)\mathrm{d}y$

$$=\iint_D\left\{\frac{\partial}{\partial x}[-x(x+1)]-\frac{\partial}{\partial y}[y(2x-1)]\right\}\mathrm{d}\sigma$$

$$=\iint_D(-2x-1-2x+1)\mathrm{d}\sigma=\iint_D-4x\mathrm{d}\sigma=0.$$

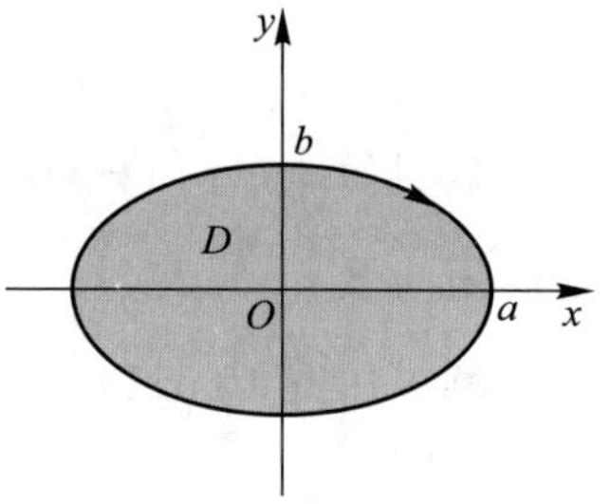

图 10.34

7. 计算 $\oint_C\frac{yx^2\mathrm{d}x-xy^2\mathrm{d}y}{1+\sqrt{x^2+y^2}}$. 其中 C 是由曲线 $l_1:y=-\sqrt{1-x^2}$ 和直线 $l_2:y=0(-1\leqslant x\leqslant 1)$ 构成的顺时针闭曲线.

解 此题直接用格林公式比较麻烦，分别在每条线上计算

$l_1:y=-\sqrt{1-x^2}$ x 从 1 到-1，

$l_2:y=0$ x 从-1 到 1.

$$\oint_C\frac{yx^2\mathrm{d}x-xy^2\mathrm{d}y}{1+\sqrt{x^2+y^2}}=\int_{l_1}\frac{yx^2\mathrm{d}x-xy^2\mathrm{d}y}{1+\sqrt{x^2+y^2}}+\int_{l_2}\frac{yx^2\mathrm{d}x-xy^2\mathrm{d}y}{1+\sqrt{x^2+y^2}}$$

$$=\frac{1}{2}\int_{l_1}yx^2\mathrm{d}x-xy^2\mathrm{d}y+0$$

$$=\frac{1}{2}\left[\oint_C yx^2\mathrm{d}x-xy^2\mathrm{d}y-\int_{l_2}yx^2\mathrm{d}x-xy^2\mathrm{d}y\right]$$

$$=-\frac{1}{2}\iint_D(-y^2-x^2)\mathrm{d}x\mathrm{d}y=\frac{1}{2}\int_{\pi}^{2\pi}\mathrm{d}\theta\int_0^1 r^3\mathrm{d}r=\frac{\pi}{8}.$$

8. 计算 $\int_l(x+y)^2\mathrm{d}x+(x+y^2\sin y)\mathrm{d}y$，其中 l 是从点 $A(1,1)$ 沿曲线 $y=x^2$ 到点 $B(-1,1)$ 的弧段.

解 如图 10.35，$\int_{\widehat{AB}}(x+y)^2\mathrm{d}x+(x+y^2\sin y)\mathrm{d}y$

$$=\oint_{\widehat{AOBA}}(x+y)^2\mathrm{d}x+(x+y^2\sin y)\mathrm{d}y$$

$$-\int_{\overline{BA}}(x+y)^2\mathrm{d}x+(x+y^2\sin y)\mathrm{d}y$$

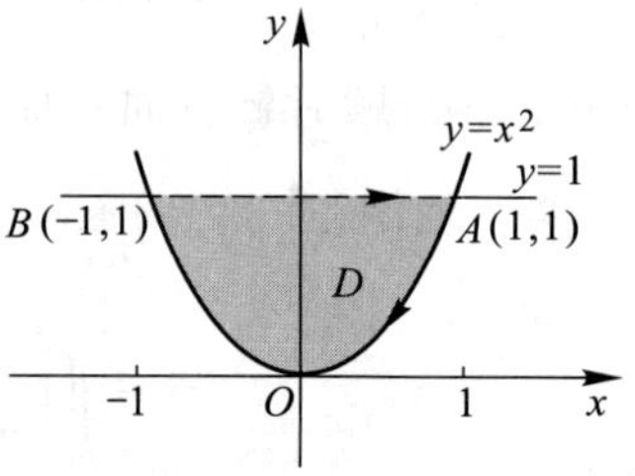

图 10.35

$$=-\iint_D\left[\frac{\partial}{\partial x}(x+y^2\sin y)-\frac{\partial}{\partial y}(x+y)^2\right]\mathrm{d}x\mathrm{d}y-\int_{-1}^{1}(x+1)^2\mathrm{d}x$$

$$=-\iint_D[1-2(x+y)]\mathrm{d}x\mathrm{d}y-\frac{8}{3}=-\int_{-1}^{1}\mathrm{d}x\int_{x^2}^{1}(1-2y)\mathrm{d}y-\frac{8}{3}$$

$$=-\int_{-1}^{1}(y-y^2)\Big|_{y=x^2}^{y=1}\mathrm{d}x-\frac{8}{3}=-\frac{12}{5}.$$

9. 计算 $\int_l\sqrt{x^2+y^2}\,\mathrm{d}x+[x+y\ln(x+\sqrt{x^2+y^2})]\mathrm{d}y$，其中 l 是从点 $B(2,1)$ 沿上半圆 $y=1+\sqrt{1-(x-1)^2}$ 至点 $A(0,1)$ 的弧段.

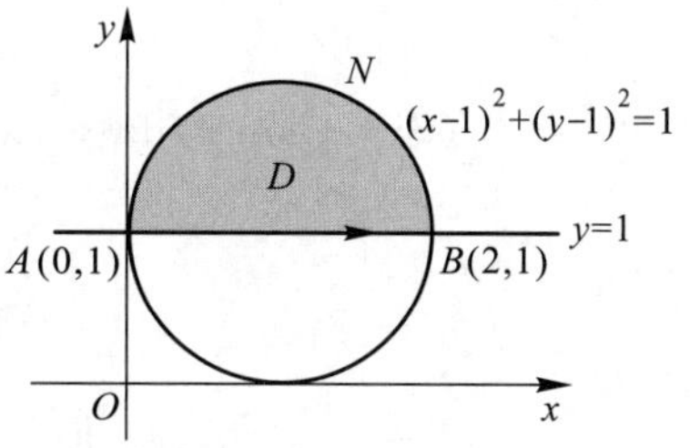

图 10.36

解　如图 10.36，$\int_l\sqrt{x^2+y^2}\,\mathrm{d}x+$

$$[x+y\ln(x+\sqrt{x^2+y^2})]\mathrm{d}y$$

$$=\oint_{\widehat{BNAB}}\sqrt{x^2+y^2}\,\mathrm{d}x+[x+y\ln(x+\sqrt{x^2+y^2})]\mathrm{d}y$$

$$-\int_{\overline{AB}}\sqrt{x^2+y^2}\,\mathrm{d}x+[x+y\ln(x+\sqrt{x^2+y^2})]\mathrm{d}y$$

$$=\iint_D\left(\frac{\partial}{\partial x}[x+y\ln(x+\sqrt{x^2+y^2})]-\frac{\partial}{\partial y}\sqrt{x^2+y^2}\right)\mathrm{d}x\mathrm{d}y-\int_0^2\sqrt{x^2+1}\,\mathrm{d}x$$

$$=\iint_D\left[1+y\frac{1}{x+\sqrt{x^2+y^2}}\left(1+\frac{x}{\sqrt{x^2+y^2}}\right)-\frac{y}{\sqrt{x^2+y^2}}\right]\mathrm{d}x\mathrm{d}y-\int_0^2\sqrt{x^2+1}\,\mathrm{d}x$$

$$=\iint_D\mathrm{d}x\mathrm{d}y-\int_0^2\sqrt{x^2+1}\,\mathrm{d}x=\frac{\pi}{2}-\sqrt{5}-\frac{1}{2}\ln(2+\sqrt{5}).$$

10. 计算 $\int_l(3xy+\sin x)\mathrm{d}x+(x^2-ye^y)\mathrm{d}y$，其中 l 是从点 $(0,0)$ 到点 $(4,8)$ 的抛物线段 $y=x^2-2x$.

解　$P(x,y)=3xy+\sin x$，$Q(x,y)=x^2-ye^y$，$\dfrac{\partial Q}{\partial x}=2x$，$\dfrac{\partial P}{\partial y}=3x$，$\dfrac{\partial Q}{\partial x}$ 与 $\dfrac{\partial P}{\partial y}$ 在整个区域上连续，欲使用格林公式只需先引辅助线 AB 与 BO（图 10.37），其中 $A(4,8)$，$B(0,8)$.

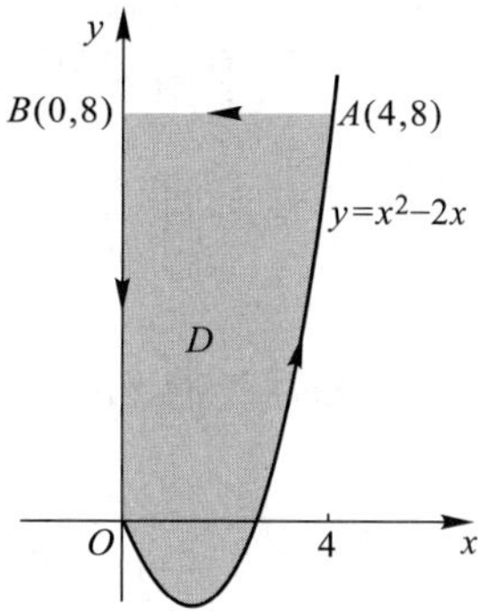

图 10.37

$$\int_l(3xy+\sin x)\mathrm{d}x+(x^2-ye^y)\mathrm{d}y$$

$$=\oint_{\widehat{OABO}}(3xy+\sin x)\mathrm{d}x+(x^2-ye^y)\mathrm{d}y$$

$$-\int_{\overrightarrow{AB}}(3xy+\sin x)\mathrm{d}x+(x^2-ye^y)\mathrm{d}y-\int_{\overrightarrow{BO}}(3xy+\sin x)\mathrm{d}x+(x^2-ye^y)\mathrm{d}y,$$

$$\overrightarrow{AB}:y=8,\quad \mathrm{d}y=0,$$

$$\int_{\overrightarrow{AB}}(3xy+\sin x)\mathrm{d}x+(x^2-ye^y)\mathrm{d}y=\int_4^0(24x+\sin x)\mathrm{d}x=-193+\cos 4,$$

$$\overrightarrow{BO}:x=0,\quad \mathrm{d}x=0,$$

$$\int_{\overrightarrow{BO}}(3xy+\sin x)\mathrm{d}x+(x^2-ye^y)\mathrm{d}y=\int_8^0-ye^y\mathrm{d}y=e^y-ye^y\Big|_8^0=1+7e^8,$$

$$\oint_{\widehat{OABO}}(3xy+\sin x)\mathrm{d}x+(x^2-ye^y)\mathrm{d}y$$

$$=\iint_D\left(\frac{\partial Q}{\partial x}-\frac{\partial P}{\partial y}\right)\mathrm{d}x\mathrm{d}y$$

$$=-\iint_D x\mathrm{d}x\mathrm{d}y=\int_0^4\mathrm{d}x\int_{x^2-2x}^8 x\mathrm{d}y=-\frac{128}{3}.$$

原式$=-(1+7e^8)-(-193+\cos 4)-\dfrac{128}{3}=\dfrac{448}{3}-\cos 4-7e^8$.

11. 计算曲线积分 $I=\int_l[u'_x(x,y)+xy]\mathrm{d}x+u'_y(x,y)\mathrm{d}y$，其中 l 是从点 $A(0,1)$ 沿曲线 $y=\dfrac{\sin x}{x}$ 到点 $B(\pi,0)$ 的曲线段. $u(x,y)$ 在 xOy 平面上具有二阶连续偏导数，且 $u(0,1)=1$，$u(\pi,0)=\pi$.

解 $u(x,y)$ 在 xOy 平面上有连续的二阶导数，故 $u''_{xy}=u''_{yx}$，且 $P(x,y)=u'_x(x,y)+xy$，$Q(x,y)=u'_y(x,y)$ 在 xOy 平面上有连续一阶偏导数.

$$I=\int_l[u'_x(x,y)+xy]\mathrm{d}x+u'_y(x,y)\mathrm{d}y$$

$$=\left(\oint_{\widehat{ABOA}}-\int_{\overrightarrow{BO}}-\int_{\overrightarrow{OA}}\right)[u'_x(x,y)+xy]\mathrm{d}x+u'_y(x,y)\mathrm{d}y,$$

$$\oint_{\widehat{ABOA}}(u'_x(x,y)+xy)\mathrm{d}x+u'_y(x,y)\mathrm{d}y$$

$$=-\iint_D\left[\frac{\partial}{\partial x}u'_y(x,y)-\frac{\partial}{\partial y}(u'_x(x,y)+xy)\right]\mathrm{d}\sigma$$

$$=-\iint_D[u''_{yx}-u''_{xy}-x]\mathrm{d}\sigma$$

$$=\int_0^\pi\mathrm{d}x\int_0^{\frac{\sin x}{x}}x\mathrm{d}y=\int_0^\pi\sin x\mathrm{d}x=2,$$

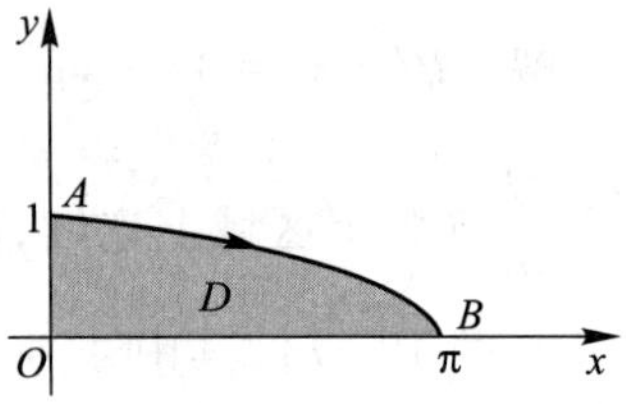

图 10.38

$$\overrightarrow{BO}:y=0,\quad \mathrm{d}y=0,$$

$$\int_{\overrightarrow{BO}}[u'_x(x,y)+xy]\mathrm{d}x+u'_y(x,y)\mathrm{d}y=\int_{\pi}^{0}u'_x(x,0)\mathrm{d}x=u(x,0)\Big|_{x=\pi}^{x=0}=u(0,0)-\pi,$$

$$\overrightarrow{OA}:x=0,\quad \mathrm{d}x=0,$$

$$\int_{\overrightarrow{OA}}[u'_x(x,y)+xy]\mathrm{d}x+u'_y(x,y)\mathrm{d}y=\int_{0}^{1}u'_y(0,y)\mathrm{d}y=u(0,y)\Big|_{y=0}^{y=1}=1-u(0,0),$$

原式 $=2-(u(0,0)-\pi)-(1-u(0,0))=\pi+1$.

12. 设有平面流速场 $\boldsymbol{v}(x,y)=[\mathrm{e}^x(y^3-2y)-y^2]\boldsymbol{i}+[\mathrm{e}^x(3y^2-2)-x]\boldsymbol{j}$.

(1) 求各点的旋度;

(2) 求沿椭圆 $C:4(x-3)^2+9y^2=36$ 逆时针方向的环流.

解　(1) $\mathrm{rot}\,\boldsymbol{v}=\left(\dfrac{\partial Q}{\partial x}-\dfrac{\partial P}{\partial y}\right)\boldsymbol{k}=\left(\dfrac{\partial}{\partial x}[\mathrm{e}^x(3y^2-2)-x]-\dfrac{\partial}{\partial y}[\mathrm{e}^x(y^3-2y)-y^2]\right)\boldsymbol{k}$

$$=[\mathrm{e}^x(3y^2-2)-1-\mathrm{e}^x(3y^2-2)+2y]\boldsymbol{k}=(2y-1)\boldsymbol{k}.$$

(2) $\Gamma=\oint_C\boldsymbol{v}\mathrm{d}\boldsymbol{s}=\oint_C P(x,y)\mathrm{d}x+Q(x,y)\mathrm{d}y=\iint_D\left(\dfrac{\partial Q}{\partial x}-\dfrac{\partial P}{\partial y}\right)\mathrm{d}\sigma$

$$=\iint_D(2y-1)\mathrm{d}x\mathrm{d}y=-\iint_D\mathrm{d}x\mathrm{d}y=-6\pi.$$

13. 设 $u=u(x,y)$, $v=v(x,y)$, $w=w(x,y)$ 在有界闭区域 D 上有连续的一阶偏导数, C 是 D 的边界线,证明

$$\iint_D\left[u\frac{\partial w}{\partial x}+v\frac{\partial w}{\partial y}\right]\mathrm{d}x\mathrm{d}y=\oint_{C^+}w[u\mathrm{d}y-v\mathrm{d}x]-\iint_D\left[\frac{\partial u}{\partial x}+\frac{\partial u}{\partial y}\right]w\mathrm{d}x\mathrm{d}y.$$

证明　由 $u(x,y)$, $v(x,y)$, $w(x,y)$ 有连续的一阶偏导数,根据格林公式

$$\oint_{C^+}w[u\mathrm{d}y-v\mathrm{d}x]$$

$$=\iint_D\left[\frac{\partial}{\partial x}(wu)+\frac{\partial}{\partial y}(wv)\right]\mathrm{d}x\mathrm{d}y$$

$$=\iint_D\left(u\frac{\partial w}{\partial x}+w\frac{\partial u}{\partial x}+v\frac{\partial w}{\partial y}+w\frac{\partial v}{\partial y}\right)\mathrm{d}x\mathrm{d}y.$$

$$=\iint_D\left(u\frac{\partial w}{\partial x}+v\frac{\partial w}{\partial y}\right)\mathrm{d}x\mathrm{d}y+\iint_D\left(\frac{\partial u}{\partial x}+\frac{\partial v}{\partial y}\right)w\mathrm{d}x\mathrm{d}y.$$

故有

$$\iint_D\left(u\frac{\partial w}{\partial x}+v\frac{\partial w}{\partial y}\right)\mathrm{d}x\mathrm{d}y$$

$$=\oint_{C^+}w(u\mathrm{d}y-v\mathrm{d}x)-\iint_D\left(\frac{\partial u}{\partial x}+\frac{\partial v}{\partial y}\right)w\mathrm{d}x\mathrm{d}y.$$

10.4

1. 证明曲线积分 $\int_l e^x(\cos y\mathrm{d}x - \sin y\mathrm{d}y)$ 只与 l 的起点和终点有关，而与所取的路径无关.并求 $\int_{(0,0)}^{(a,b)} e^x(\cos y\mathrm{d}x - \sin y\mathrm{d}y)$.

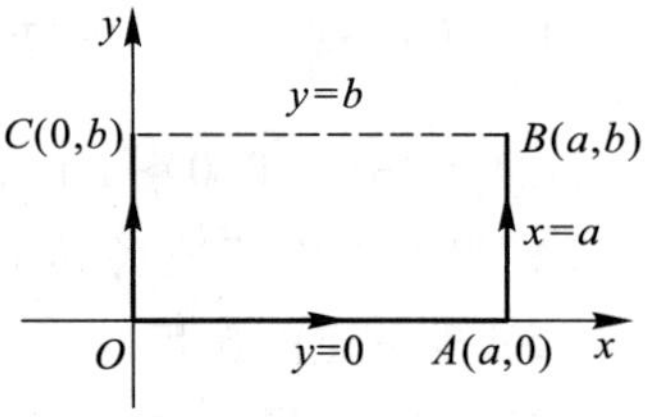

图 10.39

证明 因 $P(x,y)=e^x\cos y, Q(x,y)=-e^x\sin y, \dfrac{\partial Q}{\partial x}=-e^x\sin y=\dfrac{\partial P}{\partial y}$在整个平面上都连续，所以由第二型曲线积分与路线无关的充要条件知，积分 $\int_l e^x(\cos y\mathrm{d}x - \sin y\mathrm{d}y)$ 只与 l 的起点和终点有关而与路线无关.

$$\int_{(0,0)}^{(a,b)} e^x(\cos y\mathrm{d}x - \sin y\mathrm{d}y) = \int_{\overrightarrow{OA}(y=0)} e^x(\cos y\mathrm{d}x - \sin y\mathrm{d}y) + \int_{\overrightarrow{AB}(x=a)} e^x(\cos y\mathrm{d}x - \sin y\mathrm{d}y)$$
$$= \int_0^a e^x\mathrm{d}x + \int_0^b(-e^a\sin y)\mathrm{d}y = e^a\cos b - 1.$$

2. 证明曲线积分 $\int_l \dfrac{y\mathrm{d}x - x\mathrm{d}y}{x^2}$ 只与 l 的起点和终点有关，而与所取的路径无关，其中 l 为不过 y 轴的任意曲线，并求 $\int_{(2,1)}^{(1,2)} \dfrac{y\mathrm{d}x - x\mathrm{d}y}{x^2}$.

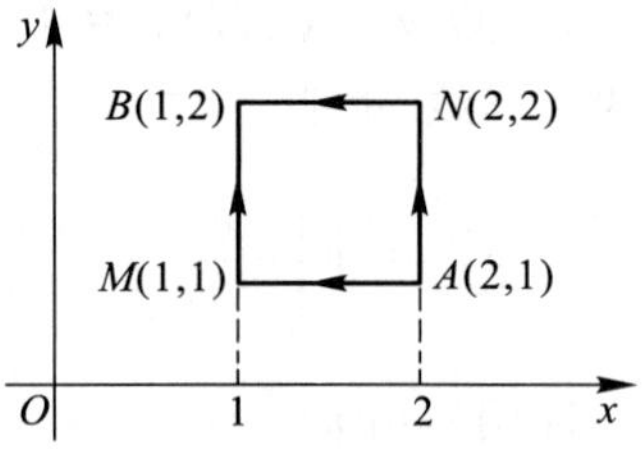

图 10.40

证明 因 $P(x,y)=\dfrac{y}{x^2}, Q(x,y)=-\dfrac{1}{x}, \dfrac{\partial Q}{\partial x}=\dfrac{1}{x^2}=\dfrac{\partial P}{\partial y}$，在不经过 y 轴的任意封闭曲线 l 所围成的区域及边界都是连续的，所以 $\int_l \dfrac{y\mathrm{d}x - x\mathrm{d}y}{x^2}$ 只与 l 的起点，终点有关，而与所取的路线无关.

$$\int_{(2,1)}^{(1,2)} \frac{y\mathrm{d}x - x\mathrm{d}y}{x^2} = \int_{\overrightarrow{AM}(y=1)} \frac{y\mathrm{d}x - x\mathrm{d}y}{x^2} + \int_{\overrightarrow{MB}(x=1)} \frac{y\mathrm{d}x - x\mathrm{d}y}{x^2} = \int_2^1 \frac{1}{x^2}\mathrm{d}x + \int_1^2(-1)\mathrm{d}y = -\frac{3}{2}.$$

3. 计算 $\int_l \dfrac{1}{x}\sin\left(xy - \dfrac{\pi}{4}\right)\mathrm{d}x + \dfrac{1}{y}\sin\left(xy - \dfrac{\pi}{4}\right)\mathrm{d}y$，其中 l 是由点 $A(1,\pi)$ 到点$B\left(\dfrac{\pi}{2},2\right)$的直线段.

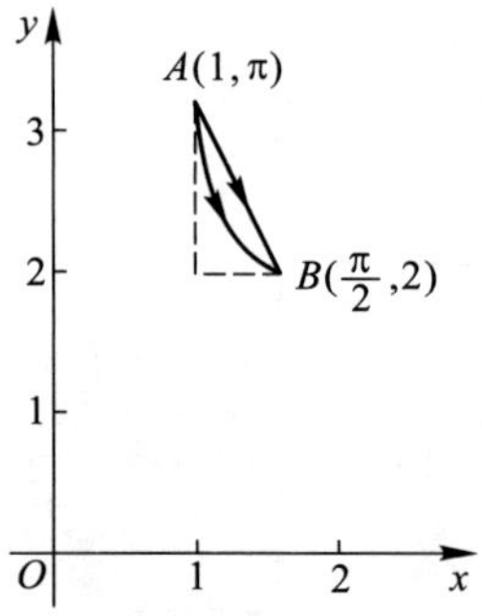

图 10.41

解 $P(x,y)=\dfrac{1}{x}\sin\left(xy-\dfrac{\pi}{4}\right), Q(x,y)=\dfrac{1}{y}\sin\left(xy-\dfrac{\pi}{4}\right)$,

$$\frac{\partial P}{\partial y}=\frac{1}{x}\cos\left(xy-\frac{\pi}{4}\right)\cdot x=\cos\left(xy-\frac{\pi}{4}\right)=\frac{\partial Q}{\partial x},$$

故在 y 轴右半平面上，积分与路径无关.

从 A 到 B 取路径 $xy=\pi$，即 $y=\dfrac{\pi}{x}\left(x \text{ 从 } 1 \text{ 到} \dfrac{\pi}{2}\right)$，则

$$\int_l \frac{1}{x}\sin\left(xy-\frac{\pi}{4}\right)\mathrm{d}x+\frac{1}{y}\sin\left(xy-\frac{\pi}{4}\right)\mathrm{d}y$$

$$=\int_1^{\frac{\pi}{2}}\left[\frac{1}{x}\sin\frac{3\pi}{4}+\frac{x}{\pi}\sin\frac{3\pi}{4}\cdot\left(\frac{-\pi}{x^2}\right)\right]\mathrm{d}x=\int_0^{\frac{\pi}{2}}0\mathrm{d}x=0.$$

4. 计算 $\int_l (x^2+1-\mathrm{e}^y\sin x)\mathrm{d}y-\mathrm{e}^y\cos x\mathrm{d}x$，其中 l 是由点 $O(0,0)$ 沿 $y=x^2$ 到点 $A(1,1)$ 的曲线.

解法 1　因为在曲线 l 上有 $y=x^2$，

$$\frac{\partial}{\partial x}(-\mathrm{e}^y\sin x+y+1)=\frac{\partial}{\partial y}(-\mathrm{e}^y\cos x)=-\mathrm{e}^y\cos x,$$

所以积分与路径无关.设 $B(1,0)$，故

$$\text{原式}=\left(\int_{\overline{OB}}+\int_{\overline{BA}}\right)(y+1-\mathrm{e}^y\sin x)\mathrm{d}y-\mathrm{e}^y\cos x\mathrm{d}x$$

$$=-\int_0^1\cos x\mathrm{d}x+\int_0^1(y+1-\mathrm{e}^y\sin 1)\mathrm{d}y=\frac{3}{2}-\mathrm{e}\sin 1.$$

解法 2　由 $\int_l (x^2+1-\mathrm{e}^y\sin x)\mathrm{d}y-\mathrm{e}^y\cos x\mathrm{d}x$

$$=\int_l (x^2+1)\mathrm{d}y-\int_l \mathrm{e}^y\sin x\mathrm{d}y-\int_l \mathrm{e}^y\cos x\mathrm{d}x.$$

又

$$\int_l (x^2+1)\mathrm{d}y=\int_l (y+1)\mathrm{d}y=\frac{3}{2},$$

后一积分中积分与路径无关，将 l 换为 $y=x$，计算即得 $\frac{3}{2}-\mathrm{e}\cdot\sin 1$.

5. 设 $f(x)$ 具有二阶连续导数，$f(0)=0, f'(0)=1$，而且曲线积分 $\int_l [f'(x)+6f(x)+4\mathrm{e}^{-x}]y\mathrm{d}x+f'(x)\mathrm{d}y$ 与路径无关.计算 $\int_{(0,0)}^{(1,1)}[f'(x)+6f(x)+4\mathrm{e}^{-x}]y\mathrm{d}x+f'(x)\mathrm{d}y$.

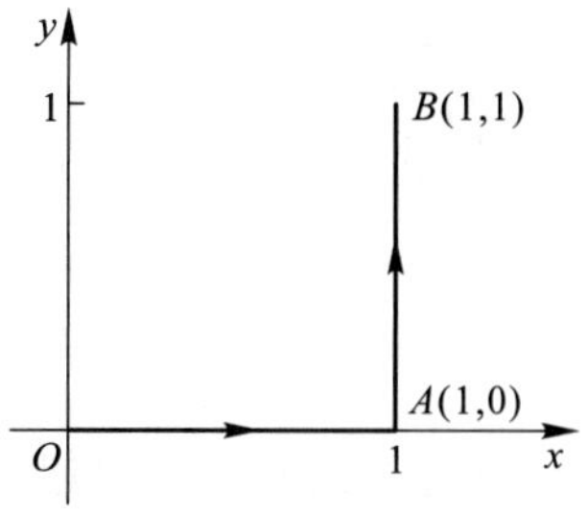

图 10.42

解　由积分与路径无关的充要条件

$$\frac{\partial P}{\partial y}=\frac{\partial Q}{\partial x}\quad \text{得}\quad f'(x)+6f(x)+4\mathrm{e}^{-x}=f''(x),$$

由已知 $f(0)=0, f'(0)=1$，解方程可得 $f(x)=\frac{2}{5}\mathrm{e}^{3x}+\frac{3}{5}\mathrm{e}^{-2x}-\mathrm{e}^{-x}$，故

$$f'(x)=\frac{6}{5}\mathrm{e}^{3x}+\frac{-6}{5}\mathrm{e}^{-2x}+\mathrm{e}^{-x},$$

$$\int_{(0,0)}^{(1,1)}[f'(x)+6f(x)+4e^{-x}]y\mathrm{d}x+f'(x)\mathrm{d}y$$

$$=\int_{\overrightarrow{OA}}[f'(x)+6f(x)+4e^{-x}]y\mathrm{d}x+f'(x)\mathrm{d}y$$

$$+\int_{\overrightarrow{AB}}[f'(x)+6f(x)+4e^{-x}]y\mathrm{d}x+f'(x)\mathrm{d}y,$$

$$\overrightarrow{OA}: y=0, \mathrm{d}y=0,$$

$$\int_{\overrightarrow{OA}}[f'(x)+6f(x)+4e^{-x}]y\mathrm{d}x+f'(x)\mathrm{d}y=0.$$

$$\overrightarrow{AB}: x=1, \mathrm{d}x=0,$$

$$\int_{\overrightarrow{AB}}[f'(x)+6f(x)+4e^{-x}]y\mathrm{d}x+f'(x)\mathrm{d}y=\int_0^1 f'(1)\mathrm{d}y=f'(1)=\frac{6}{5}e^3-\frac{6}{5}e^{-2}+e^{-1}.$$

6. 设 $f(1)=1$，试求可微函数 $f(x)$，使曲线积分 $\int_{\widehat{AB}}[\sin x-f(x)]\frac{y}{x}\mathrm{d}x+[f(x)-x^2]\mathrm{d}y$ 与路径无关（$\widehat{AB}$ 不穿过 y 轴），并求从点 $A\left(-\frac{3\pi}{2},\pi\right)$ 到点 $B\left(-\frac{\pi}{2},0\right)$ 的这个积分值.

解 欲使积分与路径无关，只需 $\frac{\partial Q}{\partial x}=\frac{\partial P}{\partial y}$，而 $P=[\sin x-f(x)]\frac{y}{x}$，$Q=f(x)-x^2$，故

$$f'(x)-2x=\frac{1}{x}(\sin x-f(x)),$$

即

$$f'(x)+\frac{1}{x}f(x)=2x+\frac{1}{x}\sin x,$$

解方程得

$$f(x)=e^{-\int\frac{1}{x}\mathrm{d}x}\left[C+\int\left(2x+\frac{1}{x}\sin x\right)e^{\int\frac{1}{x}\mathrm{d}x}\mathrm{d}x\right]=\frac{1}{x}\left[C+\frac{2}{3}x^3-\cos x\right],$$

而 $f(1)=1$，$C=\frac{1}{3}+\cos 1$，故

$$f(x)=\frac{1}{x}\left[\frac{1}{3}+\frac{2}{3}x^3+\cos 1-\cos x\right],$$

当 $f(x)$ 为上式时，积分与路径无关（AB 不过 y 轴），

$$\int_{\left(-\frac{3\pi}{2},\pi\right)}^{\left(-\frac{\pi}{2},0\right)}[\sin x-f(x)]\frac{y}{x}\mathrm{d}x+[f(x)-x^2]\mathrm{d}y$$

$$=\int_{\overrightarrow{AC}}[\sin x-f(x)]\frac{y}{x}\mathrm{d}x+[f(x)-x^2]\mathrm{d}y+\int_{\overrightarrow{CB}}[\sin x-f(x)]\frac{y}{x}\mathrm{d}x+[f(x)-x^2]\mathrm{d}y$$

$\overrightarrow{AC}: x=-\dfrac{3}{2}\pi, \mathrm{d}x=0,$

$$\int_{\overrightarrow{AC}}[\sin x-f(x)]\frac{y}{x}\mathrm{d}x+[f(x)-x^2]\mathrm{d}y$$

$$=\int_{\pi}^{0}\left[f\left(-\frac{3\pi}{2}\right)-\left(-\frac{3}{2}\pi\right)^2\right]\mathrm{d}y=\frac{2}{9}+\frac{2}{3}\cos 1+\frac{3}{4}\pi^3.$$

$\overrightarrow{CB}: y=0, \mathrm{d}y=0,$

$$\int_{\overrightarrow{CB}}=0.$$

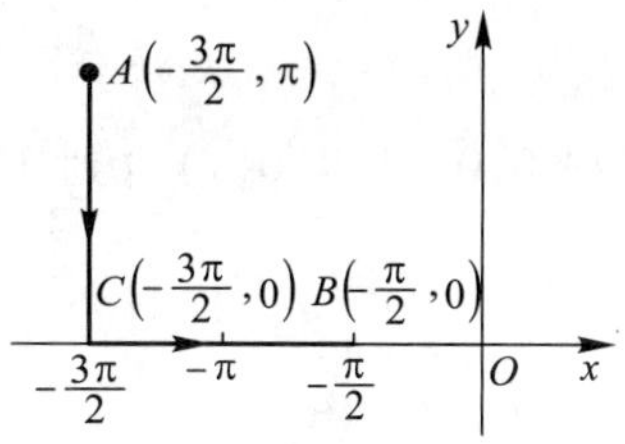

图 10.43

故

$$\int_{\left(-\frac{3\pi}{2},\pi\right)}^{\left(-\frac{\pi}{2},0\right)}=\frac{2}{9}+\frac{2}{3}\cos 1+\frac{3}{4}\pi^3.$$

7. 设曲线积分 $\int_l F(x,y)(y\mathrm{d}x+x\mathrm{d}y)$ 与积分路径无关，$F(x,y)$ 有连续的一阶偏导，且由方程 $F(x,y)=0$ 所确定的隐函数的图形过点 $(1,2)$，试求方程 $F(x,y)=0$ 所确定的函数 $y=f(x)$.

解　由 $\int_l F(x,y)(y\mathrm{d}x+x\mathrm{d}y)$ 与路径无关，则

$$\frac{\partial Q}{\partial x}=\frac{\partial P}{\partial y},$$

此处

$$P(x,y)=F(x,y)y,\quad Q(x,y)=F(x,y)x,(F(x,y)x)'_x=(F(x,y)y)'_y,$$

$$F'_x(x,y)x+F(x,y)=F'_y y+F(x,y),$$

从而

$$\frac{F'_x(x,y)}{F'_y(x,y)}=\frac{y}{x},$$

故

$$\frac{\mathrm{d}y}{\mathrm{d}x}=-\frac{F'_x(x,y)}{F'_y(x,y)}=-\frac{y}{x}, \tag{1}$$

而 $y=f(x)$ 过点 $(1,2)$，故

$$y(1)=2, \tag{2}$$

解(1)式得 $y=C/x$，将(2)式代入(1)式可得 $C=2$，所以 $y=2/x$.

8. 设 $f(x), g(x)\in C(-\infty,+\infty)$，且曲线积分 $\int_l g(x)y\mathrm{d}x+f(x)\mathrm{d}y$ 与路径无关.证明：$f(x)=f(0)+\int_0^x g(t)\mathrm{d}t$.

证明 考察从点 $O(0,0)$ 到点 $M(x,y)$ 的两个路径上的积分，从点 $O(0,0)$ 到点 $A(x,0)$ 再到点 $M(x,y)$ 的折线

$$\int_{(0,0)}^{(x,y)} g(x)y\mathrm{d}x + f(x)\mathrm{d}y = \int_0^x 0\mathrm{d}x + \int_0^y f(x)\mathrm{d}y = f(x)y,$$

从 $O(0,0)$ 到 $B(0,y)$ 再到 $M(x,y)$ 的折线

$$\int_{(0,0)}^{(x,y)} g(x)y\mathrm{d}x + f(x)\mathrm{d}y = \int_0^y f(0)\mathrm{d}y + \int_0^x yg(x)\mathrm{d}x = f(0)y + y\int_0^x g(x)\mathrm{d}x,$$

所以

$$f(x)y = (f(0) + \int_0^x g(t)\mathrm{d}t)y,$$

即

$$f(x) = f(0) + \int_0^x g(t)\mathrm{d}t.$$

9. 计算闭曲线积分 $\oint_C \frac{-y\mathrm{d}x + x\mathrm{d}y}{x^2+y^2}$，其中 C 是逆时针方向的椭圆 $\frac{x^2}{a^2}+\frac{y^2}{b^2}=1$.

解 注意 $P(x,y)=\frac{-y}{x^2+y^2}$，$Q(x,y)=\frac{x}{x^2+y^2}$.在 $(0,0)$ 点无偏导数，但 $(x,y)\neq(0,0)$ 时，有

$$\frac{\partial Q}{\partial x}=\frac{y^2-x^2}{x^2+y^2}=\frac{\partial P}{\partial y}.$$

该式在任何不含原点的区域上都成立，作曲线 C_1： $x^2+y^2=\varepsilon^2$，$0<\varepsilon<\min\{a,b\}$，方向顺时针，如图 10.44，所以 $\oint_C + \oint_{C_1} = 0$，故

$$\oint_C \frac{-y\mathrm{d}x + x\mathrm{d}y}{x^2+y^2} = -\oint_{C_1} \frac{-y\mathrm{d}x + x\mathrm{d}y}{x^2+y^2}.$$

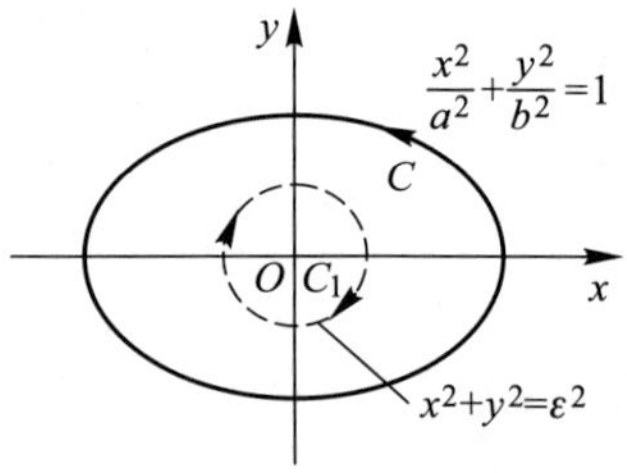

图 10.44

$C_1: x=\varepsilon\cos\theta, y=\varepsilon\sin\theta$，$\theta$ 从 0 变到 2π，$0<\varepsilon<\min\{a,b\}$，

$$\text{原式} = \int_0^{2\pi} \frac{-\varepsilon\sin\theta\mathrm{d}\varepsilon\cos\theta + \varepsilon\cos\theta\mathrm{d}\varepsilon\sin\theta}{\varepsilon^2}$$

$$= \int_0^{2\pi}(\sin^2\theta + \cos^2\theta)\mathrm{d}\theta = \int_0^{2\pi}\mathrm{d}\theta = 2\pi.$$

10. 已知 C 是平面上任意一条不自相交的闭曲线.问常数 a 为何值时，曲线积分

$$\oint_C \frac{x\mathrm{d}x - ay\mathrm{d}y}{x^2+y^2} = 0,$$

其中 C 不是穿过原点 $(0,0)$ 的闭曲线.

解 当区域 D 内无原点 $(0,0)$ 时，由于对于任一个位于 D 内的封闭曲线 C，

$$\oint_C \frac{x\mathrm{d}x - ay\mathrm{d}y}{x^2+y^2} = 0,$$

所以

$$\frac{\partial Q}{\partial x} = \frac{\partial P}{\partial y},$$

即有

$$\frac{2axy}{(x^2+y^2)^2} = \frac{-2xy}{(x+y)^2},$$

故 $a=-1$.

当 C 包围点(0,0)，但不过(0,0)时，则存在充分小的 $\varepsilon>0$，使圆 $C_1: x^2+y^2=\varepsilon^2$ 位于 C 所围成的区域内，方向顺时针. C_1 与 C 所围区域为 D_1，于是 $\oint_C + \oint_{C_1} = \iint_{D_1}$，当 $a=-1$ 时，$\iint_{D_1} = 0$，即

$$\oint_C = -\oint_{C_1} = \oint_{C_1} \frac{x\mathrm{d}x + y\mathrm{d}y}{x^2+y^2} \xlongequal[y\,=\,\varepsilon\sin x]{x\,=\,\varepsilon\cos t} \int_0^{2\pi} \frac{1}{\varepsilon^2}[\varepsilon\cos t(-\varepsilon\sin t) + \varepsilon\sin t(+\varepsilon\cos t)]\mathrm{d}t,$$

$$= \int_0^{2\pi} 2\sin t\cos t\mathrm{d}t = 0,$$

所以 $a=-1$.

11. 设有平面力场 $\boldsymbol{F}=(2xy^3-y^2\cos x)\boldsymbol{i}+(1-2y\sin x+3x^2y^2)\boldsymbol{j}$，求质点沿曲线 $l: 2x=\pi y^2$，从点 $O(0,0)$ 运动到点 $A\left(\frac{\pi}{2},1\right)$ 时，场力 $\boldsymbol{F}$ 所做的功.

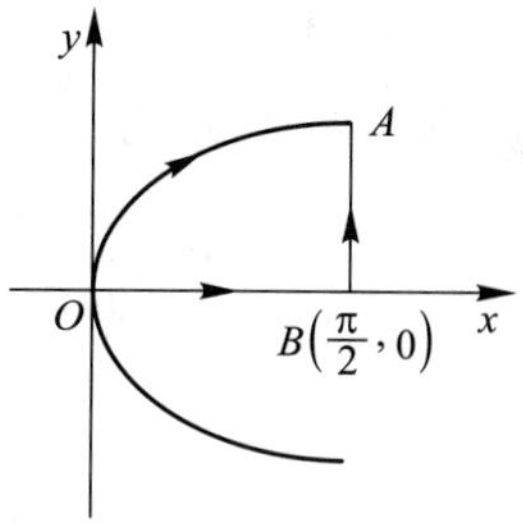

图 10.45

解　$P(x,y)=2xy^3-y^2\cos x, Q(x,y)=1-2y\sin x+3x^2y^2$,

$$\frac{\partial Q}{\partial x} = -2y\cos x + 6xy^2 = \frac{\partial P}{\partial y},$$

在整个 xOy 平面上成立，力场 $\boldsymbol{F}$ 为保守场，做功与路径无关，如图 10.45，故

$$W = \int_l \boldsymbol{F}\cdot\mathrm{d}\boldsymbol{s} = \int_l (2xy^3 - y^2\cos x)\mathrm{d}x + (1-2y\sin x+3x^2y^2)\mathrm{d}y$$

$$= \int_{\overrightarrow{OB}} (2xy^3 - y^2\cos x)\mathrm{d}x + (1-2y\sin x+3x^2y^2)\mathrm{d}y +$$

$$\int_{\overrightarrow{BA}} (2xy^3 - y^2\cos x)\mathrm{d}x + (1-2y\sin x+3x^2y^2)\mathrm{d}y$$

$$= \int_0^{\frac{\pi}{2}} 0\mathrm{d}x + \int_0^1 \left[1 - 2y\sin\frac{\pi}{2} + 3\left(\frac{\pi}{2}\right)^2 y^2\right]\mathrm{d}y = \frac{\pi^2}{4}.$$

12. 设质点 A 对质点 M 的引力大小为$\frac{k}{r^2}$(k 为常数),r 为点 A 与 M 之间的距离,将质点 A 固定于点(0,1)处,质点 M 沿 $y=\sqrt{2x-x^2}$ 自点(0,0)处移动到点(2,0)处,如图 10.46,求在此运动过程中质点 A 对质点 M 的引力所做的功.

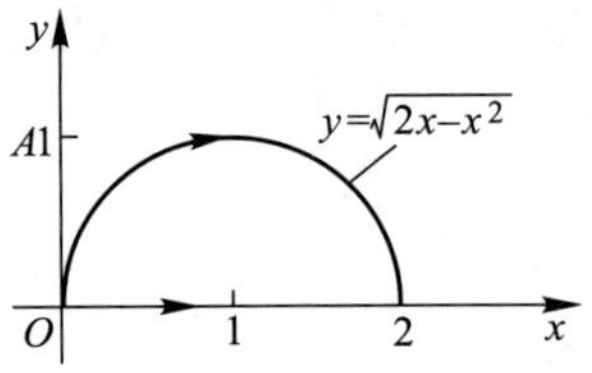

图 10.46

解 设引力为 $\boldsymbol{F}$,则 $|\boldsymbol{F}|=\frac{k}{r^2}=\frac{k}{x^2+(y-1)^2}$,$\boldsymbol{F}$ 的单位向量

$$\boldsymbol{F}^0=\frac{1}{|\overrightarrow{MA}|}\overrightarrow{MA}=\frac{1}{\sqrt{x^2+(y-1)^2}}[-x\boldsymbol{i}+(1-y)\boldsymbol{j}],$$

$$\boldsymbol{F}=\frac{k}{[x^2+(y-1)^2]^{\frac{3}{2}}}[-x\boldsymbol{i}+(1-y)\boldsymbol{j}],$$

$$P(x,y)=\frac{-kx}{[x^2+(y-1)^2]^{\frac{3}{2}}},$$

$$Q(x,y)=\frac{k(1-y)}{[x^2+(y-1)^2]^{\frac{3}{2}}},$$

$$\frac{\partial Q}{\partial x}=\frac{\frac{3}{2}[x^2+(y-1)^2]^{\frac{1}{2}}\cdot 2x}{[x^2+(y-1)^2]^3}=\frac{3x}{[x^2+(y-1)^2]^{\frac{5}{2}}}=\frac{\partial P}{\partial y},$$

引力场为保守场,做功与路径无关.

$$W=\int_{(0,0)}^{(0,2)}\boldsymbol{F}\cdot \mathrm{d}\boldsymbol{s}=\int_{(0,0)}^{(0,2)}P(x,y)\,\mathrm{d}x+Q(x,y)\,\mathrm{d}y$$

$$=\int_0^2\frac{-kx}{(x^2+1)^{\frac{3}{2}}}\mathrm{d}x=-\frac{k}{2}\int_0^2\frac{1}{(x^2+1)^{\frac{3}{2}}}\mathrm{d}(x^2+1)=k\left(\frac{1}{\sqrt{5}}-1\right).$$

13. 验证表达式:$\frac{y\mathrm{d}x}{3x^2-2xy+3y^2}-\frac{x\mathrm{d}y}{3x^2-2xy+3y^2}$在不含原点的任意单连通区域内是某函数 $u(x,y)$ 的全微分,并在 $x>0$ 区域内求函数 $u(x,y)$.

解 $P(x,y)=\frac{y}{3x^2-2xy+3y^2}$,

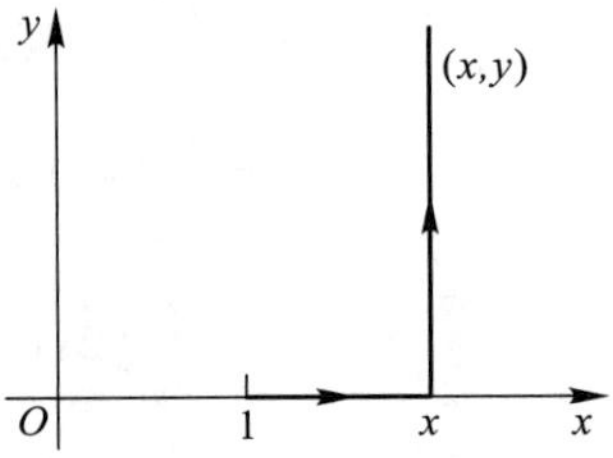

图 10.47

$$Q(x,y)=\frac{-x}{3x^2-2xy+3y^2},$$

$$\frac{\partial Q}{\partial x}=\frac{-(3x^2-2xy+3y^2)+x(6x-2y)}{(3x^2-2xy+3y^2)^2}$$

$$=\frac{3x^2-3y^2}{(3x^2-2xy+3y^2)^2}=\frac{\partial P}{\partial y},(x,y)\neq(0,0),$$

故$\frac{y\mathrm{d}x}{3x^2-2xy+3y^2}-\frac{x\mathrm{d}y}{3x^2-2xy+3y^2}$为某函数 $u(x,y)$ 的全微分，取$(x_0,y_0)=(1,0)$，

$$\begin{aligned}u(x,y)&=\int_1^x P(x,0)\mathrm{d}x+\int_0^y Q(x,y)\mathrm{d}y+C\\&=\int_1^x 0\mathrm{d}x-\int_0^y\frac{x}{3x^2-2xy+3y^2}\mathrm{d}y+C\\&=-\frac{x}{3}\int_0^y\frac{\mathrm{d}y}{\left(y-\frac{1}{3}x\right)^2+\frac{8}{9}x^2}+C\\&=\frac{-1}{2\sqrt{2}}\arctan\frac{3y-x}{2\sqrt{2}x}+C,x>0.\end{aligned}$$

14. 验证表达式$(2x\cos y-y^2\sin x)\mathrm{d}x+(2y\cos x-x^2\sin y)\mathrm{d}y$ 是某二元函数 $u(x,y)$ 的全微分，并求函数 $u(x,y)$，计算曲线积分 $\int_{(0,0)}^{\left(\frac{\pi}{2},0\right)}(2x\cos y-y^2\sin x)\mathrm{d}x+(2y\cos x-x^2\sin y)\mathrm{d}y$.

解　$P(x,y)=2x\cos y-y^2\sin x,Q(x,y)=2y\cos x-x^2\sin y$，且$\frac{\partial Q}{\partial x}=-2y\sin x-2x\sin y=\frac{\partial P}{\partial y}$在整个平面上连续，所以$(2x\cos y-y^2\sin x)\mathrm{d}x+(2y\cos x-x^2\sin y)\mathrm{d}y$ 是函数

$$\begin{aligned}u(x,y)&=\int_{(0,0)}^{(x,y)}(2x\cos y-y^2\sin x)\mathrm{d}x+(2y\cos x-x^2\sin y)\mathrm{d}y+C\\&=\int_0^x(2x\cos y-y^2\sin x)\mathrm{d}x+\int_0^y(2y\cos 0-0^2\sin y)\mathrm{d}y+C\\&=x^2\cos y+y^2(\cos x-1)+y^2+C=x^2\cos y+y^2\cos x+C\end{aligned}$$

的全微分，从而

$$\begin{aligned}&\int_{(0,0)}^{\left(\frac{\pi}{2},0\right)}(2x\cos y-y^2\sin x)\mathrm{d}x+(2y\cos x-x^2\sin y)\mathrm{d}y\\&=\int_{(0,0)}^{\left(\frac{\pi}{2},0\right)}\mathrm{d}u(x,y)=u(x,y)\Big|_{(0,0)}^{\left(\frac{\pi}{2},0\right)}=-\frac{\pi^2}{4}.\end{aligned}$$

15. a 为何值时，表达式$\frac{(x+ay)\mathrm{d}x+y\mathrm{d}y}{(x+y)^2}$是某函数的全微分.

解　$P(x,y)=\frac{x+ay}{(x+y)^2},Q(x,y)=\frac{y}{(x+y)^2}$，欲使$\frac{(x+ay)\mathrm{d}x+y\mathrm{d}y}{(x+y)^2}$为某函数 $u(x,y)$ 的全微分，只需

$$\frac{\partial Q}{\partial x}=\frac{\partial P}{\partial y},\tag{1}$$

即

$$\frac{-y[2(x+y)]}{(x+y)^4}=\frac{a(x+y)^2-2(x+ay)(x+y)}{(x+y)^4},$$

化简得

$$(a-2)x-(2-a)y=0. \tag{2}$$

(2)式对 x,y 取任何值均成立,故 $a=2$.

16. 确定常数 λ,使在右半平面 $x>0$ 上的向量 $\boldsymbol{F}(x,y)=2xy(x^4+y^2)^{\lambda}\boldsymbol{i}-x^2(x^4+y^2)^{\lambda}\boldsymbol{j}$ 为某二元函数 $u(x,y)$的梯度,并求 $u(x,y)$.

解 依题意

$$\mathbf{grad}\ u=\frac{\partial u}{\partial x}\boldsymbol{i}+\frac{\partial u}{\partial y}\boldsymbol{j}=2xy(x^4+y^2)^{\lambda}\boldsymbol{i}-x^2(x^4+y^2)^{\lambda}\boldsymbol{j},$$

因$\frac{\partial u}{\partial x},\frac{\partial u}{\partial y}$在右半平面 $x>0$ 上是连续的,故在右半平面上

$$\mathrm{d}u=\frac{\partial u}{\partial x}\mathrm{d}x+\frac{\partial u}{\partial y}\mathrm{d}y=2xy(x^4+y^2)^{\lambda}\mathrm{d}x-x^2(x^4+y^2)^{\lambda}\mathrm{d}y,$$

所以

$$\frac{\partial}{\partial x}[-x^2(x^4+y^2)^{\lambda}]=\frac{\partial}{\partial y}[2xy(x^4+y^2)^{\lambda}].$$

即

$$\begin{aligned}&-2x(x^4+y^2)^{\lambda}-\lambda\cdot x^2(x^4+y^2)^{\lambda-1}\cdot 4x^3\\&=2x(x^4+y^2)^{\lambda}+2\lambda xy(x^4+y^2)^{\lambda-1}\cdot 2y,\end{aligned}$$

两边除以$(x^4+y^2)^{\lambda-1}$整理得

$$(\lambda+1)x^5+(\lambda+1)xy^2=0,$$

故

$$\lambda=-1.$$

令 $P(x,y)=\frac{\partial u}{\partial x},Q(x,y)=\frac{\partial u}{\partial y}$,选取$(x_0,y_0)=(1,0)$,则

$$\begin{aligned}u(x,y)&=\int_1^x P(x,y_0)\,\mathrm{d}x+\int_0^y Q(x,y)\,\mathrm{d}u+C\\&=\int_1^x 0\mathrm{d}x+\int_0^y[-x^2(x^4+y^2)^{-1}]\mathrm{d}y+C\\&=-\arctan\frac{y}{x^2}+C.\end{aligned}$$

17. 已知函数 $z=f(x,y)$在任一点(x,y)处的两个偏增量:

$$\Delta_x z=(2+3x^2y^2)\Delta x+3xy^2(\Delta x)^2+y^2(\Delta x)^3,$$

$$\Delta_y z=2x^3y\Delta y+x^3(\Delta y)^2,$$

且 $f(0,0)=1$,求 $f(x,y)$.

解
$$P(x,y)=\frac{\partial z}{\partial x}=\lim_{\Delta x\to 0}\frac{\Delta_x z}{\Delta x}=\lim_{\Delta x\to 0}\frac{(2+3x^2y^2)\Delta x+3xy^2(\Delta x)^2+y^2(\Delta x)^3}{\Delta x}$$
$$=2+3x^2y^2,$$
$$Q(x,y)=\frac{\partial z}{\partial y}=\lim_{\Delta y\to 0}\frac{2x^3y\Delta y+x^3(\Delta y)^2}{\Delta y}=2x^3y.$$

因

$$\frac{\partial P}{\partial y}=6x^2y=\frac{\partial Q}{\partial x},$$

所以 $z=f(x,y)$ 为 $(2+3x^2y^2)\mathrm{d}x+2x^3y\mathrm{d}y$ 的原函数.若取 $(x_0,y_0)=(0,0)$,则

$$f(x,y)=\int_0^x P(x,y_0)\,\mathrm{d}x+\int_0^y Q(x,y)\,\mathrm{d}y+C$$
$$=\int_0^x 2\mathrm{d}x+\int_0^y 2x^3y\mathrm{d}y+C=2x+x^3y^2+C,$$

由 $f(0,0)=1$,可得 $C=1$,

$$f(x,y)=2x+x^3y^2+1.$$

18. 验证下列方程是全微分方程,并求其通解.

(1) $(3x^2+6y^2x)\mathrm{d}x+(6x^2y+4y^2)\mathrm{d}y=0$;

(2) $[\cos(x+y^2)+3y]\mathrm{d}x+[2y\cos(x+y^2)+3x]\mathrm{d}y=0$;

(3) $(x\cos y+\cos x)y'-y\sin x+\sin y=0$.

解 (1) $P(x,y)=3x^2+6y^2x$, $Q(x,y)=6x^2y+4y^2$, $\frac{\partial Q}{\partial x}=12xy=\frac{\partial P}{\partial y}$,且$\frac{\partial Q}{\partial x}$与$\frac{\partial P}{\partial y}$的偏导数在 xOy 平面内连续,故 $(3x^2+6y^2x)\mathrm{d}x+(6x^2y+4y^2)\mathrm{d}y=0$ 为全微分方程.

$$(3x^2+6y^2x)\mathrm{d}x+(6x^2y+4y^2)\mathrm{d}y$$
$$=3x^2\mathrm{d}x+6y^2x\mathrm{d}x+6x^2y\mathrm{d}y+4y^2\mathrm{d}y$$
$$=\mathrm{d}x^3+3y^2\mathrm{d}x^2+3x^2\mathrm{d}y^2+\frac{4}{3}\mathrm{d}y^3$$
$$=\mathrm{d}\left(x^3+3x^2y^2+\frac{4}{3}y^3\right)=0,$$

故 $x^3+3x^2y^2+\frac{4}{3}y^3=C$ 为通解.

(2) $P(x,y)=\cos(x+y^2)+3y$, $Q(x,y)=2y\cos(x+y^2)+3x$, $\frac{\partial Q}{\partial x}=-2y\sin(x+y^2)+3=\frac{\partial P}{\partial y}$,且$\frac{\partial Q}{\partial x}$与$\frac{\partial P}{\partial y}$在 xOy 平面上连续,故

$$[\cos(x+y^2)+3y]\mathrm{d}x+[2y\cos(x+y^2)+3x]\mathrm{d}y=0$$

为全微分方程.

$$[\cos(x+y^2)+3y]\mathrm{d}x+[2y\cos(x+y^2)+3x]\mathrm{d}y$$

$$=\cos(x+y^2)(dx+2ydy)+3ydx+3xdy$$

$$=\cos(x+y^2)d(x+y^2)+3dxy$$

$$=d[\sin(x+y^2)+3xy]=0,$$

故 $\sin(x+y^2)+3xy=C$ 为通解,其中 C 为任意常数.

(3) 原式可写为

$$(x\cos y+\cos x)dy+(-y\sin x+\sin y)dx=0,$$

$$P(x,y)=-y\sin x+\sin y,$$

$$Q(x,y)=x\cos y+\cos x,$$

$$\frac{\partial Q}{\partial x}=\cos y-\sin x=\frac{\partial P}{\partial y},$$

且$\frac{\partial Q}{\partial x},\frac{\partial P}{\partial y}$在 xOy 平面上连续,故原方程为全微分方程,而

$$(x\cos y+\cos x)dy+(-y\sin x+\sin y)dx$$

$$=x\cos y dy+\cos x dy-y\sin x dx+\sin y dx$$

$$=x d\sin y+\sin y dx+\cos x dy+y d\cos x$$

$$=d(x\sin y+y\cos x)=0,$$

故 $x\sin y+y\cos x=C$ 为微分方程通解,其中 C 为任意常数.

19. 设 $f(x)$ 具有二阶连续导数,$f(0)=0$,$f'(0)=1$,且

$$[xy(x+y)-f(x)y]dx+[f'(x)+x^2y]dy=0$$

为一全微分方程,求 $f(x)$ 及此全微分方程的通解.

解 $P(x,y)=xy(x+y)-f(x)y$,$Q(x,y)=f'(x)+x^2y$,由于方程为全微分方程

$$\frac{\partial Q}{\partial x}=\frac{\partial P}{\partial y},\quad f''(x)+2xy=x^2+2xy-f(x),$$

即

$$f''(x)+f(x)=x^2, \tag{1}$$

由已知

$$f(0)=0,\quad f'(0)=1. \tag{2}$$

求解(1)式、(2)式,(1)式的特征方程为 $r^2+1=0$,特征根 $r_1=\mathrm{i}$,$r_2=-\mathrm{i}$.

(1)式对应的齐次方程通解为

$$Y=C_1\cos x+C_2\sin x.$$

由于 0 不是 $r^2+1=0$ 的根,故可设(1)式的一个特解为

$$y^*=Ax^2+Bx+C,$$

代入(1)式比较系数得

$$y^*=x^2-2.$$

故(1)式的通解为

$$f(x)=C_1\cos x+C_2\sin x+x^2-2,$$

将(2)式代入得

$$f(x)=2\cos x+\sin x+x^2-2.$$

$$\begin{aligned}&[xy(x+y)-f(x)y]\mathrm{d}x+[f'(x)+x^2y]\mathrm{d}y\\&=[xy(x+y)-(2\cos x+\sin x+x^2-2)y]\mathrm{d}x+[\cos x-2\sin x+2x+x^2y]\mathrm{d}y\\&=-(2\cos x+\sin x)y\mathrm{d}x+xy^2\mathrm{d}x+2y\mathrm{d}x+(\cos x-2\sin x)\mathrm{d}y+x^2y\mathrm{d}y+2x\mathrm{d}y\\&=y\mathrm{d}(\cos x-2\sin x)+(\cos x-2\sin x)\mathrm{d}y+xy(y\mathrm{d}x+x\mathrm{d}y)+2\mathrm{d}xy\\&=\mathrm{d}[(\cos x-2\sin x)y]+xy\mathrm{d}xy+2\mathrm{d}xy=\mathrm{d}\left[y(\cos x-2\sin x)+\frac{1}{2}x^2y^2+2xy\right]=0,\end{aligned}$$

从而通解为

$$y(\cos x-2\sin x)+\frac{1}{2}x^2y^2+2xy=C.$$

20. 证明:解一阶微分方程的分离变量法,本质上就是将方程乘以积分因子,化为全微分方程来求解.

解　对方程 $M_1(x)N_1(y)\mathrm{d}x+M_2(x)N_2(y)\mathrm{d}y=0$ 施用分离变量法,需左右两边皆乘$\dfrac{1}{N_1(y)M_2(x)}$,

$$\frac{M_1(x)}{M_2(x)}\mathrm{d}x+\frac{N_2(y)}{N_1(y)}\mathrm{d}y=0,\tag{1}$$

其中$\dfrac{1}{N_1(y)M_2(x)}$即为积分因子,而(1)式为全微分方程.

21. 设有平面向量场 $\boldsymbol{F}=(2x\cos y-y^2\sin x,2y\cos x-x^2\sin y)$.

(1) 证明 $\boldsymbol{F}$ 是保守场;

(2) 求势函数;

(3) 求从点$(-\pi,\pi)$到点$\left(3\pi,\dfrac{\pi}{2}\right)$的曲线积分 $\displaystyle\int_{\widehat{AB}}\boldsymbol{F}\cdot\mathrm{d}\boldsymbol{r}$.

解　(1) $P(x,y)=2x\cos y-y^2\sin x,Q(x,y)=2y\cos x-x^2\sin y$,

$$\frac{\partial Q}{\partial x}=-2y\sin x-2x\sin y=\frac{\partial P}{\partial y},\tag{1}$$

$P(x,y),Q(x,y)$在 xOy 平面内有连续一阶偏导数,由(1)式知

$$\int_{\widehat{AB}}P\mathrm{d}x+Q\mathrm{d}y$$

与路径无关,故该力场为保守场.

$$(2)\ v=-u=-\left[\int_0^x P(x,0)\,\mathrm{d}x+\int_0^y Q(x,y)\,\mathrm{d}y\right]+C.$$

$$=-\left[\int_0^x 2x\,\mathrm{d}x+\int_0^y (2y\cos x-x^2\sin y)\,\mathrm{d}y\right]+C$$

$$=-y^2\cos x-x^2\cos y+C_1.$$

$$(3)\ \int_{(-\pi,\pi)}^{\left(3\pi,\frac{\pi}{2}\right)} P\mathrm{d}x+Q\mathrm{d}y=u\Big|_{(-\pi,\pi)}^{\left(3\pi,\frac{\pi}{2}\right)}=y^2\cos x-x^2\cos y\Big|_{(-\pi,\pi)}^{\left(3\pi,\frac{\pi}{2}\right)}=\frac{7}{4}\pi^2.$$

10.5

1. 计算曲面积分 $\iint\limits_{\Sigma}(z-1)\,\mathrm{d}x\mathrm{d}y$, 其中 Σ 是球面 $x^2+y^2+z^2=1$ 在第一卦限部分的内侧.

解 Σ 在 xOy 平面的投影为 $x\geqslant 0,y\geqslant 0,x^2+y^2\leqslant 1$,$\Sigma$ 的法向量 $\boldsymbol{n}$ 与 z 轴正向夹角为钝角

$$\iint\limits_{\Sigma}(z-1)\,\mathrm{d}x\mathrm{d}y=-\iint\limits_{D}(\sqrt{1-x^2-y^2}-1)\,\mathrm{d}x\mathrm{d}y$$

$$=-\iint\limits_{D}(\sqrt{1-r^2}-1)\,r\mathrm{d}r\mathrm{d}\theta$$

$$=-\int_0^{\frac{\pi}{2}}\mathrm{d}\theta\int_0^1(\sqrt{1-r^2}-1)\,r\mathrm{d}r=\frac{\pi}{12}.$$

2. 计算 $\iint\limits_{S}xyz^2\,\mathrm{d}x\mathrm{d}y$, 其中 S 是球面 $x^2+y^2+z^2=1$ 在 $x\geqslant 0,y\geqslant 0$ 的部分的外侧.

解 将 S 分成 S_1,S_2 两部分, $S_1:x^2+y^2+z^2=1,x\geqslant 0,y\geqslant 0,z\geqslant 0$ 上侧,$S_2:x^2+y^2+z^2=1,x\geqslant 0,y\geqslant 0,z\leqslant 0$ 下侧.

S_1,S_2 在 xOy 平面上投影域为 $D:x\geqslant 0,y\geqslant 0,x^2+y^2\leqslant 1$.

$$\iint\limits_{S_2}+\iint\limits_{S_1}xyz^2\,\mathrm{d}x\mathrm{d}y=\iint\limits_{D}xy(1-x^2-y^2)\,\mathrm{d}x\mathrm{d}y-\iint\limits_{D}xy(1-x^2-y^2)\,\mathrm{d}x\mathrm{d}y=0.$$

3. 计算 $\iint\limits_{S}x\mathrm{d}y\mathrm{d}z+y\mathrm{d}z\mathrm{d}x+z\mathrm{d}x\mathrm{d}y$, 其中 S 是旋转抛物面 $z=x^2+y^2$($z\leqslant 1$ 部分)的上侧.

解 $\iint\limits_{S}x\mathrm{d}y\mathrm{d}z+y\mathrm{d}z\mathrm{d}x+z\mathrm{d}x\mathrm{d}y$

$$=\iint\limits_{S}x\mathrm{d}y\mathrm{d}z+\iint\limits_{S}y\mathrm{d}z\mathrm{d}x+\iint\limits_{S}z\mathrm{d}x\mathrm{d}y.$$

S 向 xOy 平面投影为正,投影域

$$\sigma_{xy}:x^2+y^2\leqslant 1.$$

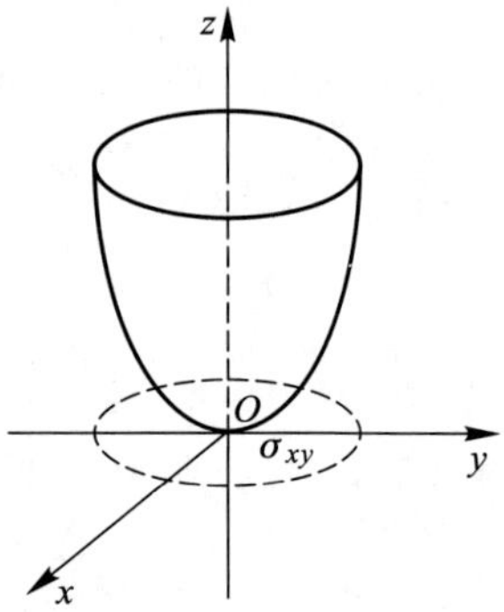

图 10.48

$$\iint\limits_{S}z\mathrm{d}x\mathrm{d}y=\iint\limits_{\sigma_{xy}}(x^2+y^2)\,\mathrm{d}x\mathrm{d}y=\iint\limits_{\sigma_{xy}}r^2\cdot r\mathrm{d}r\mathrm{d}\theta=\int_0^{2\pi}\mathrm{d}\theta\int_0^1 r^3\mathrm{d}r=\frac{\pi}{2},$$

将 S 分成 S_1,S_2 两部分

$S_1:x=\sqrt{z-y^2}\ (z\leqslant 1)$，后侧；

$S_2:x=-\sqrt{z-y^2}\ (z\leqslant 1)$，前侧，

S_1 与 S_2 在 zOy 平面上的投影域均为

$$\sigma_{yz}:-1\leqslant y\leqslant 1,y^2\leqslant z\leqslant 1.$$

$$\iint\limits_S x\mathrm{d}y\mathrm{d}z=\iint\limits_{S_1}x\mathrm{d}y\mathrm{d}z+\iint\limits_{S_2}x\mathrm{d}y\mathrm{d}z=-\iint\limits_{\sigma_{yz}}\sqrt{z-y^2}\,\mathrm{d}y\mathrm{d}z-\iint\limits_{\sigma_{yz}}\sqrt{z-y^2}\,\mathrm{d}y\mathrm{d}z$$

$$=-2\int_{-1}^{1}\mathrm{d}y\int_{y^2}^{1}\sqrt{z-y^2}\,\mathrm{d}z=-2\int_{-1}^{1}\frac{2}{3}(1-y^2)^{\frac{3}{2}}\mathrm{d}y=-\frac{\pi}{2},$$

类似地计算可得

$$\iint\limits_S y\mathrm{d}z\mathrm{d}x=-\frac{\pi}{2},$$

故

$$原式=\frac{\pi}{2}-\frac{\pi}{2}-\frac{\pi}{2}=-\frac{\pi}{2}.$$

4. 计算 $\oiint\limits_S(x+y+z)\mathrm{d}x\mathrm{d}y-(y-z)\mathrm{d}y\mathrm{d}z$，其中 S 是三个坐标面与平面 $x=1,y=1,z=1$ 所围成的正方体表面外侧.

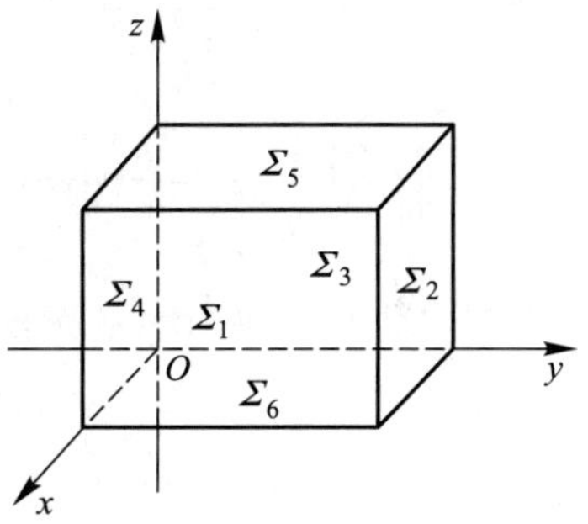

图 10.49

解　$\oiint\limits_S(x+y+z)\mathrm{d}x\mathrm{d}y-(y-z)\mathrm{d}y\mathrm{d}z$

$$=\oiint\limits_S(x+y+z)\mathrm{d}x\mathrm{d}y-\oiint\limits_S(y-z)\mathrm{d}y\mathrm{d}z.$$

由于 $\Sigma_1,\Sigma_2,\Sigma_3,\Sigma_4$ 的法向量皆与 z 轴垂直，故对 x,y 坐标积分为 0，而 Σ_5,Σ_6 在 xOy 平面上的投影域 $\sigma_{xy}:0\leqslant x\leqslant 1$，$0\leqslant y\leqslant 1$，

$$\oiint\limits_S(x+y+z)\mathrm{d}x\mathrm{d}y=\iint\limits_{\Sigma_5}(x+y+z)\mathrm{d}x\mathrm{d}y+\iint\limits_{\Sigma_6}(x+y+z)\mathrm{d}x\mathrm{d}y$$

$$=\iint\limits_{\sigma_{xy}}(x+y+1)\mathrm{d}x\mathrm{d}y-\iint\limits_{\sigma_{xy}}(x+y+0)\mathrm{d}x\mathrm{d}y=\iint\limits_{\sigma_{xy}}1\mathrm{d}x\mathrm{d}y=1,$$

由于 $\Sigma_4,\Sigma_5,\Sigma_6,\Sigma_2$ 平面的法向量皆与 x 轴垂直，故在上述平面上对 y,z 坐标皆为 0，Σ_1,Σ_3 在 yOz 平面上投影域为 $\sigma_{yz}:0\leqslant y\leqslant 1,0\leqslant z\leqslant 1$，

$$\iint\limits_S(y-z)\mathrm{d}y\mathrm{d}z=\iint\limits_{\Sigma_1}(y-z)\mathrm{d}y\mathrm{d}z-\iint\limits_{\Sigma_3}(y-z)\mathrm{d}y\mathrm{d}z$$

$$=\iint_{\sigma_{yz}}(y-z)\mathrm{d}y\mathrm{d}z-\iint_{\sigma_{yz}}(y-z)\mathrm{d}y\mathrm{d}z=0,$$

故

$$原式=1.$$

5. 设有流速场 $\boldsymbol{v}=x\boldsymbol{i}+y\boldsymbol{j}+z\boldsymbol{k}$,

(1) 求穿过锥面 $\Sigma_1:x^2+y^2=z^2(0\leqslant z\leqslant h)$ 向下侧的净流量 I_1;

(2)求穿过平面 $\Sigma_2:z=h(x^2+y^2\leqslant h)$ 向上侧的净流量 I_2.

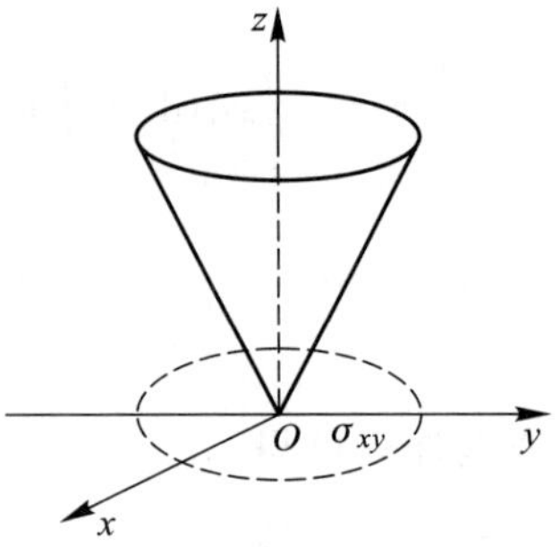

图 10.50

解 (1) 设净流量为 I_1,

$$I=\iint_{\Sigma_1}\boldsymbol{v}\cdot\boldsymbol{n}\mathrm{d}S=\iint_{\Sigma_1}(x\cos\alpha+y\cos\beta+z\cos\gamma)\mathrm{d}S$$

$$=\iint_{\Sigma_1}x\mathrm{d}y\mathrm{d}z+y\mathrm{d}x\mathrm{d}z+z\mathrm{d}x\mathrm{d}y,$$

锥面向 xOy 平面投影为负,投影域

$$\boldsymbol{\sigma}_{xy}:x^2+y^2\leqslant h^2,\boldsymbol{n}_1:(z'_x,z'_y,-1)=\left(\frac{x}{\sqrt{x^2+y^2}},\frac{y}{\sqrt{x^2+y^2}},-1\right),$$

单位法向量 $\boldsymbol{n}_1^0=\dfrac{1}{\sqrt{1+z'^2_x+z'^2_y}}(z'_x,z'_y,-1)$, $\mathrm{d}S=\sqrt{1+z'^2_x+z'^2_z}\,\mathrm{d}x\mathrm{d}y$,

$$I_1=\iint_{\sigma_{xy}}(xz'_x+yz'_y-z)\mathrm{d}x\mathrm{d}y=\iint_{\sigma_{xy}}\left(\frac{x^2+y^2}{\sqrt{x^2+y^2}}-\sqrt{x^2+y^2}\right)\mathrm{d}x\mathrm{d}y=\iint_{\sigma_{xy}}0\mathrm{d}x\mathrm{d}y=0.$$

(2) $\boldsymbol{\Sigma}_2:z=h$ 在 xOy 平面投影为正,投影域 $\boldsymbol{\sigma}_{xy}:x^2+y^2\leqslant h^2$, $\boldsymbol{n}_2:(0,0,1)$, $\mathrm{d}S=\mathrm{d}x\mathrm{d}y$,

$$I_2=\iint_{\Sigma_2}z\mathrm{d}x\mathrm{d}y=\iint_{\sigma_{xy}}h\mathrm{d}x\mathrm{d}y=\pi h^3.$$

6. 计算 $\displaystyle\oiint_S\frac{x\mathrm{d}y\mathrm{d}z+z^2\mathrm{d}x\mathrm{d}y}{x^2+y^2+z^2}$, 其中 S 是由圆柱面 $x^2+y^2=R^2$ 及两平面 $z=R,z=-R(R>0)$ 所围成立体表面的外侧.

解 $$\oiint_S\frac{x\mathrm{d}y\mathrm{d}z+z^2\mathrm{d}x\mathrm{d}y}{x^2+y^2+z^2}=\oiint_S\frac{x}{x^2+y^2+z^2}\mathrm{d}y\mathrm{d}z+\frac{z^2}{x^2+y^2+z^2}\mathrm{d}x\mathrm{d}y,$$

$\boldsymbol{\Sigma}_1:x^2+y^2=R^2$ 的母线平行于 z 轴,故在 $\boldsymbol{\Sigma}_1$ 上对坐标 x,y 的积分为 0, $\boldsymbol{\Sigma}_2:z=R$ 在 xOy 平面投影为正, $\boldsymbol{\Sigma}_3:z=-R$ 在 xOy 平面上投影为负, $\boldsymbol{\Sigma}_2,\boldsymbol{\Sigma}_3$ 在 xOy 的投影域均为 $\boldsymbol{\sigma}_{xy}:x^2+y^2\leqslant R^2$.

$$\oiint_S\frac{z^2}{x^2+y^2+z^2}\mathrm{d}x\mathrm{d}y=\iint_{\Sigma_2}+\iint_{\Sigma_3}=\iint_{\sigma_{xy}}\frac{R^2}{x^2+y^2+R^2}\mathrm{d}x\mathrm{d}y-\iint_{\sigma_{xy}}\frac{(-R)^2}{x^2+y^2+(-R)^2}\mathrm{d}x\mathrm{d}y.$$

$\boldsymbol{\Sigma}_2,\boldsymbol{\Sigma}_3$ 的法向量均垂直于 x 轴,故在 $\boldsymbol{\Sigma}_2,\boldsymbol{\Sigma}_3$ 对 y,z 坐标积分均为 0,我们将 $\boldsymbol{\Sigma}_1$ 分成两部分 S_1, S_2,其中 $S_1:x=\sqrt{R^2-y^2}$, $S_2:x=-\sqrt{R^2-y^2}$,则 S_1 在 yOz 平面上投影为正, S_2 在 yOz 平面上投影

为负，S_1与S_2在yOz平面上的投影区域均为$\sigma_{yz}:-R\leqslant y\leqslant R,-R\leqslant z\leqslant R$.

$$\oiint_S \frac{x\mathrm{d}y\mathrm{d}z}{x^2+y^2+z^2}=\iint_{\sigma_{yz}}\frac{\sqrt{R^2-y^2}}{R^2+z^2}\mathrm{d}y\mathrm{d}z-\iint_{\sigma_{yz}}\frac{-\sqrt{R^2-z^2}}{R^2+z^2}\mathrm{d}y\mathrm{d}z$$

$$=2\iint_{\sigma_{yz}}\frac{\sqrt{R^2-y^2}}{R^2+z^2}\mathrm{d}y\mathrm{d}z=2\int_{-R}^{R}\mathrm{d}y\int_{-R}^{R}\frac{\sqrt{R^2-y^2}}{R^2+z^2}\mathrm{d}z=\frac{1}{2}\pi^2R.$$

7. 计算$\iint_S \boldsymbol{F}\cdot\mathrm{d}\boldsymbol{S}$，其中$\boldsymbol{F}=\dfrac{x\boldsymbol{i}+y\boldsymbol{j}+z\boldsymbol{k}}{\sqrt{x^2+y^2+z^2}}$，$S$是上半球面$z=(R^2-x^2-y^2)^{\frac{1}{2}}$的下侧.

解

$$\iint_S \boldsymbol{F}\cdot\mathrm{d}\boldsymbol{S}=\iint_S\frac{x\mathrm{d}y\mathrm{d}z+y\mathrm{d}x\mathrm{d}z+z\mathrm{d}x\mathrm{d}y}{\sqrt{x^2+y^2+z^2}}$$

$$=\frac{1}{R}\iint_S x\mathrm{d}y\mathrm{d}z+y\mathrm{d}x\mathrm{d}z+z\mathrm{d}x\mathrm{d}y.$$

S向xOy平面上的投影为负，投影区域为$\sigma_{xy}:0\leqslant x^2+y^2\leqslant R^2$.

$$\frac{1}{R}\iint_S z\mathrm{d}x\mathrm{d}y=-\frac{1}{R}\iint_{\sigma_{xy}}\sqrt{R^2-x^2-y^2}\,\mathrm{d}x\mathrm{d}y$$

$$=-\frac{1}{R}\int_0^{2\pi}\mathrm{d}\theta\int_0^R\sqrt{R^2-r^2}\,r\mathrm{d}r=-\frac{2}{3}\pi R^2,$$

将S分成两部分S_1与S_2，其中$S_1:x=\sqrt{R^2-y^2-z^2}\ (z\geqslant 0)$，$S_2:x=-\sqrt{R^2-y^2-z^2}\ (z\geqslant 0)$.$S_1$向$yOz$平面投影为负，$S_2$向$yOz$平面的投影为正，$S_1$与$S_2$在$yOz$平面的投影域均为$\sigma_{yz}:y^2+z^2\leqslant R^2,z\geqslant 0$.

$$\iint_S\frac{x}{\sqrt{x^2+y^2+z^2}}\mathrm{d}y\mathrm{d}z=\frac{1}{R}\iint_{S_1}x\mathrm{d}y\mathrm{d}z+\frac{1}{R}\iint_{S_2}x\mathrm{d}y\mathrm{d}z$$

$$=-\iint_{\sigma_{yz}}\frac{+\sqrt{R^2-y^2-z^2}}{R}\mathrm{d}y\mathrm{d}z+\iint_{\sigma_{yz}}\frac{-\sqrt{R^2-y^2-z^2}}{R}\mathrm{d}y\mathrm{d}z$$

$$=-2\int_0^{\pi}\mathrm{d}\theta\int_0^R\frac{\sqrt{R^2-r^2}}{R}r\mathrm{d}r=-\frac{2}{3}\pi R^2,$$

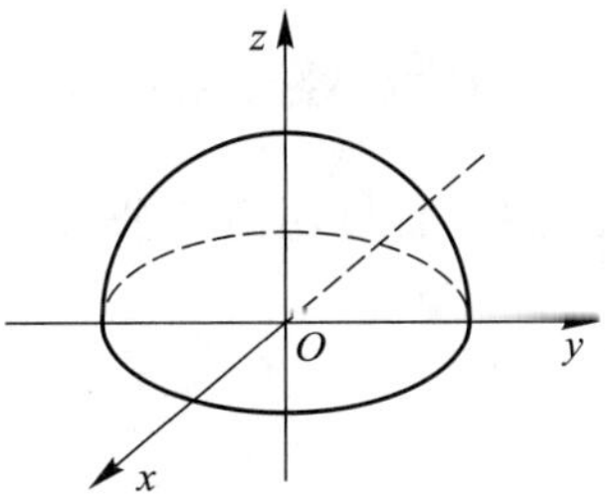

图 10.51

类似地

$$\frac{1}{R}\iint_S y\mathrm{d}x\mathrm{d}z=-\frac{2}{3}\pi R^2,$$

$$\text{原式}=-\frac{2}{3}\pi R^2-\frac{2}{3}\pi R^2-\frac{2}{3}\pi R^2=-2\pi R^2.$$

8. 设σ_{xy}是曲面S在xOy平面上的投影域，问$\iint_S f(x,y)\mathrm{d}x\mathrm{d}y=\iint_{\sigma_{xy}}f(x,y)\mathrm{d}x\mathrm{d}y$是否成立，为什么？

答 未必成立,仅以 S 在 xOy 平面上方为例,当 S 的法向量 $\boldsymbol{n}$ 与 z 轴夹角皆为锐角时,有

$$\iint\limits_{S} f(x,y)\,\mathrm{d}x\mathrm{d}y=\iint\limits_{\sigma_{xy}} f(x,y)\,\mathrm{d}x\mathrm{d}y,$$

当 S 的法向量 $\boldsymbol{n}$ 与 z 轴夹角皆为钝角时,有

$$\iint\limits_{S} f(x,y)\,\mathrm{d}x\mathrm{d}y=-\iint\limits_{\sigma_{xy}} f(x,y)\,\mathrm{d}x\mathrm{d}y.$$

10.6

1. 试证光滑闭曲面 S 所围的立体体积 $V=\dfrac{1}{3}\oiint\limits_{S}[x\cos\alpha+y\cos\beta+z\cos\gamma]\mathrm{d}S$,其中 $\cos\alpha$,$\cos\beta$,$\cos\gamma$ 为曲面 S 的外法向量方向余弦.

解 因 S 是闭曲面,可利用高斯公式

$$\begin{aligned}&\oiint\limits_{S}(x\cos\alpha+y\cos\beta+z\cos\gamma)\,\mathrm{d}S\\&=\oiint\limits_{S}x\mathrm{d}y\mathrm{d}z+y\mathrm{d}z\mathrm{d}x+z\mathrm{d}x\mathrm{d}y\\&=\iiint\limits_{V}\left(\frac{\partial x}{\partial x}+\frac{\partial y}{\partial y}+\frac{\partial z}{\partial z}\right)\mathrm{d}V\\&=\iiint\limits_{V}(1+1+1)\,\mathrm{d}V=3V,\end{aligned}$$

故

$$V=\frac{1}{3}\oiint\limits_{S}(x\cos\alpha+y\cos\beta+z\cos\gamma)\,\mathrm{d}S.$$

2. 计算 $\oiint\limits_{\Sigma}xz^2\mathrm{d}y\mathrm{d}z+yx^2\mathrm{d}z\mathrm{d}x+zy^2\mathrm{d}x\mathrm{d}y$, 其中 Σ 为球面 $x^2+y^2+z^2=a^2$的外侧.

解 直接用高斯公式

$$\begin{aligned}&\oiint\limits_{\Sigma}xz^2\mathrm{d}y\mathrm{d}z+yx^2\mathrm{d}z\mathrm{d}x+zy^2\mathrm{d}x\mathrm{d}y\\&=\iiint\limits_{V}\left[\frac{\partial}{\partial x}(xz^2)+\frac{\partial}{\partial y}(yx^2)+\frac{\partial}{\partial z}(zy^2)\right]\mathrm{d}V\\&=\iiint\limits_{V}(z^2+x^2+y^2)\,\mathrm{d}V=\iiint\limits_{V}\rho^4\sin\varphi\,\mathrm{d}\rho\mathrm{d}\varphi\mathrm{d}\theta\\&=\int_0^{2\pi}\mathrm{d}\theta\int_0^{\pi}\mathrm{d}\varphi\int_0^{a}\rho^4\sin\varphi\,\mathrm{d}\rho=\frac{4}{5}\pi a^5.\end{aligned}$$

3. 计算 $\oiint\limits_{\Sigma}xz\mathrm{d}y\mathrm{d}z+x^2y\mathrm{d}z\mathrm{d}x+y^2z\mathrm{d}x\mathrm{d}y$, 其中 Σ 是由旋转抛物面 $z=x^2+y^2$,圆柱面 $x^2+y^2=1$ 和坐标面在第一卦限所围立体表面的外侧.

解 利用高斯公式

$$\oiint_{\Sigma} xz\mathrm{d}y\mathrm{d}z + x^2y\mathrm{d}z\mathrm{d}x + y^2z\mathrm{d}x\mathrm{d}y$$

$$= \iiint_V \left[\frac{\partial}{\partial x}(xz) + \frac{\partial}{\partial y}(x^2y) + \frac{\partial}{\partial z}(y^2z)\right]\mathrm{d}V$$

$$= \iiint_V (z + x^2 + y^2)\mathrm{d}V = \int_0^{\frac{\pi}{2}}\mathrm{d}\theta\int_0^1 r\mathrm{d}r\int_0^{r^2}(z + r^2)\mathrm{d}z = \frac{\pi}{8}.$$

4. 设函数 $f(u)$ 有连续的导数,计算曲面积分

$$\oiint_{\Sigma} \frac{x}{y}f\left(\frac{x}{y}\right)\mathrm{d}y\mathrm{d}z + f\left(\frac{x}{y}\right)\mathrm{d}z\mathrm{d}x + \left[z - \frac{z}{y}f\left(\frac{x}{y}\right)\right]\mathrm{d}x\mathrm{d}y,$$

其中 Σ 是由 $y=x^2+z^2+1$ 和 $y=9-x^2-z^2$ 所围立体表面的外侧.

解　$y=x^2+z^2+1$ 与 $y=9-x^2-z^2$ 的交线垂直于 y 轴,且 $y=5$.

$$P(x,y,z)=\frac{x}{y}f\left(\frac{x}{y}\right),\quad Q(x,y,z)=f\left(\frac{x}{y}\right),\quad R(x,y,z)=z-\frac{z}{y}f\left(\frac{x}{y}\right),$$

由于 $f(u)$ 有连续的导数

$$\frac{\partial P}{\partial x}+\frac{\partial Q}{\partial y}+\frac{\partial R}{\partial z}=\frac{x}{y}f'\left(\frac{x}{y}\right)\frac{1}{y}+\frac{1}{y}f\left(\frac{x}{y}\right)+f'\left(\frac{x}{y}\right)\left(-\frac{x}{y^2}\right)+1-\frac{1}{y}f\left(\frac{x}{y}\right)=1.$$

利用高斯公式

$$\oiint_{\Sigma} \frac{x}{y}f\left(\frac{x}{y}\right)\mathrm{d}y\mathrm{d}z + f\left(\frac{x}{y}\right)\mathrm{d}z\mathrm{d}x + z - \frac{z}{y}f\left(\frac{x}{y}\right)\mathrm{d}x\mathrm{d}y$$

$$= \iiint_V \left(\frac{\partial P}{\partial x} + \frac{\partial Q}{\partial y} + \frac{\partial R}{\partial z}\right)\mathrm{d}V$$

$$= \iiint_V \mathrm{d}V = V = \pi\int_1^5 (y-1)\mathrm{d}y + \pi\int_5^9 (9-y)\mathrm{d}y$$

$$= 16\pi.$$

5. 计算 $\iint_S x^3\mathrm{d}y\mathrm{d}z + y^3\mathrm{d}z\mathrm{d}x + z^3\mathrm{d}x\mathrm{d}y$, 其中 S 是曲面 $z=\sqrt{x^2+y^2}\,(0\leqslant z\leqslant h)$ 的下侧.

解

$$\frac{\partial P}{\partial x}+\frac{\partial Q}{\partial y}+\frac{\partial R}{\partial z}$$
$$=\frac{\partial}{\partial x}(x^3)+\frac{\partial}{\partial y}(y^3)+\frac{\partial}{\partial z}(z^3)$$
$$=3x^2+3y^2+3z^2,$$

使用高斯公式较为简便,为此补一面 $S_1: z=h$ 的上侧,

$$\iint_S x^3\mathrm{d}y\mathrm{d}z + y^3\mathrm{d}z\mathrm{d}x + z^3\mathrm{d}x\mathrm{d}y$$

$$= \left[\oiint_{S+S_1} - \iint_{S_1} \right] x^3 \mathrm{d}y\mathrm{d}z + y^3 \mathrm{d}z\mathrm{d}x + z^3 \mathrm{d}x\mathrm{d}y$$

$$= \iiint_V (3x^2 + 3y^2 + 3z^2)\mathrm{d}V - \iint_{\sigma_{xy}} h^3 \mathrm{d}x\mathrm{d}y$$

$$= \int_0^{2\pi} \mathrm{d}\theta \int_0^h \rho \mathrm{d}\rho \int_\rho^h (3\rho^2 + 3z^2)\mathrm{d}z - \pi h^5$$

$$= \int_0^{2\pi} \mathrm{d}\theta \int_0^h \rho(3\rho^2 h + h^3 - 3\rho^3 - \rho^3)\mathrm{d}\rho - \pi h^5$$

$$= 2\pi \cdot \left(\frac{3}{4} + \frac{1}{2} - \frac{4}{5} \right) h^5 - \pi h^5 = -\frac{\pi}{10} h^5.$$

6. 计算 $\iint_S (8y+1)x\mathrm{d}y\mathrm{d}z + 2(1-y)^2\mathrm{d}z\mathrm{d}x - 4yz\mathrm{d}x\mathrm{d}y$，其中 S 是由曲线$\begin{cases} z=\sqrt{y-1}, \\ x=0 \end{cases}$ $(1 \leqslant y \leqslant 3)$ 绕 y 轴旋转一周所生成的曲面，它的法向量与 y 轴正向夹角恒大于$\frac{\pi}{2}$.

解 补面 $\Sigma_1: y=3$ 的右侧，依据高斯公式

$$\oiint_{\Sigma_1+S} (8y+1)x\mathrm{d}y\mathrm{d}z + 2(1-y)^2\mathrm{d}z\mathrm{d}x - 4yz\mathrm{d}x\mathrm{d}y$$

$$= \iiint_V \left\{ \frac{\partial}{\partial x}[(8y+1)x] + \frac{\partial}{\partial y}[2(1-y)^2] + \frac{\partial}{\partial z}(-4yz) \right\} \mathrm{d}V$$

$$= \iiint_V [8y + 1 - 4(1-y) - 4y]\mathrm{d}V$$

$$= \int_0^{2\pi} \mathrm{d}\theta \int_0^{\sqrt{2}} r\mathrm{d}r \int_{r^2+1}^3 (8y-3)\mathrm{d}y$$

$$= \int_0^{2\pi} \mathrm{d}\theta \int_0^{\sqrt{2}} [27 - 4(r^2+1)^2 + 3(r^2+1)] r\mathrm{d}r = \frac{94}{3}\pi.$$

Σ_1 在 xOz 面投影为正，投影区域为 $x^2+z^2 \leqslant 2$，

$$\iint_{\Sigma_1} (8y+1)x\mathrm{d}y\mathrm{d}z + 2(1-y)^2\mathrm{d}z\mathrm{d}x - 4yz\mathrm{d}x\mathrm{d}y$$

$$= \iint_{\Sigma_1} 2(1-y)^2 \mathrm{d}z\mathrm{d}x = \iint_{\sigma_{xz}} 2(1-3)^2 \mathrm{d}z\mathrm{d}x = 16\pi,$$

$$\iint_S (8y+1)x\mathrm{d}y\mathrm{d}z + 2(1-y^2)\mathrm{d}z\mathrm{d}x - 4yz\mathrm{d}x\mathrm{d}y = \frac{94}{3}\pi - 16\pi = \frac{46}{3}\pi.$$

7. 计算 $\iint_S x^2\mathrm{d}y\mathrm{d}z + y^2\mathrm{d}z\mathrm{d}x + 2cz\mathrm{d}x\mathrm{d}y$，其中 S 是上半球面 $z=\sqrt{R^2-(x-a)^2-(y-b)^2}$ 的下侧.

解 补平面 $S_1:z=0((x-a)^2+(y-b)^2\leqslant R^2)$ 上侧，由高斯公式：

$$I=\iint_S x^2\mathrm{d}y\mathrm{d}z+y^2\mathrm{d}z\mathrm{d}x+2cz\mathrm{d}x\mathrm{d}y$$

$$=\left(\oiint_{S+S_1}-\iint_{S_1}\right)x^2\mathrm{d}y\mathrm{d}z+y^2\mathrm{d}z\mathrm{d}x+2cz\mathrm{d}x\mathrm{d}y$$

$$=-\iiint_V 2(x+y+c)\mathrm{d}V-\iint_{S_1}0\mathrm{d}x\mathrm{d}y$$

$$=-2\iiint_V[(x-a)+(y-b)+c+a+b]\mathrm{d}x\mathrm{d}y\mathrm{d}z$$

$$=-(a+b+c)\cdot\frac{4\pi}{3}R^3.$$

8. 设 $V=\left\{(x,y,z)\mid -\sqrt{2ax-x^2-y^2}\leqslant z\leqslant 0\right\}$，$S$ 为 V 的表面外侧，求

$$\oiint_S\frac{ax\mathrm{d}y\mathrm{d}z+2(x+a)y\mathrm{d}z\mathrm{d}x}{\sqrt{(x-a)^2+y^2+z^2}}.$$

解 因为闭曲面 S 由两部分构成，平面部分 $S_1:z=0$（上侧）和下半球面部分 $S_2:z=-\sqrt{2ax-x^2-y^2}$（下侧），而

$$\iint_{S_1}\frac{ax\mathrm{d}y\mathrm{d}z+2(x+a)y\mathrm{d}z\mathrm{d}x}{\sqrt{(x-a)^2+y^2+z^2}}=0,$$

$$\iint_{S_2}\frac{ax\mathrm{d}y\mathrm{d}z+2(x+a)y\mathrm{d}z\mathrm{d}x}{\sqrt{(x-a)^2+y^2+z^2}}$$

$$=\frac{1}{a}\iint_{S_2}ax\mathrm{d}y\mathrm{d}z+2(x+a)y\mathrm{d}z\mathrm{d}x$$

$$=\frac{1}{a}\left(\oiint_S-\iint_{S_1}\right)ax\mathrm{d}y\mathrm{d}z+2(x+a)y\mathrm{d}z\mathrm{d}x$$

$$=\frac{1}{a}\iiint_V(3a+2x)\mathrm{d}V-0$$

$$=\frac{1}{a}\iiint_V[5a+2(x-a)]\mathrm{d}V=\frac{10}{3}\pi a^3.$$

9. 设空间区域 Ω 由曲面 $z=a^2-x^2-y^2$ 与平面 $z=0$ 围成，记 S 为 Ω 的表面外侧，V 为 Ω 的体积，试证

$$\oiint_S x^2yz^2\mathrm{d}y\mathrm{d}z-xy^2z^2\mathrm{d}z\mathrm{d}x+z(1+xyz)\mathrm{d}x\mathrm{d}y=V.$$

证明 $P(x,y,z)=x^2yz^2$，$Q(x,y,z)=-xy^2z^2$，$R(x,y,z)=z(1+xyz)$，

$$\frac{\partial P}{\partial x}+\frac{\partial Q}{\partial y}+\frac{\partial R}{\partial z}=2xyz^2-2xyz^2+1+2xyz=1+2xyz,$$

$$\oiint_S x^2yz^2\mathrm{d}y\mathrm{d}z-xy^2z^2\mathrm{d}z\mathrm{d}x+z(1+xyz)\mathrm{d}x\mathrm{d}y$$

$$=\iiint_V\left(\frac{\partial P}{\partial x}+\frac{\partial Q}{\partial y}+\frac{\partial R}{\partial z}\right)\mathrm{d}V=\iiint_V(1+2xyz)\mathrm{d}V$$

$$=\iiint_V\mathrm{d}V+2\iiint_V xyz\mathrm{d}V=V+0=V.$$

10. 设空间有界区域 V(V 表示它的体积)关于平面 $x=0$ 和平面 $y=x$ 都对称,S 为 V 的表面外侧,$f(t)$ 为连续可微函数.试证

$$\oiint_S f(x)yz^2\mathrm{d}y\mathrm{d}z-xf(y)z^2\mathrm{d}z\mathrm{d}x+z(1+xyf(z))\mathrm{d}x\mathrm{d}y=V.$$

证明 由 x,y 的对称性

$$\oiint_S f(x)yz^2\mathrm{d}y\mathrm{d}z=\oiint_S xf(y)z^2\mathrm{d}z\mathrm{d}x,$$

由高斯公式

$$\oiint_S z(1+xyf(z))\mathrm{d}x\mathrm{d}y=\iiint_V[1+xyf(z)+xyzf'(z)]\mathrm{d}V.$$

由于 V 关于 $x=0$ 对称,$xyf(z)$,$xyzf'(z)$ 为 x 的奇函数,因此

$$\oiint_\Sigma f(x)yz^2\mathrm{d}y\mathrm{d}z-xf(y)z^2\mathrm{d}z\mathrm{d}x+z(1+xyf(z))\mathrm{d}x\mathrm{d}y=V.$$

11. 已知 $\boldsymbol{F}=\dfrac{2^y}{\sqrt{x^2+z^2}}\boldsymbol{j}$,求 $\oiint_S\boldsymbol{F}\cdot\mathrm{d}\boldsymbol{S}$,其中 S 是曲面 $y=\sqrt{x^2+z^2}$ 及 $y=1$,$y=2$ 所围成的立体的表面的外侧.

解 设 $\boldsymbol{\Sigma}_1:y=1$,$\boldsymbol{\Sigma}_2:y=2$,

$$\boldsymbol{\Phi}=\oiint_S\boldsymbol{F}\cdot\mathrm{d}\boldsymbol{S}=\oiint_S\frac{2^y}{\sqrt{x^2+z^2}}\mathrm{d}x\mathrm{d}z,$$

$$S=\boldsymbol{\Sigma}_1+\boldsymbol{\Sigma}_2+\boldsymbol{\Sigma}_3,$$

$$\iint_{\Sigma_1}\frac{2^y}{\sqrt{x^2+z^2}}\mathrm{d}x\mathrm{d}z=-\int_0^{2\pi}\mathrm{d}\theta\int_0^1\frac{2}{r}r\mathrm{d}r=-4\pi,$$

$$\iint_{\Sigma_2}\frac{2^y}{\sqrt{x^2+z^2}}\mathrm{d}x\mathrm{d}z=\int_0^{2\pi}\mathrm{d}\theta\int_0^2\frac{4}{r}r\mathrm{d}r=16\pi,$$

$$\iint_{\Sigma_3}\frac{2^y}{\sqrt{x^2+z^2}}\mathrm{d}x\mathrm{d}z=-\int_0^{2\pi}\mathrm{d}\theta\int_1^2\frac{2^r}{r}r\mathrm{d}r=-\frac{4\pi}{\ln 2},$$

故

$$\Phi=-4\pi+16\pi-\frac{4\pi}{\ln 2}=12\pi-\frac{4\pi}{\ln 2}=4\pi\left(3-\frac{1}{\ln 2}\right).$$

12. 设 $\boldsymbol{\Sigma}$ 是曲面 $z=x^2+y^2$ 与平面 $z=1$ 围成的立体表面外侧,求向量场 $\boldsymbol{A}=x^2\boldsymbol{i}+y^2\boldsymbol{j}+z^2\boldsymbol{k}$ 穿过 $\boldsymbol{\Sigma}$ 向外的通量 $\boldsymbol{\Phi}$.

解

$$\begin{aligned}\Phi &= \iint_{\Sigma}\boldsymbol{A}\cdot \mathrm{d}\boldsymbol{S}=\iint_{\Sigma}x^2\mathrm{d}y\mathrm{d}z+y^2\mathrm{d}z\mathrm{d}x+z^2\mathrm{d}x\mathrm{d}y\\
&=\iiint_V\left[\frac{\partial}{\partial x}(x^2)+\frac{\partial}{\partial y}(y^2)+\frac{\partial}{\partial z}(z^2)\right]\mathrm{d}V\\
&=\iiint_V(2x+2y+2z)\mathrm{d}V\\
&=0+0+2\int_0^{2\pi}\mathrm{d}\theta\int_0^1 r\mathrm{d}r\int_{r^2}^1 z\mathrm{d}z\\
&=\frac{2\pi}{3}.\end{aligned}$$

13. 设有向量场 $\boldsymbol{F}=\frac{1}{\sqrt{x^2+y^2+4z^2+3}}[xy^2\boldsymbol{i}+yz^2\boldsymbol{j}+zx^2\boldsymbol{k}]$,求穿过椭球面 $x^2+y^2+4z^2=1$ 向外的通量 $\boldsymbol{\Phi}$.

解 按通量定义,设 $\boldsymbol{n}^0$ 为 $\boldsymbol{\Sigma}$ 的单位外法向量,

$$\begin{aligned}\Phi &= \iint_{\Sigma}\boldsymbol{F}\cdot \mathrm{d}\boldsymbol{S}\\
&=\iint_{\Sigma}\frac{1}{\sqrt{x^2+y^2+4z^2+3}}(xy^2\mathrm{d}y\mathrm{d}z+yz^2\mathrm{d}z\mathrm{d}x+zx^2\mathrm{d}x\mathrm{d}y).\end{aligned}$$

由于该积分为在椭球面 $x^2+y^2+4z^2=1$ 上的积分,故

$$\begin{aligned}\Phi &= \iint_{\Sigma}\frac{1}{\sqrt{1+3}}(xy^2\mathrm{d}y\mathrm{d}z+yz^2\mathrm{d}z\mathrm{d}x+zx^2\mathrm{d}x\mathrm{d}y)\\
&=\frac{1}{2}\iiint_V\left[\frac{\partial}{\partial x}(xy^2)+\frac{\partial}{\partial y}(yz^2)+\frac{\partial}{\partial z}(zx^2)\right]\mathrm{d}V=\frac{1}{2}\iiint_V(y^2+z^2+x^2)\mathrm{d}V\\
&=\frac{1}{2}\int_{-\frac{1}{2}}^{\frac{1}{2}}\mathrm{d}z\iint_{D_z}(y^2+z^2+x^2)\mathrm{d}\sigma=\frac{1}{2}\int_{-\frac{1}{2}}^{\frac{1}{2}}\mathrm{d}z\iint_{D_z}z^2\mathrm{d}\sigma+\frac{1}{2}\int_{-\frac{1}{2}}^{\frac{1}{2}}\mathrm{d}z\iint_{D_z}(x^2+y^2)\mathrm{d}x\mathrm{d}y\\
&=\frac{1}{2}\int_{-\frac{1}{2}}^{\frac{1}{2}}z^2\pi(1-4z^2)\mathrm{d}z+\frac{1}{2}\int_{-\frac{1}{2}}^{\frac{1}{2}}\mathrm{d}z\int_0^{2\pi}\mathrm{d}\theta\int_0^{\sqrt{1-4z^2}}r^2\cdot r\mathrm{d}r\\
&=\frac{3}{20}\pi.\end{aligned}$$

14. 计算 $\iint_S\frac{\boldsymbol{r}\cdot \mathrm{d}\boldsymbol{S}}{r^3}$,其中 $\boldsymbol{r}=x\boldsymbol{i}+y\boldsymbol{j}+z\boldsymbol{k}$, $r=|\boldsymbol{r}|$.

(1) S 为不经过,也不包围原点的任意简单闭曲面的外侧;

(2) S 为包围原点的任意简单闭曲面的外侧.

解 (1) 当 S 不经过,也不包围原点时,

$$\iint_S \frac{\boldsymbol{r}\cdot \mathrm{d}\boldsymbol{S}}{r^3} = \iint_S \frac{x\cos\alpha + y\cos\beta + z\cos\gamma}{(\sqrt{x^2+y^2+z^2})^3}\mathrm{d}S$$

$$= \iiint_V \left[\frac{\partial}{\partial x}\left(\frac{x}{\sqrt{(x^2+y^2+z^2)^3}}\right) + \frac{\partial}{\partial y}\left(\frac{y}{\sqrt{(x^2+y^2+z^2)^3}}\right) + \frac{\partial}{\partial z}\left(\frac{z}{\sqrt{(x^2+y^2+z^2)^3}}\right)\right]\mathrm{d}V$$

$$= \iiint_V 0\mathrm{d}V = 0.$$

(2) 注意在原点处$\frac{1}{r^3}\boldsymbol{r}$无意义,不能直接使用高斯公式.为此以原点为球心,$\varepsilon>0$ 为半径作一球面 S_1,S_1的法向量指向球面内部,将 ε 取得充分小,使 S_1在 S 内部,令 S 与 S_1围成的区域为 V_1

$$\oiint_{S+S_1} \frac{\boldsymbol{r}\cdot \mathrm{d}\boldsymbol{S}}{r^3} = \oiint_{S+S_1} \frac{x\boldsymbol{i}+y\boldsymbol{j}+z\boldsymbol{k}}{(\sqrt{x^2+y^2+z^2})^3}\cdot \mathrm{d}\boldsymbol{S}$$

$$= \oiint_{S+S_1} \frac{1}{(\sqrt{x^2+y^2+z^2})^3}(x\cos\alpha + y\cos\beta + z\cos\gamma)\mathrm{d}S$$

$$= \iiint_V \frac{\partial}{\partial x}\left(\frac{x}{(\sqrt{x^2+y^2+z^2})^3}\right) + \frac{\partial}{\partial y}\left(\frac{y}{(\sqrt{x^2+y^2+z^2})^3}\right) +$$

$$\frac{\partial}{\partial z}\left(\frac{z}{(\sqrt{x^2+y^2+z^2})^3}\right)\mathrm{d}V = \iiint_V 0\mathrm{d}V = 0,$$

$$\oiint_S \frac{1}{(\sqrt{x^2+y^2+z^2})^3}(x\cos\alpha + y\cos\beta + z\cos\gamma)\mathrm{d}S$$

$$= -\iint_{S_1} \frac{1}{(\sqrt{x^2+y^2+z^2})^3}(x\cos\alpha + y\cos\beta + z\cos\gamma)\mathrm{d}S$$

$$= -\iint_{S_1} \frac{1}{\varepsilon^3}(x\cos\alpha + y\cos\beta + z\cos\gamma)\mathrm{d}S$$

$$= -(-1)\iiint_{V_{球}} \frac{1}{\varepsilon^3}\left(\frac{\partial x}{\partial x}+\frac{\partial y}{\partial y}+\frac{\partial z}{\partial z}\right)\mathrm{d}V$$

$$= 3\iiint_{V_{球}} \frac{1}{\varepsilon^3}\mathrm{d}V = 3\cdot\frac{1}{\varepsilon^3}\frac{4}{3}\pi\varepsilon^3 = 4\pi.$$

15. 求下列向量场 $\boldsymbol{A}$ 在指定点 M 处的散度.

(1) $\boldsymbol{A}=x^3\boldsymbol{i}+y^3\boldsymbol{j}+z^3\boldsymbol{k}$, $M(1,0,-1)$;

(2) $\boldsymbol{A}=4x\boldsymbol{i}-2xy\boldsymbol{j}-2\boldsymbol{k}$, $M(7,3,0)$;

(3) $\boldsymbol{A}=xyz\boldsymbol{r}$;$\boldsymbol{r}=x\boldsymbol{i}+y\boldsymbol{j}+z\boldsymbol{k}$, $M(1,2,3)$.

解　(1)
$$\operatorname{div}\boldsymbol{A}(M)=\left[\frac{\partial}{\partial x}(x^3)+\frac{\partial}{\partial y}(y^3)+\frac{\partial}{\partial z}(z^3)\right]_M$$
$$=(3x^2+3y^2+3z^2)_{M(1,0,-1)}$$
$$=3+0+3=6;$$

(2)
$$\operatorname{div}\boldsymbol{A}(M)=\left[\frac{\partial}{\partial x}(4x)+\frac{\partial}{\partial y}(-2xy)+\frac{\partial}{\partial z}(-2)\right]_M$$
$$=(4-2x+0)_{M(7,3,0)}$$
$$=4-2\times7+0\times0=-10;$$

(3)
$$\operatorname{div}\boldsymbol{A}(M)=\operatorname{div}[xyz(x\boldsymbol{i}+y\boldsymbol{j}+z\boldsymbol{k})]_M=\operatorname{div}(x^2yz\boldsymbol{i}+xy^2z\boldsymbol{j}+xyz^2\boldsymbol{k})_M$$
$$=\left[\frac{\partial}{\partial x}(x^2yz)+\frac{\partial}{\partial y}(xy^2z)+\frac{\partial}{\partial z}(xyz^2)\right]_M$$
$$=(2xyz+2xyz+2xyz)_{M(1,2,3)}$$
$$=36.$$

16. 设 $\boldsymbol{r}=x\boldsymbol{i}+y\boldsymbol{j}+z\boldsymbol{k}$, $r=|\boldsymbol{r}|$,

(1) 求 $f(r)$,使 $\operatorname{div}[f(r)\boldsymbol{r}]=0$;

(2) 求 $f(r)$,使 $\operatorname{div}[\mathbf{grad}\,f(r)]=0$.

解　(1) $r=|\boldsymbol{r}|=\sqrt{x^2+y^2+z^2}$,

$$\operatorname{div}[f(r)\boldsymbol{r}]=\operatorname{div}[f(\sqrt{x^2+y^2+z^2})(x\boldsymbol{i}+y\boldsymbol{j}+z\boldsymbol{k})]$$

$$=\frac{\partial}{\partial x}[f(\sqrt{x^2+y^2+z^2})x]+\frac{\partial}{\partial y}[f(\sqrt{x^2+y^2+z^2})y]+\frac{\partial}{\partial z}[f(\sqrt{x^2+y^2+z^2})z]$$

$$=f'(r)\frac{x}{\sqrt{x^2+y^2+z^2}}x+f(r)+f'(r)\frac{y}{\sqrt{x^2+y^2+z^2}}y+f(r)+f'(r)\frac{z}{\sqrt{x^2+y^2+z^2}}z+f(r)$$

$$=f'(r)\frac{x^2+y^2+z^2}{\sqrt{x^2+y^2+z^2}}+3f(r)=rf'(r)+3f(r)=0,$$

$$r\frac{\mathrm{d}f(r)}{\mathrm{d}r}=-3f(r),\quad f(r)=\frac{C}{r^3}\quad(C\text{ 为任意常数}).$$

(2) $\mathbf{grad}\,f(r)=\mathbf{grad}\,f(\sqrt{x^2+y^2+z^2})$

$$=\frac{\partial}{\partial x}(f(\sqrt{x^2+y^2+z^2}))\boldsymbol{i}+\frac{\partial}{\partial y}(f(\sqrt{x^2+y^2+z^2}))\boldsymbol{j}+\frac{\partial}{\partial z}(f(\sqrt{x^2+y^2+z^2}))\boldsymbol{k}$$

$$=f'(r)\frac{x}{\sqrt{x^2+y^2+z^2}}\boldsymbol{i}+f'(r)\frac{y}{\sqrt{x^2+y^2+z^2}}\boldsymbol{j}+f'(r)\frac{z}{\sqrt{x^2+y^2+z^2}}\boldsymbol{k}$$

$$=\frac{f'(\sqrt{x^2+y^2+z^2})}{\sqrt{x^2+y^2+z^2}}(x\boldsymbol{i}+y\boldsymbol{j}+z\boldsymbol{k}),$$

令　$F(r)=\dfrac{f'(r)}{r}$,则 $\operatorname{div}[\mathbf{grad}\,f(r)]=\operatorname{div}[F(r)\boldsymbol{r}]=0$,根据(1),

$$F(r)=\frac{C}{r^3},\text{即}\frac{f'(r)}{r}=\frac{C}{r^3},\quad f'(r)=C\frac{1}{r^2},\quad f(r)=-\frac{C_1}{r}+C_2\quad (C,C_1,C_2\text{为任意常数}).$$

10.7

1. 计算空间闭曲线 C 上的积分 $\oint_C (y-z)\,dx+(z-x)\,dy+(x-y)\,dz$，其中 C 是圆柱面 $x^2+y^2=a^2$ 与平面 $\frac{x}{a}+\frac{z}{h}=1$ ($a>0,h>0$) 的交线，从 z 轴正向看 C 是逆时针方向的.

解法 1 曲线 $C:\begin{cases}x^2+y^2=a^2,\\ \frac{x}{a}+\frac{z}{h}=1.\end{cases}$ 参数方程 $\begin{cases}x=a\cos\theta,\\ y=a\sin\theta,\\ z=h-h\cos\theta.\end{cases}$ θ 从 0 变到 2π.

$$\begin{aligned}&\oint_C (y-z)\,dx+(z-x)\,dy+(x-y)\,dz\\ &=\int_0^{2\pi}(a\sin\theta-h+h\cos\theta)\,d a\cos\theta+\\ &\quad(h-h\cos\theta-a\cos\theta)\,d a\sin\theta+(a\cos\theta-a\sin\theta)\,d(h-h\cos\theta)\\ &=\int_0^{2\pi}(-a^2\sin^2\theta+ah\sin\theta-ah\sin\theta\cos\theta+\\ &\quad ah\cos\theta-ah\cos^2\theta-a^2\cos^2\theta+ah\cos\theta\sin\theta-ah\sin^2\theta)\,d\theta\\ &=\int_0^{2\pi}(-a^2-ah+ah\sin\theta+ah\cos\theta)\,d\theta=-2\pi a(a+h).\end{aligned}$$

解法 2 设平面 $\frac{x}{a}+\frac{z}{h}=1$ 上 C 所围的平面为 S，则法向量 $\boldsymbol{n}=\left(\frac{1}{a},0,\frac{1}{h}\right)$，由斯托克斯公式

$$\begin{aligned}&\oint_C (y-z)\,dx+(z-x)\,dy+(x-y)\,dz\\ &=\iint_S\begin{vmatrix}\cos\alpha & \cos\beta & \cos\gamma\\ \frac{\partial}{\partial x} & \frac{\partial}{\partial y} & \frac{\partial}{\partial z}\\ y-z & z-x & x-y\end{vmatrix}dS\\ &=\frac{-2(a+h)}{\sqrt{a^2+h^2}}\iint_S dS=\frac{-2(a+h)}{\sqrt{a^2+h^2}}\pi a\sqrt{a^2+h^2}\\ &=-2\pi a(a+h).\end{aligned}$$

解法 3 设平面 $\frac{x}{a}+\frac{z}{h}=1$ 上 C 所围的平面为 S，方向与 C 成右手螺旋式.即 S 的法向向上，由斯托克斯公式

$$\oint_C (y-z)\mathrm{d}x+(z-x)\mathrm{d}y+(x-y)\mathrm{d}z$$

$$=\iint_S [(x-y)'_y-(z-x)'_z]\mathrm{d}y\mathrm{d}z+[(y-z)'_z-(x-y)'_x]\mathrm{d}z\mathrm{d}x$$

$$+[(z-x)'_x-(y-z)'_y]\mathrm{d}x\mathrm{d}y$$

$$=\iint_S (-2)\mathrm{d}y\mathrm{d}z-2\mathrm{d}z\mathrm{d}x-2\mathrm{d}x\mathrm{d}y=-2\iint_S \mathrm{d}y\mathrm{d}z+\mathrm{d}z\mathrm{d}x+\mathrm{d}x\mathrm{d}y$$

$$=-2\iint_{x^2+y^2\leqslant a^2}\left[-\left(h-\frac{h}{a}x\right)'_x+\left(-\left(h-\frac{h}{a}x\right)\right)'_y+1\right]\mathrm{d}x\mathrm{d}y=-2\pi a(h+a).$$

2. 设曲线 C 是球面 $x^2+y^2+z^2=2Rx$ 和柱面 $x^2+y^2=2rx(0<r<R,z\geqslant 0)$ 的交线，从 z 轴正向看是顺时针的.计算 $\oint_C (y^2+z^2)\mathrm{d}x+(z^2+x^2)\mathrm{d}y+(x^2+y^2)\mathrm{d}z$.

解法 1　设柱面内部的球面为 Σ_1，由 C 为顺时针，故取 Σ_1 的法向量 $\boldsymbol{n}=(R-x)\boldsymbol{i}+(-y)\boldsymbol{j}+(-z)\boldsymbol{k}$，而 $|\boldsymbol{n}|=R$，故单位向量 $\boldsymbol{n}^0=\frac{R-x}{R}\boldsymbol{i}-\frac{y}{R}\boldsymbol{j}-\frac{z}{R}\boldsymbol{k}$，由斯托克斯公式

$$\oint_C (y^2+z^2)\mathrm{d}x+(z^2+x^2)\mathrm{d}y+(x^2+y^2)\mathrm{d}z$$

$$=\iint_{\Sigma_1}\begin{vmatrix}\cos\alpha & \cos\beta & \cos\gamma\\ \frac{\partial}{\partial x} & \frac{\partial}{\partial y} & \frac{\partial}{\partial z}\\ y^2+z^2 & z^2+x^2 & x^2+y^2\end{vmatrix}\mathrm{d}S$$

$$=\iint_{\Sigma_1}[(2y-2z)\cos\alpha-(2x-2z)\cos\beta+(2x-2y)\cos\gamma]\mathrm{d}S$$

$$=\iint_{\Sigma_1}\left[(2y-2z)\frac{R-x}{R}-(2x-2z)\left(-\frac{y}{R}\right)+(2x-2y)\left(-\frac{z}{R}\right)\right]\mathrm{d}S$$

$$=\frac{2R}{R}\iint_{\Sigma_1}(y-z)\mathrm{d}S=2\iint_{\Sigma_1}z\mathrm{d}S.$$

由对称性可得 $\iint_{\Sigma_1}y\mathrm{d}S=0$，$\Sigma_1$ 在 xOy 平面上的投影为 $\sigma_{xy}:x^2+y^2\leqslant 2rx$.

球面 $\Sigma_1:z=\sqrt{2Rx-x^2-y^2}$.

$$\iint_{\Sigma_1}z\mathrm{d}S=\iint_{\sigma_{xy}}\sqrt{2Rx-x^2-y^2}\sqrt{1+(z'_x)^2+(z'_y)^2}\mathrm{d}\sigma$$

$$=\iint_{\sigma_{xy}}\sqrt{2Rx-x^2-y^2}\sqrt{1+\frac{(R-x)^2}{2Rx-x^2-y^2}+\frac{y^2}{2Rx-x^2-y^2}}\mathrm{d}\sigma=R\iint_{\sigma_{xy}}\mathrm{d}\sigma=\pi Rr^2.$$

故原式 $=-2\cdot\pi Rr^2=-2\pi r^2R$.

解法 2 设柱面内部的球面为 Σ_1，Σ_1 与 C 方向满足右手螺旋式，即 Σ_1 的方向向下，由斯托克斯公式

$$\oint_C (y^2+z^2)\mathrm{d}x+(z^2+x^2)\mathrm{d}y+(x^2+y^2)\mathrm{d}z$$

$$=\oint_C (2Rx-x^2)\mathrm{d}x+(2Rx-y^2)\mathrm{d}y+(2Rx-z^2)\mathrm{d}z$$

$$=\iint_{\Sigma_1}[(2Rx-z^2)'_y-(2Rx-y^2)'_z]\mathrm{d}y\mathrm{d}z+[(2Rx-x^2)'_z-(2Rx-z^2)'_x]\mathrm{d}z\mathrm{d}x$$

$$+[(2Rx-y^2)'_x-(2Rx-x^2)'_y]\mathrm{d}x\mathrm{d}y$$

$$=\iint_{\Sigma_1}(-2R)\mathrm{d}z\mathrm{d}x+2R\mathrm{d}x\mathrm{d}y=-\iint_{x^2+y^2\leqslant 2rx}2R\mathrm{d}x\mathrm{d}y=-2Rr^2\pi.$$

3. 证明曲线积分 $\int_\Gamma yz\mathrm{d}x+zx\mathrm{d}y+xy\mathrm{d}z$ 与路径无关(与起点和终点有关)，并计算从 $A(1,1,0)$ 到点 $B(1,1,1)$ 的这个积分.

解 $P(x,y,z)=yz$，$Q(x,y,z)=zx$，$R(x,y,z)=xy$，P,Q,R 在整个 $\mathbf{R}^3$ 上都有连续的一阶偏导数，且 $\dfrac{\partial R}{\partial y}=x=\dfrac{\partial Q}{\partial z}$，$\dfrac{\partial P}{\partial z}=y=\dfrac{\partial R}{\partial x}$，$\dfrac{\partial Q}{\partial x}=z=\dfrac{\partial P}{\partial y}$，故曲线积分 $\int_\Gamma yz\mathrm{d}x+zx\mathrm{d}y+xy\mathrm{d}z$ 与路径无关. 故

$$\int_{A(1,1,0)}^{B(1,1,1)} yz\mathrm{d}x+zx\mathrm{d}y+xy\mathrm{d}z=\int_{\overrightarrow{AB}}yz\mathrm{d}x+zx\mathrm{d}y+xy\mathrm{d}z\overset{x=1}{\underset{y=1}{=\!=}}\int_0^1 1\cdot 1\mathrm{d}z=1.$$

4. 计算曲线积分 $\int_{\overset{\frown}{AMB}}(x^2-yz)\mathrm{d}x+(y^2-xz)\mathrm{d}y+(z^2-xy)\mathrm{d}z$，其中 $\overset{\frown}{AMB}$ 是从点 $A(a,0,0)$ 开始，沿螺线 $x=a\cos\theta$，$y=a\sin\theta$，$z=\dfrac{h}{2\pi}\theta$，到点 $B(a,0,h)$ 的曲线段.

解

$$P=x^2-yz,\ Q=y^2-xz,\ R=z^2-xy,$$

$$\frac{\partial R}{\partial y}-\frac{\partial Q}{\partial z}=(-x)-(-x)=0,$$

$$\frac{\partial P}{\partial z}-\frac{\partial R}{\partial x}=(-y)-(-y)=0,$$

$$\frac{\partial Q}{\partial x}-\frac{\partial P}{\partial y}=(-z)-(-z)=0.$$

故曲线积分与路径无关.

$$\int_{\overset{\frown}{AMB}}(x^2-yz)\mathrm{d}x+(y^2-xz)\mathrm{d}y+(z^2-xy)\mathrm{d}z$$

$$=\int_{\overrightarrow{AB}}(x^2-yz)\mathrm{d}x+(y^2-xz)\mathrm{d}y+(z^2-xy)\mathrm{d}z\ \overset{x=a,\ y=0}{\underset{z=z}{=\!=}}\int_0^h z^2\mathrm{d}z=\frac{h^3}{3}.$$

5. 设向量 $\boldsymbol{A}(M)$ 的分量具有连续的二阶偏导数.试证在向量场 $\boldsymbol{A}$ 内,任何分块光滑的闭曲面 Σ 上,恒有 $\oint\!\!\!\oint_{\Sigma}\mathrm{rot}\boldsymbol{A}\cdot\mathrm{d}\boldsymbol{S}=0$.

证明　不妨取闭曲面 Σ 的外侧.令

$$\boldsymbol{A}=P(x,y,z)\boldsymbol{i}+Q(x,y,z)\boldsymbol{j}+R(x,y,z)\boldsymbol{k},$$

$$\mathrm{rot}\,\boldsymbol{A}=\begin{vmatrix}\boldsymbol{i} & \boldsymbol{j} & \boldsymbol{k},\\ \dfrac{\partial}{\partial x} & \dfrac{\partial}{\partial y} & \dfrac{\partial}{\partial z}\\ P & Q & R\end{vmatrix}=\left(\frac{\partial R}{\partial y}-\frac{\partial Q}{\partial z}\right)\boldsymbol{i}-\left(\frac{\partial R}{\partial x}-\frac{\partial P}{\partial z}\right)\boldsymbol{j}+\left(\frac{\partial Q}{\partial x}-\frac{\partial P}{\partial y}\right)\boldsymbol{k},$$

应用高斯公式

$$\begin{aligned}\oint\!\!\!\oint_{\Sigma}\mathrm{rot}\,\boldsymbol{A}\cdot\mathrm{d}\boldsymbol{S}&=\oint\!\!\!\oint_{\Sigma}\left[\left(\frac{\partial R}{\partial y}-\frac{\partial Q}{\partial z}\right)\boldsymbol{i}-\left(\frac{\partial R}{\partial x}-\frac{\partial P}{\partial z}\right)\boldsymbol{j}+\left(\frac{\partial Q}{\partial x}-\frac{\partial P}{\partial y}\right)\boldsymbol{k}\right]\cdot\mathrm{d}\boldsymbol{S}\\&=\oint\!\!\!\oint_{\Sigma}\left(\frac{\partial R}{\partial y}-\frac{\partial Q}{\partial z}\right)\mathrm{d}y\mathrm{d}z-\left(\frac{\partial R}{\partial x}-\frac{\partial P}{\partial z}\right)\mathrm{d}z\mathrm{d}x+\left(\frac{\partial Q}{\partial x}-\frac{\partial P}{\partial y}\right)\mathrm{d}x\mathrm{d}y\\&=\iiint_V\left[\frac{\partial}{\partial x}\left(\frac{\partial R}{\partial y}-\frac{\partial Q}{\partial z}\right)-\frac{\partial}{\partial y}\left(\frac{\partial R}{\partial x}-\frac{\partial P}{\partial z}\right)+\frac{\partial}{\partial z}\left(\frac{\partial Q}{\partial x}-\frac{\partial P}{\partial y}\right)\right]\mathrm{d}V\\&=\iiint_V\left(\frac{\partial^2R}{\partial y\partial x}-\frac{\partial^2Q}{\partial z\partial x}-\frac{\partial^2R}{\partial x\partial y}+\frac{\partial^2P}{\partial z\partial y}+\frac{\partial^2Q}{\partial x\partial z}-\frac{\partial^2P}{\partial y\partial z}\right)\mathrm{d}V.\end{aligned}$$

由于 $\boldsymbol{A}$ 的分量 P,Q,R 有连续的二阶偏导数,故

$$\frac{\partial^2R}{\partial y\partial x}=\frac{\partial^2R}{\partial x\partial y},\quad\frac{\partial^2Q}{\partial z\partial x}=\frac{\partial^2Q}{\partial x\partial z},\quad\frac{\partial^2P}{\partial y\partial z}=\frac{\partial^2P}{\partial z\partial y}.$$

故

$$\oint\!\!\!\oint_{\Sigma}\mathrm{rot}\,\boldsymbol{A}\cdot\mathrm{d}\boldsymbol{S}=\iiint_V0\mathrm{d}V=0.$$

6. 设 Σ 是球面 $x^2+y^2+z^2=9$ 的上半部的上侧,C 为 Σ 的边界线,$\boldsymbol{A}=(2y,3x,-z^2)$,试用下面指定的方法,计算 $\iint_{\Sigma}\mathrm{rot}\,\boldsymbol{A}\cdot\mathrm{d}\boldsymbol{S}$.

(1) 用第一型曲面积分计算;

(2) 用第二型曲面积分计算;

(3) 用高斯公式计算;

(4) 用斯托克斯公式计算.

解　$$\mathrm{rot}\,\boldsymbol{A}=\begin{vmatrix}\boldsymbol{i} & \boldsymbol{j} & \boldsymbol{k}\\ \dfrac{\partial}{\partial x} & \dfrac{\partial}{\partial y} & \dfrac{\partial}{\partial z}\\ 2y & 3x & -z^2\end{vmatrix}=(0-0)\boldsymbol{i}-(0-0)\boldsymbol{j}+(3-2)\boldsymbol{k}=\boldsymbol{k}.$$

(1) 设 Σ 的法向量为 $\boldsymbol{n}$,则

$$\boldsymbol{n}=(x,y,z),\quad \boldsymbol{n}^0=\frac{1}{\sqrt{x^2+y^2+z^2}}(x,y,z)=\frac{1}{3}(x,y,z),$$

$$\iint_{\Sigma}\operatorname{rot}\boldsymbol{A}\cdot\mathrm{d}\boldsymbol{S}=\iint_{\Sigma}\operatorname{rot}\boldsymbol{A}\cdot\boldsymbol{n}^0\mathrm{d}S=\iint_{\Sigma}\frac{z}{3}\mathrm{d}S=\frac{1}{3}\iint_{\sigma_{xy}}z(x,y)\sqrt{1+(z'_x)^2+(z'_y)^2}\,\mathrm{d}\sigma$$

$$=\frac{1}{3}\iint_{\sigma_{xy}}\sqrt{9-x^2-y^2}\cdot\sqrt{1+\left(\frac{-x}{\sqrt{9-x^2-y^2}}\right)^2+\left(\frac{-y}{\sqrt{9-x^2-y^2}}\right)^2}\,\mathrm{d}\sigma$$

$$=\frac{1}{3}\iint_{\sigma_{xy}}3\mathrm{d}\sigma=\pi\cdot 3^2=9\pi.$$

(2) $\displaystyle\iint_{\Sigma}\operatorname{rot}\boldsymbol{A}\cdot\mathrm{d}\boldsymbol{S}=\iint_{\Sigma}\boldsymbol{k}\cdot\mathrm{d}\boldsymbol{S}=\iint_{\Sigma}\mathrm{d}x\mathrm{d}y.$

Σ 在 xOy 平面上的投影为正,投影区域 $\sigma_{xy}:x^2+y^2\leqslant 9$.

$$\iint_{\Sigma}\operatorname{rot}\boldsymbol{A}\cdot\mathrm{d}\boldsymbol{S}=\iint_{\sigma_{xy}}\mathrm{d}x\mathrm{d}y=\pi\cdot 3^2=9\pi.$$

(3) 将 Σ_1 即 xOy 平面下侧补上,得到封闭曲面

$$\oiint_{\Sigma_1+\Sigma}\operatorname{rot}\boldsymbol{A}\cdot\mathrm{d}\boldsymbol{S}=\oiint_{\Sigma_1+\Sigma}\boldsymbol{k}\cdot\mathrm{d}\boldsymbol{S}=\oiint_{\Sigma_1+\Sigma}1\cdot\mathrm{d}x\mathrm{d}y=\iiint_V\frac{\partial}{\partial z}(1)\mathrm{d}x\mathrm{d}y\mathrm{d}z=\iiint_V 0\mathrm{d}x\mathrm{d}y\mathrm{d}z=0,$$

所以

$$\oiint_{\Sigma}\operatorname{rot}\boldsymbol{A}\cdot\mathrm{d}\boldsymbol{S}=-\iint_{\Sigma_1}\operatorname{rot}\boldsymbol{A}\cdot\mathrm{d}\boldsymbol{S}=-\iint_{\Sigma_1}\boldsymbol{k}\cdot\mathrm{d}\boldsymbol{S}=-(-1)\iint_{\sigma_{xy}}1\mathrm{d}x\mathrm{d}y=9\pi.$$

(4) 取 C 的方向为逆时针,

$$\iint_{\Sigma}\operatorname{rot}\boldsymbol{A}\cdot\mathrm{d}\boldsymbol{S}=\int_C\boldsymbol{A}\cdot\mathrm{d}\boldsymbol{S}=\oint_C 2y\mathrm{d}x+3x\mathrm{d}y-z^2\mathrm{d}z\xlongequal[\mathrm{d}z=0]{C\text{ 在 }xOy\text{ 面上}}\oint_C 2y\mathrm{d}x+3x\mathrm{d}y$$

$$=\iint_{\sigma_{xy}}\left[\frac{\partial}{\partial x}(3x)-\frac{\partial}{\partial y}(2y)\right]\mathrm{d}\sigma=\iint_{\sigma_{xy}}(3-2)\mathrm{d}\sigma=9\pi.$$

7. 求向量场 $\boldsymbol{A}=-y\boldsymbol{i}+x\boldsymbol{j}+a\boldsymbol{k}$($a$ 为常数)沿闭曲线 C 的环量.

(1) C 为圆周 $x^2+y^2=1,z=0$,逆时针;

(2) $C:\begin{cases}z=2x,\\ z=(x-1)^2+y^2,\end{cases}$ 从 z 轴正向看顺时针方向.

解 (1) C 在 xOy 平面上,$\mathrm{d}z=0$,设 C 围成的区域为 D,

$$\Gamma=\oint_C\boldsymbol{A}\cdot\mathrm{d}\boldsymbol{S}=\oint_C-y\mathrm{d}x+x\mathrm{d}y+a\mathrm{d}z=\oint_C-y\mathrm{d}x+x\mathrm{d}y$$

$$=\iint_D\left[\frac{\partial x}{\partial x}-\frac{\partial}{\partial y}(-y)\right]\mathrm{d}\sigma=\iint_D 2\mathrm{d}\sigma=2\cdot\pi\cdot 1^2=2\pi.$$

（2）曲线 C 的参数方程为 $x=2+\sqrt{3}\cos\theta, y=\sqrt{3}\sin\theta, z=4+2\sqrt{3}\cos\theta$，$\theta$ 从 2π 到 0 所求的环量

$$\Gamma=\oint_C \boldsymbol{A}\cdot d\boldsymbol{l}=\oint_C -y\,dx+x\,dy+a\,dz=\int_{2\pi}^{0}(3+2\sqrt{3}\cos\theta-2\sqrt{3}\sin\theta)\,d\theta=-6\pi.$$

另一解法：曲线 C 在 xOy 平面投影线 $2x=(x-1)^2+y^2$，即 $(x-2)^2+y^2=3$.

$$\oint_C -y\,dx+x\,dy+a\,dz=\oint_C -y\,dx+x\,dy+2a\,dx$$

$$=\oint_C (2a-y)\,dx+x\,dy=-\iint_D 2\,dx\,dy=-6\pi.$$

8. 求下列向量场的旋度.

（1）$\boldsymbol{A}=y\boldsymbol{i}+z\boldsymbol{j}+x\boldsymbol{k}$；

（2）$\boldsymbol{A}=x^2\boldsymbol{i}+y^2\boldsymbol{j}+z^2\boldsymbol{k}$；

（3）$\boldsymbol{A}=yz\boldsymbol{i}+zx\boldsymbol{j}+xy\boldsymbol{k}$；

（4）$\boldsymbol{A}=(y^2+z^2)\boldsymbol{i}+(z^2+x^2)\boldsymbol{j}+(x^2+y^2)\boldsymbol{k}$；

（5）$\boldsymbol{A}=xyz(\boldsymbol{i}+\boldsymbol{j}+\boldsymbol{k})$；

（6）$\boldsymbol{A}=P(x)\boldsymbol{i}+Q(y)\boldsymbol{j}+R(z)\boldsymbol{k}$.

解　（1）$\operatorname{rot}\boldsymbol{A}=\begin{vmatrix}\boldsymbol{i}&\boldsymbol{j}&\boldsymbol{k}\\ \dfrac{\partial}{\partial x}&\dfrac{\partial}{\partial y}&\dfrac{\partial}{\partial z}\\ y&z&x\end{vmatrix}=(0-1,0-1,0-1)=-(1,1,1)=-\boldsymbol{i}-\boldsymbol{j}-\boldsymbol{k}.$

（2）$\operatorname{rot}\boldsymbol{A}=\begin{vmatrix}\boldsymbol{i}&\boldsymbol{j}&\boldsymbol{k}\\ \dfrac{\partial}{\partial x}&\dfrac{\partial}{\partial y}&\dfrac{\partial}{\partial z}\\ x^2&y^2&z^2\end{vmatrix}=(0-0,-(0-0),0-0)=\boldsymbol{0}.$

（3）$\boldsymbol{A}=yz\boldsymbol{i}+zx\boldsymbol{j}+xy\boldsymbol{k}$，

$$\operatorname{rot}\boldsymbol{A}=\begin{vmatrix}\boldsymbol{i}&\boldsymbol{j}&\boldsymbol{k}\\ \dfrac{\partial}{\partial x}&\dfrac{\partial}{\partial y}&\dfrac{\partial}{\partial z}\\ yz&zx&xy\end{vmatrix}=(x-x,-(y-y),(z-z))=\boldsymbol{0}.$$

（4）$\operatorname{rot}\boldsymbol{A}=\begin{vmatrix}\boldsymbol{i}&\boldsymbol{j}&\boldsymbol{k}\\ \dfrac{\partial}{\partial x}&\dfrac{\partial}{\partial y}&\dfrac{\partial}{\partial z}\\ y^2+z^2&z^2+x^2&x^2+y^2\end{vmatrix}=(2y-2z,-(2x-2z),2x-2y)$

$=(2y-2z)\boldsymbol{i}+(2z-2x)\boldsymbol{j}+(2x-2y)\boldsymbol{k}.$

（5）$\operatorname{rot}\boldsymbol{A}=\begin{vmatrix}\boldsymbol{i}&\boldsymbol{j}&\boldsymbol{k}\\ \dfrac{\partial}{\partial x}&\dfrac{\partial}{\partial y}&\dfrac{\partial}{\partial z}\\ xyz&xyz&xyz\end{vmatrix}=(xz-xy,-(yz-xy),yz-xz)$

$$=(xz-xy)\boldsymbol{i}+(xy-yz)\boldsymbol{j}+(yz-xz)\boldsymbol{k}.$$

(6) $\boldsymbol{A}=P(x)\boldsymbol{i}+Q(y)\boldsymbol{j}+R(z)\boldsymbol{k}$

$$\operatorname{rot}\boldsymbol{A}=\begin{vmatrix}\boldsymbol{i} & \boldsymbol{j} & \boldsymbol{k}\\ \dfrac{\partial}{\partial x} & \dfrac{\partial}{\partial y} & \dfrac{\partial}{\partial z}\\ P(x) & Q(y) & R(z)\end{vmatrix}=(0-0,-(0-0),0-0)=\boldsymbol{0}.$$

9. 证明向量场 $\boldsymbol{A}=(y\cos xy)\boldsymbol{i}+(x\cos xy)\boldsymbol{j}+(\sin z)\boldsymbol{k}$ 是保守场，并求势函数.

证明 因为

$$\operatorname{rot}\boldsymbol{A}=\begin{vmatrix}\boldsymbol{i} & \boldsymbol{j} & \boldsymbol{k}\\ \dfrac{\partial}{\partial x} & \dfrac{\partial}{\partial y} & \dfrac{\partial}{\partial z}\\ y\cos xy & x\cos xy & \sin z\end{vmatrix}$$

$$=(0-0,-(0-0),[(\cos xy-xy\sin xy-(\cos xy-xy\sin xy)])=\boldsymbol{0},$$

所以

$$v=-u=-\left[\int_{(0,0,0)}^{(x,y,z)}\boldsymbol{A}\cdot\mathrm{d}\boldsymbol{l}+C_1\right]$$

$$=-\left[\int_0^x 0\cdot\cos x0\mathrm{d}x+\int_0^y x\cos xy\mathrm{d}y+\int_0^z\sin z\mathrm{d}z+C_1\right]=-\sin xy+\cos z+C.$$

10. 设函数 $Q(x,y,z)$ 具有连续的一阶偏导数，且 $Q(0,y,0)=0$，表达式

$$axz\mathrm{d}x+Q(x,y,z)\mathrm{d}y+(x^2+2y^2z-1)\mathrm{d}z$$

是某函数 $u(x,y,z)$ 的全微分，求常数 a，函数 Q 及 u.

解 因为 $axz\mathrm{d}x+Q(x,y,z)\mathrm{d}y+(x^2+2y^2z-1)\mathrm{d}z$ 是某函数 $u(x,y,z)$ 的全微分，所以有

$$\frac{\partial}{\partial y}(x^2+2y^2z-1)=\frac{\partial Q}{\partial z},$$

故

$$\frac{\partial Q}{\partial z}=4yz, \tag{1}$$

$$\frac{\partial}{\partial z}(axz)=\frac{\partial}{\partial x}(x^2+2y^2z-1),$$

故

$$ax=2x,\quad 即\ a=2.$$

$$\frac{\partial}{\partial x}Q(x,y,z)=\frac{\partial}{\partial y}(axz),$$

故

$$\frac{\partial Q}{\partial x}=0. \tag{2}$$

依据牛顿—莱布尼茨公式

$$Q(x,y,0)-Q(0,y,0)=\int_0^x \frac{\partial Q}{\partial x}\mathrm{d}x=\int_0^x 0\cdot \mathrm{d}x=0,$$

于是

$$Q(x,y,0)=Q(0,y,0)=0,$$

$$Q(x,y,z)-Q(x,y,0)=\int_0^z \frac{\partial Q}{\partial z}\mathrm{d}z=\int_0^z 4yz\mathrm{d}z=2yz^2,$$

于是

$$Q(x,y,z)=2yz^2,$$

$$\begin{aligned}u(x,y,z)&=\int_0^x P(x,0,0)\mathrm{d}x+\int_0^y Q(x,y,0)\mathrm{d}y+\int_0^z R(x,y,z)\mathrm{d}z+C_1\\&=\int_0^x 0\mathrm{d}x+\int_0^y 0\mathrm{d}y+\int_0^z (x^2+2y^2z-1)\mathrm{d}z+C_1=x^2z+y^2z^2-z+C.\end{aligned}$$

10.8

1. 在经过点 $O(0,0)$ 和 $A(\pi,0)$ 的曲线族 $y=a\sin x$ $(a>0)$ 中，求一条曲线 L，使沿该曲线从 O 到 A 的积分 $\int_L (1+y^3)\mathrm{d}x+(2x+y)\mathrm{d}y$ 的值最小.

解 取有向线段 $\overrightarrow{AO}$，则 $\overrightarrow{AO}$ 与 L 组成封闭曲线

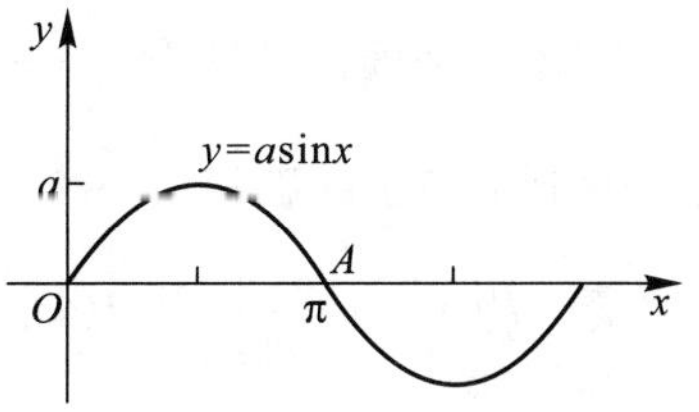

图 10.52

$$\oint_{\overrightarrow{AO}+L}(1+y^3)\mathrm{d}x+(2x+y)\mathrm{d}y=-\iint_D (2-3y^2)\mathrm{d}\sigma$$

$$=-\int_0^\pi \mathrm{d}x\int_0^{a\sin x}(2-3y^2)\mathrm{d}y=-4a+\frac{4}{3}a^3,$$

$$\begin{aligned}I(a)&=\int_L (1+y^3)\mathrm{d}x+(2x+y)\mathrm{d}y\\&=-4a+\frac{4}{3}a^3-\int_{\overrightarrow{AO}}(1+y^3)\mathrm{d}x+(2x+y)\mathrm{d}y\\&=-4a+\frac{4}{3}a^3-\int_\pi^0 \mathrm{d}x=-4a+\frac{4}{3}a^3+\pi,\end{aligned}$$

故

$$I'(a)=-4+4a^2=0.$$

解得

$$a=1,a=-1(\text{舍去}).$$

当 $a>1$ 时，$I'(a)>0$，即 $I(a)$ 单调递增；$a<1$ 时，$I'(a)<0$，即 $I(a)$ 单调递减.

故 $a=1$ 即 $\Gamma: y=\sin x$ 时积分取最小值.

2. 质点 M 沿着以 AB 为直径的右下半圆周，从点 $A(1,2)$ 运动到点 $B(3,4)$ 的过程中受变力 $\boldsymbol{F}$ 的作用，$\boldsymbol{F}$ 的大小等于点 M 与原点 O 之间的距离，其方向垂直于线段 OM，且与 y 轴正向的夹角小于 $\pi/2$，求变力 $\boldsymbol{F}$ 对质点 M 所做的功.

解 令 $\boldsymbol{F}(x,y)=V(x,y)\boldsymbol{i}+Q(x,y)\boldsymbol{j}$，根据已知

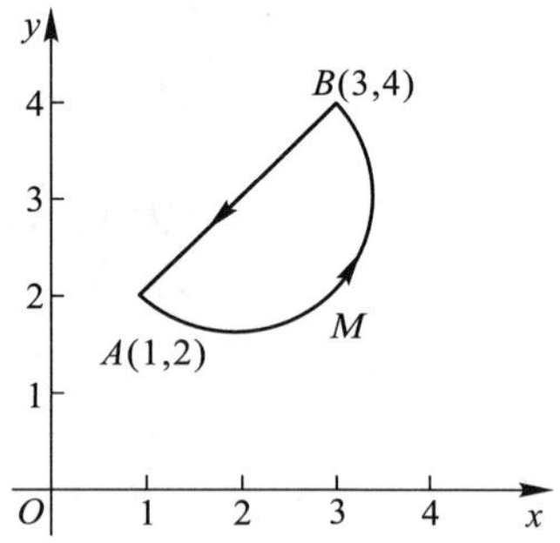

图 10.53

$$\begin{cases}\sqrt{V^2+Q^2}=\sqrt{x^2+y^2},\\ Q>0,\\ Vx+Qy=0.\end{cases}\quad \text{解得}\quad \begin{cases}Q(x,y)=x,\\ V(x,y)=-y.\end{cases}$$

$$\overrightarrow{BA}: x=3-t, y=4-t, t\text{ 从 }0\text{ 变到 }2.$$

根据格林公式

$$\oint_{\widehat{AB}+\overrightarrow{BA}} Q(x,y)\mathrm{d}y+V(x,y)\mathrm{d}x=\iint_D\left(\frac{\partial Q}{\partial x}-\frac{\partial P}{\partial y}\right)\mathrm{d}\sigma$$

$$=\iint_D[1-(-1)]\mathrm{d}\sigma=\pi r^2=\pi\left(\frac{\sqrt{(3-1)^2+(4-2)^2}}{2}\right)^2=2\pi,$$

$$W=2\pi-\int_{\overrightarrow{BA}} x\mathrm{d}y-y\mathrm{d}x=2\pi-\int_0^2(3-t)\mathrm{d}(4-t)+(t-4)\mathrm{d}(3-t)=2\pi-2.$$

3. 计算平面曲线积分 $\int_l \frac{(x-y)\mathrm{d}x+(x+y)\mathrm{d}y}{x^2+y^2}$，其中 l 为摆线 $x=t-\sin t-\pi, y=1-\cos t$，从 $t=0$ 到 $t=2\pi$ 的弧段.

解 $P(x,y)=\frac{x-y}{x^2+y^2}, Q(x,y)=\frac{x+y}{x^2+y^2}$，$P,Q$ 在不含原点的任意单连通区域上有连续的一阶偏导数，且 $\frac{\partial Q}{\partial x}=\frac{y^2-x^2-2xy}{(x^2+y^2)^2}=\frac{\partial P}{\partial y}$，故在不含原点的单连通区域上积分与路径无关，起点 $A(-\pi,0)$，终点 $B(\pi,0)$，取 $\widehat{AB}: x^2+y^2=\pi^2, y\geqslant 0$，即

$$\begin{cases}x=\pi\cos\theta,\\ y=\pi\sin\theta,\end{cases}\quad \theta:\pi\to 0.$$

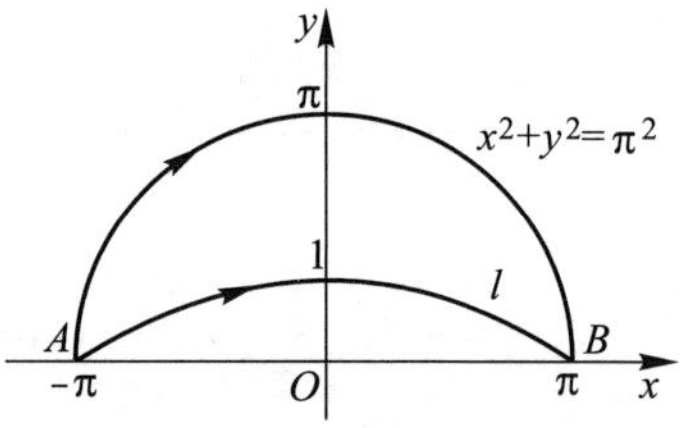

图 10.54

$$\int_l \frac{(x-y)\mathrm{d}x+(x+y)\mathrm{d}y}{x^2+y^2}$$

$$=\int_{\widehat{AB}}\frac{(x-y)\mathrm{d}x+(x+y)\mathrm{d}y}{x^2+y^2}$$

$$=\frac{1}{\pi^2}\int_{\widehat{AB}}(x-y)\mathrm{d}x+(x+y)\mathrm{d}y$$

$$=\frac{1}{\pi^2}\int_{\pi}^{0}(\pi\cos\theta-\pi\sin\theta)\mathrm{d}\pi\cos\theta+(\pi\cos\theta+\pi\sin\theta)\mathrm{d}\pi\sin\theta=-\pi.$$

4. 确定参数 t 的值,使得在不包含直线 $y=0$ 的区域上,曲线积分

$$I=\int_l\frac{x(x^2+y^2)^t}{y}\mathrm{d}x-\frac{x^2(x^2+y^2)^t}{y^2}\mathrm{d}y$$

与路径无关,并求出从点 $A(1,1)$ 到点 $B(0,2)$ 的积分值 I.

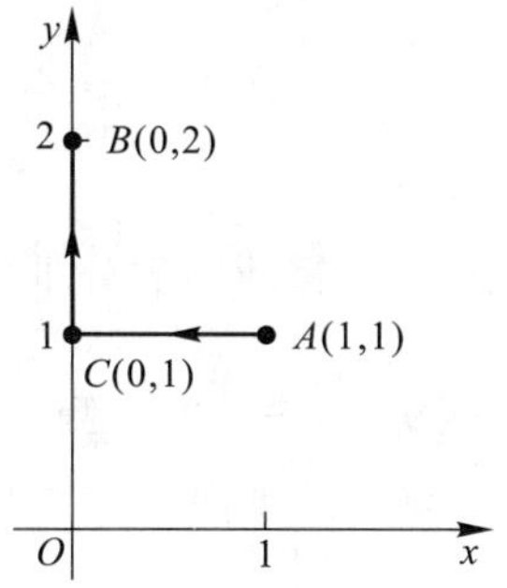

图 10.55

解　$P(x,y)=\dfrac{x(x^2+y^2)^t}{y}$,$Q(x,y)=-\dfrac{x^2(x^2+y^2)^t}{y^2}$,

则

$$\frac{\partial Q}{\partial x}=-\frac{1}{y^2}[2x(x^2+y^2)^t+x^2t(x^2+y^2)^{t-1}\cdot 2x],$$

$$\frac{\partial P}{\partial y}=x\frac{t(x^2+y^2)^{t-1}\cdot 2y\cdot y-(x^2+y^2)^t}{y^2},$$

$$\frac{\partial Q}{\partial x}=\frac{\partial P}{\partial y},$$

从而

$$-2x(x^2+y^2)^t-2x^3t(x^2+y^2)^{t-1}=2xy^2t(x^2+y^2)^{t-1}-x(x^2+y^2)^t,$$

解得

$$t=-\frac{1}{2},$$

故

$$I=\int_{(1,1)}^{(0,2)}\frac{x}{y\sqrt{x^2+y^2}}\mathrm{d}x-\frac{x^2}{y^2\sqrt{x^2+y^2}}\mathrm{d}y=\left(\int_{\overline{AC}}+\int_{\overline{CB}}\right)\frac{x}{y\sqrt{x^2+y^2}}\mathrm{d}x-\frac{x^2}{y^2\sqrt{x^2+y^2}}\mathrm{d}y$$

$$=\int_1^0\frac{x}{\sqrt{x^2+1}}\mathrm{d}x+\int_1^2 0\mathrm{d}y=1-\sqrt{2}.$$

5. 设在上半平面 $D=\{(x,y)\mid y>0\}$ 内,函数 $f(x,y)$ 具有连续偏导数,且对任意的 $t>0$,都有 $f(tx,ty)=t^{-2}f(x,y)$.证明对 D 内的任意分段光滑的有向简单闭曲线 L,都有

$$\oint_L yf(x,y)\mathrm{d}x-xf(x,y)\mathrm{d}y=0.$$

证明 函数 $P(x,y)=yf(x,y)$，$Q(x,y)=-xf(x,y)$，由已知及定理知在 D 内恒有 $\frac{\partial Q}{\partial x}=\frac{\partial P}{\partial y}$，即 $\frac{\partial}{\partial x}[-xf(x,y)]=\frac{\partial}{\partial y}[yf(x,y)]$. 即

$$2f(x,y)+xf_1'(x,y)+yf_2'(x,y)=0. \qquad (1)$$

下面证(1)式成立，注意

$$f(tx,ty)=t^{-2}f(x,y).$$

两边对 t 求导得

$$xf_1'(tx,ty)+yf_2'(tx,ty)=-2t^{-3}f(x,y).$$

令 $t=1$，得

$$2f(x,y)+xf_1'(x,y)+yf_2'(x,y)=0.$$

6. 计算曲面积分 $\iint\limits_{\Sigma}(z^2x+ye^z)\mathrm{d}y\mathrm{d}z+x^2y\mathrm{d}z\mathrm{d}x+(\sin^3x+y^2z)\mathrm{d}x\mathrm{d}y$，其中 Σ 为下半球面 $z=-\sqrt{R^2-x^2-y^2}$ 的上侧.

解 补平面 $\Sigma_1:z=0$ 的下侧，则 $\Sigma_1+\Sigma$ 成为封闭曲面，设其包围体积 V，依据高斯公式

$$\begin{aligned}&\oint\!\!\!\!\oint\limits_{\Sigma+\Sigma_1}(z^2x+ye^z)\mathrm{d}y\mathrm{d}z+x^2y\mathrm{d}z\mathrm{d}x+(\sin^3x+y^2z)\mathrm{d}x\mathrm{d}y\\&=\left(\iint\limits_{\Sigma}+\iint\limits_{\Sigma_1}\right)(z^2x+ye^z)\mathrm{d}y\mathrm{d}z+x^2y\mathrm{d}z\mathrm{d}x+(\sin^3x+y^2z)\mathrm{d}x\mathrm{d}y\\&=-\iiint\limits_{V}\left[\frac{\partial}{\partial x}(z^2x+ye^z)+\frac{\partial}{\partial y}(x^2y)+\frac{\partial}{\partial z}(\sin^3x+y^2z)\right]\mathrm{d}V\\&=-\iiint\limits_{V}(z^2+x^2+y^2)\mathrm{d}V=-\int_0^{2\pi}\mathrm{d}\theta\int_{\frac{\pi}{2}}^{\pi}\sin\varphi\mathrm{d}\varphi\int_0^R\rho^2\cdot\rho^2\mathrm{d}\rho\\&=-\frac{2}{5}\pi R^5,\end{aligned}$$

Σ_1 在 xOy 平面上，向 xOy 平面投影为负，投影区域为 $\sigma_{xy}:x^2+y^2\leqslant R^2$，$\Sigma_1$ 向 yOz 和 xOz 平面投影面积皆为 0，故

$$\begin{aligned}&\iint\limits_{\Sigma_1}(z^2x+ye^z)\mathrm{d}y\mathrm{d}z+x^2y\mathrm{d}z\mathrm{d}x+(\sin^3x+y^2z)\mathrm{d}x\mathrm{d}y\\&=\iint\limits_{\Sigma_1}(\sin^3x+y^2z)\mathrm{d}x\mathrm{d}y=-\iint\limits_{\sigma_{xy}}\sin^3x\mathrm{d}x\mathrm{d}y=0,\end{aligned}$$

$$\iint\limits_{\Sigma}(z^2x+ye^z)\mathrm{d}y\mathrm{d}z+x^2y\mathrm{d}z\mathrm{d}x+(\sin^3x+y^2z)\mathrm{d}x\mathrm{d}y=-\frac{2}{5}\pi R^5-0=-\frac{2}{5}\pi R^5.$$

7. 计算曲面积分 $\oiint\limits_S (2x-2x^3-\mathrm{e}^{-\pi})\mathrm{d}y\mathrm{d}z+(zy^2+6x^2y+z^2x)\mathrm{d}z\mathrm{d}x-z^2y\mathrm{d}x\mathrm{d}y$，其中 S 是由抛物面 $z=4-x^2-y^2$，坐标面 xOz，yOz 及平面 $z=\frac{1}{2}y$，$x=1$，$y=1$ 所围成的立体的表面外侧.

解　设围成的几何体为 V，根据高斯定理

$$\oiint\limits_S (2x-2x^3-\mathrm{e}^{-\pi})\mathrm{d}y\mathrm{d}z+(zy^2+6x^2y+z^2x)\mathrm{d}z\mathrm{d}x-z^2y\mathrm{d}x\mathrm{d}y$$

$$=\iiint\limits_V\left[\frac{\partial}{\partial x}(2x-2x^3-\mathrm{e}^{-\pi})+\frac{\partial}{\partial y}(zy^2+6x^2y+z^2x)+\frac{\partial}{\partial z}(-z^2y)\right]\mathrm{d}V$$

$$=\iiint\limits_V(2-6x^2+2zy+6x^2-2zy)\mathrm{d}V=2\iiint\limits_V\mathrm{d}V$$

$$=2\int_0^1\mathrm{d}x\int_0^1\mathrm{d}y\int_{\frac{1}{2}y}^{4-x^2-y^2}\mathrm{d}z=2\int_0^1\mathrm{d}x\int_0^1\left(4-x^2-y^2-\frac{1}{2}y\right)\mathrm{d}y=\frac{37}{6}.$$

8. 试将曲面积分

$$\oiint\limits_S\frac{x\cos\alpha+y\cos\beta+z\cos\gamma}{\sqrt{x^2+y^2+z^2}}\mathrm{d}S$$

化为三重积分，其中 $\cos\alpha,\cos\beta,\cos\gamma$ 是曲面 S 的内法向量方向余弦(原点不在 S 上).

解　在曲面 S 的内部作一个充分小的球面 $\Sigma:x^2+y^2+z^2=\varepsilon^2$，方向指向球面外侧，设 S 与 Σ 围成的几何体为 V_1，Σ 围成的球体为 V_2.

$$\oiint\limits_S\frac{x\cos\alpha+y\cos\beta+z\cos\gamma}{\sqrt{x^2+y^2+z^2}}\mathrm{d}S$$

$$=\oiint\limits_{S+\Sigma}\frac{x\cos\alpha+y\cos\beta+z\cos\gamma}{\sqrt{x^2+y^2+z^2}}\mathrm{d}S-\oiint\limits_{\Sigma}\frac{x\cos\alpha+y\cos\beta+z\cos\gamma}{\sqrt{x^2+y^2+z^2}}\mathrm{d}S$$

$$=\iiint\limits_{V_1}\left[\frac{\partial}{\partial x}\left(\frac{x}{\sqrt{x^2+y^2+z^2}}\right)+\frac{\partial}{\partial y}\left(\frac{y}{\sqrt{x^2+y^2+z^2}}\right)\right.$$

$$\left.+\frac{\partial}{\partial z}\left(\frac{z}{\sqrt{x^2+y^2+z^2}}\right)\right]\mathrm{d}V-\oiint\limits_{\Sigma}\frac{x\cos\alpha+y\cos\beta+z\cos\gamma}{\varepsilon}\mathrm{d}S$$

$$=-2\iiint\limits_{V_1}\frac{1}{\sqrt{x^2+y^2+z^2}}\mathrm{d}V+3\iiint\limits_{V_2}\frac{1}{\varepsilon}\mathrm{d}V$$

$$=-2\iiint\limits_{V_1}\frac{1}{\sqrt{x^2+y^2+z^2}}\mathrm{d}V+4\pi\varepsilon^2,$$

由于曲面积分为定值取 $\varepsilon\to0$，$V_1\to S$ 围成的几何体去掉原点，设其为 V，故

$$\oiint\limits_S\frac{x\cos\alpha+y\cos\beta+z\cos\gamma}{\sqrt{x^2+y^2+z^2}}\mathrm{d}\boldsymbol{S}=-2\iiint\limits_V\frac{1}{\sqrt{x^2+y^2+z^2}}\mathrm{d}V.$$

9. 求向量场 $\boldsymbol{A}=(x^3-y^2)\boldsymbol{i}+(y^3-z^2)\boldsymbol{j}+(z^3-x^2)\boldsymbol{k}$ 的散度与旋度及 $\boldsymbol{A}$ 穿过曲面 S 向外的通量 Φ,其中 S 是由半球面 $y=R+\sqrt{R^2-x^2-z^2}$ $(R>0)$ 与锥面 $y=\sqrt{x^2+z^2}$ 构成的闭曲面.$\boldsymbol{A}$ 沿曲线 C 的环量 Γ,其中 C 是圆柱面 $x^2+y^2=Rx$ 及球面 $z=\sqrt{R^2-x^2-y^2}$ 的交线,从 z 轴正向看为逆时针方向.

解 $\quad P(x,y,z)=x^3-y^2,\quad Q(x,y,z)=y^3-z^2,\quad R(x,y,z)=z^3-x^2,$

$$\operatorname{div}\boldsymbol{A}=\frac{\partial P}{\partial x}+\frac{\partial Q}{\partial y}+\frac{\partial R}{\partial z}=3x^2+3y^2+3z^2,$$

$$\operatorname{rot}\boldsymbol{A}=\begin{vmatrix}\boldsymbol{i} & \boldsymbol{j} & \boldsymbol{k}\\ \dfrac{\partial}{\partial x} & \dfrac{\partial}{\partial y} & \dfrac{\partial}{\partial z}\\ x^3-y^2 & y^3-z^2 & z^3-x^2\end{vmatrix}$$

$$=(0+2z)\boldsymbol{i}-(-2x-0)\boldsymbol{j}+(0+2y)\boldsymbol{k}=+2z\boldsymbol{i}+2x\boldsymbol{j}+2y\boldsymbol{k},$$

$$\Phi=\oint\!\!\!\!\!\!\iint_S \boldsymbol{A}\cdot \mathrm{d}\boldsymbol{S}=\iiint_V \operatorname{div}\boldsymbol{A}\mathrm{d}V=\iiint_V(3x^2+3y^2+3z^2)\mathrm{d}V$$

$$\xlongequal[y\,=\,\rho\cos\varphi]{\substack{z\,=\,\rho\sin\varphi\cos\theta\\ x\,=\,\rho\sin\varphi\sin\theta}} 3\int_0^{2\pi}\mathrm{d}\theta\int_0^{\frac{\pi}{4}}\mathrm{d}\varphi\int_0^{2R\cos\varphi}\rho^4\sin\varphi\mathrm{d}\rho=-6\pi\int_0^{\frac{\pi}{4}}\frac{(2R)^5}{5}\cos^5\varphi\mathrm{d}\cos\varphi$$

$$=\frac{28}{5}\pi R^5,$$

取 Σ_1 为 C 所张开的抛物面 $z=\sqrt{R^2-Rx}$,则 Σ_1 在 xOy 平面的投影为正,投影区域 $\sigma_{xy}:x^2+y^2\leqslant Rx,z=0$,根据斯托克斯公式

$$\Gamma=\oint_C(x^3-y^2)\mathrm{d}x+(y^3-z^2)\mathrm{d}y+(z^3-x^2)\mathrm{d}z$$

$$=\iint_{\Sigma_1}\begin{vmatrix}\cos\alpha & \cos\beta & \cos\gamma\\ \dfrac{\partial}{\partial x} & \dfrac{\partial}{\partial y} & \dfrac{\partial}{\partial z}\\ x^3-y^2 & y^3-z^2 & z^3-x^2\end{vmatrix}\mathrm{d}S$$

$$=\iint_{\Sigma_1}(2z\cos\alpha+2x\cos\beta+2y\cos\gamma)\mathrm{d}S,$$

而

$$\boldsymbol{n}=\left(-\frac{\partial z}{\partial x},-\frac{\partial z}{\partial y},1\right)=\left(\frac{R}{2z},0,1\right),$$

$$\Gamma=2\iint_{\sigma_{xy}}\left(\frac{R}{2}+y\right)\mathrm{d}x\mathrm{d}y=R\iint_{\sigma_{xy}}\mathrm{d}x\mathrm{d}y+2\iint_{\sigma_{xy}}y\mathrm{d}x\mathrm{d}y=\frac{1}{4}\pi R^3.$$

10. 设 $u=u(x,y),v=v(x,y)$ 具有连续的偏导数,C 是平面区域 D 的边界线正向,试证二

重积分有分部积分公式 $\iint\limits_D u\frac{\partial v}{\partial x}\mathrm{d}x\mathrm{d}y=\oint_C u\cdot v\cos(\boldsymbol{n},x)\mathrm{d}s-\iint\limits_D v\frac{\partial u}{\partial x}\mathrm{d}x\mathrm{d}y$，其中 $\boldsymbol{n}$ 为曲线 C 的外法向量.

证明　首先给出格林公式，若 $P(x,y)$，$Q(x,y)$ 在平面区域 D 上有连续的偏导数，则有

$$\oint_C[P\cos(\boldsymbol{n},x)+Q\cos(\boldsymbol{n},y)]\mathrm{d}s=\iint\limits_D\left(\frac{\partial P}{\partial x}+\frac{\partial Q}{\partial y}\right)\mathrm{d}x\mathrm{d}y,$$

此处取 $P(x,y)=u\cdot v$，$Q(x,y)=0$，

$$\begin{aligned}&\oint_C[P\cos(\boldsymbol{n},x)+Q\cos(\boldsymbol{n},y)]\mathrm{d}s\\ =&\oint_C u\cdot v\cos(\boldsymbol{n},x)\mathrm{d}s=\iint\limits_D\frac{\partial}{\partial x}(u\cdot v)\mathrm{d}x\mathrm{d}y\\ =&\iint\limits_D v\frac{\partial u}{\partial x}\mathrm{d}x\mathrm{d}y+\iint\limits_D u\frac{\partial v}{\partial x}\mathrm{d}x\mathrm{d}y,\end{aligned}$$

故

$$\iint\limits_D u\frac{\partial v}{\partial x}\mathrm{d}x\mathrm{d}y=\oint_C u\cdot v\cos(\boldsymbol{n},x)\mathrm{d}s-\iint\limits_D v\frac{\partial u}{\partial x}\mathrm{d}x\mathrm{d}y.$$

11. 设 $u=u(x,y,z)$ 有连续的二阶偏导数，试证

$$\oiint\limits_S\frac{\partial u}{\partial\boldsymbol{n}}\mathrm{d}S=\iiint\limits_V(u''_{xx}+u''_{yy}+u''_{zz})\mathrm{d}V,$$

其中 S 是 V 的边界面，$\boldsymbol{n}$ 为 S 的外法向量.

证明　$u=u(x,y,z)$ 有连续的二阶偏导数，满足高斯公式的条件. 设 $\boldsymbol{n}$ 的单位向量 $\boldsymbol{n}^0=(\cos\alpha,\cos\beta,\cos\gamma)$.

$$\begin{aligned}\oiint\limits_S\frac{\partial u}{\partial\boldsymbol{n}}\mathrm{d}S&=\oiint\limits_S\left(\frac{\partial u}{\partial x}\cos\alpha+\frac{\partial u}{\partial y}\cos\beta+\frac{\partial u}{\partial z}\cos\gamma\right)\mathrm{d}S\\&=\iiint\limits_V\left[\frac{\partial}{\partial x}\left(\frac{\partial u}{\partial x}\right)+\frac{\partial}{\partial y}\left(\frac{\partial u}{\partial y}\right)+\frac{\partial}{\partial z}\left(\frac{\partial u}{\partial z}\right)\right]\mathrm{d}V\\&=\iiint\limits_V(u''_{xx}+u''_{yy}+u''_{zz})\mathrm{d}V.\end{aligned}$$

12. 设 S 是简单光滑的闭曲面，包围闭区域 V，$u=u(x,y,z)$ 在 V 上有连续的一阶偏导数，$v=v(x,y,z)$ 有连续的二阶偏导数，且满足拉普拉斯方程 $\frac{\partial^2 v}{\partial x^2}+\frac{\partial^2 v}{\partial y^2}+\frac{\partial^2 v}{\partial z^2}=0$，$\boldsymbol{n}$ 是曲面 S 上在点 (x,y,z) 处的外法线向量，试证 $\oiint\limits_S u\frac{\partial v}{\partial\boldsymbol{n}}\mathrm{d}S=\iiint\limits_V(\mathbf{grad}\,u\cdot\mathbf{grad}\,v)\mathrm{d}x\mathrm{d}y\mathrm{d}z$.

证明 设 $\boldsymbol{n}$ 的单位法向量 $\boldsymbol{n}^0=(\cos\alpha,\cos\beta,\cos\gamma)$，再由 u,v 在 V 上有连续的一、二阶偏导数，应用高斯定理

$$\begin{aligned}
\oint\!\!\!\oint_S u\frac{\partial v}{\partial \boldsymbol{n}}\mathrm{d}S &= \oint\!\!\!\oint_S u\left(\frac{\partial v}{\partial x}\cos\alpha+\frac{\partial v}{\partial y}\cos\beta+\frac{\partial v}{\partial z}\cos\gamma\right)\mathrm{d}S\\
&= \oint\!\!\!\oint_S u\frac{\partial v}{\partial x}\mathrm{d}y\mathrm{d}z+u\frac{\partial v}{\partial y}\mathrm{d}x\mathrm{d}z+u\frac{\partial v}{\partial z}\mathrm{d}x\mathrm{d}y\\
&= \iiint_V\left[\frac{\partial}{\partial x}\left(u\frac{\partial v}{\partial x}\right)+\frac{\partial}{\partial y}\left(u\frac{\partial v}{\partial y}\right)+\frac{\partial}{\partial z}\left(u\frac{\partial v}{\partial z}\right)\right]\mathrm{d}V\\
&= \iiint_V\left[\frac{\partial u}{\partial x}\cdot\frac{\partial v}{\partial x}+u\frac{\partial^2 v}{\partial x^2}+\frac{\partial u}{\partial y}\cdot\frac{\partial v}{\partial y}+u\frac{\partial^2 v}{\partial y^2}+\frac{\partial u}{\partial z}\cdot\frac{\partial v}{\partial z}+u\frac{\partial^2 v}{\partial z^2}\right]\mathrm{d}V\\
&= \iiint_V\left(\frac{\partial u}{\partial x}\cdot\frac{\partial v}{\partial x}+\frac{\partial u}{\partial y}\cdot\frac{\partial v}{\partial y}+\frac{\partial u}{\partial z}\cdot\frac{\partial v}{\partial z}\right)+u\left(\frac{\partial^2 v}{\partial x^2}+\frac{\partial^2 v}{\partial y^2}+\frac{\partial^2 v}{\partial z^2}\right)\mathrm{d}V\\
&= \iiint_V(\mathbf{grad}\,u\cdot\mathbf{grad}\,v)\,\mathrm{d}V.
\end{aligned}$$

第十一章　无 穷 级 数

11.1　教学基本要求

1. 理解常数项级数收敛、发散，以及收敛级数和概念，掌握级数的基本性质及收敛的必要条件.

2. 掌握等比级数(几何级数)与 P-级数的敛散性.

3. 掌握正项级数敛散性的比较判别法和比值判别法，会用根值判别法.

4. 掌握交错级数的莱布尼茨判别法.

5. 理解任意项级数绝对收敛和条件收敛的概念，以及绝对收敛与条件收敛的关系.

6. 了解函数项级数的收敛域及和函数概念.

7. 掌握幂级数的收敛半径，收敛区间及收敛域的求法.

8. 了解幂级数在收敛区间内的一些基本运算性质(代数的、分析的)，会求一些幂级数在收敛域内的和函数，并会求某些数项级数的和.

9. 了解函数展开为泰勒级数的充分必要条件.

10. 掌握 $e^x, \sin x, \cos x, \ln(1+x)$ 和 $(1+x)^\alpha$ 的麦克劳林展开式，会用它们将一些简单函数间接展开成幂级数.

11. 了解幂级数在近似计算上的简单应用.

12. 了解函数的傅里叶级数概念和它的系数公式，了解函数展开为傅里叶级数的狄利克雷条件和收敛结论.会将定义在 $[-l,l]$(特别是 $[-\pi,\pi]$)上的函数展开为傅里叶级数，会将定义在 $[0,l]$($[0,\pi]$)上的函数展开为正弦级数与余弦级数.会写出傅里叶级数的和函数表达式.

11.2　内 容 总 结

11.2.1　无穷级数的概念与性质

1. 无穷级数　无穷序列 $\{u_n\}$ 依次用“+”号连接的式子

$$\sum_{n=1}^{\infty} u_n = u_1 + u_2 + \cdots + u_n + \cdots \tag{1}$$

称为无穷级数.

2. 收敛与发散　若(1)式的部分和序列 $S_n = u_1+u_2+\cdots+u_n$ 有极限，则称无穷级数(1)**收敛**，并称此极限值为无穷级数(1)的和，否则称(1)**发散**.

$$\sum_{n=1}^{\infty} u_n \text{ 收敛} \Leftrightarrow \lim_{n\to\infty} S_n \text{ 存在}.$$

3. 性质

(1) 收敛级数具有线性性

$$\sum_{n=1}^{\infty}(au_n \pm bv_n)=a\sum_{n=1}^{\infty}u_n \pm b\sum_{n=1}^{\infty}v_n$$

(一个收敛和一个发散的无穷级数,它们对应项的和(差)构成的无穷级数必发散).

(2) $\sum_{n=1}^{\infty}u_n$ 收敛的必要条件是 $\lim_{n\to\infty}u_n=0$ ($u_n\not\to 0$,级数必发散).

(3) 收敛级数可以任意加括号(发散级数可以任意去掉括号;若加括号后级数发散,原级数必发散).

(4)改变有限项,不影响级数敛散性.

4. 三个常用的重要级数

(1) 等比级数(几何级数) $\sum_{n=0}^{\infty}ar^n(a\neq 0)$,当 $|r|<1$ 时,收敛;当 $|r|\geqslant 1$ 时,发散.

(2) P-级数 $\sum_{n=1}^{\infty}\frac{1}{n^p}$, 当 $p>1$ 时,收敛;当 $p\leqslant 1$ 时,发散($p=1$ 时,称为调和级数,发散).

(3) $\sum_{n=2}^{\infty}\frac{1}{n(\ln n)^p}$, 当 $p>1$ 时,收敛;当 $p\leqslant 1$ 时,发散.

11.2.2 数项级数的分类及敛散性判别方法

1. 正项级数 $\sum_{n=1}^{\infty}u_n$ $(u_n>0)$

(1) 正项级数 $\sum_{n=1}^{\infty}u_n$ 收敛⇔部分和序列 $\{S_n\}$ 有界.

(2) 比较判别法,设 $\sum_{n=1}^{\infty}u_n$, $\sum_{n=1}^{\infty}v_n$ 为两个正项级数,满足不等式

$$u_n\leqslant cv_n \quad (n>N,\quad c \text{ 为正的常数}),$$

则当 $\sum_{n=1}^{\infty}v_n$ 收敛时,$\sum_{n=1}^{\infty}u_n$ 也收敛;当 $\sum_{n=1}^{\infty}u_n$ 发散时, $\sum_{n=1}^{\infty}v_n$ 也发散.

(3) 比较判别法的极限形式.设 $\sum_{n=1}^{\infty}u_n$, $\sum_{n=1}^{\infty}v_n$ 为两个正项级数,如果

$$\lim_{n\to\infty}\frac{u_n}{v_n}=c,$$

则当 $0<c<+\infty$ 时,两级数敛散性相同;当 $c=0$ 时,若 $\sum_{n=1}^{\infty}v_n$ 收敛,则 $\sum_{n=1}^{\infty}u_n$ 也收敛;当 $c=\infty$ 时,若 $\sum_{n=1}^{\infty}v_n$ 发散,则 $\sum_{n=1}^{\infty}u_n$ 也发散.

(4) 比值法与根值法:正项级数 $\sum_{n=1}^{\infty}u_n$, 若

$$\lim_{n\to\infty}\frac{u_{n+1}}{u_n}=\rho \quad 或 \quad \lim_{n\to\infty}\sqrt[n]{u_n}=\rho,$$

则当 $\rho<1$ 时,级数收敛;当 $\rho>1$(或 $\rho=+\infty$)时,级数发散,且此时有 $\lim\limits_{n\to\infty}u_n\neq 0$.

(5) 积分判别法,设 $\sum\limits_{n=1}^{\infty}u_n$ 为正项级数,函数 $f(x)$ 在区间 $[a,+\infty)$ 上非负、连续、单调下降,且

$$f(n)=u_n \quad (n\geqslant N),$$

则级数 $\sum\limits_{n=1}^{\infty}u_n$ 与反常积分 $\int_a^{+\infty}f(x)\mathrm{d}x$ 敛散性相同.

(6) 还可以利用无穷级数敛散性定义及性质来判断敛散性.

2. 任意项级数

(1) 用正项级数敛散性判别法,考察任意项级数的绝对收敛性.绝对收敛⇒收敛.

(2) 对条件收敛和发散的判定

① 如果用比值法或根值法判定级数不绝对收敛,它必发散.

② 交错级数 $\sum\limits_{n=1}^{\infty}(-1)^{n-1}u_n$ 的莱布尼茨判别法:若

$$\lim_{n\to\infty}u_n=0 \quad 且 \quad u_n\geqslant u_{n+1} \quad (n=1,2,\cdots),$$

则级数收敛,其和 $s\leqslant u_1$,余和 $r_n=s-s_n$,满足 $|r_n|\leqslant u_{n+1}$.

③ 用级数敛散性定义及性质判定.

11.2.3　幂级数 $\sum\limits_{n=0}^{\infty}a_nx^n$ (或 $\sum\limits_{n=0}^{\infty}a_n(x-x_0)^n$)

1. 阿贝尔引理　如果幂级数 $\sum\limits_{n=0}^{\infty}a_nx^n$ 在点 $x_0(x_0\neq 0)$ 处收敛,则当 $|x|<|x_0|$ 时,级数绝对收敛;如果在点 x_0 处发散,则当 $|x|>|x_0|$ 时,级数发散.

2. 幂级数 $\sum\limits_{n=0}^{\infty}a_nx^n$ 的收敛半径 R、收敛区间、收敛域的求法

收敛半径的求法:(1)用公式

$$R=\lim_{n\to\infty}\left|\frac{a_n}{a_{n+1}}\right| \quad 或 \quad R=\lim_{n\to\infty}\frac{1}{\sqrt[n]{a_n}}.$$

(2) 作变换或直接利用数项级数的比值法、根值法来求收敛半径.(3) 利用幂级数的运算性质(逐项积分、微分后的级数收敛半径不变).(4) 用阿贝尔引理.

收敛区间为 $(-R,R)$($\sum\limits_{n=1}^{\infty}a_n(x-x_0)^n$ 的收敛区间为 (x_0-R,x_0+R)),在收敛区间内幂级数绝对收敛.使幂级数条件收敛的点(如果有)只能是收敛区间的端点.

收敛域,当 $0<R<+\infty$ 时,还要讨论收敛区间端点 $x=\pm R$ 处级数的敛散性,来确定收敛域,当 $R=0$ 或 $R=+\infty$ 时,收域区间就是收敛域.

3. 幂级数的运算

设 $\sum_{n=0}^{\infty} a_n x^n = f(x),\quad x\in(-R,R)$; $\sum_{n=0}^{\infty} b_n x^n = g(x), x\in(-\overline{R},\overline{R}), R<\overline{R}$.

(1) 加(减)法

$$\sum_{n=0}^{\infty} a_n x^n \pm \sum_{n=0}^{\infty} b_n x^n = \sum_{n=0}^{\infty}(a_n \pm b_n)x^n = f(x)\pm g(x),\quad x\in(-R,R).$$

(2) 乘法

$$\left(\sum_{n=0}^{\infty} a_n x^n\right)\left(\sum_{n=0}^{\infty} b_n x^n\right) = \sum_{n=0}^{\infty}\left(\sum_{i=0}^{n} a_i b_{n-i}\right)x^n = f(x)g(x),\quad x\in(-R,R).$$

(3) 除法

$$\left(\sum_{n=0}^{\infty} a_n x^n\right)\Big/\left(\sum_{n=0}^{\infty} b_n x^n\right) = \sum_{n=0}^{\infty} c_n x^n = f(x)/g(x),\quad b_0\neq 0,$$

除法作为乘法的逆运算来确定系数 c_n.商的幂级数收敛半径不超过 R.

(4) 在收敛域上,幂级数为连续函数.

(5) 在收敛域内,幂级数可逐项积分,收敛半径不变.

$$\int_0^x f(x)\,\mathrm{d}x = \sum_{n=0}^{\infty}\left(a_n\int_0^x x^n\,\mathrm{d}x\right) = \sum_{n=0}^{\infty}\frac{a_n}{n+1}x^{n+1}.$$

(6) 在收敛域内,幂级数可逐项微分,收敛半径不变.

$$f'(x) = \sum_{n=0}^{\infty}(a_n x^n)' = \sum_{n=1}^{\infty} n a_n x^{n-1}.$$

4. 函数的幂级数展开,某些幂级数求和

(1) 函数 $f(x)$ 在 $U_\delta(x_0)$ 可展开为幂级数的条件:① 在 $U_\delta(x_0)$ 内,$f(x)$ 的各阶导数都存在;② 在 $U_\delta(x_0)$ 内,$f(x)$ 的泰勒公式的余项 $R_n(x)\to 0$(当 $n\to\infty$).

(2) 展开式是唯一的,即泰勒级数

$$f(x)=f(x_0)+f'(x_0)(x-x_0)+\cdots+\frac{f^{(n)}(x_0)}{n!}(x-x_0)^n+\cdots,\quad x\in U_\delta(x_0).$$

直接展开法 先求 $f^{(n)}(x)$,$f^{(n)}(x_0)$,写出泰勒级数,求收敛域;然后,在收敛域内求 $\lim\limits_{n\to\infty}R_n(x)=0$的区间,就是展开区间.

间接展开法 是利用已知的展开公式,通过幂级数的运算等手段,将函数展开为幂级数的方法.

(3) 某些幂级数求和函数问题,是通过对幂级数进行适当的运算、变换等手段,将它化为熟知和函数的级数,如等比级数 $\sum_{n=0}^{\infty} ax^n = \frac{a}{1-x}$,及$\sum_{n=0}^{\infty}\frac{x^n}{n!} = \mathrm{e}^x$,…,求出和函数,再作逆运算、变换,求出给定的幂级数的和函数.

(4) 数项级数求和问题,一个方法是由部分和序列取极限;另一个方法是把它看作某个幂级数在一点的值,通过幂级数求和得到.

5. 幂级数的应用

主要有：函数的多项式逼近，近似计算，求积分，解方程等.

11.2.4 傅里叶级数

1. 周期为 $2l$ 的函数的傅里叶级数与系数公式

$$f(x)\sim\frac{a_0}{2}+\sum_{n=1}^{\infty}\left(a_n\cos\frac{n\pi x}{l}+b_n\sin\frac{n\pi x}{l}\right),$$

$$\begin{cases}a_0=\dfrac{1}{l}\displaystyle\int_{-l}^{l}f(x)\,\mathrm{d}x,\\ a_n=\dfrac{1}{l}\displaystyle\int_{-l}^{l}f(x)\cos\frac{n\pi x}{l}\mathrm{d}x,\\ b_n=\dfrac{1}{l}\displaystyle\int_{-l}^{l}f(x)\sin\frac{n\pi x}{l}\mathrm{d}x,\quad n=1,2,\cdots.\end{cases}$$

(1) 当 $f(x)$ 为奇函数时，是**正弦级数**

$$f(x)\sim\sum_{n=1}^{\infty}b_n\sin\frac{n\pi x}{l},$$

$$b_n=\frac{2}{l}\int_0^l f(x)\sin\frac{n\pi x}{l}\mathrm{d}x,\quad n=1,2,\cdots.$$

(2) 当 $f(x)$ 为偶函数时，是**余弦级数**

$$f(x)\sim\frac{a_0}{2}+\sum_{n=1}^{\infty}a_n\cos\frac{n\pi x}{l},$$

$$a_0=\frac{2}{l}\int_0^l f(x)\,\mathrm{d}x,$$

$$a_n=\frac{2}{l}\int_0^l f(x)\cos\frac{n\pi x}{l}\mathrm{d}x,\quad n=1,2,\cdots.$$

2. **收敛定理**　如果 $f(x)$ 在 $[-l,l]$ 上满足狄利克雷条件：

(1) 除有限个第一类间断点外，处处连续；

(2) 分段单调，单调区间个数有限.

则 $f(x)$ 的傅里叶级数在 $[-l,l]$ 上处处收敛到 $\frac{1}{2}[f(x^-)+f(x^+)]$.

11.3　思考与讨论

1. 若数列 $\{na_n\}$ 收敛，且级数 $\sum\limits_{n=1}^{\infty}n(a_n-a_{n-1})$ 收敛，则级数 $\sum\limits_{n=0}^{\infty}a_n$______.

分析　根据给定的条件，用级数收敛和发散的定义判定.设 $\sum\limits_{n=1}^{\infty}n(a_n-a_{n-1})$ 的部分和为

S_n，$\sum\limits_{n=0}^{\infty} a_n$ 的部分和为 σ_n，则

$$S_n=(a_1-a_0)+2(a_2-a_1)+\cdots+n(a_n-a_{n-1})$$
$$=-(a_0+a_1+\cdots+a_{n-1})+na_n=-\sigma_n+na_n,$$

即

$$\sigma_n=na_n-S_n.$$

两边取极限知，级数 $\sum\limits_{n=0}^{\infty} a_n$ 收敛.

应填收敛.

2. 设 $\lim\limits_{n\to\infty}[n^{\alpha}(e^{\frac{1}{n}}-1)^{-1}a_n]=c$，$0<\alpha,c<+\infty$，则级数 $\sum\limits_{n=1}^{\infty} a_n$ ______.

分析 给定如此的极限，讨论级数敛散性问题，可利用比较判别法的极限形式来解决. 由于 $(e^{\frac{1}{n}}-1)\sim\frac{1}{n}$（当 $n\to\infty$），

$$c=\lim_{n\to\infty}[n^{\alpha}(e^{\frac{1}{n}}-1)^{-1}a_n]=\lim_{n\to\infty}\frac{a_n}{\frac{1}{n^{\alpha}}(e^{\frac{1}{n}}-1)}=\lim_{n\to\infty}\frac{a_n}{\frac{1}{n^{1+\alpha}}}.$$

由此可见：(1) 当 n 充分大时，$a_n\geqslant 0$；(2) 由比较判别法的极限形式及 P-级数的敛散性知，级数 $\sum\limits_{n=1}^{\infty} a_n$ 收敛.

应填收敛.

3. 若 $\{a_n\}$ 是等差数列，则级数 $\sum\limits_{n=1}^{\infty}\frac{(-1)^n}{a_n}$（　　）.

(A) 绝对收敛　　(B) 条件收敛

(C) 发散　　(D) 敛散性与公差有关

分析 当 n 充分大后，$\sum\limits_{n=1}^{\infty}\frac{(-1)^n}{a_n}$ 为交错级数. 设 d 为公差，$a_n=a_1+(n-1)d$ $(n=1,2,\cdots)$，

$$\sum_{n=1}^{\infty}\frac{1}{|a_n|}=\sum_{n=1}^{\infty}\frac{1}{|a_1+(n-1)d|}.$$

与 $\sum\limits_{n=2}^{\infty}\frac{1}{n-1}$ 比较知，$\sum\limits_{n=1}^{\infty}\frac{(-1)^n}{a_n}$ 不绝对收敛. 当 n 充分大时，$\frac{1}{a_n}$ 符号不变，$\frac{1}{|a_n|}$ 单调下降，且

$$\lim_{n\to\infty}\frac{1}{|a_n|}=0,$$

由莱布尼茨判别法知，级数 $\sum\limits_{n=1}^{\infty}\frac{(-1)^n}{a_n}$ 条件收敛.

应选 B.

4. 设 $u_n=(-1)^n\ln\left(1+\frac{1}{\sqrt{n}}\right)$，则级数 (1) $\sum\limits_{n=1}^{\infty}u_n$ 和 (2) $\sum\limits_{n=1}^{\infty}u_n^2$（　　）.

(A) 都收敛　　(B) 都发散

(C) (1)收敛,(2)发散　　(D) (1)发散,(2)收敛

分析　由莱布尼茨判别法知,(1)收敛.因为 $\ln\left(1+\frac{1}{\sqrt{n}}\right)\sim\frac{1}{\sqrt{n}}$,$u_n^2\sim\frac{1}{n}$,故(2)发散.

应选 C.

【注】　正项级数 $\sum\limits_{n=1}^{\infty}a_n$ 收敛时,$\sum\limits_{n=1}^{\infty}a_n^2$ 必收敛,对任意项级数没有这样的结论.

5. 若级数 $\sum\limits_{n=1}^{\infty}u_n$ 和 $\sum\limits_{n=1}^{\infty}v_n$ 都发散,则下列级数中,必发散的是(　　).

(A) $\sum\limits_{n=1}^{\infty}(u_n+v_n)$　　(B) $\sum\limits_{n=1}^{\infty}u_nv_n$

(C) $\sum\limits_{n=1}^{\infty}(|u_n|+|v_n|)$　　(D) $\sum\limits_{n=1}^{\infty}(u_n^2+v_n^2)$

分析　由条件知,$\sum\limits_{n=1}^{\infty}|u_n|$,$\sum\limits_{n=1}^{\infty}|v_n|$ 是发散的正项级数,其部分和均无界,所以 $\sum\limits_{n=1}^{\infty}(|u_n|+|v_n|)$ 的部分和无界,故级数(C)发散.

因为两个发散级数的和差可能收敛,也可能发散,故否定了(A);又 $\sum\limits_{n=1}^{\infty}\frac{1}{n}$ 发散,但 $\sum\limits_{n=1}^{\infty}\frac{1}{n^2}$ 收敛,否定了(B)、(D).

应选 C.

6. 已知级数 $\sum\limits_{n=1}^{\infty}u_n$ 收敛,则下列级数中,必收敛的是(　　).

(A) $\sum\limits_{n=1}^{\infty}(-1)^n\frac{u_n}{n}$　　(B) $\sum\limits_{n=1}^{\infty}u_n^2$

(C) $\sum\limits_{n=1}^{\infty}(u_{2n-1}-u_{2n})$　　(D) $\sum\limits_{n=1}^{\infty}(u_n+u_{n+1})$

分析　因收敛级数的和(差)是收敛级数,故(D)收敛.注意,这里 u_n 未见非负.由第4题,否定了(B);当 $u_n=\frac{(-1)^n}{\ln n}$ 时否定了(A)和(C).

应选 D.

7. 下面各条说法中,正确的是(　　).

(A) 若 $\sum\limits_{n=1}^{\infty}u_n$ 收敛,且 $u_n\geqslant v_n$,则 $\sum\limits_{n=1}^{\infty}v_n$ 也收敛

(B) 若 $\sum\limits_{n=1}^{\infty}|u_nv_n|$ 收敛,则 $\sum\limits_{n=1}^{\infty}u_n^2$ 和 $\sum\limits_{n=1}^{\infty}v_n^2$ 均收敛

(C) 若正项级数 $\sum\limits_{n=1}^{\infty}u_n$ 发散,则 $u_n\geqslant\frac{1}{n}$

(D) 若 $\sum\limits_{n=1}^{\infty}u_n^2$ 和 $\sum\limits_{n=1}^{\infty}v_n^2$ 均收敛,则 $\sum\limits_{n=1}^{\infty}(u_n\pm v_n)^2$ 均收敛

分析 由不等式 $u_n^2+v_n^2\geqslant 2|u_nv_n|$，$(u_n\pm v_n)^2\leqslant 2(u_n^2+v_n^2)$，知(D)成立.由于比较判别法仅对正项级数适用，对任意项级数不适用.如 $\sum\limits_{n=1}^{\infty}\frac{1}{n^2}$ 收敛，$\frac{1}{n^2}>-\frac{1}{n}$，但 $\sum\limits_{n=1}^{\infty}\left(-\frac{1}{n}\right)$ 发散，否定了(A).级数 $\sum\limits_{n=1}^{\infty}\left|2\cdot\frac{1}{n^2}\right|$ 收敛，但 $\sum\limits_{n=1}^{\infty}2^2$ 发散，否定了(B).正项级数 $\sum\limits_{n=1}^{\infty}\frac{1}{2n}$ 发散，但$\frac{1}{2n}<\frac{1}{n}$，否定了(C).

应选 D.

8. 设 $u_n^+=\frac{|u_n|+u_n}{2}$，$u_n^-=\frac{|u_n|-u_n}{2}$，对如下四个级数：

(i) $\sum\limits_{n=1}^{\infty}|u_n|$　　(ii) $\sum\limits_{n=1}^{\infty}u_n$

(iii) $\sum\limits_{n=1}^{\infty}u_n^+$　　(iv) $\sum\limits_{n=1}^{\infty}u_n^-$

下面说法中，错误的是(　　).

(A) 若(i)收敛，则(ii)、(iii)、(iv)都收敛

(B) 若(i)发散，(ii)收敛，则(iii)、(iv)都发散

(C) 若(iii)收敛，(iv)发散，则(i)、(ii)都发散

(D) 若(iii)、(iv)都发散，则(i)、(ii)都发散

分析 级数绝对收敛的充要条件是它的正项级数和负项级数都收敛.又绝对收敛级数是收敛的，所以(A)正确.一个收敛级数与一个发散级数的和差是发散的，所以(C)正确.条件收敛的级数，其正、负项两个级数都发散，所以(B)正确.(iii)、(iv)两个正项级数都发散时，它们的和(i)必发散，它们的差(ii)可能收敛，也可能发散，故(D)是错误的.

应选 D.

9. 设 α 为常数，则级数 $\sum\limits_{n=1}^{\infty}\left[\frac{\sin(n\alpha)}{n^2}-\frac{1}{\sqrt{n}}\right]$ (　　).

(A) 绝对收敛　　(B) 条件收敛

(C) 发散　　(D) 敛散性与 α 有关

分析 1 (拆项法) $\sum\limits_{n=1}^{\infty}\frac{\sin(n\alpha)}{n^2}$ 绝对收敛，$\sum\limits_{n=1}^{\infty}\frac{1}{\sqrt{n}}$ 发散，故所论级数发散.

分析 2 因为 $\left|\frac{\sin(n\alpha)}{n^2}\right|\leqslant\frac{1}{n^2}<\frac{1}{\sqrt{n}}(n>1)$，故所论级数是负项级数，变号后，用比较判别法

$$\lim_{n\to\infty}\frac{\frac{1}{\sqrt{n}}-\frac{\sin(n\alpha)}{n^2}}{\frac{1}{\sqrt{n}}}=1,$$

又 $\sum\limits_{n=1}^{\infty}\frac{1}{\sqrt{n}}$ 发散，于是所论级数发散.

应选 C.

10. 正项级数 $\sum_{n=1}^{\infty} a_n$ 收敛，常数 $\lambda \in \left(0, \frac{\pi}{2}\right)$，则幂级数 $\sum_{n=1}^{\infty}\left(n\tan\frac{\lambda}{n}\right)a_{2n}x^n$ 在 $x=-\frac{1}{2}$ 处(　　).

(A) 绝对收敛　　(B) 条件收敛

(C) 发散　　(D) 敛散性与 λ 有关

分析　正项级数 $\sum_{n=1}^{\infty} a_n$ 收敛，其部分和有界，故 $\sum_{n=1}^{\infty} a_{2n}$ 的部分和有界，推得 $\sum_{n=1}^{\infty} a_{2n}$ 收敛.又

$$\lim_{n\to\infty}\frac{\left(n\tan\frac{\lambda}{n}\right)a_{2n}}{a_{2n}}=\lambda,$$

由比较判别法知，幂级数 $\sum_{n=1}^{\infty}\left(n\tan\frac{\lambda}{n}\right)a_{2n}x^n$ 在 $x=1$ 处收敛，根据阿贝尔引理知，此幂级数在 $x=-\frac{1}{2}$ 处绝对收敛.

应选 A.

【注】　对抽象的级数判定敛散性时，要从给定的条件中寻找方法.

11. 判别级数

$$\sum_{n=2}^{\infty}(-1)^n u_n=\frac{1}{\sqrt{2}-1}-\frac{1}{\sqrt{2}+1}+\cdots+\frac{1}{\sqrt{n}-1}-\frac{1}{\sqrt{n}+1}+\cdots$$

的敛散性时，下列方法和结论都正确的是(　　).

(A) 因为通项的极限 $\lim_{n\to\infty}(-1)^n u_n=0$，所以级数收敛

(B) 由 $\lim_{n\to\infty}u_n=0$，但 $\{u_n\}$ 不单调下降，根据莱布尼茨判别法知，级数发散

(C) 由于两项加一括号，得级数 $\sum_{n=2}^{\infty}\frac{2}{n-1}$ 发散，所以原级数发散

(D) 因为各项取绝对值得到级数 $\sum_{n=2}^{\infty}\left(\frac{1}{\sqrt{n}-1}+\frac{1}{\sqrt{n}+1}\right)$ 发散，所以原级数发散

分析　通项趋于零是级数收敛的必要条件，不是充分条件，否定(A)；莱布尼茨判别法的条件是交错级数收敛的充分条件，不是必要条件，否定(B)；发散级数可以任意去括号，所以(C)正确；不绝对收敛的级数，可能条件收敛，也可能发散，故(D)的方法是错的.

应选 C.

12. 设 $a_n>0$，$\sum_{n=1}^{\infty}(-1)^{n-1}a_n=2$，$\sum_{n=1}^{\infty}a_{2n-1}=5$，则级数 $\sum_{n=1}^{\infty}a_n$ 的和为(　　).

(A) 12　　(B) 8

(C) 7　　(D) 3

分析　$\sum_{n=1}^{\infty}a_n=2\sum_{n=1}^{\infty}a_{2n-1}-\sum_{n=1}^{\infty}(-1)^{n-1}a_n=10-2=8.$

应选 B.

13. 设函数$f(x)=\begin{cases} x, & 0\leqslant x\leqslant \dfrac{1}{2}, \\ 2-2x, & \dfrac{1}{2}<x\leqslant 1 \end{cases}$的余弦级数$\dfrac{a_0}{2}+\sum\limits_{n=1}^{\infty} a_n\cos n\pi x=S(x), x\in(-\infty, +\infty)$，则$S(x)$的周期$T$及$S\left(-\dfrac{5}{2}\right)$的值依次为(　　).

(A) $1,-\dfrac{3}{4}$　　(B) $1,\dfrac{3}{4}$

(C) $2,-\dfrac{3}{4}$　　(D) $2,\dfrac{3}{4}$

分析　$f(x)$作偶延拓,展开余弦级数,周期$T=2l=2$. 根据收敛定理

$$S\left(-\frac{5}{2}\right)=S\left(-\frac{1}{2}\right)=S\left(\frac{1}{2}\right)=\frac{1}{2}\left[\frac{1}{2}+\left(2-2\cdot\frac{1}{2}\right)\right]=\frac{3}{4}.$$

应选 D.

11.4 典型错误纠正

1. 讨论级数$-1+\dfrac{1}{2^2}-\dfrac{1}{3}+\dfrac{1}{4^2}-\cdots-\dfrac{1}{2n-1}+\dfrac{1}{(2n)^2}-\cdots$的敛散性.

解　因为此级数的通项

$$u_n\leqslant\frac{1}{n^2},$$

又级数$\sum\limits_{n=1}^{\infty}\dfrac{1}{n^2}$收敛,故由比较判别法知,所论级数收敛.

问题分析　错误地把正项级数的比较判别法用到交错级数上,得到错误的结论.

用拆项法,因为$\sum\limits_{n=1}^{\infty}\dfrac{1}{2n-1}$发散,$\sum\limits_{n=1}^{\infty}\dfrac{1}{(2n)^2}$收敛,所以

$$\sum_{n=1}^{\infty}\left(-\frac{1}{2n-1}+\frac{1}{(2n)^2}\right)$$

发散,去掉括号后级数仍发散.

2. 判定$\sum\limits_{n=1}^{\infty}\dfrac{\cos(n\pi)}{n^{\frac{1}{n}}}$的敛散性.

解　因为

$$\lim_{n\to\infty}\frac{u_{n+1}}{u_n}=\lim_{n\to\infty}\frac{\cos(n+1)\pi}{(n+1)^{\frac{1}{n+1}}}\Big/\frac{\cos(n\pi)}{n^{\frac{1}{n}}}=-\lim_{n\to\infty}\frac{n^{\frac{1}{n}}}{(n+1)^{\frac{1}{n+1}}}=-1=\rho<1$$

及比值判别法知,所论级数收敛.

问题分析　比值判别法适用于正项级数,不能直接用在任意项级数上.

本题可根据通项的极限

$$\lim_{n\to\infty}\frac{\cos(n\pi)}{n^{\frac{1}{n}}}=\lim_{n\to\infty}\frac{(-1)^n}{n^{\frac{1}{n}}}$$

不存在(不为零),判定级数发散.

【注】 讨论数项级数的敛散性时,首先要认定级数的类型:正项级数、任意项级数、交错级数,不同的级数有不同的判定敛散性的方法.

3. 判定级数 $\sum_{n=1}^{\infty}(-1)^{\frac{n(n+1)}{2}}\frac{1}{n}$ 的敛散性.

解法 1 由比值判别法的一般形式,因为

$$\frac{|u_{n+1}|}{|u_n|}=\frac{n}{n+1}<1,$$

所以,级数绝对收敛.

解法 2 因 $\sum_{n=1}^{\infty}\frac{1}{n}$ 发散,故所论级数不绝对收敛.将级数加括号为交错级数

$$-\left(1+\frac{1}{2}\right)+\left(\frac{1}{3}+\frac{1}{4}\right)-\left(\frac{1}{5}+\frac{1}{6}\right)+\cdots,$$

由莱布尼茨判别法知它收敛,故所论级数条件收敛.

问题分析 解法 1 等于说 $\sum_{n=1}^{\infty}\frac{1}{n}$ 收敛,显然是错的.它错在对比值判别法的一般形式理解上,这个一般形式应为:对正项级数 $\sum_{n=1}^{\infty}u_n$,若

$$\frac{u_{n+1}}{u_n}\leqslant r<1,$$

即后项与前项的比值要小于一个比 1 小的常数 r,才能断定 $\sum_{n=1}^{\infty}u_n$ 收敛.

解法 2 中,由带括号的级数收敛,推不出去掉无穷个括号后级数收敛,所以解法 2 也是错的.

在解法 2 的基础上,可推出原级数的部分和数列 $\{S_n\}$ 的偶子列极限存在,设

$$\lim_{n\to\infty}S_{2n}=S,$$

又 $\lim_{n\to\infty}|u_n|=\lim_{n\to\infty}\frac{1}{n}=0$ 知

$$\lim_{n\to\infty}S_{2n+1}=\lim_{n\to\infty}(S_{2n}+u_{2n+1})=S.$$

故 $\lim_{n\to\infty}S_n=S$.因此,原级数条件收敛.

4. 讨论 $\sum_{n=1}^{\infty}\left(1+\frac{1}{2}+\cdots+\frac{1}{n}\right)x^n$ 的敛散性.

解 因为 $\sum_{n=1}^{\infty}\frac{1}{n}$ 发散,所以 $\lim_{n\to\infty}a_n=\lim_{n\to\infty}\left(1+\frac{1}{2}+\cdots+\frac{1}{n}\right)=\infty\neq0$,故级数 $\sum_{n=1}^{\infty}\left(1+\frac{1}{2}+\cdots+\frac{1}{n}\right)x^n$ 除 $x=0$ 外,处处发散.

问题分析 $\lim_{n\to\infty}a_n$ 是幂级数系数的极限,不是通项的极限.这里用错“收敛级数通项为无

穷小”性质.

正确解法是先求收敛半径

$$R=\lim_{n\to\infty}\frac{a_n}{a_{n+1}}=\lim_{n\to\infty}\frac{a_n}{a_n+\dfrac{1}{n+1}}=1.$$

又因 $\lim\limits_{n\to\infty}a_n=\infty$，所以，$\sum\limits_{n=1}^{\infty}\left(1+\frac{1}{2}+\cdots+\frac{1}{n}\right)$ 和 $\sum\limits_{n=1}^{\infty}(-1)^n\left(1+\frac{1}{2}+\cdots+\frac{1}{n}\right)$ 均发散，因此原幂级数的收敛域为 $(-1,1)$.

5. 已知幂级数 $\sum\limits_{n=0}^{\infty}a_nx^n$ 的收敛半径 $R=3$，求 $\sum\limits_{n=1}^{\infty}na_n(x-1)^n$ 的收敛区间.

解 后一级数的收敛半径

$$R=\lim_{n\to\infty}\frac{na_n}{(n+1)a_{n+1}}=\lim_{n\to\infty}\frac{a_n}{a_{n+1}}=3,$$

又收敛区间的中心在 $x=1$ 处，故所求收敛区间为 $(-2,4)$.

问题分析 由 $\sum\limits_{n=0}^{\infty}a_nx^n$ 的收敛半径 $R=3$，推不出 $\lim\limits_{n\to\infty}\frac{a_n}{a_{n+1}}=3$，这个极限可能不存在.所以在题解中有逻辑思维的错误.

正确解法是：将 $\sum\limits_{n=0}^{\infty}a_nx^n$ 逐项求导得 $\sum\limits_{n=1}^{\infty}na_nx^{n-1}$，收敛半径不变；再乘 x，级数 $\sum\limits_{n=1}^{\infty}na_nx^n$ 收敛半径仍为 3.故 $\sum\limits_{n=1}^{\infty}na_n(x-1)^n$ 的收敛半径为 3，其收敛区间为 $(-2,4)$.

6. 求幂级数 $\sum\limits_{n=1}^{\infty}nx^n$ 的和.

解 显然该级数收敛域为 $(-1,1)$，设级数和为 $S(x)$，则

$$\begin{aligned}S(x)&=\sum_{n=1}^{\infty}nx^n=x\sum_{n=1}^{\infty}nx^{n-1}=x\sum_{n=1}^{\infty}(x^n)'=x\left(\sum_{n=1}^{\infty}x^n\right)'\\&=x\left(\frac{1}{1-x}\right)'=\frac{x}{(1-x)^2}.\end{aligned}$$

问题分析 等比级数求和公式搞错，$\sum\limits_{n=1}^{\infty}x^n=\frac{x}{1-x}$. 注意这里 n 从 1 开始，不是从 0 开始.这样等比级数的和函数差一个常数 1，和函数的导数相等，所以只看最后的答案是没错的.

11.5 释疑解惑

1. 有限项加法运算满足结合律和交换律，无穷级数是否也满足这两条规律？

答 一般的无穷级数不满足结合律，但收敛的无穷级数可以任意加括号，正项级数可以任意加括号，一般发散的无穷级数不能加无穷多个括号，如级数

$$\sum_{n=1}^{\infty}(-1)^{n+1}=1-1+1-1+\cdots+(-1)^{n+1}+\cdots$$

发散,两项加一个括号,将得到收敛级数

$$\sum_{n=1}^{\infty} 0=(1-1)+(1-1)+\cdots+(1-1)+\cdots.$$

一般的无穷级数也不满足交换律,甚至收敛的级数一般也不满足交换律,只有绝对收敛的级数才满足交换律.

级数 $\sum\limits_{n=1}^{\infty} \dfrac{(-1)^{n+1}}{n}$ 是条件收敛的,我们可以交换各项的位置,使新级数收敛到任何一个数或以任何方式发散,这是因为它的正项和负项的两个级数

$$\sum_{n=1}^{\infty} \frac{1}{2n-1}, \quad \sum_{n=1}^{\infty} \frac{-1}{2n}$$

都发散,前者部分和的极限为$+\infty$,后者的为$-\infty$,且通项都趋于零.比如要用这些项构造一个收敛到 10 的级数,可先从正项中的第一项开始加到部分和超过 10 的一项,在此基础上,再加负项,一旦和小于 10 就停止,再加正项,一旦大于 10 就停止,…,这样构造出的无穷级数收敛,和为 10.

2. 若正项级数 $\sum\limits_{n=1}^{\infty} u_n$ 收敛(发散),必有 $\lim\limits_{n\to\infty}\dfrac{u_{n+1}}{u_n}=\rho<1(>1)$ 或 $\lim\limits_{n\to\infty}\sqrt[n]{u_n}=\rho<1(>1)$ 吗?

答　不一定.

$\rho<1$ 仅是正项级数收敛的充分条件,$\rho>1$ 仅是发散的充分条件,都不是必要条件.

【例】　正项级数 $\sum\limits_{n=1}^{\infty} \dfrac{1}{3^n}[\sqrt{2}+(-1)^n]^n$, 由于$\dfrac{1}{3^n}[\sqrt{2}+(-1)^n]^n<\left(\dfrac{1+\sqrt{2}}{3}\right)^n$,根据比较判别法知该正项级数收敛.但是

$$\lim_{n\to\infty}\frac{u_{n+1}}{u_n}=\lim_{n\to\infty}\frac{1}{3}\frac{[\sqrt{2}+(-1)^{n+1}]^{n+1}}{[\sqrt{2}+(-1)^n]^n},$$

$$\lim_{n\to\infty}\sqrt[n]{u_n}=\lim_{n\to\infty}\frac{1}{3}[\sqrt{2}+(-1)^n],$$

分 n 为奇数和偶数讨论,便知两个极限都不存在.

【例】　P-级数 $\sum\limits_{n=1}^{\infty} \dfrac{1}{n^p}$, 当 $p\leqslant 1$ 时发散,当 $p>1$ 时收敛.但是

$$\lim_{n\to\infty}\frac{u_{n+1}}{u_n}=\lim_{n\to\infty}\frac{n^p}{(n+1)^p}=1,$$

$$\lim_{n\to\infty}\sqrt[n]{u_n}=\lim_{n\to\infty}\frac{1}{\sqrt[n]{n^p}}=1.$$

【例】　级数 $1+\dfrac{1}{\sqrt{2}}+\dfrac{1}{3}+\dfrac{1}{\sqrt{4}}+\cdots+\dfrac{1}{2n-1}+\dfrac{1}{\sqrt{2n}}+\cdots$ 与调和级数比较知它发散,但是,由

$$\frac{u_{2n}}{u_{2n-1}}=\frac{2n-1}{\sqrt{2n}}\to\infty, \quad \frac{u_{2n+1}}{u_{2n}}=\frac{\sqrt{2n}}{2n+1}\to 0, (\text{当 } n\to\infty \text{ 时})$$

所以 $\lim\limits_{n\to\infty}\dfrac{u_{n+1}}{u_n}$ 不存在,而

$$\lim_{n\to\infty}\sqrt[n]{u_n}=1.$$

总之,比值判别法和根值判别法都是充分性判别法,对于$\lim\limits_{n\to\infty}\dfrac{u_{n+1}}{u_n}$或$\lim\limits_{n\to\infty}\sqrt[n]{u_n}$等于1,以及极限不存在(不是正无穷大)两种情况,不包含在两个判别法中.

3.(1)如果级数$\sum\limits_{n=1}^{\infty}u_n$收敛,则$\lim\limits_{n\to\infty}u_n=0$.因为$u_n^2$是$u_n$的高阶无穷小,所以级数$\sum\limits_{n=1}^{\infty}u_n^2$必收敛,对吗?

(2)如果级数$\sum\limits_{n=1}^{\infty}u_n$收敛,且$\lim\limits_{n\to\infty}\dfrac{v_n}{u_n}=1$,则级数$\sum\limits_{n=1}^{\infty}v_n$一定收敛,对吗?

答 (1)不对.第一,通项趋于零是级数收敛的必要条件,不是充分条件.第二,比较判别法只适用于正项级数.这里没有$u_n>0$的条件.比如,$\sum\limits_{n=1}^{\infty}\dfrac{(-1)^n}{\sqrt{n}}$收敛,但$\sum\limits_{n=1}^{\infty}\dfrac{1}{n}$发散.

如果$\sum\limits_{n=1}^{\infty}u_n$是收敛的正项级数,则$\sum\limits_{n=1}^{\infty}u_n^2$必收敛.可见本题的反例应从一般项级数中寻找.

(2)不对.比较判别法及其极限形式只适于正项级数,对一般级数不成立.例如

$$u_n=\frac{(-1)^n}{\sqrt{n}},\quad v_n=\frac{(-1)^n}{\sqrt{n}}+\frac{1}{n},$$

显然有

$$\lim_{n\to\infty}\frac{v_n}{u_n}=\lim_{n\to\infty}\left[1+\frac{(-1)^n}{\sqrt{n}}\right]=1,$$

但是级数$\sum\limits_{n=1}^{\infty}\dfrac{(-1)^n}{\sqrt{n}}$收敛,级数$\sum\limits_{n=1}^{\infty}\left(\dfrac{(-1)^n}{\sqrt{n}}+\dfrac{1}{n}\right)$发散.

4.判定正项级数敛散性的比值判别法和根值判别法各有何优点.

答 (1)首先指出:$\lim\limits_{n\to\infty}\dfrac{u_{n+1}}{u_n}=\rho\Rightarrow\lim\limits_{n\to\infty}\sqrt[n]{u_n}=\rho$,所以能用比值判别法判定敛散性的级数,用根值法也能判定.反之不然,如正项级数

$$\sum_{n=1}^{\infty}\frac{1}{2^{n+(-1)^n}},$$

因为

$$\frac{u_{n+1}}{u_n}=\frac{2^{(-1)^n}}{2\cdot 2^{(-1)^{n+1}}}=\begin{cases}2, & \text{当 } n \text{ 为偶数时},\\ \dfrac{1}{8}, & \text{当 } n \text{ 为奇数时},\end{cases}$$

显然这个比的极限不存在,不能用比值法判定,但

$$\sqrt[n]{u_n}=\frac{1}{2\cdot 2^{\frac{(-1)^n}{n}}}\to\frac{1}{2}<1\quad(\text{当 } n\to\infty \text{ 时}),$$

由根值法知此级数收敛.

(2)比值法比根值法在使用上常常简便些.通项中含有n的阶乘、因式乘除情况用比值

法方便，而通项中带有 n 次方幂情况用根值法较好.

5. 用比较判别法时，如何寻找比较级数？

答　使用比较判别法，需要知道较多的级数的敛散性，才能找到合适的比较级数.一般情况下先要对给定的正项级数 $\sum_{n=1}^{\infty} u_n$ 的敛散性有个初步估计或猜想.如果估计收敛，可把给定的级数的通项 u_n适当简化放大，$u_n<v_n$，当 $\sum_{n=1}^{\infty} v_n$ 收敛时，说明估计正确，$\sum_{n=1}^{\infty} v_n$ 就是比较的标准.如果估计发散，可把通项 u_n适当简化缩小，$0<v_n\leqslant u_n$，当 $\sum_{n=1}^{\infty} v_n$ 发散时，说明估计正确，$\sum_{n=1}^{\infty} v_n$ 就是比较的标准.

当通项 $u_n\to 0$ 时，如何估计级数 $\sum_{n=1}^{\infty} u_n$ 的敛散性呢？常常先考察当 $n\to\infty$ 时，通项 u_n 是 $\dfrac{1}{n}$的几阶无穷小，阶数小于等于 1 时，级数发散，阶数大于 1 时，级数收敛.这样可以取 P-级数 $\sum_{n=1}^{\infty} \dfrac{1}{n^p}$ 为比较标准.

还可以与等比级数比较.

总之，P-级数与等比级数常常用作标准，再精细些的级数还可用 $\sum_{n=1}^{\infty} \dfrac{1}{n(\ln n)^p}$ 为标准.

6. 如果交错级数 $\sum_{n=1}^{\infty} (-1)^n u_n$ 不满足莱布尼茨判别法的条件；(1) $\lim\limits_{n\to\infty} u_n=0$；(2) $u_n\geqslant u_{n+1}$，$n=1,2,\cdots$，级数是否一定发散？此时，如何判定级数的敛散性.

答　如果它不满足条件(1)，级数必发散.因为条件(1)是级数收敛的必要条件.

如果它满足条件(1)，而不满足条件(2)，它不一定发散.因为在条件(1)的基础上，条件(2)是交错级数收敛的充分条件.

【例】　交错级数 $\sum_{n=2}^{\infty} \dfrac{(-1)^n}{[n+(-1)^n]^2}$，满足条件(1)，不满足条件(2)，但它是绝对收敛的，因为

$$\sum_{n=2}^{\infty} \frac{1}{[n+(-1)^n]^2}=\frac{1}{3^2}+\frac{1}{2^2}+\frac{1}{5^2}+\frac{1}{4^2}+\cdots$$

是收敛的 P-级数 $\sum_{n=2}^{\infty} \dfrac{1}{n^2}$ 更序的级数.绝对收敛级数更序后仍收敛.

如果交错级数不满足条件(2)，可利用级数性质来判定级数的敛散性，它主要包括：①讨论绝对收敛性，如果用比值法或根值法判定不绝对收敛，级数必发散；②拆项法；③并项法(加括号)；④用定义.

【例】　级数 $1-\dfrac{1}{2}+\dfrac{1}{3}-\dfrac{1}{2^2}+\dfrac{1}{5}-\dfrac{1}{2^3}+\cdots$，不满足条件(2).将此级数加括号，考察级数

$$\left(1-\frac{1}{2}\right)+\left(\frac{1}{3}-\frac{1}{2^2}\right)+\cdots+\left(\frac{1}{2n-1}-\frac{1}{2^n}\right)+\cdots=\sum_{n=1}^{\infty}\left(\frac{1}{2n-1}-\frac{1}{2^n}\right).$$

由于 $\sum_{n=1}^{\infty}\frac{1}{2n-1}$ 发散,而 $\sum_{n=1}^{\infty}\frac{1}{2^n}$ 收敛,所以加括号的级数发散.去掉括号为原级数,由级数性质知原级数发散.

【例】 级数$\frac{1}{2}-1+\frac{1}{5}-\frac{1}{4}+\cdots+\frac{1}{3n-1}-\frac{1}{3n-2}+\cdots$,不满足条件(2).但

$$\left(\frac{1}{2}-1\right)+\left(\frac{1}{5}-\frac{1}{4}\right)+\cdots+\left(\frac{1}{3n-1}-\frac{1}{3n-2}\right)+\cdots=-\sum_{n=1}^{\infty}\frac{1}{(3n-1)(3n-2)}$$

收敛.说明原级数部分和数列的偶子数列$\{S_{2n}\}$收敛.又因原级数通项趋于零(满足条件(1)),所以,$\{S_n\}$收敛,故原级数收敛.

7. 对满足一定条件的抽象级数,如何判定敛散性?

答 首先根据条件认定级数是正项的,还是交错的或任意的,是否带有影响方法与结果的参量.然后分析给定的条件与通项的关系(等式的、不等式的、无穷小的阶等).根据无穷级数的敛散性的概念、性质和判定法则来判定;有些否定性的结论,可通过举反例来判定.

【例】 设 $a_n>0$, $\sum_{n=1}^{\infty}a_n$ 收敛, $\sum_{n=1}^{\infty}(b_{n+1}-b_n)$ 收敛,讨论 $\sum_{n=1}^{\infty}a_nb_n$ 的敛散性.

思路 因为没有 b_n是正、负的条件,故 $\sum_{n=1}^{\infty}a_nb_n$ 为任意项级数,先考虑是否绝对收敛;与 $\sum_{n=1}^{\infty}a_n$ 比较,关键在于$\{b_n\}$是否有界.

解 因为 $\sum_{n=1}^{\infty}(b_{n+1}-b_n)$ 收敛,故其部分和

$$S_n=(b_2-b_1)+(b_3-b_2)+\cdots+(b_{n+1}-b_n)=b_{n+1}-b_1$$

有极限.从而$\lim\limits_{n\to\infty}b_n$存在($\sum_{n=1}^{\infty}(b_{n+1}-b_n)$ 收敛$\Leftrightarrow\lim\limits_{n\to\infty}b_n$存在),于是$\{b_n\}$有界.设

$$|b_n|\leqslant M,\quad n=1,2,\cdots,$$

则

$$|a_nb_n|\leqslant Ma_n.$$

由正项级数的比较判别法知, $\sum_{n=1}^{\infty}|a_nb_n|$ 收敛,即 $\sum_{n=1}^{\infty}a_nb_n$ 绝对收敛.

8. 无穷级数的敛散性与数列极限紧密相关,能否利用无穷级数讨论数列的极限呢?

答 能.我们知道,给定一个无穷级数 $\sum_{n=1}^{\infty}u_n$,就有一个部分和数列 $\{S_n\}=\{\sum_{i=1}^{n}u_i\}$ 与之对应,

$$\sum_{n=1}^{\infty}u_n \text{ 收敛} \Leftrightarrow \lim_{n\to\infty}S_n \text{ 存在}.$$

反之,若给定一个数列$\{a_n\}$,也有一个无穷级数 $a_1+\sum_{n=2}^{\infty}(a_n-a_{n-1})$ 以$\{a_n\}$ 为部分和,所以

$$\lim_{n\to\infty}a_n \text{ 存在} \Leftrightarrow a_1+\sum_{n=2}^{\infty}(a_n-a_{n-1}) \text{ 收敛}.$$

当级数收敛时,其和就是数列极限.

此外，由级数 $\sum\limits_{n=1}^{\infty} u_n$ 收敛，可知 $\lim\limits_{n\to\infty} u_n=0$；由 $\sum\limits_{n=1}^{\infty}(u_n-a)$ 收敛，可知 $\lim\limits_{n\to\infty} u_n=a$.

9. 已知幂级数 $\sum\limits_{n=0}^{\infty} a_n x^n$ 在 $x=-2$ 处条件收敛，能确定该级数的收敛半径，收敛区间和收敛域吗？

答　能确定收敛半径 $R=2$，收敛区间为 $(-2,2)$，但不能确定收敛域.

由阿贝尔引理，幂级数在 $x=-2$ 处收敛，就在区间 $(-2,2)$ 内处处绝对收敛. 又因为 $x=-2$ 处幂级数是条件收敛，因此 $|x|>2$ 的点处，该幂级数均发散. 否则，由阿贝尔引理，该级数将在 $x=-2$ 处绝对收敛. 因此该幂级数收敛半径 $R=2$，收敛区间为 $(-2,2)$.

但根据给定的条件不能判定区间端点 $x=2$ 处幂级数是否收敛，所以不能确定收敛域. 除非另外附加条件，比如 $a_n>0$ 时，可断定收敛域为 $[-2,2)$.

10. 为什么要将函数展开为傅里叶级数？

答　将函数展开为幂级数（泰勒级数）的优点和用途是明显的，但它对函数的要求十分严格，函数要在 $U(x_0)$ 内无穷次连续可微，且其泰勒公式的余项还要趋于零. 同幂函数一样，正弦、余弦函数也是我们非常熟悉且十分简单的函数，它们有很好的分析性质，所以把函数展开为傅里叶级数，复杂的函数就被分解为简单函数的叠加，可使许多问题简化，特别是复杂的周期现象的研究化为简单的谐函数问题，而且把函数展开为傅里叶级数，对函数的要求条件不高，满足狄利克雷条件即可.

将函数展开为幂级数或傅里叶级数，本质上与三维空间的向量依基本单位向量 $\boldsymbol{i},\boldsymbol{j},\boldsymbol{k}$ 的分解是类似的，对于向量 $\boldsymbol{F}$，可由它的坐标 F_x,F_y,F_z 表达，使其各种运算十分简便. 这里 $\boldsymbol{i},\boldsymbol{j},\boldsymbol{k}$ 是线性无关的、正交的. 函数的幂级数展开，是以 $1,x,x^2,\cdots,x^n,\cdots$ 这无穷个线性无关的函数为基的展开，它的系数 $\dfrac{f^{(n)}(0)}{n!}$，就是它关于 x^n 的坐标. 周期 2π 的函数 $f(x)$ 的傅里叶级数，是以 $1,\cos x,\sin x,\cdots,\cos nx,\sin nx,\cdots$ 这无穷个函数为正交基的展开，它的系数

$$
\begin{cases}
a_0=\dfrac{1}{\pi}\displaystyle\int_{-\pi}^{\pi} f(x)\,\mathrm{d}x,\\[2ex]
a_n=\dfrac{1}{\pi}\displaystyle\int_{-\pi}^{\pi} f(x)\cos nx\,\mathrm{d}x,\\[2ex]
b_n=\dfrac{1}{\pi}\displaystyle\int_{-\pi}^{\pi} f(x)\sin nx\,\mathrm{d}x \quad (n=1,2,\cdots),
\end{cases}
$$

是 $f(x)$ 相应的坐标，这样把不同函数表为同一种形式，有利于对函数的研究.

11. 如果在区间 $(-l,l)$ 上，$f(x)$ 可展开为麦克劳林级数，且 $f(x)$ 为奇（偶）函数，问 $f(x)$ 的麦克劳林级数中必然不含 x 的偶（奇）次幂项吗？$f(x)$ 的傅里叶级数中必然不含余弦（正弦）项吗？

答　是的.

（1）设

$$f(x)=a_0+a_1x+a_2x^2+\cdots+a_nx^n+\cdots,$$

则

$$f(-x)=a_0-a_1x+a_2x^2-\cdots+(-1)^n a_nx^n+\cdots.$$

当$f(x)$为奇函数时,$f(x)=-f(-x)$,由函数幂级数展开的唯一性及$1,x,x^2,\cdots,x^n,\cdots$线性无关,得

$$a_0=-a_0,\quad a_2=-a_2,\quad \cdots,\quad a_{2n}=-a_{2n},\quad \cdots$$

即有

$$a_0=a_2=\cdots=a_{2n}=\cdots=0.$$

当$f(x)$为偶函数时,可类似地证明.

(2) $f(x)$可展开为幂级数,必能展开为傅里叶级数.

当$f(x)$为奇函数时,由奇函数积分性质,有

$$a_0=\frac{1}{l}\int_{-l}^{l}f(x)\,\mathrm{d}x=0,$$

$$a_n=\frac{1}{l}\int_{-l}^{l}f(x)\cos\frac{n\pi x}{l}\mathrm{d}x=0,\quad n=1,2,\cdots.$$

所以,此时$f(x)$的傅里叶级数必是正弦级数.

同样,当$f(x)$为偶函数时,其傅里叶级数必是余弦级数.

11.6 例题分析

【例 1】 判定下列级数的敛散性.

(1) $\sum\limits_{n=1}^{\infty}\frac{2^n\cdot n!}{n^n}$;　　(2) $\sum\limits_{n=1}^{\infty}\frac{\mathrm{e}^n n^{n^2}}{(n+1)^{n^2}}$;

(3) $\sum\limits_{n=2}^{\infty}\frac{(n+1)^{n-1}}{(n-1)^{n+1}}$;　　(4) $\sum\limits_{n=1}^{\infty}\left[\frac{1}{n}-\ln\left(1+\frac{1}{n}\right)\right]$.

解 四个级数都是正项的.

(1) 通项中带有$n!$和多个因式乘除,首选比值法.

$$\lim_{n\to\infty}\frac{u_{n+1}}{u_n}=\lim_{n\to\infty}\frac{2^{n+1}\cdot(n+1)!}{(n+1)^{n+1}}\Big/\frac{2^n\cdot n!}{n^n}=\lim_{n\to\infty}\frac{2}{\left(1+\frac{1}{n}\right)^n}=\frac{2}{\mathrm{e}}<1,$$

故级数(1)收敛.

(2) 通项为一个表达式的n次方幂,可优先考虑根值法.由于

$$\sqrt[n]{u_n}=\frac{\mathrm{e}n^n}{(n+1)^n}=\frac{\mathrm{e}}{\left(1+\frac{1}{n}\right)^n}>1,$$

根据根值法的一般形式知,级数(2)发散.

(3) 此级数用比值法与极值法均失灵(极限为1),但$n\to\infty$时,它的通项是$\frac{1}{n}$的二阶无穷小,

$$\lim_{n\to\infty}\frac{(n+1)^{n-1}}{(n-1)^{n+1}}\Big/\frac{1}{(n-1)^2}=\lim_{n\to\infty}\left(1+\frac{2}{n-1}\right)^{n-1}=\mathrm{e}^2,$$

所以由比较判别法知级数(3)收敛.

（4）由麦克劳林公式，$\ln(1+x)=x-\frac{x^2}{2}+o(x^2)$得

$$\frac{1}{n}-\ln\left(1+\frac{1}{n}\right)=\frac{1}{2n^2}+o\left(\frac{1}{n^2}\right),$$

故(4)的通项与$\frac{1}{2n^2}$是等价无穷小，根据比较判别法的极限形式知，级数(4)收敛.

【注】 泰勒公式和洛必达法则是考察无穷小阶的重要方法.

【例 2】 设 $a_n=\int_0^{\pi/4}\tan^n x\mathrm{d}x$，证明：对任何正数 λ，级数 $\sum\limits_{n=1}^{\infty}\frac{a_n}{n^\lambda}$ 都收敛.

思路 与 P-级数比较，关键在于 a_n 是否为无穷小，与$\frac{1}{n}$比较如何.

证明 由于

$$0<a_n=\int_0^{\pi/4}\tan^n x\mathrm{d}x=\int_0^{\pi/4}(\sec^2 x-1)\tan^{n-2}x\mathrm{d}x$$

$$=\frac{1}{n-1}-a_{n-2}<\frac{1}{n-1}\quad(n>2),$$

$\left(\text{若令 } t=\tan x \text{ 进行换元积分，将得 } 0<a_n<\frac{1}{n+1}\right)$所以

$$\frac{a_n}{n^\lambda}<\frac{1}{(n-1)^{1+\lambda}}.$$

由比较判别法及 $\sum\limits_{n=2}^{\infty}\frac{1}{(n-1)^{1+\lambda}}=\sum\limits_{k=1}^{\infty}\frac{1}{k^{1+\lambda}}$ 收敛，所以 $\sum\limits_{n=1}^{\infty}\frac{a_n}{n^\lambda}$ 收敛.

【例 3】 判定 $\sum\limits_{n=2}^{\infty}\frac{(-1)^n}{\sqrt{n}+(-1)^n}$ 的敛散性.

思路 这是交错级数.$n\to\infty$ 时，$\frac{1}{\sqrt{n}+(-1)^n}$与$\frac{1}{\sqrt{n}}$是等价无穷小，此级数不绝对收敛.它又不满足莱布尼茨判别法的条件，故采用拆项法.

解 因为

$$(-1)^n\frac{1}{\sqrt{n}+(-1)^n}=(-1)^n\frac{\sqrt{n}-(-1)^n}{n-1}=(-1)^n\frac{\sqrt{n}}{n-1}-\frac{1}{n-1},$$

而且级数 $\sum\limits_{n=2}^{\infty}(-1)^n\frac{\sqrt{n}}{n-1}$ 满足莱布尼茨判别法条件，收敛；而 $\sum\limits_{n=2}^{\infty}\frac{1}{n-1}$ 发散.所以原级数发散.

【例 4】 讨论 $\sum\limits_{n=1}^{\infty}(-1)^n\frac{\ln(1+n)}{1+n}$ 的敛散性.

解 这是交错级数.因为 $n>2$ 时

$$\frac{\ln(1+n)}{1+n}>\frac{1}{1+n},$$

所以级数不绝对收敛，但由

$$\lim_{n\to\infty}\frac{\ln(1+n)}{1+n}=0,$$

又由于 $x>2$ 时

$$\left[\frac{\ln(1+x)}{1+x}\right]'=\frac{1-\ln(1+x)}{(1+x)^2}<0,$$

所以 $n>2$ 时，$\left\{\frac{\ln(1+n)}{1+n}\right\}$ 单调减少.根据莱布尼茨判别法知，级数条件收敛.

【例 5】 讨论级数 $\sum_{n=2}^{\infty}\left(\frac{1}{\sqrt{n}-1}-\frac{1}{\sqrt{n}}-\frac{1}{n}\right)$ 的敛散性.

思路 显然，将通项自然拆项得到三个发散级数，因为发散级数的和差其敛散性无定论，所以要把三项合并在一起来考虑.

解 由$\frac{1}{1-x}$的麦克劳林公式知

$$\frac{1}{\sqrt{n}-1}=\frac{1}{\sqrt{n}}\frac{1}{1-\frac{1}{\sqrt{n}}}=\frac{1}{\sqrt{n}}\left[1+\frac{1}{\sqrt{n}}+\left(\frac{1}{\sqrt{n}}\right)^2+o\left(\frac{1}{n}\right)\right]$$

$$=\frac{1}{\sqrt{n}}+\frac{1}{n}+\frac{1}{n^{3/2}}+o\left(\frac{1}{n^{3/2}}\right).$$

因此，该级数通项 u_n 满足

$$0<u_n=\frac{1}{n^{3/2}}+o\left(\frac{1}{n^{3/2}}\right).$$

而级数 $\sum_{n=1}^{\infty}\frac{1}{n^{3/2}}$ 收敛，故根据比较判别法的极限形式知所论级数收敛.

【例 6】 设 $f(x)\in C^2(U(0))$，且 $\lim_{x\to 0}\frac{f(x)}{x}=0$，证明级数 $\sum_{n=1}^{\infty}f\left(\frac{1}{n}\right)$ 绝对收敛.

思路 估计 $f\left(\frac{1}{n}\right)$ 是$\frac{1}{n}$的几阶无穷小.

证明 因为 $f(x)\in C^2(U(0))$，且 $\lim_{x\to 0}\frac{f(x)}{x}=0$，所以 $f(x)$ 是 x 的高阶无穷小，$f(0)=0$，$f'(0)=0$，$f(x)$ 的一阶麦克劳林公式为

$$f(x)=\frac{1}{2!}f''(\xi)x^2,\quad \xi \text{ 介于 } 0,x \text{ 之间}.$$

因为 $f''(x)\in C(U(0))$，保证它在更小的邻域上有界，$|f''(x)|\leqslant M$，于是

$$|f(x)|=\frac{1}{2}|f''(\xi)|x^2\leqslant\frac{M}{2}x^2.$$

特别 $x=\frac{1}{n}$，n 充分大时有

$$\left|f\left(\frac{1}{n}\right)\right|\leqslant\frac{M}{2}\frac{1}{n^2},$$

根据比较判别法知 $\sum_{n=1}^{\infty} f\left(\frac{1}{n}\right)$ 绝对收敛.

【例 7】　证明方程 $x^n+nx-1=0$ 有唯一的正实根 x_n，且当 $\alpha>1$ 时，级数 $\sum_{n=1}^{\infty} x_n^{\alpha}$ 收敛.

思路　估计出正实根存在范围，以便用比较判别法.

证明　设 $f_n(x)=x^n+nx-1$.

当 $x>0$ 时，$f'_n(x)=nx^{n-1}+n>0$，故 $f_n(x)$ 单调增加. 又 $f_n(0)=-1<0$，$f_n(1)=n>0$，由介值定理知，方程 $x^n+nx-1=0$ 有唯一的正实根 $x_n\in(0,1)$.

由方程与 $x_n>0$ 得

$$0<x_n<\frac{1-x_n^n}{n}<\frac{1}{n}.$$

故当 $\alpha>1$ 时，$0<x_n^{\alpha}<\frac{1}{n^{\alpha}}$. 而 $\sum_{n=1}^{\infty}\frac{1}{n^{\alpha}}$ 是收敛的 P-级数，由比较判别法知级数 $\sum_{n=1}^{\infty} x_n^{\alpha}$ 收敛.

【例 8】　讨论级数 $\sum_{n=1}^{\infty}(-1)^n\frac{a^n}{n^b}(a,b>0)$ 的敛散性.

思路　这是交错级数，a,b 的取值将影响级数的敛散性，应分别讨论.

解　因为

$$\lim_{n\to\infty}\left[\frac{a^{n+1}}{(n+1)^b}\Big/\frac{a^n}{n^b}\right]=a,$$

由比值判别法知：当 $0<a<1$ 时，级数绝对收敛；当 $a>1$ 时，级数发散.

当 $a=1$ 时，级数为 $\sum_{n=1}^{\infty}\frac{(-1)^n}{n^b}$. 由 P-级数的敛散性知，$a=1,b>1$ 时，级数绝对收敛；$a=1,0<b\leqslant 1$ 时，级数不绝对收敛，由交错级数的莱布尼茨判别法知，级数条件收敛.

【例 9】　设级数 $\sum_{n=1}^{\infty} a_n$ 与 $\sum_{n=1}^{\infty} b_n$ 均收敛，且 $a_n\leqslant c_n\leqslant b_n(n=1,2,\cdots)$，证明级数 $\sum_{n=1}^{\infty} c_n$ 收敛.

思路　由不等式想到比较判别法，但所涉及的级数未见是正项的，所以不能直接用比较判别法，能否创造条件来使用呢？另一个想法是用级数收敛定义和极限的夹挤定理.

证明　由条件知 $0\leqslant c_n-a_n\leqslant b_n-a_n$，$n=1,2,\cdots$. 因为 $\sum_{n=1}^{\infty} a_n$，$\sum_{n=1}^{\infty} b_n$ 都收敛，它们的和差级数是收敛的，所以

$$\sum_{n=1}^{\infty}(b_n-a_n)$$

收敛，由此及比较判别法知

$$\sum_{n=1}^{\infty}(c_n-a_n)$$

收敛. 而

$$c_n=(c_n-a_n)+a_n,$$

故 $\sum_{n=1}^{\infty} c_n$ 收敛.

【例 10】 求幂级数 $\sum_{n=1}^{\infty}(-1)^n\left(1+\frac{1}{2}+\cdots+\frac{1}{n}-\frac{1}{n^n}\right)(x-2)^n$ 的收敛域.

思路 拆项分两个幂级数讨论.

解 级数

$$\sum_{n=1}^{\infty}(-1)^n\left(1+\frac{1}{2}+\cdots+\frac{1}{n}\right)(x-2)^n, \tag{1}$$

由于

$$|a_n|=1+\frac{1}{2}+\cdots+\frac{1}{n},\quad |a_{n+1}|=|a_n|+\frac{1}{n+1},$$

调和级数 $\sum_{n=1}^{\infty}\frac{1}{n}$ 发散,所以 $|a_n|\to\infty\ (n\to\infty)$,级数(1)的收敛半径为

$$R_1=\lim_{n\to\infty}\frac{|a_n|}{|a_{n+1}|}=1.$$

因此,级数(1)的收敛区间为(1,3).

当 $x=1$ 时,级数为 $\sum_{n=1}^{\infty}\left(1+\frac{1}{2}+\cdots+\frac{1}{n}\right)$ 发散;当 $x=3$ 时,级数为 $\sum_{n=1}^{\infty}(-1)^n\cdot\left(1+\frac{1}{2}+\cdots+\frac{1}{n}\right)$ 发散(它们的通项不趋于零),所以,级数(1)的收敛域为(1,3).

级数

$$\sum_{n=1}^{\infty}\frac{(-1)^{n+1}}{n^n}(x-2)^n \tag{2}$$

的收敛半径为

$$R_2=\lim_{n\to\infty}\sqrt[n]{\frac{1}{|b_n|}}=\lim_{n\to\infty}n=\infty,$$

因此,级数(2)的收敛域为$(-\infty,+\infty)$.

所论级数是级数(1)与(2)的和,它的收敛域为开区间(1,3).

【例 11】 将 $f(x)=\frac{x}{x^2-2x-3}$ 展开为 $(x-1)$ 的幂级数.

思路 将有理函数分解为最简分式之和,作变换,令 $t=x-1$,然后利用等比级数公式展开.

解 令 $t=x-1$,则 $x=t+1$,

$$f(x)=\frac{x}{(x-3)(x+1)}=\frac{\frac{1}{4}}{x+1}+\frac{\frac{3}{4}}{x-3}=\frac{1}{8}\frac{1}{1+\frac{t}{2}}-\frac{3}{8}\frac{1}{1-\frac{t}{2}}$$

$$=\frac{1}{8}\sum_{n=0}^{\infty}\left(-\frac{t}{2}\right)^n-\frac{3}{8}\sum_{n=0}^{\infty}\left(\frac{t}{2}\right)^n\quad(|t|<2).$$

故

$$f(x)=\frac{1}{8}\sum_{n=0}^{\infty}\frac{(-1)^n-3}{2^n}t^n=\frac{1}{8}\sum_{n=0}^{\infty}\frac{(-1)^n-3}{2^n}(x-1)^n,\quad -1<x<3.$$

【例 12】 求幂级数 $\sum_{n=1}^{\infty}\frac{1}{n(n+1)}x^n$ 的和函数.

思路 幂级数的和函数不一定是初等函数,所以不能随意指一个幂级数求和函数.本课程仅限定那些通过适当的代数或分析运算,变量代换等手段,能将幂级数变为我们熟知的一些泰勒级数,特别是等比级数、e^x 或 $\sin x$ 的展开式的幂级数.通过适当的运算、变换和逆运算、逆变换来求和函数,注意以下几点是有益的:

(1) 对 $\sum_{n=0}^{\infty}a_nx^n$ 求导,可消去系数 a_n的分母中的因式 n.

(2) 对 $\sum_{n=0}^{\infty}a_nx^n$ 积分,可消去系数 a_n的分子中的因式 $n+1$.为此,常常需要先调整好 x 的方幂数或将系数变形.

(3) 系数中若有常数的 n 次方幂 c^n因式,可与 x^n并在一起为 $(cx)^n$.

(4) 系数的分母中有 $n!$ 因式,要联想到 e^x的展开式.

解法 1 收敛半径

$$R=\lim_{n\to\infty}\frac{1}{n(n+1)}\bigg/\frac{1}{(n+1)(n+2)}=1.$$

当 $x=-1$ 时,级数为 $\sum_{n=1}^{\infty}\frac{(-1)^n}{n(n+1)}$ 绝对收敛,所以,级数的收敛域为 $[-1,1]$.

下面求和函数,设 $S(x)=\sum_{n=1}^{\infty}\frac{1}{n(n+1)}x^n$, 则

$$xS(x)=\sum_{n=1}^{\infty}\frac{1}{n(n+1)}x^{n+1}=\int_0^x\int_0^x\left(\sum_{n=1}^{\infty}x^{n-1}\right)\mathrm{d}x\mathrm{d}x$$

$$=\int_0^x\int_0^x\frac{1}{1-x}\mathrm{d}x\mathrm{d}x=(1-x)\ln(1-x)+x,\quad -1\leqslant x<1.$$

又 $S(0)=0$, $S(1)=\sum_{n=1}^{\infty}\frac{1}{n(n+1)}=1$(拆项求和),总之,和函数为

$$S(x)=\begin{cases}1+\frac{1-x}{x}\ln(1-x), & -1\leqslant x<1, x\neq 0,\\ 0, & x=0,\\ 1, & x=1.\end{cases}$$

解法 2 由于 $\frac{1}{n(n+1)}=\frac{1}{n}-\frac{1}{n+1}$,设

$$S_1(x)=\sum_{n=1}^{\infty}\frac{1}{n}x^n=\sum_{n=1}^{\infty}\int_0^x x^{n-1}\mathrm{d}x=\int_0^x\left(\sum_{n=1}^{\infty}x^{n-1}\right)\mathrm{d}x$$

$$=\int_0^1\frac{1}{1-x}\mathrm{d}x=-\ln(1-x),\quad -1\leqslant x<1.$$

$$S_2(x)=\sum_{n=1}^{\infty}\frac{1}{n+1}x^n=\frac{1}{x}\sum_{n=1}^{\infty}\frac{1}{n+1}x^{n+1}=\frac{1}{x}\sum_{n=1}^{\infty}\int_0^x x^n\mathrm{d}x=\frac{1}{x}\int_0^x\left(\sum_{n=1}^{\infty}x^n\right)\mathrm{d}x$$

$$=\frac{1}{x}\int_0^x\frac{x}{1-x}\mathrm{d}x=-1-\frac{1}{x}\ln(1-x),\quad -1\leqslant x<1, x\neq 0.$$

$$S(x)=S_1(x)-S_2(x),$$

故

$$\sum_{n=1}^{\infty}\frac{1}{n(n+1)}x^n=\begin{cases}1+\dfrac{1-x}{x}\ln(1-x), & -1\leqslant x<1,x\neq 0,\\ 0, & x=0,\\ 1, & x=1.\end{cases}$$

【例 13】 验证 $y(x)=1+\frac{x^3}{3!}+\frac{x^6}{6!}+\frac{x^9}{9!}+\cdots(-\infty<x<+\infty)$ 满足微分方程

$$y''+y'+y=e^x. \tag{1}$$

并求此级数的和函数.

思路 利用幂级数在收敛区间内可逐项微分性质,求导验证 $y(x)$ 满足方程,通过解方程得到和函数.

解 由

$$y(x)=1+\frac{x^3}{3!}+\frac{x^6}{6!}+\frac{x^9}{9!}+\cdots+\frac{x^{3n}}{(3n)!}+\cdots,$$

$$y'(x)=\frac{x^2}{2!}+\frac{x^5}{5!}+\frac{x^8}{8!}+\cdots+\frac{x^{3n-1}}{(3n-1)!}+\cdots,$$

$$y''(x)=x+\frac{x^4}{4!}+\frac{x^7}{7!}+\cdots+\frac{x^{3n-2}}{(3n-2)!}+\cdots$$

及 e^x 的麦克劳林级数,将三式相加得 $y(x)$ 满足方程

$$y''+y'+y=e^x.$$

这是常系数非齐次线性微分方程.特征方程 $\lambda^2+\lambda+1=0$ 的根 $\lambda_{1,2}=-\frac{1}{2}\pm\frac{\sqrt{3}}{2}i$,故对应的齐次方程通解为

$$y=e^{-\frac{x}{2}}\left(C_1\cos\frac{\sqrt{3}}{2}x+C_2\sin\frac{\sqrt{3}}{2}x\right).$$

设方程(1)有特解形如 $y_*=ae^x$,代入(1)式得 $a=\frac{1}{3}$,于是(1)式有特解

$$y_*=\frac{1}{3}e^x.$$

方程(1)的通解为

$$y=e^{-\frac{x}{2}}\left(C_1\cos\frac{\sqrt{3}}{2}x+C_2\sin\frac{\sqrt{3}}{2}x\right)+\frac{1}{3}e^x.$$

由于所给的级数解满足初值条件 $y(0)=1,y'(0)=0$,故 $C_1=\frac{2}{3},C_2=0$.根据方程解的唯一性,得到所给的幂级数的和函数

$$\sum_{n=0}^{\infty}\frac{x^{3n}}{(3n)!}=\frac{2}{3}e^{-\frac{x}{2}}\cos\frac{\sqrt{3}}{2}x+\frac{1}{3}e^x\quad(-\infty<x<+\infty).$$

【例 14】　设$f(x)=\begin{cases}\dfrac{1+x^2}{x}\arctan x, & x\neq 0,\\ 1, & x=0,\end{cases}$将 $f(x)$ 展开为 x 的幂级数，并求数项级数 $\sum\limits_{n=1}^{\infty}\dfrac{(-1)^n}{1-4n^2}$ 的和.

思路　间接展开法，利用已知函数的幂级数展开式，通过运算，变换得到所需的展开式.

解　将展开式

$$\frac{1}{1+x^2}=\sum_{n=0}^{\infty}(-1)^n x^{2n},\quad x\in(-1,1)$$

两边从 0 到 x 积分得

$$\arctan x=\sum_{n=0}^{\infty}\frac{(-1)^n}{2n+1}x^{2n+1},\quad x\in[-1,1],$$

于是得展开式

$$\begin{aligned}f(x)&=\sum_{n=0}^{\infty}\frac{(-1)^n}{2n+1}x^{2n}+\sum_{n=0}^{\infty}\frac{(-1)^n}{2n+1}x^{2n+2}\\&\xlongequal{k=n+1}1+\sum_{n=1}^{\infty}\frac{(-1)^n}{2n+1}x^{2n}+\sum_{k=1}^{\infty}\frac{(-1)^{k-1}}{2k-1}x^{2k}\\&=1+2\sum_{n=1}^{\infty}\frac{(-1)^n}{1-4n^2}x^{2n},\quad x\in[-1,1].\end{aligned}$$

特别，在上式中令 $x=1$，解得

$$\sum_{n=1}^{\infty}\frac{(-1)^n}{1-4n^2}=\frac{1}{2}[f(1)-1]=\frac{\pi}{4}-\frac{1}{2}.$$

【例 15】　设 $f_0(x)\in C[0,+\infty)$，$f_n(x)=\int_0^x f_{n-1}(t)\,\mathrm{d}t$，$n=1,2,\cdots$，证明

(1) $f_n(x)=\dfrac{1}{(n-1)!}\int_0^x f_0(t)(x-t)^{n-1}\mathrm{d}t$，$n=1,2,\cdots$；

(2) $\sum\limits_{n=0}^{\infty}f_n(x)$ 处处绝对收敛，$x\in[0,+\infty)$.

思路　(1) 用归纳法推证，由于 $f_n(x)$ 是以积分形式给出，推证时将会遇到累次积分，可能用到累次积分换序.(2) 由(1)的结果，联想到 e^x 的展开式和比较判别法.

证明　(1) 显然 $n=1$ 时，等式成立.设 $n=k$ 时，等式成立，则 $n=k+1$ 时，

$$\begin{aligned}f_{k+1}(x)&=\int_0^x f_k(t)\,\mathrm{d}t=\frac{1}{(k-1)!}\int_0^x\left[\int_0^t f_0(s)(t-s)^{k-1}\mathrm{d}s\right]\mathrm{d}t\\&=\frac{1}{(k-1)!}\int_0^x\mathrm{d}s\int_s^x f_0(s)(t-s)^{k-1}\mathrm{d}t\\&=\frac{1}{(k-1)!}\int_0^x f_0(s)\left.\frac{(t-s)^k}{k}\right|_{t=s}^{t=x}\mathrm{d}s\\&=\frac{1}{k!}\int_0^x f_0(s)(x-s)^k\mathrm{d}s.\end{aligned}$$

由归纳法知，(1)式成立.

(2) 由于 $f_0(x)\in C[0,+\infty)$,对每个确定的正实数 x,$f_0(t)$ 在闭区间 $[0,x]$ 上有界,即存在常数 $M>0$,使 $|f_0(t)|\leqslant M$,当 $t\in[0,x]$ 时.
从而有

$$|f_n(x)|\leqslant\frac{M}{(n-1)!}\left|\int_0^x(x-t)^{n-1}\mathrm{d}t\right|=M\frac{x^n}{n!}.$$

又因为 $\sum\limits_{n=0}^{\infty}\frac{x^n}{n!}=\mathrm{e}^x$ 收敛,根据比较判别法知,级数 $\sum\limits_{n=0}^{\infty}f_n(x)$ 处处绝对收敛.

11.7 习题解答

11.1

1. 写出下列级数的一般项 u_n.

(1) $-\frac{1}{2}+0+\frac{1}{4}+\frac{2}{5}+\frac{3}{6}+\cdots$;

(2) $\frac{1}{2}+\frac{2}{5}+\frac{3}{10}+\frac{4}{17}+\cdots$;

(3) $\frac{\sqrt{3}}{2}+\frac{3}{2\cdot4}+\frac{3\sqrt{3}}{2\cdot4\cdot6}+\frac{3^2}{2\cdot4\cdot6\cdot8}+\cdots$.

解 (1) $u_n=\frac{n-2}{n+1},n=1,2,\cdots$.

(2) $u_n=\frac{n}{n^2+1},n=1,2,\cdots$.

(3) $u_n=\frac{3^{\frac{n}{2}}}{(2n)!!}=\frac{3^{\frac{n}{2}}}{2^n n!},n=1,2,\cdots$.

2. 已知级数 $\sum\limits_{n=1}^{\infty}u_n$ 的部分和 $S_n=\frac{2n}{n+1},n=1,2,\cdots$,

(1) 求此级数的一般项 u_n;

(2) 判断此级数的敛散性.

解 (1) $u_n=S_n-S_{n-1}=\frac{2n}{n+1}-\frac{2(n-1)}{(n-1)+1}=\frac{2}{n(n+1)},n=1,2,\cdots$.

(2) $\lim\limits_{n\to\infty}S_n=\lim\limits_{n\to\infty}\frac{2n}{n+1}=\lim\limits_{n\to\infty}\frac{2}{1+\frac{1}{n}}=2$,所以 $\sum\limits_{n=1}^{\infty}\frac{2}{n(n+1)}$收敛.

3. 用定义判定下列级数的敛散性,对收敛级数,求出其和.

(1) $\sum\limits_{n=1}^{\infty}\frac{1}{2^n}$;

(2) $\sum\limits_{n=1}^{\infty}\sin\frac{n\pi}{2}$;

(3) $\sum\limits_{n=1}^{\infty}\frac{1}{(5n-4)(5n+1)}$;

(4) $\sum\limits_{n=1}^{\infty}\frac{1}{n(n+1)(n+2)}$;

(5) $\sum\limits_{n=1}^{\infty}\frac{2n-1}{2^n}$;

(6) $\sum\limits_{n=1}^{\infty}(\sqrt{n+2}-2\sqrt{n+1}+\sqrt{n})$;

(7) $\frac{1}{3}+\frac{1}{15}+\frac{1}{35}+\frac{1}{63}+\cdots$;　　(8) $\sum_{n=1}^{\infty}\arctan\frac{1}{n^2+n+1}$.

解　(1) $S_n=\frac{1}{2}+\frac{1}{2^2}+\cdots+\frac{1}{2^n}=\frac{\frac{1}{2}\left(1-\frac{1}{2^n}\right)}{1-\frac{1}{2}}=1-\frac{1}{2^n}$, $\lim\limits_{n\to\infty}S_n=1$ 收敛,和 $S=1$.

(2) $\sin(4m-3)\frac{\pi}{2}=1,\sin(4m-2)\frac{\pi}{2}=0,\sin(4m-1)\frac{\pi}{2}=-1,\sin(4m)\frac{\pi}{2}=0,m=1,2,\cdots$.

$$S_{4m-1}=\sum_{n=1}^{4m-1}\sin\frac{n\pi}{2}=[1+0+(-1)+0]+\cdots+[1+0+(-1)+0]+1=1,$$

$$S_{4m}=\sum_{n=1}^{4m}\sin\frac{n\pi}{2}=[1+0+(-1)+0]+\cdots+[1+0+(-1)+0]=0.$$

所以 $\lim\limits_{n\to\infty}S_n$ 不存在,即 $\sum\limits_{n=1}^{\infty}\sin\frac{n\pi}{2}$ 发散.

(3)
$$S_n=\frac{1}{1\times6}+\frac{1}{6\times11}+\cdots+\frac{1}{(5n-4)(5n+1)}$$
$$=\frac{1}{5}\left(1-\frac{1}{6}\right)+\frac{1}{5}\left(\frac{1}{6}-\frac{1}{11}\right)+\cdots+\frac{1}{5}\left(\frac{1}{5n-4}-\frac{1}{5n+1}\right)=\frac{1}{5}\left(1-\frac{1}{5n+1}\right),$$

$\lim\limits_{n\to\infty}S_n=\frac{1}{5}$ 收敛,和 $S=\frac{1}{5}$.

(4)
$$S_n=\sum_{m=1}^{n}\frac{1}{m(m+1)(m+2)}=\sum_{m=1}^{n}\left(\frac{1}{2m(m+1)}-\frac{1}{2(m+1)(m+2)}\right)$$
$$=\frac{1}{4}-\frac{1}{2(n+1)(n+2)},$$

$S=\lim\limits_{n\to\infty}S_n=\frac{1}{4}$,收敛.

(5)
$$S_n=2\left(S_n-\frac{S_n}{2}\right)=2\left(\sum_{m=1}^{n}\frac{2m-1}{2^m}-\sum_{m=1}^{n}\frac{2m-1}{2^{m+1}}\right)$$
$$=2\left[\left(\sum_{m=1}^{n}\frac{2m-1}{2^m}-\sum_{m=1}^{n}\frac{2m-3}{2^m}\right)-\frac{1}{2}-\frac{2n-1}{2^{n+1}}\right]$$
$$=2\left(\sum_{m=1}^{n}\frac{1}{2^{m-1}}-\frac{1}{2}-\frac{2n-1}{2^{n+1}}\right)=3-\frac{2n-1}{2^n},$$

$S=\lim\limits_{n\to\infty}S_n=3$,收敛.

(6)
$$S_n=\sum_{m=1}^{n}(\sqrt{m+2}-2\sqrt{m+1}+\sqrt{m})=\sum_{m=1}^{n}[(\sqrt{m+2}-\sqrt{m+1})-(\sqrt{m+1}+\sqrt{m})]$$
$$=[\sqrt{n+2}-\sqrt{n-1}-(\sqrt{2}-1)]=\frac{1}{\sqrt{n+2}+\sqrt{n+1}}+1-\sqrt{2},$$

$S=\lim\limits_{n\to\infty}S_n=1-\sqrt{2}$,收敛.

(7)
$$S_n=\sum_{m=1}^{n}\frac{1}{(2m)^2-1}=\sum_{m=1}^{n}\left[\frac{1}{2(2m-1)}-\frac{1}{2(2m+1)}\right]=\frac{1}{2}-\frac{1}{2(2n+1)},$$

$S=\lim\limits_{n\to\infty}S_n=\frac{1}{2}$,收敛.

(8) 因

$$\arctan\frac{(n+1)-n}{1+(n+1)n}=\arctan(n+1)-\arctan n,$$

所以

$$S_n=\sum_{m=1}^{n}\arctan\frac{1}{m^2+m+1}=\sum_{m=1}^{n}\arctan\frac{(m+1)-m}{1+(m+1)m}$$

$$=\sum_{m=1}^{n}[\arctan(m+1)-\arctan m]=\arctan(n+1)-\arctan 1,$$

$S=\lim\limits_{n\to\infty}S_n=\frac{\pi}{2}-\frac{\pi}{4}=\frac{\pi}{4}$,收敛.

4. 设数列$\{nu_n\}$收敛,且级数 $\sum\limits_{n=1}^{\infty}n(u_n-u_{n-1})$ 收敛,证明 $\sum\limits_{n=1}^{\infty}u_n$ 收敛.

证明 证明过程参见 11.3 思考与讨论部分第 1 题.

5. 将 $0.\dot{7}\dot{3}$化为分数.

解 $$0.\dot{7}\dot{3}=\lim_{n\to\infty}\sum_{m=1}^{n}\frac{0.73}{100^{m-1}}=\lim_{n\to\infty}\frac{0.73\left(1-\frac{1}{100^n}\right)}{1-\frac{1}{100}}=\frac{73}{99}.$$

6. 用性质判断下列级数的收敛性.

(1) $\frac{1}{11}+\frac{2}{12}+\frac{3}{13}+\cdots$;

(2) $\frac{1}{4}+\frac{1}{5}+\frac{1}{6}+\frac{1}{7}+\cdots$;

(3) $\left(\frac{1}{6}+\frac{8}{9}\right)+\left(\frac{1}{6^2}+\frac{8^2}{9^2}\right)+\left(\frac{1}{6^3}+\frac{8^3}{9^3}\right)+\cdots$;

(4) $\frac{1}{2}+\frac{1}{10}+\frac{1}{4}+\frac{1}{20}+\cdots+\frac{1}{2^n}+\frac{1}{10n}+\cdots$;

(5) $\sum\limits_{n=1}^{\infty}\ln\frac{n+1}{n}$;

(6) $\sum\limits_{n=1}^{\infty}\frac{2^n+3^n}{6^n}$;

(7) $\sum\limits_{n=1}^{\infty}\frac{(-1)^n n^2}{2n^2+n}$.

解 (1) 因$\lim\limits_{n\to\infty}u_n=\lim\limits_{n\to\infty}\frac{n}{n+10}=1\neq 0$,所以 $\sum\limits_{n=1}^{\infty}\frac{n}{n+10}$ 发散.

(2) $\frac{1}{4}+\frac{1}{5}+\frac{1}{6}+\frac{1}{7}+\cdots=\sum\limits_{n=1}^{\infty}\frac{1}{n}-1-\frac{1}{2}-\frac{1}{3}$, 发散.

(3) 因 $\sum\limits_{n=1}^{\infty}\left(\frac{1}{6}\right)^n$ 收敛, $\sum\limits_{n=1}^{\infty}\left(\frac{8}{9}\right)^n$ 收敛.所以

$$\left(\frac{1}{6}+\frac{8}{9}\right)+\left(\frac{1}{6^2}+\frac{8^2}{9^2}\right)+\left(\frac{1}{6^3}+\frac{8^3}{9^3}\right)+\cdots=\sum_{n=1}^{\infty}\left[\left(\frac{1}{6}\right)^n+\left(\frac{8}{9}\right)^n\right]\text{ 收敛.}$$

(4) 因 $\sum\limits_{n=1}^{\infty}\frac{1}{2^n}$ 收敛,而 $\sum\limits_{n=1}^{\infty}\frac{1}{10n}=\frac{1}{10}\sum\limits_{n=1}^{\infty}\frac{1}{n}$ 发散,所以

$$\frac{1}{2}+\frac{1}{10}+\cdots+\frac{1}{2^n}+\frac{1}{10n}+\cdots=\sum_{n=1}^{\infty}\left(\frac{1}{2^n}+\frac{1}{10n}\right)$$

发散.

(5) 因

$$\lim_{n\to\infty}\sum_{k=1}^{n}\ln\frac{k+1}{k}=\lim_{n\to\infty}\sum_{k=1}^{n}(\ln(k+1)-\ln k)=\lim_{n\to\infty}\ln(n+1)=+\infty,$$

所以 $\sum\limits_{n=1}^{\infty}\ln\dfrac{n+1}{n}$ 发散.

(6) 因 $\sum\limits_{n=1}^{\infty}\left(\dfrac{1}{3}\right)^n$ 与 $\sum\limits_{n=1}^{\infty}\left(\dfrac{1}{2}\right)^n$ 都收敛,所以 $\sum\limits_{n=1}^{\infty}\dfrac{2^n+3^n}{6^n}=\sum\limits_{n=1}^{\infty}\left(\dfrac{1}{3^n}+\dfrac{1}{2^n}\right)$ 收敛.

(7) 因 $\lim\limits_{n\to\infty}u_n=\lim\limits_{n\to\infty}\dfrac{(-1)^n n^2}{2n^2+n}=\lim\limits_{n\to\infty}\dfrac{(-1)^n}{2+\dfrac{1}{n}}$ 不存在,即 $\lim\limits_{n\to\infty}u_n\neq 0$,所以 $\sum\limits_{n=1}^{\infty}\dfrac{(-1)^n n^2}{2n^2+n}$ 发散.

7. 分别就级数 $\sum\limits_{n=1}^{\infty}u_n$ 收敛和发散的两种情况,讨论下列级数的敛散性.

(1) $\sum\limits_{n=1}^{\infty}(u_n+0.0001)$; (2) $1\ 000+\sum\limits_{n=1}^{\infty}u_n$; (3) $\sum\limits_{n=1}^{\infty}\dfrac{1}{u_n}$.

解 (1) 当 $\sum\limits_{n=1}^{\infty}u_n$ 收敛时,$\lim\limits_{n\to\infty}u_n=0$,所以 $\lim\limits_{n\to\infty}(u_n+0.0001)=0.0001\neq 0$,

即 $\sum\limits_{n=1}^{\infty}(u_n+0.0001)$ 发散.

当 $\sum\limits_{n=1}^{\infty}u_n$ 发散时, $\sum\limits_{n=1}^{\infty}(u_n+0.0001)$ 的敛散性不确定.

如当 $u_n\equiv-0.0001$ 时, $\sum\limits_{n=1}^{\infty}u_n$ 发散,而 $\sum\limits_{n=1}^{\infty}(u_n+0.0001)$ 收敛;当 $u_n=1$ 时, $\sum\limits_{n=1}^{\infty}u_n$ 发散,而 $\sum\limits_{n=1}^{\infty}(u_n+0.0001)$ 也发散.

(2) $1\ 000+\sum\limits_{n=1}^{\infty}u_n$ 与 $\sum\limits_{n=1}^{\infty}u_n$ 同时收敛,同时发散.

(3) 当 $\sum\limits_{n=1}^{\infty}u_n$ 收敛时,$\lim\limits_{n\to\infty}u_n=0$,而 $\lim\limits_{n\to\infty}\dfrac{1}{u_n}=\infty$,所以 $\sum\limits_{n=1}^{\infty}\dfrac{1}{u_n}$ 发散;当 $\sum\limits_{n=1}^{\infty}u_n$ 发散时, $\sum\limits_{n=1}^{\infty}\dfrac{1}{u_n}$ 可能收敛,也可能不收敛.

如当 $u_n=1$ 时, $\sum\limits_{n=1}^{\infty}u_n$ 发散, $\sum\limits_{n=1}^{\infty}\dfrac{1}{u_n}$ 也发散;当 $u_n=2^n$ 时, $\sum\limits_{n=1}^{\infty}u_n$ 发散,而 $\sum\limits_{n=1}^{\infty}\dfrac{1}{u_n}$ 收敛.

8. 已知 $\sum\limits_{n=1}^{\infty}\dfrac{1}{n^2}=\dfrac{\pi^2}{6}$, 求级数 $\sum\limits_{n=1}^{\infty}\dfrac{1}{(2n-1)^2}$ 的和.

解 $$\sum_{n=1}^{\infty}\frac{1}{n^2}=\sum_{n=1}^{\infty}\left[\frac{1}{(2n-1)^2}+\frac{1}{(2n)^2}\right]=\sum_{n=1}^{\infty}\frac{1}{(2n-1)^2}+\frac{1}{4}\sum_{n=1}^{\infty}\frac{1}{n^2},$$

所以

$$\sum_{n=1}^{\infty}\frac{1}{(2n-1)^2}=\frac{3}{4}\sum_{n=1}^{\infty}\frac{1}{n^2}=\frac{3}{4}\times\frac{\pi^2}{6}=\frac{\pi^2}{8}.$$

9. 一类慢性病患者需每天服用某种药物,按药理,一般患者体内药量需维持在 20~25 mg.设体内药物每天有 80%排泄掉,问患者每天服用的药量为多少?

解 设患者每天服药 $x$mg,则体内长期维持药量为

$$x\left(1+\frac{1}{5}+\frac{1}{5^2}+\cdots\right)=\frac{5}{4}x.$$

要满足 $20\leqslant\frac{5}{4}x\leqslant 25$,则 $16\leqslant x\leqslant 20$.

10. 计算机中的数据都是二进制的,求二进制无限循环小数$(110.110110\cdots)_2$在十进制下的值.

解 $(110.110110\cdots)_2=2^2+2^1+0\cdot 2^0+2^{-1}+2^{-2}+0\cdot 2^{-3}+\cdots$

$$=\sum_{n=1}^{\infty}\frac{2^3}{2^n}-\sum_{n=0}^{\infty}\frac{1}{2^{3n}}=\frac{2^2}{1-\frac{1}{2}}-\frac{1}{1-\frac{1}{8}}=6\frac{6}{7}.$$

11.2

1. 用比较法判别下列级数的敛散性.

(1) $\frac{1}{2}+\frac{1}{5}+\frac{1}{10}+\frac{1}{17}+\cdots$;

(2) $1+\frac{1+2}{1+2^2}+\frac{1+3}{1+3^2}+\cdots$;

(3) $\sum_{n=1}^{\infty}\sin\frac{\pi}{2^n}$;

(4) $\sum_{n=1}^{\infty}\left[\frac{1}{n}-\ln\left(1+\frac{1}{n}\right)\right]$.

解 (1) 因$\frac{1}{n^2+1}<\frac{1}{n^2}$,而$\sum_{n=1}^{\infty}\frac{1}{n^2}$收敛,所以

$$\frac{1}{2}+\frac{1}{5}+\frac{1}{10}+\frac{1}{17}+\cdots=\sum_{n=1}^{\infty}\frac{1}{n^2+1}$$

收敛.

(2) $\frac{1+n}{1+n^2}>\frac{n}{n^2+n^2}=\frac{1}{2}\cdot\frac{1}{n}$,因$\sum_{n=1}^{\infty}\frac{1}{n}$发散,所以

$$1+\frac{1+2}{1+2^2}+\frac{1+3}{1+3^2}+\cdots=\sum_{n=1}^{\infty}\frac{1+n}{1+n^2}$$

发散.

(3) 当$0<x\leqslant\frac{\pi}{2}$时,$\sin x<x$,所以$\sin\frac{\pi}{2^n}<\frac{\pi}{2^n}$,而$\sum_{n=1}^{\infty}\frac{\pi}{2^n}$收敛,所以$\sum_{n=1}^{\infty}\sin\frac{\pi}{2^n}$收敛.

(4) 收敛.详细解答过程参见 11.6 例题分析部分例 1(4).

2. 用比值法判别下列级数的敛散性.

(1) $\sum_{n=0}^{\infty}\frac{n!}{n^n}$;

(2) $\sum_{n=0}^{\infty}\frac{5^n}{n!}$;

(3) $\sum\limits_{n=1}^{\infty}\dfrac{2^n\cdot n!}{n^n}$；　　(4) $\sum\limits_{n=1}^{\infty}\dfrac{2\cdot 5\cdot\cdots\cdot(3n-1)}{1\cdot 5\cdot\cdots\cdot(4n-3)}$.

解　(1) $\lim\limits_{n\to\infty}\dfrac{u_{n+1}}{u_n}=\lim\limits_{n\to\infty}\dfrac{\dfrac{(n+1)!}{(n+1)^{n+1}}}{\dfrac{n!}{n^n}}=\lim\limits_{n\to\infty}\dfrac{1}{\left(1+\dfrac{1}{n}\right)^n}=\dfrac{1}{\mathrm{e}}<1$，级数 $\sum\limits_{n=0}^{\infty}\dfrac{n!}{n^n}$ 收敛.

(2) $\lim\limits_{n\to\infty}\dfrac{\dfrac{5^{n+1}}{(n+1)!}}{\dfrac{5^n}{n!}}=\lim\limits_{n\to\infty}\dfrac{5}{n+1}=0<1$ 收敛.

(3) 收敛.详细解答过程参见 11.6 例题分析部分例 1(1).

(4) $\lim\limits_{n\to\infty}\dfrac{\dfrac{2\cdot 5\cdot\cdots\cdot(3n+2)}{1\cdot 5\cdot\cdots\cdot(4n+1)}}{\dfrac{2\cdot 5\cdot\cdots\cdot(3n-1)}{1\cdot 5\cdot\cdots\cdot(4n-3)}}=\lim\limits_{n\to\infty}\dfrac{3n+2}{4n+1}=\dfrac{3}{4}<1$，收敛.

3. 用根值法判别下列级数的敛散性.

(1) $\sum\limits_{n=1}^{\infty}\left(\dfrac{n}{3n+1}\right)^n$；　　(2) $\dfrac{3}{1\cdot 2}+\dfrac{3^2}{2\cdot 2^2}+\dfrac{3^3}{3\cdot 2^3}+\cdots$.

解　(1) $\lim\limits_{n\to\infty}\sqrt[n]{u_n}=\lim\limits_{n\to\infty}\sqrt[n]{\left(\dfrac{n}{3n+1}\right)^n}=\lim\limits_{n\to\infty}\dfrac{1}{3+\dfrac{1}{n}}=\dfrac{1}{3}<1$，收敛.

(2) $\lim\limits_{n\to\infty}\sqrt[n]{\dfrac{3^n}{n\cdot 2^n}}=\lim\limits_{n\to\infty}\dfrac{3}{2}\cdot\dfrac{1}{\sqrt[n]{n}}=\dfrac{3}{2}>1$，发散.

4. 用积分判别法判别下列级数的敛散性.

(1) $\sum\limits_{n=1}^{\infty}\dfrac{n+1}{n(n+2)}$；　　(2) $\sum\limits_{n=3}^{\infty}\dfrac{\ln n}{n^p}$.

解　(1) $\displaystyle\int_1^{+\infty}\frac{x+1}{x(x+2)}\mathrm{d}x=\frac{1}{2}\int_1^{+\infty}\frac{2x+2}{x^2+2x}\mathrm{d}x=\frac{1}{2}\ln(x^2+2x)\Big|_1^{+\infty}=+\infty$，
发散，所以 $\sum\limits_{n=1}^{\infty}\dfrac{n+1}{n(n+2)}$ 发散.

(2) 当 $p>1$ 时，$\displaystyle\int_3^{+\infty}\frac{\ln x}{x^p}\mathrm{d}x=\frac{1}{1-p}\left(x^{1-p}\ln x\Big|_3^{+\infty}-\int_3^{+\infty}x^{-p}\mathrm{d}x\right)$

$$=\frac{3^{1-p}}{p-1}\ln 3+\frac{3^{1-p}}{(p-1)^2},$$

收敛，所以 $p>1$ 时，$\sum\limits_{n=3}^{\infty}\dfrac{\ln n}{n^p}$ 收敛；

当 $p\leqslant 1$ 时，由于 $\dfrac{\ln n}{n^p}>\dfrac{1}{n}(n\geqslant 3)$，又 $\sum\limits_{n=1}^{\infty}\dfrac{1}{n}$ 发散，所论级数发散.

5. 判别下列级数的敛散性.

(1) $\sum_{n=0}^{\infty}\frac{[(2n)!!]^2}{(4n)!!}$;

(2) $\sum_{n=1}^{\infty}\sqrt{\frac{n+1}{n}}$;

(3) $\sum_{n=2}^{\infty}\frac{1}{n\ln^{1+\sigma}n}(\sigma>0)$;

(4) $\sum_{n=1}^{\infty}\frac{1}{\sqrt{n}}\arcsin\frac{1}{n}$;

(5) $\sum_{n=1}^{\infty}\frac{1}{1+a^n}(a>0)$;

(6) $\sum_{n=1}^{\infty}\ln\left(1+\frac{1}{n}\right)$;

(7) $\sum_{n=1}^{\infty}n\tan\frac{\pi}{2^{n+1}}$;

(8) $\sum_{n=1}^{\infty}\frac{n^2}{\left(2+\frac{1}{n}\right)^n}$;

(9) $\sum_{n=1}^{\infty}\frac{(n!)^2}{(2n)!}x^n \quad (x>0)$

(10) $\sum_{n=3}^{\infty}\frac{1}{n\ln n\cdot\ln\ln n}$;

(11) $\sum_{n=0}^{\infty}\left(\frac{b}{a_n}\right)^n$,假设$\lim\limits_{n\to\infty}a_n=a$,且 $b\neq a$ 均为正数.

解 (1)
$$\lim_{n\to\infty}\frac{u_{n+1}}{u_n}=\lim_{n\to\infty}\frac{\dfrac{[(2n+2)!!]^2}{(4n+4)!!}}{\dfrac{[(2n)!!]^2}{(4n)!!}}=\lim_{n\to\infty}\frac{(2n+2)^2}{(4n+2)(4n+4)}$$
$$=\lim_{n\to\infty}\frac{\left(2+\dfrac{2}{n}\right)^2}{\left(4+\dfrac{2}{n}\right)\left(4+\dfrac{4}{n}\right)}=\frac{1}{4}<1,$$

收敛.

(2) $\lim\limits_{n\to\infty}u_n=\lim\limits_{n\to\infty}\sqrt{\frac{n+1}{n}}=\lim\limits_{n\to\infty}\sqrt{1+\frac{1}{n}}=1\neq0$,发散.

(3) $\int_2^{+\infty}\frac{1}{x\ln^{1+\sigma}x}\mathrm{d}x=-\frac{1}{\sigma}\frac{1}{\ln^{\sigma}x}\Big|_2^{+\infty}=\frac{1}{\sigma}\cdot\frac{1}{\ln^{\sigma}2}$ 收敛,所以 $\sum_{n=2}^{\infty}\frac{1}{n\ln^{1+\sigma}n}$ 收敛.

(4) 因$\lim\limits_{x\to0}\frac{\sqrt{x}\arcsin x}{x^{\frac{3}{2}}}=\lim\limits_{x\to0}\frac{\arcsin x}{x}=\lim\limits_{x\to0}\frac{\frac{1}{\sqrt{1-x^2}}}{1}=1$,所以
$$\lim_{n\to\infty}\frac{\dfrac{1}{\sqrt{n}}\arcsin\dfrac{1}{n}}{\dfrac{1}{n^{\frac{3}{2}}}}=1,$$

而 $\sum_{n=1}^{\infty}\frac{1}{n^{\frac{3}{2}}}$ 收敛,所以 $\sum_{n=1}^{\infty}\frac{1}{\sqrt{n}}\arcsin\frac{1}{n}$ 收敛.

(5) 当 $0<a\leqslant1$ 时,$\frac{1}{1+a^n}\geqslant\frac{1}{1+1}=\frac{1}{2}$,$\lim\limits_{n\to\infty}\frac{1}{1+a^n}\neq0$,所以 $\sum_{n=1}^{\infty}\frac{1}{1+a^n}$ 发散;

当 $a>1$ 时，$0<\frac{1}{a}<1$，而 $\frac{1}{1+a^n}<\frac{1}{a^n}=\left(\frac{1}{a}\right)^n$，因 $\sum\limits_{n=1}^{\infty}\left(\frac{1}{a}\right)^n$ 收敛，所以 $\sum\limits_{n=1}^{\infty}\frac{1}{1+a^n}$ 收敛.

（6）因 $\ln\left(1+\frac{1}{n}\right)>\frac{1}{n+1}>\frac{1}{n+n}=\frac{1}{2n}$，而 $\sum\limits_{n=1}^{\infty}\frac{1}{n}$ 发散，由比较判别法知

$$\sum_{n=1}^{\infty}\ln\left(1+\frac{1}{n}\right) \text{ 发散.}$$

（7）$\lim\limits_{n\to\infty}\dfrac{(n+1)\tan\dfrac{\pi}{2^{n+2}}}{n\tan\dfrac{\pi}{2^{n+1}}}=\lim\limits_{n\to\infty}\dfrac{\dfrac{\pi}{2^{n+1}}}{\dfrac{\pi}{2^n}}=\dfrac{1}{2}<1$，级数收敛.

（8）
$$\lim_{n\to\infty}\frac{\dfrac{(n+1)^2}{\left(2+\dfrac{1}{n+1}\right)^{n+1}}}{\dfrac{n^2}{\left(2+\dfrac{1}{n}\right)^n}}=\lim_{n\to\infty}\left(\frac{n+1}{n}\right)^2\cdot\frac{1}{\left(2+\dfrac{1}{n+1}\right)}\cdot\frac{\left(\dfrac{n+1}{n}\right)^n}{\left(\dfrac{2n+3}{2n+1}\right)^n}$$

$$=\lim_{n\to\infty}\frac{1}{2}\frac{\left(1+\dfrac{1}{n}\right)^n}{\left[\left(1+\dfrac{2}{2n+1}\right)^{\frac{2n+1}{2}}\right]^{\frac{2}{2+\frac{1}{n}}}}=\frac{1}{2}\cdot\frac{\mathrm{e}}{\mathrm{e}}=\frac{1}{2}<1,$$

收敛.

还可用 $\dfrac{n^2}{\left(2+\dfrac{1}{n}\right)^n}<\dfrac{n^2}{2^n}$ 判别 $\sum\limits_{n=1}^{\infty}\dfrac{n^2}{2^n}$ 收敛，知原级数收敛.

（9）
$$\lim_{n\to\infty}\frac{u_{n+1}}{u_n}=\lim_{n\to\infty}\frac{\dfrac{[(n+1)!]^2}{[2(n+1)]!}x^{n+1}}{\dfrac{(n!)^2}{(2n)!}x^n}=\lim_{n\to\infty}\frac{(n+1)^2x}{(2n+2)(2n+1)}=\lim_{n\to\infty}\frac{\left(1+\dfrac{1}{n}\right)x}{2\left(2+\dfrac{1}{n}\right)}=\frac{x}{4}.$$

当 $0<x<4$ 时，$\sum\limits_{n=1}^{\infty}\dfrac{(n!)^2}{(2n)!}x^n$ 收敛；

当 $x>4$ 时，$\sum\limits_{n=1}^{\infty}\dfrac{(n!)^2}{(2n)!}x^n$ 发散；

当 $x=4$ 时，比值判别法失效，而

$$u_n=\frac{(n!)^2}{(2n)!}4^n=\frac{(2^n\cdot n!)^2}{(2n)!}=\frac{[(2n)!!]^2}{[(2n-1)!!][(2n)!!]}=\frac{(2n)!!}{(2n-1)!!}>1,$$

即 $\lim\limits_{n\to\infty}u_n\neq 0$，所以当 $x=4$ 时，级数发散.

（10）$\displaystyle\int_3^{+\infty}\frac{1}{x\cdot\ln x\ln\ln x}\mathrm{d}x=\ln\ln\ln x\Big|_3^{+\infty}=+\infty$ 发散，所以 $\sum\limits_{n=3}^{\infty}\dfrac{1}{n\cdot\ln n\cdot\ln\ln n}$ 发散.

（11）由 $\lim\limits_{n\to\infty}a_n=a>0$ 知，$\lim\limits_{n\to\infty}\sqrt[n]{u_n}=\lim\limits_{n\to\infty}\dfrac{b}{a_n}=\dfrac{b}{a}$，当 $b<a$ 时，$\sum\limits_{n=0}^{\infty}\left(\dfrac{b}{a_n}\right)^n$ 收敛；当 $b>a$ 时，

$\sum_{n=0}^{\infty}\left(\frac{b}{a_n}\right)^n$ 发散.

6. 讨论级数 $\sum_{n=1}^{\infty} n^{\alpha}\beta^{n}$ 的敛散性,其中 α 为任意实数,β 为非负实数.

解 $\lim\limits_{n\to\infty}\sqrt[n]{u_n}=\lim\limits_{n\to\infty}\sqrt[n]{n^{\alpha}\beta^{n}}=\lim\limits_{n\to\infty}(\sqrt[n]{n})^{\alpha}\beta=\beta.$

当 $\beta<1$ 时, $\sum_{n=1}^{\infty} n^{\alpha}\beta^{n}$ 收敛;

当 $\beta>1$ 时, $\sum_{n=1}^{\infty} n^{\alpha}\beta^{n}$ 发散;

当 $\beta=1$ 时,若 $\alpha<-1$,则 $\sum_{n=1}^{\infty}\frac{1}{n^{-\alpha}}$ 收敛,若 $\alpha\geqslant-1$,则 $\sum_{n=1}^{\infty}\frac{1}{n^{-\alpha}}$ 发散.

7. 设 a 为正数,若级数 $\sum_{n=1}^{\infty}\frac{a^{n}n!}{n^{n}}$ 收敛,而 $\sum_{n=2}^{\infty}\frac{\sqrt{n+2}-\sqrt{n-2}}{n^{a}}$ 发散,则(　　).

(A) $a>\mathrm{e}$　　(B) $a=\mathrm{e}$

(C) $\frac{1}{2}<a<\mathrm{e}$　　(D) $a\leqslant\frac{1}{2}$

解 因为

$$\lim_{n\to\infty}\frac{a^{n+1}(n+1)!}{(n+1)^{(n+1)}}\cdot\frac{n^{n}}{a^{n}\cdot n!}=\lim_{n\to\infty}\frac{a}{\left(1+\frac{1}{n}\right)^{n}}=\frac{a}{\mathrm{e}}.$$

又由 $\sum_{n=1}^{\infty}\frac{a^{n}n!}{n^{n}}$ 收敛,由比值判别法知 $a<\mathrm{e}$.而由

$$\lim_{n\to\infty}\frac{\dfrac{\sqrt{n+2}-\sqrt{n-2}}{n^{a}}}{\dfrac{2}{n^{a+\frac{1}{2}}}}=\lim_{n\to\infty}\frac{2n^{\frac{1}{2}}}{\sqrt{n+2}+\sqrt{n-2}}=1,$$

又由 $\sum_{n=2}^{\infty}\frac{\sqrt{n+2}-\sqrt{n-2}}{n^{a}}$ 发散,据比较判别法极限形式知 $\sum_{n=2}^{\infty}\frac{2}{n^{a+\frac{1}{2}}}$ 发散.

所以 $a+\frac{1}{2}\leqslant1$,即 $a\leqslant\frac{1}{2}$.应选 D.

8. 证明:

(1) 若正项级数 $\sum_{n=1}^{\infty}u_n$ 收敛,则 $\sum_{n=1}^{\infty}u_n^2$ 收敛;

(2) 若正项级数 $\sum_{n=1}^{\infty}u_n$, $\sum_{n=1}^{\infty}v_n$ 均收敛,则 $\sum_{n=1}^{\infty}u_nv_n$, $\sum_{n=1}^{\infty}\sqrt{\frac{v_n}{n^{p}}}$, $p>1$ 均收敛.

(3) 若正项级数 $\sum_{n=1}^{\infty}u_n$ 发散,$S_n=u_1+u_2+\cdots+u_n$,则 $\sum_{n=1}^{\infty}\frac{u_n}{S_n^{\,2}}$ 收敛;

（4）若 $u_n, v_n>0$，且 $\dfrac{u_{n+1}}{u_n} \leqslant \dfrac{v_{n+1}}{v_n}$，则当 $\sum\limits_{n=1}^{\infty} v_n$ 收敛时，$\sum\limits_{n=1}^{\infty} u_n$ 收敛；当 $\sum\limits_{n=1}^{\infty} u_n$ 发散时，$\sum\limits_{n=1}^{\infty} v_n$ 发散.

证明　（1）因 $\sum\limits_{n=1}^{\infty} u_n$ 收敛，所以 $\lim\limits_{n\to\infty} u_n=0$，那么存在 N，当 $n>N$ 时，$u_n^2<u_n$，所以 $\sum\limits_{n=N+1}^{\infty} u_n^2$ 收敛，即 $\sum\limits_{n=1}^{\infty} u_n^2$ 收敛.

（2）由于 $0\leqslant u_n v_n \leqslant \dfrac{1}{2}(u_n{}^2+v_n{}^2)$，据（1）的证明知 $\sum\limits_{n=1}^{\infty} \dfrac{1}{2}(u_n{}^2+v_n{}^2)$ 收敛.所以 $\sum\limits_{n=1}^{\infty} u_n v_n$ 收敛.
又因为 $0<\sqrt{\dfrac{v_n}{n^p}} \leqslant \dfrac{1}{2}\left(v_n+\dfrac{1}{n^p}\right)$，而 $\sum\limits_{n=1}^{\infty} \dfrac{1}{2}\left(v_n+\dfrac{1}{n^p}\right)$ 收敛（$p>1$），故据比较法知 $\sum\limits_{n=1}^{\infty} \sqrt{\dfrac{v_n}{n^p}}$ 收敛.

（3）因为 $\sum\limits_{n=1}^{\infty} u_n$ 发散，所以 $\lim\limits_{n\to\infty} S_n=+\infty$，而

$$0<\frac{u_n}{S_n{}^2}<\frac{S_n-S_{n-1}}{S_n\cdot S_{n-1}}=\frac{1}{S_{n-1}}-\frac{1}{S_n}.$$

级数 $\sum\limits_{n=2}^{\infty}\left(\dfrac{1}{S_{n-1}}-\dfrac{1}{S_n}\right)$ 的部分和 $\sigma_n=\dfrac{1}{S_1}-\dfrac{1}{S_n}$，故 $\lim\limits_{n\to\infty}\sigma_n=\dfrac{1}{u_1}$.即 $\sum\limits_{n=2}^{\infty}\left(\dfrac{1}{S_{n-1}}-\dfrac{1}{S_n}\right)$ 收敛，由比较法知，$\sum\limits_{n=1}^{\infty}\dfrac{u_n}{S_n{}^2}$ 收敛.

（4）由于 $u_{n+1}\leqslant \dfrac{v_{n+1}}{v_n}u_n \leqslant \cdots \leqslant \dfrac{u_1}{v_1}v_{n+1}$，由比较判别法知，结论成立.

9. 利用收敛级数性质证明

（1）$\lim\limits_{n\to\infty}\dfrac{n^n}{(2n)!}=0$；　　　　（2）$\lim\limits_{n\to\infty}\dfrac{a^n}{n!}=0$　（$a>1$）；

证明　（1）因 $\lim\limits_{n\to\infty}\dfrac{\dfrac{(n+1)^{n+1}}{(2n+2)!}}{\dfrac{n^n}{(2n)!}}=\lim\limits_{n\to\infty}\dfrac{\left(1+\dfrac{1}{n}\right)^n}{2(2n+1)}=0<1$，所以 $\sum\limits_{n=1}^{\infty}\dfrac{n^n}{(2n)!}$ 收敛.即有 $\lim\limits_{n\to\infty}\dfrac{n^n}{(2n)!}=0$.

（2）因 $\lim\limits_{n\to\infty}\dfrac{\dfrac{a^{n+1}}{(n+1)!}}{\dfrac{a^n}{n!}}=\lim\limits_{n\to\infty}\dfrac{a}{n+1}=0<1$，所以 $\sum\limits_{n=1}^{\infty}\dfrac{a^n}{n!}$ 收敛，于是 $\lim\limits_{n\to\infty}\dfrac{a^n}{n!}=0$.

10. 设级数 $\sum\limits_{n=1}^{\infty} a_n$ 与 $\sum\limits_{n=1}^{\infty} b_n$ 均收敛，且对一切正整数 n 都有 $a_n<c_n<b_n$，证明 $\sum\limits_{n=1}^{\infty} c_n$ 收敛.

证明　证明过程参见 11.6 例题分析部分例 9.

11. 若 $\lim\limits_{n\to\infty} na_n=a\neq 0$，则 $\sum\limits_{n=1}^{\infty} a_n$ 发散.

证明　当 $a>0$ 时，由 $\lim\limits_{n\to\infty} na_n=a>0$ 知，存在 $N>0$，当 $n>N$ 时，有 $na_n>0$，即 $\sum\limits_{n=N+1}^{\infty} a_n$ 是正项

级数,再由 $\lim\limits_{n\to\infty}\dfrac{a_n}{\frac{1}{n}}=\lim\limits_{n\to\infty}na_n=a>0$ 知 $\sum\limits_{n=N+1}^{\infty}a_n$ 发散,即 $\sum\limits_{n=1}^{\infty}a_n$ 发散.

当 $a<0$ 时,$\lim\limits_{n\to\infty}n(-a_n)=-a>0$,由前面证明知 $\sum\limits_{n=1}^{\infty}(-a_n)$ 发散,所以 $\sum\limits_{n=1}^{\infty}a_n$ 发散.

12. 设 $a_n=\int_0^{\frac{\pi}{4}}\tan^n x\mathrm{d}x$. 试证任意 $\lambda>0$,级数 $\sum\limits_{n=1}^{\infty}\dfrac{a_n}{n^{\lambda}}$ 收敛.

证明 证明过程参见 11.6 例题分析部分例 2.

13. 设数列 $\{u_n\}$ 满足 $u_{n+1}=\dfrac{1}{2}u_n(u_n^2+1)$,$n=1,2,3,\cdots$.针对首项(1) $u_1=\dfrac{1}{2}$,(2) $u_1=2$ 两种情况讨论级数 $\sum\limits_{n=1}^{\infty}u_n$ 的敛散性.

解 由 $u_{n+1}=\dfrac{1}{2}u_n(u_n^2+1)$ 知,当 $u_1>0$ 时,$u_n>0$,即 $\sum\limits_{n=1}^{\infty}u_n$ 是正项级数,且 $\dfrac{u_{n+1}}{u_n}=\dfrac{1}{2}(u_n^2+1)$.

当 $u_1=\dfrac{1}{2}$ 时,由 $u_{n+1}=\dfrac{1}{2}u_n(u_n^2+1)$,由归纳法知 $u_n\leqslant\dfrac{1}{2}$,$n=1,2,3,\cdots$.因此,$\dfrac{u_{n+1}}{u_n}\leqslant\dfrac{5}{8}<1$,$\sum\limits_{n=1}^{\infty}u_n$ 收敛;

当 $u_1=2$ 时,由 $u_{n+1}=\dfrac{1}{2}u_n(u_n^2+1)$,由归纳法知 $u_n>1$,故 $\lim\limits_{n\to\infty}u_n\neq 0$,所以 $\sum\limits_{n=1}^{\infty}u_n$ 发散.

14. 讨论级数 $\sum\limits_{n=1}^{\infty}\left(\int_0^n\sqrt[3]{1+x^2}\,\mathrm{d}x\right)^{-1}$ 的敛散性.

解 $u_n=\left(\int_0^n\sqrt[3]{1+x^2}\,\mathrm{d}x\right)^{-1}>0$,

$$\lim_{t\to+\infty}\frac{1}{\int_0^t\sqrt[3]{1+x^2}\,\mathrm{d}x}\bigg/\frac{1}{t^k}=\lim_{t\to+\infty}\frac{t^k}{\int_0^t\sqrt[3]{1+x^2}\,\mathrm{d}x}=\lim_{t\to+\infty}\frac{kt^{k-1}}{\sqrt[3]{1+t^2}}=\frac{5}{3}\left(\text{当 }k=\frac{5}{3}\text{ 时}\right),$$

所以级数收敛.

11.3

1. 判定下列级数的敛散性.如果收敛,是条件收敛?还是绝对收敛?

(1) $1-\dfrac{1}{\sqrt{2}}+\dfrac{1}{\sqrt{3}}-\dfrac{1}{\sqrt{4}}+\cdots+(-1)^{n-1}\dfrac{1}{\sqrt{n}}+\cdots$;

(2) $\sum\limits_{n=2}^{\infty}(-1)^n\dfrac{1}{n-\ln n}$;

(3) $\sum\limits_{n=1}^{\infty}(-1)^{n-1}\dfrac{1}{3\cdot 2^n}$;

(4) $\sum\limits_{n=1}^{\infty}(-1)^{n-1}\dfrac{1}{n^{p+\frac{1}{n}}}$;

(5) $\sum\limits_{n=1}^{\infty}\dfrac{n!\,2^n\sin\left(\frac{n\pi}{5}\right)}{n^n}$;

(6) $\sum\limits_{n=1}^{\infty}\left[\dfrac{\sin(n\alpha)}{n^2}-\dfrac{1}{\sqrt{n}}\right]$;

(7) $\sum\limits_{n=1}^{\infty}(-1)^n\left(1-\cos\dfrac{\alpha}{n}\right)$(常数 $\alpha>0$);

(8) $\sum\limits_{n=1}^{\infty}\dfrac{(-\alpha)^n\cdot n!}{n^n}$(常数 $\alpha>0$);

(9) $\sum\limits_{n=2}^{\infty}\sin\left(n\pi+\dfrac{1}{\ln n}\right)$.

解　(1) 因$\dfrac{1}{\sqrt{n}}>\dfrac{1}{\sqrt{n+1}}$且$\lim\limits_{n\to\infty}\dfrac{1}{\sqrt{n}}=0$,所以$\sum\limits_{n=1}^{\infty}(-1)^{n-1}\dfrac{1}{\sqrt{n}}$收敛,而$\sum\limits_{n=1}^{\infty}\left|(-1)^{n-1}\dfrac{1}{\sqrt{n}}\right|=\sum\limits_{n=1}^{\infty}\dfrac{1}{\sqrt{n}}$发散,所以$\sum\limits_{n=1}^{\infty}(-1)^{n-1}\dfrac{1}{\sqrt{n}}$条件收敛.

(2) 记$f(x)=\dfrac{1}{x-\ln x}$,$f'(x)=-\dfrac{1-\frac{1}{x}}{(x-\ln x)^2}<0(x>1)$,$\lim\limits_{x\to+\infty}f(x)=0$,故$\sum\limits_{n=2}^{\infty}\dfrac{(-1)^n}{n-\ln n}$收敛,又$\dfrac{1}{n-\ln n}>\dfrac{1}{n}$,所以是条件收敛.

(3) $\sum\limits_{n=1}^{\infty}\left|(-1)^{n-1}\dfrac{1}{3\cdot 2^n}\right|=\dfrac{1}{3}\sum\limits_{n=1}^{\infty}\left(\dfrac{1}{2}\right)^n$收敛,所以$\sum\limits_{n=1}^{\infty}(-1)^{n-1}\dfrac{1}{3\cdot 2^n}$绝对收敛.

(4) 当$p>1$时,$\dfrac{1}{n^{p+\frac{1}{n}}}<\dfrac{1}{n^p}$,所以$\sum\limits_{n=1}^{\infty}\left|(-1)^{n-1}\dfrac{1}{n^{p+\frac{1}{n}}}\right|=\sum\limits_{n=1}^{\infty}\dfrac{1}{n^{p+\frac{1}{n}}}$收敛,即$\sum\limits_{n=1}^{\infty}(-1)^{n-1}\dfrac{1}{n^{p+\frac{1}{n}}}$绝对收敛.

当$p\leqslant 0$时,$\lim\limits_{n\to\infty}\dfrac{1}{n^{p+\frac{1}{n}}}=\lim\limits_{n\to\infty}\dfrac{n^{-p}}{\sqrt[n]{n}}\neq 0$,所以$\lim\limits_{n\to\infty}(-1)^{n-1}\dfrac{1}{n^{p+\frac{1}{n}}}\neq 0$,即$\sum\limits_{n=1}^{\infty}(-1)^{n-1}\dfrac{1}{n^{p+\frac{1}{n}}}$发散;

当$0<p\leqslant 1$时,因$\lim\limits_{n\to\infty}\dfrac{\frac{1}{n^{p+\frac{1}{n}}}}{\frac{1}{n^p}}=\lim\limits_{n\to\infty}\dfrac{1}{\sqrt[n]{n}}=1$,由$\sum\limits_{n=1}^{\infty}\dfrac{1}{n^p}$发散,知$\sum\limits_{n=1}^{\infty}\left|(-1)^{n-1}\dfrac{1}{n^{p+\frac{1}{n}}}\right|=\sum\limits_{n=1}^{\infty}\dfrac{1}{n^{p+\frac{1}{n}}}$发散;

设$f(x)=\dfrac{1}{x^{p+\frac{1}{x}}}$,当$x$充分大时,

$$\begin{aligned}f'(x)&=\left(\frac{1}{x^{p+\frac{1}{x}}}\right)'=\left(e^{-\left(p+\frac{1}{x}\right)\ln x}\right)'\\&=e^{-\left(p+\frac{1}{x}\right)\ln x}\left[\frac{1}{x^2}\ln x-\left(p+\frac{1}{x}\right)\frac{1}{x}\right]\\&=e^{-\left(p+\frac{1}{x}\right)\ln x}\frac{1}{x}\left[\ln x^{\frac{1}{x}}-\left(p+\frac{1}{x}\right)\right]<0,\end{aligned}$$

即$f(x)$单调减少,所以,存在$N>0$,当$n>N$时,

$$\frac{1}{n^{p+\frac{1}{n}}}>\frac{1}{(n+1)^{p+\frac{1}{n+1}}},$$

又有$\lim\limits_{n\to\infty}\dfrac{1}{n^{p+\frac{1}{n}}}=0$,所以$\sum\limits_{n=N+1}^{\infty}(-1)^{n-1}\dfrac{1}{n^{p+\frac{1}{n}}}$收敛,于是$\sum\limits_{n=1}^{\infty}(-1)^{n-1}\dfrac{1}{n^{p+\frac{1}{n}}}$条件收敛.

(5) $\sum_{n=1}^{\infty}\left|\frac{n!\,2^n\sin\left(\frac{n\pi}{5}\right)}{n^n}\right|\leqslant\sum_{n=1}^{\infty}\frac{n!\,2^n}{n^n}$, 因 $\lim_{n\to\infty}\frac{\frac{(n+1)!\,2^{n+1}}{(n+1)^{n+1}}}{\frac{n!\,2^n}{n^n}}=\lim_{n\to\infty}\frac{2}{\left(1+\frac{1}{n}\right)^n}=\frac{2}{\mathrm{e}}<1$, 所以 $\sum_{n=1}^{\infty}\frac{n!\,2^n}{n^n}$ 收敛,于是 $\sum_{n=1}^{\infty}\frac{n!\,2^n\sin\left(\frac{n\pi}{5}\right)}{n^n}$ 绝对收敛.

(6) 因 $\sum_{n=1}^{\infty}\left|\frac{\sin(n\alpha)}{n^2}\right|\leqslant\sum_{n=1}^{\infty}\frac{1}{n^2}$, 而 $\sum_{n=1}^{\infty}\frac{1}{n^2}$ 收敛,知 $\sum_{n=1}^{\infty}\frac{\sin(n\alpha)}{n^2}$ 收敛,又 $\sum_{n=1}^{\infty}\frac{1}{\sqrt{n}}$ 发散,所以 $\sum_{n=1}^{\infty}\left[\frac{\sin(n\alpha)}{n^2}-\frac{1}{\sqrt{n}}\right]$ 发散.

(7) $\sum_{n=1}^{\infty}(-1)^n\left(1-\cos\frac{\alpha}{n}\right)=\sum_{n=1}^{\infty}(-1)^n\cdot 2\sin^2\frac{\alpha}{2n}$,

因

$$\sum_{n=1}^{\infty}\left|(-1)^n\cdot 2\sin^2\frac{\alpha}{2n}\right|\leqslant\sum_{n=1}^{\infty}\frac{\alpha^2}{2n^2}=\frac{\alpha^2}{2}\sum_{n=1}^{\infty}\frac{1}{n^2},$$

而 $\sum_{n=1}^{\infty}\frac{1}{n^2}$ 收敛,所以

$$\sum_{n=1}^{\infty}(-1)^n\left(1-\cos\frac{\alpha}{n}\right)\text{ 绝对收敛.}$$

(8) $\sum_{n=1}^{\infty}\frac{(-\alpha)^n\cdot n!}{n^n}=\sum_{n=1}^{\infty}(-1)^n\cdot\frac{\alpha^n\cdot n!}{n^n}$, $\sum_{n=1}^{\infty}\left|(-1)^n\frac{\alpha^n n!}{n^n}\right|=\sum_{n=1}^{\infty}\frac{\alpha^n\cdot n!}{n^n}$,

$$\lim_{n\to\infty}\frac{\frac{\alpha^{n+1}(n+1)!}{(n+1)^{n+1}}}{\frac{\alpha^n\cdot n!}{n^n}}=\lim_{n\to\infty}\frac{\alpha}{\left(1+\frac{1}{n}\right)^n}=\frac{\alpha}{\mathrm{e}},$$

当 $\alpha<\mathrm{e}$ 时, $\sum_{n=1}^{\infty}\frac{\alpha^n\cdot n!}{n^n}$ 收敛,所以 $\sum_{n=1}^{\infty}\frac{(-\alpha)^n\cdot n!}{n^n}$ 绝对收敛;

当 $\alpha\geqslant\mathrm{e}$ 时, $\frac{\alpha^n\cdot n!}{n^n}\geqslant\frac{\mathrm{e}^n\cdot n!}{n^n}$, 由 $\left(1+\frac{1}{n}\right)^n<\mathrm{e}$ 得

$$\frac{2}{1}<\mathrm{e},\frac{3^2}{2^2}<\mathrm{e},\cdots,\frac{(n+1)^n}{n^n}<\mathrm{e}.$$

将以上各式两边不等号同向相乘,得 $\frac{(n+1)^n}{n!}<\mathrm{e}^n$, 即得 $\frac{n^n}{n!}<\mathrm{e}^n$, 从而有 $\frac{\mathrm{e}^n\cdot n!}{n^n}>1$, 可见 $\lim_{n\to\infty}\frac{\mathrm{e}^n\cdot n!}{n^n}\neq 0$, 故 $\lim_{n\to\infty}\frac{\alpha^n\cdot n!}{n^n}\neq 0$, 所以 $\lim_{n\to\infty}\frac{(-\alpha)^n\cdot n!}{n^n}\neq 0$, $\sum_{n=1}^{\infty}\frac{(-\alpha)^n\cdot n!}{n^n}$ 发散.

(9) 因为 $\sin\left(n\pi+\frac{1}{\ln n}\right)=(-1)^n\sin\frac{1}{\ln n}$, 所论级数为交错级数, $\sin\frac{1}{\ln n}>\sin\frac{1}{\ln(n+1)}$,

$\lim\limits_{n\to+\infty}\sin\dfrac{1}{\ln n}=0$,所以级数收敛.

又 $\lim\limits_{n\to+\infty}\dfrac{\sin\dfrac{1}{\ln n}}{\dfrac{1}{n}}=\lim\limits_{n\to+\infty}\dfrac{n}{\ln n}=+\infty$.所以级数不绝对收敛,知所论级数条件收敛.

2. 设级数 $\sum\limits_{n=1}^{\infty}a_n^2,\sum\limits_{n=1}^{\infty}b_n^2$ 均收敛,证明 $\sum\limits_{n=1}^{\infty}a_nb_n$, $\sum\limits_{n=1}^{\infty}(-1)^{\frac{n(n+1)}{2}}(a_n+b_n)^2,\sum\limits_{n=1}^{\infty}\dfrac{a_n}{n}$,均绝对收敛.

证明　由 $|a_nb_n|\leqslant\dfrac{a_n^2}{2}+\dfrac{b_n^2}{2}$,知 $\sum\limits_{n=1}^{\infty}|a_nb_n|$ 收敛,所以 $\sum\limits_{n=1}^{\infty}a_nb_n$ 绝对收敛.由$\dfrac{|a_n|}{n}\leqslant\dfrac{a_n^2}{2}+\dfrac{1}{2n^2}$知 $\sum\limits_{n=1}^{\infty}\dfrac{|a_n|}{n}$ 收敛,则 $\sum\limits_{n=1}^{\infty}\dfrac{a_n}{n}$ 绝对收敛.由$(a_n+b_n)^2\leqslant(|a_n|+|b_n|)^2=a_n^2+b_n^2+2|a_nb_n|$,知 $\sum\limits_{n=1}^{\infty}(a_n+b_n)^2$ 收敛,故 $\sum\limits_{n=1}^{\infty}(-1)^{\frac{n(n+1)}{2}}(a_n+b_n)^2$ 绝对收敛.

3. 设常数 $k>0$,则级数 $\sum\limits_{n=1}^{\infty}(-1)^n\dfrac{k+n}{n^2}$(　　).

(A) 发散　　(B) 绝对收敛

(C) 条件收敛　　(D) 收敛或发散与 k 的取值有关

解　因$\dfrac{k+n}{n^2}>\dfrac{n}{n^2}=\dfrac{1}{n}$,所以 $\sum\limits_{n=1}^{\infty}\left|(-1)^n\dfrac{k+n}{n^2}\right|=\sum\limits_{n=1}^{\infty}\dfrac{k+n}{n^2}$ 发散,又

$$\frac{k+n}{n^2}=\frac{k}{n^2}+\frac{1}{n}>\frac{k}{(n+1)^2}+\frac{1}{n+1}=\frac{k+(n+1)}{(n+1)^2},$$

且$\lim\limits_{n\to\infty}\dfrac{k+n}{n^2}=0$,所以 $\sum\limits_{n=1}^{\infty}(-1)^n\cdot\dfrac{k+n}{n^2}$ 条件收敛.(C)对.

4. 设级数 $\sum\limits_{n=1}^{\infty}u_n$ 条件收敛,又设 $u_n^*=\dfrac{u_n+|u_n|}{2},u_n^{**}=\dfrac{u_n-|u_n|}{2}$,则级数(　　).

(A) $\sum\limits_{n=1}^{\infty}u_n^*$ 和 $\sum\limits_{n=1}^{\infty}u_n^{**}$ 都收敛

(B) $\sum\limits_{n=1}^{\infty}u_n^*$ 和 $\sum\limits_{n=1}^{\infty}u_n^{**}$ 都发散

(C) $\sum\limits_{n=1}^{\infty}u_n^*$ 收敛,但 $\sum\limits_{n=1}^{\infty}u_n^{**}$ 发散

(D) $\sum\limits_{n=1}^{\infty}u_n^*$ 发散,但 $\sum\limits_{n=1}^{\infty}u_n^{**}$ 收敛

解　由 $\sum\limits_{n=1}^{\infty}u_n$ 条件收敛知 $\sum\limits_{n=1}^{\infty}\dfrac{1}{2}u_n$ 收敛, $\sum\limits_{n=1}^{\infty}\dfrac{1}{2}|u_n|$ 发散,所以 $\sum\limits_{n=1}^{\infty}\dfrac{u_n+|u_n|}{2}$ 与 $\sum\limits_{n=1}^{\infty}\dfrac{u_n-|u_n|}{2}$ 都发散.(B)对.

5. 判定级数 $\sum_{n=2}^{\infty}\frac{(-1)^n}{\sqrt{n}+(-1)^n}$ 的敛散性.

解 详细解答过程参见 11.6 例题分析部分例 3.

6. 设部分和 $S_n=\sum_{k=1}^{n}u_k$，则数列$\{S_n\}$有界是级数 $\sum_{n=1}^{\infty}u_n$ 收敛的(　　).

(A) 充分条件,但非必要条件　　(B) 必要条件,但非充分条件

(C) 充分必要条件　　(D) 非充分条件,又非必要条件

解 若 $\sum_{n=1}^{\infty}u_n$ 收敛,则 $\lim\limits_{n\to\infty}S_n$ 存在,即知 $\{S_n\}$ 有界,又 $S_n=\sum_{k=1}^{n}(-1)^k$，$|S_n|<2$，但 $\sum_{n=1}^{\infty}(-1)^n$ 发散.(B)对.

7. 若级数 $\sum_{n=1}^{\infty}u_n$，$\sum_{n=1}^{\infty}v_n$ 都发散,讨论级数 $\sum_{n=1}^{\infty}[\,|u_n|+|v_n|\,]$ 的敛散性.

解 若正项级数 $\sum_{n=1}^{\infty}(|u_n|+|v_n|)$ 收敛,则 $\sum_{n=1}^{\infty}|u_n|$ 与 $\sum_{n=1}^{\infty}|v_n|$ 均收敛,从而 $\sum_{n=1}^{\infty}u_n$ 与 $\sum_{n=1}^{\infty}v_n$ 也收敛,与题设 $\sum_{n=1}^{\infty}u_n$ 和 $\sum_{n=1}^{\infty}v_n$ 都发散矛盾,故 $\sum_{n=1}^{\infty}(|u_n|+|v_n|)$ 发散.

8. 设正项数列$\{a_n\}$单调减少,且 $\sum_{n=1}^{\infty}(-1)^n a_n$ 发散,试问级数 $\sum_{n=1}^{\infty}\left(\frac{1}{a_n+1}\right)^n$ 是否收敛?说明理由.

解 由正项数列$\{a_n\}$单调减少,设 $\lim\limits_{n\to\infty}a_n=a$，又因为 $\sum_{n=1}^{\infty}(-1)^n a_n$ 发散,则 $a\neq0$.故 $a>0$，即 $a_n\geqslant a$，于是有 $a_n+1\geqslant a+1$，且$\left(\frac{1}{a_n+1}\right)^n\leqslant\left(\frac{1}{a+1}\right)^n$.又因为 $\left|\frac{1}{a+1}\right|<1$，级数 $\sum_{n=1}^{\infty}\left(\frac{1}{a+1}\right)^n$ 收敛,故级数 $\sum_{n=1}^{\infty}\left(\frac{1}{a_n+1}\right)^n$ 收敛.

9. 对无穷数列$\{u_n\}$$(u_n\neq0)$，如果引入无穷乘积 $\prod_{n=1}^{\infty}u_n=u_1\cdot u_2\cdot\cdots\cdot u_n\cdot\cdots$ 的概念,你认为首要讨论的问题应是什么?

答 首要讨论什么是无穷乘积,是否有意义,如果可以,先定义有限乘积数列$\{T_n\}$，再由 $\lim\limits_{n\to\infty}T_n$ 是否存在来定义无穷乘积的收敛与发散.

11.4

1. 讨论函数项级数 $\sum_{n=1}^{\infty}u_n(x)$ 的收敛域及和函数.

(1) 设 $u_1=\frac{x}{2}$，$u_n=\frac{x^n}{2^n}-\frac{x^{n-1}}{2^{n-1}}$，$n\geqslant2$；

(2) 设 $u_1=\frac{x}{2}$，$u_n=\frac{nx}{n+1}-\frac{(n-1)x}{n}$，$n\geqslant2$.

解　(1) $S_n(x)=\sum\limits_{k=1}^{n}u_k(x)=\sum\limits_{k=2}^{n}\left(\dfrac{x^k}{2^k}-\dfrac{x^{k-1}}{2^{k-1}}\right)+\dfrac{x}{2}=\left(\dfrac{x}{2}\right)^n$,

$$S(x)=\lim_{n\to\infty}S_n(x)=\begin{cases}0, & -2<x<2,\\ 1, & x=2.\end{cases}$$

当 $x=-2$ 时,$\lim\limits_{n\to\infty}S_n(-2)=\lim\limits_{n\to\infty}(-1)^n$不存在,当 $|x|>2$ 时,$\lim\limits_{n\to\infty}S_n(x)=\infty$.所以,当$-2<x\leqslant 2$ 时,$\sum\limits_{n=2}^{\infty}u_n(x)$ 收敛.

$$S(x)=\begin{cases}0, & |x|<2,\\ 1, & x=2.\end{cases}$$

(2) $S_n(x)=\sum\limits_{k=1}^{n}u_k(x)=\dfrac{x}{2}+\sum\limits_{k=2}^{n}\left(\dfrac{kx}{k+1}-\dfrac{(k-1)x}{k}\right)=\dfrac{nx}{n+1}$,

$$S(x)=\lim_{n\to\infty}S_n(x)=\lim_{n\to\infty}\frac{x}{1+\frac{1}{n}}=x.$$

所以,当 $x\in(-\infty,+\infty)$时,$\sum\limits_{n=1}^{\infty}u_n(x)=\dfrac{x}{2}+\sum\limits_{n=2}^{\infty}\left[\dfrac{nx}{n+1}-\dfrac{(n-1)x}{n}\right]$ 收敛.

2. 求下列函数项级数的收敛域.

(1) $\sum\limits_{n=1}^{\infty}\dfrac{1}{2n+1}\left(\dfrac{1-x}{1+x}\right)^n$;　　(2) $x-\dfrac{x^3}{3\cdot 3\,!}+\dfrac{x^5}{5\cdot 5\,!}-\cdots$;

(3) $x+x^4+x^9+x^{16}+x^{25}+\cdots$.

解　(1) 设 $u_n(x)=\dfrac{1}{2n+1}\left(\dfrac{1-x}{1+x}\right)^n$,则 $\sum\limits_{n=1}^{\infty}|u_n(x)|$ 为正项级数,由

$$\lim_{n\to\infty}\frac{|u_{n+1}(x)|}{|u_n(x)|}=\lim_{n\to\infty}\frac{\left|\frac{1}{2n+3}\left(\frac{1-x}{1+x}\right)^{n+1}\right|}{\left|\frac{1}{2n+1}\left(\frac{1-x}{1+x}\right)^{n}\right|}=\left|\frac{1-x}{1+x}\right|,$$

当 $\left|\dfrac{1-x}{1+x}\right|<1$ 即 $x>0$ 时,$\sum\limits_{n=1}^{\infty}|u_n(x)|$ 收敛,从而 $\sum\limits_{n=1}^{\infty}u_n(x)=\sum\limits_{n=1}^{\infty}\dfrac{1}{2n+1}\left(\dfrac{1-x}{1+x}\right)^n$ 绝对收敛.

当 $\left|\dfrac{1-x}{1+x}\right|>1$ 即 $x<0$ 时,由比值判别法的证明过程知 $\lim\limits_{n\to\infty}|u_n(x)|\neq 0$,所以 $\lim\limits_{n\to\infty}u_n(x)=\lim\limits_{n\to\infty}\dfrac{1}{2n+1}\left(\dfrac{1-x}{1+x}\right)^n\neq 0$.即当 $x<0$ 时,$\sum\limits_{n=1}^{\infty}u_n(x)=\sum\limits_{n=1}^{\infty}\dfrac{1}{2n+1}\left(\dfrac{1-x}{1+x}\right)^n$ 发散.

当 $x=0$ 时,$\dfrac{1}{2n+1}>\dfrac{1}{3}\cdot\dfrac{1}{n}$,可知 $\sum\limits_{n=1}^{\infty}\dfrac{1}{2n+1}$ 发散.

综上,原级数收敛域为$(0,+\infty)$.

(2) $x-\dfrac{x^3}{3\cdot 3\,!}+\dfrac{x^5}{5\cdot 5\,!}-\cdots=\sum\limits_{n=1}^{\infty}\dfrac{(-1)^{n-1}x^{2n-1}}{(2n-1)(2n-1)\,!}=\sum\limits_{n=1}^{\infty}u_n(x)$,

由

$$\lim_{n\to\infty}\frac{|u_{n+1}(x)|}{|u_n(x)|}=\lim_{n\to\infty}\frac{\left|\dfrac{(-1)^n x^{2n+1}}{(2n+1)(2n+1)!}\right|}{\left|\dfrac{(-1)^{n-1}x^{2n-1}}{(2n-1)(2n-1)!}\right|}=\lim_{n\to\infty}\frac{\left(2+\dfrac{1}{n}\right)x^2}{(2n+1)^2\cdot 2}=0<1,$$

所以，当 $x\in(-\infty,+\infty)$ 时，$\sum\limits_{n=1}^{\infty}\left|u_n(x)\right|$ 收敛，即 $\sum\limits_{n=1}^{\infty}u_n(x)$ 绝对收敛.

原级数的收敛域为 $(-\infty,+\infty)$.

(3) $x+x^4+x^9+x^{16}+x^{25}+\cdots=\sum\limits_{n=1}^{\infty}x^{n^2}=\sum\limits_{n=1}^{\infty}u_n(x)$.

当 $|x|\geqslant 1$ 时，$\lim\limits_{n\to\infty}|x^{n^2}|\neq 0$，所以 $\lim\limits_{n\to\infty}x^{n^2}\neq 0$，即 $\sum\limits_{n=1}^{\infty}x^{n^2}$ 发散；当 $|x|<1$ 时，由

$$\lim_{n\to\infty}\frac{|u_{n+1}(x)|}{|u_n(x)|}=\lim_{n\to\infty}\frac{|x^{(n+1)^2}|}{|x^{n^2}|}=\lim_{n\to\infty}|x^{2n+1}|=0<1,$$

所以 $\sum\limits_{n=1}^{\infty}|u_n(x)|$ 收敛，即 $\sum\limits_{n=1}^{\infty}u_n(x)=\sum\limits_{n=1}^{\infty}x^{n^2}$ 绝对收敛，原级数的收敛域为 $(-1,1)$.

3. 判别下列级数是否一致收敛.

(1) $\sum\limits_{n=0}^{\infty}(1-x)x^n,0\leqslant x\leqslant 1$;

(2) $\sum\limits_{n=1}^{\infty}\dfrac{\sin nx}{\sqrt[3]{n^4+x^4}},\ |x|<+\infty$;

(3) $\sum\limits_{n=1}^{\infty}\dfrac{\ln(1+nx)}{nx^n},x\in[1+\alpha,+\infty)(\alpha>0)$;

(4) $\sum\limits_{n=1}^{\infty}\dfrac{1}{(x+n)(x+n+1)},0<x<+\infty$.

解 (1) $S(x)=\sum\limits_{n=0}^{\infty}(1-x)x^n=\lim\limits_{n\to\infty}\sum\limits_{k=0}^{n}(1-x)x^k=\lim\limits_{n\to\infty}\sum\limits_{k=0}^{n}(x^k-x^{k+1})$

$$=\lim_{n\to\infty}(1-x^{n+1})=\begin{cases}1, & 0\leqslant x<1,\\ 0, & x=1,\end{cases}$$

在点 $x=1$ 处不连续，所以由一致收敛级数性质知 $\sum\limits_{n=0}^{\infty}(1-x)x^n$ 在 $[0,1]$ 上必不一致收敛.

(2) 因 $\left|\dfrac{\sin nx}{\sqrt[3]{n^4+x^4}}\right|\leqslant\dfrac{1}{n^{\frac{4}{3}}}$，而 $\sum\limits_{n=1}^{\infty}\dfrac{1}{n^{\frac{4}{3}}}$ 收敛，由优级数法知 $\sum\limits_{n=1}^{\infty}\dfrac{\sin nx}{\sqrt[3]{n^4+x^4}}$ 在 $(-\infty,+\infty)$ 上一致收敛.

(3) 由 $\ln(1+x)<x$ 得

$$\left|\frac{\ln(1+nx)}{nx^n}\right|\leqslant\left|\frac{nx}{nx^n}\right|=\frac{1}{x^{n-1}}\leqslant\frac{1}{(1+\alpha)^{n-1}},x\in[1+\alpha,+\infty),$$

而 $\sum\limits_{n=1}^{\infty}\dfrac{1}{(1+\alpha)^{n-1}}$ 收敛，所以 $\sum\limits_{n=1}^{\infty}\dfrac{\ln(1+nx)}{nx^n}$ 在 $[1+\alpha,+\infty)$ 上一致收敛.

（4）当 $x>0$ 时，$\left|\dfrac{1}{(x+n)(x+n+1)}\right|\leqslant\dfrac{1}{n^2}$，而 $\sum\limits_{n=1}^{\infty}\dfrac{1}{n^2}$ 收敛，所以 $\sum\limits_{n=1}^{\infty}\dfrac{1}{(x+n)(x+n+1)}$ 在 $(0,+\infty)$ 内一致收敛.

11.5

1. 求下列幂级数的收敛半径及收敛区间.

（1）$\sum\limits_{n=1}^{\infty}n!\left(\dfrac{x}{n}\right)^n$；（2）$\sum\limits_{n=1}^{\infty}\dfrac{1}{3^n+(-2)^n+3\cdot 2^n}\cdot x^n$；

（3）$\sum\limits_{n=1}^{\infty}\dfrac{a^n-b^n}{a^n+b^n}(x-x_0)^n\quad(0<a<b)$；（4）$\sum\limits_{n=0}^{\infty}\dfrac{2+(-1)^n}{2^n}x^n$.

解（1）$\sum\limits_{n=1}^{\infty}n!\left(\dfrac{x}{n}\right)^n=\sum\limits_{n=1}^{\infty}\dfrac{n!}{n^n}\cdot x^n$，

$$R=\lim_{n\to\infty}\left|\frac{a_n}{a_{n+1}}\right|=\lim_{n\to\infty}\frac{\dfrac{n!}{n^n}}{\dfrac{(n+1)!}{(n+1)^{n+1}}}=\lim_{n\to\infty}\left(1+\frac{1}{n}\right)^n=\mathrm{e},$$

收敛区间 $(-\mathrm{e},\mathrm{e})$.

（2）
$$R=\lim_{n\to\infty}\left|\frac{a_n}{a_{n+1}}\right|=\lim_{n\to\infty}\left|\frac{3^{n+1}+(-2)^{n+1}+3\cdot 2^{n+1}}{3^n+(-2)^n+3\cdot 2^n}\right|$$
$$=\lim_{n\to\infty}\frac{3-2\left(-\dfrac{2}{3}\right)^n+6\left(\dfrac{2}{3}\right)^n}{1+\left(-\dfrac{2}{3}\right)^n+3\left(\dfrac{2}{3}\right)^n}=3,$$

收敛区间 $(-3,3)$.

（3）
$$R=\lim_{n\to\infty}\left|\frac{a_n}{a_{n+1}}\right|=\lim_{n\to\infty}\frac{\left|\dfrac{a^n-b^n}{a^n+b^n}\right|}{\left|\dfrac{a^{n+1}-b^{n+1}}{a^{n+1}+b^{n+1}}\right|}=\lim_{n\to\infty}\frac{\left|\dfrac{\left(\dfrac{a}{b}\right)^n-1}{\left(\dfrac{a}{b}\right)^n+1}\right|}{\left|\dfrac{\left(\dfrac{a}{b}\right)^{n+1}-1}{\left(\dfrac{a}{b}\right)^{n+1}+1}\right|}=1.$$

收敛区间 (x_0-1,x_0+1).

（4）因为 $\lim\limits_{n\to\infty}\sqrt[n]{|a_n|}=\dfrac{1}{2}$，所以收敛半径 $R=2$，收敛区间 $(-2,2)$.

2. 设 $\sum\limits_{n=1}^{\infty}a_nx^n$ 的收敛半径为 R_1，$\sum\limits_{n=1}^{\infty}b_nx^n$ 的收敛半径为 R_2，且 $R_1<R_2$，试证级数 $\sum\limits_{n=1}^{\infty}(a_n+b_n)x^n$ 的收敛半径为 R_1.

证明　对于满足 $|x|<R_1$ 的任何 x，因 $\sum\limits_{n=0}^{\infty}a_nx^n$ 与 $\sum\limits_{n=0}^{\infty}b_nx^n$ 都收敛，所以 $\sum\limits_{n=0}^{\infty}(a_n+b_n)x^n=$

$\sum_{n=0}^{\infty} a_n x^n + \sum_{n=0}^{\infty} b_n x^n$ 收敛.任取 $x_0 \in \{x \mid R_1 < |x| < R_2\}$,则 $\sum_{n=0}^{\infty} a_n x_0^n$ 发散, $\sum_{n=0}^{\infty} b_n x_0^n$ 收敛, $\sum_{n=0}^{\infty}(a_n + b_n) x_0^n = \sum_{n=0}^{\infty} a_n x_0^n + \sum_{n=0}^{\infty} b_n x_0^n$ 发散.再由阿贝尔第一定理知对于满足 $|x| > |x_0|$ 的任何 x, $\sum_{n=0}^{\infty}(a_n + b_n) x^n$ 发散,于是由 x_0 的任意性知,对任何满足 $|x| > R_1$ 的 x,都有 $\sum_{n=0}^{\infty}(a_n + b_n) x^n$ 发散,所以 $\sum_{n=0}^{\infty}(a_n + b_n) x^n$ 的收敛半径为 R_1.

3. 求下列幂级数的收敛域.

(1) $\sum_{n=1}^{\infty} \frac{2^n}{n^2 + 1} x^n$;

(2) $\sum_{n=1}^{\infty} \left(\frac{x}{n}\right)^n$;

(3) $\sum_{n=1}^{\infty} \frac{x^n}{(n + 1)^p}$;

(4) $\sum_{n=1}^{\infty} \frac{2^n + 3^n}{n} x^n$;

(5) $\sum_{n=0}^{\infty} \frac{3^{-\sqrt{n}} x^n}{\sqrt{n^2 + 1}}$;

(6) $\sum_{n=1}^{\infty} \left(\frac{a^n}{n} + \frac{b^n}{n^2}\right) x^n \quad (a > 0, b > 0)$;

(7) $\sum_{n=1}^{\infty} (-1)^n \left(1 + \frac{1}{2} + \frac{1}{3} + \cdots + \frac{1}{n}\right) x^n$;

(8) $\sum_{n=1}^{\infty} \frac{\ln(n + 1)}{n + 1} x^{n+1}$;

(9) $\sum_{n=1}^{\infty} \frac{(x - 5)^n}{\sqrt{n}}$;

(10) $\sum_{n=1}^{\infty} (-1)^{n-1} \frac{(x - 1)^n}{5n}$;

(11) $\sum_{n=0}^{\infty} \frac{(x - 3)^n}{n - 3^n}$;

(12) $\sum_{n=1}^{\infty} \frac{(2x + 1)^n}{n}$;

(13) $\sum_{n=1}^{\infty} (-1)^n \frac{x^{2n+1}}{2n + 1}$;

(14) $1 + \frac{x^2}{2 \cdot 3} + \frac{x^4}{4 \cdot 3^2} + \frac{x^6}{6 \cdot 3^3} + \cdots$;

(15) $\sum_{n=0}^{\infty} \frac{x^{n^2}}{2^n}$.

解 (1) $R = \lim_{n\to\infty} \left|\frac{a_n}{a_{n+1}}\right| = \lim_{n\to\infty} \left|\frac{\frac{2^n}{n^2+1}}{\frac{2^{n+1}}{(n+1)^2+1}}\right| = \lim_{n\to\infty} \frac{\left(1+\frac{1}{n}\right)^2 + \frac{1}{n^2}}{2\left(1+\frac{1}{n^2}\right)} = \frac{1}{2}$.

当 $|x| < \frac{1}{2}$ 时, $\sum_{n=1}^{\infty} \frac{2^n}{n^2 + 1} x^n$ 绝对收敛;

当 $x = \frac{1}{2}$ 时, $\sum_{n=1}^{\infty} \frac{1}{n^2 + 1}$ 收敛;

当 $x = -\frac{1}{2}$ 时, $\sum_{n=1}^{\infty} \frac{(-1)^n}{n^2 + 1}$ 收敛,所以收敛域为 $\left[-\frac{1}{2}, \frac{1}{2}\right]$.

(2) $R = \lim_{n\to\infty} \left|\frac{a_n}{a_{n+1}}\right| = \lim_{n\to\infty} \frac{\frac{1}{n^n}}{\frac{1}{(n+1)^{n+1}}} = \lim_{n\to\infty} (n+1)\left(1+\frac{1}{n}\right)^n = +\infty$.收敛域为 $(-\infty, +\infty)$.

(3) $R=\lim\limits_{n\to\infty}\left|\dfrac{a_n}{a_{n+1}}\right|=\lim\limits_{n\to\infty}\left|\dfrac{\dfrac{1}{(n+1)^p}}{\dfrac{1}{(n+2)^p}}\right|=\lim\limits_{n\to\infty}\left(\dfrac{1+\dfrac{2}{n}}{1+\dfrac{1}{n}}\right)^p=1$,

当 $x=1$ 时,对于 $\sum\limits_{n=1}^{\infty}\dfrac{1}{(n+1)^p}$,当 $p>1$ 时收敛,当 $p\leqslant 1$ 时发散;

当 $x=-1$ 时,对于 $\sum\limits_{n=1}^{\infty}\dfrac{(-1)^n}{(n+1)^p}$,当 $p>0$ 时收敛,当 $p\leqslant 0$ 时发散.

从而当 $p>1$ 时,收敛域为 $[-1,1]$;当 $0<p\leqslant 1$ 时,收敛域为 $[-1,1)$;当 $p\leqslant 0$ 时,收敛域为 $(-1,1)$.

(4) $R=\lim\limits_{n\to\infty}\left|\dfrac{a_n}{a_{n+1}}\right|=\lim\limits_{n\to\infty}\left|\dfrac{\dfrac{2^n+3^n}{n}}{\dfrac{2^{n+1}+3^{n+1}}{n+1}}\right|=\lim\limits_{n\to\infty}\left(1+\dfrac{1}{n}\right)\dfrac{\left(\dfrac{2}{3}\right)^n+1}{2\left(\dfrac{2}{3}\right)^n+3}=\dfrac{1}{3}$.

当 $|x|<\dfrac{1}{3}$ 时,即 $-\dfrac{1}{3}<x<\dfrac{1}{3}$ 时,$\sum\limits_{n=1}^{\infty}\dfrac{2^n+3^n}{n}x^n$ 绝对收敛;

当 $x=\dfrac{1}{3}$ 时,$\dfrac{2^n+3^n}{n}\cdot\left(\dfrac{1}{3}\right)^n=\dfrac{\left(\dfrac{2}{3}\right)^n+1}{n}>\dfrac{1}{n}$,所以 $\sum\limits_{n=1}^{\infty}\dfrac{2^n+3^n}{n}\cdot\left(\dfrac{1}{3}\right)^n$ 发散;

当 $x=-\dfrac{1}{3}$ 时,因 $\sum\limits_{n=1}^{\infty}(-1)^n\cdot\dfrac{1}{n}\left(\dfrac{2}{3}\right)^n$ 绝对收敛,而 $\sum\limits_{n=1}^{\infty}(-1)^n\cdot\dfrac{1}{n}$ 条件收敛.

所以 $\sum\limits_{n=1}^{\infty}\dfrac{2^n+3^n}{n}\left(-\dfrac{1}{3}\right)^n=\sum\limits_{n=1}^{\infty}(-1)^n\cdot\dfrac{1}{n}\cdot\left(\dfrac{2}{3}\right)^n+\sum\limits_{n=1}^{\infty}(-1)^n\dfrac{1}{n}$ 收敛,于是收敛域为 $\left[-\dfrac{1}{3},\dfrac{1}{3}\right)$.(注:也可求 $\sum\limits_{n=1}^{\infty}\dfrac{2^n}{n}x^n$ 与 $\sum\limits_{n=1}^{\infty}\dfrac{3^n}{n}x^n$ 的收敛域的交集.)

(5) $R=\lim\limits_{n\to\infty}\left|\dfrac{a_n}{a_{n+1}}\right|=\lim\limits_{n\to\infty}\left|\dfrac{\dfrac{3^{-\sqrt{n}}}{\sqrt{n^2+1}}}{\dfrac{3^{-\sqrt{n+1}}}{\sqrt{(n+1)^2+1}}}\right|=\lim\limits_{n\to\infty}\sqrt{\dfrac{1+\dfrac{1}{n^2}}{\left(1+\dfrac{1}{n}\right)^2+\dfrac{1}{n^2}}}\cdot 3^{\frac{1}{\sqrt{n+1}+\sqrt{n}}}=1$.

当 $x=1$ 时,因 $\dfrac{3^{-\sqrt{n}}}{\sqrt{n^2+1}}=\dfrac{1}{\sqrt{n^2+1}}\cdot\dfrac{1}{3^{\sqrt{n}}}<\dfrac{1}{\sqrt{n^2}}\cdot\dfrac{1}{n}=\dfrac{1}{n^2}$,而 $\sum\limits_{n=1}^{\infty}\dfrac{1}{n^2}$ 收敛,所以 $\sum\limits_{n=1}^{\infty}\dfrac{3^{-\sqrt{n}}}{\sqrt{n^2+1}}$ 收敛;当 $x=-1$ 时,$\sum\limits_{n=1}^{\infty}(-1)^n\dfrac{3^{-\sqrt{n}}}{\sqrt{n^2+1}}$ 绝对收敛.故 $\sum\limits_{n=0}^{\infty}\dfrac{3^{-\sqrt{n}}x^n}{\sqrt{n^2+1}}$ 的收敛域为 $[-1,1]$.

(6) 当 $0<a<b$ 时,

$$R=\lim_{n\to\infty}\left|\frac{a_n}{a_{n+1}}\right|=\lim_{n\to\infty}\left|\frac{\dfrac{a^n}{n}+\dfrac{b^n}{n^2}}{\dfrac{a^{n+1}}{n+1}+\dfrac{b^{n+1}}{(n+1)^2}}\right|=\lim_{n\to\infty}\left(1+\frac{1}{n}\right)^2\frac{n\left(\dfrac{a}{b}\right)^n+1}{(n+1)\left(\dfrac{a}{b}\right)^{n+1}+1}\cdot\frac{1}{b}=\frac{1}{b}.$$

当 $|x|<\frac{1}{b}$ 时，$\sum_{n=1}^{\infty}\left(\frac{a^n}{n}+\frac{b^n}{n^2}\right)x^n$ 绝对收敛；

当 $x=\frac{1}{b}$ 时，因 $\sum_{n=1}^{\infty}\frac{1}{n}\left(\frac{a}{b}\right)^n$ 与 $\sum_{n=1}^{\infty}\frac{1}{n^2}$ 都收敛，所以 $\sum_{n=1}^{\infty}\left(\frac{a^n}{n}+\frac{b^n}{n^2}\right)\left(\frac{1}{b}\right)^n=\sum_{n=1}^{\infty}\frac{1}{n}\left(\frac{a}{b}\right)^n+\sum_{n=1}^{\infty}\frac{1}{n^2}$ 收敛；

当 $x=-\frac{1}{b}$ 时，$\sum_{n=1}^{\infty}(-1)^n\left(\frac{a^n}{n}+\frac{b^n}{n^2}\right)\left(\frac{1}{b}\right)^n$ 绝对收敛.

所以当 $0<a<b$ 时，$\sum_{n=0}^{\infty}\left(\frac{a^n}{n}+\frac{a^n}{n^2}\right)x^n$ 的收敛域为 $\left[-\frac{1}{b},\frac{1}{b}\right]$.

当 $0<b\leqslant a$ 时，

$$R=\lim_{n\to\infty}\left|\frac{a_n}{a_{n+1}}\right|=\lim_{n\to\infty}\left(1+\frac{1}{n}\right)^2\frac{1+\frac{1}{n}\left(\frac{a}{b}\right)^n}{1+\frac{1}{n}+\frac{1}{n}\left(\frac{b}{a}\right)^{n+1}}\cdot\frac{1}{a}=\frac{1}{a}.$$

当 $|x|<\frac{1}{a}$ 时，$\sum_{n=1}^{\infty}\left(\frac{a^n}{n}+\frac{b^n}{n^2}\right)x^n$ 绝对收敛；

当 $x=\frac{1}{a}$ 时，$\left(\frac{a^n}{n}+\frac{b^n}{n^2}\right)\left(\frac{1}{a}\right)^n>\frac{1}{n}$，所以 $\sum_{n=1}^{\infty}\left(\frac{a^n}{n}+\frac{b^n}{n^2}\right)\left(\frac{1}{a}\right)^n$ 发散；

当 $x=-\frac{1}{a}$ 时，因 $\sum_{n=1}^{\infty}(-1)^n\frac{1}{n}$ 条件收敛，$\sum_{n=1}^{\infty}\frac{(-1)^n}{n^2}\left(\frac{b}{a}\right)^n$ 收敛，于是 $\sum_{n=1}^{\infty}\left(\frac{a^n}{n}+\frac{b^n}{n^2}\right)\left(-\frac{1}{a}\right)^n=\sum_{n=1}^{\infty}(-1)^n\frac{1}{n}+\sum_{n=1}^{\infty}\frac{(-1)^n}{n^2}\cdot\left(\frac{b}{a}\right)^n$ 收敛. 所以当 $0<b\leqslant a$ 时，$\sum_{n=1}^{\infty}\left(\frac{a^n}{n}+\frac{b^n}{n^2}\right)x^n$ 的收敛域为 $\left[-\frac{1}{a},\frac{1}{a}\right)$.

$\left(\text{注：也可求} \sum_{n=1}^{\infty}\frac{a^n}{n}x^n \text{ 与 } \sum_{n=1}^{\infty}\frac{b^n}{n^2}x^n \text{ 的收敛域的交集为}\left[-\frac{1}{a},\frac{1}{a}\right)\cap\left[-\frac{1}{b},\frac{1}{b}\right]\right)$.

(7) 因正项级数 $\sum_{n=1}^{\infty}\frac{1}{n}$ 发散，所以 $\lim_{n\to\infty}\left(1+\frac{1}{2}+\cdots+\frac{1}{n}\right)=\sum_{n=1}^{\infty}\frac{1}{n}=+\infty$，从而

$$\lim_{n\to\infty}a_n=\lim_{n\to\infty}(-1)^n\left(1+\frac{1}{2}+\cdots+\frac{1}{n}\right)=\infty,$$

由 $a_{n+1}=(-1)^{n+1}\left(1+\frac{1}{2}+\cdots+\frac{1}{n}+\frac{1}{n+1}\right)=-a_n+\frac{(-1)^{n+1}}{n+1}$ 知

$$R=\lim_{n\to\infty}\left|\frac{a_n}{a_{n+1}}\right|=\lim_{m\to\infty}\left|\frac{a_n}{-a_n+\frac{(-1)^{n+1}}{n+1}}\right|=\lim_{n\to\infty}\left|\frac{1}{-1+\frac{(-1)^{n+1}}{a_n(n+1)}}\right|=1.$$

当 $x=1$ 时，对于 $\sum_{n=1}^{\infty}a_n$，因 $\lim_{n\to\infty}a_n\neq0$，所以 $\sum_{n=1}^{\infty}a_n$ 发散；

当 $x=-1$ 时，对于 $\sum_{n=1}^{\infty}\left(1+\frac{1}{2}+\cdots+\frac{1}{n}\right)$，因 $\lim_{n\to\infty}\left(1+\frac{1}{2}+\cdots+\frac{1}{n}\right)\neq 0$，所以 $\sum_{n=1}^{\infty}\left(1+\frac{1}{2}+\cdots+\frac{1}{n}\right)$ 发散，所以原级数的收敛域为 $(-1,1)$.

(8) $R=\lim_{n\to\infty}\left|\frac{a_n}{a_{n+1}}\right|=\lim_{n\to\infty}\left|\frac{\frac{\ln n}{n}}{\frac{\ln(n+1)}{n+1}}\right|=\lim_{n\to\infty}\left(1+\frac{1}{n}\right)\cdot\frac{\ln n}{\ln(n+1)}=1.$

当 $x=1$ 时，级数为 $\sum_{n=1}^{\infty}\frac{\ln(n+1)}{n+1}$，因为 $\frac{\ln(n+1)}{n+1}>\frac{1}{n+1}$，所以 $\sum_{n=1}^{\infty}\frac{\ln(n+1)}{n+1}$ 发散；

当 $x=-1$ 时，级数为 $\sum_{n=1}^{\infty}\frac{(-1)^{n+1}\ln(n+1)}{n+1}$. 设 $f(x)=x^{\frac{1}{x}}(x>0)$，则 $f'(x)=x^{\frac{1}{x}}\cdot\frac{1-\ln x}{x^2}<0(x>e)$，故 $f(x)$ 单调减少 $(x>e)$，当 $n>2$ 时，$\frac{\ln(n+1)}{n+1}<\frac{\ln n}{n}$，由交错级数判别法知 $\sum_{n=1}^{\infty}\frac{(-1)^{n+1}\ln(n+1)}{n+1}$ 收敛.

所以 $\sum_{n=1}^{\infty}\frac{\ln(n+1)}{n+1}x^{n+1}$ 的收敛域为 $[-1,1)$.

(9) $R=\lim_{n\to\infty}\left|\frac{a_n}{a_{n+1}}\right|=\lim_{n\to\infty}\left|\frac{\sqrt{n+1}}{\sqrt{n}}\right|=1.$

当 $|x-5|<1$，即 $4<x<6$ 时，$\sum_{n=1}^{\infty}\frac{(x-5)^n}{\sqrt{n}}$ 绝对收敛；

当 $x-5=1$，即 $x=6$ 时，$\sum_{n=1}^{\infty}\frac{1}{\sqrt{n}}$ 发散；

当 $x=4$ 时，$\sum_{n=1}^{\infty}(-1)^n\frac{1}{\sqrt{n}}$ 条件收敛.

所以收敛域为 $[4,6)$.

(10) $R=\lim_{n\to\infty}\left|\frac{a_n}{a_{n+1}}\right|=\lim_{n\to\infty}\left|\frac{\frac{(-1)^{n-1}}{5n}}{\frac{(-1)^n}{5(n+1)}}\right|=1.$

当 $|x-1|<1$，即 $0<x<2$ 时，$\sum_{n=1}^{\infty}(-1)^{n-1}\frac{(x-1)^n}{5n}$ 绝对收敛；

当 $x=2$ 时，$\sum_{n=1}^{\infty}\frac{(-1)^{n-1}}{5n}$ 条件收敛；

当 $x=0$ 时，$\sum_{n=1}^{\infty}(-1)^{n-1}\frac{(-1)^n}{5n}=\sum_{n=1}^{\infty}\frac{(-1)}{5n}$ 发散.

所以收敛域为 $(0,2]$.

(11) $R=\lim\limits_{n\to\infty}\left|\dfrac{a_n}{a_{n+1}}\right|=\lim\limits_{n\to\infty}\left|\dfrac{\dfrac{1}{n-3^n}}{\dfrac{1}{n+1-3^{n+1}}}\right|=\lim\limits_{n\to\infty}\left|\dfrac{\dfrac{n+1}{3^n}-3}{\dfrac{n}{3^n}-1}\right|=3.$

当 $|x-3|<3$,即 $0<x<6$ 时, $\sum\limits_{n=1}^{\infty}\dfrac{(x-3)^n}{n-3^n}$ 绝对收敛;

当 $x=6$ 时, $\sum\limits_{n=1}^{\infty}\dfrac{3^n}{n-3^n}$, 而 $\lim\limits_{n\to\infty}\dfrac{3^n}{n-3^n}=-1\neq0$,所以 $\sum\limits_{n=1}^{\infty}\dfrac{3^n}{n-3^n}$ 发散;

当 $x=0$ 时, $\sum\limits_{n=1}^{\infty}(-1)^n\dfrac{3^n}{n-3^n}$, 但 $\lim\limits_{n\to\infty}(-1)^n\dfrac{3^n}{n-3^n}\neq0$,所以 $\sum\limits_{n=1}^{\infty}(-1)^n\dfrac{3^n}{n-3^n}$ 发散.

因此,级数 $\sum\limits_{n=0}^{\infty}\dfrac{(x-3)^n}{n-3^n}$ 的收敛域为(0,6).

(12) $R=\lim\limits_{n\to\infty}\left|\dfrac{a_n}{a_{n+1}}\right|=\lim\limits_{n\to\infty}\left|\dfrac{\dfrac{1}{n}}{\dfrac{1}{n+1}}\right|=1.$

当 $|2x+1|<1$,即 $-1<x<0$ 时, $\sum\limits_{n=1}^{\infty}\dfrac{(2x+1)^n}{n}$ 绝对收敛;

当 $x=0$ 时, $\sum\limits_{n=1}^{\infty}\dfrac{1}{n}$ 发散;当 $x=-1$ 时, $\sum\limits_{n=1}^{\infty}\dfrac{(-1)^n}{n}$ 条件收敛.

所以收敛域为 $[-1,0)$.

(13) **解法 1** $\sum\limits_{n=1}^{\infty}(-1)^n\dfrac{x^{2n+1}}{2n+1}=\sum\limits_{n=1}^{\infty}x\left[(-1)^n\dfrac{(x^2)^n}{2n+1}\right]$ 与 $\sum\limits_{n=1}^{\infty}(-1)^n\dfrac{(x^2)^n}{2n+1}$ 同时收敛或同时发散,所以 $\sum\limits_{n=1}^{\infty}(-1)^n\dfrac{(x^2)^n}{2n+1}$ 的收敛区间即为 $\sum\limits_{n=1}^{\infty}(-1)^n\dfrac{x^{2n+1}}{2n+1}$ 的收敛区间.

$$R=\lim_{n\to\infty}\left|\frac{a_n}{a_{n+1}}\right|=\lim_{n\to\infty}\left|\frac{\dfrac{(-1)^n}{2n+1}}{\dfrac{(-1)^{n+1}}{2n+3}}\right|=\lim_{n\to\infty}\frac{2+\dfrac{3}{n}}{2+\dfrac{1}{n}}=1.$$

当 $x^2<1$,即 $-1<x<1$ 时, $\sum\limits_{n=1}^{\infty}(-1)^n\dfrac{(x^2)^n}{2n+1}$ 绝对收敛;

当 $x^2=1$,即当 $x=\pm1$ 时, $\sum\limits_{n=1}^{\infty}(-1)^n\dfrac{1}{2n+1}$ 条件收敛.

所以收敛域为 $[-1,1]$.

解法 2 设 $u_n(x)=(-1)^n\dfrac{x^{2n+1}}{2n+1}$,则

$$\lim_{n\to\infty}\frac{|u_{n+1}(x)|}{|u_n(x)|}=\lim_{n\to\infty}\left|\frac{(-1)^{n+1}\dfrac{x^{2n+3}}{2n+3}}{(-1)^n\dfrac{x^{2n+1}}{2n+1}}\right|=\lim_{n\to\infty}\frac{2+\dfrac{3}{n}}{2+\dfrac{1}{n}}x^2=x^2.$$

当 $x^2<1$ 时，$\sum_{n=1}^{\infty}|u_n(x)|$ 收敛，即 $\sum_{n=1}^{\infty}u_n(x)$ 收敛；

当 $x^2>1$ 时，因为 $\lim_{n\to\infty}|u_n(x)|\neq 0$，所以 $\lim_{n\to\infty}u_n(x)\neq 0$，即 $\sum_{n=1}^{\infty}u_n(x)$ 发散；

当 $x^2=1$ 时，$\sum_{n\to\infty}^{\infty}(-1)^n\frac{1}{2n+1}$ 条件收敛.

所以收敛域为 $[-1,1]$.

(14) **解法 1**　此级数 $1+\sum_{n=1}^{\infty}\frac{x^{2n}}{2n\cdot 3^n}$ 是缺奇次方幂项的幂级数，作变换，令 $y=x^2$ 得 $1+\sum_{n=1}^{\infty}\frac{y^n}{2n\cdot 3^n}$，则有

$$R_y=\lim_{n\to\infty}\frac{2(n+1)3^{n+1}}{2n\cdot 3^n}=3.$$

即 $|y|<3$ 时，级数绝对收敛；$|y|>3$ 时，级数发散；当 $|y|=3$ 时，级数 $1+\sum_{n=1}^{\infty}\frac{1}{2n}$ 发散.

故 y 的级数的收敛域为 $(-3,3)$. 由 $y=x^2$ 知本题 x 的幂级数的收敛域为 $(-\sqrt{3},\sqrt{3})$.

解法 2　用比值判别法，设 $u_n(x)=\frac{x^{2n}}{2n\cdot 3^n}$，

$$\lim_{n\to\infty}\left|\frac{u_{n+1}(x)}{u_n(x)}\right|=\lim_{n\to\infty}\left|\cdot\frac{x^{2(n+1)}}{2(n+1)\cdot 3^{(n+1)}}\cdot\frac{2n\cdot 3^n}{x^{2n}}\right|=\frac{x^2}{3}.$$

当 $\frac{x^2}{3}<1$ 时，即 $|x|>\sqrt{3}$ 时，级数发散；

当 $\frac{x^2}{3}>1$ 时，即 $-\sqrt{3}<x<\sqrt{3}$ 时，级数绝对收敛；

当 $x=\pm\sqrt{3}$ 时，级数 $1+\sum_{n=1}^{\infty}\frac{1}{2n}$ 发散. 故本级数收敛域为 $(-\sqrt{3},\sqrt{3})$.

(15) 设 $u_n(x)=\frac{x^{n^?}}{2^n}$，则

$$\lim_{n\to\infty}\frac{|u_{n+1}|}{|u_n|}=\lim_{n\to\infty}\frac{\left|\frac{x^{(n+1)^2}}{2^{n+1}}\right|}{\left|\frac{x^{n^2}}{2^n}\right|}=\lim_{n\to\infty}\frac{1}{2}|x^{2n+1}|=\begin{cases}0<1, & |x|<1,\\ \frac{1}{2}<1, & |x|=1,\\ +\infty, & |x|>1.\end{cases}$$

当 $-1<x<1$ 时，$\sum_{n=0}^{\infty}\frac{x^{n^2}}{2^n}$ 绝对收敛；当 $x=\pm 1$ 时，$\sum_{n=0}^{\infty}\frac{(-1)^{n^2}}{2^n}$ 绝对收敛；

当 $|x|>1$ 时，$\lim_{n\to\infty}u_n(x)\neq 0$，所以 $\sum_{n=0}^{\infty}\frac{x^{n^2}}{2^n}$ 发散. 所以收敛域为 $[-1,1]$.

4. 求下列函数项级数的收敛域.

(1) $\sum\limits_{n=1}^{\infty}(\lg x)^n$；　　(2) $\sum\limits_{n=1}^{\infty}\frac{n^2}{x^n}$；

(3) $\sum\limits_{n=1}^{\infty}\frac{(x^2+x+1)^n}{n(n+1)}$；　　(4) $\sum\limits_{n=1}^{\infty}\frac{1}{x^n}\sin\frac{\pi}{2^n}$.

解 (1) $\lim\limits_{n\to\infty}\left|\frac{u_{n+1}(x)}{u_n(x)}\right|=\lim\limits_{n\to\infty}\left|\frac{(\lg x)^{n+1}}{(\lg x)^n}\right|=|\lg x|$.

当 $|\lg x|<1$，即 $\frac{1}{10}<x<10$ 时，$\sum\limits_{n=1}^{\infty}(\lg x)^n$ 绝对收敛；

当 $x=10$ 时，$\sum\limits_{n=1}^{\infty}1$ 发散；当 $x=\frac{1}{10}$ 时，$\sum\limits_{n=1}^{\infty}(-1)^n$ 也发散.

故收敛域为 $\left(\frac{1}{10},10\right)$.

(2) $\sum\limits_{n=1}^{\infty}\frac{n^2}{x^n}=\sum\limits_{n=1}^{\infty}n^2\left(\frac{1}{x}\right)^n$，$R=\lim\limits_{n\to\infty}\left|\frac{a_n}{a_{n+1}}\right|=\lim\limits_{n\to\infty}\left|\frac{n^2}{(n+1)^2}\right|=1$.

当 $\left|\frac{1}{x}\right|<1$，即 $|x|>1$ 时，$\sum\limits_{n=1}^{\infty}\frac{n^2}{x^n}$ 绝对收敛；

当 $\frac{1}{x}=1$，即 $x=1$ 时，$\sum\limits_{n=1}^{\infty}n^2$ 发散；当 $\frac{1}{x}=-1$，即 $x=-1$ 时，$\sum\limits_{n=1}^{\infty}(-1)^n n^2$ 发散.

所以收敛域为 $(-\infty,-1)\cup(1,+\infty)$.

(3) $x^2+x+1=\left(x+\frac{1}{2}\right)^2+\frac{3}{4}>0$，$R=\lim\limits_{n\to\infty}\left|\frac{a_n}{a_{n+1}}\right|=\lim\limits_{n\to\infty}\left|\frac{\frac{1}{n(n+1)}}{\frac{1}{(n+1)(n+2)}}\right|=1$，

所以当 $x^2+x+1<1$，即 $-1<x<0$ 时，$\sum\limits_{n=1}^{\infty}\frac{(x^2+x+1)^n}{n(n+1)}$ 绝对收敛；

当 $x^2+x+1=1$，即 $x=-1$ 或 $x=0$ 时，$\sum\limits_{n=1}^{\infty}\frac{1}{n(n+1)}$ 收敛.

所以收敛域为 $[-1,0]$.

(4) $\sum\limits_{n=1}^{\infty}\frac{1}{x^n}\sin\frac{\pi}{2^n}=\sum\limits_{n=1}^{\infty}\sin\frac{\pi}{2^n}\cdot\left(\frac{1}{x}\right)^n$，

$$R=\lim_{n\to\infty}\left|\frac{a_n}{a_{n+1}}\right|=\lim_{n\to\infty}\left|\frac{\sin\frac{\pi}{2^n}}{\sin\frac{\pi}{2^{n+1}}}\right|=\lim_{n\to\infty}2\cdot\frac{\frac{\pi}{2^{n+1}}}{\sin\frac{\pi}{2^{n+1}}}\cdot\frac{\sin\frac{\pi}{2^n}}{\frac{\pi}{2^n}}=2.$$

当 $\left|\frac{1}{x}\right|<2$，即 $|x|>\frac{1}{2}$ 时，$\sum\limits_{n=1}^{\infty}\frac{1}{x^n}\sin\frac{\pi}{2^n}$ 绝对收敛；

当 $\frac{1}{x}=2$，即 $x=\frac{1}{2}$ 时，$\lim\limits_{n\to\infty}\left(\sin\frac{\pi}{2^n}\right)\cdot2^n=\pi\neq0$，所以 $\sum\limits_{n=1}^{\infty}2^n\sin\frac{\pi}{2^n}$ 发散；

当 $x=-\frac{1}{2}$ 时，$\lim\limits_{n\to\infty}(-1)^n\cdot 2^n\sin\frac{\pi}{2^n}\neq 0$，所以 $\sum\limits_{n=1}^{\infty}(-1)^n\cdot 2^n\sin\frac{\pi}{2^n}$ 发散.

故收敛域为 $\left(-\infty,-\frac{1}{2}\right)\cup\left(\frac{1}{2},+\infty\right)$.

5. 设幂级数 $\sum\limits_{n=0}^{\infty}a_n(x+1)^n$ 在 $x=3$ 处条件收敛，试确定此幂级数的收敛半径，并阐明理由.

解　因 $\sum\limits_{n=0}^{\infty}a_n(x+1)^n\xlongequal{t=x+1}\sum\limits_{n=1}^{\infty}a_nt^n$，当 $t_0=4$ 时，$\sum\limits_{n=0}^{\infty}a_nt_0^n$ 条件收敛，所以由阿贝尔第一定理知，当 $|t|<|t_0|=4$ 时，$\sum\limits_{n=0}^{\infty}a_nt^n$ 绝对收敛，由此知收敛半径 R 应满足 $R\geqslant 4$，假如 $R>4$，则 $\sum\limits_{n=0}^{\infty}a_n4^n=\sum\limits_{n=0}^{\infty}a_nt_0^n$ 绝对收敛，这与条件收敛矛盾，于是只能有 $R=4$.

6. 已知级数 $\sum\limits_{n=1}^{\infty}(-1)^na_n\ (a_n>0)$ 条件收敛，求幂级数 $\sum\limits_{n=0}^{\infty}a_nx^n$ 的收敛域，说明理由.

解　由级数 $\sum\limits_{n=1}^{\infty}(-1)^na_n(a_n>0)$ 条件收敛，可知幂级数 $\sum\limits_{n=0}^{\infty}a_nx^n$ 的收敛半径 $R=1$，收敛区间为 $-1<x<1$.

当 $x=-1$ 时，$\sum\limits_{n=0}^{\infty}(-1)^na_n$ 收敛；

当 $x=1$ 时，$\sum\limits_{n=0}^{\infty}a_n$ 发散，否则与 $\sum\limits_{n=1}^{\infty}(-1)^na_n$ 条件收敛矛盾.

故幂级数 $\sum\limits_{n=0}^{\infty}a_nx^n$ 收敛域为 $[-1,1)$.

7. 已知幂级数 $\sum\limits_{n=0}^{\infty}a_nx^n$ 的系数 $a_n>0(n=1,2,\cdots)$，且当 $x=-3$ 时，该级数条件收敛，试确定此幂级数的收敛域，并阐明理由.

解　由 $\sum\limits_{n=0}^{\infty}a_n(-3)^n$ 条件收敛，所以由阿贝尔第一定理知，当 $|x|<|-3|=3$ 时，$\sum\limits_{n=0}^{\infty}a_nx^n$ 绝对收敛，由此知收敛半径 $R\geqslant 3$.若 $R>3$，$\sum\limits_{n=0}^{\infty}|a_n(-3)^n|=\sum\limits_{n=0}^{\infty}a_n\cdot 3^n$ 绝对收敛，这与条件收敛矛盾，于是只能有 $R=3$.

由 $\sum\limits_{n=0}^{\infty}a_n(-3)^n$ 条件收敛，$a_n>0$，知 $\sum\limits_{n=0}^{\infty}|a_n(-3)^n|=\sum\limits_{n=0}^{\infty}a_n\cdot 3^n$ 发散，即当 $x=3$ 时，$\sum\limits_{n=0}^{\infty}a_nx^n$ 发散，从而幂级数 $\sum\limits_{n=0}^{\infty}a_nx^n$ 的收敛域为 $[-3,3)$.

8. 求幂级数 $1+\frac{(x-1)^2}{1\cdot 3^2}+\frac{(x-1)^4}{2\cdot 3^4}+\cdots+\frac{(x-1)^{2n}}{n\cdot 3^{2n}}+\cdots$ 的收敛区间.

解　$$\lim_{n\to\infty}\left|\frac{u_{n+1}(x)}{u_n(x)}\right|=\lim_{n\to\infty}\left|\frac{\dfrac{(x-1)^{2n+2}}{(n+1)3^{2n+2}}}{\dfrac{(x-1)^{2n}}{n\cdot 3^{2n}}}\right|=\lim_{n\to\infty}\frac{(x-1)^2}{\left(1+\dfrac{1}{n}\right)\cdot 3^2}=\left(\frac{x-1}{3}\right)^2.$$

当$\left|\dfrac{x-1}{3}\right|<1$,即$-2<x<4$时,$1+\sum\limits_{n=1}^{\infty}\dfrac{(x-1)^{2n}}{n\cdot 3^{2n}}$绝对收敛,故收敛区间为$(-2,4)$.

9. 已知$\dfrac{1}{1-x}=1+x+x^2+\cdots+x^n+\cdots,x\in(-1,1)$,求函数$\ln(1-x)$和$\dfrac{1}{(1-x)^2}$的幂级数表达式.

解
$$\ln(1-x)=-\int_0^x\frac{1}{1-x}dx=-\int_0^x\left(\sum_{n=0}^{\infty}x^n\right)dx=-\sum_{n=0}^{\infty}\int_0^x x^n dx$$
$$=-\sum_{n=0}^{\infty}\frac{x^{n+1}}{n+1}=-\sum_{n=1}^{\infty}\frac{x^n}{n},$$
$$R=\lim_{n\to\infty}\left|\frac{a_n}{a_{n+1}}\right|=\lim_{n\to\infty}\frac{\frac{1}{n}}{\frac{1}{n+1}}=1,$$

即当$-1<x<1$时,$-\sum\limits_{n=1}^{\infty}\dfrac{x^n}{n}$收敛;当$x=-1$时,$-\sum\limits_{n=1}^{\infty}\dfrac{(-1)^n}{n}$收敛;当$x=1$时,$-\sum\limits_{n=1}^{\infty}\dfrac{1^n}{n}$发散.

所以,$\ln(1-x)=-\sum\limits_{n=1}^{\infty}\dfrac{x^n}{n},x\in[-1,1)$.

$$\frac{1}{(1-x)^2}=\left(\frac{1}{1-x}\right)'=\left(\sum_{n=0}^{\infty}x^n\right)'=\sum_{n=0}^{\infty}(x^n)'=\sum_{n=1}^{\infty}nx^{n-1}=\sum_{n=0}^{\infty}(n+1)x^n,$$
$$R=\lim_{n\to\infty}\left|\frac{a_n}{a_{n+1}}\right|=\lim_{n\to\infty}\frac{n+1}{n+2}=1,$$

即当$-1<x<1$时,$\sum\limits_{n=0}^{\infty}(n+1)x^n$绝对收敛;当$x=-1$时,$\lim\limits_{n\to\infty}(n+1)(-1)^n\neq 0$,故$\sum\limits_{n=0}^{\infty}(-1)^n(n+1)$发散;当$x=1$时,$\lim\limits_{n\to\infty}(n+1)\neq 0$,$\sum\limits_{n=0}^{\infty}(n+1)$发散.

所以$\dfrac{1}{(1-x)^2}=\sum\limits_{n=0}^{\infty}(n+1)x^n$, $x\in(-1,1)$.

11.6

1. 用直接展开法,将函数$f(x)=a^x(a>0,a\neq 1)$展为x的幂级数.

解 $f^{(n)}(x)=(a^x)^{(n)}=a^x\cdot\ln^n a$, $f^{(n)}(0)=\ln^n a,n=0,1,2,\cdots$,

于是得到幂级数$\sum\limits_{n=0}^{\infty}\dfrac{f^{(n)}(0)}{n!}x^n=\sum\limits_{n=0}^{\infty}\dfrac{\ln^n a}{n!}\cdot x^n$,其收敛半径
$$R=\lim_{n\to\infty}\left|\frac{a_n}{a_{n+1}}\right|=\lim_{n\to\infty}\left|\frac{\frac{\ln^n a}{n!}}{\frac{\ln^{n+1}a}{(n+1)!}}\right|=\lim_{n\to\infty}(n+1)|\ln a|=+\infty,$$
收敛域为$(-\infty,+\infty)$.

因为泰勒公式余项为$R_n(x)=\dfrac{a^{\xi}\ln^{n+1}a}{(n+1)!}x^{n+1}$,$\xi$介于0与$x$之间,又可知$\sum\limits_{n=0}^{\infty}\dfrac{|x\ln a|^n}{n!}$收

敛，$x\in(-\infty,+\infty)$. 所以$\lim\limits_{n\to\infty}\frac{|x\ln a|^n}{n!}=0$，即$\lim\limits_{n\to\infty}\frac{|x\ln a|^{n+1}}{(n+1)!}=0,x\in(-\infty,+\infty)$.故在区间$(-\infty,+\infty)$上恒有$\lim\limits_{n\to\infty}R_n(x)=0$.

于是有展开式 $a^x=\sum\limits_{n=0}^{\infty}\frac{\ln^n a}{n!}x^n,x\in(-\infty,+\infty)$.

2.若$f(x)=\sum\limits_{n=0}^{\infty}a_nx^n$，试证：

（1）当$f(x)$为奇函数时，必有$a_{2k}=0,k=0,1,2,\cdots$;

（2）当$f(x)$为偶函数时，必有$a_{2k+1}=0,k=0,1,2,\cdots$.

证明 （1）$f(x)$为奇函数，则

$$\sum_{n=0}^{\infty}a_nx^n=f(x)=-f(-x)=-\sum_{n=0}^{\infty}(-1)^na_nx^n=\sum_{n=0}^{\infty}(-1)^{n+1}a_nx^n,$$

即$a_n=(-1)^{n+1}a_n,a_{2k}=(-1)^{2k+1}a_{2k}=-a_{2k},a_{2k}=0,k=0,1,2,\cdots$.

（2）$f(x)$为偶函数，则

$$\sum_{n=0}^{\infty}a_nx^n=f(x)=f(-x)=\sum_{n=0}^{\infty}a_n(-x)^n=\sum_{n=0}^{\infty}(-1)^na_nx^n,$$

即$a_n=(-1)^na_n,a_{2k+1}=(-1)^{2k+1}a_{2k+1}=-a_{2k+1},a_{2k+1}=0,k=0,1,2,\cdots$.

3. 用间接展开法，将下列函数展开为x的幂级数.

（1）$\sin^2x$;　　（2）$\sin\left(x+\frac{\pi}{4}\right)$;

（3）$\frac{x}{\sqrt{1-2x}}$;　　（4）$\ln(1+x-2x^2)$;

（5）$\int_0^x\frac{\sin x}{x}dx$;　　（6）$\frac{d}{dx}\left(\frac{e^x-1}{x}\right)$;

（7）$\arcsin x$;　　（8）$\frac{1}{4}\ln\frac{1+x}{1-x}+\frac{1}{2}\arctan x-x$;

（9）$\frac{1}{(x^2+1)(x^4+1)(x^8+1)}$.

解 （1）$\sin^2x=\frac{1}{2}-\frac{1}{2}\cos 2x=\frac{1}{2}-\frac{1}{2}\sum\limits_{n=0}^{\infty}(-1)^n\frac{(2x)^{2n}}{(2n)!}=\sum\limits_{n=1}^{\infty}(-1)^{n-1}\frac{2^{2n-1}}{(2n)!}x^{2n}$,

因为

$$\lim_{n\to\infty}\left|\frac{u_{n+1}(x)}{u_n(x)}\right|=\lim_{n\to\infty}\frac{\frac{2^{2n+1}}{(2n+2)!}\cdot x^{2n+2}}{\frac{2^{2n-1}}{(2n)!}\cdot x^{2n}}=\lim_{n\to\infty}\frac{4}{(2n+2)(2n+1)}x^2=0,$$

所以，当$-\infty<x<+\infty$时，$\sum\limits_{n=1}^{\infty}(-1)^{n-1}\frac{2^{2n-1}}{(2n)!}x^{2n}$绝对收敛，即

$$\sin^2 x=\sum_{n=1}^{\infty}(-1)^{n-1}\frac{2^{2n-1}}{(2n)!}x^{2n},\ x\in(-\infty,+\infty).$$

(2) $$\sin\left(x+\frac{\pi}{4}\right)=\frac{\sqrt{2}}{2}\cos x+\frac{\sqrt{2}}{2}\sin x=\frac{\sqrt{2}}{2}\sum_{n=0}^{\infty}\frac{(-1)^n}{(2n)!}x^{2n}+\frac{\sqrt{2}}{2}\sum_{n=0}^{\infty}\frac{(-1)^n x^{2n+1}}{(2n+1)!}$$

$$=\frac{\sqrt{2}}{2}\cdot\sum_{n=0}^{\infty}(-1)^n\cdot\left[\frac{x^{2n}}{(2n)!}+\frac{x^{2n+1}}{(2n+1)!}\right],x\in(-\infty,+\infty).$$

(3) $$\frac{1}{\sqrt{1+x}}=(1+x)^{-\frac{1}{2}}=1+\sum_{n=1}^{\infty}\frac{\left(-\frac{1}{2}\right)\left(-\frac{1}{2}-1\right)\cdots\left(-\frac{1}{2}-n+1\right)}{n!}x^n$$

$$=1+\sum_{n=1}^{\infty}(-1)^n\frac{(2n-1)!!}{(2n)!!}x^n,\ -1<x\leqslant 1,$$

所以

$$\frac{x}{\sqrt{1-2x}}=x\left[1+\sum_{n=1}^{\infty}(-1)^n\frac{(2n-1)!!}{(2n)!!}(-2x)^n\right]=x+\sum_{n=1}^{\infty}\frac{(2n-1)!!}{n!}x^{n+1},$$

对于幂级数

$$\sum_{n=1}^{\infty}\frac{(2n-1)!!}{n!}x^{n+1}=\sum_{n=2}^{\infty}\frac{(2n-3)!!}{(n-1)!}x^n,$$

$$R=\lim_{n\to\infty}\left|\frac{a_n}{a_{n+1}}\right|=\lim_{n\to\infty}\frac{\dfrac{(2n-3)!!}{(n-1)!}}{\dfrac{(2n-1)!!}{n!}}=\lim_{n\to\infty}\frac{n}{2n-1}=\frac{1}{2},$$

即当$-\frac{1}{2}<x<\frac{1}{2}$时，$\sum_{n=2}^{\infty}\frac{(2n-3)!!}{(n-1)!}x^n$ 绝对收敛；当 $x=-\frac{1}{2}$时，

$$\sum_{n=2}^{\infty}\frac{(2n-3)!!}{(n-1)!}(-1)^n\cdot\frac{1}{2^n}=\sum_{n=2}^{\infty}(-1)^n\cdot\frac{1}{2}\cdot\frac{(2n-3)!!}{(2n-2)!!}$$

$$=\frac{1}{2}\sum_{n=2}^{\infty}(-1)^n\cdot\frac{(2n-3)!!}{(2n-2)!!}.$$

记 $a_n=\frac{(2n-3)!!}{(2n-2)!!}$,则

$$a_n=\frac{(2n-3)!!}{(2n-2)!!}>\frac{(2n-3)!!}{(2n-2)!!}\cdot\frac{2n-1}{2n}=\frac{(2n-1)!!}{(2n)!!}=a_{n+1},$$

即 a_n是单调减少的.

又

$$a_n=\frac{1}{2}\cdot\frac{3}{4}\cdot\frac{5}{6}\cdot\cdots\cdot\frac{2n-3}{2n-2}<\frac{2}{3}\cdot\frac{4}{5}\cdot\frac{6}{7}\cdot\cdots\cdot\frac{2n-2}{2n-1}$$

$$=\frac{2}{1}\cdot\frac{4}{3}\cdot\frac{6}{5}\cdot\cdots\cdot\frac{2n-2}{2n-3}\cdot\frac{1}{2n-1}=\frac{1}{a_n}\cdot\frac{1}{2n-1},$$

所以 $0\leqslant a_n^2<\dfrac{1}{2n-1}$，而 $\lim\limits_{n\to\infty}\dfrac{1}{2n-1}=0$，从而 $\lim\limits_{n\to\infty}a_n^2=0$，$\lim\limits_{n\to\infty}a_n=0$，因此 $\sum\limits_{n=1}^{\infty}(-1)^n a_n$ 收敛.

当 $x=\dfrac{1}{2}$ 时，级数为 $\sum\limits_{n=2}^{\infty}\dfrac{(2n-3)!!}{n!}\cdot\left(\dfrac{1}{2}\right)^n=\dfrac{1}{2}\sum\limits_{n=1}^{\infty}\dfrac{(2n-3)!!}{(2n-2)!!}$，则

$$
\begin{aligned}
a_n=\frac{(2n-3)!!}{(2n-2)!!}&=\frac{1}{2}\cdot\frac{3}{4}\cdot\frac{5}{6}\cdot\cdots\cdot\frac{2n-3}{2n-2}\\
&=1\cdot\frac{3}{2}\cdot\frac{5}{4}\cdot\cdots\cdot\frac{2n-3}{2n-4}\cdot\frac{1}{2n-2}>1\cdot1\cdot1\cdot\cdots\cdot1\cdot\frac{1}{2n-2}=\frac{1}{2n-2}.
\end{aligned}
$$

而 $\sum\limits_{n=2}^{\infty}\dfrac{1}{2n-2}$ 发散，由比较判别法知，$\sum\limits_{n=2}^{\infty}\dfrac{(2n-3)!!}{(2n-2)!!}$ 发散.所以

$$
\frac{x}{\sqrt{1-2x}}=x+\sum_{n=2}^{\infty}\frac{(2n-3)!!}{(n-1)!}x^n,\quad x\in\left[-\frac{1}{2},\frac{1}{2}\right).
$$

(4) $\ln(1+x-2x^2)=\ln(1-x)(1+2x)=\ln(1-x)+\ln(1+2x)$

$$
\begin{aligned}
&=\sum_{n=0}^{\infty}(-1)^n\frac{(-x)^{n+1}}{n+1}+\sum_{n=0}^{\infty}(-1)^n\frac{(2x)^{n+1}}{n+1}=\sum_{n=0}^{\infty}\frac{(-1)^n2^{n+1}-1}{n+1}x^{n+1}\\
&=\sum_{n=1}^{\infty}\frac{(-1)^{n-1}2^n-1}{n}x^n=-\sum_{n=1}^{\infty}\frac{(-1)^n\cdot2^n+1}{n}x^n.
\end{aligned}
$$

对于幂级数 $\sum\limits_{n=1}^{\infty}\dfrac{(-1)^n2^n+1}{n}x^n$，

$$
R=\lim_{n\to\infty}\left|\frac{a_n}{a_{n+1}}\right|=\lim_{n\to\infty}\left|\frac{\dfrac{(-1)^n2^n+1}{n}}{\dfrac{(-1)^{n+1}2^{n+1}+1}{n+1}}\right|=\lim_{n\to\infty}\left|\frac{(-2)^n+1}{(-2)^{n+1}+1}\right|=\lim_{n\to\infty}\left|\frac{-\dfrac{1}{2}+\dfrac{1}{(-2)^{n+1}}}{1+\dfrac{1}{(-2)^{n+1}}}\right|=\frac{1}{2}.
$$

所以当 $-\dfrac{1}{2}<x<\dfrac{1}{2}$ 时，幂级数绝对收敛.

当 $x=\dfrac{1}{2}$ 时，级数为 $\sum\limits_{n=1}^{\infty}\dfrac{(-2)^n+1}{n}\cdot\dfrac{1}{2^n}=\sum\limits_{n=1}^{\infty}\left((-1)^n\dfrac{1}{n}+\dfrac{1}{n\cdot2^n}\right)$，因为 $\sum\limits_{n=1}^{\infty}(-1)^n\dfrac{1}{n}$ 收敛，$\sum\limits_{n=1}^{\infty}\dfrac{1}{n2^n}$ 收敛，故级数 $\sum\limits_{n=1}^{\infty}\left((-1)^n\dfrac{1}{n}+\dfrac{1}{n\cdot2^n}\right)$ 收敛.

又当 $x=-\dfrac{1}{2}$ 时，$1+x-2x^2=0$，$\ln(1+x-2x^2)$ 无意义，所以

$$
\ln(1+x-2x^2)=-\sum_{n=1}^{\infty}\frac{(-1)^n2^n+1}{n}x^n,\quad x\in\left(-\frac{1}{2},\frac{1}{2}\right].
$$

(5) $\displaystyle\int_0^x\frac{\sin x}{x}\mathrm{d}x=\int_0^x\frac{1}{x}\left(\sum_{n=0}^{\infty}(-1)^n\frac{x^{2n+1}}{(2n+1)!}\right)\mathrm{d}x=\int_0^x\left(\sum_{n=0}^{\infty}(-1)^n\frac{x^{2n}}{(2n+1)!}\right)\mathrm{d}x$

$$
=\sum_{n=0}^{\infty}(-1)^n\frac{x^{2n+1}}{(2n+1)(2n+1)!},
$$

$$\lim_{n\to\infty}\left|\frac{u_{n+1}(x)}{u_n(x)}\right|=\lim_{n\to\infty}\frac{\dfrac{|x|^{2n+3}}{(2n+3)(2n+3)!}}{\dfrac{|x|^{2n+1}}{(2n+1)(2n+1)!}}=\lim_{n\to\infty}\frac{|x|^2}{(2n+3)(2n+2)}=0,$$

所以对任意的 $x\in(-\infty,+\infty)$，$\sum\limits_{n=0}^{\infty}(-1)^n\dfrac{x^{2n+1}}{(2n+1)(2n+1)!}$ 绝对收敛，从而

$$\int_0^x\frac{\sin x}{x}\mathrm{d}x=\sum_{n=0}^{\infty}(-1)^n\frac{x^{2n+1}}{(2n+1)(2n+1)!},\quad -\infty<x<+\infty.$$

（6）
$$\frac{\mathrm{d}}{\mathrm{d}x}\left(\frac{\mathrm{e}^x-1}{x}\right)=\frac{\mathrm{d}}{\mathrm{d}x}\left(\frac{\sum\limits_{n=0}^{\infty}\dfrac{x^n}{n!}-1}{x}\right)=\frac{\mathrm{d}}{\mathrm{d}x}\left(\sum_{n=1}^{\infty}\frac{x^{n-1}}{n!}\right)$$
$$=\sum_{n=2}^{\infty}\frac{(n-1)}{n!}\cdot x^{n-2}=\sum_{n=0}^{\infty}\frac{n+1}{(n+2)!}x^n,$$

$$R=\lim_{n\to\infty}\left|\frac{a_n}{a_{n+1}}\right|=\lim_{n\to\infty}\frac{\dfrac{n+1}{(n+2)!}}{\dfrac{n+2}{(n+3)!}}=\lim_{n\to\infty}(n+3)=+\infty,$$

所以对于任意的 $x\in(-\infty,+\infty)$，$\sum\limits_{n=0}^{\infty}\dfrac{n+1}{(n+2)!}x^n$ 绝对收敛，但由于 $x=0$ 时，函数$\dfrac{\mathrm{d}}{\mathrm{d}x}\left(\dfrac{\mathrm{e}^x-1}{x}\right)$ 无意义，因此

$$\frac{\mathrm{d}}{\mathrm{d}x}\left(\frac{\mathrm{e}^x-1}{x}\right)=\sum_{n=0}^{\infty}\frac{n+1}{(n+2)!}x^n,\quad 0<|x|<+\infty.$$

（7）
$$\arcsin x=\int_0^x\frac{1}{\sqrt{1-x^2}}\mathrm{d}x=\int_0^x\left[1+\sum_{n=1}^{\infty}(-1)^n\cdot\frac{(2n-1)!!}{(2n)!!}(-x^2)^n\right]\mathrm{d}x$$
$$=x+\sum_{n=1}^{\infty}\frac{(2n-1)!!}{(2n+1)\cdot(2n)!!}x^{2n+1},$$

考察幂级数 $\sum\limits_{n=1}^{\infty}\dfrac{(2n-1)!!}{(2n+1)(2n)!!}x^{2n+1}$，

$$\lim_{n\to\infty}\left|\frac{u_{n+1}(x)}{u_n(x)}\right|=\lim_{n\to\infty}\frac{\dfrac{(2n+1)!!}{(2n+3)(2n+2)!!}|x|^{2n+3}}{\dfrac{(2n-1)!!}{(2n+1)(2n)!!}|x|^{2n+1}}=\lim_{n\to\infty}\frac{(2n+1)(2n)}{(2n+2)(2n+1)}|x|^2=|x|^2,$$

所以当 $|x|<1$ 时，幂级数绝对收敛；当 $x=1$ 时，级数为 $\sum\limits_{n=1}^{\infty}\dfrac{(2n-1)!!}{(2n+1)(2n)!!}$，

$$b_n=\frac{(2n-1)!!}{(2n)!!}=\frac{1}{2}\cdot\frac{3}{4}\cdot\cdots\cdot\frac{2n-1}{2n}<\frac{2}{3}\cdot\frac{4}{5}\cdot\cdots\cdot\frac{2n}{2n+1}=\frac{2}{1}\cdot\frac{4}{3}\cdot\cdots\cdot\frac{2n}{2n-1}\cdot\frac{1}{2n+1}$$
$$=\frac{1}{b_n}\cdot\frac{1}{2n+1},b_n^2<\frac{1}{2n+1},\quad b_n<\sqrt{\frac{1}{2n+1}},$$

$a_n=\frac{1}{2n+1}b_n<\left(\frac{1}{2n+1}\right)^{\frac{3}{2}}$，而 $\sum_{n=1}^{\infty}\frac{1}{(2n+1)^{\frac{3}{2}}}$ 收敛；因此，$\sum_{n=1}^{\infty}\frac{(2n-1)!!}{(2n+1)(2n)!!}$ 收敛；

当 $x=-1$ 时，级数为 $\sum_{n=1}^{\infty}(-1)^n\frac{(2n-1)!!}{(2n+1)(2n)!!}$ 绝对收敛.

所以

$$\arcsin x=x+\sum_{n=1}^{\infty}\frac{(2n-1)!!}{(2n+1)(2n)!!}x^{2n+1},\quad x\in[-1,1].$$

(8) 设 $f(x)=\frac{1}{4}\ln\frac{1+x}{1-x}+\frac{1}{2}\arctan x-x$，则

$$f'(x)=\frac{1}{4}\left(\frac{1}{1+x}+\frac{1}{1-x}\right)+\frac{1}{2}\cdot\frac{1}{1+x^2}-1=\frac{1}{1-x^4}-1$$

$$=\sum_{n=0}^{\infty}(x^4)^n-1=\sum_{n=1}^{\infty}x^{4n},\quad f(0)=0,$$

所以

$$f(x)=\int_0^x\left(\sum_{n=1}^{\infty}x^{4n}\right)\mathrm{d}x=\sum_{n=1}^{\infty}\int_0^x x^{4n}\mathrm{d}x=\sum_{n=1}^{\infty}\frac{x^{4n+1}}{4n+1},$$

$$\lim_{n\to\infty}\left|\frac{u_{n+1}(x)}{u_n(x)}\right|=\lim_{n\to\infty}\frac{\frac{|x|^{4n+5}}{4n+5}}{\frac{|x|^{4n+1}}{4n+1}}=|x|^4,$$

所以当 $|x|<1$ 时，幂级数绝对收敛；

当 $x=1$ 时，级数为 $\sum_{n=1}^{\infty}\frac{1}{4n+1}$，发散；

当 $x=-1$ 时，级数为 $\sum_{n=1}^{\infty}\frac{-1}{4n+1}$，发散.

因此，

$$\frac{1}{4}\ln\frac{1+x}{1-x}+\frac{1}{2}\arctan x-x=\sum_{n=1}^{\infty}\frac{x^{4n+1}}{4n+1},\quad x\in(-1,1).$$

(9) 设 $f(x)=\frac{1}{(x^2+1)(x^4+1)(x^8+1)}=\frac{1-x^2}{1-x^{16}}$

$=1-x^2+x^{16}-x^{18}+\cdots+x^{16n}-x^{16n+2}\cdots,\quad |x|<1.$

4. 设 $f(x)=\sum_{n=0}^{\infty}a_nx^n$，求函数 $g(x)=\frac{f(x)}{1-x}$ 的幂级数展开式(麦克劳林级数).

解　由公式 $\left(\sum_{n=0}^{\infty}a_nx^n\right)\left(\sum_{n=0}^{\infty}b_nx^n\right)=\sum_{n=0}^{\infty}\left(\sum_{k=0}^{n}a_kb_{n-k}\right)x^n$，有

$$\frac{f(x)}{1-x}=\left(\sum_{n=0}^{\infty}a_nx^n\right)\left(\sum_{n=0}^{\infty}x^n\right)=\sum_{n=0}^{\infty}\left(\sum_{k=0}^{n}a_k\right)x^n.$$

5. 将下列函数在指定点 x_0 处展开为 $x-x_0$ 的幂级数.

(1) $\sqrt{x^3}, x_0=1$;　　(2) $\cos x, x_0=-\dfrac{\pi}{3}$;

(3) $\dfrac{x}{x^2-5x+6}, x_0=5$.

解 (1)
$$\sqrt{x^3}=[1+(x-1)]^{\frac{3}{2}}=1+\sum_{n=1}^{\infty}\frac{\frac{3}{2}\left(\frac{3}{2}-1\right)\cdots\left(\frac{3}{2}-n+1\right)}{n!}(x-1)^n$$
$$=1+\frac{3}{2}(x-1)+\frac{3}{8}(x-1)^2+3\sum_{n=3}^{\infty}\frac{(-1)^n(2n-5)!!}{2^n\cdot n!}(x-1)^n,$$

当 $n\geqslant 3$ 时,记 $a_n=\dfrac{(-1)^n(2n-5)!!}{2^n\cdot n!}$,

$$R=\lim_{n\to\infty}\left|\frac{a_n}{a_{n+1}}\right|=\lim_{n\to\infty}\frac{(2n-5)!!}{2^n\cdot n!}\cdot\frac{2^{n+1}(n+1)!}{(2n-3)!!}=1,$$

从而当 $0<x<2$ 时,幂级数绝对收敛.

当 $x=0$ 时,

$$\sum_{n=3}^{\infty}\frac{(-1)^n(2n-5)!!}{2^n\cdot n!}(-1)^n=\sum_{n=3}^{\infty}\frac{(2n-5)!!}{2^n\cdot n!}=\sum_{n=3}^{\infty}\frac{(2n-5)!!}{(2n)!!},$$

记 $b_n=\dfrac{(2n-5)!!}{(2n)!!}=\dfrac{1}{(2n)(2n-2)}\cdot\dfrac{(2n-5)!!}{(2n-4)!!}<\dfrac{1}{2n(2n-2)}$,而 $\displaystyle\sum_{n=3}^{\infty}\frac{1}{2n(2n-2)}$ 收敛,所以 $\displaystyle\sum_{n=3}^{\infty}b_n$ 收敛.

而当 $x=2$ 时,$\displaystyle\sum_{n=3}^{\infty}\frac{(-1)^n(2n-5)!!}{(2n)!!}$ 绝对收敛,所以

$$\sqrt{x^3}=1+\frac{3}{2}(x-1)+\frac{3}{8}(x-1)^2+3\sum_{n=3}^{\infty}\frac{(-1)^n(2n-5)!!}{2^n\cdot n!}(x-1)^n, x\in[0,2].$$

(2)
$$\cos x=\cos\left[\left(x+\frac{\pi}{3}\right)-\frac{\pi}{3}\right]=\cos\left(x+\frac{\pi}{3}\right)\cos\frac{\pi}{3}+\sin\left(x+\frac{\pi}{3}\right)\sin\frac{\pi}{3}$$
$$=\frac{1}{2}\cos\left(x+\frac{\pi}{3}\right)+\frac{\sqrt{3}}{2}\sin\left(x+\frac{\pi}{3}\right)$$
$$=\frac{1}{2}\sum_{n=0}^{\infty}(-1)^n\frac{\left(x+\frac{\pi}{3}\right)^{2n}}{(2n)!}+\frac{\sqrt{3}}{2}\cdot\sum_{n=0}^{\infty}(-1)^n\frac{\left(x+\frac{\pi}{3}\right)^{2n+1}}{(2n+1)!}$$
$$=\sum_{n=0}^{\infty}\frac{(-1)^n}{2}\left[\frac{\left(x+\frac{\pi}{3}\right)^{2n}}{(2n)!}+\sqrt{3}\frac{\left(x+\frac{\pi}{3}\right)^{2n+1}}{(2n+1)!}\right],$$

由于 $\cos\left(x+\frac{\pi}{3}\right)=\sum\limits_{n=0}^{\infty}(-1)^{n}\frac{\left(x+\frac{\pi}{3}\right)^{2n}}{(2n)!}$ 对任意的 $x\in(-\infty,+\infty)$ 收敛，$\sin\left(x+\frac{\pi}{3}\right)=\sum\limits_{n=0}^{\infty}(-1)^{n}\frac{\left(x+\frac{\pi}{3}\right)^{2n+1}}{(2n+1)!}$ 对任意的 $x\in(-\infty,+\infty)$ 收敛，所以

$$\cos x=\sum_{n=0}^{\infty}\frac{(-1)^{n}}{2}\left[\frac{\left(x+\frac{\pi}{3}\right)^{2n}}{(2n)!}+\sqrt{3}\frac{\left(x+\frac{\pi}{3}\right)^{2n+1}}{(2n+1)!}\right],\quad x\in(-\infty,+\infty).$$

(3) $$\begin{aligned}\frac{x}{x^{2}-5x+6}&=\frac{x}{(x-2)(x-3)}=\frac{-2}{x-2}+\frac{3}{x-3}=\frac{-2}{x-5+3}+\frac{3}{x-5+2}\\&=-\frac{2}{3}\cdot\frac{1}{1+\left(\frac{x-5}{3}\right)}+\frac{3}{2}\cdot\frac{1}{1+\left(\frac{x-5}{2}\right)}\\&=-\frac{2}{3}\sum_{n=0}^{\infty}(-1)^{n}\left(\frac{x-5}{3}\right)^{n}+\frac{3}{2}\sum_{n=0}^{\infty}(-1)^{n}\left(\frac{x-5}{2}\right)^{n}\\&=\sum_{n=0}^{\infty}(-1)^{n}\left[\frac{3}{2^{n+1}}-\frac{2}{3^{n+1}}\right](x-5)^{n}.\end{aligned}$$

设 $a_{n}=(-1)^{n}\left(\frac{3}{2^{n+1}}-\frac{2}{3^{n+1}}\right)=(-1)^{n}\frac{3^{n+2}-2^{n+2}}{2^{n+1}\cdot 3^{n+1}}$，则

$$R=\lim_{n\to\infty}\left|\frac{a_{n}}{a_{n+1}}\right|=\lim_{n\to\infty}\frac{3^{n+2}-2^{n+2}}{6^{n+1}}\cdot\frac{6^{n+2}}{3^{n+3}-2^{n+3}}=\lim_{n\to\infty}6\cdot\frac{3^{n+2}\left(1-\left(\frac{2}{3}\right)^{n+2}\right)}{\left(1-\left(\frac{2}{3}\right)^{n+3}\right)}=2,$$

从而当 $-2<x-5<2$，即 $3<x<7$ 时绝对收敛.

当 $x=3$ 时，级数为 $\sum\limits_{n=0}^{\infty}(-1)^{n}\cdot\left(\frac{3}{2^{n+1}}-\frac{2}{3^{n+1}}\right)(-2)^{n}=\sum\limits_{n=0}^{\infty}\left(\frac{3}{2}-\left(\frac{2}{3}\right)^{n+1}\right)$，而 $\lim\limits_{n\to\infty}\left(\frac{3}{2}-\left(\frac{2}{3}\right)^{n+1}\right)=\frac{3}{2}\neq 0$，级数发散；

当 $x=7$ 时，级数为 $\sum\limits_{n=0}^{\infty}(-1)^{n}\left(\frac{3}{2}-\left(\frac{2}{3}\right)^{n+1}\right)$，而 $\lim\limits_{n\to\infty}(-1)^{n}\left(\frac{3}{2}-\left(\frac{2}{3}\right)^{n+1}\right)$ 不存在，级数发散.

因此

$$\frac{x}{x^{2}-5x+6}=\sum_{n=0}^{\infty}(-1)^{n}\left[\frac{3}{2^{n+1}}-\frac{2}{3^{n+1}}\right](x-5)^{n},\quad 3<x<7.$$

6. 设 $f(x)=(\arctan x)^{2}$，求 $f^{(n)}(0)$.

解　$\arctan x=\sum\limits_{n=0}^{\infty}(-1)^{n}\frac{x^{2n+1}}{2n+1}$，记 $\sum\limits_{n=0}^{\infty}a_{n}x^{n}=\sum\limits_{n=0}^{\infty}(-1)^{n}\frac{x^{2n+1}}{2n+1}$，则 $a_{2n}=0$，

$$a_{2n+1}=\frac{(-1)^n}{2n+1},\quad n=0,1,2,\cdots,\quad f(x)=\left(\sum_{n=0}^{\infty}a_nx^n\right)^2=\sum_{n=0}^{\infty}\left(\sum_{k=0}^{n}a_ka_{n-k}\right)x^n,$$

所以

$$\frac{f^{(2n-1)}(0)}{(2n-1)!}=\sum_{k=0}^{2n-1}a_ka_{2n-1-k}=a_0a_{2n-1}+a_1a_{2n-2}+\cdots+a_{2n-2}a_1+a_{2n-1}a_0$$

$$=0\times\left[\frac{(-1)^{n-1}}{2n-1}\right]+1\times0+\cdots+0\times1+\left[\frac{(-1)^{n-1}}{2n-1}\right]\times0=0,$$

从而

$$f^{(2n-1)}(0)=0,\quad n=1,2,\cdots,$$

$$\frac{f^{(2n)}(0)}{(2n)!}=\sum_{k=0}^{2n}a_ka_{2n-k}=a_0a_{2n}+a_1a_{2n-1}+a_2a_{2n-2}+\cdots+a_{2n-1}a_1+a_{2n}a_0$$

$$=a_1a_{2n-1}+a_3a_{2n-3}+a_5a_{2n-5}+\cdots+a_{2n-3}a_3+a_{2n-1}a_1$$

$$=(-1)^{n-1}\frac{1}{1\times(2n-1)}+(-1)^{n-1}\frac{1}{3\times(2n-3)}+\cdots$$

$$+(-1)^{n-1}\frac{1}{(2n-3)\times3}+(-1)^{n-1}\frac{1}{(2n-1)\times1}$$

$$=(-1)^{n-1}\cdot\frac{1}{2n}\left[\left(1+\frac{1}{2n-1}\right)+\left(\frac{1}{3}+\frac{1}{2n-3}\right)+\cdots\right.$$

$$\left.+\left(\frac{1}{2n-3}+\frac{1}{3}\right)+\left(\frac{1}{2n-1}+1\right)\right]$$

$$=(-1)^{n-1}\cdot\frac{2}{2n}\left(1+\frac{1}{3}+\frac{1}{5}+\cdots+\frac{1}{2n-1}\right).$$

从而

$$f^{(2n)}(0)=(-1)^{n-1}\cdot2\left(1+\frac{1}{3}+\frac{1}{5}+\cdots+\frac{1}{2n-1}\right)(2n-1)!,\quad n=1,2,\cdots.$$

7. 设 $f(x)$ 在 $|x|<r$ 时,可以展开成麦克劳林级数,且 $g(x)=f(x^2)$,试证:

$$g^{(n)}(0)=\begin{cases}0, & n=2m-1,\\ \dfrac{(2m)!}{m!}f^{(m)}(0), & n=2m,\end{cases}\qquad m=1,2,\cdots.$$

证明 因 $f(x)=\sum\limits_{n=0}^{\infty}\dfrac{f^{(n)}(0)}{n!}x^n$,所以

$$g(x)=f(x^2)=\sum_{n=0}^{\infty}\frac{f^{(n)}(0)}{n!}(x^2)^n=\sum_{m=0}^{\infty}\frac{f^{(m)}(0)}{m!}x^{2m},$$

又因 $g(x)=\sum\limits_{n=0}^{\infty}\dfrac{g^{(n)}(0)}{n!}x^n$,所以当 $n=2m-1,m=0,1,\cdots$ 时,$g^{(n)}(0)=0$.

当 $n=2m, m=0,1,\cdots$ 时，$\dfrac{g^{(n)}(0)}{n!}=\dfrac{f^{(m)}(0)}{m!}$，即

$$g^{(n)}(0)=\frac{n!}{m!}f^{(m)}(0)=\frac{(2m)!}{m!}f^{(m)}(0).$$

8. 求下列级数在收敛区间内的和函数.

(1) $\displaystyle\sum_{n=1}^{\infty}\frac{x^{3n}}{(3n)!}$, $|x|<+\infty$;　　(2) $\displaystyle\sum_{n=1}^{\infty}nx^{n-1}$, $|x|<1$;

(3) $\displaystyle\sum_{n=1}^{\infty}\frac{2n-1}{2^n}x^{2n-2}$, $|x|<\sqrt{2}$，并求 $\displaystyle\sum_{n=1}^{\infty}\frac{2n-1}{2^n}$;

(4) $\displaystyle\sum_{n=1}^{\infty}(-1)^{n+1}n^2x^n$, $|x|<1$，并求 $\displaystyle\sum_{n=1}^{\infty}(-1)^n\frac{n^2}{2^n}$;

(5) $x-\dfrac{x^3}{3}+\dfrac{x^5}{5}-\cdots$, $|x|<1$，并求 $\displaystyle\sum_{n=1}^{\infty}\frac{(-1)^n}{2n-1}\left(\frac{3}{4}\right)^n$;

(6) $\displaystyle\sum_{n=0}^{\infty}\frac{(n+1)x^n}{n!}$, $|x|<+\infty$.

解　(1) 设其和函数为 $S(x)$，则

$$S(x)=\sum_{n=1}^{\infty}\frac{x^{3n}}{(3n)!},\quad S'(x)=\sum_{n=1}^{\infty}\frac{x^{3n-1}}{(3n-1)!},\quad S''(x)=\sum_{n=1}^{\infty}\frac{x^{3n-2}}{(3n-2)!},$$

故 $S(x)$ 满足二阶常系数线性微分方程

$$S''+S'+S=\sum_{n=0}^{\infty}\frac{x^n}{n!}=\mathrm{e}^x.$$

其通解为

$$S=\mathrm{e}^{-\frac{x}{2}}\left(C_1\cos\frac{\sqrt{3}}{2}x+C_2\sin\frac{\sqrt{3}}{2}x\right)+\frac{1}{3}\mathrm{e}^x.$$

$S(x)$ 还满足初值条件

$$S(0)=1,\quad S'(0)=0,\quad 确定\quad C_1=\frac{2}{3},\quad C_2=0.$$

故所论级数的和函数为

$$S(x)=\frac{2}{3}\mathrm{e}^{-\frac{x}{2}}\cos\frac{\sqrt{3}}{2}x+\frac{1}{3}\mathrm{e}^x,\qquad |x|<+\infty.$$

(2) $\displaystyle\sum_{n=1}^{\infty}nx^{n-1}=\sum_{n=1}^{\infty}(x^n)'=\left(\sum_{n=1}^{\infty}x^n\right)'=\left(\frac{x}{1-x}\right)'=\frac{1}{(1-x)^2}$, $|x|<1$.

(3) 设 $S(x)=\displaystyle\sum_{n=1}^{\infty}\frac{2n-1}{2^n}x^{2n-2}=\frac{1}{2}\sum_{n=1}^{\infty}(2n-1)\left(\frac{x}{\sqrt{2}}\right)^{2n-2}\xlongequal{\frac{x}{\sqrt{2}}=t}\frac{1}{2}\sum_{n=1}^{\infty}(2n-1)t^{2n-2}$,

记 $\widetilde{S}(t)=\displaystyle\sum_{n=1}^{\infty}(2n-1)t^{2n-2}=\left(\sum_{n=1}^{\infty}t^{2n-1}\right)'=\left(\frac{t}{1-t^2}\right)'=\frac{1-t^2+t(2t)}{(1-t^2)^2}=\frac{1+t^2}{(1-t^2)^2}$.

$$S(x)=\frac{1}{2}\widetilde{S}(t)=\frac{1}{2}\frac{1+t^2}{(1-t^2)^2}=\frac{1}{2}\frac{1+\frac{x^2}{2}}{\left(1-\frac{x^2}{2}\right)^2}=\frac{2+x^2}{(2-x^2)^2},\ |x|<\sqrt{2},\ \sum_{n=1}^{\infty}\frac{2n-1}{2^n}=3.$$

$$\left(\text{也可 } S(x)=\sum_{n=1}^{\infty}\left(\frac{x^{2n-1}}{2^n}\right)'=\left(\frac{\frac{x}{2}}{1-\frac{x^2}{2}}\right)'=\left(\frac{x}{2-x^2}\right)'=\frac{2+x^2}{(2-x^2)^2}.\right)$$

(4) $\sum\limits_{n=1}^{\infty}(-1)^{n+1}n^2x^n=x\sum\limits_{n=1}^{\infty}(-1)^{n+1}n^2x^{n-1}=x\sum\limits_{n=1}^{\infty}(-1)^{n+1}(nx^n)'=x(\sum\limits_{n=1}^{\infty}(-1)^{n+1}nx^n)'$

$$=x[x\sum_{n=1}^{\infty}(-1)^{n+1}nx^{n-1}]'=x[x\sum_{n=1}^{\infty}(-1)^{n+1}(x^n)']'$$

$$=x[x(\sum_{n=1}^{\infty}(-1)^{n+1}x^n)']'=x\left[x\left(\frac{x}{1+x}\right)'\right]'$$

$$=x\left[\frac{x}{(1+x)^2}\right]'=\frac{x(1-x)}{(1+x)^3},\quad |x|<1.$$

$$\sum_{n=1}^{\infty}(-1)^n\frac{n^2}{2^n}=-\sum_{n=1}^{\infty}(-1)^{n+1}\frac{n^2}{2^n}=-\left.\frac{x(1-x)}{(1+x)^3}\right|_{x=\frac{1}{2}}=-\frac{2}{27}.$$

(5) 设 $S(x)=\sum\limits_{n=1}^{\infty}\frac{(-1)^{n-1}}{2n-1}x^{n-1}=x-\frac{x^3}{3}+\frac{x^5}{5}-\cdots$, $|x|<1$, 则

$$S'(x)=\sum_{n=1}^{\infty}(-1)^{n-1}x^{2n-2}=\frac{1}{1+x^2},$$

所以

$$S(x)=\int_0^x S'(x)\mathrm{d}x=\int_0^x\frac{1}{1+x^2}\mathrm{d}x=\arctan x,\quad |x|<1,$$

所以

$$\sum_{n=1}^{\infty}\frac{(-1)^n}{2n-1}\left(\frac{3}{4}\right)^n=-\frac{\sqrt{3}}{2}\sum_{n=1}^{\infty}\frac{(-1)^{n-1}}{2n-1}\left(\frac{\sqrt{3}}{2}\right)^{2n-1}$$

$$=-\frac{\sqrt{3}}{2}S\left(\frac{\sqrt{3}}{2}\right)=-\frac{\sqrt{3}}{2}\arctan\frac{\sqrt{3}}{2}.$$

(6) $\sum\limits_{n=0}^{\infty}\frac{(n+1)x^n}{n!}=1+\sum\limits_{n=1}^{\infty}\frac{(n+1)}{n!}x^n=1+\sum\limits_{n=1}^{\infty}\frac{x^n}{(n-1)!}+\sum\limits_{n=1}^{\infty}\frac{x^n}{n!}$

$$=1+\sum_{n=1}^{\infty}\frac{x^n}{n!}+x\sum_{n=1}^{\infty}\frac{x^{n-1}}{(n-1)!}=\sum_{n=0}^{\infty}\frac{x^n}{n!}+x\sum_{n=0}^{\infty}\frac{x^n}{n!}=\mathrm{e}^x+x\mathrm{e}^x.$$

9. 求下列幂级数的收敛域及和函数.

(1) $\frac{x}{4}+\frac{x^2}{2\cdot4^2}+\cdots+\frac{x^n}{n\cdot4^n}+\cdots$;　　(2) $\sum\limits_{n=0}^{\infty}\frac{n^2+1}{2^n\cdot n!}x^n$;

(3) $\sum_{n=1}^{\infty}(-1)^{n-1}\frac{x^{2n}}{n(2n-1)}$.

解 (1)
$$R=\lim_{n\to\infty}\left|\frac{a_n}{a_{n+1}}\right|=\lim_{n\to\infty}\frac{\frac{1}{n\cdot 4^n}}{\frac{1}{(n+1)4^{n+1}}}=4,$$

所以 $\sum_{n=1}^{\infty}\frac{x^n}{n\cdot 4^n}$ 的收敛区间为$(-4,4)$.当 $x=4$ 时,发散;当 $x=-4$ 时,收敛.

所以收敛域为$[-4,4)$.

解法 1
$$\begin{aligned}&\frac{x}{4}+\frac{x^2}{2\cdot 4^2}+\cdots+\frac{x^n}{n\cdot 4^n}+\cdots\\&=\sum_{n=0}^{\infty}\frac{x^{n+1}}{(n+1)4^{n+1}}\\&=\sum_{n=0}^{\infty}\frac{\left(\frac{x}{4}\right)^{n+1}}{n+1}=-\sum_{n=0}^{\infty}(-1)^n\cdot\frac{\left(-\frac{x}{4}\right)^{n+1}}{n+1}\\&=-\ln\left[1+\left(-\frac{x}{4}\right)\right]=-\ln\left(1-\frac{x}{4}\right).\end{aligned}$$

解法 2
$$\sum_{n=1}^{\infty}\frac{x^n}{n4^n}=\int_0^x\left(\sum_{n=0}^{\infty}\frac{x^{n-1}}{4^n}\right)\mathrm{d}x=\int_0^x\frac{1}{4}\cdot\frac{1}{1-\frac{x}{4}}\mathrm{d}x=\int_0^x\frac{1}{1-\frac{x}{4}}\mathrm{d}\left(\frac{x}{4}\right)=-\ln\left(1-\frac{x}{4}\right).$$

(2) $$R=\lim_{n\to\infty}\left|\frac{a_n}{a_{n+1}}\right|=\lim_{n\to\infty}\left|\frac{\frac{n^2+1}{2^n\cdot n!}}{\frac{(n+1)^2+1}{2^{n+1}\cdot(n+1)!}}\right|=\lim_{n\to\infty}\frac{2(n+1)\left(1+\frac{1}{n^2}\right)}{\left(1+\frac{1}{n}\right)^2+\frac{1}{n^2}}=+\infty,$$

收敛区间为$(-\infty,+\infty)$.

$$\begin{aligned}S(x)&=\sum_{n=0}^{\infty}\frac{n^2+1}{n!}\left(\frac{x}{2}\right)^n\xlongequal{t=\frac{x}{2}}\sum_{n=0}^{\infty}\left(\frac{n^2}{n!}+\frac{1}{n!}\right)t^n=\sum_{n=1}^{\infty}\frac{n^2}{n!}t^n+\sum_{n=0}^{\infty}\frac{t^n}{n!}\\&=\sum_{n=1}^{\infty}\frac{n}{(n-1)!}t^n+\mathrm{e}^t=\sum_{n=1}^{\infty}\left[\frac{n-1}{(n-1)!}+\frac{1}{(n-1)!}\right]t^n+\mathrm{e}^t\\&=\sum_{n=2}^{\infty}\frac{n-1}{(n-1)!}t^n+\sum_{n=1}^{\infty}\frac{1}{(n-1)!}t^n+\mathrm{e}^t\\&=t^2\sum_{n=2}^{\infty}\frac{t^{n-2}}{(n-2)!}+t\sum_{n=1}^{\infty}\frac{t^{n-1}}{(n-1)!}+\mathrm{e}^t\\&=t^2\mathrm{e}^t+t\mathrm{e}^t+\mathrm{e}^t=\left(\frac{x^2}{4}+\frac{x}{2}+1\right)\mathrm{e}^{\frac{x}{2}}.\end{aligned}$$

(3) $$R=\lim_{n\to\infty}\left|\frac{a_n}{a_{n+1}}\right|=\lim_{n\to\infty}\left|\frac{\dfrac{(-1)^{n-1}}{n(2n-1)}}{\dfrac{(-1)^n}{(n+1)(2n+1)}}\right|=1,$$

$$\sum_{n=1}^{\infty}(-1)^{n-1}\frac{x^{2n}}{n(2n-1)}=\sum_{n=1}^{\infty}(-1)^{n-1}\frac{(x^2)^n}{n(2n-1)}.$$

当 $x^2<1$ 时,即 $-1<x<1$ 时, $\sum\limits_{n=1}^{\infty}(-1)^{n-1}\dfrac{x^{2n}}{n(2n-1)}$ 绝对收敛,从而幂级数的收敛区间为 $(-1,1)$.当 $x=\pm1$ 时,收敛.所以收敛域为 $[-1,1]$.

设 $S(x)=\sum\limits_{n=1}^{\infty}(-1)^{n-1}\dfrac{x^{2n}}{n(2n-1)}$,则

$$S'(x)=2\sum_{n=1}^{\infty}(-1)^{n-1}\frac{x^{2n-1}}{2n-1},\quad S''(x)=2\sum_{n=1}^{\infty}(-1)^{n-1}x^{2n-2}=\frac{2}{1+x^2},$$

$$S'(x)=\int_0^x S'',(x)\mathrm{d}x=\int_0^x\frac{2}{1+x^2}\mathrm{d}x=2\arctan x,$$

$$S(x)=\int_0^x S'(x)\mathrm{d}x=\int_0^x 2\arctan x\mathrm{d}x=2x\arctan x-\ln(1+x^2).$$

10. 利用$\dfrac{\mathrm{d}}{\mathrm{d}x}\left(\dfrac{\cos x-1}{x}\right)$的幂级数展开式,求 $\sum\limits_{n=1}^{\infty}(-1)^n\dfrac{2n-1}{(2n)!}\left(\dfrac{\pi}{2}\right)^{2n}$ 的和.

解 由 $\cos x=\sum\limits_{n=0}^{\infty}(-1)^n\dfrac{x^{2n}}{(2n)!}$,$x\in(-\infty,+\infty)$,知

$$\frac{\cos x-1}{x}=\sum_{n=1}^{\infty}(-1)^n\frac{x^{2n-1}}{(2n)!},\quad x\neq0,$$

两边求导得

$$\frac{-x\sin x-\cos x+1}{x^2}=\sum_{n=1}^{\infty}(-1)^n\frac{(2n-1)}{(2n)!}x^{2n-2},$$

故

$$\sum_{n=1}^{\infty}(-1)^n\frac{(2n-1)}{(2n)!}\left(\frac{\pi}{2}\right)^{2n}=1-\frac{\pi}{2}.$$

11. 求数项级数 $\sum\limits_{n=0}^{\infty}\dfrac{(-1)^n(n^2-n+1)}{2^n}$ 的和.

解 设 $S(x)=\sum\limits_{n=0}^{\infty}(n^2-n+1)x^n$,则

$$R=\lim_{n\to\infty}\left|\frac{a_n}{a_{n+1}}\right|=\lim_{n\to\infty}\left|\frac{n^2-n+1}{(n+1)^2-(n+1)+1}\right|=1,$$

故收敛区间为 $(-1,1)$.

$$\sum_{n=0}^{\infty} n^2x^n = x\sum_{n=0}^{\infty}(nx^n)' = x\left[x\sum_{n=0}^{\infty}(x^n)'\right]' = x\left[x\left(\sum_{n=0}^{\infty}x^n\right)'\right]' = x\left[x\left(\frac{1}{1-x}\right)'\right]' = \frac{x(x+1)}{(1-x)^3},$$

$$\sum_{n=0}^{\infty} nx^n = x\sum_{n=0}^{\infty}(x^n)' = x\left(\sum_{n=0}^{\infty}x^n\right)' = \frac{x}{(1-x)^2},$$

$$\sum_{n=0}^{\infty} x^n = \frac{1}{1-x}.$$

所以

$$S(x) = \sum_{n=0}^{\infty} n^2x^n - \sum_{n=0}^{\infty} nx^n + \sum_{n=0}^{\infty} x^n = \frac{x(x+1)}{(1-x)^3} - \frac{x}{(1-x)^2} + \frac{1}{1-x} = \frac{3x^2-2x+1}{(1-x)^3},$$

$$\sum_{n=0}^{\infty}\frac{(-1)^n(n^2-n+1)}{2^n} = S\left(-\frac{1}{2}\right) = \frac{22}{27}.$$

12. 求数项级数 $\sum_{n=1}^{\infty}(-1)^{n-1}\frac{2n^2}{(2n)!}\frac{1}{2^n}$ 的和.

解　因 $\sin x = \sum_{n=0}^{\infty}(-1)^n\frac{x^{2n+1}}{(2n+1)!}$, $\cos x = \sum_{n=0}^{\infty}(-1)^n\frac{x^{2n}}{(2n)!}$, $x\in(-\infty,+\infty)$,

所以

$$\begin{aligned}
&\sum_{n=1}^{\infty}(-1)^{n-1}\frac{2n^2}{(2n)!}\cdot\frac{1}{2^n}\\
=&\sum_{n=1}^{\infty}(-1)^{n-1}\frac{n}{(2n-1)!}\cdot\frac{1}{2^n}\\
=&\sum_{n=1}^{\infty}(-1)^{n-1}\frac{2n-1+1}{(2n-1)!}\cdot\frac{1}{2^{n+1}}\\
=&\sum_{n=1}^{\infty}(-1)^{n-1}\frac{1}{(2n-2)!}\cdot\frac{1}{2^{n+1}}+\\
&\sum_{n=1}^{\infty}(-1)^{n-1}\frac{1}{(2n-1)!}\cdot\frac{1}{2^{n+1}}\\
=&\frac{1}{4}\sum_{n=0}^{\infty}(-1)^n\frac{1}{(2n)!}\left(\frac{1}{\sqrt{2}}\right)^{2n}+\\
&\frac{1}{2\sqrt{2}}\sum_{n=0}^{\infty}(-1)^n\frac{1}{(2n+1)!}\left(\frac{1}{\sqrt{2}}\right)^{2n+1}\\
=&\frac{1}{4}\cos\frac{1}{\sqrt{2}}+\frac{\sqrt{2}}{4}\sin\frac{1}{\sqrt{2}}.
\end{aligned}$$

13. 设 $\sum_{n=1}^{\infty}a_nx^n$ 的收敛半径为 3, 和函数为 $S(x)$, 求幂级数 $\sum_{n=1}^{\infty}na_n(x-1)^{n+1}$ 的收敛区间及和函数.

解　幂级数 $\sum_{n=1}^{\infty}na_n(x-1)^{n+1}$ 的收敛区间为 $|x-1|<3$, 即 $-2<x<4$, 设 $S(x)=\sum_{n=1}^{\infty}a_nx^n$, $|x|<3$, $S'(x)=\sum_{n=1}^{\infty}na_nx^{n-1}$. 于是

$$\sum_{n=1}^{\infty} na_n(x-1)^{n+1}=(x-1)^2\sum_{n=1}^{\infty} na_n(x-1)^{n-1}.$$

故

$$\sum_{n=1}^{\infty} na_n(x-1)^{n+1}=(x-1)^2 S'(x-1),\quad -2<x<4.$$

14. 求下列极限.

(1) $\lim\limits_{x\to 1^-}(1-x)^3\sum\limits_{n=1}^{\infty} n^2x^n$；　　(2) $\lim\limits_{n\to\infty}\left(\dfrac{1}{a}+\dfrac{2}{a^2}+\cdots+\dfrac{n}{a^n}\right)\quad(a>1)$；

(3) $\lim\limits_{n\to\infty}\left(\dfrac{3}{2\cdot 1}+\dfrac{5}{2^2\cdot 2!}+\cdots+\dfrac{2n+1}{2^n\cdot n!}\right)$.

解 (1) 先讨论幂级数 $\sum\limits_{n=1}^{\infty} n^2x^n$，因 $R=\lim\limits_{n\to\infty}\dfrac{n^2}{(n+1)^2}=1$，知此级数收敛区间为$(-1,1)$.设其和为 $S(x)$，则

$$\begin{aligned}S(x)&=\sum_{n=1}^{\infty} n^2x^n=x\sum_{n=1}^{\infty}[(n+1)n-n]x^{n-1}=x\left[\sum_{n=1}^{\infty}(x^{n+1})''-\sum_{n=1}^{\infty}(x^n)'\right]\\&=x\left[\left(\frac{x^2}{1-x}\right)''-\left(\frac{x}{1-x}\right)'\right]=\frac{x(1+x)}{(1-x)^3},\quad -1<x<1.\end{aligned}$$

由此可见

$$\lim_{x\to 1^-}(1-x)^3\sum_{n=1}^{\infty} n^2x^n=\lim_{x\to 1^-}(1-x)^3\frac{x(1+x)}{(1-x)^3}=2.$$

(2) 因为 $\dfrac{1}{a}+\dfrac{2}{a^2}+\cdots+\dfrac{n}{a^n}$是 $\sum\limits_{n=1}^{\infty}\dfrac{n}{a^n}$ 的部分和，而幂级数

$$\sum_{n=1}^{\infty} nx^n=x\sum_{n=1}^{\infty} nx^{n-1}=x\sum_{n=1}^{\infty}(x^n)'=x\left(\frac{x}{1-x}\right)'=\frac{x}{(1-x)^2},$$

因此

$$\lim_{n\to\infty}\left(\frac{1}{a}+\frac{2}{a^2}+\cdots+\frac{n}{a^n}\right)=\sum_{n=1}^{\infty}\frac{n}{a^n}=\left.\frac{x}{(1-x)^2}\right|_{x=\frac{1}{a}}=\frac{a}{(1-a)^2}.$$

(3) 由于幂级数

$$\begin{aligned}\sum_{n=1}^{\infty}\frac{2n+1}{n!}x^n&=\sum_{n=1}^{\infty}\frac{x^n}{n!}+2x\sum_{n=1}^{\infty}\frac{x^{n-1}}{(n-1)!}\\&=e^x-1+2xe^x,\quad x\in(-\infty,+\infty),\end{aligned}$$

所以

$$\lim_{n\to\infty}\left(\frac{3}{2\cdot 1}+\frac{5}{2^2\cdot 2!}+\cdots+\frac{2n+1}{2^n\cdot n!}\right)$$

$$=\sum_{n=1}^{\infty}\frac{2n+1}{n!}\left(\frac{1}{2}\right)^{n}=\left(\mathrm{e}^{x}-1+2x\mathrm{e}^{x}\right)\Big|_{x=\frac{1}{2}}=2\sqrt{\mathrm{e}}-1.$$

15. 设 $f(x)=\int_{0}^{\sin x}\sin(t^{2})\,\mathrm{d}t, g(x)=\sum_{n=1}^{\infty}\frac{x^{2n+1}}{n^{n}+2}$，则 $x\to 0$ 时，$f(x)$ 是 $g(x)$ 的(　　).

(A) 等价无穷小　　(B) 同阶，但不等价无穷小

(C) 低阶无穷小　　(D) 高阶无穷小

解　因

$$\lim_{n\to\infty}\left|\frac{u_{n+1}(x)}{u_{n}(x)}\right|=\lim_{n\to\infty}\left|\frac{x^{2n+3}}{(n+1)^{n+1}+2}\cdot\frac{n^{n}+2}{x^{2n+1}}\right|$$

$$=\lim_{n\to\infty}\left|\frac{\left(1+\frac{2}{n^{n}}\right)|x|^{2}}{\left(1+\frac{1}{n}\right)^{n}(n+1)+\frac{2}{n^{n}}}\right|=0,$$

级数 $\sum_{n=1}^{\infty}\frac{x^{2n+1}}{n^{n}+2}$ 的收敛区间 $|x|<+\infty$.

$$\lim_{x\to 0}\frac{f(x)}{g(x)}=\lim_{x\to 0}\frac{f'(x)}{g'(x)}$$

$$=\lim_{x\to 0}\frac{\sin(\sin^{2}x)\cos x}{\sum_{n=1}^{\infty}\frac{(2n+1)x^{2n}}{n^{n}+2}}\xlongequal{\text{由}\lim_{x\to 0}\cos x=1}\lim_{x\to 0}\frac{\sin(\sin^{2}x)}{\sum_{n=1}^{\infty}\frac{(2n+1)x^{2n}}{n^{n}+2}}$$

$$=\lim_{x\to 0}\frac{x^{2}-\frac{1}{3!}x^{6}+o(x^{6})}{x^{2}+\frac{5}{6}x^{4}+o(x^{4})}=\lim_{x\to 0}\frac{1-\frac{1}{3!}x^{4}+o(x^{4})}{1+\frac{5}{6}x^{2}+o(x^{2})}$$

$$=1\quad(\text{当 } x\to 0 \text{ 时}, \sin^{2}x\sim x^{2}).$$

选择 A.

11.7

1. 求下列各数的近似值，精确到小数点后第四位.

(1) $\sqrt{\mathrm{e}}$；　(2) $\sqrt[5]{245}$；　(3) $\cos 10^{\circ}$；　(4) $\int_{0}^{\frac{1}{10}}\frac{\ln(1+x)}{x}\,\mathrm{d}x$.

解　(1) $\mathrm{e}^{x}=\sum_{n=0}^{\infty}\frac{x^{n}}{n!}, \sqrt{\mathrm{e}}=\sum_{n=0}^{\infty}\frac{1}{n!}\left(\frac{1}{2}\right)^{n}=\sum_{n=0}^{\infty}\frac{1}{n!2^{n}}$,

要使

$$r_{n}=\sum_{k=n+1}^{\infty}\frac{1}{k!2^{k}}$$

$$<\sum_{k=n+1}^{\infty}\frac{1}{(n+1)^{k-(n+1)}\cdot(n+1)!2^{k-(n+1)}\cdot 2^{n+1}}$$

$$= \frac{1}{(n+1)!2^{n+1}}\sum_{k=n+1}^{\infty}\left[\frac{1}{2(n+1)}\right]^{k-(n+1)}$$

$$= \frac{1}{(n+1)!2^{n+1}}\cdot\frac{1}{1-\frac{1}{2(n+1)}}$$

$$= \frac{1}{n!2^n(2n+1)} < \frac{1}{10^4},$$

取 $n=5$，则 $r_5<\frac{1}{5!2^5(2\times5+1)}<\frac{1}{120\times30\times10}<\frac{1}{30\ 000}<\frac{1}{10^4}$，则

$$\sqrt{e} \approx \sum_{n=0}^{5}\frac{1}{n!2^n}$$

$$= 1+\frac{1}{2}+\frac{1}{2\times2^2}+\frac{1}{3\times2\times2^3}+\frac{1}{4\times3\times2\times2^4}+\frac{1}{5\times4\times3\times2\times2^5}$$

$$= \frac{6\ 331}{3\ 840} \approx 1.648\ 7.$$

(2) $$(1+x)^{\frac{1}{5}} = 1+\frac{1}{5}x+\sum_{n=2}^{\infty}\frac{\frac{1}{5}\left(\frac{1}{5}-1\right)\cdots\left(\frac{1}{5}-n+1\right)}{n!}x^n$$

$$= 1+\frac{1}{5}x+\sum_{n=2}^{\infty}\frac{(-1)^{n-1}4\times9\cdots(5n-6)}{5^n\cdot n!}x^n,$$

$$\sqrt[5]{245} = \sqrt[5]{3^5+2} = 3\left(1+\frac{2}{3^5}\right)^{\frac{1}{5}}$$

$$= 3\left[1+\frac{1}{5}\left(\frac{2}{3^5}\right)+\sum_{n=2}^{\infty}\frac{(-1)^{n-1}4\times9\cdots(5n-6)}{5^n\cdot n!}\left(\frac{2}{3^5}\right)^n\right].$$

要使

$$|r_n| < |u_{n+1}| = \frac{3\times4\times9\cdots(5n-1)}{5^{n+1}\cdot(n+1)!}\left(\frac{2}{3^5}\right)^{n+1} < \frac{1}{10^5},$$

取 $n=2$，$|r_2| < \frac{3\times4\times9\times2^3}{5^3\cdot3!\cdot3^{15}} = \frac{2^4}{5^3\cdot3^{13}} < \frac{1}{3^{12}} < \frac{1}{10^5}$,

$$\sqrt[5]{245} \approx 3\left[1+\frac{2}{5\times3}-\frac{4\times2^2}{5^2\times2\times3^{10}}\right] = \frac{4\ 735\ 941}{1\ 466\ 225} \approx 3.004\ 9.$$

(3) $$\cos 10^\circ = \cos\frac{\pi}{18} = \sum_{n=0}^{\infty}(-1)^n\frac{\left(\frac{\pi}{18}\right)^{2n}}{(2n)!},$$

要使

$$|r_n| < |u_{n+1}| = \frac{1}{(2n+2)!}\left(\frac{\pi}{18}\right)^{2n+2} < \frac{1}{10^5},$$

取 $n=2$，则 $|r_2| < \frac{1}{6!}\left(\frac{\pi}{18}\right)^6 < \frac{1}{2^5}\left(\frac{4}{16}\right)^6 = \frac{1}{2^{17}} < \frac{1}{10^5}$.

$$\cos 10° \approx \sum_{n=0}^{2}(-1)^n \frac{1}{(2n)!}\left(\frac{\pi}{18}\right)^{2n} = 1 - \frac{\pi^2}{2\times 18^2} + \frac{\pi^4}{4!\times 18^4} \approx 0.984\ 8.$$

(4) $$\int_0^{\frac{1}{10}} \frac{\ln(1+x)}{x}\mathrm{d}x = \int_0^{\frac{1}{10}} \frac{1}{x}\left[\sum_{n=0}^{\infty}(-1)^n \frac{x^{n+1}}{n+1}\right]\mathrm{d}x = \int_0^{\frac{1}{10}}\left[\sum_{n=0}^{\infty}(-1)^n \frac{x^n}{n+1}\right]\mathrm{d}x$$

$$= \sum_{n=0}^{\infty} \frac{(-1)^n}{(n+1)^2 10^{n+1}},$$

要使

$$|r_n| < |u_{n+1}| = \frac{1}{(n+2)^2\cdot 10^{n+2}} < \frac{1}{10^4},$$

取 $n=2$, $|r_2| < \frac{1}{4^2\times 10^4} < \frac{1}{10^4}$,

$$\int_0^{\frac{1}{10}} \frac{\ln(1+x)}{x}\mathrm{d}x \approx \sum_{n=0}^{2}\frac{(-1)^n}{(n+1)^2\cdot 10^{n+1}} = \frac{1}{10} - \frac{1}{2^2\times 10^2} + \frac{1}{3^2\times 10^3} = \frac{3\ 514}{36\ 000} \approx 0.097\ 4.$$

2. 试用幂级数解微分方程 $y''=x^2y$.

解　设 $y=\sum_{n=0}^{\infty} a_n x^n$, 则

$$y' = \sum_{n=1}^{\infty} n a_n x^{n-1} = \sum_{n=0}^{\infty}(n+1)a_{n+1}x^n,$$

$$y'' = \sum_{n=1}^{\infty}(n+1)n a_{n+1}x^{n-1} = \sum_{n=0}^{\infty}(n+2)(n+1)a_{n+2}x^n.$$

则由 $y''=x^2y$,得

$$\sum_{n=0}^{\infty}(n+2)(n+1)a_{n+2}x^n = x^2\sum_{n=0}^{\infty}a_n x^n = \sum_{n=0}^{\infty}a_n x^{n+2},$$

$$2a_2 + 3\times 2a_3 x + \sum_{n=0}^{\infty}(n+4)(n+3)a_{n+4}x^{n+2} = \sum_{n=0}^{\infty}a_n x^{n+2},$$

得

$$a_2=0,\quad a_3=0,$$

$$(n+4)(n+3)a_{n+4}=a_n,\ n=0,1,2,3,\cdots.$$

由 $a_2=0$, $(4k+2)(4k+1)a_{4k+2}=a_{4k-2}$, $k=1,2,3,\cdots$,有 $a_{4k+2}=\cdots=a_2=0$;

由 $a_3=0$, $(4k+3)(4k+2)a_{4k+3}=a_{4k-1}$, $k=1,2,3,\cdots$,有 $a_{4k+3}=\cdots=a_3=0$.

而 $a_{4k+1}=\frac{a_{4k-3}}{(4k+1)(4k)}=\cdots=\frac{a_1}{(4\times 5)(8\times 9)\cdots[(4k)(4k+1)]}$, $k=1,2,3,\cdots$,

$$a_{4k}=\frac{a_{4k-4}}{(4k)(4k-1)}=\cdots=\frac{a_0}{(3\times 4)(7\times 8)\cdots[(4k-1)(4k)]},\ k=1,2,3,\cdots,$$

所以

$$y=\sum_{n=0}^{\infty}a_n x^n = \sum_{k=0}^{\infty}a_{4k}x^{4k} + \sum_{k=0}^{\infty}a_{4k+1}x^{4k+1}$$

$$= a_0 + a_1 x + \sum_{k=1}^{\infty}\frac{a_0}{(3\times 4)(7\times 8)\cdots[(4k-1)(4k)]}x^{4k} +$$

$$\sum_{k=1}^{\infty} \frac{a_1}{(4\times 5)(8\times 9)\cdots[(4k)(4k+1)]} x^{4k+1}.$$

3. 在区间[1,2]上用函数$\frac{2(x-1)}{x+1}$近似函数 $\ln x$，估计其误差.

解 因 $\ln x = \ln[1+(x-1)] = \sum_{n=1}^{+\infty} (-1)^{n-1} \frac{(x-1)^n}{n}$,

$$\frac{2(x-1)}{x+1} = (x-1)\frac{1}{1+\frac{x-1}{2}} = (x-1)\sum_{n=1}^{\infty}(-1)^{n-1}\left(\frac{x-1}{2}\right)^{n-1} = \sum_{n=1}^{+\infty}\frac{(-1)^{n-1}}{2^{n-1}}(x-1)^n.$$

所以

$$\begin{aligned}\ln x - \frac{2(x-1)}{x+1} &= \sum_{n=1}^{+\infty}(-1)^{n-1}\left(\frac{1}{n}-\frac{1}{2^{n-1}}\right)(x-1)^n \\ &= \frac{(x-1)^3}{12} + \sum_{n=4}^{+\infty}(-1)^{n-1}\left(\frac{1}{n}-\frac{1}{2^{n-1}}\right)(x-1)^n.\end{aligned}$$

由此分析可能有

$$0<\ln x-\frac{2(x-1)}{x+1}<\frac{(x-1)^3}{12} \quad (1<x\leqslant 2).$$

下面给出证明.设 $f(x)=\ln x-\frac{2(x-1)}{x+1}$，则

$$f'(x)=\left[\ln x-2\left(1-\frac{2}{x+1}\right)\right]'=\frac{1}{x}-\frac{4}{(x+1)^2}=\frac{(x+1)^2-4x}{x(x+1)^2}=\frac{(x-1)^2}{x(x+1)^2}>0 \quad (1<x\leqslant 2).$$

即 $f(x)$ 单调递增，于是 $f(x)>f(1)=0$，故 $0<\ln x-\frac{2(x-1)}{x+1}$. 设 $g(x)=\ln x-\frac{2(x-1)}{x+1}-\frac{(x-1)^3}{12}$，则

$$\begin{aligned}g'(x)&=\frac{(x-1)^2}{x(x+1)^2}-\frac{(x-1)^2}{4}=(x-1)^2\frac{4-(x^3+2x^2+x)}{4x(x+1)^2} \\ &=(x-1)^2\frac{(1-x^3)+2(1-x^2)+(1-x)}{4x(x+1)^2} \\ &=-(x-1)^3\frac{(x^2+x+1)+2(1+x)+1}{4x(x+1)^2}<0 \quad (1<x\leqslant 2).\end{aligned}$$

即 $g(x)$ 单调递减，于是 $g(x)<g(1)=0$，故

$$\ln x-\frac{2(x-1)}{x+1}-\frac{(x-1)^3}{12}<0.$$

所以

$$0<\ln x-\frac{2(x-1)}{x+1}<\frac{(x-1)^3}{12}.$$

即在(1,2]上，用函数$\frac{2(x-1)}{x+1}$近似函数 $\ln x$ 时，误差小于$\frac{(x-1)^3}{12}$.

4. 已知级数 $2+\sum_{n=1}^{\infty}\frac{x^{2n}}{(2n)!}$ 在 $(-\infty,+\infty)$ 是微分方程 $y''-y=b$ 的解，确定常数 b，并用这一结果求该级数的和函数.

解　设 $y=2+\sum_{n=1}^{\infty}\frac{x^{2n}}{(2n)!}$ 则

$$y'=\sum_{n=1}^{\infty}\frac{x^{2n-1}}{(2n-1)!},\quad y''=\sum_{n=1}^{\infty}\frac{x^{2n-2}}{(2n-2)!}=\sum_{n=0}^{\infty}\frac{x^{2n}}{(2n)!}.$$

代入方程

$$\left(1+\sum_{n=1}^{\infty}\frac{x^{2n}}{(2n)!}\right)-\left(2+\sum_{n=1}^{\infty}\frac{x^{2n}}{(2n)!}\right)=b.$$

知 $b=-1$，即方程为

$$y''-y=-1,$$

此二阶常系数线性方程的通解为

$$y=C_1\mathrm{e}^{-x}+C_2\mathrm{e}^{x}+1.$$

由 y,y' 的级数表达式知 $y\big|_{x=0}=2,y'\big|_{x=0}=0$，确定 $C_1=C_2=\frac{1}{2}$.

$$y=\frac{1}{2}\mathrm{e}^{-x}+\frac{1}{2}\mathrm{e}^{x}+1=\frac{1}{2}(\mathrm{e}^{-x}+\mathrm{e}^{x})+1.$$

这就是 $2+\sum_{n=1}^{\infty}\frac{x^{2n}}{(2n)!}$ 的和函数.

11.8

1. 将下列以 2π 为周期的函数 $f(x)$ 展开为傅里叶级数，其中 $f(x)$ 在区间 $[-\pi,\pi)$ 上的表达式分别为

(1) $f(x)=\frac{\pi}{4}-\frac{x}{2}$;　　(2) $f(x)=\mathrm{e}^{x}+1$;

(3) $f(x)=3x^2+1$;　　(4) $f(x)=2\sin\frac{x}{3}$;

(5) $f(x)=\begin{cases}x+2\pi, & -\pi\leqslant x<0,\\ x, & 0\leqslant x<\pi;\end{cases}$　　(6) $f(x)=\begin{cases}\mathrm{e}^{x}, & -\pi\leqslant x<0,\\ 1, & 0\leqslant x<\pi.\end{cases}$

解　(1) $a_0=\frac{1}{\pi}\int_{-\pi}^{\pi}f(x)\mathrm{d}x=\frac{1}{\pi}\int_{-\pi}^{\pi}\left(\frac{\pi}{4}-\frac{x}{2}\right)\mathrm{d}x=\frac{1}{\pi}\left(\frac{4\pi}{4}-\frac{x^2}{4}\right)\Bigg|_{-\pi}^{\pi}=\frac{\pi}{2}$,

$$a_n=\frac{1}{\pi}\int_{-\pi}^{\pi}f(x)\cos nx\mathrm{d}x=\frac{1}{\pi}\int_{-\pi}^{\pi}\left(\frac{\pi}{4}-\frac{x}{2}\right)\cos nx\mathrm{d}x$$

$$=\left[\frac{1}{4n}\sin nx-\frac{1}{2n\pi}\cdot x\sin nx-\frac{1}{2n^2\pi}\cos nx\right]\Bigg|_{-\pi}^{\pi}=0,\ n=1,2,\cdots,$$

$$b_n=\frac{1}{\pi}\int_{-\pi}^{\pi}f(x)\sin nx\mathrm{d}x=\frac{1}{\pi}\int_{-\pi}^{\pi}\left(\frac{\pi}{4}-\frac{x}{2}\right)\sin nx\mathrm{d}x$$

$$=\left[-\frac{1}{4n}\cos nx-\frac{1}{2n\pi}\left(x\cos nx-\frac{1}{n}\sin nx\right)\right]\Bigg|_{-\pi}^{\pi}$$

$$=\frac{(-1)^n}{n},n=1,2,\cdots,$$

所以

$$\frac{\pi}{4}+\sum_{n=1}^{\infty}\frac{(-1)^n}{n}\sin nx=\begin{cases}\frac{\pi}{4}, & x=\pm\pi,\\ \frac{\pi}{4}-\frac{x}{2}, & -\pi<x<\pi.\end{cases}$$

(2) $a_0=\frac{1}{\pi}\int_{-\pi}^{\pi}(e^x+1)dx=\frac{1}{\pi}(e^x+x)\Big|_{-\pi}^{\pi}=2\left(1+\frac{1}{\pi}\text{sh }\pi\right)$,

$$a_n=\frac{1}{\pi}\int_{-\pi}^{\pi}(e^x+1)\cos nxdx=\frac{1}{\pi}\int_{-\pi}^{\pi}e^x\cos nxdx+\frac{1}{\pi}\int_{-\pi}^{\pi}\cos nxdx$$

$$=\frac{1}{\pi(1+n^2)}e^x(\cos nx+n\sin nx)\Big|_{-\pi}^{\pi}+0=\frac{(-1)^n}{\pi(1+n^2)}(e^{\pi}-e^{-\pi}),n=1,2,\cdots,$$

$$b_n=\frac{1}{\pi}\int_{-\pi}^{\pi}(e^x+1)\sin nxdx=\frac{1}{\pi}\int_{-\pi}^{\pi}e^x\sin nxdx+\frac{1}{\pi}\int_{-\pi}^{\pi}\sin nxdx$$

$$=\frac{1}{\pi(1+n^2)}e^x(\sin nx-n\cos nx)\Big|_{-\pi}^{\pi}+0=\frac{-(-1)^n\cdot n}{\pi(1+n^2)}(e^{\pi}-e^{-\pi}),n=1,2,\cdots.$$

所以

$$e^x+1=1+\frac{1}{2\pi}(e^{\pi}-e^{-\pi})+\frac{e^{\pi}-e^{-\pi}}{\pi}\cdot\sum_{n=1}^{\infty}\frac{(-1)^n}{1+n^2}(\cos nx-n\sin nx),\ -\pi<x<\pi.$$

当 $x=\pm\pi$ 时,级数收敛于 $\frac{f(-\pi+0)+f(\pi-0)}{2}=\frac{e^{-\pi}+1+e^{\pi}+1}{2}=1+\frac{e^{\pi}+e^{-\pi}}{2}$.

(3) $f(x)$ 为偶函数,所以

$$b_n=0,n=1,2,\cdots.$$

$$a_0=\frac{2}{\pi}\int_0^{\pi}(3x^2+1)dx=2(\pi^2+1),$$

$$a_n=\frac{2}{\pi}\int_0^{\pi}f(x)\cos nxdx=\frac{2}{\pi}\int_0^{\pi}(3x^2+1)\cos nxdx$$

$$=-\frac{2}{\pi}\cdot\frac{3}{n}\cdot x^2\sin nx\Big|_0^{\pi}+\frac{6}{n\pi}\int_0^{\pi}2x\sin nxdx-\frac{2}{n\pi}\sin nx\Big|_0^{\pi}=\frac{-12}{n\pi}\int_0^{\pi}x\sin nxdx$$

$$=\frac{12}{n^2\pi}\left(x\cos nx+\frac{1}{n}\sin nx\right)\Big|_0^{\pi}=\frac{12(-1)^n}{n^2},$$

所以

$$\pi^2+1+12\sum_{n=1}^{\infty}\frac{(-1)^n}{n^2}\cos nx=3x^2+1,\quad -\pi\leqslant x\leqslant\pi.$$

(4) $f(x)=2\sin\frac{x}{3}$ 为奇函数,所以

$$a_n=0,n=0,1,2,\cdots.$$

$$b_n=\frac{2}{\pi}\int_0^{\pi}f(x)\sin nxdx=\frac{4}{\pi}\int_0^{\pi}\sin\frac{x}{3}\sin nxdx$$

$$= \frac{2}{\pi}\int_0^{\pi}\left[\cos\left(n-\frac{1}{3}\right)x-\cos\left(n+\frac{1}{3}\right)x\right]\mathrm{d}x=\frac{2}{\pi}\left[\frac{\sin\left(n-\frac{1}{3}\right)x}{n-\frac{1}{3}}-\frac{\sin\left(n+\frac{1}{3}\right)x}{n+\frac{1}{3}}\right]\Bigg|_0^{\pi}$$

$$=\frac{2}{\pi}\left[\frac{(-1)^n\sin\left(-\frac{\pi}{3}\right)}{n-\frac{1}{3}}-\frac{(-1)^n\sin\frac{\pi}{3}}{n+\frac{1}{3}}\right]=\frac{2(-1)^{n+1}\sin\frac{\pi}{3}}{\pi}\cdot\frac{2n}{n^2-\frac{1}{3^2}}=\frac{18\sqrt{3}}{\pi}\frac{(-1)^{n+1}\cdot n}{(9n^2-1)},$$

所以

$$2\sin\frac{x}{3}=\frac{18\sqrt{3}}{\pi}\sum_{n=1}^{\infty}\frac{(-1)^{n-1}\cdot n}{(9n^2-1)}\sin nx,\qquad -\pi<x<\pi.$$

当 $x=\pm\pi$ 时,级数收敛于$\frac{f(-\pi+0)+f(\pi-0)}{2}=0$.

(5) $a_0=\frac{1}{\pi}\int_{-\pi}^{\pi}f(x)\mathrm{d}x=\frac{1}{\pi}\int_{-\pi}^{0}(x+2\pi)\mathrm{d}x+\frac{1}{\pi}\int_0^{\pi}x\mathrm{d}x$

$$=\frac{1}{\pi}\left(\frac{1}{2}x^2+2\pi x\right)\Bigg|_{-\pi}^{0}+\frac{1}{\pi}\left(\frac{1}{2}x^2\right)\Bigg|_0^{\pi}=2\pi,$$

$$a_n=\frac{1}{\pi}\int_{-\pi}^{\pi}f(x)\cos nx\mathrm{d}x=\frac{1}{\pi}\int_{-\pi}^{0}(x+2\pi)\cos nx\mathrm{d}x+\frac{1}{\pi}\int_0^{\pi}x\cos nx\mathrm{d}x$$

$$=\frac{1}{\pi}\int_{-\pi}^{\pi}x\cos nx\mathrm{d}x+\frac{1}{\pi}\int_{-\pi}^{0}2\pi\cos nx\mathrm{d}x=0+\frac{2}{n}\sin nx\Bigg|_{-\pi}^{0}=0\ ,n=0,1,2,\cdots,$$

$$b_n=\frac{1}{\pi}\int_{-\pi}^{\pi}f(x)\sin nx\mathrm{d}x=\frac{1}{\pi}\int_{-\pi}^{\pi}x\sin nx\mathrm{d}x+\frac{1}{\pi}\int_{-\pi}^{0}2\pi\sin nx\mathrm{d}x$$

$$=\frac{1}{\pi}\cdot\left[-\frac{1}{n}x\cos nx\Bigg|_{-\pi}^{\pi}+\frac{1}{n}\int_{-\pi}^{\pi}\cos nx\mathrm{d}x\right]+2\cdot\left(-\frac{1}{n}\right)\cos nx\Bigg|_{-\pi}^{0}$$

$$=\frac{2}{n}\cdot(-1)^{n+1}+\frac{2}{n}[(-1)^n-1]=-\frac{2}{n},$$

所以

$$f(x)=\pi-2\sum_{n=1}^{\infty}\frac{1}{n}\sin nx=\begin{cases}x+2\pi, & -\pi<x<0,\\ x, & 0<x<\pi.\end{cases}$$

当 $x=0$ 时,收敛于$\frac{f(0+0)+f(0-0)}{2}=\frac{2\pi+0}{2}=\pi$;

当 $x=\pm\pi$ 时,收敛于$\frac{f(-\pi+0)+f(\pi-0)}{2}=\frac{\pi+\pi}{2}=\pi$.

(6) $a_0=\frac{1}{\pi}\int_{-\pi}^{\pi}f(x)\mathrm{d}x=\frac{1}{\pi}\int_{-\pi}^{0}\mathrm{e}^x\mathrm{d}x+\frac{1}{\pi}\int_0^{\pi}\mathrm{d}x=\frac{1}{\pi}(1-\mathrm{e}^{-\pi})+1,$

$$a_n=\frac{1}{\pi}\int_{-\pi}^{\pi}f(x)\cos nx\mathrm{d}x=\frac{1}{\pi}\int_{-\pi}^{0}\mathrm{e}^x\cos nx\mathrm{d}x+\frac{1}{\pi}\int_0^{\pi}\cos nx\mathrm{d}x$$

$$=\frac{1}{\pi(1+n^2)}\mathrm{e}^x(\cos nx+n\sin nx)\Bigg|_{-\pi}^{0}+0=\frac{1-(-1)^n\cdot\mathrm{e}^{-\pi}}{\pi(1+n^2)},\quad n=0,1,2,\cdots,$$

$$b_n=\frac{1}{\pi}\int_{-\pi}^{\pi}f(x)\sin nx\mathrm{d}x=\frac{1}{\pi}\int_{-\pi}^{0}\mathrm{e}^x\sin nx\mathrm{d}x+\frac{1}{\pi}\int_0^{\pi}\sin nx\mathrm{d}x$$

$$=\frac{1}{\pi(1+n^2)}\mathrm{e}^x(\sin nx-n\cos nx)\Big|_{-\pi}^{0}-\frac{1}{\pi n}\cos nx\Big|_0^{\pi}$$

$$=\frac{[(-1)^n\cdot\mathrm{e}^{-\pi}-1]n}{\pi(1+n^2)}+\frac{1-(-1)^n}{\pi n},\quad n=0,1,2,\cdots.$$

所以

$$f(x)=\frac{1}{2}+\frac{1-\mathrm{e}^{-\pi}}{2\pi}+\frac{1}{\pi}\sum_{n=1}^{\infty}\left\{\frac{1-(-1)^n\mathrm{e}^{-\pi}}{1+n^2}\cos nx+\left[\frac{(-1)^n n\mathrm{e}^{-\pi}-n}{1+n^2}+\frac{1-(-1)^n}{n}\right]\sin nx\right\},$$

$$-\pi<x<\pi.$$

当 $x=\pm\pi$ 时，收敛于$\dfrac{f(-\pi+0)+f(\pi-0)}{2}=\dfrac{\mathrm{e}^{-\pi}+1}{2}$.

2. 设函数 $f(x)=\pi x+x^2(-\pi\leqslant x<\pi)$ 的傅里叶级数为 $\dfrac{a_0}{2}+\sum\limits_{n=1}^{\infty}(a_n\cos nx+b_n\sin nx)$，求系数 b_3，并说明常数$\dfrac{a_0}{2}$的意义.

解
$$b_3=\frac{1}{\pi}\int_{-\pi}^{\pi}f(x)\sin 3x\mathrm{d}x=\frac{1}{\pi}\int_{-\pi}^{\pi}(\pi x+x^2)\sin 3x\mathrm{d}x$$

$$=\frac{1}{\pi}\int_{-\pi}^{\pi}(\pi x)\sin 3x\mathrm{d}x+\frac{1}{\pi}\int_{-\pi}^{\pi}x^2\sin 3x\mathrm{d}x$$

$$=2\int_0^{\pi}x\sin 3x\mathrm{d}x+0-\frac{2}{3}\left(x\cos 3x-\frac{1}{3}\sin 3x\right)\Big|_0^{\pi}=\frac{2}{3}\pi,$$

$$\frac{a_0}{2}=\frac{1}{2\pi}\int_{-\pi}^{\pi}f(x)\mathrm{d}x=\frac{1}{2\pi}\int_{-\pi}^{\pi}(\pi x+x^2)\mathrm{d}x,$$

所以 $\dfrac{a_0}{2}$ 等于函数在一个周期内的平均值.

3. 将区间 $[0,\pi]$ 上的下列函数 $f(x)$ 展开为正弦级数.

(1) $f(x)=\dfrac{\pi-x}{2}$;

(2) $f(x)=\begin{cases}\dfrac{x}{\pi}, & 0\leqslant x<\dfrac{\pi}{2},\\ 1-\dfrac{x}{\pi}, & \dfrac{\pi}{2}\leqslant x\leqslant\pi.\end{cases}$

解 (1) $b_n=\dfrac{2}{\pi}\displaystyle\int_0^{\pi}f(x)\sin nx\mathrm{d}x=\dfrac{2}{\pi}\int_0^{\pi}\left(\dfrac{\pi-x}{2}\right)\sin nx\mathrm{d}x=\dfrac{1}{\pi n}\int_0^{\pi}(x-\pi)\mathrm{d}(\cos nx)$

$$=\frac{1}{\pi n}\left[(x-\pi)\cos nx\Big|_0^{\pi}-\int_0^{\pi}\cos nx\mathrm{d}x\right]=\frac{1}{\pi n}[0-(-\pi)+0]=\frac{1}{n},$$

所以

$$\frac{\pi-x}{2}=\sum_{n=1}^{\infty}\frac{\sin nx}{n},\quad 0<x\leqslant\pi.$$

当 $x=0$ 时,级数收敛于 $\dfrac{F(0-0)+F(0+0)}{2}=\dfrac{\frac{-\pi}{2}+\frac{\pi}{2}}{2}=0$.其中 $F(x)=\begin{cases}\dfrac{\pi-x}{2}, & 0<x\leqslant\pi,\\ 0, & x=0.\end{cases}$

(2) $$b_n=\frac{2}{\pi}\int_0^{\pi}f(x)\sin nx\mathrm{d}x=\frac{2}{\pi}\left[\int_0^{\frac{\pi}{2}}\frac{x}{\pi}\sin nx\mathrm{d}x+\frac{1}{\pi n}\int_{\frac{\pi}{2}}^{\pi}\left(1-\frac{x}{\pi}\right)\sin nx\mathrm{d}x\right]$$

$$=\frac{2}{\pi^2 n}\left[-\int_0^{\frac{\pi}{2}}x\mathrm{d}\cos nx+\int_{\frac{\pi}{2}}^{\pi}(x-\pi)\mathrm{d}\cos nx\right]$$

$$=\frac{2}{\pi^2 n}\left[-x\cos nx\Big|_0^{\frac{\pi}{2}}+\int_0^{\frac{\pi}{2}}\cos nx\mathrm{d}x+(x-\pi)\cos nx\Big|_{\frac{\pi}{2}}^{\pi}-\int_{\frac{\pi}{2}}^{\pi}\cos nx\mathrm{d}x\right]$$

$$=\frac{4}{\pi^2 n}\sin\frac{n\pi}{2}=\begin{cases}\dfrac{4(-1)^{k-1}}{\pi^2(2k-1)^2}, & n=2k-1,\\ 0, & n=2k,\end{cases}\quad k=1,2,3\cdots.$$

所以

$$f(x)=\frac{4}{\pi^2}\sum_{k=1}^{\infty}(-1)^{k-1}\frac{\sin(2k-1)x}{(2k-1)^2}=\begin{cases}\dfrac{x}{\pi}, & 0\leqslant x<\dfrac{\pi}{2},\\ 1-\dfrac{x}{\pi}, & \dfrac{\pi}{2}\leqslant x\leqslant\pi.\end{cases}$$

4. 将区间 $[0,\pi]$ 上的下列函数 $f(x)$ 展为余弦级数.

(1) $f(x)=\cos\dfrac{x}{2}$;　　(2) $f(x)=\begin{cases}1, & 0\leqslant x<h,\\ 0, & h\leqslant x\leqslant\pi.\end{cases}$

解　(1) $$a_n=\frac{2}{\pi}\int_0^{\pi}f(x)\cos nx\mathrm{d}x=\frac{2}{\pi}\int_0^{\pi}\cos\frac{x}{2}\cos nx\mathrm{d}x$$

$$=\frac{1}{\pi}\int_0^{\pi}\left[\cos\left(n+\frac{1}{2}\right)x+\cos\left(n-\frac{1}{2}\right)x\right]\mathrm{d}x$$

$$=\frac{1}{\pi}\left[\frac{\sin\left(n\pi+\frac{\pi}{2}\right)}{n+\frac{1}{2}}+\frac{\sin\left(n\pi-\frac{\pi}{2}\right)}{n-\frac{1}{2}}\right]$$

$$=\frac{1}{\pi}\cdot\frac{(-1)^n\left(-\frac{1}{2}-\frac{1}{2}\right)}{n^2-\frac{1}{4}}=\frac{4}{\pi}\cdot\frac{(-1)^{n+1}}{4n^2-1},\quad n=1,2,\cdots,$$

$$a_0=\frac{2}{\pi}\int_0^{\pi}\cos\frac{x}{2}\mathrm{d}x=\frac{4}{\pi},$$

所以

$$\cos\frac{x}{2}=\frac{2}{\pi}+\frac{4}{\pi}\sum_{n=1}^{\infty}\frac{(-1)^{n+1}}{4n^2-1}\cos nx,\quad 0\leqslant x\leqslant\pi.$$

(2) $a_0=\dfrac{2}{\pi}\int_0^{\pi}f(x)\,dx=\dfrac{2}{\pi}\int_0^{h}dx=\dfrac{2h}{\pi}$,

$$a_n=\frac{2}{\pi}\int_0^{\pi}f(x)\cos nx\,dx=\frac{2}{\pi}\int_0^{h}\cos nx\,dx=\frac{2\sin nh}{n\pi},\quad n=1,2,\cdots.$$

所以

$$f(x)=\frac{h}{\pi}+\frac{2}{\pi}\sum_{n=1}^{\infty}\frac{\sin nh}{n}\cos nx=\begin{cases}1, & 0\leqslant x<h,\\ 0, & h<x\leqslant\pi.\end{cases}$$

当 $x=h$ 时,级数收敛于$\dfrac{f(h+0)+f(h-0)}{2}=\dfrac{0+1}{2}=\dfrac{1}{2}$.

5. 将下列周期函数$f(x)$展开为傅里叶级数,其中$f(x)$在一个周期的表达式分别为

(1) $f(x)=x^2-x,-2\leqslant x<2$;

(2) $f(x)=\begin{cases}2x+1, & -3\leqslant x<0,\\ x, & 0\leqslant x<3;\end{cases}$

(3) $f(x)=\begin{cases}x, & 0\leqslant x<1,\\ 0, & 1\leqslant x<2,\end{cases}$利用它的傅里叶级数,证明等式

$$1+\frac{1}{3^2}+\frac{1}{5^2}+\frac{1}{7^2}+\cdots=\frac{\pi^2}{8}.$$

解 (1) $a_0=\dfrac{1}{2}\int_{-2}^{2}(x^2-x)\,dx=\dfrac{1}{2}\int_{-2}^{2}x^2dx-\dfrac{1}{2}\int_{-2}^{2}x\,dx=\int_0^2x^2dx-0=\dfrac{8}{3}$,

$$\begin{aligned}a_n&=\frac{1}{2}\int_{-2}^{2}(x^2-x)\cos\frac{n\pi x}{2}dx=\frac{1}{2}\int_{-2}^{2}x^2\cos\frac{n\pi x}{2}dx-\frac{1}{2}\int_{-2}^{2}x\cos\frac{n\pi x}{2}dx\\&=\int_0^2x^2\cos\frac{n\pi x}{2}dx-0=\frac{2}{n\pi}x^2\sin\frac{n\pi x}{2}\bigg|_0^2-\frac{2}{n\pi}\int_0^2 2x\sin\frac{n\pi x}{2}dx\\&=\frac{8}{n^2\pi^2}x\cos\frac{n\pi x}{2}\bigg|_0^2-\frac{8}{n^2\pi^2}\int_0^2\cos\frac{n\pi x}{2}dx=\frac{16}{n^2\pi^2}(-1)^n,\end{aligned}$$

$$\begin{aligned}b_n&=\frac{1}{2}\int_{-2}^{2}(x^2-x)\sin\frac{n\pi x}{2}dx=\frac{1}{2}\int_{-2}^{2}x^2\sin\frac{n\pi x}{2}dx-\frac{1}{2}\int_{-2}^{2}x\sin\frac{n\pi x}{2}dx\\&=0-\int_0^2x\sin\frac{n\pi x}{2}dx=\frac{2}{n\pi}x\cos\frac{n\pi x}{2}\bigg|_0^2-\frac{2}{n\pi}\int_0^2\cos\frac{n\pi x}{2}dx\\&=\frac{4}{n\pi}(-1)^n,\quad n=0,1,2,\cdots.\end{aligned}$$

所以

$$x^2-x=\frac{4}{3}+\frac{4}{\pi}\sum_{n=1}^{\infty}\left[\frac{4}{\pi n^2}(-1)^n\cos\frac{n\pi x}{2}+\frac{(-1)^n}{n}\sin\frac{n\pi x}{2}\right],\quad -2<x<2.$$

当 $x=\pm2$ 时,级数收敛于$\dfrac{f(-2+0)+f(2-0)}{2}=\dfrac{6+2}{2}=4$.

(2) $a_0=\dfrac{1}{3}\int_{-3}^{3}f(x)\,dx=\dfrac{1}{3}\int_{-3}^{0}(2x+1)\,dx+\dfrac{1}{3}\int_0^3x\,dx=\dfrac{1}{2}$,

$$a_n=\frac{1}{3}\int_{-3}^{3}f(x)\cos\frac{n\pi x}{3}dx=\frac{1}{3}\int_{-3}^{0}(2x+1)\cos\frac{n\pi x}{3}dx+\frac{1}{3}\int_0^3x\cos\frac{n\pi x}{3}dx$$

$$=\frac{1}{3}\left[\frac{3}{n\pi}\sin\frac{n\pi x}{3}\Big|_{-3}^{0}-\frac{3}{n\pi}\int_{-3}^{0}\cos\frac{n\pi x}{3}\mathrm{d}x\right]+0+0$$

$$=\frac{3}{n^2\pi^2}\cos\frac{n\pi x}{3}\Big|_{-3}^{0}=\frac{3[1-(-1)^n]}{n^2\pi^2},$$

$$b_n=\frac{1}{3}\int_{-3}^{3}f(x)\sin\frac{n\pi x}{3}\mathrm{d}x=\frac{1}{3}\int_{-3}^{0}(2x+1)\sin\frac{n\pi x}{3}\mathrm{d}x+\frac{1}{3}\int_{0}^{3}x\sin\frac{n\pi x}{3}\mathrm{d}x$$

$$=\frac{-1}{n\pi}\left[\int_{-3}^{0}(2x+1)\mathrm{d}\cos\frac{n\pi x}{3}+\int_{0}^{3}x\mathrm{d}\cos\frac{n\pi x}{3}\right]$$

$$=\frac{-1}{n\pi}\left[(2x+1)\cos\frac{n\pi x}{3}\Big|_{-3}^{0}-2\int_{-3}^{0}\cos\frac{n\pi x}{3}\mathrm{d}x+x\cos\frac{n\pi x}{3}\Big|_{0}^{3}-\int_{0}^{3}\cos\frac{n\pi x}{3}\mathrm{d}x\right]$$

$$=\frac{-1}{n\pi}[1+5(-1)^n+3(-1)^n]=\frac{-1}{n\pi}[1+8(-1)^n],\quad n=1,2,\cdots.$$

所以

$$f(x)=-\frac{1}{4}+\sum_{n=1}^{\infty}\left\{\frac{3}{n^2\pi^2}[1-(-1)^n]\cos\frac{n\pi x}{3}-\frac{1}{n\pi}[1+8(-1)^n]\sin\frac{n\pi x}{3}\right\}$$

$$=\begin{cases}2x+1, & -3<x<0,\\ x, & 0<x<3.\end{cases}$$

当 $x=0$ 时,级数收敛于$\dfrac{f(0+0)+f(0-0)}{2}=\dfrac{0+1}{2}=\dfrac{1}{2}$.

当 $x=\pm3$ 时,级数收敛于$\dfrac{f(-3+0)+f(3-0)}{2}=\dfrac{2(-3)+1+3}{2}=-1$.

(3)
$$a_0=\int_0^2 f(x)\mathrm{d}x=\int_0^1 x\mathrm{d}x=\frac{1}{2},$$

$$a_n=\int_0^2 f(x)\cos n\pi x\mathrm{d}x=\int_0^1 x\cos n\pi x\mathrm{d}x=\frac{1}{n\pi}\left[x\sin n\pi x\Big|_0^1-\int_0^1\sin n\pi x\mathrm{d}x\right]$$

$$=\frac{1}{n^2\pi^2}\int_0^1\mathrm{d}\cos n\pi x=\frac{1}{n^2\pi^2}\cos n\pi x\Big|_0^1=\frac{(-1)^n-1}{n^2\pi^2},$$

$$b_n=\int_0^2 f(x)\sin n\pi x\mathrm{d}x=\int_0^1 x\sin n\pi x\mathrm{d}x=\frac{-1}{n\pi}\left[x\cos n\pi x\Big|_0^1-\int_0^1\cos n\pi x\mathrm{d}x\right]$$

$$=\frac{-1}{n\pi}\left[(-1)^n-\frac{1}{n\pi}\int_0^1\mathrm{d}\sin n\pi x\right]=\frac{(-1)^{n+1}}{n\pi},\quad n=1,2,\cdots.$$

所以

$$f(x)=\frac{1}{4}+\sum_{n=1}^{\infty}\left[\frac{(-1)^n-1}{n^2\pi^2}\cos n\pi x+\frac{(-1)^{n+1}}{n\pi}\sin n\pi x\right],\quad x\in[0,1)\cup(1,2].$$

当 $x=1$ 时,级数收敛于$\dfrac{f(1+0)+f(1-0)}{2}=\dfrac{0+1}{2}=\dfrac{1}{2}$.

取 $x=1$,有

$$\frac{1}{2}=\frac{1}{4}+\sum_{n=1}^{\infty}\frac{(-1)^n-1}{n^2\pi^2}(-1)^n,\text{ 即 }\frac{1}{2}=\frac{1}{4}+\sum_{k=1}^{\infty}\frac{2}{(2k-1)^2\pi^2}.$$

从而可得 $\sum_{k=1}^{\infty}\frac{1}{(2k-1)^2}=\frac{\pi^2}{8}$，即 $1+\frac{1}{3^2}+\frac{1}{5^2}+\frac{1}{7^2}+\cdots=\frac{\pi^2}{8}$.

6. 设$f(x)$是以 2 为周期的函数，它在区间$(-1,1]$上定义为$f(x)=\begin{cases}2, & -1<x\leqslant 0,\\ x^3, & 0<x\leqslant 1,\end{cases}$ 那么$f(x)$的傅里叶级数在 $x=0,\frac{1}{2},1$ 处各自的和为多少？

解 $f(x)$的傅里叶级数的和记为$S(x)$，则

$$S(0)=\frac{f(0-0)+f(0+0)}{2}=\frac{2+0}{2}=1,$$

$$S\left(\frac{1}{2}\right)=f\left(\frac{1}{2}\right)=\left(\frac{1}{2}\right)^3=\frac{1}{8},$$

$$S(1)=\frac{f(-1+0)+f(1-0)}{2}=\frac{2+1}{2}=\frac{3}{2}.$$

7. 将函数$f(x)=\begin{cases}x, & 0\leqslant x\leqslant\frac{l}{2},\\ l-x, & \frac{l}{2}<x\leqslant l\end{cases}$ 展开为正弦级数.

解 $b_n=\frac{2}{l}\int_0^l f(x)\sin\frac{n\pi x}{l}\mathrm{d}x=\frac{2}{l}\left[\int_0^{\frac{l}{2}}x\sin\frac{n\pi x}{l}\mathrm{d}x+\int_{\frac{l}{2}}^l(l-x)\sin\frac{n\pi x}{l}\mathrm{d}x\right]$

$$=\frac{2}{n\pi}\left[-\int_0^{\frac{l}{2}}x\mathrm{d}\cos\frac{n\pi x}{l}+\int_{\frac{l}{2}}^l(x-l)\mathrm{d}\cos\frac{n\pi x}{l}\right]$$

$$=\frac{2}{n\pi}\left[-x\cos\frac{n\pi x}{l}\Big|_0^{\frac{l}{2}}+\int_0^l\cos\frac{n\pi x}{l}\mathrm{d}x+(x-l)\cos\frac{n\pi x}{l}\Big|_{\frac{l}{2}}^l-\int_{\frac{l}{2}}^l\cos\frac{n\pi x}{l}\mathrm{d}x\right]$$

$$=\frac{2}{n\pi}\left[-\frac{1}{2}\cos\frac{n\pi}{2}+\frac{l}{n\pi}\sin\frac{n\pi x}{l}\Big|_0^{\frac{l}{2}}+\frac{l}{2}\cos\frac{n\pi}{2}-\frac{l}{n\pi}\sin\frac{n\pi x}{l}\Big|_{\frac{l}{2}}^l\right]$$

$$=\frac{4l}{\pi^2n^2}\sin\frac{n\pi}{2}=\begin{cases}\frac{4l(-1)^{k-1}}{\pi^2(2k-1)^2}, & n=2k-1,\\ 0, & n=2k,\end{cases}\quad k=1,2,\cdots.$$

所以

$$f(x)=\frac{4l}{\pi^2}\sum_{k=1}^{\infty}\frac{(-1)^{k-1}}{(2k-1)^2}\sin\frac{(2k-1)\pi x}{l},\quad 0\leqslant x\leqslant l.$$

8. 将函数$f(x)=\begin{cases}\cos\frac{\pi x}{l}, & 0\leqslant x\leqslant\frac{l}{2},\\ 0, & \frac{l}{2}<x<l\end{cases}$ 展开为余弦级数.

解 $$a_0=\frac{2}{l}\int_0^l f(x)\mathrm{d}x=\frac{2}{l}\int_0^{\frac{l}{2}}\cos\frac{\pi x}{l}\mathrm{d}x=\frac{2}{\pi}\sin\frac{\pi x}{l}\Big|_0^{\frac{l}{2}}=\frac{2}{\pi},$$

$$a_1=\frac{2}{l}\int_0^l f(x)\cos\frac{\pi x}{l}\mathrm{d}x=\frac{2}{l}\int_0^{\frac{l}{2}}\cos^2\frac{\pi x}{l}\mathrm{d}x=\frac{1}{l}\int_0^{\frac{l}{2}}\left(1+\cos\frac{2\pi x}{l}\right)\mathrm{d}x=\frac{1}{2},$$

$$a_n=\frac{2}{l}\int_0^l f(x)\cos\frac{n\pi x}{l}dx=\frac{2}{l}\int_0^{\frac{l}{2}}\cos\frac{\pi x}{l}\cdot\cos\frac{n\pi x}{l}dx$$

$$=\frac{1}{l}\int_0^{\frac{l}{2}}\left[\cos\frac{(n+1)\pi x}{l}+\cos\frac{(n-1)\pi x}{l}\right]dx$$

$$=\frac{1}{\pi}\left[\frac{\sin\frac{(n+1)\pi x}{l}}{n+1}\Bigg|_0^{\frac{l}{2}}+\frac{\sin\frac{(n-1)\pi x}{l}}{n-1}\Bigg|_0^{\frac{l}{2}}\right]=\frac{1}{\pi}\left[\frac{\sin\frac{(n+1)\pi}{2}}{n+1}+\frac{\sin\frac{(n-1)\pi}{2}}{n-1}\right]$$

$$=\frac{2}{\pi(n^2-1)}\sin\frac{(n-1)\pi}{2}$$

$$=\begin{cases}\dfrac{2(-1)^{k-1}}{\pi(4k^2-1)}, & n=2k,\\ 0, & n=2k-1,\end{cases}\qquad k=1,2,\cdots.$$

所以

$$f(x)=\frac{1}{\pi}+\frac{1}{2}\cos\frac{\pi x}{l}+\frac{2}{\pi}\sum_{k=1}^{\infty}\frac{(-1)^{k-1}}{4k^2-1}\cos\frac{2k\pi x}{l},\qquad 0\leqslant x<1.$$

9. 将函数 $f(x)=x^2(0\leqslant x\leqslant 2)$ 分别展开成正弦级数和余弦级数，指出它们在收敛性上的差别.

解 将 $f(x)=x^2$ 展开为正弦级数，则

$$b_n=\frac{2}{2}\int_0^2 f(x)\sin\frac{n\pi x}{2}dx=\int_0^2 x^2\sin\frac{n\pi x}{2}dx$$

$$=-\frac{2}{n\pi}\left[x^2\cos\frac{n\pi x}{2}\Big|_0^2-\int_0^2 2x\cos\frac{n\pi x}{2}dx\right]$$

$$=-\frac{2}{n\pi}\left[4(-1)^n-\frac{4}{n\pi}\left(x\sin\frac{n\pi x}{2}\Big|_0^2-\int_0^2\sin\frac{n\pi x}{2}dx\right)\right]$$

$$=-\frac{2}{n\pi}\left[4(-1)^n+\frac{4}{n\pi}\int_0^2\sin\frac{n\pi x}{2}dx)\right]=-\frac{2}{n\pi}\left[4(-1)^n-\frac{8}{n^2\pi^2}\cos\frac{n\pi x}{2}\Big|_0^2\right]$$

$$=-\frac{2}{n\pi}\left\{4(-1)^n-\frac{8[(-1)^n-1]}{n^2\pi^2}\right\},\quad n=1,2,\cdots.$$

所以

$$f(x)=\frac{8}{\pi}\sum_{n=1}^{\infty}\left\{\frac{(-1)^{n+1}}{n}+\frac{2[(-1)^n-1]}{n^3\pi^2}\right\}\sin\frac{n\pi x}{2},\qquad x\in[0,2).$$

当 $x=2$ 时，级数收敛于 $\dfrac{F(-2+0)+F(2-0)}{2}=\dfrac{-4+4}{2}=0$，其中 $F(x)=\begin{cases}x^2, & 0\leqslant x\leqslant 2,\\ -x^2, & -2\leqslant x<0.\end{cases}$

将 $f(x)=x^2$ 展开为余弦级数，则

$$a_0=\int_0^2 x^2dx=\frac{8}{3},$$

$$a_n=\int_0^2 x^2\cos\frac{n\pi x}{2}dx=\frac{2}{n\pi}\left[x^2\sin\frac{n\pi x}{2}\Big|_0^2-\int_0^2 2x\sin\frac{n\pi x}{2}dx\right]=\frac{-4}{n\pi}\int_0^2 x\sin\frac{n\pi x}{2}dx$$

$$=\frac{8}{n^2\pi^2}\int_0^2 x\mathrm{d}\cos\frac{n\pi x}{2}=\frac{8}{n^2\pi^2}\left[x\cos\frac{n\pi x}{2}\Big|_0^2-\int_0^2\cos\frac{n\pi x}{2}\mathrm{d}x\right]=\frac{16}{n^2\pi^2}(-1)^2,$$

所以

$$f(x)=x^2=\frac{4}{3}+\frac{16}{\pi^2}\sum_{n=1}^{\infty}\frac{(-1)^n}{n^2}\cos\frac{n\pi x}{2},\quad x\in[0,2].$$

$f(x)=x^2$的正弦展开在 $x=2$ 处收敛于 0,余弦展开在 $x=2$ 处收敛于 4.

10. 设$f(x)=\begin{cases}e^x-1, & -\pi\leqslant x<0,\\ e^x+1, & 0\leqslant x<\pi,\end{cases}$ a_0, $a_n(n=1,2,\cdots)$为$f(x)$的傅里叶系数,则数项级数 $\dfrac{a_0}{2}+\sum\limits_{n=1}^{\infty}a_n$ 的和为多少?

解 因为$f(x)$的傅里叶级数为

$$\frac{a_0}{2}+\sum_{n=1}^{\infty}[a_n\cos nx+b_n\sin nx],$$

当 $x=0$ 时,即得数项级数 $\dfrac{a_0}{2}+\sum\limits_{n=1}^{\infty}a_n$.

由于 $x=0$ 时,傅里叶级数收敛到

$$\frac{1}{2}[f(0^-)+f(0^+)=\frac{1}{2}[0+2]=1.$$

所以数项级数 $\dfrac{a_0}{2}+\sum\limits_{n=1}^{\infty}a_n$ 的和为 1.

11. 如果$f(x)$在$[-\pi,\pi]$上满足狄利克雷条件,证明:$\lim\limits_{n\to\infty}a_n=0$, $\lim\limits_{n\to\infty}b_n=0$,其中 a_n, b_n是$f(x)$的傅里叶系数.

证明 因为$f(x)$在$[-\pi,\pi]$上满足狄利克雷条件,所以$f(x)$的傅里叶级数处处收敛,由级数收敛的必要条件知

$$\lim_{n\to\infty}[a_n\cos nx+b_n\sin nx]=0,$$

又由 $\cos nx$ 在$[-\pi,\pi]$上有界,故

$$\lim_{n\to\infty}[a_n\cos^2 nx+b_n\sin nx\cos nx]=0.$$

从而利用三角函数系的正交性得

$$\lim_{n\to\infty}\left[a_n\int_{-\pi}^{\pi}\cos^2 nx\mathrm{d}x+b_n\int_{-\pi}^{\pi}\sin nx\cos nx\mathrm{d}x\right]=\lim_{n\to\infty}\pi a_n=0,$$

于是有:$\lim\limits_{n\to\infty}a_n=0$,同理可证:$\lim\limits_{n\to\infty}b_n=0$.

11.9

1. 设 $a>0$,讨论级数 $\sum\limits_{n=1}^{\infty}\dfrac{a^{\frac{n(n+1)}{2}}}{(1+a^0)(1+a^1)(1+a^2)\cdots(1+a^{n-1})}$ 的敛散性.

解 $$\rho=\lim_{n\to\infty}\frac{u_{n+1}}{u_n}=\lim_{n\to\infty}\frac{\dfrac{a^{\frac{(n+1)(n+2)}{2}}}{(1+a^0)(1+a^1)(1+a^2)\cdots(1+a^n)}}{\dfrac{a^{\frac{(n+1)n}{2}}}{(1+a^0)(1+a^1)(1+a^2)\cdots(1+a^{n-1})}}$$

$$=\lim_{n\to\infty}\frac{a^{n+1}}{1+a^n}=\begin{cases}0, & 0<a<1,\\ \frac{1}{2}, & a=1,\\ a, & a>1.\end{cases}$$

可知，当 $0<a\leqslant 1$ 时，级数收敛，当 $a>1$ 时，$\rho>1$，级数发散.

2. 讨论级数 $\sum_{n=1}^{\infty}\frac{(-1)^{n+1}}{\sqrt{n^{2k}+1}}$ 的敛散性，其中 k 为实数.

解 $\sum_{n=1}^{\infty}\left|\frac{(-1)^{n+1}}{\sqrt{n^{2k}+1}}\right|=\sum_{n=1}^{\infty}\frac{1}{\sqrt{n^{2k}+1}}$，因 $\lim_{n\to\infty}\frac{\frac{1}{\sqrt{n^{2k}+1}}}{\frac{1}{n^k}}=1$，$\sum_{n=1}^{\infty}\frac{1}{\sqrt{n^{2k}+1}}$ 与 $\sum_{n=1}^{\infty}\frac{1}{n^k}$ 同敛散，所以，当 $k>1$ 时，$\sum_{n=1}^{\infty}\frac{1}{\sqrt{n^{2k}+1}}$ 收敛，即 $\sum_{n=1}^{\infty}\frac{(-1)^{n+1}}{\sqrt{n^{2k}+1}}$ 绝对收敛.

当 $k\leqslant 0$ 时，$\lim_{n\to\infty}\frac{(-1)^{n+1}}{\sqrt{n^{2k}+1}}\neq 0$，所以 $\sum_{n=1}^{\infty}\frac{(-1)^{n+1}}{\sqrt{n^{2k}+1}}$ 发散；

当 $0<k\leqslant 1$ 时，$\frac{1}{\sqrt{(n+1)^{2k}+1}}<\frac{1}{\sqrt{n^{2k}+1}}$，$\lim_{n\to\infty}\frac{1}{\sqrt{n^{2k}+1}}=0$，所以 $\sum_{n=1}^{\infty}\frac{(-1)^{n+1}}{\sqrt{n^{2k}+1}}$ 收敛，但 $\left|\sum_{n=1}^{\infty}\frac{(-1)^{n+1}}{\sqrt{n^{2k}+1}}\right|$ 发散，所以 $\sum_{n=1}^{\infty}\frac{(-1)^{n+1}}{\sqrt{n^{2k}+1}}$ 条件收敛.

综上知，当 $k\leqslant 0$ 时，级数发散，当 $0<k\leqslant 1$ 时，级数条件收敛，当 $k>1$ 时，级数绝对收敛.

3. 判别级数 $\sum_{n=1}^{\infty}(-1)^{n+1}\left[\mathrm{e}-(1+\frac{1}{n})^n\right]$ 是否收敛，如果收敛，指明是条件收敛还是绝对收敛.

解 因

$$\lim_{x\to 0}\frac{\mathrm{e}-(1+x)^{\frac{1}{x}}}{x}=\lim_{x\to 0}\frac{-(1+x)^{\frac{1}{x}}\cdot\left[\frac{1}{(1+x)x}-\frac{\ln(1+x)}{x^2}\right]}{1}$$

$$=\lim_{x\to 0}\frac{-(1+x)^{\frac{1}{x}}}{(1+x)}\cdot\left[\frac{x-(1+x)\ln(1+x)}{x^2}\right]=-\mathrm{e}\lim_{x\to 0}\frac{x-(1+x)\ln(1+x)}{x^2}$$

$$=-\mathrm{e}\lim_{x\to 0}\frac{1-\ln(1+x)-1}{2x}=\frac{\mathrm{e}}{2},$$

从而知

$$\lim_{x\to\infty}\frac{\mathrm{e}-\left(1+\frac{1}{n}\right)^n}{\frac{1}{n}}=\frac{\mathrm{e}}{2},$$

所以 $\sum_{n=1}^{\infty}\left[\mathrm{e}-\left(1+\frac{1}{n}\right)^n\right]$ 与 $\sum_{n=1}^{\infty}\frac{1}{n}$ 敛散性相同.

由

$$\sum_{n=1}^{\infty}\left|(-1)^{n+1}\left[e-\left(1+\frac{1}{n}\right)^{n}\right]\right|=\sum_{n=1}^{\infty}\left[e-\left(1+\frac{1}{n}\right)^{n}\right]$$

知 $\sum\limits_{n=1}^{\infty}\left|(-1)^{n+1}\left[e-\left(1+\frac{1}{n}\right)^{n}\right]\right|$ 发散.

又

$$e-\left(1+\frac{1}{n+1}\right)^{n+1}<e-\left(1+\frac{1}{n}\right)^{n},\ n=1,2,\cdots,$$

$$\lim_{n\to\infty}\left[e-\left(1+\frac{1}{n}\right)^{n}\right]=0,$$

可知，$\sum\limits_{n=1}^{\infty}(-1)^{n+1}\left[e-\left(1+\frac{1}{n}\right)^{n}\right]$ 条件收敛.

4. 已知级数 $\sum\limits_{n=1}^{\infty}(-1)^{n-1}a_n=2$，$\sum\limits_{n=1}^{\infty}a_{2n-1}=5$，求级数 $\sum\limits_{n=1}^{\infty}a_n$ 的和.

解 因 $\sum\limits_{n=1}^{\infty}(-1)^{n-1}a_n=\sum\limits_{k=1}^{\infty}a_{2k-1}-\sum\limits_{k=1}^{\infty}a_{2k}=\sum\limits_{n=1}^{\infty}a_{2n-1}-\sum\limits_{n=1}^{\infty}a_{2n}$，

所以

$$\sum_{n=1}^{\infty}a_{2n}=\sum_{n=1}^{\infty}a_{2n-1}-\sum_{n=1}^{\infty}(-1)^{n-1}a_n=5-2=3,$$

因此

$$\sum_{n=1}^{\infty}a_n=\sum_{n=1}^{\infty}a_{2n-1}+\sum_{n=1}^{\infty}a_{2n}=5+3=8.$$

5. 已知 $\sum\limits_{n=1}^{\infty}\frac{1}{(2n-1)^2}=\frac{\pi^2}{8}$，求 P-级数 $\sum\limits_{n=1}^{\infty}\frac{1}{n^2}$ 的和.

解 $\sum\limits_{n=1}^{\infty}\frac{1}{n^2}=\sum\limits_{n=1}^{\infty}\frac{1}{(2n-1)^2}+\sum\limits_{n=1}^{\infty}\frac{1}{(2n)^2}=\sum\limits_{n=1}^{\infty}\frac{1}{(2n-1)^2}+\frac{1}{4}\sum\limits_{n=1}^{\infty}\frac{1}{n^2}$，

所以

$$\sum_{n=1}^{\infty}\frac{1}{n^2}=\frac{4}{3}\sum_{n=1}^{\infty}\frac{1}{(2n-1)^2}=\frac{\pi^2}{6}.$$

6. 证明级数 $\arctan\frac{1}{2}+\arctan\frac{1}{8}+\cdots+\arctan\frac{1}{2n^2}+\cdots$ 是收敛的，并求其和 S.

解 因 $x>0$，$\arctan x<x$，因此

$$\arctan\frac{1}{2n^2}<\frac{1}{2n^2},\quad n=1,2,\cdots,$$

而 $\sum\limits_{n=1}^{\infty}\frac{1}{2n^2}$ 收敛，所以 $\sum\limits_{n=1}^{n}\arctan\frac{1}{2n^2}$ 收敛.

用归纳法可以证明：$S_n=\arctan\frac{n}{n+1}$.

设 $S_{k-1}=\arctan\frac{k-1}{k}$ 成立，$k\geqslant 2$，则

$$S_k=S_{k-1}+\arctan\frac{1}{2k^2}=\arctan\frac{k-1}{k}+\arctan\frac{1}{2k^2}=\arctan\frac{\frac{k-1}{k}+\frac{1}{2k^2}}{1-\frac{k-1}{k}\cdot\frac{1}{2k^2}}=\arctan\frac{k}{k+1},$$

于是 $S=\lim\limits_{n\to\infty}S_n=\lim\limits_{n\to\infty}\arctan\frac{n}{n+1}=\frac{\pi}{4}$，因此级数 $\sum\limits_{n=1}^{n}\arctan\frac{1}{2n^2}$ 收敛，和为 $\frac{\pi}{4}$.

7. 证明幂级数 $\sum\limits_{n=1}^{\infty}\frac{(1!)^2+(2!)^2+\cdots+(n!)^2}{(2n)!}x^n$ 在 $(-3,3)$ 内绝对收敛.

证明　考察 $x=3$ 时的数项级数，记其通项为 u_n，则

$$0<u_n\leqslant\frac{n(n!)^2 3^n}{(2n)!}=v_n,\quad n=1,2,\cdots.$$

又

$$\lim_{n\to\infty}\frac{v_{n+1}}{v_n}=\lim_{n\to\infty}\frac{(n+1)[(n+1)!]^2 3^{n+1}}{[2(n+1)]!}\cdot\frac{(2n)!}{n(n!)^2 3^n}=\frac{3}{4}<1,$$

由比值判别法知，级数 $\sum\limits_{n=1}^{\infty}v_n$ 收敛，据比较判别法知级数 $\sum\limits_{n=1}^{\infty}u_n$ 收敛，利用阿贝尔引理知，该幂级数在 $(-3,3)$ 内绝对收敛.

8. 求极限 $\lim\limits_{n\to\infty}\dfrac{1+\frac{\pi^4}{5!}+\frac{\pi^8}{9!}+\cdots+\frac{\pi^{4(n-1)}}{(4n-3)!}}{\frac{1}{3!}+\frac{\pi^4}{7!}+\frac{\pi^8}{11!}+\cdots+\frac{\pi^{4(n-1)}}{(4n-1)!}}$.

解　观察分子、分母想到 $\sin x$ 的幂级数展开

$$\sin x=\sum_{n=0}^{\infty}(-1)^n\frac{x^{2n+1}}{(2n+1)},$$

它处处绝对收敛，所以它的正项和负项级数均收敛，特别 $x=\pi$ 时，有

$$0=\sin\pi=\pi\left(1+\frac{\pi^4}{5!}+\frac{\pi^8}{9!}+\cdots\right)-\pi^3\left(\frac{1}{3!}+\frac{\pi^4}{7!}+\frac{\pi^8}{11!}+\cdots\right),$$

于是

$$\lim_{n\to\infty}\frac{1+\frac{\pi^4}{5!}+\frac{\pi^8}{9!}+\cdots+\frac{\pi^{4(n-1)}}{(4n-3)!}}{\frac{1}{3!}+\frac{\pi^4}{7!}+\frac{\pi^8}{11!}+\cdots+\frac{\pi^{4(n-1)}}{(4n-1)!}}=\pi^2.$$

9. 若幂级数 $\sum\limits_{n=0}^{\infty}a_n(x-x_0)^n\ (x_0\neq 0)$ 在 $x=0$ 处收敛，在 $x=2x_0$ 处发散. 指出此幂级数的收敛半经 R 和收敛域，说明理由.

解　$\sum\limits_{n=0}^{\infty}a_n(x-x_0)^n\xlongequal{令\ x-x_0=t}\sum\limits_{n=0}^{\infty}a_n t^n.$

当 $t_0=-x_0$ 时，$\sum\limits_{n=0}^{\infty}a_n t_0^n$ 收敛，由阿贝尔第一定理知，当 $|t|<|t_0|=|x_0|$ 时，$\sum\limits_{n=0}^{\infty}a_n t^n$ 绝对收敛，由此可知收敛半经应满足 $R\geqslant|x_0|$，若 $R>|x_0|$，则 $\sum\limits_{n=0}^{\infty}a_n x_0^n$ 绝对收敛.

而由 $x=2x_0$ 处 $\sum_{n=0}^{\infty} a_n(x-x_0)^n$ 发散，知 $\sum_{n=0}^{\infty} a_n x_0^n$ 发散矛盾，因此 $R=|x_0|$. 当 $x_0>0$ 时，收敛域为 $[0,2x_0)$，当 $x_0<0$ 时，收敛域为 $(2x_0,0]$.

10. 求下列幂级数的收敛半径及收敛域.

(1) $\sum_{n=1}^{\infty} \frac{4^{2n-1}}{n\sqrt{n}}(x-2)^{2n-1}$；　　(2) $\sum_{n=1}^{\infty} 8^n(2x-1)^{3n+1}$.

解 (1)

$$\lim_{n\to\infty}\left|\frac{u_{n+1}}{u_n}\right|=\lim_{n\to\infty}\left|\frac{\frac{4^{2n+1}}{(n+1)\sqrt{n+1}}\cdot(x-2)^{2n+1}}{\frac{4^{2n-1}}{n\sqrt{n}}(x-2)^{2n-1}}\right|$$

$$=\lim_{n\to\infty}16(x-2)^2\frac{n\sqrt{n}}{(n+1)\sqrt{n+1}}=16(x-2)^2.$$

当 $16(x-2)^2<1$，即 $\frac{7}{4}<x<\frac{9}{4}$ 时，级数绝对收敛；

当 $16(x-2)^2=1$，即 $x=\frac{7}{4}$ 或 $x=\frac{9}{4}$ 时，原级数化简为 $\sum_{n=1}^{\infty}\frac{1}{n\sqrt{n}}$，由 $\lim_{n\to\infty}\frac{\frac{1}{n\sqrt{n}}}{\frac{1}{n^{3/2}}}=1$，而 $\sum_{n=1}^{\infty}\frac{1}{n^{\frac{3}{2}}}$ 收敛，知 $\sum_{n=1}^{\infty}\frac{1}{n\sqrt{n}}$ 收敛；

当 $16(x-2)^2>1$ 时，$\lim_{n\to\infty}u_n\neq0$，原级数发散.

综上可知，$R=\frac{1}{4}$，收敛域为 $\left[\frac{7}{4},\frac{9}{4}\right]$.

(2) $\lim_{n\to\infty}\left|\frac{u_{n+1}}{u_n}\right|=\lim_{n\to\infty}\left|\frac{8^{n+1}(2x-1)^{3n+4}}{8^n(2x-1)^{3n+1}}\right|=8|2x-1|^3$，

当 $8|2x-1|^3<1$ 时，即 $\left|x-\frac{1}{2}\right|^3<\frac{1}{4}$ 时，亦即 $\frac{1}{4}<x<\frac{3}{4}$ 时，级数绝对收敛；

当 $8|2x-1|^3=1$ 时，即 $x=\frac{1}{4}$ 或 $x=\frac{3}{4}$ 时，$\sum_{n=1}^{\infty}8^n\cdot\left(\pm\frac{1}{2}\right)^{3n+1}$，$\lim_{n\to\infty}8^n\cdot\left(\pm\frac{1}{2}\right)^{3n+1}\neq0$ 发散；

当 $8|2x-1|^3>1$ 时，$\lim_{n\to\infty}8^n\cdot(2x-1)^{3n+1}\neq0$ 发散.

综上可知，$R=\frac{1}{4}$，收敛域为 $\left(\frac{1}{4},\frac{3}{4}\right)$.

11. 求级数 $\sum_{n=1}^{\infty}\frac{x^n}{(1+x)(1+x^2)\cdots(1+x^n)}$ 的收敛域.

解 当 $x\neq-1$ 时，因

$$\lim_{n\to\infty}\left|\frac{u_{n+1}}{u_n}\right|=\lim_{n\to\infty}\left|\frac{\frac{x^{n+1}}{(1+x)(1+x^2)\cdots(1+x^n)(1+x^{n+1})}}{\frac{x^n}{(1+x)(1+x^2)\cdots(1+x^n)}}\right|$$

$$=\lim_{n\to\infty}\left|\frac{x}{1+x^{n+1}}\right|=\begin{cases}|x|, & |x|<1,\\ \dfrac{1}{2}, & x=1,\\ 0, & |x|>1.\end{cases}$$

所以收敛域为$(-\infty,-1)\cup(-1,+\infty)$.

12. 利用幂级数展开式,求下列函数在 $x=0$ 处的指定阶数的导数.

(1) $f(x)=\dfrac{x}{1+x^2}$,求$f^{(7)}(0)$; (2) $f(x)=x^6e^x$,求$f^{(10)}(0)$.

解 (1) $f(x)=x\sum\limits_{n=0}^{\infty}(-1)^n(x^2)^n=\sum\limits_{n=0}^{\infty}(-1)^nx^{2n+1}$, $x\in(-1,1)$,

所以

$$\frac{f^{(7)}(0)}{7!}=(-1)^7, f^{(7)}(0)=-7!.$$

(2)
$$f(x)=x^6\sum_{n=0}^{\infty}\frac{x^n}{n!}=\sum_{n=0}^{\infty}\frac{x^{n+6}}{n!},$$

所以

$$\frac{f^{(10)}(0)}{10!}=\frac{1}{4!}, f^{(10)}(0)=\frac{10!}{4!}.$$

13. 利用函数的幂级数展开式,计算下列极限.

(1) $\lim\limits_{x\to\infty}\left[x-x^2\ln\left(1+\dfrac{1}{x}\right)\right]$; (2) $\lim\limits_{x\to 0}\dfrac{2(\tan x-\sin x)-x^3}{x^5}$.

解 (1)
$$\lim_{x\to\infty}\left[x-x^2\ln\left(1+\frac{1}{x}\right)\right]=\lim_{x\to\infty}\left\{x-x^2\left[\frac{1}{x}-\frac{1}{2}\left(\frac{1}{x}\right)^2+\frac{1}{3}\left(\frac{1}{x}\right)^3-\cdots\right]\right\}$$
$$=\lim_{x\to\infty}\left[\frac{1}{2}-\frac{1}{3}\left(\frac{1}{x}\right)+\cdots\right]=\frac{1}{2}.$$

(2)
$$\lim_{x\to 0}\frac{2(\tan x-\sin x)-x^3}{x^5}=\lim_{x\to 0}\frac{2\sin x(1-\cos x)-x^3\cos x}{x^5\cdot\cos x}$$
$$=\lim_{x\to 0}\frac{2\left(x-\dfrac{x^3}{3!}+\dfrac{x^5}{5!}-\cdots\right)\left(\dfrac{x^2}{2!}-\dfrac{x^4}{4!}+\dfrac{x^6}{6!}-\cdots\right)-x^3\left(1-\dfrac{x^2}{2!}+\dfrac{x^4}{4!}-\cdots\right)}{x^5\left(1-\dfrac{x^2}{2!}+\dfrac{x^4}{4!}-\cdots\right)}$$
$$=\lim_{x\to 0}\frac{\dfrac{1}{4}x^5+\left(\dfrac{1}{6!}+\dfrac{1}{3!\times 4!}+\dfrac{1}{5!\times 2!}-\dfrac{1}{4!}\right)x^7+\cdots}{x^5-\dfrac{1}{2!}\cdot x^7+\cdots}=\frac{1}{4}.$$

14. 设$f(x)=\begin{cases}\dfrac{1+x^2}{x}\arctan x, & x\neq 0,\\ 1, & x=0,\end{cases}$将 $f(x)$ 展开为 x 的幂级数,并求 $\sum\limits_{n=1}^{\infty}\dfrac{(-1)^n}{1-4n^2}$ 的和.

解 详细解答过程参见 11.6 例题分析部分例 14.

15. 设$f(x)$是以 2π 为周期的连续函数,a_n,b_n是其傅里叶系数,求函数

$$F(x)=\frac{1}{\pi}\int_{-\pi}^{\pi}f(t)f(x+t)\mathrm{d}t$$

的傅里叶系数 A_n, B_n，并证明

$$\frac{1}{\pi}\int_{-\pi}^{\pi}f^2(t)\mathrm{d}t=\frac{a_0{}^2}{2}+\sum_{n=1}^{\infty}(a_n{}^2+b_n{}^2).$$

解 因 $f(x)$ 是以 2π 为周期的连续函数，设

$$f(x)=\frac{a_0}{2}+\sum_{n=1}^{\infty}[a_n\cos nx+b_n\sin nx],$$

则

$$\begin{aligned}f(x+t)&=\frac{a_0}{2}+\sum_{n=1}^{\infty}[a_n\cos n(x+t)+b_n\sin n(x+t)]\\&=\frac{a_0}{2}+\sum_{n=1}^{\infty}[a_n(\cos nx\cos nt-\sin nx\sin nt)+b_n(\sin nx\cos nt+\cos nx\sin nt)]\\&=\frac{a_0}{2}+\sum_{n=1}^{\infty}[(a_n\cos nx+b_n\sin nx)\cos nt+(b_n\cos nx-a_n\sin nx)\sin nt],\end{aligned}$$

$$\begin{aligned}F(x)&=\frac{1}{\pi}\int_{-\pi}^{\pi}f(t)f(x+t)\mathrm{d}t\\&=\frac{1}{\pi}\int_{-\pi}^{\pi}f(t)\left\{\frac{a_0}{2}+\sum_{n=1}^{\infty}[(a_n\cos nx+b_n\sin nx)\cos nt+(b_n\cos nx-a_n\sin nx)\sin nt]\right\}\mathrm{d}t\\&=\frac{a_0}{2}\cdot\frac{1}{\pi}\int_{-\pi}^{\pi}f(t)\mathrm{d}t+\sum_{n=1}^{\infty}\left[(a_n\cos nx+b_n\sin nx)\cdot\frac{1}{\pi}\int_{-\pi}^{\pi}f(t)\cos nt\mathrm{d}t\right.\\&\qquad\left.+(b_n\cos nx-a_n\sin nx)\cdot\frac{1}{\pi}\int_{-\pi}^{\pi}f(t)\sin nt\mathrm{d}t\right]\\&=\frac{a_0^2}{2}+\sum_{n=1}^{\infty}[(a_n\cos nx+b_n\sin nx)a_n+(b_n\cos nx-a_n\sin nx)b_n]\\&=\frac{a_0^2}{2}+\sum_{n=1}^{\infty}(a_n^2+b_n^2)\cos nx.\end{aligned}$$

所以

$$A_0=a_0^2,\quad A_n=a_n^2+b_n^2,\quad B_n=0.$$

而

$$\frac{1}{\pi}\int_{-\pi}^{\pi}f^2(t)\mathrm{d}t=\frac{a_0^2}{2}+\sum_{n=1}^{\infty}(a_n^2+b_n^2).$$

16. 已知函数 $f(x)=\frac{\pi}{2}\cdot\frac{\mathrm{e}^x+\mathrm{e}^{-x}}{\mathrm{e}^{\pi}-\mathrm{e}^{-\pi}}$,

(1) 求 $f(x)$ 在 $[-\pi,\pi]$ 上的傅里叶级数；

(2) 求级数 $\sum\limits_{n=1}^{\infty}\frac{(-1)^n}{1+(2n)^2}$ 的和.

解 (1) $f(x)$ 为偶函数，所以

$$b_n=0, n=1,2,\cdots,$$

$$\begin{aligned}a_n&=\frac{2}{\pi}\int_0^{\pi}\frac{\pi}{2}\cdot\frac{e^x+e^{-x}}{e^{\pi}-e^{-\pi}}\cos nx\mathrm{d}x=\frac{1}{e^{\pi}-e^{-\pi}}\int_0^{\pi}\cos nx\mathrm{d}(e^x-e^{-x})\\&=\frac{e^x-e^{-x}}{e^{\pi}-e^{-\pi}}\cdot\cos nx\Big|_0^{\pi}+\frac{n}{e^{\pi}-e^{-\pi}}\int_0^{\pi}(e^x-e^{-x})\sin nx\mathrm{d}x\\&=(-1)^n+\frac{n}{e^{\pi}-e^{-\pi}}\int_0^{\pi}\sin nx\mathrm{d}(e^x-e^{-x})\\&=(-1)^n+\frac{n(e^x+e^{-x})}{e^{\pi}-e^{-\pi}}\sin nx\Big|_0^{\pi}-\frac{n^2}{e^{\pi}-e^{-\pi}}\int_0^{\pi}(e^x+e^{-x})\cos nx\mathrm{d}x\\&=(-1)^n-n^2a_n,\end{aligned}$$

从而$(1+n^2)a_n=(-1)^n$,解得

$$a_n=\frac{(-1)^n}{1+n^2},\quad n=0,1,2,\cdots.$$

所以

$$f(x)=\frac{\pi}{2}\cdot\frac{e^x+e^{-x}}{e^{\pi}-e^{-\pi}}=\frac{1}{2}+\sum_{n=1}^{\infty}\frac{(-1)^n}{1+n^2}\cos nx,\quad -\pi\leqslant x\leqslant\pi.$$

(2) $$f\left(\frac{\pi}{2}\right)=\frac{\pi}{2}\cdot\frac{e^{\frac{\pi}{2}}+e^{-\frac{\pi}{2}}}{(e^{\frac{\pi}{2}})^2-(e^{-\frac{\pi}{2}})^2}=\frac{1}{2}+\sum_{k=1}^{\infty}\frac{(-1)^{2k}}{1+(2k)^2}\cdot(-1)^k,$$

所以

$$\sum_{n=1}^{\infty}\frac{(-1)^n}{1+(2n)^2}=\sum_{k=1}^{\infty}\frac{(-1)^k}{1+(2k)^2}=\frac{\pi}{2}\cdot\frac{1}{e^{\frac{\pi}{2}}-e^{-\frac{\pi}{2}}}-\frac{1}{2}.$$

17. 将函数$f(x)=\arcsin(\sin x)$展为傅里叶级数.

解　因$f(x)$是以2π为周期的连续函数,且是奇函数,

$$\arcsin(\sin x)=\begin{cases}-(\pi-x), & -\pi\leqslant x<-\frac{\pi}{2},\\ x, & -\frac{\pi}{2}\leqslant x\leqslant\frac{\pi}{2},\\ \pi-x, & \frac{\pi}{2}<x\leqslant\pi.\end{cases}$$

所以

$$a_n=0,\quad n=0,1,2,\cdots,$$

$$\begin{aligned}b_n&=\frac{2}{\pi}\int_0^{\pi}f(x)\sin nx\mathrm{d}x=\frac{2}{\pi}\left[\int_0^{\frac{\pi}{2}}x\sin nx\mathrm{d}x+\int_{\frac{\pi}{2}}^{\pi}(\pi-x)\sin nx\mathrm{d}x\right]\\&=\frac{2}{\pi n}\left[-\int_0^{\frac{\pi}{2}}x\mathrm{d}\cos nx+\int_{\frac{\pi}{2}}^{\pi}(x-\pi)\mathrm{d}\cos nx\right]\\&=\frac{2}{\pi n}\left[-\frac{\pi}{2}\cos\frac{n\pi}{2}+\frac{1}{n}\sin nx\Big|_0^{\frac{\pi}{2}}+\frac{\pi}{2}\cos\frac{n\pi}{2}-\frac{1}{n}\sin nx\Big|_{\frac{\pi}{2}}^{\pi}\right.\end{aligned}$$

$$=\frac{4}{\pi n^2}\sin\frac{n\pi}{2}=\begin{cases}\dfrac{4(-1)^{k-1}}{\pi(2k-1)^2}, & n=2k-1,\\ 0, & n=2k,\end{cases}\quad k=1,2,\cdots.$$

所以

$$\arcsin(\sin x)=\sum_{k=1}^{\infty}\frac{4}{\pi}\frac{(-1)^{k-1}}{(2k-1)^2}\sin(2k-1)x,\quad -\pi\leqslant x\leqslant\pi.$$

18. 已知周期为 2π 的可积函数 $f(x)$ 的傅里叶系数为 a_n, b_n,试计算“平移”了的函数 $f(x+h)$(h 为常数)的傅里叶系数 $\overline{a_n},\overline{b_n},n=0,1,2,\cdots$.

解 如果 $f(x)$ 的周期为 T,则

$$\int_a^{a+T}f(x)\,\mathrm{d}x=\int_0^T f(x)\,\mathrm{d}x.$$

当 $T=2\pi$ 时,

$$\int_{-\pi+h}^{\pi+h}f(x)\,\mathrm{d}x=\int_{-\pi+h}^{-\pi+h+2\pi}f(x)\,\mathrm{d}x=\int_0^{2\pi}f(x)\,\mathrm{d}x=\int_{-\pi}^{-\pi+2\pi}f(x)\,\mathrm{d}x=\int_{-\pi}^{\pi}f(x)\,\mathrm{d}x,$$

如果 $f(x)$ 的周期为 2π,则 $f(x)\cos n(x-h)$ 与 $f(x)\sin n(x-h)$ 的周期也为 2π,所以

$$\begin{aligned}\overline{a_n}&=\frac{1}{\pi}\int_{-\pi}^{\pi}f(x+h)\cos nx\mathrm{d}x\xlongequal{x+h=t}\frac{1}{\pi}\int_{-\pi+h}^{\pi+h}f(t)\cos n(t-h)\,\mathrm{d}t\\&=\frac{1}{\pi}\int_{-\pi}^{\pi}f(t)[\cos nt\cdot\cos nh+\sin nt\cdot\sin nh]\,\mathrm{d}t\\&=\cos nh\cdot\frac{1}{\pi}\int_{-\pi}^{\pi}f(t)\cos nt\mathrm{d}t+\sin nh\cdot\frac{1}{\pi}\int_{-\pi}^{\pi}f(t)\sin nt\mathrm{d}t\\&=a_n\cos nh+b_n\sin nh,\quad n=0,1,2,\cdots,\end{aligned}$$

$$\begin{aligned}\overline{b_n}&=\frac{1}{\pi}\int_{-\pi}^{\pi}f(x+h)\sin nx\mathrm{d}x\xlongequal{x+h=t}\frac{1}{\pi}\int_{-\pi+h}^{\pi+h}f(t)\sin n(t-h)\,\mathrm{d}t\\&=\frac{1}{\pi}\int_{-\pi}^{\pi}f(t)[\sin nt\cdot\cos nh+\cos nt\cdot\sin nh]\,\mathrm{d}t\\&=\cos nh\cdot\frac{1}{\pi}\int_{-\pi}^{\pi}f(t)\sin nt\mathrm{d}t+\sin nh\cdot\frac{1}{\pi}\int_{-\pi}^{\pi}f(t)\sin nt\mathrm{d}t\\&=b_n\cos nh-a_n\sin nh,\quad n=1,2,\cdots.\end{aligned}$$

参 考 文 献

[1] 张宗达.工科数学分析[M].北京:高等教育出版社,2003.

[2] 同济大学数学系.高等数学[M].6 版.北京:高等教育出版社,2007.

[3] 高等学校工科数学课程教学指导委员会本科组.高等数学释疑解难[M].北京:高等教育出版社,1992.

读者意见反馈

为收集对教材的意见建议，进一步完善教材编写并做好服务工作，读者可将对本教材的意见建议通过如下渠道反馈至我社。

咨询电话 400-810-0598

反馈邮箱 hepsci@pub.hep.cn

通信地址 北京市朝阳区惠新东街4号富盛大厦1座

高等教育出版社理科事业部

邮政编码 100029